Second Edition

Unified Design of Steel Structures

강구조설계

LOUIS F. GESCHWINDNER

허종완 · 심형보 · 김영찬 · 김희주 공역

WILEY

도서출판 동화기술

Unified Design of Steel Structures

Second Edition

역자 소개

- **허 종 완** 인천대학교 건설환경공학부 교수
- **심 형 보** 인천대학교 건설환경공학부 교수
- **김 영 찬** 인천대학교 방재연구센터 선임연구원
- **김 희 주** 국토교통과학기술진흥원 연구원

머리말

대상 독자

이 책은 강구조물에 대한 시방서인 2010 통합규정 ANSI / AISC 360-10을 기반으로 강 구조물의 설계를 제공한다. 설계는 주로 토목 및 건축 엔지니어를 위한 강재 설계의 첫 번째 과정이다. 이러한 과정은 일반적으로 이공계 프로그램의 3, 4 학년 때 배우게 된다. 이 책의 첫 번째 과정에 따르면 강재 설계, 두 번째 과정은 건물 설계에 사용될 수 있다. 또한 학부 교재로 사용이 가능하며, 최신 규정의 개정으로 이전에 공부한 엔지니어들에게 현재 규정에 맞는 좋은 리뷰를 제공할 수 있다. 이 책의 사용자가 정적 및 재료 역학에 정확한 지식을 보유하고 있다면 AISC 강구조 매뉴얼 14판을 쉽게 습득할 것으로 예상된다.

ASD와 LRFD의 통합

강구조 설계에 대한 올바른 접근 방법은 1986년에서 2005년까지 20년 동안 입증하기 어려웠다. 1986년 미국 강구조학회(AISC)는 강재 구조물에 대한 한계상태 설계법(LRFD)을 제안했다. 이 설계법은 허용응력 설계법(ASD)의 발행 후 거의 50년 만에 발표되었다. 하지만 불행하게도, LRFD는 전문 엔지니어링 회사가 아닌 학계에 의해 우선적으로 받아들여졌다. AISC는 1989년 ASD 규정을 제정했지만, 그 후 25년 이상 갱신하지 않았다. 두 설계법의 사용은 전문 엔지니어들에 의해 바람직하지 않음으로 간주되었고, 2001년 AISC가 결합 된 ASD-LRFD 설계법의 개발을 시작했다. 2005년 AISC는 강구조의 설계를 위한 하나의 설계법으로 LRFD와 ASD를 통합, 최초의 통합된 설계법을 발표했다. 강구조를 위한 설계법으로 ANSI / AISC 360-05를 제안, AISC 설계법으로 강구조 건물에 반영, ASD와 LRFD 설계법을 과거 5년동안 강구조 설계에 동일하게 적용하고 있다. 이는 최신 설계법 ANSI / AISC 360-10, 강구조 설계 ASD와 LRFD에 동일하게 적용한다.

독자들은 ASD와 LRFD의 2005년 개정된 전통적인 설계법을 활용하는 것에 익숙하겠지만 두 설계법을 효과적인 하나의 설계법으로 활용하여 합리적인 방법을 사용하여야 한다. 이전 LRFD의 설계법에 이전 ASD 설계법을 조합할 경우, ASD 설계법에 대한 탄성 거동과 LRFD 설계법의 소성 거동이 같이 일어난다. 첫 번째 통합 설계법은 공칭강도라는 요소 또는 구조의 강도가 독립적으로 설계에 사용될 수 있다는 이론을 바탕으로 하였다. 공칭강도가 결정되면, ASD 또는 LRFD에 대해 가능한 강도가 공칭강도의 함수로서 결정된다. 따라서, 유효강도가 항상 동일한 거동에 기초하여 발생하지 않고 LRFD와 ASD의 사용으로부터 발생되지 않는다. 통합 된 규정의 중요한 측면은 제 1장에 설명되어있다.

2010년 규격은 모두 설계 방식을 유지하기 위한 AISC의 노력이 보여진다. 모든 개정은 ASD와 LRFD 설계법에 동일하게 적용된다. ASD와 LRFD 설계법 중 선택하는 방법은 개인의 공학적 판단을 적용하여 판단한다. AISC는 ANSI / AISC 341-10를 발행, 강구조에 대한 내진규정, 지진하중에 대해 저항하는 강구조 설계를 안내하는 표준이다.

건물의 하중 변화

AISC에서 발행하는 설계법은 강재 설계에 대한 규정뿐만 아니라, 구조 건물을 설계해야하는 하중의 고려에 관한 주제 영역에서 많은 변화를 보여왔다. 미국토목학회(ASCE)는 지속적으로 ASCE-7을 개정하여, 건물 및 기타 구조물에 대한 최소 표준설계 하중을 적용하였다. 국제코드위원회(ICC)는 3년 주기로 국제빌딩코드(IBC)를 계속해서 발행하고 미국방화협회(NFPA)도 정기적으로 자사의 모델구축코드(NFPA 5000)를 개정하고 있지만 광범위하게 사용되지 않고 있다. 지속적인 변화는 표준 구조 엔지니어의 작업에 큰 변화를 가져왔으며 거의 모든 국가에 적용되는 지진하중, 풍하중과 눈하중을 고려한 요구사항을 포함한다. 이 책에서는 하중 계산은 ASCE 7-10의 설계법을 적용한다. 실제 디자인은 건물에 지배되는 하중을 코드에 의해 사용해야 한다. AISC 내진 규정은 제13장에서 설명하도록 하겠다.

단위

ANSI / AISC 360-10는 단위계가 없는 설계기준이다. 두 방정식이 주어져 단위가 없는 형태로 쓸 수 없을 경우에는 미국의 관습단위인 SI 단위계로 사용한다. 이 책의 모든 자료는 미국단위계를 바탕으로 한다. 미국의 건설 산업은 SI 단위계를 채택하지 않았고, 가까운 미래에도 단위계를 바꾸지 않을 것이다. 따라서, 이 책은 미국단위계를 사용한다.

개요

제1~3장을 통하여 모든 강구조에 적용 할 수 있는 일반적인 내용을 소개한다. 제4~9장은 설계에 대한 내용을 소개한다. 제10~12장은 연결부에 대한 내용, 제13장 내진설계에 대한 내용을 소개한다.

제1장은 모든 강재 설계의 기초가 되는 한계상태설계에 대한 원칙을 다루고 있다. 이러한 원칙은 LRFD와 ASD 모두 접근 방식에 통합되는 방법을 보여주고 두 가지 접근 방식에 따라 활하중과 사하중의 비율을 변화하는 방법이 신뢰성 있게 보여준다. 또한 제1장에서는 ANSI / AISC 360-10, 강구조 메뉴얼 및 AISC 웹 사이트에 대한 설명을 제공한다. 다음은 이 책에서 제시하는 모든 주요사항이다. 제2장은 하중 계수, 저항요소 및 안전 계수의 개발을 소개한다. 그것은 하중조합에 대해 설명하고 LRFD과 ASD 사이에 필요한 힘의 계산을 비교한다. ASD와

LRFD 간의 시스템 신뢰성의 교정도 해결된다. 제3장은 구조재료로 강재에 대해 설명한다. 그것은 다양한 형태로 건설에 사용될 수 있는 강재의 가용성에 대해 설명한다.

강재 설계에 대한 기초가 확립되면, 각종 부재 유형이 고려된다. 제4, 5장에서는 압축부재의 휨과 굽힘에 대해 설명하고 제6, 7장에서는 단순한 인장부재 플레이트거더를 다룬다. 제8장은 부재의 축방향 하중에 의한 굽힘뿐 아니라 보강설계에 대한 내용이 설명된다. 제9장은 강재와 콘크리트를 사용한 복합재료에 대해 다룬다. 각각의 장에서는 특정 유형의 부재를 설명하고 건물에서 사용되는 방법을 기술한다. 이것은 설계법에 대한 논의와 그 규정이 정립된 것이다. 2010년 LRFD 및 ASD 설계법 내용이 전반에 걸쳐 사용된다. 설계 예제는 AISC 강구조 설명서에서 사용된 예제와 함께 제공된다. LRFD 및 ASD의 설계방법이 모든 예제에 두 가지 접근방식으로 제공된다. 이 책의 ASD 예제는 식별의 용이성을 위해 음영배경으로 처리하였다.

부재의 연결부 설계를 다루는 장 뒤에 소개된다. 제10장은 연결부 유형의 다양성을 소개하고, 볼트, 용접 및 연결 요소의 강도에 대해 설명한다. 제11장은 단순 연결방식이다. 이것은 단순보의 전단 연결, 지지대 연결 및 직접 연결을 포함한다. 제12장은 모멘트 저항 연결을 다룬다. 부재 소개의 장과 마찬가지로 한계상태설계의 기본 원칙이 먼저 개발된다. 이것은 LRFD 및 ASD를 모두 사용하여 광범위한 예제를 통해 간단한 전단 연결 및 보와 기둥 연결에 대한 규정을 적용한다.

이 책의 마지막 제13장은 지진하중에 대한 강재시스템의 저항에 대해 소개하고 마친다. 이 장에서는 지진하중 저항 강재시스템의 다양성에 대해 설명한다.

새로 개정된 내용

이 두 번째 개정은 ANSI / AISC 360-10, 강구조에 대한 시방서, AISC 시방서의 2010년 판을 기준으로 한다. 따라서, 이 책의 기반이 되는 시방서는 2005년 판으로 이전의 내용에서 새로운 지식을 습득하는 것은 제한된다. 그 결과, 시방서 규정과 연관된 이 책에서 변화는 다소 제한적이다. 설계변화에 따라 더 나은 일부 항목은 설명 및 구현되었고, 최신 시방서를 반영하여 책을 개정 하였다.

ANSI / AISC 360-10 예제 문제. 모든 예제는 새로운 시방서와 부재 속성의 새 표를 기준으로 의도의 선명도를 개선하기 위해 수정되어 업데이트 되었다.

새로운 과제 문제. 이 책은 학생들에게 의미있는 활동을 제공할 수 있게 첫 번째 버전보다 약 60% 정도의 많은 문제가 포함되어 있다. 학생들은 일부 문제를 통해 하나 또는 두 개의 특정 구조에 대한 설계개념 연계를 위한 기회를 제공한다.

통합 설계 프로젝트. 제1장에서 제시된 건물은 책 전반에 걸쳐 통합 설계 프로젝트의 기초로 사용된다. 이 프로젝트는 상대적으로 개방형 설계 프로젝트에 사용 된다는 부분에서 기본 문제와 다르다. 매개변수의 제한으로, 문제를 풀기 전 여러 사항들을 가정 할 필요가 있다. 학생들은 이 책을 외에 여기에서 논의 된 내용을 AISC 규정에서 필요한 정보를 취득할 필요가 있으며 이를 표시하고 있다. 일반적으로 인터넷을 사용하여 해결 할 수 있다. 통합 설계 프로젝트 제 2, 4, 5, 6, 8, 9, 11, 12, 13장에 표시되고, 이는 문제의 하단부에 표기된다.

AISC 자료. 제1장에서는 책 전반에 걸쳐 사용되는 세 가지 주요 AISC 규정의 내용을 포함한다. : 규정 매뉴얼 및 AISC 웹 사이트. LRFD는 ASD와 조금 다르지만 신뢰성에 대한 논의를 하고 각각 활하중과 사하중의 비율에 따라 달라지는 ASD와 LRFD에 대한 신뢰성을 보여준다.

모든 문제는 ASCE 7-10 사용. 제2장에서는 새로운 하중조합 및 풍하중의 결정에 대한 새로운 접근 방식을 포함하여 ASCE 7-10의 요구사항에 일치하도록 업데이트 되었다. 이 장에서는 10층짜리 건물을 포함하여 하중계산을 위한 예제가 포함되어 있다.

제3장은 재료를 정의하고 있지만, 이 주제는 규정이 변화를 겪고 있다. 이 장에서는 A992 강철에 대한 ASTM 요구 사항의 변화를 반영하고 규정에 포함된 HSS 강철의 새로운 등급을 의미한다.

제4장은 최소 전단 지연 요인에 대해 설명하고 보강제인 대각선 부재 설계에 대한 예를 설명한다.

작은 압축 부재에 대한 새로운 테이블. 제5장에서는 압축부재에 대한 새로운 규정에 대해 설명하고 작은 W 모양의 부재 설계 테이블을 이 책에 설명할 수 없어 부록으로 제공한다. 플레이트에 대한 설명 및 예제는 제11장에 설명된다. 여섯 개의 새로운 예제는 얇은 요소를 포함하여 비틀림 좌굴에 대해서도 설명한다.

제6장에서는 빔 연결의 비틀림 억제 필요성에 대해 설명한다. 또한 부모멘트 재분배에 대한 새로운 규정과 기둥의 국부 좌굴에 대한 새로운 규정에 대해 설명한다. 설계를 위한 곡선 빔의 사용이 빔 자중 처리에 대해 예시된다. 제7장에서는 빔, 제11장에서는 플레이트에 대해 집중하중이 작용할 때 이에 대한 보강의 필요성에 대해 논의된다. 오픈 웹 강재 조이스트의 설계 예제 및 샘플 테이블이 제공된다. 이 장에서는 일곱 개의 새로운 예제가 포함되어 있다.

제7장에 대한 변경은 규정에 대한 매우 제한적인 변화를 반영한다. 브레이싱 길이에 대한 탄성 비틀림 좌굴은 이전 방정식과 같은 답을 제공하고 전반에 걸쳐 사용된다. 중간 보강재는 크기 조정에 대한 새로운 요구사항이 제시된다.

2차 효과 및 분석. 제8장은 2차 효과를 위해 가장 많은 부분을 개정하였고, 이들 2차 효과는 더 나은 실시 예제를 통해 통합된다. 증폭 된 제1차 분석의 사용에 대한 개정 요구사항이 제시된다. 직접 분석 방법, 유효 길이 방법, 그리고 1차 분석 방법, 예를 직접 분석하는 방법을 해결하기 위해 추가되었다. 결합 된 휨과 굽힘에 대한 내용도 추가되었다.

새로운 기둥 및 전단 앵커 볼트 규정. 제9장은 제1장에서 변경된 규격의 사항을 반영한다. 전단 강도와 복합기둥의 강도 결정은 새로운 접근방식에 대한 시방서가 포함되었다. 복합 기둥과 HSS 복합기둥의 설계를 한 예제를 통해 두개의 새로운 방법이 제공된다.

새로운 볼트 강도를 전반 걸쳐 사용. 제10, 11, 및 12장은 볼트의 전단 강도 및 마찰 연결에 대한 변화를 반영하기 위해 업데이트 되었다. 단일 플레이트는 전단 연결과 새로운 접근 방식에 대한 규정을 제시한다. 예로는 슬립 임계 연결, 용접, 베어링 플레이트, 그리고 칼럼베이스 플레이트에 첨가되었다.

제13장 ANSI / AISC 341-10, 강구조에 대한 내진 설계의 새로운 규정을 반영하기 위해 개정되었다. 그것은 지진에 추가된 몇 가지 새로운 시스템에 대해 설명한다.

LRFD와 ASD 예제와 문제

2010년 시방서의 LRFD 및 ASD 설계 방법이 책 전반에 걸쳐 사용되었다. 하지만 이는 강사에게 특정 설계법에 집중할 것으로 예상된다. 이것은 LRFD 및 ASD 설계 차이점과 공통점을 설명하고 중요한 상황을 제외한 효율적인 사용을 해야 한다. ASD는 기본적으로 더 나은 통합 시방서의 개념을 이해하기 위해 비교 사용되고 ASD 설계법 연습과 LRFD 설계법을 연습하려는 엔지니어를 위하여 이 책에 제시하였다. LRFD는 학생들에게 강구조 설계를 가르치기 위한 기본 접근 방식이다.

LRFD 및 ASD 예제

시방서 규정을 사용하는 설계 예제는 AISC 강구조 매뉴얼에서 사용할 수 있으며 다양한 사용 예제와 함께 제공된다. LRFD 및 ASD 구성 요소가 모든 예제에 대해 두 가지 접근 방식으로 자세한 절차를 제공한다.

LRFD 및 ASD 문제

각 장의 끝에 학습문제를 포함한다. 이러한 문제는 각 장에서 해결방법 순서를 따르도록 구성되어 있다. 문제는 각각의 일반적인 주제에 대해 제공된다. 문제는 모두 LRFD 및 ASD 해결법에 대하여 제공된다. ASD와 LRFD 해결법을 비교하여 나타내는 설계 문제도 있다. 다른 경우가 대안이 되는 방법을 선호하는 반면에 이러한 문제는 어떤 경우에 하나의 방법이 보다 경제적인 설계를 할 수 있음을 보여준다.

웹 사이트

추가 자료는 이 책의 www.wiley.com/college/geschwindner 웹 사이트에서 사용할 수 있다. 다음 리소스는 웹 사이트의 Student 부분에서 사용할 수 있다.

- **답변.** 선택한 문제의 해답이 제공된다.
- **오타.** 저자는 가능한 정확한 표기를 위해 문서를 검토하고 있다. 오류가 발견 된 경우, 참조에 대하여 웹 사이트에 표시할 것이다.
- 이 책을 사용하는 당신이 오류를 발견한다면, 저자(LFG@psu.edu)에게 직접 보고하고 그 내용이 웹 사이트에 포함되게 하여 향후 버전에서 수정 될 수 있게 하길 바란다.

강사를 위한 자료지원

강사에 대한 모든 자료지원은 www.wiley.com/college/geschwindner에서 이 책의 웹 사이트 강사 섹션에서 사용할 수 있다.

다음 자료는 이 책을 채택한 강사가 사용할 수 있다 :

- 해결법 메뉴얼 : 텍스트의 모든 문제에 대한 해결법을 제공합니다.
- 이 교제의 도표 그림
- 파워 포인트 형식의 교제 그림

이러한 리소스를 등록할 수 있는 웹 사이트에 방문하여 강사 섹션에 요청한다.

목차

1장 서론

2장 하중, 하중계수, 하중조합

3장 건축구조용 재료

4장 인장부재

5장 압축부재

6장 휨부재

7장 플레이트거더

8장 보-기둥 및 골조의 거동

9장 합성구조

제 1 장

서 론

1.1 개요

다양한 설계가 강구조물 설계로서 특성화 될 수 있다. 이 책은 2010년도에 American Institute of Steel construction(AISC)에서 발행된 ANSI/AISC 360-10 Specification for Structural Buildings 기준에 준하는 건물에 대한 강구조 설계를 다루고 있고, 본 책에서는 "시방서(Specification)"로 언급하겠다. 이 책의 적용분야는 특히 강구조물의 설계에 초점을 맞춘다. 교량 및 산업구조물과 관련된 내용은 상대적으로 간략하게 제시된다.

이 책에서는 하중저항계수설계법(LRFD) 및 허용응력설계법(ASD) 등 두 개의 설계방법에 대한 개념 및 설계기준 내용들을 다룬다. 두 개의 설계방법에 자세한 내용은 본 장의 후반부에서 논의된다.

본 책의 주요 참고문헌은 AISC Steel Construction Manual(14th edition) 이다. 이 참고문헌은 강구조 설계를 위해 필요한 기본적인 수치 표, 실제 설계를 간소화하기 위한 설계 표, 그리고 설계기준 등을 포함하고 있다. 본 책에서는 "매뉴얼(Manual)"이라고 언급하겠다.

1.2 시방서

ANSI/AISC 360-10 Specification for Structural Buildings은 강 건축물의 설계를 위해 AISC에서 발행된 가장 최근의 설계기준이다. 첫 번째 판은 1923년에 발간되었다. 시방서의 역사적인 관점에 관심 있는 독자를 위하여, AISC는 역사적인 구조용 강 기준에 대한 상세적인 안내를 제공하는 두 개의 문헌을 가지고 있다. 첫 번째는 AISC Design Guide 15, AISC Rehabilitation and Retrofit Guide: A Reference for Historic Shapes and Specifications 이다. 이 설계 안내서는 시방서의 각기 다른 편(edition)에서의 기준사항들에 대한 비교를 보여준다. 두 번째 문헌은 CD(AISC Specifications 1923-2005) 형태로 발간된 것으로, 1923년에서 2005년 사이에 발간된 구조용 강 건축물을 위한 모든 AISC 시방서에 대한 개요를 포함하고 있다. 이 정보는 AISC 홈페이지(www.aisc.org)에서도 확인할 수 있다.

현재의 설계는 2010년에 발간된 AISC 시방서에 의해 수행된다. 이 시방서에는 설계규정뿐만 아니라 설계규정에 대한 이해 및 적용을 위한 해설(commentary)도 함께 제공하고 있다. 이 책에서 논의되는 각 설계규준에 대해 추가로 배경지식(background)에 대해 관심 있는 독자들은 각 규준사항 관련 해설서의 내용들을 참고하길 바란다. 이 AISC 시방서는 14개의 장(chapters)과 8개의 부록(appendices)으로 구성되어 있다. 이 시방서에 포함된 내용들에 대한 간략한 소개를 하면 다음과 같다.

Chapter A 일반사항(General Provisions). 이 장에서는 시방서의 적용범위에 대해 기술하고 참고 되는 모든 시방서, 코드(codes) 및 기준(standards)들에 대해 요약한다. 또한, 구조용 강 설계에 사용되는 재료들에 대한 요구사항 및 관련 설계문서들에 대해 소개한다.

Chapter B 설계요건(Design Requirements). 이 장에서는 시방서에서 적용되는 해석 및 설계에 대한 일반적인 요구사항들을 소개한다. 또한 후속 장들에서의 적용을 위해 필요한 charging language를 제공한다.

Chapter C 안정성 설계(Design for Stability). 부록 7과 함께 이 장에서는 구조물의 안정성 설계를 위한 요구사항들을 다룬다. 안정성 해석 및 설계에서 고려되어야 하는 상세한 사항들을 논의한다.

Chapter D 인장부재 설계(Design of Members for Tension). 이 장은 도심을 통해 작용하는 정적 하중에 의해 인장력을 받는 부재의 설계에 적용된다.

Chapter E 압축부재 설계(Design of Members for Compression). 이 장은 도심에 작용하는 하중에 의해 압축력을 받는 부재에 적용된다.

Chapter F 휨부재 설계(Design of Members for Flexure). 이 장은 전단중심(shear center)을 통해 전달되고 주축(principal axis)에 평행한 평면에 하중을 받고 있는 부재에 적용된다. 이는 어느 하나의 축에 대한 단순 휨으로 언급된다.

Chapter G 전단부재 설계(Design of Members for Shear). 이 장은 웨브의 평면 내에서 전단력을 받는 단축 혹은 양축에 대해 대칭인 부재의 웨브 설계에 적용된다.

Chapter H 힘과 비틀림을 받는 부재 설계(Design of Members for Combined Forces and Torsion). 이 장은 비틀림이 있거나 없을 때 축력 및 휨을 받는 부재에 적용된다. 비틀림만 받는 부재에도 적용된다.

Chapter I 합성부재 설계(Design of Composite Members). 이 장은 강재 및 콘크리트로 구성되어 하나의 부재로서의 역할을 하는 합성부재 설계에 적용된다. 압축력, 휨 및 조합력에 대해 다룬다.

Chapter J 연결부 설계(Design of Connections). 이 장은 연결부재, 연결재 및 부재의 연결부분을 포함한 연결부의 설계에 대해 다룬다.

Chapter K 강관 및 박스부재 연결 설계(Design of HSS and Box Member Connections). 이 장은 강관 및 박스부재 단면의 연결부 설계에 대해 다룬다.

Chapter L 사용성 설계(Design of Serviceability). 이 장은 구조물의 사용성 관련 설계에서의 성능 요구사항들에 대해 요약한다.

Chapter M 조립 및 가설(Fabrication and Erection). 이 장은 제작도면, 제작, 도장 및 가설 등에 대한 요구사항들에 대해 다룬다.

Chapter N 품질 관리 및 보증(Quality Control and Quality Assurance). 이 장은 건설프로젝트에서 품질보증 대한 요구사항들을 다룬다.

Appendix 1 비탄성 해석에 의한 설계(Design by Inelastic Analysis). 시방서에서는 탄성해석에 기초한 설계에 대해 다룬다. 이 부록에서는 일반적으로 비탄성방법(inelastic methods)로 언급되는 대안의 설계법에 대해 소개한다. 고전적인 소성설계 방법에 대해 다룬다.

Appendix 2 웅덩이 설계(Design for Ponding). 이 부록에서는 표면에 고인 물에 의한 영향으로 지붕시스템(roof system)이 저항하기에 충분한 강도 및 강성을 보유하고 있는지 결정하는 방법들에 대해 다룬다.

Appendix 3 피로 설계(Design for Fatigue). 이 부록에서는 부재 및 연결부의 균열 및 균열에 의한 파괴로 연결될 수 있는 고주파 하중(high cycle loading)의 영향에 대해 다룬다. 대부분의 건축물에서 피로는 거의 문제가 되지 않는다.

Appendix 4 화재 조건에서의 구조 설계(Structural Design for Fire Condition). 이 부록에서는 현재 설계에서 통상적으로 사용되는 처방적 접근법(prescriptive approach)을 포함한 화재 조건하에 있는 구조용 강재의 평가 기준에 대해 다룬다.

Appendix 5 기존 구조물 평가(Evaluation of Existing Structures). 이 부록에서는 기존 구조물의 하중시험 또는 시험 및 해석에 의한 강도 및 강성을 평가하는 방법에 대해 안내한다. 이 부록에서는 연직하중(gravity load)에 대해서만 논의한다.

Appendix 6 기둥 및 보의 브레이싱(Stability Bracing for Columns and Beams). 이 부록에서는 시방서에서 규정하는 요구사항들을 만족시키기 위한 부재 브레이싱의 충분한 강도 및 강성에 관련된 요구사항들에 대해 논의한다.

Appendix 7 안정성 설계의 대안방법(Alternative Methods of Design for Stability). 시방서 C장과 함께 이 부록에서는 구조물의 안정성을 보장하기 위한 방법들을 제공한다. 과거에 설계에 통상적으로 사용되었던 방법을 포함한 두 개의 대안방법이 소개된다.

Appendix 8 근사 2차 해석(Approximate Second-Order Analysis). 이 부록에서는 확대 1차 해석(amplified first-order analysis)에 의해 2차 효과를 반영하는 방법에 대해 다룬다. 규정사항들은 하중을 주로 수직기둥을 통해 지지하는 구조물에 제한하여 논의된다.

이 책에서는 여기에서의 논의에 적절한 시방서 장들을 확인할 것이다. 독자들은 시방서의 구성 체계에 익숙해지기를 권장한다.

1.3 매뉴얼

AISC Steel Construction Manual(14th edition)은 안전하고 경제적인 강 건축물 설계를 위한 가장 최신의 판이다. 첫 번째 판은 1928년에 발간되었고 아홉 번째 판은 1989년에 발간되었다. 이 매뉴얼들은 허용응력설계법에 의한 설계를 다루었다. 1986년에 하중저항계수법에 의한 첫 번째 매뉴얼이 발간되었고 세 번째 판은 1999년에 발간되었다. 이 두 개의 설계방법을 통합하는 강구조 설계 및 시공에 대한 매뉴얼은 2005년 13번째 판에 처음으로 발간되었다. 현재의 매뉴얼은 14번째 판이다. 이 시방서를 AISC 학생 할인 프로그램(AISC Student Discount Program)을 통해 구입하고자 하는 학생들에게는 동시에 AISC 학생 멤버십(AISC Student Membership)에 무료로 가입할 수 있는 기회가 주어진다. 학생들은 이 모든 무료 멤버혜택을 받기 위한 AISC 학생 멤버 가입을 권장한다.

AISC는 강구조 설계 및 시공의 역사적인 관점을 소개하기 위한 두 개의 문헌을 소유하고 있다. 첫 번째 문헌은 AISC Design Guide 15, AISC Rehabilitation and Retrofit Guide: A Reference for Historic Shapes and Specifications이다. 이 가이드북은 1873에 생산된 연철 형(wrought iron shapes)처럼 오래된 보 및 기둥 단면의 특성값 등을 제공한다. 두 번째 문헌은 전자버전인 AISC Shapes Database이다. 이 데이터베이스는 AISC 홈페이지(www.aisc.org)에서 확인할 수 있다. Design Guide 15에서 제공되는 데이터와 일관성 있게 1873년 이후에 생산된 모든 단면에 대한 특성값들을 검색할 수 있다. 이 전자 데이터베이스에 대한 접근은 AISC 멤버들에게는 무료로 제공된다.

이 매뉴얼은 다음과 같이 17개의 파트로 구성되어 있다.

- Part 1 단면 및 규격(Dimensions and Properties)
- Part 2 설계 시 일반적 고려사항(General Design Considerations)
- Part 3 휨부재 설계(Design of Flexural Members)
- Part 4 압축부재 설계(Design of Compression Members)
- Part 5 인장부재 설계(Design of Tension Members)
- Part 6 조합력을 받는 부재 설계(Design of Members Subject to Combined Forces)
- Part 7 볼트 설계 고려사항(Design Considerations for Bolts)
- Part 8 용접 설계 고려사항(Design Considerations for Welds)
- Part 9 연결요소 설계(Design of Connecting Elements)
- Part 10 단순 전단연결 설계(Design of Simple Shear Connection)
- Part 11 부분강접 모멘트접합부 설계(Design of Partially Restrained Moment Connections)
- Part 12 완전강접 모멘트접합부 설계(Design of Fully Restrained Moment Connections)
- Part 13 브레이싱 연결 및 트러스 연결 설계
  (Design of Bracing Connections and Truss Connections)

Part 14 지압 플레이트, 기둥 베이스 플레이트, 앵커로드 및 기둥이음부 설계
(Design of Beam Bearing Plates, Column Base Plates, Anchor Rods, and Column Splices)

Part 15 행거연결, 브라켓판 및 크레인-레일 연결 설계
(Design of Hanger Connections, Bracket Plates, and Crane-Rail Connections)

Part 16 시방서 및 코드(Specifications and Codes)

Part 17 기타사항 및 수학적 정보(Miscellaneous Data and Mathematical Information)

이 책의 각 장에서는 논의되는 내용들에 관련되는 매뉴얼의 파트들을 알아볼 것이다. 많은 경우에 있어서, 독자들이 각 장에서 논의되는 내용의 완전한 이해 및 문제를 풀기 위해서는 매뉴얼 여러 장들의 내용들을 볼 필요가 있다.

1.4 AISC 홈페이지 정보

AISC 홈페이지에서는 무료로 모든 방문자들에게 정보를 제공한다. 학생들은 이 홈페이지에서 많은 유용한 정보들을 구할 수 있다. 이 홈페이지에서 제공되는 주요 자료들은 시방서 전자버전, 단면 데이터베이스, 시방서 참고문헌 및 설계 예제 등이 있다. 1.2절에서 언급한 대로 시방서는 freePubs을 통해 이용 가능하고 1.3절에서 언급한 대로 역사적인 단면 데이터베이스는 ePubs를 통한 멤버들에게 이용 가능하다. 14번째 버전의 단면 데이터베이스도 ePubs를 통해 확인할 수 있다. AISC 홈페이지는 상당한 양의 저널 및 학술회의 발표논문(journal and proceeding papers) 등도 포함하고 있다. 또한, ePubs를 통해서 해설집 및 매뉴얼에서 인용되는 AISC가 저작권을 소유한 모든 참고문헌들을 Steel Construction Manual References에서 접근할 수 있다.

1.5 구조 설계 원리

건설계획은 소유주가 개념과 세부계획의 개발을 통하여 건물을 건설하는 필요성을 결정하는 시간부터 완공과 사용까지 많은 전문가들을 포함하는 다양하고 복잡한 업무이다. 소유주와 재무 분석 팀은 건물을 위한 기본적인 경제적 기준을 평가한다. 건축가들과 설계자들은 설계팀을 구성하고 사용자들의 요구들을 충족하는 방법을 나타내는 건물의 초기 제안들을 준비한다. 이 팀워크는 세부계획, 사양과 계약서가 건설 단계를 위해 준비되는 최종 계획과 설계 단계까지 계속된다. 이 과정에서 다양한 정보들을 담은 계획들을 실생활 구조로 변환하는 개인들에 의해 입력사항(input)이 제공될 것이다. 따라서, 프로젝트의 건설단계 책임자

는 종종 효율적인 건설을 위하여 실제 현장의 요구사항을 고려함으로써 설계를 개선하는데 도움을 준다.

프로젝트가 완료되고 소유주에게 인도된 후에, 설계팀의 업무는 일반적으로 끝이 난다. 구조물의 사용기간 동안 여러 가지 활동에도 불구하고 건물의 운영과 유지보수는 일반적으로 건물 용도에 큰 변화가 예상되는 경우를 제외하고는 설계자의 책임 범위 내에 있지 않다. 이러한 경우에, 설계팀은 건물이 제안된 변경사항을 수용할 수 있는지를 확인해야 한다.

설계팀의 기본 목표는 안전성, 기능성, 경제성이라는 단어도 요약될 수 있다. 건물은 반드시 건물의 사용자와 건물을 사용할지도 모르는 모든 사람들에게 안전하도록 설계되어야 한다. 이러한 건물은 반드시 부분적으로나 전체적으로 파괴되지 않아야 하며, 또는 전문가의 신뢰도를 의심하게 만드는 어떠한 거동도 보여서는 안 된다. 이러한 안전 수준을 달성하기 위해, 어떠한 구조물이든 반드시 충족해야 하는 최소한의 기준을 나타내는 건물규준과 설계기준이 제시되고 있다.

건물은 반드시 소유주에게 기능적 기준을 충족하는지 확인할 수 있는 가장 좋은 방법으로 서비스를 제공해야만 한다. 비록 구조적 안전성과 건전성이 매우 중요할지라도 소유주가 원하는 목적으로 서비스를 제공하지 않는 건물은 소유주의 목표를 충족하지 않을 것이다. 마지막으로, 건물의 설계, 시공과 장기간의 사용은 경제적이어야 한다. 어떤 구조물의 경제적인 성공 여부는 다양한 요인에 영향을 받는다. 일부 요인들은 설계팀의 작업 이전에 발생되고, 반면 다른 요인들은 건물이 운영된 후에 결정된다. 그럼에도 불구하고, 모든 합리적인 제약조건 내에서 최종 설계는 가장 낮은 조합의 단기 및 장기 소비를 만들어야 한다.

AISC 기준은 동일한 원칙을 따른다. 기준에 대한 AISC 위원회의 임무는 생활의 안전, 경제적인 건물 시스템, 예측 가능한 거동 및 응답, 그리고 효율적인 사용을 제공하는 구조용 강재 건물에 대한 실천 지향적인 기준을 개발하는 것이다. 따라서 이 책은 설계기준의 실용적인 방향성을 강조한다.

1.6 강구조물의 구성

모든 구조물들은 다음과 같은 기본적인 구조요소 형태를 기본으로 포함한다.

1. 인장부재 (Tension members)
2. 압축부재 (Compression members)
3. 휨부재 (Bending members)
4. 조합력을 받는 부재 (Combined force members)
5. 연결부 (Connections)

위에 제시된 1번부터 4번까지는 구조용 부재를 나타낸다. 다섯 번째에 제시된 연결부는 구조부재 사이의 접촉면을 나타내며, 이러한 연결을 통해 모든 요소들이 하나의 구조물로서 역할을 함을 보장한다.

구조 부재들의 강도, 거동 및 설계기준에 대한 상세한 평가는 다음의 chapter들에서 제시된다.

인장부재(Tension members)	4장
압축부재(Compression members)	5장
휨부재(Bending members)	6장과 7장
조합력을 받는 부재(Combined force members)	8장
연결부(Connections)	10장, 11장, 12장

위에 제시된 요소들의 조합으로 구성된 구조골조의 강도와 거동은 8장과 13장에서 설명하고 있으며, 9장에서는 합성재료(강재와 콘크리트의 합성)를 이용한 시공 시 고려사항들에 대해 설명한다. 지진하중을 받는 강구조물의 설계에 대한 개요는 13장에서 제시된다. 흔히 사용되는 구조용 강 및 다양한 단면들에 대한 특성값들은 3장에서 논의되며, 2장에서는 하중의 종류 및 하중조합에 대하여 다룬다.

구조물 중 트러스와 오픈-웨브 강재장선(open-web steel joist)의 현재(chord members, 弦材)및 웨브(web), 브레이싱 시스템의 경사재(diagonal members), 발코니 행거(hangers for balconies), 중이층(mezzanine floors) 및 보행자 도로(pedestrian walkways) 등에 인장재가 주로 사용된다. 또한, 이러한 인장재는 기계장치와 파이프라인의 형태를 지지하는 요소뿐만 아니라, 많은 빌딩 형태에서 중도리(purlins)와 거츠(girts)의 새그로드(sag rod)로서도 사용되어 진다. 그림 1.1과 1.2는 실제 구조물에서 인장재의 적용사례를 보여준다.

이상적인 경우에는, 인장부재는 오직 인장력만 부담한다. 어떤 구조물에서 전체하중의 전환은 인장재가 받는 인장력에서 압축력으로 부재의 힘이 변경될 수 있다. 일부 부재들은 이 작용(action)을 고려해서 설계되며, 다른 부재들은 오직 인장력만 부담한다는 가정 하에 설계되어진다.

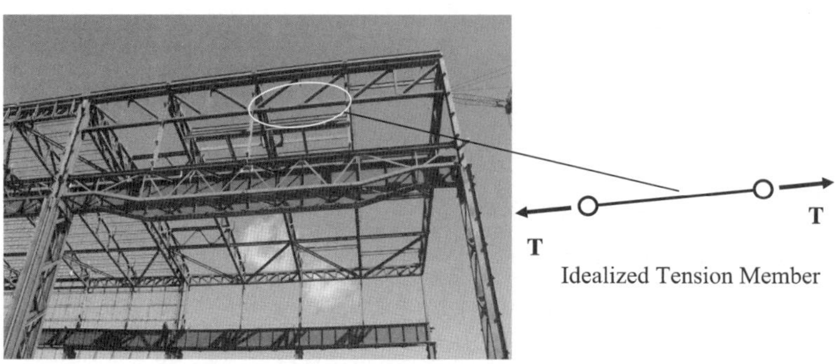

그림 1.1 • 트러스에서 인장부재의 사용. Photo courtesy Ruby+Associates, Inc.

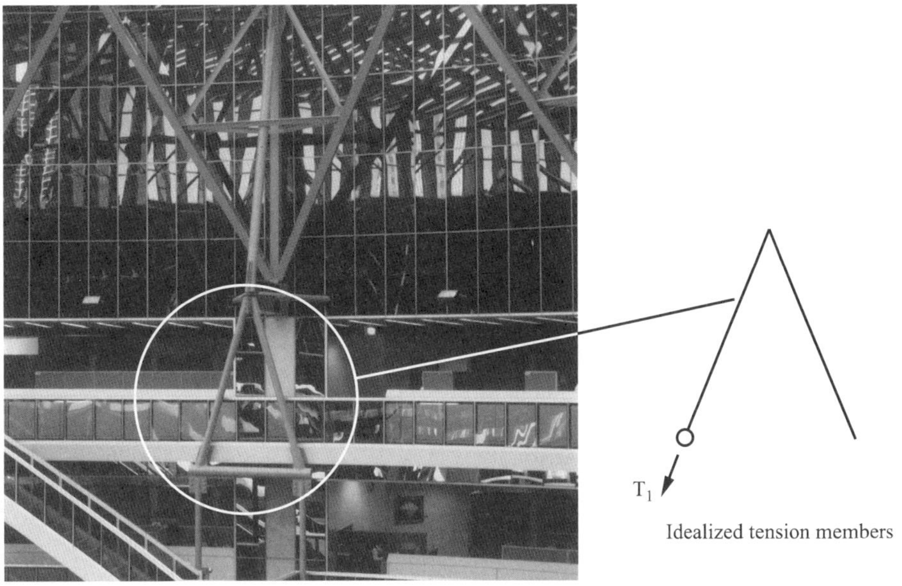

그림 1.2 • 행거로 사용되는 인장부재

이상적인 인장부재는 양단 연결부가 핀으로서 모멘트나 전단력이 부재로 전달되는 것을 방지한다는 가정 하에 해석된다. 하지만, 실제 구조물에서의 연결 형태에서는 약간의 휨이 인장부재로 전달될 수 있다. 인장부재가 어떤 형식으로든 직접적으로 횡하중에 노출되는 경우 또한 마찬가지이다. 부재요소가 완벽하게 일직선이 아니거나 또는 부재의 중심축을 따라 축하중이 작용하지 않을 경우에도 모멘트가 발생하게 된다. 인장부재에서 1차적인 하중효과는 중심(concentric) 축하중이며, 휨 및 전단은 2차적인 하중효과이다.

압축부재는 기둥(columns), 지주(strut), 또는 포스트(post)로 알려져 있다. 압축부재는 트러스와 조이스트의 웨브(web) 및 현재(chord members), 그리고 빌딩 구조물의 수직재로 사용되어 진다. 그림 1.3은 압축부재의 대표적인 사용을 보여준다.

이상적인 압축부재는 중심 압축력만을 전달한다. 압축부재의 강도는 지점조건뿐만 아니라 지점사이의 거리에 의해 주로 영향을 받는다. 그러므로 기본적으로 기둥은 끝단이 핀 형태로 축력을 받는 부재로 정의한다. 역사적으로, 압축부재에 대한 설계규정은 이러한 이상적인 압축부재의 거동 및 강도를 기반으로 하고 있다.

하지만 실제 구조물에서는 이러한 이상적인 기둥은 존재하지 않는다. 실제적인 지점조건은 완벽한 핀과 유사하지 않다; 주위의 구조가 하중을 부재로 전달하는 방식뿐만 아니라 보 및 보와 유사한 요소들이 모멘트가 유발되는 형식으로 기둥에 연결되는 경우가 많기 때문에 축하중은 보통 중심에 작용하지 않는다. 이러한 조건들은 부재에 휨 효과를 유발하게 되어 이상적인 기둥이 아닌 조합력부재 혹은 보-기둥으로 간주하게 된다. 따라서 단부가 핀으로 연결된 기둥에서 1차적인 하중효과는 휨과 전단의 2차 영향까지 고려된 중심 압축력이다.

그림 1.3 • 건물골조에서 기둥의 사용

휨부재는 보(beams), 거더(girders), 장선(joists), 스팬드럴(spandrels), 중도리(purlins), 상방(lintels) 및 거츠(girts) 등으로 알려져 있다. 앞에 언급된 모든 부재들이 휨부재이지만, 각각의 이름은 빌딩 내에서 특정한 구조를 의미하며 이는 다음과 같다.

1. 보, 거더 및 장선은 바닥판 시스템의 주요 구성요소이다. 보은 대부분 거더를 직접적으로 지지하고 있는 부재로 간주된다. 장선은 상당히 조밀한 간격으로 설치된 보를 말한다. 거더는 일반적으로 보나 장선보다 더 큰 휨을 받는다고 간주된다. 하지만, 이 기본적인 구조(scheme)에서의 변화는 흔하다.
2. 건물의 바닥이나 지붕의 경계를 형성하는 휨부재는 스팬드럴 또는 스팬드럴 보이다. 이 부재들의 설계에서 하중은 주로 부재의 한쪽으로부터 오기 때문에 다른 보 및 거더의 설계와는 다를 수 있다.
3. 다른 휨부재들 사이에 걸쳐있는 지붕 시스템의 휨부재는 일반적으로 중도리(purlins)라고 한다.
4. 상방(Lintels)은 벽의 문과 같이 열린 공간 윗부분에 가로질러 걸쳐져 있는 휨부재를 말한다. 일반적으로 그 영역에서 전달되는 다른 하중뿐만 아니라 열린 공간 윗부분의 벽 무게를 지지한다. 그들은 일반적으로 문과 창문에 공간을 가로 질러 걸쳐져 있는 것으로 볼 수 있다.
5. 거츠(girts)는 외관 시스템에서 사용된다. 그들은 벽 표면으로부터 외부의 기둥으로 횡하중을 전달한다. 그들은 또한 벽의 무게를 지지하는 것을 도울 수 있다.

그림 1.4 • 휨부재를 보여주는 건물구조. Photo courtesy Greg Grieco.

그림 1.4는 실제 구조물에서 다양한 휨부재의 사용을 보여준다. 기본적인 휨부재는 부재의 길이방향으로 도심축을 포함하는 평면에 놓인 수평하중을 부담한다. 주하중 효과는 휨모멘트와 전단력이다. 축력과 비틀림은 이차적인 효과로 발생할 수 있다.

보-기둥으로 알려져 있는 가장 일반적인 조합력을 받는 부재는 휨과 축방향 압축을 동시에 받고 있다. 비록 휨과 축방향 인장은 조합력을 받는 부재의 잠재적인 하중 케이스를 나타내고 있지만, 보-기둥만큼 중요하거나 일반적이지는 않은 경우이다. 그림 1.5a는 보와 기둥의 강성연결로 결합되는 고층 강구조물의 개략도를 보여준다. 수직부재는 기하학적 형상, 연결형식, 하중 형태에 의해 축하중과 휨모멘트를 받는다. 이것은 실용적인 보-기둥의 전형적인 예이며, 다른 예로서는 그림 1.5b의 산형구조 및 그림 1.5c에 문형구조에 표시된 수직 성분이 있을 수 있다.

보-기둥은 축력, 전단력 그리고 휨모멘트가 동시에 작용하는 일반적인 구조요소로 간주될 수 있다. 따라서, 기본적인 기둥은 모멘트와 횡하중이 작용하지 않는 특수한 경우로 생각할 수 있다. 마찬가지로, 기본적인 휨부재는 축방향 하중이 없는 보-기둥으로 생각할 수 있다. 따라서, 기둥과 보의 설계에서 고려되는 사항들은 반드시 보-기둥에도 적용되어야 한다.

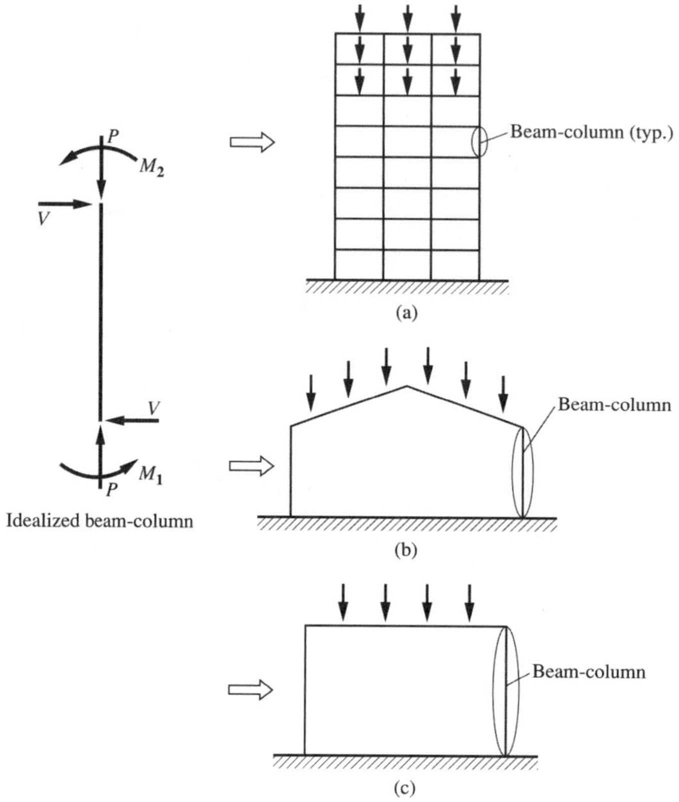

그림 1.5 • 수직부재가 축력과 휨모멘트를 받는 강골조의 개략적 묘사

조합하중을 받는 요소의 일반적인 특성으로 인해 모든 하중효과는 일차적으로 간주되어 진다. 그러나, 보-기둥에서 축방향 하중강도 대비 작용 축하중의 비율이 높을 때, 기둥거동은 다른 영향을 흐리게 한다. 마찬가지로 모멘트강도 대비 작용 모멘트비가 높은 경우, 보의 거동은 다른 효과를 웃돌게 할 것이다. 보-기둥은 다양한 형태의 하중들이 상호작용을 하는 요소이다. 따라서, 현실적인 설계는 일반적으로 상관공식에 기초를 두어 접근을 한다.

연결부는 강 구조물 부재를 일체화시키는 요소의 집합체이다. 트러스에서의 축력 부재 또는 고층 프레임 구조에서 보 및 기둥일 경우에도, 연결부는 구조부재들이 일체로서 기능을 하는지 반드시 확인해야 한다.

오늘날 구조용 강재 연결에 사용되는 연결재(fasteners)는 대부분 볼트나 용접으로 한정되어 있다. 다양한 접합요소들이 저항해야 하는 하중 효과들은 특정한 접합부 형태를 고려해야 한다. 그들은 모든 가능한 힘과 모멘트를 포함한다. 그림 1.6은 다양한 연결부 보여준다. 연결부에 대한 이상적인 표현은 10장, 11장 그리고 12장에 제시한다.

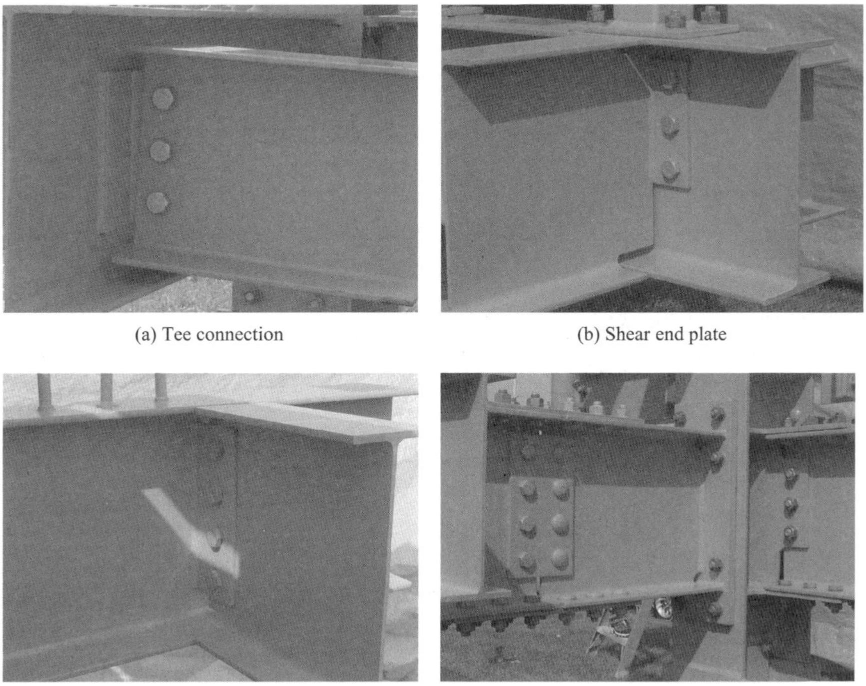

(a) Tee connection (b) Shear end plate

(c) Shear tab (d) Moment end plate

그림 1.6 • 건물연결부. Copyright ⓒ American Institute of Steel Construction.

1.7 강구조의 종류

강구조물은 설계자에게 다양한 시스템으로 활용될 수 있기 때문에 명확한 범주로 분류하는 것은 어렵다. 1.6절에 정의된 바와 같이 구조 요소들은 안전하고 경제적으로 재하된 모든 하중을 부담할 수 있는 전체 구조를 형성할 수 있도록 구성되어야 된다. 이러한 부재들의 조합은 일반적으로 골조시스템(frame system)으로 칭해진다.

강−골조 건물은 다양한 모양과 크기 그리고 다른 구조 재료의 조합으로 되어 있다. 몇 가지 예시들이 다음 단락들에서 제시된다.

1.7.1 내력벽 공사

이것은 주로 저장 창고, 쇼핑 센터, 사무실 건물, 학교 등의 하나 또는 두 층 건물에 사용된다. 이 구조는 통상적으로 바닥이나 지붕을 지지하는 휨부재의 단부에 배치되어 있으며 벽돌 또는 콘크리트 블록으로 된 축벽을 사용한다. 휨부재에는 일반적으로 열압연 구조 강을 사용하며 오픈-웹 강재장선에서는 단독 또는 조합하여 사용하고, 또는 냉간 압연 형강을 사용한다. 그림 1.7은 내력벽 건물의 예를 보여준다.

그림 1.7 • 내력벽 건물.
Photo courtesy Douglas Steel Fabricating Corporation

1.7.2 보 – 기둥 공사

보 – 기둥 구조는 오늘날 가장 일반적으로 사용되는 강구조 시스템이다. 이것은 학교와 쇼핑 센터 같이 두 개 이상의 층을 가지지 않은 넓은 면적의 건물에 적합하지만 경간의 수가 많을 수 있다. 또한 고층건물에도 사용할 수 있다. 기둥은 바닥과 지붕 시스템에 사용되는 보, 거더 및 장선을 지원하는 일반적이며 반복적인 그리드에 따라 배치된다. 대부분의 부재는 같은 크기이기 때문에 바닥 계획의 규정은, 제조 및 설치의 경제성에 의존한다. 그림 1.8은 이런 형태의 구조물에 대한 예를 보여준다. 그림 1.9에 개략적으로 예시된 바와 같이 연속보 또는 캔틸레버 보를 사용한 드롭-인 스팬(drop–in span)을 사용하여 얻을 수 있다.

다층 건물에서 강과 콘크리트의 복합 휨부재의 사용은 추가 비용을 절감한다. 설계자가 복합 기둥 및 건설 시스템에 사용된 다른 요소에 익숙해지면 발전을 기대할 수 있다.

그림 1.8 • 보–및–기둥 건물.
Photo courtesy Douglas Steel Fabricating Corporation.

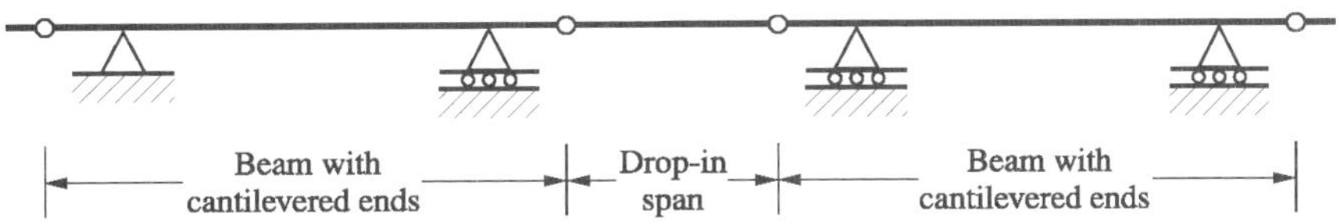

그림 1.9 • 드롭-인 스팬을 갖는 캔틸레버보의 사용

보-기둥 구조는 횡 방향 하중에 저항하기 위해 이음부 또는 별도의 브레이싱 시스템 중 하나에 의존하고 있다. 모멘트에 저항하는 이음부를 가진 골조는 전체 골조의 휨강성을 통해 바람, 지진과 같은 하중의 작용에 내성과 전체적인 구조적 안정성을 제공한다.

부재 단부의 구속이 없는 골조들은 하나 이상의 기둥라인을 따라 보강프레임의 역할을 하는 요소와 같은 별도의 횡하중 저항 시스템을 필요로 한다(그림 1.10). 브레이싱의 가장 일반적인 유형 중 하나는 바람과 지진에 의한 하중을 감당할 수 있도록 설계되어 있는 수직 트러스이다. 다른 브레이싱 구조는 전단 벽과 철근 콘크리트 코어(core)를 말한다. 후자는 브레이싱 코어 시스템으로 불리며, 코어의 상자 형상 단면의 강성 때문에 고효율일 수 있다. 코어는 이 경우에 두 가지의 효과가 있다: 건물에 대한 브레이싱 시스템 제공 이외에 이것은 엘리베이터, 계단, 전기 및 기타 도구를 포함하여 필요한 모든 서비스에 대한 완성된 구조의 수직 도관 역할을 한다.

이러한 유형의 구조 조합은 일반적이다. 예를 들어, 골조는 건물의 한 방향의 모멘트에 저항하는 다른 트러스 보강으로 설계되어 있다. 물론, 그러한 설계를 위해서는 구조의 3차원 성질을 알아야 한다.

그림 1.11은 여러 종류의 보-기둥 골조 구조물의 이상적인 모양을 보여준다.

그림 1.10 • 브레이스된 보-기둥 건물.
Photo courtesy Douglas Steel Fabricating Corporation.

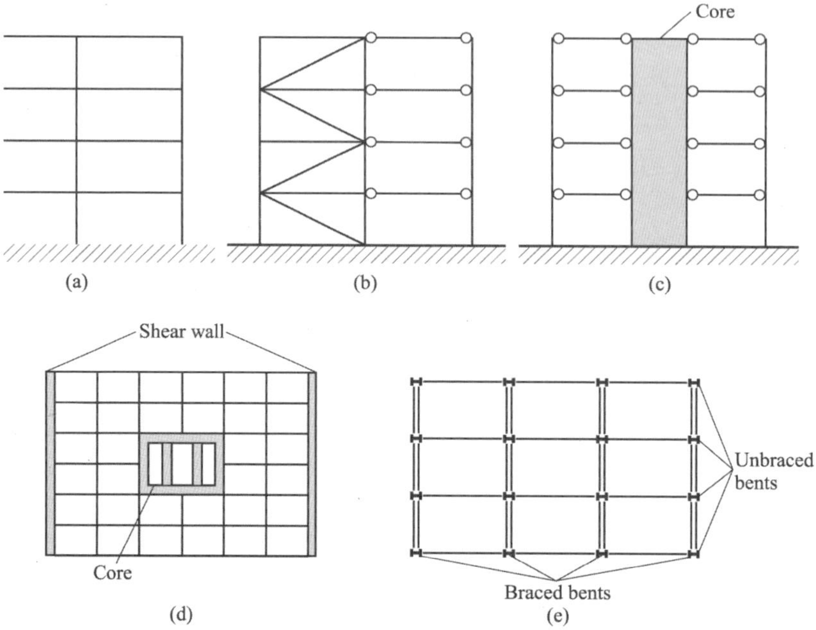

그림 1.11 • 여러 종류의 보-기둥 골조구조의 이상화된 묘사

1.7.3 장스팬 공사

장스팬 구조의 유형은 지붕이 있는 운동장 같이 수직 요소 사이에 하중을 지지하는 긴 경간을 가진 강골조 구조물을 포함한다. 장거리는 편도 트러스, 양방향 공간 트러스, 또는 플레이트 및 박스 거더로 연결할 수 있다. 그림 1.12는 전형적인 장스팬 구조물을 보여준다. 여기서 고려되지는 않지만, 아치나 케이블도 사용할 수 있다.

장스팬 공사는 대형이나 내부에 기둥이 없는 건물에도 사용된다. 이러한 경우 건물은 장

그림 1.12 • 장스팬 구조. Photo courtesy Douglas Steel Fabricating Corporation.

경간이 외부 벽에서부터 코어까지의 거리인 건물이거나 다른 종류의 버팀 구조일 수 있다.

많은 설계자들은 단층 강성 골조를 장 경간 구조 시스템의 일부로 정의한다. 골조의 기하학적인 구조에 따라, 이러한 구조는 뛰어난 경제성과 함께 상당한 거리를 확장할 수 있다.

1.7.4 고층 공사

고층공사는 상당한 높이의 다층 건물을 나타낸다; 그림 1.13은 예를 보여준다. 이러한 전형적인 보-기둥 구조의 설계에 있어서 큰 높이와 고유한 문제는 독립적으로 다룬다. 또한, 지난 30년 동안 여러 설계자는 매우 복합적인 기둥 및 강판 전단벽과 같은 다층 구조 설계의 여러 새로운 개념을 개발했다.

특별한 구조는 고층 건축의 횡 방향 하중 저항 시스템의 선택과 설계에서 수행해야 한다. 많은 효과는 고층 건물의 설계에 중요한 역할을 하고 있지만, 낮은 높이의 골조에 중요한 영향이 적기 때문에 밑바닥 상승 구조 분석에 사용되는 원리에서 추론하는데 문제는 없다. 이러한 효과는 고층 구조의 적절한 설계에 매우 중요하다.

이러한 구조는 골조의 통상 선형 탄성 해석을 통해 정량화 될 수 없기 때문에 이러한 효과 중 일부는 2차 효과로서 지칭될 수 있다. 이러한 구조는 낮은 높이 구조에서도 다룰 수 있지만, 고층 구조에서 더 중요할 수 있다. 이차 효과의 예는 구조가 횡방향으로 변위할 때 발생하는 축하중의 편심에 의해 생기는 기둥의 추가적인 모멘트이다. 중력과 바람 하중에 의해 발생된 모멘트 및 전단이 추가된 경우 그 영향은 이차 영향을 고려하지 않고 계산 된 것보다 훨씬 클 수 있었다. 이러한 점을 고려하지 않은 설계자는 심각하면서도 아마 비보수적인(nonconservative) 실수를 범하게 될 것이다.

그림 1.13 • 고층건물구조
Photo courtesy Douglas Steel Fabricating Corporation.

고층 건물의 골조 시스템은 횡하중 저항의 증대된 중요성을 반영한다. 따라서, 장치나 튜브 등을 건물 주위에 만드는 시도는 매우 성공적이었다. 일리노이 시카고의 존 핸콕 빌딩(John Hancock Building, 그림 1.14a)이나 뉴욕시 중심부의 옛 세계 무역센터(World Trade Center, 그림 1.14b), 시카고 Aon 센터 등의 창문 용 홈을 갖는 고체 벽 튜브(그림 1.14c) 또는 시카고의 씨어즈 타워(Sears Tower) 등 일부 상호 연결되었는지 번들된 튜브(그림 1.14d)와 같은 튜브는 트러스의 모양을 가지고 있다.

(a) (b) (c) (d)

그림 1.14 • 고층건물 (a) John Hancock Center (b) World Trade Center (c) Aon Center (d) Willis Tower. **Photo (b) Courtesy Leslie E. Robertson Associate, RLLP.**

1.7.5 단층 공사

많은 설계자들은 장스팬 공사의 일부분으로 단층 골조를 포함시킨다. 이러한 구조물들은 완전한 용접 공사에 특히 적합하다. 사전 설계 건축 업계는 저장 창고, 산업 건물, 임시 혹은 영구적인 사무실 건물 및 유사한 유형의 미세한 조정이 필요한 골조 구조물에 이 시스템을 사용하고 있다. 그림 1.15는 이러한 건물의 예를 보여준다.

그림 1.15 • 사전설계된 금속건물. Photo courtesy Metal Building Manufacturers Association.

1.8 설계철학

성공적인 구조설계는 사용자를 위해 안전한 구조물을 만들고, 모든 구성요소들을 과대한 응력 발생 없이 설계하중을 지지할 수 있고, 과도하게 변형하거나 진동하지 않으며, 의도된 수명에 따라 건설하고 사용하기 위해 경제적이어야 한다. 소유주의 주요 관심사는 경제성일지도 모르지만, 반드시 설계자의 주요 관심사는 안전성이여만 한다. 노동비용과 재료비용은 지형적 위치에 따라 다를 것이다. 이는 모든 장소에서 동일하게 경제적인 구조물을 설계하는 것을 거의 불가능하게 만든다. 설계자의 가장 중요한 작업은 안전하고 튼튼한 구조물을 만드는 것이기 때문에, AISC에서 발행된 것과 같은 설계 기준은 구조적 거동과 재료응답을 예측하는 기술모델과 고려사항에 기반을 둔다. 설계자에 의한 이런 규정의 사용은 특정한 장소와 비즈니스 환경에서 특별한 해결책에 대한 경제성을 결정할 것이다.

구조설계를 하기 위해서는 구조물의 수명까지 각 요소에 가해지는 하중의 원인과 영향을 정량화하는 것이 필요하다. 이것은 일반적으로 하중효과(load effect) 또는 소요강도라고 한다. 또한 이런 요소들을 구성하는 재료와 형상의 거동을 고려한 것이 필요하다. 이것은 공칭 강도(nominal strength) 또는 요소성능(capacity of the element)이라고 한다.

구조물의 강도를 하중효과(load effect)보다 크게 하기 위하여, 가장 단순한 형태로서 구조 설계는 부재의 크기와 이에 해당하는 연결을 결정한다. 이것이 만족되는지에 대한 여부는 안전여유(margin of safety)라고 불린다. 이 목표를 달성하기 위한 많은 접근법이 수년 동안 사용되어 왔다.

비록 과거의 경험이 구조설계자가 구조물에 적용되는 하중의 정확한 크기와 모든 구조 요소의 정확한 강도를 아는 것처럼 보일지 모르지만, 보통은 그렇지 않다. 설계하중은 많은 설계규준과 기준에서 제공되며, 비록 그 제시된 값이 명확해도, 상당한 불확실성이 존재한다. 하중과 하중계수, 하중 조합은 제 2장에서 설명된다.

하중의 경우와 같이 상당한 불확실성은 구조부재의 거동과 강도의 결정에 관련하고 있다. 내하력의 진정한 지표는 구성요소나 전체 구조물의 파괴를 유발하는 하중의 크기에 의해 주어진다. 파괴는 건물 일부의 물리적인 붕괴 또는 예를 들어 처짐이 소정의 값보다 큰 경우 발생하는 것으로 간주되는 것으로 발생할 수 있다. 파괴가 강도(붕괴)나 강성(처짐)의 부족의 결과인지 여부에 따라, 이런 현상은 구조물의 허용 가능한 거동의 한계를 나타낸다. 이런 설계기준에 따라, 구조물이 특정 한계상태에 도달했다고 한다. 처짐과 같은 운용상의 요구조건을 충족하는 파괴는 사용한계상태라고 하는 반면, 강도 파괴는 극한한계상태라고 한다.

설계문제에 대한 접근법에 관계없이 설계자의 목표는 모든 경우에 휨모멘트, 전단력 및 축하중과 같은 구조물에 대한 하중과 이로 인해 초래된 하중효과가 충분히 각각의 적용 가능한 한계상태보다 작다는 것을 확인하는 것이다. 이것은 구조물이 안전성이나 신뢰성의 요구된 수준을 만족함을 확인하다. 강구조 설계에 대한 세 가지 접근법은 AISC 설계기준에서 허용된다.

1. 허용응력설계 (Allowable Strength Design, ASD)
2. 하중저항계수 설계 (Load and Resistance Factor Design, LRFD)
3. 비탄성해석에 의한 설계 (Design by inelastic analysis)

각각의 설계 접근법은 같은 문제를 표현하는 다른 방법을 보여주며, 각각이 같은 목표를 가진다. 세 가지 접근법 모두 요소 또는 구조물의 공칭 강도에 근거를 둔다. 가장 일반적으로 정의되는 공칭강도 R_n은 ASD 또는 LRFD에서 사용되는지에 따라 정확히 같은 식으로부터 정확히 같은 방법으로 결정된다. 상세한 비탄성설계 모델에 대한 다른 접근법의 모든 구조적 거동의 모든 양상은 설계 기준에 의해 주어진 식에 의존하지 않는 반면 소성설계법과 같은 비탄성설계법의 몇 가지 공식은 또한 동일한 공칭강도 식을 사용한다. ASD와 LRFD 모두를 위한 하나의 공칭 강도의 사용은 이 두 설계법의 통일을 가능하게 한다. 두 가지 가능한 원리를 비교하면 과거에 노력했던 사람들 사람들을 위해 강구조 설계법이 단순화되었는지를 본 책에서 제시될 것이다. 다음 절에서는 이 세 가지 설계법에 대해 설명한다.

1.9 허용강도설계의 기본

2005년 전에 허용강도설계(allowable strength design)는 허용응력설계(allowable stress design)라 불리어졌다. 이것은 오늘날 사용되고 있는 구조설계의 가장 오래된 접근방식이고 1923년의 원래 규정(original provisions) 이후로 AISC 기준의 기반이 되고 있다. 허용응력설계는 모든 부재와 요소를 탄성 상태로 유지되도록 하는 실제하중, 응력을 가정하는 것에 근거를 두고 있다. 이 요구사항을 충족시키기 위해 안전계수는 각각의 잠재적인 응력을 발생시키는 상태에 대해서 수립되었다. 역사적으로 ASD는 응력기반설계로 생각하고 있었지만, 허용강도는 이러한 영역과 탄성단면계수로 허용응력과 해당단면속성의 적절한 조합을 통해서 얻어졌다.

현재 허용강도설계의 접근방식은 부재의 소요강도가 일반적인 사용조건 아래의 허용강도 또는 어떠한 허용범위를 초과하지 않는다는 개념을 기초로 하고 있다. 요구강도는 특정 ASD 하중조합 및 구조물의 탄성해석에 따라 결정되어 진다. 허용강도는 안전율, Ω, 그리고 고려중인 요소의 공칭강도를 포함하고 있다. 이러한 강도는 해당 단면 속성이 사용된 경우 응력형태로 사용할 수 있었다. 비록 이러한 것이 기준의 우선요구사항은 아닐지라도, 이때 얻은 응력은 다시 탄성범위 내에 있을 것이다.

안전율의 크기와 얻어지는 허용강도는 설계 시 안전에 대한 여유치를 제공해야만 하는 것에 반하여 특정하게 제한되는 한계상태에 따라 달라진다. 안전계수는 설계시방서로부터 얻을 수 있다. 이러한 ASD에 대한 안전계수의 요구사항은 시방서의 B3.4에서 제공되고 있으며 다음과 같다.

$$R_a \leq \frac{R_n}{\Omega} \tag{1.1}$$

이는 다음과 같이 쓸 수 있다.

$$\text{소요강도(ASD)} \leq \frac{\text{공칭강도}}{\text{안전계수}} = \text{허용강도}$$

지배강도는 구조요소의 종류와 고려된 한계상태에 따라 결정된다. 어떤 하나의 요소를 평가해야 여러 한계상태를 가질 수 있다. 각 한계상태에 따라 지정된 안전계수는 재료적인 거동에 대한 값이며, 한계상태가 고려되어 있다. 따라서 각각의 제한 조건들은 개별적인 안전계수를 가질 수 있다. 예를 들어, 인장부재의 항복 한계상태는 다음과 같다.

$$P_n \leq F_y A_g$$

여기서, F_y는 항복강도이며 A_g는 부재의 전체 단면적이다. 안전계수(Ω)는 1.67이다. 그러므로 항복강도가 50 ksi의 강재의 경우 허용강도는 다음과 같다.

$$\frac{P_n}{\Omega} = \frac{50A_g}{1.67} = 30A_g$$

ASD에 의한 설계는 건축기준에서 제시하는 허용응력 하중조합이 사용된다. 하중 및 하중조합은 2장에서 상세히 논하도록 한다.

1.10 하중저항계수설계의 원리

하중저항계수 설계에서는 강도와 하중 등의 무작위 변동성(random variability)의 영향을 명백히 포함한다. 이 설계방법에서는 이러한 무작위 변동성에 대한 영향을 포함하고 이에 따라 안전기준을 책정하고 있기 때문에, 구조물에 대한 보다 균일한 수준의 신뢰성 및 이에 따른 안전성 확보가 기대된다.

LRFD는 LFRD 하중 조합에 따라 구성 요소의 소요강도가 설계강도를 초과하지 않는 개념에 근거를 두고 있다. 소요강도는 하중 변동성과 하중조합을 고려하는 하중계수에 의해 하중크기를 증가시키는 것으로부터 얻을 수 있다. 설계강도는 부재강도의 결정에 영향을 주는 많은 변수를 고려하는 저항계수에 의한 공칭강도를 감소시킴으로써 얻을 수 있다. LRFD의 하중계수는 2장에서 제시할 것이고, 이는 강도설계에 대한 건축기준으로부터 얻을 수 있다. ASD의 안전계수와 같이, 저항계수는 설계시방서에서 얻을 수 있다.

LRFD에서 기본적으로 제공하는 것은 다음과 같이 B3.3에서 확인할 수 있다.

$$R_u \le \Phi R_n$$

이는 다음과 같이 표현할 수 있다.

소요강도(LRFD) ≤ 저항계수 × 공칭강도 = 설계강도

다시 인장부재의 항복 한계상태를 고려하면,

$$P_n \le F_y A_g$$

그리고 저항계수(ϕ)=0.90. 항복강도가 50 ksi의 강재의 경우, 설계강도는 다음과 같다.

$$\phi P_n = 0.90(50)A_g = 45A_g$$

LRFD는 1986년에 처음 사용되어진 이후, AISC 설계기준의 일부가 되고 있다.

1.11 비탄성 설계

시방서(Specification)는 부록 1을 사용하여 강구조물의 비탄성 해석을 위해 다양한 공식화을 폭넓게 허용한다. 모든 비탄성 해석 방법은 구조물과 요소가 모든 종류의 거동을 고려하기 위하여 충분히 상세하게 모델링되는 것을 필요로 한다. 이런 종류의 해석은 구조적 파괴를 완료하기 위해 모든 하중 증가에 따른 재하 상태로부터 구조물의 거동을 추적할 수 있다. 이 책에서 논의 될 비탄성 설계 접근방법은 소성설계(PD)이다.

소성설계는 현재 시방서의 Part 2로 도입된 1961년 이후 강구조 설계를 위한 선택적인 방법으로 이용되고 있는 설계법이다. 구조물과 부재에 대한 제약 조건은 구조물이 붕괴하도록 하는 하중의 한계치이다. 이 하중은 일반적으로 극한강도 또는 소성붕괴하중이라 한다. 개별 구조 부재의 경우 이것은 소성 모멘트 강도(plastic moment capacity)에 도달했다는 것을 의미한다. 대부분의 경우 재료와 부재의 연성 때문에 전체 구조물의 극한강도는 일반적으로 이 단계에 도달하지 않는다. 더 이상 재분배 또는 하중 공유가 가능하지 않게 하기 위해 충분한 수의 부재가 그 개별 능력을 다할 때 까지 응력을 많이 받지 않은 부재가 추가적인 하중을 저항할 수 있다. 구조물이 추가적인 하중을 저항하지 못할 때 구조물은 붕괴한다. 이 하중의 크기를 붕괴하중이라 하고 특정 붕괴 메카니즘과 관련 있다.

소성 설계법에서 붕괴 하중은 사용하중에 하중 계수가 곱하여 진다. 그러므로 소성설계법의 원리에 따라 설계된 구조물을 위한 한계상태는 메카니즘의 한계치이다. 이를 위해 모든 구조 부재는 반드시 가장 큰 재하 위치에서 내구성에 완전한 항복 응력을 발달시킬 수 있어야 한다.

ASD의 안전계수와 PD의 하중계수 사이의 구별에는 미세한 차이가 있다. 전자는 소성붕괴하중과 전체 구조물에 대한 사용 또는 특정한 하중 사이의 비율인 반면 후자는 구조 요소의 탄성 강도와 이런 구성요소에 대한 다양한 제약 조건 사이의 관계를 나타내는 경험적으로 개발되는 경험 기반 용어이다. 수치적으로 가깝지만 소성설계법의 하중계수 허용응력설계법의 안전계수는 같은 변수가 아니다.

1.12 구조 안정성

설계 원칙의 선행하는 논의는 모든 설계 과정의 기본 목표인 최종 생성물이 안전하고 안정적인 구조물임을 보장하는 것이지만 이것을 달성하는 방법은 상당히 다르다는 것을 보여준다.

과거에 안전성에 대한 주요 목표는 과도한 하중의 영향에 대해서 적절한 여유를 확보하는 것이었다. 하중계수설계법과 파생된 설계법은 이것들을 고려하기 위해 개발되었다. 그러나 또한 실제 생활 속에서 많은 다른 요인들이 역할을 한다. 이것들은 다음의 사항들을 포함하지만 제한되지는 않는다.

1. 재료강도의 변동성 (Variations of material strength)
2. 단면크기 및 형상의 변동성 (Variations of cross-sectional size and shape)
3. 해석방법의 정확성 (Accuracy of method of analysis)
4. 공장 및 현장에서의 숙련도에 의한 영향 (Influence of workmanship in shop and field)
5. 잔류응력의 존재와 변동성 (Presence and variation of residual stresses)
6. 부재 직진도의 결함 (Lack of member straightness)
7. 하중 작용점 위치의 변동성 (Variations of locations of load application points)

이런 요소들은 구조물 및 구성요소에 대한 강도에 대한 일부의 변동성의 고려한다. 더 큰 변동성은 하중에서 오고, 이는 다른 형태의 하중이 다른 변동 특성을 유발한다는 사실에 의해 더욱더 복잡해진다.

따라서 강도 및 하중의 변동성의 영향을 포함하지 않는 설계 방법은 고려되지 않은 불확실성을 가지는 요소들을 부담한다. 그러므로 현실적인 해결책은 확률적인 개념으로서 안전성을 다루는 것이다. 이것이 하중과 강도의 확률적인 특성이 평가되는 하중저항계수설계법의 기반이고, 통계적으로 결정된 안전 여유도이다. 각 하중유형은 각 조합에서 고유의 계수가 주어지며 각 재료한계상태 또한 고유의 계수가 주어진다. 이 방법은 매우 작기는 하지만 구조물의 파괴가 실제로 발생할 수 있는 유한의 가능성이 존재함을 인정한다. 그러나 이 방법은 이 확률에 특정값을 부여하려 하지 않는다. 파괴 확률의 특정 정도는 주어지지 않거나 시방서에 나타나지 않는다.

ASD에서 하중과 강도의 변동성은 분명하게 분리된 문제로 여겨진다. 이들은 안전에 대한 단일 계수의 사용을 통하여 일괄되게 처리된다. 안전율(안전계수)는 각각의 강도한계상태에 따라 다르지만 하중 근원에 따라 다르지 않다. ASD는 단일하중계수 갖는 LRFD로 여겨질 수 있다. LRFD 설계법은 일반적으로 ASD 설계법보다 더 균일한 신뢰성 수준을 갖는 것으로 기대된다. 즉, 하중의 종류나 하중 조합에 관계없이 LRFD 설계법에서 각 요소의 파괴에 대한 확률은 같을 것이다. 그러나 LRFD 규정에 따른 신뢰성에 대한 상세한 분석은 신뢰성은 다양한 하중 조합에 따라 변화하는 것을 나타낸다. ASD에서는 균일한 신뢰성을 달성하는 시도는 없다. 오히려 목표는 일부 요소들이 다른 요소보다 더 안전할지라도 단순히 안전한 구조물을 가지는 것이다.

LRFD의 개발을 위해서 하중효과(부재력), Q와 저항(강도), R은 그림 1.16의 종형 곡선을 갖는 정규분포로 설명될 수 있는 가변성을 갖는다. 저항이 항상 하중효과보다 더 크면 ($R > Q$) 구조물은 안전하다고 여겨질 수 있다. 만일 오직 평균값(Q_m과 R_m)에만 집중하는 것이 적절하다면 안전한 구조물을 확보하는 것은 비교적 쉽다. 그러나 데이터의 완전한

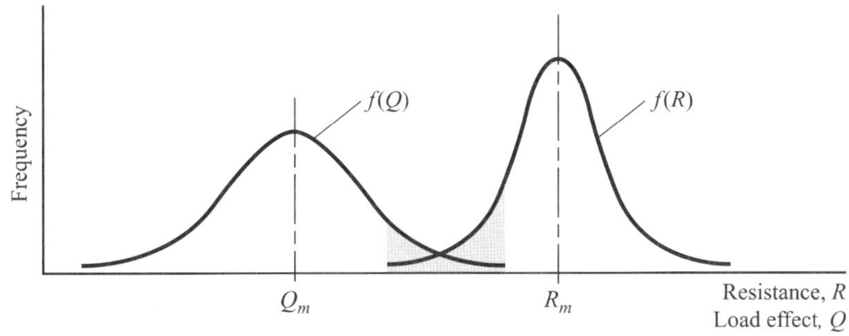

그림 1.16 • 확률분포, R 및 Q

표현은 두 곡선이 겹치는 영역을 나타낸다. 이 영역은 하중 효과가 저항을 초과하는 경우를 나타내고 그러므로 파괴의 발생을 정의한다. 구조물의 안전성은 겹쳐있는 이 영역의 크기에 대한 함수이다. 겹친 영역이 더 작을수록 파괴 확률은 더 작아진다.

데이터를 제시하는 것에 대한 또 다른 방법은 저항과 하중효과 사이의 차이점을 살펴보는 것이다. 그림 1.17은 그림 1.16과 같은 데이터를 보여주지만 $R-Q$로 제시하였다. $(R-Q)<0$인 모든 경우에 구조물은 파괴된다고 여겨지며, 이 차가 양수인 모든 경우에는 구조물이 안전하다고 여겨진다. 데이터의 제시에서 원점 왼쪽에 있는 회색 영역은 파괴 확률을 나타낸다. 파괴 확률을 제한하기 위해, 평균값 $(R-Q)_m$ 원점으로부터 적절한 거리에 유지되어야만 한다. 이 거리는 그림 1.17에 $\beta\sigma_{(R-Q)}$로 나타내었다. 여기서 β는 신뢰도지수이고, $\sigma_{(R-Q)}$은 $(R-Q)$의 표준편차이다.

데이터의 세 번째 표현은 그림 1.18에 나타난다. 이 경우에서 데이터는 $\ln(R/Q)$으로 표시된다. 데이터의 로그형은 좋은 조건의 표현이고, LRFD에서 필요한 계수의 도출에 더 유용하다. 만일 우리가 저항과 하중효과 데이터의 정확한 분포를 안다면, 파괴 확률은 직접적으로 신뢰도지수 β와 연결될 수 있다. 불행히도 우리는 비교적 적은 저항과 하중효과 구성요소의 실체 분포를 안다. 따라서 우리는 반드시 평균과 표준편차와 같은 데이터의 다른 특징에 의존해야만 한다.

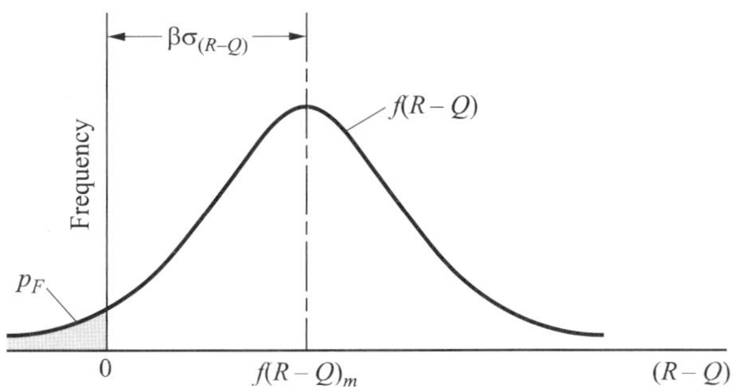

그림 1.17 • 확률분포

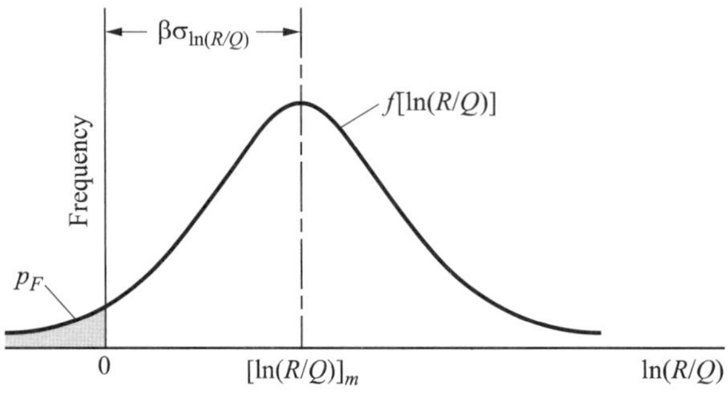

그림 1.18 • 확률분포

신뢰성의 적절한 수준을 설정하는데 필요한 통계분석은 적절한 기준위원회(specification committees)에 의해서 수행되었고, 얻어진 하중계수와 저항계수, 안전계수가 확립되었다. 각 한계상태에 대한 저항계수와 안전 계수는 기준(Specification)에 제시되어 있고 하중계수는 건축규준에 제시되어 있다. 그림 1.19는 균일한 모멘트를 받고 있는 조밀단면의 wide-flange 보의 신뢰도지수가 LRFD 및 ASD를 적용할 경우 활하중 대비 고정하중의 비율에 대해 어떻게 변화하는지를 보여준다. 이 그림은 활하중과 고정하중의 하중조합 및 시방서 개발에 사용된 것들과 일관성 있는 통계적 변동성에 기반하고 있다. 이 그림에서와 같이, LRFD 설계의 신뢰도지수가 ASD의 경우보다 다소 보다 균일함을 알 수 있고, 또한 활하중 대비 고정하중의 비율이 대략 3일 때 두 개의 설계방법은 같은 신뢰도지수로 접근함을 알 수 있다. 신뢰도지수가 높아질수록 구조물은 더욱 안전해 진다. 신뢰도지수 β값에 관계없이, 시방서 기준을 만족하는 구조물은 충분히 안전하다. 강구조 설계의 통계적인 기초에 대한 더 상세한 논의는 강구조물의 하중저항계수설계법(Load and Resistance Factor Design of Steel Structures)에서 찾아볼 수 있다.

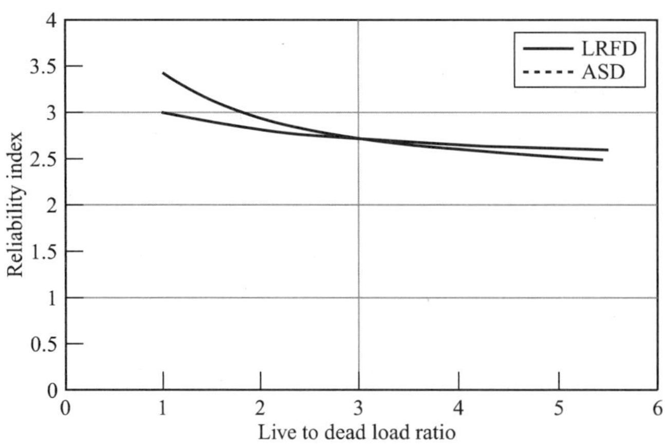

그림 1.19 • 균일모멘트를 갖는 조밀 와이드-플랜지 보의 신뢰도

1.13 한계상태

ASD 또는 LRFD의 설계법(design approach), 또는 역사상 1923년 또는 2007년에 설계가 실시된 기간에 관계없이 모든 설계는 구조의 성능 또는 이러한 하중에 저항하는 요소에 근거한다. 이 성능은 요소의 한계상태라고 불리는 요소가 하중을 얼마나 지지하는 정도와 파괴가 발생하는 방법과 직접적으로 관련된다. 각 구조 요소는 다양한 한계상태를 가질 수 있고 설계자는 이런 한계 상태 중 어떤 상태가 실제로 구조물의 강도를 제한하는지를 결정하도록 요구된다.

여기서 고려해야 할 두 종류의 한계상태가 있다: 강도 한계상태와 사용한계상태이다. 강도한계상태는 구조물 또는 구조물의 일부의 붕괴를 초래하거나 큰 변형으로 구조물이 적용된 하중에 더 이상 저항하지 못하는 경우의 한계상태이다. 강도한계상태는 시방서(Specification)에 의해서 확인되며, 지침(guidance)은 공칭강도(R_n), 안전계수(Q), 저항계수(ϕ)의 결정을 위해 제공된다. 시방서에서 발견되는 더 일반적인 강도한계상태의 예는 항복과 파괴, 좌굴이다.

사용한계상태는 강도한계상태보다 잘 정의되어 있지 않다. 사용한계상태가 초과되는 경우는 일반적으로 누군가가 불편해하는 일정 성능 수준에 도달했다는 것을 의미한다. 시방서는 건물의 기능과 외관, 유지보수, 내구성, 사용자의 편리성이 일반적인 사용하에 유지되는 상태로서의 L1 section에서 사용성을 정의한다. 사용성에 대한 설계를 다루는 시방서의 L장은 캠버(camber)와 휨, 이동(drift), 진동, 바람의 의한 운동, 팽창, 수축을 포함하고, 이 한계상태에서 특정한 한계가 설정되지 않았지만 고려해야할 항목으로 연결 미끄러짐을 포함한다.

강도와 사용한계상태는 고려되는 요소 또는 시스템에 맞게 이 책을 통해서 설명될 것이다.

1.14 건축규준 및 설계시방서

건축 구조물의 설계는 건축 규준이라는 일반적인 이름으로 알려진 많은 공식적이고, 법률의 문서에 의해 규제받는다. 이 규준들은 구조설계 측면에 한정되지 않고, 설계와 시공, 건물 운영의 모든 측면을 커버한다.

현재 미국에서는 ICC International Building Code와 NFPA 5000 Building Construction and Safety Code가 사용 중이다. 이 규준들은 민간 단체에 의해 발행되고 있으며, 관할 지역 내에 건설되는 건축물의 법적 요건으로 주 및 지방 정부에 의해 전체적으로 또는 부분적으로 채택되고 있다. 이런 설계 규준 이외에 도시 또는 기타 정부 기관은 자체 지역 건축 규준을 가지고 있다.

구조 설계사에게 건축 규준의 가장 중요한 부분은 설계에서 반드시 사용되는 하중과 특정 구조 재료의 사용과 관련된 요구 사항을 처리하는 것이다. 하중의 크기는 일반적으로 미국 토목학회인 ASCE-7에서 발행하는 국가기준(national standard)인 건축물 및 다른 구조물의 최소 설계하중으로부터 얻어진다. 비록 이러한 관습이 다른 정치 기관 하의 여러 곳에서 구조물 설계를 요구 받는 설계자에게 복잡성을 증가시키지만, 채택시에 ASCE-7에서 제시된 하중의 변경은 model code authority 또는 지역 건축 기관에서 할 수 있을 것이다.

AISC 시방서(AISC Specification)는 실질적으로 두 모델 건축 규준으로 포함된다. 따라서 시방서는 코드(code)의 일부가 되고, model code가 채택되는 어떤 장소에 대한 법적 요구 사항의 일부가 된다. 지역적으로 만들어진 건축 코드(building code)는 계속해서 존재하며, AISC 시방서는 일반적이고 실질적으로 이런 규준 내에 채택된다. 이런 채택을 통해 AISC 시방서는 모든 강구조물 설계에 반드시 적용되는 법적으로 구속력을 갖는 기준(standard)이 된다. 그러나 시방서 규칙(Specification rule)에 관계없이 사용자의 위험없이 안전하게 구조물이 의도된 하중을 지지할 수 있도록 하는 것은 설계자의 책임이다.

1.15 통합설계 프로젝트

이 장에서는 통합설계 프로젝트로서 이 책의 각 장에서 사용되는 건물을 소개한다. 오직 제한된 세트의 설계변수들이 이 시점에서 설정되는 개방형 설계 프로젝트이다. 이 프로젝트는 강의자의 뜻에 맞추어질 수 있도록 여러 옵션들이 다음 장에서 제시될 것이다.

이 건물은 4층 오피스 건물이고 그레이드(grade) 밑에 한층 을 가진다. 대략 41°N 위도 및 77°W 경도의 펜실베니아 Williamsport에 위치한다. 그레이드 위의 층별로 대략 25,500 ft^2를 가지는 102,000 ft^2의 건물이다. 첫 세 번째 층에 대해, 층간 높이는 13 ft 6 in 이다. 맨 윗층에 대해, 층에서 지붕까지의 높이는 14 ft 6 in 이다. 그레이드 밑의 층간 높이는 15 ft 6 in 이다. 파사드(facade)는 경량의 금속재 커튼벽으로 지붕표면으로부터 2 ft 연장되어 있으며, 기계적 장비 및 지붕 접근(access)을 숨기기 위하여 지붕의 중간 베이(bay) 주변에 6 ft의 스크린이 있다.

건축설계팀과의 기본적인 논의를 토대로, 이 설계는 그림 1.20에 보이는 바와 같이 동-서 방향으로는 30.0 ft, 북-남 방향으로는 45.0 ft, 30.0 ft, 45.0 ft 베이 사이즈로 시작할 것이다. 층과 지붕을 대표하는 골조평면은 그림 1.21~1.23에 보여진다. 첫 번째 층에 2층 아트리움을 수용하기 위해 두 번째 층의 골조평면은 기둥 라인 A, C, 4 및 5로 에워 쌓인 오프닝(opening)을 보여준다. 횡하중 저항시스템은 동－서 방향으로는 모멘트골조, 북-남 방향으로는 가새골조로 구성되어 있다.

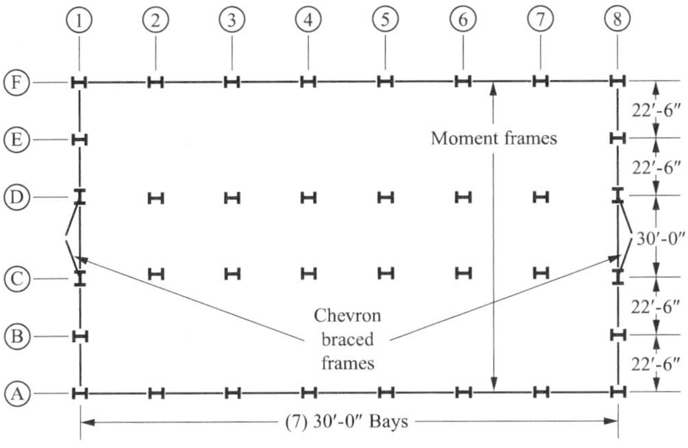

그림 1.20 • 통합설계문제를 위한 개략적 평면도

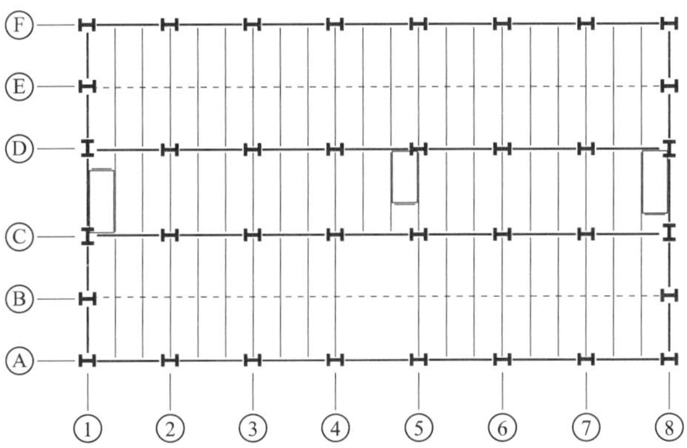

그림 1.21 • 2층 골조 평면

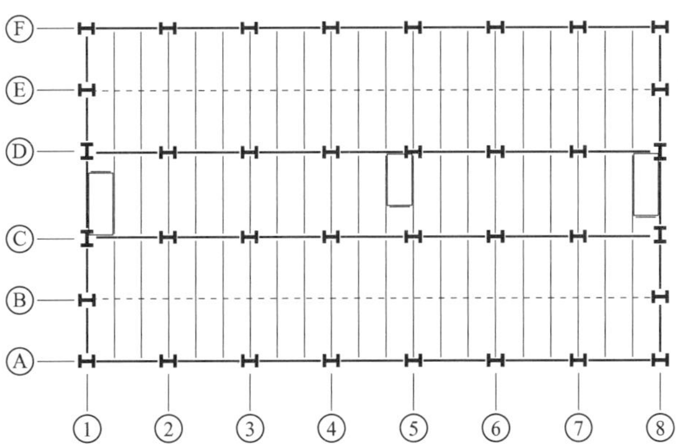

그림 1.22 • 1층, 3층, 4층 골조 평면

오늘날의 구조해석 및 설계는 대부분 통합된 해석 및 설계 소프트웨어의 사용을 통해 수행된다. 그림 1.24는 주어진 예비 골조시스템의 완성된 3차원 모델의 예를 보여준다. 그림 1.25는 수직하중만을 받은 구조요소들이 제외된 같은 컴퓨터 모델의 결과를 보여준다.

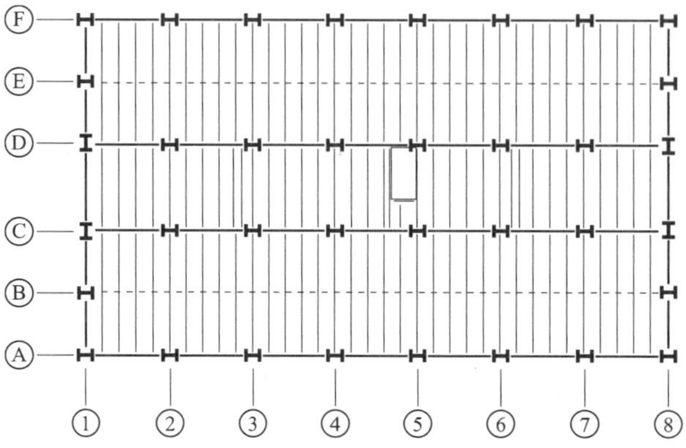

그림 1.23 • 지붕 골조 평면

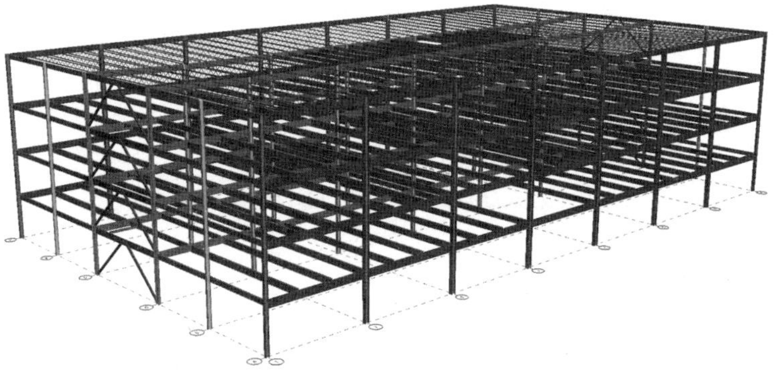

그림 1.24 • 완성구조의 2차원 컴퓨터 모델

그림 1.25 • 횡하중 저항 시스템만을 보여주는 3차원 컴퓨터 모델

1.16 연습문제

1. Where could one find information about the provisions of the 1961 AISC Specification?

2. What resource would be most likely to assist in the determination of properties of a steel member found in a building built in 1954?

3. List and define the three basic goals of a design team for the design of any building.

4. All structures are composed of some or all of five basic structural types. List these five basic structural components and provide an example of each.

5. Provide an example of each of the following types of construction. To the extent possible, identify specific buildings in your own locale.

- **a.** Bearing wall
- **b.** Beam-and-column
- **c.** Long-span
- **d.** High-rise
- **e.** Single-story

6. What type of structural system uses the combined properties of two or more different types of materials to resist the applied loads?

7. List and describe two types of lateral bracing systems commonly used in high-rise buildings.

8. In designing a steel structure, what must be the primary concern of the design engineer?

9. Provide a simple definition of structural design.

10. Describe the difference between a strength limit state of a structure and a serviceability limit state.

11. Give a description of both the LRFD and ASD design approaches.

12. Provide an example of three strength limit states.

13. Provide an example of three serviceability limit states.

제 2 장

하중, 하중계수 하중조합

2.1 서론

AISC 설계시방서와 같은 재료 설계기준은 일반적인 설계를 위한 기초로 사용되는 하중의 크기를 규정하지는 않는다. 이러한 하중들은 건물의 사용용도 및 종류에 따라 관련 건축 기준을 통해 정하고 있고 그 크기는 해당 지방, 지역 또는 국가의 법률에 의해 결정된다.

이러한 건축기준 하중들은 공칭 값으로 주어진다. 공칭 값의 실제하중 크기는 설계기준에 제시된 값과 다르지만 설계에서는 공칭 값을 사용한다. 공칭이라는 용어는 본 교재에 후술될 강재의 공칭깊이에 사용되어지는 용어와 동일한 것이다. 이러한 공칭 값은 재료의 특성에 따른 사하중, 활하중, 설하중과 풍하중에 대한 기상 데이터와 지진과 지진 하중의 특성에 따라 결정되어 진다. 이에 대한 하중의 상세한 설명은 2.2절에서 설명한다. 일반적으로 코드에 제시된 하중 값은 최대 또는 안전측으로 주어지는데 이는 구조물이 허용할 수 있는 하중이 초과되지 않도록 임의의 시점에서 구조물에 주어지는 하중을 합리적으로 설계하기 위한 것이다. 이러한 다소 높은 하중 레벨은 모든 구조물의 하중이 시간과 하중 종류에 대한 함수와 같이 어떤 임의의 편차를 나타낸다는 것을 설명한다.

하중에 대한 임의의 편차를 명확히 해결하기 위해, 시간과 공간의 상호 의존성을 반영하는 분석이 반영되어야 한다. 우리는 이것을 확률론적 분석이라고 한다. 많은 연구들이 이러한 복잡한 문제를 다루었으며, 특히 건물의 활하중과 관련된 분야를 주로 다루고 있다. 그러나 시간에 따른 하중의 변화를 적용하는 것은 매우 번거로운 것이며, 최종 설계시 안전성과 경제성에 큰 영향을 미치지 않는다. 건축설계기준은 설계조건에 따라 이러한 하중의 크기를 제시하고 있다. 시간과 공간의 변화는 최대 하중이 일정한 기준이나 재현기간 동안 발생하는 것을 정량화하여 나타낸다. 예를 들면, 캐나다 기준은 30년의 간격을 사용하고, 미국의 적재 하중 기준은 50년을 기준으로 하고 있다. 구조물의 지리적 위치는 눈, 바람 또는 지진에 의한 것 등 여러 가지 하중 유형을 고려해야 하는 중요한 인자이다.

2.2 건물하중의 종류

건축구조물에는 여러 종류의 하중이 작용할 수 있고, 각 하중종류에 대한 상세 데이터는 나중에 제시한다. 건축물 설계자에게 주요 관심인 하중의 종류는 다음을 포함한다.

1. 사하중 (Dead load)
2. 활하중 (Live load)
3. 설하중 (Snow load)
4. 풍하중 (Wind load)

5. 지진하중 (Seismic load)
6. 특수 하중 (Special loads)

이러한 주요 하중들은 건축 기준법에 의해 그 크기와 변동성 등이 특성화되며, 이는 다음 단락에서 설명한다.

2.2.1 사하중

이론적으로는 구조물의 자중, 즉 사하중은 구조물의 사용기간 내내 일정하게 작용하고 있다. 사하중은 구조물의 자중, 거푸집공사, 파티션, 바닥, 천장재, 기계 기타장비 등 모든 건축자재의 무게를 포함하는 것을 말한다. 이러한 사하중은 실제 구조물에 사용되는 요소의 가중치를 정확하게 산출하는 경우에는 설계에 사용되는 값과 다를 수 있다.

모든 사하중 요소의 무게는 실제로 정확하게 구조물을 구성하는 각종 부재를 측정함으로써 결정할 수 있다. 하지만 이러한 측정은 경제성이 없는 방법이며, 대부분의 설계자들은 일반적으로 설계기준 등에 제시된 정량화된 사하중을 사용한다. 이러한 사하중 값은 ASCE7과 같은 코드에서 확인할 수 있다. 실제 구조물에서는 사하중의 변화가 발생하기도 한다. 마찬가지로, 이러한 변화의 차이는 동일한 구조물에서도 발생하기도 한다. 그러나 다른 구조적인 하중에 비해 사하중은 그 변동 폭이 비교적 작고, 실제 평균값은 설계기준에 제시된 데이터와 유사하므로 대부분 설계값을 사용한다.

2.2.2 활하중

활하중은 구조물 위에 발생하는 비 영구적인 모든 것들을 말한다. 이것은 건물을 사용하는 사용자의 체중, 가구 및 이동 가능한 시설 외에 구조물에 발생할 수 있는 예기치 않은 모든 것들이 포함되어 있다. 활하중은 매우 가변적으로 변동을 한다. 구조물에 사용기한 동안에 거주자가 위치하고 있는 부분에 최대의 활하중이 작용하기 이전에 시작은 0에서부터 변하기 시작한다. 설계에 사용되는 활하중의 크기는 건물설계기준 등에서 얻을 수 있다. 구조물에서 발생하는 실제 활하중은 언제든지 건축기준법에서 제시된 것과 다를 수 있다. 이러한 이유로 실제 건물에서 발생하는 활하중의 변화를 정량화하기 위해 많은 시도를 하였다. 비록 공칭(nominal) 활하중은 수년간 현대적인 설계코드에서 그 규정이 불변의 상태로 있었으나 건물에 실제적으로 적용되고 있는 활하중은 상황에 따라 적절하게 저항하도록 특정한 레벨에서의 값으로 설계되어 사용된다.

임의의 시점에서 구조물에 주어지는 실제의 활하중을 적재하중(arbitrary point-in-time live load)이라 부른다. 그림 2.1은 활하중 조사에서 얻을 수 있는 구조물에서 적재 하중의 변화를 나타내고 있다. 건축 기준에서 제시된 하중은 항상 건물의 조사에서 측정된 실제 하중보다 높다. 이러한 하중은 특정 점유율에 연관된 상대적으로 영구적인 설치물 및 가구에서 비롯되고 지속적인 활하중(SSL)이라고 부를 수 있다. 활하중은 공간에 따라 가변적이며 시간에 따라서 그 양이 가변적으로 변한다. 이러한 다양한 활하중을 임시활하중(TTL)이라고 한다.

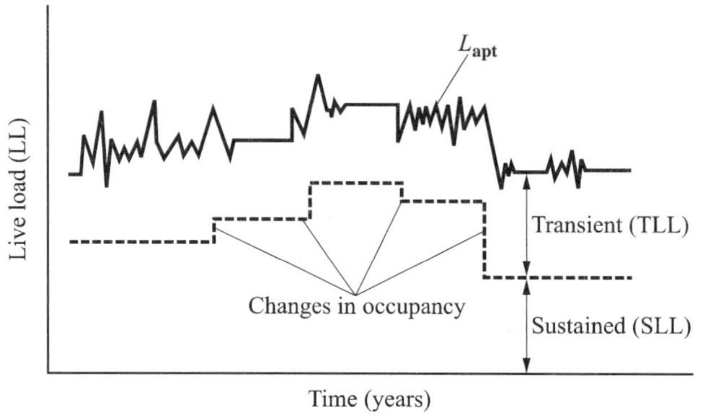

그림 2.1 • 시간에 따른 활하중의 변동

2.2.3 설하중

설하중은 활하중의 형태로 간주할 수도 있지만 그 크기와 분포를 기준으로 산정한다. 이는 다양한 지리적 요건과 기후, 건물의 노출범위, 건물의 형상 등에 따라 달라진다.

일반적으로 설하중의 크기에 대한 데이터는 지상에 쌓인 눈을 동일한 깊이의 영역으로 나타낸 선지도에 근거하여 산정하고 있다. 이 방법은 수 년 동안 쌓인 눈의 크기를 계산하여 매년 극단적인 강설량을 결정하고 있다. 이러한 데이터는 통계 모델을 통해 분석된 것으로 예상되는 수명의 최대 설하중을 산정할 수 있으며, 재현 기간은 50년을 기준으로 산정한다. 설하중은 지붕 위에 쌓인 설하중을 지상의 설하중으로 변환할 경우 어려움이 발생한다. 이러한 경우 지붕의 모양과 지붕의 열 특성의 종류를 고려한 인자를 곱하여 지상의 설하중으로 변환하는 반 경험적인 식을 사용하여 변환한다. 설하중에 대한 연구는 적절한 설하중의 하중계산방법을 개선하고 강설 데이터를 수집하기 위해 계속되고 있다.

2.2.4 풍하중

본질적으로 바람은 매우 역동적인 자연현상이다. 이러한 이유로 구조의 관점에서 보면 바람은 매우 복잡한 문제이다. 바람의 크기는 크게 변화하며 높이, 폭, 깊이, 평면도 및 입면의 형태, 주변 경관을 포함한 구조물의 형상에 의해 영향을 받는다. 풍하중 분석의 기본적인 건축 설계법은 풍압에 풍속을 변환하는 베르누이 방정식을 사용하여 정적 부하 문제로 풍하중을 처리하는 것이다. 설하중에 사용한 것과 같은 방식으로 돌풍, 지형 및 구조 기하학 등의 효과를 보여주는 많은 요인을 반 경험식과 같은 함수로 일정한 수준에서 변환해서 사용한다.

풍하중을 결정하는데 사용되는 데이터는 측정된 풍속에 근거를 두고 있다. 3초 동안 풍속을 측정한 기상 데이터는 33 ft의 표준 높이로 측정된 미국의 데이터를 사용하고 있다. 이러한 데이터는 필요에 따라 300년, 700년 또는 1700년의 장기적인 특성을 모델링 하는데 사용되어 진다. ASCE 7과 모델코드는 바람의 힘을 계산할 수 있는 기초로 사용되는 맵을 제공하고 있다. 지역적인 특성은 종종 바람의 특성을 결정하기 때문에 이러한 계산을 완화하기 위하여 특별한 주의가 필요하다. 또한, 일부 건물들은 풍하중의 크기를 결정할 때 주의하여 계산할 필요가 있다. 이러한 경우에는 풍하중에 대한 구조설계 전에 풍동시험을 실시하여 계산에 사용하기도 한다.

2.2.5 지진하중

지진하중의 효과를 산정하는 것은 매우 복잡하다. 특정한 구조에 지진 재해가 발생했을 경우 이에 대한 영향을 미치는 많은 요인들이 존재하므로 높은 가변성을 가진다. 건물의 경우 지진하중에 의해 지상의 변위가 이동한 결과이기 때문에 관성효과가 고려되어져야 한다.

대부분의 건물은 지진하중의 동특성을 반영한 정하중을 사용하여 등가 정하중의 크기로 지진의 영향을 고려하여 계산이 가능하다. 지진하중의 다양한 특징들은 정하중으로 치환할 때 정확한 크기를 설정하면서 정량화 할 필요가 있다. 이러한 정하중들은 지진동 응답 스펙트럼의 지진특성과 특정 프로젝트를 위한 구조 및 지역의 특성 등의 다양한 요인들이 포함되어 있다. 현재 여러 국가에서 여전히 오래된 모델 코드를 사용하기 때문에 현재의 구조물에는 지진하중 결정에 보다 더 다양한 방법을 도입해야 한다. 또한, 국가의 모든 지역에 대한 내진 설계의 요구사항이 몇 년 전에 비해 더 많은 구조물의 다양한 요구사항을 만들고 있기 때문에 이에 대한 필요성이 대두되고 있다.

2.2.6 특수 하중

몇몇 다른 하중들은 특정 상황에서 특정한 구조물에 사용되기 때문에 중요하다. 이러한 하중들은 충격하중, 폭발하중, 그리고 열 효과에 의한 하중이 있다.

충격

대부분의 건물에 작용하는 하중은 정적이거나 어떤 특정 하중을 발생하는 요인이 움직여서 이와 관련되어 운동 에너지를 발생하고 매우 느리게 구조물에 작용하는 것을 말한다. 예를 들어, 방에 들어가는 사람은 실제로 자신의 움직임에 의해 구조물에 동적 부하를 발생시킬 수 있다. 그러나 개별적인 크기와 느린 움직임 때문에 실질적으로 발생하는 운동 에너지는

0이다.

하중의 크기가 크고, 또는 그 양이 매우 크거나 급격한 하중의 이동 등으로 인해 구조물에 영향을 미칠 경우 그에 대한 에너지의 영향을 고려하여야 한다. 충격하중으로 불리는 이 현상은 이동 질량이 운동 에너지로 발생하고 이는 구조적 하중으로 변환된다.

기계의 경우 속도에 따라 충격의 효과가 발생하는 구조이기 때문에 높은 하중을 받게 되므로 특히 중요하다. 크레인, 엘리베이터, 인쇄기 등의 장비는 충격하중에 대해 설계 시 고려되어야 한다. 또한, 높은 진폭의 충격하중에 의해 발생하는 진동도 구조물에 작용할 수 있는 하중의 하나로 고려되어 설계되어 진다. 실제로 보행 등 일반 활하중 점유율이 설계 하중의 크기로 산정할 수는 없지만 이러한 활동에 의해서 진동의 가능성은 어떠한 형태의 하중으로 설계되어 대체되어야 한다.

폭발

건물 폭발의 영향은 21세기 이후 설계 시 매우 중요한 고려대상이 되고 있다. 폭발에 의한 현상은 일반적인 구조물에서 자주 발생하지는 않지만 특정 상황에서는 고려되어야 한다. 휘발성 제품이 생산되는 산업 시설의 경우 설계단계에서 폭파에 대한 영향을 고려하도록 설계되어 있다. 그러므로 이러한 구조물은 폭발하중에 저항하기 위해 폭발의 크기를 결정하는데 주의를 기울여야 한다.

2001년 9월 11일 세계무역센터와 펜타곤에 대한 공격 이후 테러에 대한 위협이 인식되고 있다. 설계 엔지니어는 이러한 특정 위협이 특정 구조의 설계에 영향을 미치는 정도를 고려해야 할지 말지를 결정해야 한다. 하지만 이러한 폭발에 대한 분석 및 영향에 대한 설계 데이터는 한정되어 있다. 현재 폭발의 영향에 대해 강도를 결정하는데 도움이 될 설계지침을 수립하기 위해 다양한 연구가 진행되고 있다.

열효과

강재는 구조물의 경계부나 구속되어 있는 부분의 경우 온도 변화에 따라 구조물에 상당한 하중으로 작용될 수 있다. 대부분의 구조물은 다른 하중들보다 열에 의한 영향은 적게 고려되고 있다. 온도변화에 의한 부재의 움직임은 길이에 비례하기 때문에 신축이음을 사용하여 제어한다. 하지만 이러한 신축이음이 허용되지 않는 경우는 열에 의한 영향이 반드시 고려되어져야 한다.

AISC에서는 화재에 노출된 강구조물의 설계에 대한 지침을 포함하고 있다. 부록 4에서는 화재 상황에 대한 구조용 부품, 시스템 및 골조 설계와 평가에 의한 기준을 제공하고 있다. 현재 건물의 설계 시 화재에 대해서는 일반적으로 실험 등에 의해 설계하고, 규범적인 접근 방법을 통해 고려되어 진다. 화재 시 실제 열에 의한 영향을 고려하려면 시방서는 엔지니어의 분석을 통해 설계를 허용한다.

2.3 건물하중의 결정

건물의 하중 종류가 일단 분류되면 그 크기가 결정되어야 한다. 크기를 결정하는 방법은 각각의 하중별로 적용 가능한 건축 기준에 의해 설정되어 진다. 다음은 건물의 하중 크기를 결정하기 위한 일반적인 지침을 기술하고 있으며, 세부적인 내용은 해당 건물의 설계 시 설계기준을 참고해야 한다.

2.3.1 사하중

사하중을 결정하는 것은 매우 간단할 수도 있고 복잡해질 수도 있다. 해석이 수행되기 전에 구조 시스템 요소의 크기가 알려진 경우 구조해석에 실제 재료의 무게를 결정하고 적용한다. 일반적인 건축 재료의 단위중량은 표 2.1에 제시되어 있다. 매뉴얼 표 17.13과 ASCE 7의 표 C3-1은 건축 자재의 무게를 제공하고 있고, 각 제품의 카탈로그는 재료에 대한 단위 중량 등을 제공하고 있다.

구조물 설계 시 초기 단계에서 구조물의 자중을 추정하기 위해 재료의 특성 등을 파악하여 고려할 필요가 있으며 반복적인 설계과정을 통해 합리적인 설계를 진행해야 한다.

표 2.1 일반적인 건물 재료의 단위 중량

재료	단위중량(lb/ft^3)
알루미늄	165
벽돌	120
콘크리트	
골재로 강화	150
60%공극	87
강철	490
나무	
전나무	32 − 44
합판	36

2.3.2 활하중

앞에서 기술한 것과 같이 활하중의 크기는 적용 가능한 건물의 설계에 의해 산정된다. 표 2.2는 구조물의 종류에 따라 최소 등분포 하중을 제공하고 있다.

표 2.2 건물 설계를 위한 최소 등분포 하중

사용	하중 (lb/ft^2)
평평한 천장	20
주택, 아파트, 호텔, 교실	40
사무실	50
복도	80
강당	60
소매점	75 − 100
지붕 없는 외야석	100
도서관 굴뚝	150
중공업 창고	250

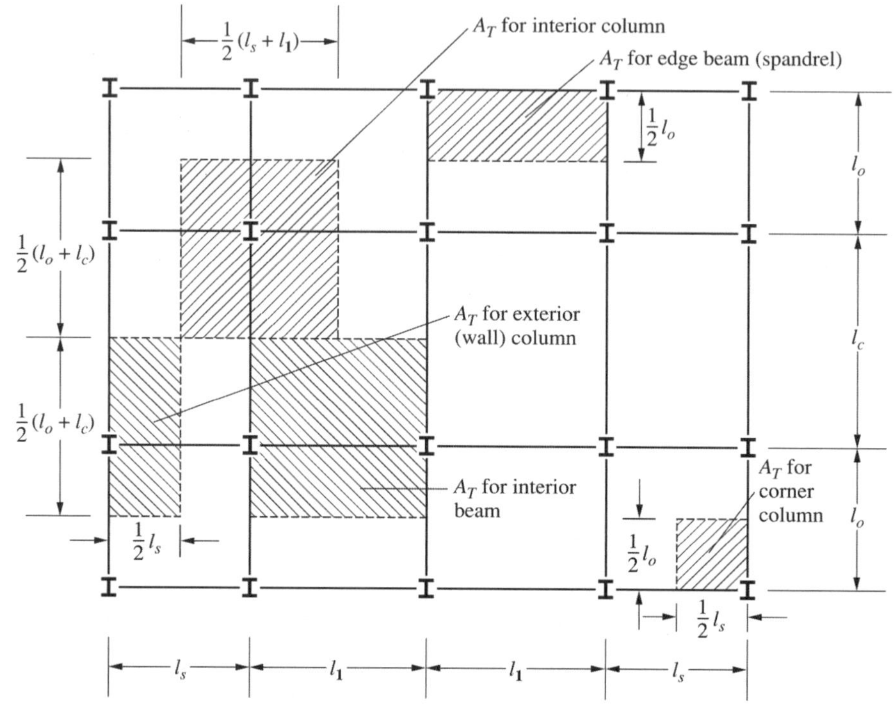

그림 2.2 • 일부 구조부재에 대한 단순화된 분포면적

설계에서 특정 요소의 하중을 결정하는 간단한 방법은 지류 영역 A_T의 사용이다. 지류영역법은 실제 평형 계산을 수행하지 않고 구조 요소의 하중을 시각화하는 방법이다. 이는 기본적으로 평균적인 분석에 의한 것이기 때문에 실제와 동일한 결과를 제공하지는 않는다. 일부 구조 부재의 단순화된 지류 영역은 그림 2.2와 같이 나타내었다.

표 2.3 활하중 성분 인자, K_{LL}^{a}

성분	K_{LL}
내부 기둥	4
외부 기둥 (캔틸레버 슬래브 없는)	4
가장자리 기둥 (캔틸레버 슬래브 있는)	3
모서리 기둥 (캔틸레버 슬래브 있는)	2
가장자리 기둥 (캔틸레버 슬래브 없는)	2
내부 보	2
위에 포함되어 있지 않은 다른 모든 부재	1
모서리 보 (캔틸레버 슬래브 있는)	
캔틸레버 보	
일방향 슬래브	
이방향 슬래브	
연속적 전단전달 부재들	

지류 영역의 개념은 부재의 하중을 결정하기 위해 사용될 수 있지만, 이보다 중요한 개념은 A_I 영향영역이다. 이는 하중이 주요 부재에 영향을 미치는 영역을 반영하기 위한 것으로 중요한 영역이 된다. 영향영역 외부에 가해지는 하중은 계산 시 검토되는 부재에 영향을 미치지 않는 것으로 계산된다. ASCE 7에서 정의된 표 2.3은 몇 가지 구체적인 구조 요소의 $A_I = K_{LL}A_T$에서의 지류영역과 영향영역 사이의 관계를 제공하고 있다. 이 표의 값 중 일부는 실제 관계에 대해 단순화하고 실제 영향 범위를 계산하기 위해 이용되고 있다.

특정부재에 의해 영향범위가 증가할수록 전체 구조물의 공칭 활하중이 실제 구조물에 영향을 줄 가능성은 감소한다. 그리고 모든 영역의 가능성을 예측할 수 없기 때문에 지정된 하중의 크기는 재하영역을 고려하지 않고 설정되어 있다. 따라서 표의 값은 환원되지 않은 공칭적재하중이라고 할 수 있다. 영향영역의 크기를 고려하고 이를 통해 실제 적재 하중과 같이 현실적인 예측을 제공하기 위해 활하중 감소계수가 도입되고 있다.
400 ft^{2}보다 큰 영향영역에서 활하중은 감소식에 의해서 작아질 것이다.

$$L = L_0\left(0.25 + \frac{15}{\sqrt{A_I}}\right) \tag{2.1}$$

여기서, L = 감소된 활하중
L_0 = 명시된 코드에서의 공칭활하중
A_I = 영향영역

이 활하중 감소의 사용 시 그에 대한 한계는 ASCE 7에 설명되어 있다. 가장 중요한 한 가지는 L이 한 층을 지지하는 부재에 대해 $0.50L_0$보다 더 작지 않은 것이고 한 층보다 많이 지지하는 부재들에 대해서는 $0.40L_0$보다 더 작지 않은 것이다.

2.3.3 설하중

지붕의 설하중 산정은 건물의 접지 설하중의 결정에 의해 시작된다. 표 2.4는 선택한 위치 S의 전형적인 지상 적설 하중값을 제공한 것으로 적절한 건축 기준이 형태별로 마련되어 있다. 그러나 강설의 깊이는 매우 국부적인 현상이며 이에 대한 가변성을 고려하여 그 값을 산정하는 것은 적절하지 않은 것이다. 이러한 상황에서는 지역별로 요구사항을 확인하여 결정해야 한다. 지붕 설하중의 결정은 복잡하고 많은 방법이 사용되고 있다.

ASCE 7에서는 평평한 지붕에 쌓인 설하중의 경우 다음과 같은 식을 고려하여 산정하고 있다.

$$p_f = 0.7C_eC_tI_sp_g \tag{2.2}$$

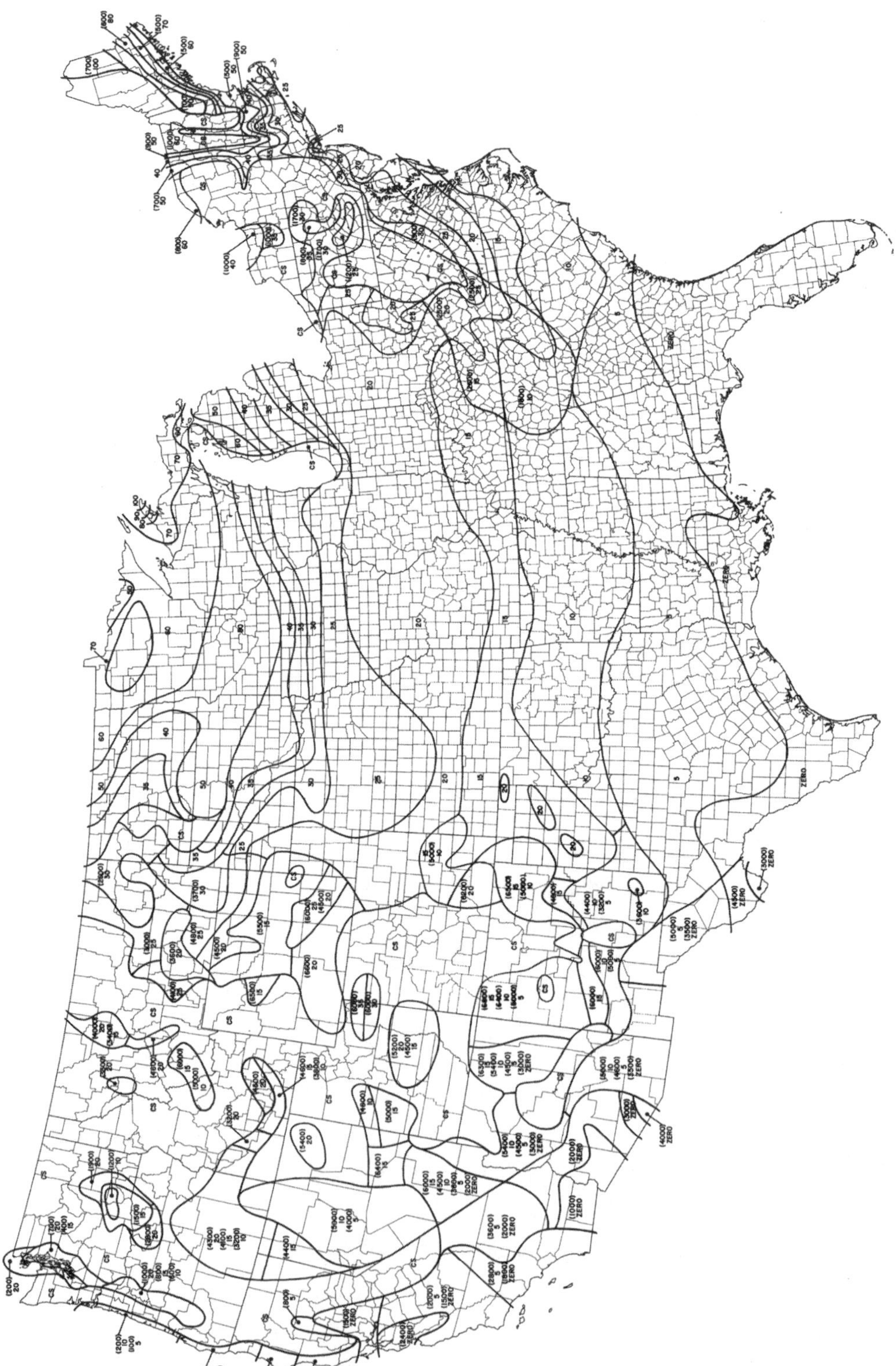

그림 2.3 • 설하중 지도(ASCE 7-10)

여기서, p_g는 그림 2.3에서와 같이 해당 지역에서 결정되어지는 지상 적설 하중이고, C_e는 노출인자, C_t는 열에 의한 영향, I_s는 중요도 계수를 나타낸다. 또한, 지붕의 구조, 추가 하중을 포함한 영향을 포함하여 지붕 설하중의 결정을 산정하고 있다. 적용 가능한 건축 기준과 ASCE 7은 설하중의 결정에 대한 완전한 설계를 위해 반드시 참고하여야 한다.

표 2.4 특정 지역의 설하중, p_g^a

위치	하중 (lb/ft^2)
탈킷나, 알래스카	120
포틀랜드, 메인주	60
미니애폴리스, 미네소타주	50
하트퍼드, 코네티컷주	30
시카고, 일리노이주	25
세인트루이스, 미주리주	20
롤리, 노스캐롤라이나주	15
멤피스, 테네시주	10
애틀랜타, 조지아주	5

2.3.4 풍하중

풍하중의 계산은 설하중 및 기타 지리적으로 연결된 환경적인 요인에 의한 하중과 마찬가지로 건축 기준법에서 제공하고 있는 3초 풍속하중지도를 기준으로 산정하고 있다(그림 2.4).

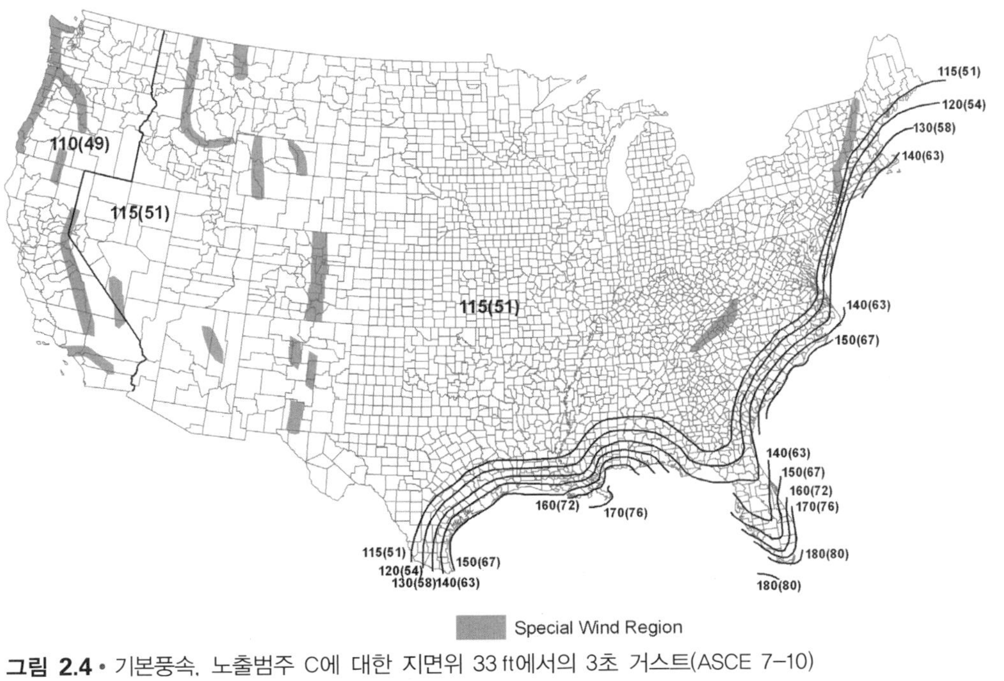

그림 2.4 • 기본풍속, 노출범주 C에 대한 지면위 33 ft에서의 3초 거스트(ASCE 7-10)

표 2.5 지역별 대표 풍속과 그에 따른 동압

위치	풍속(mph)	동압(lb/ft^2)
마이애미, 플로리다	170	74.0
휴스턴, 텍사스	130	43.3
뉴욕, 뉴욕	120	36.9
시카고, 일리노이주	115	33.9
샌프란시스코, 캘리포니아	110	31.0

표 2.5는 다양한 풍속을 가진 일부 선택된 위치에 대한 풍속 데이터를 제공하고 있다. 이러한 데이터는 적절한 설계 풍하중을 결정하기 위해 지정된 건물에 대한 풍압으로 변환해야 한다. 이러한 변환은 지면으로부터의 건물 높이, 위치의 상대적인 지형, 그리고 탁월풍의 방향 등이 중요한 인자로 작용하고 있다.

ASCE 7-10에서의 풍력저항시스템(MWFRS)은 설계풍하중의 결정을 위한 방법을 제시하고 있다. 풍하중이 건물의 높이별로 작용하는 방향성의 단계(ASCE 7-10, 제 27장)는 속도 압력에 맞추어 데이터를 변환하고 있다.

$$q_z = 0.00256 K_z K_{zt} K_d V^2 \tag{2.3}$$

여기서, q_z = 특점 지점에서의 속도압

K_z = 노출계수

K_{zt} = 지형인자

K_d = 방향성계수

V = 풍속

식 (2.3)에 의해서 속도압이 결정되면 이를 외부 설계풍압으로 바꿔줘야 한다. MWFRS에서 다음 식에 의해 구해진다.

$$p = qGC_p - q_i(GC_\pi) \tag{2.4}$$

여기서, p = 설계 풍압

q = 벽의 위치와 높이의 기능에 따른 식 (2,3)에 의한 속도압

q_i = 평균 천장 높이에서 식 (2,3)에 의한 속도압

G = 돌풍률

C_p = 압력계수

GC_{pi} = 내부압력계수

구조에 적용되는 실제적인 힘은 지류영역에 대한 설계 풍압의 곱으로 구할 수 있다. 바람의 방향성을 설명하기 위해서, ASCE 7-10에서는 풍하중을 12개의 다른 방향과 규모에서 건

물에 적용해야 하는 것으로 명시되어 있다. 다양한 지역의 건축법들은 풍하중 결정을 위한 다른 요구사항을 가지고 있기 때문에 설계자는 규제법에 명시되어있는 조항을 검토해야만 한다. 만약 그 지역의 특별한 건축법이 없다면, ASCE 7의 규정을 사용해야만 한다.

2.3.5 지진하중

지진하중에 의한 내진설계는 하중 분류 중에서 가장 빠르게 변화하고 있는 영역이다. 지진 응답에 대한 동적 분석은 많은 연구가 있었으나 일반적으로 정하중을 이용하여 그 현상을 모델링할 수 있으며 ASCE 7에서는 건물의 기본전단력을 결정할 때 다음 식과 같이 정의하고 있다.

$$V = G_s W \tag{2.5}$$

여기서, V = 기본 전단
C_s = 지진 응답 계수
W = 전체 빌딩의 자중

지진 응답 계수는 다음 식에 의해 결정된다.

$$C_s = \frac{S_{DS}}{(R/I_e)}$$

아래 식보다 클 필요는 없다.

$$C_s = \frac{S_{D1}}{T(R/I_e)} \tag{2.6}$$

여기서, S_{DS} = 단 기간 설계 스펙트럼 가속응답
S_{D1} = 1초 설계 스펙트럼 가속응답
T = 건물주기
R = 응답수정계수
I_e = 중요도 계수

설계자는 강구조물이 지진력에 저항하기 위해서 응답수정계수 R을 적절하게 잘 선택해야 한다. 일반적으로 $R=3$으로 선택하는 경우, 내진규정을 사용하지 않고 AISC 사양에 따라 설계하기도 한다. 3보다 큰 R값이 사용되는 경우, 또는 이보다 큰 값이 필요한 경우의 설계는 AISC 341-10에 주어진 규정에 따라 진행되어야 한다. 이러한 내용은 13장에서 자세히 설명한다. 여기서 언급된 다른 환경에 의한 하중과 같이 지진 응답에 대한 하중결정의 세부사항은 해당 건물코드에서 찾아서 설계해야 한다. ASCE 7-10에 제시된 지진하중은 네 가지 방향으로 구조물에 적용하는 것으로 되어 있다.

2.4 ASD 및 LRFD의 하중조합

건축 구조물을 설계할 때 하중의 크기를 정하는 것 외에도 개별적으로 정의된 하중이 최대 하중효과를 얻도록 이를 결합하는 방법을 지정해야 한다. 모든 하중이 동시에 최대로 작용할 가능성이 높지 않기 때문에 가중 중요한 하중을 조합하여 결정하는 과정이 반드시 필요하다. 예를 들어, 풍하중의 영향이 지배적인 구조물에서는 쌓인 눈 중의 일부가 날아가는 현상이 발생하므로 최대 적설하중과 최대 풍하중이 동시에 발생할 수는 없다. 또한, 최대 풍하중과 지진하중이 동시에 발생하는 경우도 드물다. 따라서 건축 기준법에서는 하중이 결합되면 어떤 크기로 적절하게 고려해야하는지를 제시하고 있다. 하지만 건축 기준의 경우 일반적인 경우를 모두 포함하고 있지 않기 때문에 특정 조합들에 대한 결정이나 상황에 맞는 하중 조합은 설계자의 판단으로 이루어져야 한다.

AISC에서 다루는 두 가지 설계 개념은 현재의 건축 기준으로 하중을 조합하기 위한 두 가지 방법의 직접적인 결과이다. ASD는 허용응력설계를 위한 것으로 ASCE 7에 정의된 하중의 조합을 사용하고 있고, LRFD는 강도 설계를 위하여 하중을 조합하여 사용하고 있다. 일반적으로 허용응력 설계를 위한 ASCE 7 규정은 2.3절에서 언급한 하중의 크기를 포함하여 공칭 또는 유지 보수 측면에서 기술하고 있다. 이러한 하중의 조합은 역사적으로 탄성응력 분포하에서 하중 효과를 결정하는데 사용하고 그 응력이 항복응력 또는 극한 응력 중 하나와 허용응력과의 비교를 하고 있다. 사하중, 활하중, 풍하중, 설하중, 지진하중 등은 ASCE 7-10의 2.4절에 제시된 하중조합을 포함하여 ASD에서는 다음과 같이 기술하고 있다.

1. 사하중
2. 사하중 + 활하중
3. 사하중 + 지붕 활하중
4. 사하중 + 0.75활하중 + 0.75 지붕 활하중
5. 사하중 + (0.6 풍하중 또는 0.7 지진하중)
6. 사하중 + 0.75 활하중 + 0.75(0.6 풍하중 또는 0.7 지진하중)+0.75 지붕 활하중
7. 0.6 사하중 + 0.6 풍하중
8. 0.6 사하중 + 0.7 지진하중

하중조합 3, 4 그리고 6에서는 지붕 활하중이 지배적이며 이때의 지붕 활하중은 지붕 적재하중, 설하중 또는 우하중 등을 의미한다. 그리고 하중조합 6은 지진하중이 작용하는 경우 이외에의 지붕 활하중에 오직 설하중만을 고려한다.

현재 AISC의 경우 과거 설계와 같이 탄성응력분포에 한정되어 사용하는 것은 아니다. 현재의 설계는 더 이상 강도기반에 의한 설계가 아니기 때문에 탄성 응력 분포에 대한 고려 이상의 것이 요구되고 있다. 이는 하중 조합의 사용에는 영향을 주지는 않지만 이전 탄성영

역 내에서의 설계를 주로 했던 설계자에게는 역사적 의의를 가질 수 있다.

ASCE 7에서 사용할 수 있는 두 번째 방법은 증폭된 수준의 하중을 사용하는 것이다. 하중의 조합은 최종적인 하중으로 이러한 하중에 저항하는 구조물의 성능을 산출하기 위한 것이다. 이 방법은 하중이 최대 수준으로 동시에 발생하는 경우 구조물의 문제점을 측정할 때 산정하는 방식으로 하중의 곱셈으로 증가량을 산정하고 있다. 다시 말해 LRFD에 제시된 사하중, 활하중, 풍하중, 설하중, 지진하중, 적재하중은 평방피트(PSF)당 100파운드보다 크지 않은 경우, ASCE 7.2.3절에 제시된 하중조합을 사용하며 이는 다음과 같다.

1. 1.4 사하중
2. 1.2 사하중 + 1.6 활하중 + 0.5 지붕 활하중
3. 1.2 사하중 + 1.6 지붕 활하중 + (0.5 활하중 또는 0.5 풍하중)
4. 1.2 사하중 + 1.0 풍하중 + 0.5 활하중 + 0.5 지붕 활하중
5. 1.2 사하중 + 1.0 지진하중 + 0.5 활하중 + 0.2 설하중
6. 0.9 사하중 + 1.0 풍하중
7. 0.9 사하중 + 1.0 지진하중

ASD의 하중조합과 같이, 지붕 활하중은 설하중 또는 우하중을 의미한다.

ASD와 LRFD 모두 풍하중을 포함한 하중 조합의 경우 ASCE 7-10에 제시된 12 방향 각각에 독립적으로 적용해야 한다. 지진 하중을 포함하는 조합의 경우 지정된 4개의 독립적인 방향으로 적용되어야 한다. 풍하중과 지진 하중이 조합된 감소 사하중을 갖는 하중 케이스는 사하중의 적용으로 인해 횡하중의 영향을 감소시킬 수 있는 상황에서 사용되고 있다. 실제로 발생하는 사하중이 예상보다 작은 경우, 이에 대한 영향은 중요하다 할 수 있다. 현재 모든 건축기준은 ASD 또는 LRFD 중 하나를 허용하고 있고, AISC 규정은 한계상태에서 적용되고 있다. 제 1장에서 언급했듯이 접근 방식은 서로 다르지만 적절한 기준 및 AISC 사양에 관계없이 안정성이 확보되어 있기 때문에 설계기준의 다양한 접근이 가능하다.

2.5 하중계산

두 가지 접근법의 영향을 이해하기 위하여 ASD 및 LRFD 하중 조합에 따른 구조용 부재의 다양한 하중조합 효과를 계산하는 것은 큰 도움이 된다. 그림 2.5는 2층짜리 사무실 건물의 평면도이다. 사하중과 활하중이 작용하는 하중조합 2는 여러 개의 보와 기둥에 대해 고려된다.

건물은 50 psf의 활하중과 70 psf의 사하중이 작용하는 오피스건물로 계산한다.

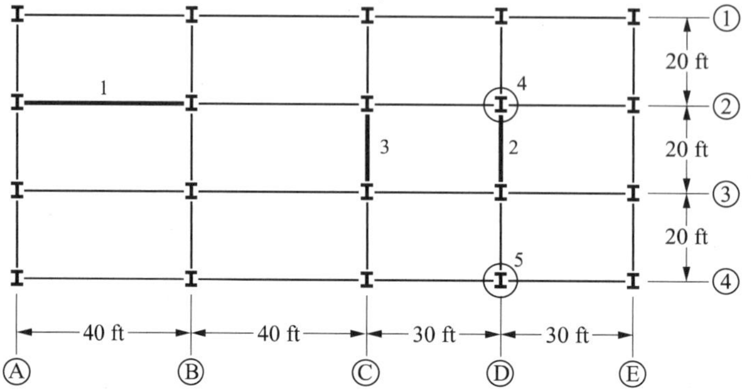

그림 2.5 • 2층 오피스건물의 바닥 평면도

1. *Girder AB on line 2-2 if the floor deck spans from line 1-1 to 2-2 to 3-3 :*

지류 영역 : $A_T = (40)(20) = 800\ \text{ft}^2$

영향 영역 : $A_I = 2A_T = 2(800) = 1600\ \text{ft}^2$

활하중 감소 : $0.25 + \dfrac{15}{\sqrt{1600}} = 0.625 \geq 0.50$

LRFD

foot 당 확대된 하중

1.2 사하중 $=\ 1.2(70\ \text{psi})(20\ \text{ft})\ =\ 1680\ \text{lbs/ft}$

1.6 활하중 $=\ 1.6(0.625)(50\ \text{psf})(20\ \text{ft})\ =\ 1000\ \text{lbs/ft}$

1.2 사하중 + 1.6 활하중 $=\ 1680 + 1000\ =\ 2680\ \text{lbs/ft}\ =\ 2.68\ \text{kips/ft}$

소요모멘트(LRFD), $M_u = \dfrac{wl^2}{8} = \dfrac{2.68(40)^2}{8} = 536\ \text{ft}\cdot\text{kips}$

ASD

foot 당 공칭하중

사하중 $= (70\ \text{psf})(20\ \text{ft}) = 1400\ \text{lbs/ft}$

활하중 $= 0.625(50\ \text{psf})(20\ \text{ft}) = 625\ \text{lbs/ft}$

사하중+활하중 $= 1400 + 625 = 2030\ \text{lbs/ft} = 2.03\ \text{kips/ft}$

소요모멘트(ASD), $M_a = \dfrac{wl^2}{8} = \dfrac{2.03(40)^2}{8} = 406\ \text{ft}\cdot\text{kips}$

2. *Floor beam 2-3 on line D-D if the floor deck spans from line C-C to D-D to E-E :*

지류 영역 : $A_T = (20)(30) = 600\ \text{ft}^2$

영향 영역 : $A_I = 2A_T = 2(600) = 1200 \text{ ft}^2$

활하중 감소 : $0.25 + \dfrac{15}{\sqrt{1200}} = 0.683 \geq 0.50$

LRFD

foot 당 확대된 하중

1.2 사하중 $= 1.2(70 \text{ psf})(30 \text{ ft}) = 2520 \text{ lbs/ft}$

1.6 활하중 $= 1.6(0.683)(50 \text{ psf})(30 \text{ ft}) = 1640 \text{ lbs/ft}$

1.2 사하중 + 1.6 활하중 $= 2520 + 1640 = 4160 \text{ lbs/ft} = 4.16 \text{ kips/ft}$

소요모멘트(LRFD), $M_u = \dfrac{wl^2}{8} = \dfrac{4.16(20)^2}{8} = 208$

ASD

foot 당 공칭하중

사하중 $= (70 \text{ psf})(30 \text{ ft}) = 2100 \text{ lbs/ft}$

활하중 $= 0.683(50 \text{ psf})(30 \text{ ft}) = 1020 \text{ lbs/ft}$

사하중+활하중 $= 2100 + 1020 = 3120 \text{ lbs/ft} = 3.12 \text{ kips/ft}$

소요모멘트(ASD), $M_a = \dfrac{wl^2}{8} = \dfrac{3.12(20)^2}{8} = 156 \text{ ft} \cdot \text{kips}$

3. *Floor beam 2-3 on line C-C if the floor deck spans from line B-B to C-C to D-D :*

지류 영역 : $A_T = (20)(30+40)/2 = 700 \text{ ft}^2$

영향 영역 : $A_I = 2A_T = 2(700) = 1400 \text{ ft}^2$

활하중 감소 : $0.25 + \dfrac{15}{\sqrt{1400}} = 0.651 \geq 0.50$

LRFD

foot 당 확대된 하중

1.2 사하중 $= 1.2(70 \text{ psf})(30 \text{ ft} + 40 \text{ ft})/2 = 2940 \text{ lbs/ft}$

1.6 활하중 $= 1.6(0.651)(50 \text{ psf})(30 \text{ ft} + 40 \text{ ft})/2 = 1820 \text{ lbs/ft}$

1.2 사하중 + 1.6 활하중 $= 2940 + 1820 = 4760 \text{ lbs/ft} = 4.76 \text{ kips/ft}$

요구되는 모멘트(LRFD), $M_M = \dfrac{wl^2}{8} = \dfrac{4.76(20)^2}{8} = 238 \text{ ft} \cdot \text{kips}$

ASD

foot 당 공칭하중

사하중 = $(70\ \text{psf})(30\ \text{ft}+40\ \text{ft}) = 2450\ \text{lbs/ft}$

활하중 = $0.651(50\ \text{psf})(30\ \text{ft}+40\ \text{ft})/2 = 1140\ \text{lbs/ft}$

사하중+활하중 = $2450+11140 = 3590\ \text{lbs/ft} = 3.59\ \text{kips/ft}$

소요모멘트(ASD), $M_a = \dfrac{wl^2}{8} = \dfrac{3.59(20)^2}{8} = 180\ \text{ft}\cdot\text{kips}$

4. *Interior column D-2 regardless of deck span direction :*

지류 영역 : $A_T = (30)(20) = 600\ \text{ft}^2$

영향 영역 : $A_I = 4A_T = 4(600) = 2400\ \text{ft}^2$

활하중 감소 : $0.25 + \dfrac{15}{\sqrt{2400}} = 0.556 \geq 0.50$

LRFD

이 높이에서 기둥에 작용하는 확대된 하중

1.2 사하중= $1.2(70\ \text{psf})(600\ \text{ft}^2) = 50,400\ \text{lbs}$

1.6 활하중= $1.6(0.556)(50\ \text{psf})(600\ \text{ft}^2) = 26,700\ \text{lbs}$

1.2 사하중 + 1.6 활하중= $50,400+26,700 = 77,100\ \text{lbs} = 77.1\ \text{kips}$

소요축력(LRFD), $P_u = 77.1\ \text{kips}$

ASD

이 높이에서 기둥에 작용하는 공칭하중

사하중 = $(70\ \text{psf})(600\ \text{ft}^2) = 42,000\ \text{lbs}$

활하중 = $0.556(50\ \text{psf})(600\ \text{ft}^2) = 16,700\ \text{lbs}$

사하중+활하중 = $42,000+16,700 = 58,700\ \text{lbs} = 58.7\ \text{kips}$

소요축력(ASD), $P_a = 58.7\ \text{kips}$

5. *Exterior column D-4 regardless of deck span direction :*

지류 영역 : $A_T = (30)(10) = 300\ \text{ft}^2$

영향 영역 : $A_I = 4A_T = 4(300) = 1200\ \text{ft}^2$

활하중 감소 : $0.25 + \dfrac{15}{\sqrt{1200}} = 0.683 \geq 0.50$

LRFD

이 높이에서 기둥에 작용하는 확대된 하중

1.2 사하중 $= 1.2(70\ \text{psf})(300\ \text{ft}^2) = 25,200\ \text{lbs}$

1.6 활하중 $= 1.6(0.683)(50\ \text{psf})(300\ \text{ft}^2) = 16,400\ \text{lbs}$

1.2 사하중 + 1.6 활하중 $= 25,200 + 16,400 = 41,600\ \text{lbs} = 41.6\ \text{kips}$

소요축력(LRFD), $P_u = 41.6\ \text{kips}$

ASD

이 높이에서 기둥에 작용하는 공칭하중

사하중 $= (70\ \text{psf})(300\ \text{ft}^2) = 21,000\ \text{lbs}$

활하중 $= 0.683(50\ \text{psf})(300\ \text{ft}^2) = 10,200\ \text{lbs}$

사하중+활하중 $= 21,000 + 10,200 = 31,200\ \text{lbs} = 31.2\ \text{kips}$

소요축력(ASD), $P_a = 31.2\ \text{kips}$

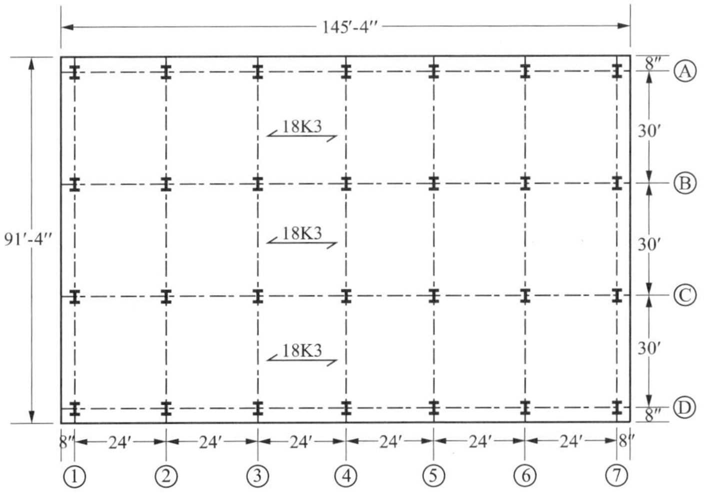

그림 2.6 • 10층 오피스건물의 바닥 평면도

10층짜리 건물의 평면도가 그림 2.6에 주어진다. 정하중과 활하중을 더한 하중 case 2는 두 개 아니면 더 많은 층으로부터 하중을 지탱하고 있는 부재들에 대해 활하중 감소의 적용을 이용하기 위해서 여러 기둥에 대해 고려되었다.

건물은 유연성을 염두하고 설계되었으며 공칭 활하중은 80 psf가 될 것이고 계산된 정하중은 100 psf이다.

1. *Interior column C-3 supporting one level with 18K3 steel joists spanning as shown in all panels :*

층당 지류 영역 : $A_T = (30)(24) = 720\ \mathrm{ft}^2$

층당 영향 영역 : $A_I = 4A_T = 4(720) = 2880\ \mathrm{ft}^2$

활하중 감소 : $0.25 + \dfrac{15}{\sqrt{2880}} = 0.530 \geq 0.50$

LRFD

이 높이에서 기둥에 작용하는 확대된 하중

1.2 사하중 $= 1.2(100\ \mathrm{psf})(720\ \mathrm{ft}^2) = 86{,}400\ \mathrm{lbs}$

1.6 활하중 $= 1.6(0.530)(80\ \mathrm{psf})(720\ \mathrm{ft}^2) = 48{,}800\ \mathrm{lbs}$

1.2 사하중 + 1.6 활하중 $= 86{,}400 + 48{,}800 = 135{,}000\ \mathrm{lbs} = 135\ \mathrm{kips}$

소요축력(LRFD), $P_u = 135\ \mathrm{kips}$

ASD

이 높이에서 기둥에 작용하는 공칭하중

사하중 $= (100\ \mathrm{psf})(720\ \mathrm{ft}^2) = 72{,}000\ \mathrm{lbs}$

활하중 $= 0.530(80\ \mathrm{psf})(720\ \mathrm{ft}^2) = 30{,}500\ \mathrm{lbs}$

사하중+활하중 $= 72{,}000 + 30{,}500 = 103{,}000\ \mathrm{lbs} = 103\ \mathrm{kips}$

소요축력(ASD), $P_a = 103\ \mathrm{kips}$

2. *Interior column C-3 supporting five levels with 18K3 steel joists spanning as shown in all panels :*

층당 지류 영역 : $A_T = (30)(24) = 720\ \mathrm{ft}^2$

5층에 대한 지류 영역 : $A_T = 5(720) = 3600\ \mathrm{ft}^2$

층당 영향 영역 : $A_I = 4A_T = 4(720) = 2880\ \mathrm{ft}^2$

5층에 대한 영향 영역 : $A_I = 5(3600) = 18{,}000\ \mathrm{ft}^2$

활하중 감소 : $0.25 + \dfrac{15}{\sqrt{18{,}000}} = 0.362 < 0.40$

그러므로 활하중 감소는 0.4로 제한이 된다.

LRFD

다섯 개의 높이에서 기둥에 작용하는 확대된 하중

1.2 사하중 $= 1.2(100\ \mathrm{psf})(3600\ \mathrm{ft}^2) = 432{,}000\ \mathrm{lbs}$

1.6 활하중 $= 1.6(0.40)(80 \text{ psf})(3600 \text{ ft}^2) = 184{,}000 \text{ lbs}$

1.2 사하중 + 1.6 활하중 $= 432{,}000 + 184{,}000 = 616{,}000 \text{ lbs} = 616 \text{ kips}$

소요축력(LRFD), $P_u = 616 \text{ kips}$

> **ASD**
>
> 다섯 개의 높이에서 기둥에 작용하는 공칭하중
>
> 사하중 $= (100 \text{ psf})(3600 \text{ ft}^2) = 360{,}000 \text{ lbs}$
>
> 활하중 $= 0.4(80 \text{ psf})(3600 \text{ ft}^2) = 115{,}000 \text{ lbs}$
>
> 사하중+활하중 $= 360{,}000 + 115{,}000 = 475{,}000 \text{ lbs} = 475 \text{ kips}$
>
> 소요축력(ASD), $P_a = 475 \text{ kips}$

3. *Exterior column D-4 supporting seven levels with 18K3 sueel joists spanning as shown in all panels :*

외부 기둥이 기둥 가운데 선 밖에 슬래브의 8 in (0.67 ft) 부분을 지탱하는 것에 주목한다. 이것은 반드시 지류영역과 영향 영역에 포함될 것이다.

층당 지류 영역 : $A_T = 7(24)(15) + 7(24)(0.67) = 2630 \text{ ft}^2$

층당 영향 영역 : $A_I = 4(7)(24)(15) + 2(7)(24)(0.67) = 10{,}300 \text{ ft}^2$

활하중 감소 : $0.25 + \dfrac{15}{\sqrt{10{,}300}} = 0.398 < 0.40$

그러므로 활하중 감소는 0.40로 제한이 된다.

LRFD

일곱 개의 높이에서 기둥에 작용하는 확대된 하중

1.2 사하중 $= 1.2(100 \text{ psf})(2630 \text{ ft}^2) = 316{,}000 \text{ lbs}$

1.6 활하중 $= 1.6(0.40)(80 \text{ psf})(2630 \text{ ft}^2) = 135{,}000 \text{ lbs}$

1.2 사하중 + 1.6 활하중 $= 316{,}000 + 135{,}000 = 451{,}000 \text{ lbs} = 451 \text{ kips}$

소요축력(LRFD), $P_u = 451 \text{ kips}$

> **ASD**
>
> 일곱 개의 높이에서 기둥에 작용하는 공칭하중
>
> 사하중 $= (100 \text{ psf})(2630 \text{ ft}^2) = 263{,}000 \text{ lbs}$
>
> 활하중 $= 0.4(80 \text{ psf})(2630 \text{ ft}^2) = 84{,}200 \text{ lbs}$
>
> 사하중+활하중 $= 263{,}000 + 84{,}200 = 347{,}000 \text{ lbs} = 347 \text{ kips}$
>
> 소요축력(ASD), $P_a = 347 \text{ kips}$

2.6 보정법

ASD 및 LRFD 설계 철학의 기본적인 요구사항은 1.9절과 1.10에 제시하였고, 식 (1.1)과 (1.2)와 같다. ASD와 LRFD에 필요한 하중의 조합은 ASCE 7에 제시된 것과 동일하게 이전 장에서 설명하였다. 본 절에서는 저항계수 ϕ와 안전계수 Ω 사이의 관계를 설명하고 있다.

초기의 LFRD의 접근법은 저항 인자 및 여러 조합 하중의 부하율을 결정하는데 집중하여 설계하였다. 특히 강구조물의 설계는 안전과 관련된 우려가 크지 않았기 때문에, LRFD의 접근은 그 시절의 ASD 방식으로 보정하여 적용하였다. 이러한 보정은 활하중과 사하중의 비(L/D), 3.0을 사용하였다. 이는 사하중과 활하중의 비가 그림 1.19와 같이 ASD와 LRFD에서 본질적으로 동일하다는 것을 의미한다. 이는 활하중과 사하중 비 또는 하중 조합이 같은 설계에서도 서로 다른 결과를 줄 수 있는 것으로 알려져 있다.

최근의 설계기준에서는 LRFD의 저항계수와 ASD의 안전율 사이에 이와 같은 보정을 사용하여 계산되고 있다. 식 (1.1)을 사용하여, 사하중과 활하중의 하중조합에 대해서 D와 L에 대해 단순하게 하중효과를 나타낼 수 있다.

$$(D+L) \leq \frac{R_n}{\Omega}$$

LFRD에서의 동일한 하중조합은 식 (1.2)를 사용하여 다음과 같이 나타낼 수 있다.

$$(1.2D+1.6L) \leq \phi R_n$$

하중 효과를 사용할 강도가 같다고 가정한 경우 방정식은 ASD에 대한 결과이며 공칭강도에 대해 풀면 다음과 같다.

$$\Omega(D+L) = R_n$$

그리고 LFRD에서는 다음과 같이 나타내고 있다.

$$\frac{(1.2D+1.6L)}{\phi} = R_n$$

L/D가 3이면, 위의 식은 동일하게 설정된다. 이는 다음의 안전율로 적용가능하며 다음과 같다.

$$\Omega = \frac{1.5}{\phi}$$

설계기준에서의 저항계수는 지정된 부하율과 일치하고 각 한계상태에 대한 신뢰성을 가지고 있다고 확률론적 분석을 통해 개발되었다. 이러한 저항 요인의 개발에 대한 상세한 설명은 B3.3에 나와 있다. 저항 요인이 설정되면 해당 안전계수를 결정한다. 이러한 관계는 각각의 한계상태에 대한 안전 계수를 설정하기 위한 시방서 전반에 걸쳐 사용되고 있다.

관계는 단순하지만, 명시적으로 어떤 한계상태에 대한 저항요인 및 안전계수를 정의하기 때문에 안전계수를 결정하기 위해 이를 사용하는 이유는 실제로 존재하지 않는다.

2.7 연습문제

1. Name and describe five basic types/sources of building loads.

2. Categorize the following loads as dead load, live load, snow load, wind load, seismic load, or special load.

a. Load on an office floor due to filing cabinets, desks, and computers.

b. Load on a roof from a permanent air handling unit.

c. Load on stadium bleachers from students jumping up and down during a college football game.

d. Load on a building caused by an explosion.

e. Weight on a steel beam from a concrete slab that it is supporting.

f. Load experienced by an office building in California as it shakes during an earthquake.

g. Load on a skyscraper in Chicago on a day with blustery conditions causing the building to sway back and forth.

3. What is one source you can consult to find the snow load data for a particular region as well as maps showing wind gust data to allow you to calculate wind loads?

4. Where in the AISC Manual can you find a table of selected unit weights of common building materials?

5. What analysis method allows the designer to visualize the load on a particular structural element without performing an actual equilibrium calculation?

6. In determining the snow load on a structure, what value that can be obtained from the applicable building code is multiplied by a series of factors to obtain the actual snow load?

7. Name four factors that must be taken into account in converting wind speed data referenced by the building code into wind pressure on a given building.

8. If a response modification factor of 3 is chosen in the design of a steel building to resist seismic loads, what design specification should be consulted?

9. Which design approach combines loads that are normally at their nominal or serviceability levels?

10. Strength load combinations that are incorporated by the LRFD method take into account what two factors?

11. Using ASCE 7-10, determine the minimum uniformly distributed live load for a hospital operating room.

12. Using ASCE 7-10, determine the minimum uniformly distributed live load for library stacks.

13. Using ASCE 7-10, determine the minimum uniformly distributed live load for an apartment building.

14. Determine the nominal uniformly distributed self-weight of a 6 in. thick reinforced concrete slab.

Multi-Chapter Problems

15. A building has a column layout as shown in Figure P2.15 with 30 ft bays in each direction. It must support a uniform dead load of 90 psf and a uniform live load of 80 psf. Determine the required strength of the members noted below for design by (a) LRFD and (b) ASD.

i. The beam on column line 3 between column lines A and B if the deck spans from line 2-2 to 3-3 to 4-4.

ii. The girder on column line C between column lines 3 and 4 if the deck spans from line B-B to C-C to D-D.

iii. The column at the corner on lines 4 and A.

iv. The column on the edge at the intersection of lines C and 4.

v. The interior column at the intersection of column lines D and 3.

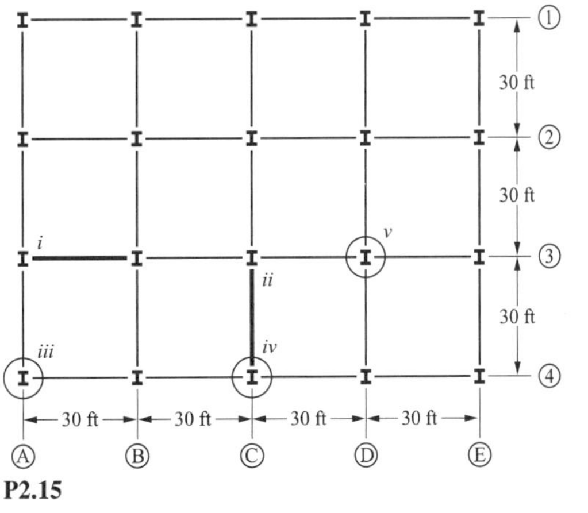

P2.15

16. If the framing plan shown in Figure P2.16 were for the roof of a structure that carried a dead load of 55 psf and a roof live load of 30 psf, determine the required moment and shear strength for beams and axial strength for columns, as required below for (a) design by LRFD and (b) design by ASD.

i. The girder on column line A between column lines 1 and 2 if the deck spans from line A-A to B-B.

ii. The beam on column line 3 between column lines B and C if the deck spans from line 2-2 to 3-3 to 4-4.

iii. The column at the corner on lines 1 and E.

iv. The column on the edge at the intersection of lines 1 and B.

v. The interior column at the intersection of column lines C and 2.

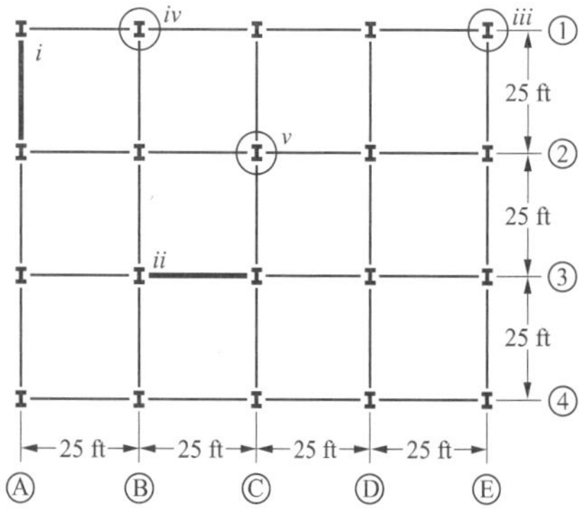

P2.16

17. The framing plan shown in Figure P2.17 is for an 18-story office building. It must support a dead load of 80 psf and a live load of 50 psf. In all cases, the decking spans in a direction from line A toward line E. Determine the required moment and shear strength for the beams and axial strength for the columns as required below for (a) design by LRFD and (b) design by ASD.

i. The beam between column lines 2 and 3 along line D.

ii. The girder on column line 3 between column line E and midway between lines D and C.

iii. The beam on the line between lines C and D and column lines 3 and 4.

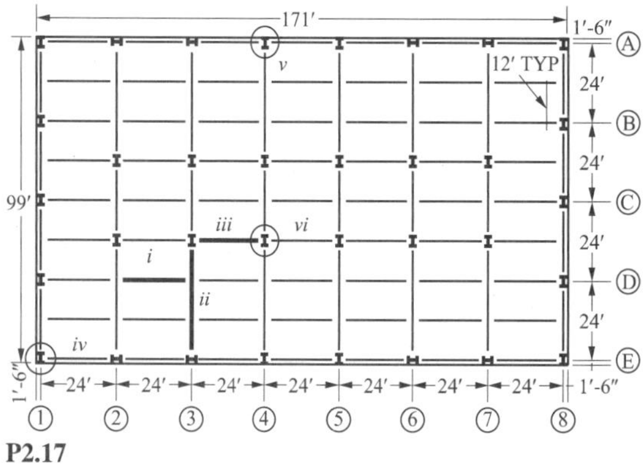

P2.17

iv. The column at the corner on lines 1 and E that supports eight levels.

v. The column on the edge at the intersection of lines 4 and A that supports eight levels.

vi. The interior column at the intersection of column line 4 and the point midway between lines C and D that supports three levels.

18. Integrated Design Project. For a Williamsport, Pennsylvania, office building introduced in Section 1.15, determine the dead, live, and snow loads based on ASCE 7-10 and the construction suggested below.

A reasonable assumption for the construction of the roof is the following:

Roofing	5 psf
Insulation	2 psf
Deck	2 psf
Beams	3 psf
Joists	3 psf
Misc.	5 psf
Total	20 psf

Williamsport is at an elevation of approximately 500 ft, so a case-specific snow load calculation is not required. Because of the perimeter parapet and screen walls, snow drift loading must be considered.

A reasonable assumption for the floor construction is

Slab and deck	60 psf
Beams and girders	8 psf
Misc.	12 psf
Total	80 psf

Since no information has been given regarding office layout, it is prudent to use the corridor loading over the entire floor plan. This will permit architectural flexibility. The two-story area bounded by column lines A, C, 4, and 5 should be treated as a lobby.

a. Develop a table showing the loads in all columns based on tributary area and live load reductions. Remember that the columns in the lateral load resisting systems will also carry wind or seismic forces, which will be determined later.

b. Develop a table showing beam loading based on tributary area and live load reductions. Remember that beams will see a uniform load and girders will see concentrated loads and some uniform load due to their self-weight. Beam and girder self-weight is included in the construction loads given above. Perimeter beams and girders will also support the lightweight metal curtain wall at each level. A reasonable assumption for the weight of the curtain wall is 18 psf.

제 3 장

건축구조용 재료

3.1 서론

강재는 1800년대부터 미국에서 생산되고 있다. 처음 교량에 사용된 것은 James B. Eads에 의해 1874년에 건설된 St. Louis의 Mississippi 강을 가로지르는 철도교였다. 그림 3.1과 같이 Eads Bridge로 알려진 교량은 지금도 St. Louis Gateway Arch의 아주 가까이에서 강을 가로지르는 인상적인 강 구조물이라 할 수 있다. 일반적으로 첫 번째 초고층 빌딩은 William LeBaron Jenney에 의해 설계되고 Chicago La Salle Street 135번지에 건설된 Home Insurance Building으로 여겨진다. 그림 3.2에서와 같이 1884년 5월 1일에 시작하여 1885년 가을에 완공되었다. 원래 10층 건물이었지만 완공 이후에 2층이 추가되었다. 원래의 구조설계는 강재 기둥을 주조하기 위하여 angle-iron bracket에 의해 볼트 연결되는 연철 보를 필요로 하였다. 골조가 6층에 도달했을 때, Pennsylvania Pittsburgh의 Carnegie-Phipps Steel Company는 "베서머 강(Bessemer Steel)"을 즉시 압연하였고 나머지 모든 층에서 강 부재를 연철 보로 대체하는 허가를 요구했다. 이것이 건축에서의 강재 빔의 첫 번째 사용이었다. 이렇게 완공된 Home Insurance Building은 1929년에 파괴되었다.

강재로만 건설된 첫 번째 초고층 빌딩은 Daniel Burnham과 John Root에 의해 설계된 Chicago의 West Adams Street 165번지에 있는 Rand-McNally Building이었다. 그림 3.3과 같이 이 10층 건물은 1888년부터 1890년까지 건설되었고, 리벳으로 연결된 표준 압연 강재 교량 형태로 만들어진 조립식 부재로 건설되었다. 이것은 강재를 사용하여 건설하는 건축가와 엔지니어에 의해 도입되는 새로운 아이디어로 오늘날까지 계속 진행 중인 강재 건축 구조에서 지속적인 진화의 시작임을 보여주었다. 강재 건물의 진화는 사용되는 재료, 혁신적인 설계자의 적용 및 설계자의 설계 방향을 알려주는 시방서를 포함한다.

3.2 AISC 시방서의 적용

현대 강재 건축 설계를 설명하는 시방서는 1923년에 AISC에서 처음 발행되었다. 그 당시에 시방서의 목적은 강재 건축물 설계에서 획일적인 방법을 적용하는 것이었다. 그 당시에 많은 접근법이 업계 전반에 걸쳐 사용되고 있었다. 강재 제조업체들은 각각 설계에 대한 자체 표준을 가지고 있었으며 대도시 또한 자체 표준이 사용되는 것을 요구했다. 하지만 표준의 다양성은 완전한 표준을 의미하지 않았다. 이러한 다양한 접근법들에 의해 설계자들의 현재 건축 프로젝트가 위치하는 장소에 따라, 설계자들이 지속적으로 그들의 설계법을 변경하도록 하는 접근법의 혼란을 초래했다.

그림 3.1 • Eads Bridge, St. Louis, Missouri.
Photo courtesy Luke Gatta.

그림 3.2 • Home Insurance Building, Chicago, Illinois.

그림 3.3 • Rand McNally Building, Chicago, Illinois.

1923년 시방서는 강구조 건축물의 설계와 제조, 건설에 대한 American Institute of Steel Construction에 의해 채택된 방법을 정의하였으며 이는 충분한 구조물을 건설하는 방법에 대한 지침을 제공하였다. 이는 다음의 요구사항이 충족되어야 했다.

1. 사용되는 재료는 적합하고 균일한 품질이여야 하고 구조물의 강도 또는 사용성에 영향을 미치는 결함이 없어야 한다.
2. 적절한 하중과 조건이 설계에 반영되어야만 한다.
3. 단위응력은 사용되는 재료에 적합해야만 한다.
4. 제조시에 결함이나 상처가 생기지 않도록 작업자의 숙련도가 좋아야만 한다.
5. 지정된 단위응력이 초과하지 않고 구조 및 세부 사항이 필요한 강도와 강성을 가질 수 있도록 계산과 설계가 적절히 수행되어야 한다.

또한 시방서는 사용될 재료에 대해서 "구조용 강재는 지금까지 개정된 건축 구조용 강재의 재료 시험에 대한 미국 협회의 표준 시방서인 Serial Designation A9-21에 부합해야 한다."를 명시하는 지침을 제공했다. 1923년부터 이 원칙들은 거의 한 세기 후인 지금도 강구조물에 중요하게 적용되고 있다.

2010년 AISC 시방서는 강구조물 설계에 대한 필요한 규정을 하나의 문서로 처음으로 묶은 2005년 시방서를 포함하는 이전의 모든 AISC 시방서를 대체하고 있다. 수년 동안 건축물의 설계와 건설에서 표준 방법의 발달은 다양한 분야의 각각의 책임을 변경하였기 때문에 시방서는 제목에서 제작과 건설이라는 용어를 잃었다. 또한, AISC 시방서는 정기적으로 건축물보다는 구조 설계를 설명하기 위해 사용되었다. 이런 방법을 인정하고 시방서가 적절히 적용되었는지를 보장하기 위해 시방서의 범위는 다음을 제시하고 있다. "이 시방서는 강구조물과 다른 구조물의 설계와 제작, 건설에 대한 기준을 제시한다. 여기서 다른 구조물은 수직과 수평 하중에 저항하는 요소를 갖는 건축물과 비슷한 방법으로 설계되고 제작, 건설되는 구조물로 정의된다."

또한, 시방서는 다음과 같은 사항을 기술하고 있다. "시방서는 구조용 강재 시스템 또는 철근 콘트리트와 합성 거동을 하는 구조용 강재를 갖는 시스템의 설계에 적용되어야만 한다. 여기서 강재 요소는 AISC Code of Standard Practice for Steel Buildings and Bridges의 2.1절에서 정의된다." 이 시방서에서 구조용 강재는 "구조 설계 도면에 도시되고 크기가 정해지며, 설계 하중을 지지하기에 필수적인 구조용 프레임 요소"로 정의되고 이 요소는 표 3.1에 나타내었다. 표 내용에 대한 빠른 검토는 요소가 구조용 프레임의 일부 또는 연결되어 있는 경우 구조용 강재임을 나타낸다. 이러한 요소들에 대한 많은 예제는 그림 3.4에 나타내었다. 이 책에서 설명하는 모든 요소는 위의 정의를 만족한다.

표 3.1 구조용 강재[a]의 정의

구조용 강재를 받는 앵커 로드
구조용 강재 틀의 일부분일 경우, 베이스플레이트
표준 구조용 모양이나 판으로부터 만들어진 경우, 조립보를 포함한 보
구조용 강재 골조의 부분일 경우, 베어링 플레이트
거더, 트러스, 다리에서의 강재 베어링
영구적일 경우, 브레이싱
표준 구조용 모양이나 판으로 만들어진 경우, 캐노피 프레임
표준 구조용 모양이나 판으로부터 만들어진 경우, 조립기둥을 포함한 기둥
구조용 강재와 구조용 강재의 프레임을 잡기 위한 연결 재료
표준 구조용 모양이나 판로부터 만들어진 경우, 크레인 스탑
표준 구조용 모양으로부터 만들어진 경우와 구조용 강재틀의 부분일 경우, 문틀
구조용 강재 프레임이나 강재 연결부위에 붙일 경우, 모서리각과 판
내부(embedded) 구조용 강재 부분
구조용 강재 프레임에 붙일 경우, 신축 이음
구조용 강재를 연결하는 연결재: 영구적인 볼트, 너트, 와셔; 영구적인 연결을 위한 볼트, 너트, 와셔; 영구적 핀
표준 구조용 형상이나 판로부터 만들어진 경우와 구조용 강재 프레임이나 강재 조임부에 붙여질 경우의 층 개구부 프레임
구조용 강재 프레임에 붙일 경우의 바닥판(격자무늬나 무늬가 없는)
표준 구조용 모양이나 판으로부터 만들어질 경우의 조립 거더를 포함한 거더
표준 구조용 모양으로부터 만들어질 경우의 장선받침
격자 보와 거더
표준 구조용 모양, 판, 막대로부터 만들어진 경우와 구조용 강재와 구조용 강재의 틀을 잡을 경우의 걸쇠
수준측량 너트와 와셔
수준측량 판
수준측량 나사
구조용 강재 틀에 붙일 경우의 인방보
표준 구조용 모양으로부터 만들어진 경우와 구조용 강재 틀에 붙일 경우의 기계적 받침대
표준 구조용 모양으로부터 만들어진 경우의 대형 천막 틀
표준 구조용 모양으로부터 만들어진 경우와 구조용 강재 틀에 붙일 경우의 모노레일 요소
강재 틀 구조의 부분일 경우의 기둥
표준 구조용 모양으로부터 만들어진 경우의 중도리
강재 틀 구조에 붙일 경우의 여유 각
표준 구조용 모양으로부터 만들어진 경우와 구조용 강재 틀나 강재 연결부위에 붙일 경우의 지붕 개구부 틀
표준 구조용 모양으로부터 만들어진 경우의 지붕막 받침대 틀
구조용 강재 틀 부분과 구조용 강재끼리 접합의 부분일 경우의 중도리 연결대
가게 첨부로 지정 될 경우의 전단 못 연결장치
영구적일 경우 쐐기(shims)
영구적이거나 구조용 강재 틀의 부분일 경우 임시지주
구조용 강재 틀의 부분일 경우 결착철
표준 구조용 모양이나 조립부재로부터 만들어진 경우의 트러스
표준 구조용 모양으로부터 만들어진 경우와 구조용 강재 틀에 붙일 경우의 벽 개구부 틀
영구적일 경우, 쐐기(wedges)

[a]From Code of Standard Practice for Steel Buildings and Bridges, AISC 2010.

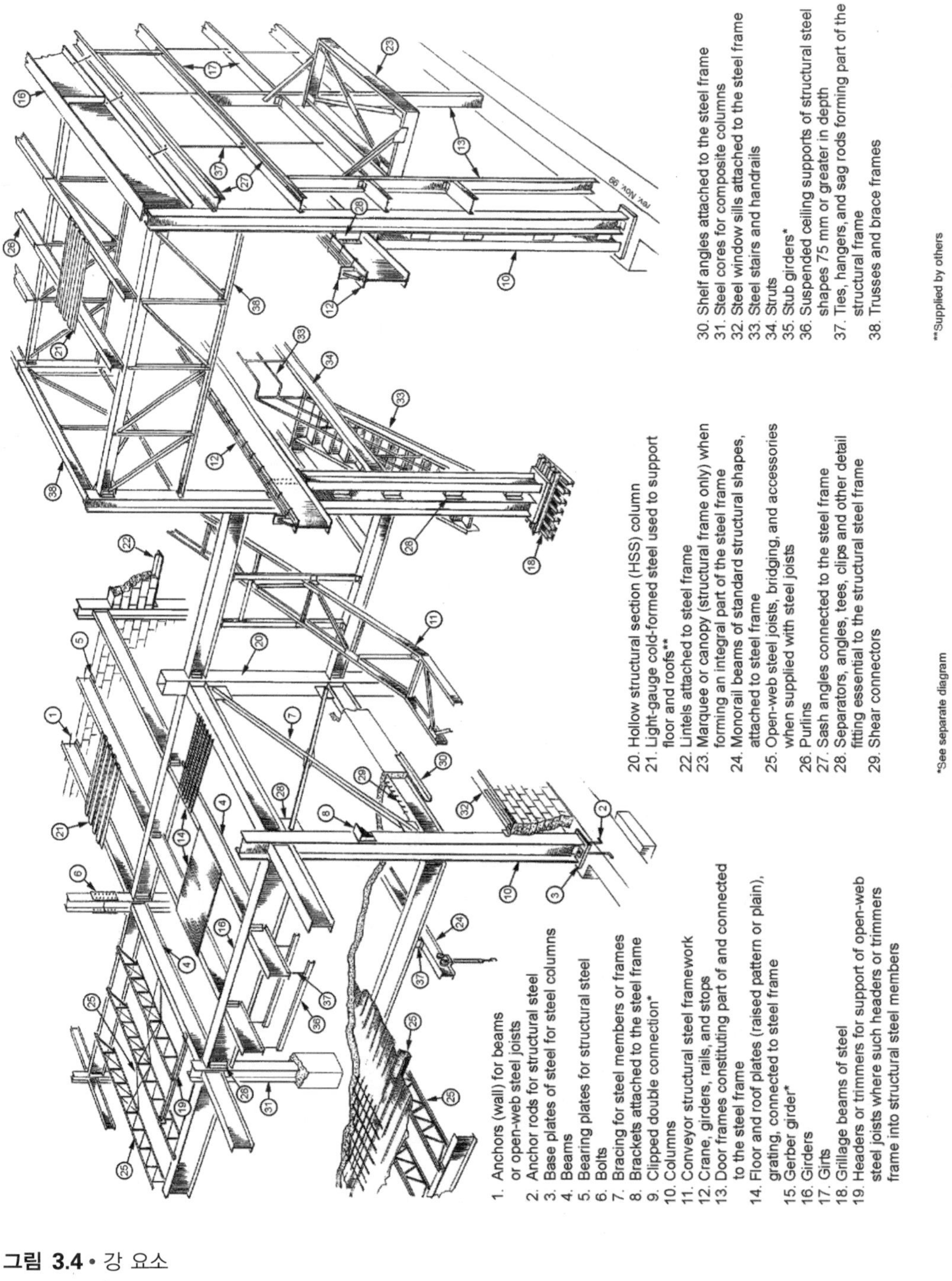
rev. Nov. 99
1. Anchors (wall) for beams or open-web steel joists
2. Anchor rods for structural steel
3. Base plates of steel for steel columns
4. Beams
5. Bearing plates for structural steel
6. Bolts
7. Bracing for steel members or frames
8. Brackets attached to the steel frame
9. Clipped double connection*
10. Columns
11. Conveyor structural steel framework
12. Crane, girders, rails, and stops
13. Door frames constituting part of and connected to the steel frame
14. Floor and roof plates (raised pattern or plain), grating, connected to steel frame
15. Gerber girder*
16. Girders
17. Girts
18. Grillage beams of steel
19. Headers or trimmers for support of open-web steel joists where such headers or trimmers frame into structural steel members
20. Hollow structural section (HSS) column
21. Light-gauge cold-formed steel used to support floor and roofs**
22. Lintels attached to steel frame
23. Marquee or canopy (structural frame only) when forming an integral part of the steel frame
24. Monorail beams of standard structural shapes, attached to steel frame
25. Open-web steel joists, bridging, and accessories when supplied with steel joists
26. Purlins
27. Sash angles connected to the steel frame
28. Separators, angles, tees, clips and other detail fitting essential to the structural steel frame
29. Shear connectors
30. Shelf angles attached to the steel frame
31. Steel cores for composite columns
32. Steel window sills attached to the steel frame
33. Steel stairs and handrails
34. Struts
35. Stub girders*
36. Suspended ceiling supports of structural steel shapes 75 mm or greater in depth
37. Ties, hangers, and sag rods forming part of the structural frame
38. Trusses and brace frames
*See separate diagram
**Supplied by others

그림 3.4 • 강 요소

3.3 건설용 강재

첫 AISC 시방서가 도입된 이래로 다양한 강재가 강구조물에 공사에 사용되는 것이 공인 되었다. 그때 공인된 특정 강재는 제조 기술과 강재의 화학 성분과 함께 변화하였다. 건축물에서 사용할 수 있는 강재는 제조업이 더 정교하게 발달되면서 강도를 증가시켰다. 모든 강재의 중요한 특징 중 하나는 일반적으로 균일하고 일관되게 거동하는 것이다. 따라서 강종마다 강도는 다를지라도 강재는 강종에 상관없이 강도의 극한까지 동일하게 거동할 것이라고 예상할 수 있다.

구조 엔지니어에게 중요한 강재의 특징은 간단한 일축 인장 시험에 의해 정의될 수 있다. 이 표준 시험은 ASTM A370, Standard Test Methods and Definitions for Mechanical Testing of Steel Products의 요구사항에 따라 수행된다. 특정 치수의 시험편은 인장력은 받고 이로 인한 응력과 변형률이 시험 시간동안 그려진다. 응력 f과 변형률 ϵ이 그림 3.5에 그려지고 다음과 같이 정의된다.

$$f = \frac{P}{A} \quad \text{and} \quad \epsilon = \frac{\Delta L}{L}$$

여기서, A = 시험초기 단면적
L = 시험초기 시편의 길이
P = 인장력
f = 축방향 인장 응력
ΔL = 하중이 작용할 때 시편의 길이변화
ϵ = 축방향 변형률

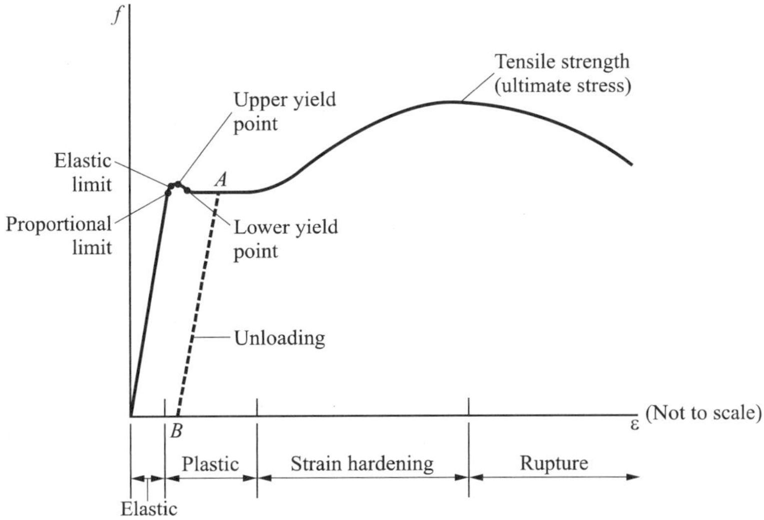

그림 3.5 • 연탄소강의 전형적인 응력-변형률 선도

그림 3.5에 나타난 곡선은 전형적인 저탄소강의 곡선이다. 이는 응력－변형률 곡선으로 몇 가지 주요한 특징이 있다. 먼저 대부분의 공칭 또는 사용 하중 상태 하에서 예상되는 응답을 나타내는 곡선의 초기 부분은 비례한도라고 불리는 점까지 직선으로 나타낸다. 65 ksi 또는 이보다 작은 항복응력을 갖는 구조용 강재의 경우, 비례한도는 곡선이 첫 번째로 직선에서 벗어나는 점이고, 이를 항복점이라 한다. 이 영역에서의 변형률-응력비는 일정하고 이를 Young's modulus 또는 탄성계수(E)라 한다. 따라서 모든 구조용 강재는 같은 초기 응력－변형률 거동을 나타내고 동일한 E값을 갖는다. 많은 시험을 통해 구한 E값은 일정한 값을 나타내는데 이는 29000 ksi와 30000 ksi 사이의 값을 가진다. AISC 시방서를 기초로 하는 모든 설계에서는 $E = 29000$ ksi가 사용되었다. 곡선의 직선부분 내에서, 재료는 탄성 거동을 하는 것으로 알려져 있다. 하중은 영구 변형을 나타내지 않고 원래 형상으로 복원되려고 하며 이는 구조물에서 적용될 수 있고 제거될 수 있다.

항복응력에 도달한 후, 저탄소강에 대한 응력－변형률 곡선에 의해 변형률은 증가하지만 응력은 근본적으로 일정하게 유지되는 긴 안정기를 나타낸다. 이 영역을 소성영역이라고 한다. 이 영역에서 하중을 받는 모든 구조물은 그림 3.5의 그래프에 의해 나타나는 것처럼 영구적인 소성 변형을 나타낸다. 이 소성영역의 길이는 강재의 특정 유형에 따라 다르지만 일반적으로 항복 변형률의 15~20배이다.

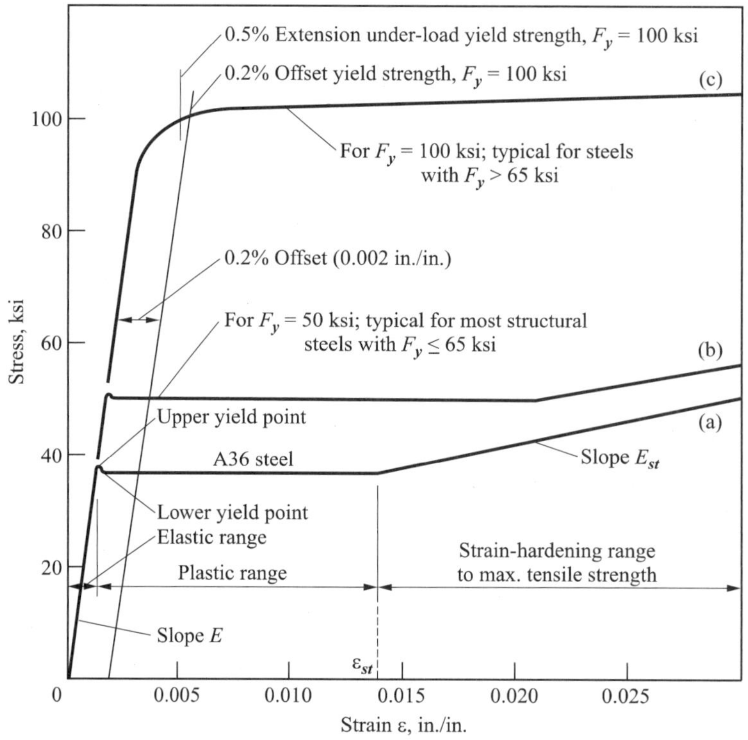

그림 3.6 • 다른 항복응력 강들의 확대된 전형적 응력–변형률 곡선

소성 영역의 끝에서 곡선은 또다시 응력과 변형률이 증가하면서 상승하게 된다. 이러한 증가를 변형률 경화라고 하고, 이는 시험편이 응력−변형률 곡선의 정점인 인장 강도 또는 극한 응력 F_u에 도달할 때까지 계속된다. 인장강도에 도달하면 완전한 파괴가 발생할 때까지 시험체의 하중은 급격히 감소하고 변형률은 증가한다.

항복응력과 인장 강도, 탄성계수는 재료를 완벽하게 설명하고 구조용 요소의 강도를 결정하기 위해 설계에 사용되는 엔지니어링 데이터 값이다. 또한, 항복응력에 대한 인장강도의 비는 강재의 중요한 특징 중의 하나이다. 이것은 다양한 한계상태에서 예상되는 거동이 보장될 수 있도록 기본적인 재료 거동을 통제하기 위해 사용된다.

그림 3.6은 다른 항복응력, 36 ksi와 50 ksi, 100 ksi를 갖는 세 개의 강재에 대한 응력−변형률 곡선의 낮은 변형률 영역을 보여준다. 고강도강의 탄성거동은 저강도강의 거동과 같다. 이미 언급했듯이 모든 강재의 $E=$ 29000 ksi이다. 비례한도에 도달 후에 차이가 발생한다. 항복응력이 65 ksi보다 작거나 같은 강재의 경우 소성 영역에 해당하는 안정영역이 발생할 것으로 예상될 수 있다. 그러나 항복응력이 65 ksi보다 큰 강재의 경우 $F_y =$ 100 ksi를 갖는 강재에 대해 나타난 것처럼 항복점이 불분명하고 소성 안정기도 불분명하게 발생할 것으로 예측된다. 이런 강재의 경우, 다른 방법으로 항복 강도를 정의할 필요가 있다. ASTM A370은 항복강도 결정을 위해 0.2% offset 방법 또는 0.5% elongation 방법을 제공한다. 어떤 경우에도 응력−변형률 곡선은 반드시 얻어지고 적절한 응력 값을 결정하기 위해 명시된 offset 또는 elongation이 사용되어야 한다. 이 두 가지 방법의 결과는 그림 3.6에 나타내었으며, 두 방법에 의해 약간은 상이한 항복 강도 값이 얻어질 것이다.

3.4 구조용 강재 형상

구조용 강재 설계는 적절한 형상과 적용된 하중을 지지하기 위해 필요한 강재의 양을 결정하는 역할을 한다. 이것은 일반적으로 사용할 수 있는 형상에 대한 다양한 목록으로부터 최경량 부재를 선택함으로서 결정된다. 그러나 이러한 선택사항들은 원하는 특정한 형상으로 강재 요소들을 조합한 것들을 포함할 수 있다. 초기의 강구조물에는 사용 가능한 표준형상이 매우 적었다. 각 공장은 자체적인 강재 형상을 생산하였지만 사용 가능한 다양한 형상은 제한되었고 대부분의 구조용 부재는 리벳으로 연결해야만 사용가능한 형상으로 만들어졌다. AISC의 원래 목표 중 하나는 생산되는 형상을 표준화하는 것이었다. 수년에 걸쳐 형상은 표준화 되었고 건축물에 사용하기 위해 특별히 설계된 더 많은 형상이 사용 가능해졌다. 설계는 대부분의 경우 이런 표준 형상 중 하나를 선택하여 설계할 수 있도록 하고 있으며, 현대의 생산 방법은 설계자가 다양한 형상을 사용할 수 있게 한다. 이러한 표준 형상이 프로젝트의 요구사항을 충족하지 않는 상황에서는 판재로 구성된 부재가 적용된 하중을 지지하도록 생산될 수 있다.

3.4.1 ASTM A6 표준 형상

설명된 최초의 표준 형상은 ASTM A6에 의해 정의된 것들이다. : W-형강과 S-형강, HP-형강, M-형강, C-형강, MC-형강, L-형강. 이 형상의 단면은 그림 3.7에 나타나 있다. 여기서 W- 및 M-, S-, HP-형강은 모두 I형이고 L-형강은 angle이라 하는 반면 C-와 MC-형상은 C형이고 channel이라고 한다. 매뉴얼의 Part 1은 모든 표준 형상에 대한 속성 표를 포함한다.

W-Shapes

W-형강은 일반적으로 와이드 플랜지 형강이라 하며 건축물에 가장 일반적으로 사용되는 형강이다. W-형강은 기본적으로 평행한 내부와 외부 면을 갖는 두 개의 플랜지와 플랜지를

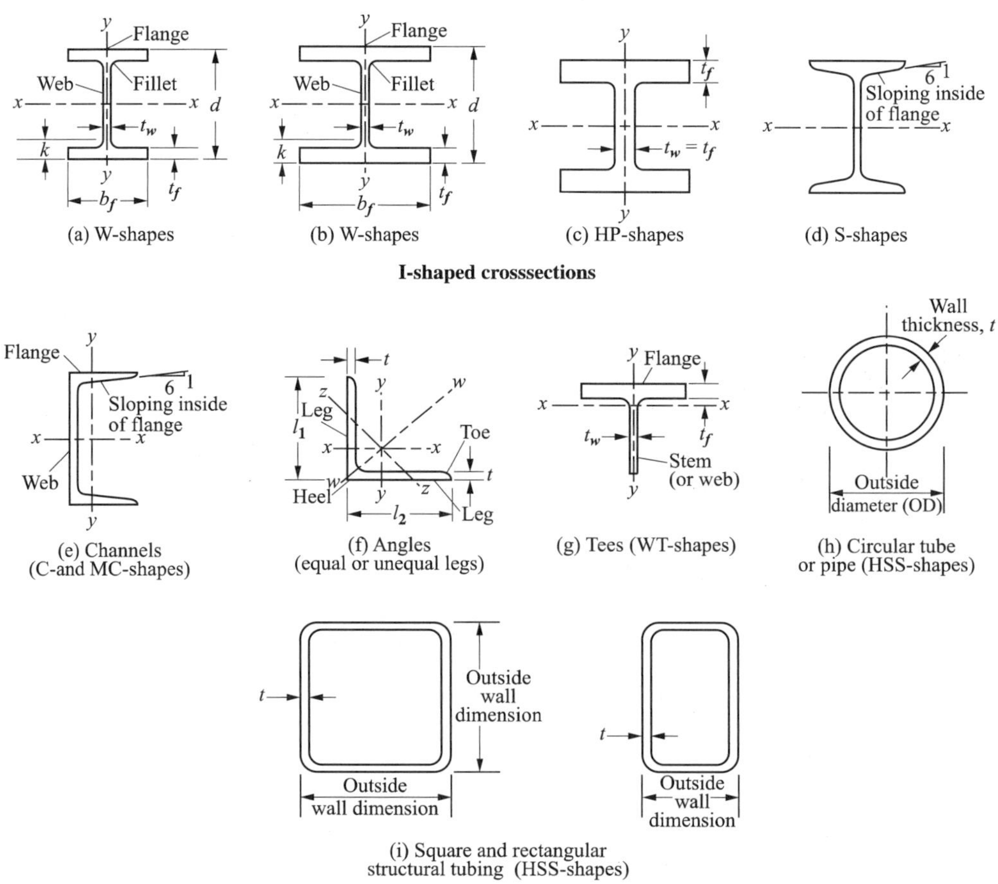

그림 3.7 • 구조용 형강

따라 중앙에 위치한 하나의 웹을 갖고 있다. 와이드 플랜지의 전반적인 형상은 그림 3.7a와 같이 상당히 깊고 좁은 단면에서부터 그림 3.7b와 같이 거의 사각형 단면까지 다를 수 있다. W-형강은 두 개의 대칭축을 가진다; x축은 강축이고 y축은 약축이다. 와이드 플랜지 형상은 깊이가 44 in이고, 폭은 4 in이다. 전형적인 와이드 플랜지 형상은 W16 × 26과 같이 지정된다. 여기서 W는 W-형을 나타내고 16은 16 in의 공칭깊이를 나타내며, 26은 무게가 단위피트 당 26파운드를 나타낸다. 공칭 깊이는 실제 깊이가 아니라 대략적인 깊이를 나타낸다. 와이드 플랜지 형상의 생산은 형상을 생산하기 위해 사용되는 롤의 크기에 따라 같은 부류로 그룹화 된다. 한 부류에서 모든 형상은 플랜지의 내면 사이에서 동일한 크기를 가진다. 다른 무게는 부재의 실제 깊이와 플랜지 두께를 증가시킴으로써 달성된다. 매뉴얼 표 1-1은 모든 W-형상의 설계에 필요한 치수와 단면 속성을 제공한다.

HP-Shapes

HP-형상은 일반적으로 지지말뚝으로 사용되는 와이드 플랜지 형상이다. 이런 형상은 또한 평행한 플랜지 면을 갖지만 W-형상과 달리 HP-형상의 웹과 플랜지는 동일한 공칭 두께이고 그림 3.7c와 같이 거의 사각형에 가깝다. HP14 × 117은 14 in의 공칭깊이와 피트당 117 파운드의 무게를 갖는 HP-형상이다. 매뉴얼 표 1-4는 모든 HP-형상의 설계에 필요한 치수와 단면 속성을 제공한다.

S-Shapes

S-형상은 미국 표준 보이며 이전에는 I형 보라고 했다. 이 형상은 와이드 플랜지 형상의 도입을 허용하는 압연 공정의 개발 이전에 건설에서 사용된 표준 형상이었다. 이런 형상은 아직 사용할 수 있지만 사용빈도는 드물고 이용 가능성은 기준에 앞서 확인되어야만 한다. 이 형상은 깊이에 비해 좁은 플랜지를 갖으며 플랜지는 그림 3.7d와 같이 내면 경사를 갖는다. 매뉴얼은 28개의 S-형상과 그 속성을 표 1-3에 제공한다. 이전에 언급된 형상과 같이 이름에서 숫자는 공칭 깊이와 피트당 무게를 말한다. 두 개의 S24s와 두 개의 S20s를 제외한 모든 경우에 공칭 깊이와 실제 깊이는 같다.

M-Shapes

M-형상은 W-와 HP-, S-형상의 정의에 맞지 않는 여러 가지 다양한 형상이다. 매뉴얼은 18개의 여러 가지 다양한 형상을 제공한다. 그 형상은 특히 일반적이지 않고 경제적으로 이용 가능하다는 확인 후 설계에 사용되어야만 한다. 전형적인 명칭은 M12 × 11.8이다; 다른 형상과 마찬가지로 12는 공칭 깊이를 나타내고 11.8은 피트당 무게를 나타낸다. M-형상의 치수와 속성은 매뉴얼 표 1-2에 나타내었다.

C-Shapes

C-형상은 미국 표준 channel이고 본질적으로 S-형상과 동일한 과정을 사용하여 생산된다. 그림 3.7e와 같이 이 형상은 두 개의 플랜지와 플랜지 끝에 위치하는 단일 웹을 갖는다. 이 형상은 유일한 대칭축을 갖으며 W-형상과 같이 x축이 강축이고, y축이 약축이다. S-형상과 같이 플랜지는 내면 경사를 갖는다. 매뉴얼 표 1-5에 나타나있는 32개의 C-형상 중 하나는 C8 × 18.75이다. 모든 C-형상은 공칭 깊이와 실제 깊이는 같다.

MC-Shapes

MC-형상은 C-형상으로 분류될 수 없는 다양한 형태의 channel이다. 명칭은 이전 형상과 같이 동일한 규칙을 따른다. MC6 × 18이 전형적인 형상이다. 매뉴얼 표 1-6은 40개의 MC-형상을 나타내고 크기는 C-형상과 같이 동일한 모든 범위로 분류된다.

L-Shapes

L-형상은 같거나 다른 다리를 가지는 angle이다. angle의 뒤꿈치부터 발끝까지 취한 치수에서 가장 긴 angle 다리는 8 in이고 가장 짧은 것은 2 in이다. 전형적인 angle의 명칭은 L6 × 4 × 7/8이다. 여기서 첫 두 개의 숫자는 다리의 치수이고 세 번째는 다리의 두께이다. 다리의 치수는 실제 치수이고 다리의 두께는 두 개의 다리가 모두 같다. 동일하지 않은 angle 다리의 경우 가장 긴 다리가 첫 번째로 주어진다. 동일한 angle다리는 하나의 대칭축을 갖으나 동일하지 않은 angle다리는 대칭축을 갖지 않는다. 모든 angle은 설계자에게 흥미로운 네 개의 축을 갖는다; 기하학적인 축은 짧은 다리에 평행한 x축이고 긴 다리에 평행한 y축이다. 동일한 다리 angle의 경우 대칭축에 직각인 약축은 z축이다; 동일한 다리 angle의 경우 대칭축인 주축은 w축이다. 매뉴얼 표 1-7은 모든 angle의 설계를 위한 치수와 단면 속성을 제공하다. 일부 특수한 경우에 w축을 위해 필요한 속성은 표 1-7에서 사용할 수 없다. 이것들은 전자형상 데이터베이스 14판에 기재되어 있다.

WT-Shapes

WT-형상은 W-형상이 잘린 T형상이다. WT-형상은 또한 분할된 T라고 한다. 이 형상은 WT5 × 56으로 명명된다. 여기서 두 숫자는 잘린 W-형상에 대응하는 숫자의 절반이다. WT-형상에 대한 치수와 속성은 매뉴얼 표 1-8에 나타나 있다.

MT-Shapes and ST-Shapes

MT-형상과 ST-형상은 M-형상과 S-형상에서 잘린 T형상이다. 이 형상들에 대한 속성과 치수는 매뉴얼 표 1-9와 1-10에 나타나있다.

3.4.2 중공 형상

일반적으로 건물 건설에 사용되는 다른 형상 그룹은 파이프 튜브라고 불리는 중공 형상이다. 이런 형상은 평판을 절곡 및 용접에 의하거나 매끄러운 단면을 형성하도록 열연에 의해 제조된다. 모든 중공 구조 형상(HSS)의 경우 ASTM 기준은 재료와 크기에 대한 필요조건을 설정한다.

원형 HSS

원형 중공 구조 형상은 원형 중공 구조 단면이다. 이 형상은 “formed from round”라 불리는 과정을 통해 제조된다. “formed from round”는 평평하고 긴 강재를 점차적으로 세로축으로 둥글게 구부리고 용접으로 가장자리를 접합하는 방법이다. 용접이 냉각된 후, 원형 형상은 최종 직경을 정하기 위해 추가적인 성형 및 크기 조정 과정을 거친다. 원형 HSS의 예는 HSS5.563 × 0.258이다. 여기서 첫 번째 숫자는 외경이고, 두 번째 숫자는 공칭 두께이다. 원형 HSS의 경우, 공칭 두께는 항상 소수로 나타난다. 이 형상은 매뉴얼 표 1-13에 나타난다.

직사각형과 정사각형 HSS

정사각형과 직사각형 HSS는 직사각형으로 형상을 바꾸기 위해 최종 크기를 조정하기 때문에 초기에 원형으로 성형되거나, “formed-square weld-square”라 불리는 과정을 통해 평판으로부터 성형된다. “formed-square weld-square”는 평판을 거의 최종 크기로 구부리는 것이다. 또 다른 과정은 최종 형상을 성형하기 위해 접합되는 절반의 단면을 갖는 구부려진 두 개의 평판을 이용하여 만든다. 전형적인 직사각형 HSS는 HSS12 × 8 × 1/2이다. 첫 번째 숫자는 단면의 실제 높이를 나타내고 두 번째 숫자는 실제 폭, 세 번째 숫자는 단면의 공칭 두께를 나타낸다. 정사각형과 직사각형 HSS의 경우 공칭 두께는 항상 분수로 나타난다. 매뉴얼 표 1-11과 1-12는 각각 직사각형과 정사각형 HSS형상의 설계에 필요한 치수와 단면 속성을 나타낸다.

강관

강관은 건물 건설에 사용되는 또 다른 중공 원형 단면이다. 이 형상은 원형 HSS와 다른 재료 규격으로 생산된다. 강관은 외경에 대한 두께를 참조하여 표준 중량(Std)과 extra strong (x-strong), double extra strong(xx-strong)을 제공한다. 강관 단면의 표준 명칭은 Pipe 5 x-strong이다. Pipe 5 x-strong은 공칭 외경이 5 in를 가지고 “extra strong” 명칭에 부합하는 두께를 갖는 강관 재료 기준을 충족해야 하는 것을 나타낸다. 특정 강관은 5.56 in의 실제 외경과 0.375 in의 공칭 두께를 갖는다. 매뉴얼 표 1-14는 강관의 속성을 나타낸다.

3.4.3 평판과 봉

그림 3.8에서와 같이 이미 언급된 형상 이외에 강재는 평판과 봉으로 사용할 수 있다. 이 요소들은 거의 단독으로 사용되지 않고 조립(built-up) 형상을 성형하기 위해 사용되거나 다른 형상을 연결하기 위해 연결 요소로 사용된다.

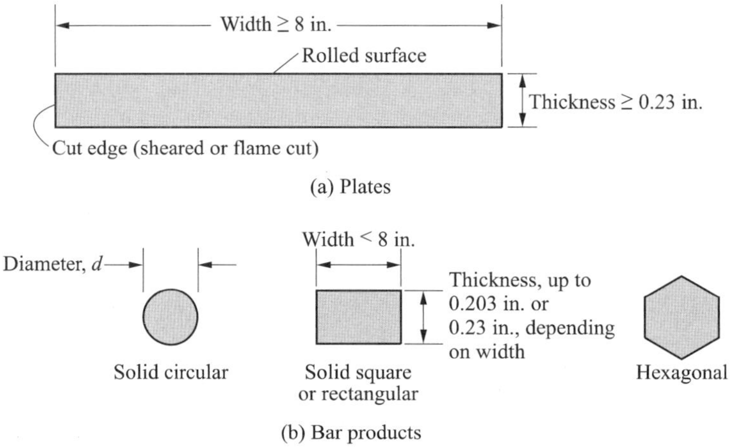

그림 3.8 • 평판 및 봉 생산품

평판

평판은 특정 두께로 열연되고 적절한 폭이 전단되는 평평한 직사각형 요소이다. 이와 동시에 평판은 특정 두께뿐만 아니라 특정 폭으로 압연되어 사용할 수 있다. 이러한 평판은 일반적인 압연 평판라고 불린다. 제조 과정 때문에 이런 평판들은 전단 플레이트에서의 유형과는 다르고 강도 저하를 발생시키는 잔류응력 유형을 갖는다. 현재 제조 방법은 전단 플레이트 등 모든 평판을 제조하기 위한 것이다. 산업 규정에 따르면 평판은 최소 8 in의 폭을 가지고 3~6 in에서 두께가 변화할 수 있다. 전형적인 평판의 명칭은 PL1/2 × 10 × 2 ft-4 in이다. 여기서 첫 번째 숫자는 두께이고 두 번째는 평판의 폭, 세 번째는 길이이다. 표 3.2는 평판의 두께 증가에 대한 가장 가까운 표준 방법을 반영하고 있다.

봉

봉은 직사각형과 원형 각형 형상으로 사용할 수 있다. 여기서 직사각형 봉은 건물 건설에서 가장 일반적으로 사용되는 형상이다. 직사각형 봉와 평판 사이의 차이점은 폭이다. 폭이 8 in보다 작은 모든 직육면체 요소는 기술적으로 바라고 불린다. 봉과 평판의 명칭은 설계자에게 중요하지 않기 때문에 이 봉의 명칭은 평판과 같다. 따라서 PL1/2 × 6 × 2 ft-4 in는 6 in의 와이드 바이다.

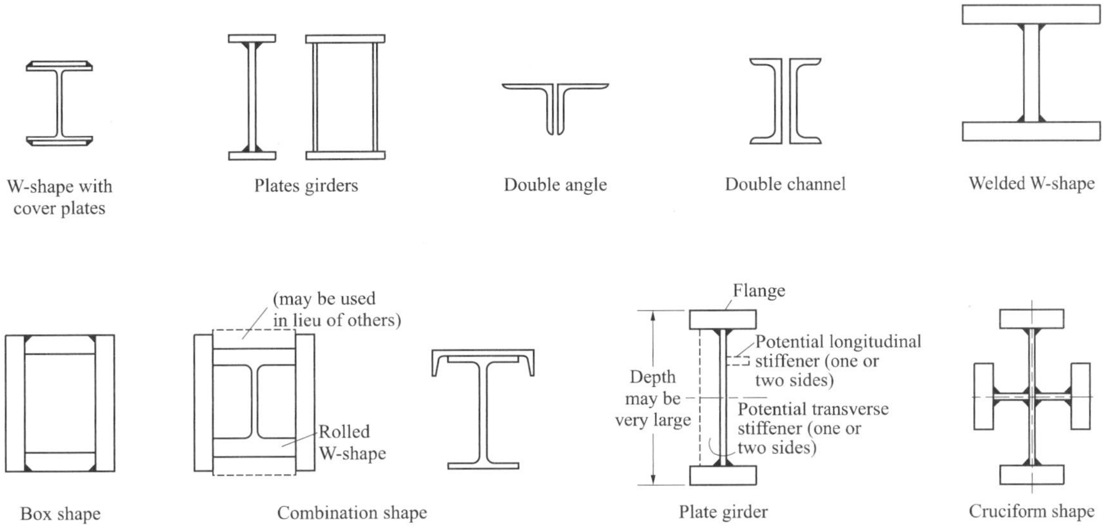

그림 3.9 • 조립형강의 예

표 3.2 평판과 봉의 우선치수

제품	두께/직경의 범위		
	$t \le \frac{3}{8}$ in.	$\frac{3}{8}$ in. $< t <$ 1 in.	1 in. $< t$
평판	1/16	1/8	1/4
직각 봉	1/8	1/8	1/8
원형 봉	1/8	1/8	1/8

3.4.4 조립 형상

다른 형상들은 사용할 수 있으며 매뉴얼에 기재되어 있다. 그러나 다른 형상은 건물 건설에서 제한적으로 적용된다. 매뉴얼은 또한 수년 동안 설계자에게 유용하다고 알려진 표준 형상의 조합을 나타내는 표를 포함한다. 그림 3.9는 조합 플레이트와 형강으로부터 형성된 다양한 조립(built-up) 형상을 나타낸다.

3.5 구조용 강재의 화학성분

구조용 강재의 기본적인 기계적 성질은 건설산업에서 사용할 수 있는 강종의 제한된 논의와 함께 3.3절에서 제시되어 있다. 기본적으로 세 가지 강종이 건설산업에서 형강의 제작을 위해 사용되어 진다: 탄소강과 고강도 저 저합금강, 내식성 고강도 저합금강. 평판과 봉에서 조밀한 강재가 또한 사용할 수 있다.

강재의 화학 성분은 엔지니어에게 매우 중요한 특성에 상당한 영향을 미친다. 강재는 주로 철로 만들어 지지만 탄소와 실리콘, 니켈, 망간, 구리 등과 같은 다른 요소들을 포함한다. 철을 제외한 주요 요소는 탄소이다. 탄소의 첨가는 강재의 강도를 증가시키지만 연성과 용접성을 저하시킨다. 탄소는 (철 이외의) 강재의 가장 중요한 구성요소이지만 최종 제품의 매우 작은 비율에 해당한다. 강재는 일반적으로 중량의 0.3%까지의 탄소 함량을 갖는다.

표 3.3 A992 철근에 대한 화학적 요구조건

성분	구성, %
탄소, 최대	0.23
망간	0.50 – 1.60
실리콘, 최대	0.40
바나듐, 최대	0.15
콜롬븀, 최대	0.05
인, 최대	0.035
유황, 최대	0.045
구리, 최대	0.6
니켈, 최대	0.45
크롬, 최대	0.35
몰리브덴, 최대	0.15

특정 강재에 대한 화학식은 다른 강재의 화학식과 다를 수 있지만 특성 요소가 기준의 특정 조건을 충족하기 위해 요구된다. 이 기준은 각 강종에 대한 ASTM 기준에서 나왔으며 3.6절에서 설명된다. 그러나 와이드 플랜지 형상에서 가장 지배적인 강재에서 나타나는 화학성분은 여기서 논의된다. ASTM A992 강재에 대한 특정 비율의 요구사항은 표 3.3에 나타나 있다.

탄소(Carbon)

탄소(C)는 철을 제외한 모든 강재에 발견되는 가장 일반적인 원소이다. 이것은 강도를 증가시키기 위해 사용되는 가장 경제적인 원소이다. 그러나 이러한 탄소는 또한 연성을 감소시킨다. 탄소 함량은 일반적으로 약 0.15~0.30%의 범위이다. 0.15%보다 낮으면 너무 낮은 강도의 강재가 생산되고, 0.3%보다 크면 건설에 사용하기에 나쁜 특성을 가진 강재가 생산된다.

망간(Manganese)

망간(Mn)은 탄소와 유사하게 강도에 영향을 미친다. 망간은 산소와 유황을 결합하고 압연 공정에 영향을 미치기 때문에 필요한 성분이다. 또한 망간은 강재의 노치 인성을 향상시킨다. 다른 원소 때문에 노치 인성의 강소를 상쇄하기 위해 강재에 추가된다. 망간은 재료의 용접성에 부정적인 영향을 미친다.

실리콘(Silicon)

실리콘(Si) 열연 강재에서 산소를 제거하기 위한 중요한 원소이다.

바나듐(Vanadium)

바나듐(V)은 강도를 증가시키는 또다른 원소이다. 바나듐은 결정 크기를 미세화하고 따라서

강도를 증가시킨다. 바나듐의 가장 큰 장점은 강도를 증가시키면서 용접성 또는 노치 인성에 영향을 미치지 않는다는 것이다.

컬럼븀(Columbium)

약간 강도를 증가시키는 원소인 컬럼븀(Cb)은 항복점과 인장 강도를 증가시킬 수 있다. 그러나 노치 인성에 상당한 부정적인 영향을 미친다.

인(Phosphorus)

인(P)은 강도를 증가시키고 연성을 감소시킨다. 인은 특히 구리와 함께 사용될 때 대기부식에 대한 저항력을 향상시킨다. 인은 망간보다 용접성에 더 부정적인 영향을 미친다. 인은 일반적으로 바람직하지 않은 원소이지만 모든 강재에 매우 제한된 양이 허용된다.

황(Sulfur)

황(S)은 모든 강재에 매우 제한된 양이 허용된다. 황은 인과 마찬가지로 부정적인 영향을 미친다.

구리(Copper)

제한된 양의 구리(Cu)는 강재에 유리하다. 구리는 연성에 약간 부정적인 영향을 미치고 강도를 증가시킨다. 만일 구리의 함량이 상대적으로 낮다면, 용접성에 거의 영향을 미치지 않을 것이다. 내식성 강재 생산에 가장 중요한 기여를 하는 원소이다.

니켈(Nickel)

니켈(Ni)은 강도를 적절히 향상시키고, 내식성을 증가시킨다. 또한 니켈은 구리 또는 인과 함께 사용될 때 해수의 영향을 받는 강재의 내식성을 향상시킬 수 있다. 니켈은 일반적으로 노치 인성을 약간 향상시킬 수 있다.

크롬(Chromium)

크롬(Cr)은 전형적으로 내식성을 향상시키기 위해 구리와 함께 사용된다. 또한 구리는 구리와 바나듐을 포함하는 강재의 강도를 증가시킨다. 크롬은 스테인리스 강재의 필수적인 요소이다.

몰리브덴(Molybdenum)

몰리브덴(Mo)은 강도를 증가시키지만 노치 인성을 크게 저하시킨다. 그러나, 이 부정적인 영향은 적절한 공정 또는 다른 원소들과 균형을 맞춤으로써 조정될 수 있다.

3.6 구조용 강재의 등급

3.6.1 압연강재

구조물에 사용하기 위해 AISC에서 승인된 것보다 더 많은 강재가 생산된다. 고유 ASTM 번호가 각각 승인된 강종을 지정한다. 구조용 형강에 승인된 강재는 탄소강(A36와 A53, A500, A529)과 고강도 저합금강(A572와 A618, A913, A992), 내식성 고강도 저합금강(A242와 A588, A847)로 분류된다. 그림 3.10은 승인된 강재와 최소 항복 및 인장응력, 적용할 수 있는 형강을 나타낸다.

A36 Steel

A36 강재는 수년 동안 가장 일반적으로 사용 가능한 구조용 강재이다. A36 강재는 1961년에 AISC 기준으로 도입되어 1990년대 후반까지 HSS와 파이프, 플레이트를 제외한 대부분의 형강에 선택되었다. A36 강재는 저탄소강이기 때문에 볼트 및 용접 접합 구조물에 매우 적합하다. 고강도 강재가 부재로 사용되었을 때, A36 강재는 요소를 연결하기 위한 일반적으로 선택되었다. A36 강재는 M-과 S-, C-, MC-, L-형강에 지속적으로 선호된다. A36 강재의 최소 항복 응력은 $F_y = 36$ ksi이고 인장 응력은 $F_u = 58$ ksi가 기준에 의해 계산에 사용되지만 $F_u = 50\sim80$ ksi이다.

A53 Steel

A53 강재는 세 종류와 두 가지 강종을 갖는 강재로 구조물에 승인된 강재 파이프를 위한 단일 표준이다. 이 파이프는 일반적으로 기계적 압력 적용을 위해 의도 되고 건설에 승인된 유일한 등급은 Grade B이다. 이 등급은 전기저항 용접 또는 이음매를 의미하는 Type E로 사용할 수 있거나 이음매 없는 파이프인 Type S로 사용할 수 있다. A53 Grade B의 최소 항복 응력은 $F_y = 35$ksi이며 최소 인장 응력은 $F_u = 60$ ksi이다.

A500 steel

A500 강재는 HSS라고 알려진 원형 구조용 튜브에 사용되는 탄소강이다. 건설용으로 AISC에 의해 승인된 강종은 두 가지이다; 선호되는 등급인 Grade B와 Grade C이다. 기준은 용접하거나 이음매 없는 제조를 허용한다. 원형 HSS의 Grade B의 최소 항복 응력은 $F_y = 42$ ksi이고 최소 인장 응력은 $F_u = 58$ ksi이다. 반면 직사각형 HSS의 Grade B의 최소 항복 응력은 $F_y = 46$ ksi이고 최소 인장 응력은 $F_u = 58$ ksi이다.

Table 2–4
Applicable ASTM Specifications for Various Structural Shapes

Steel Type	ASTM Designation		F_y Min. Yield Stress (ksi)	F_u Tensile Stress[a] (ksi)	Applicable Shape Series									
					W	M	S	HP	C	MC	L	HSS Rect.	HSS Round	Pipe
Carbon	A36		36	58-80[b]	▨	■	■	▨	■	■	■			
	A53 Gr. B		35	60										■
	A500	Gr. B	42	58									■	
			46	58								■		
		Gr. C	46	62									▨	
			50	62								▨		
	A501	Gr. A	36	58								▨	▨	
		Gr. B	50	70								▨	▨	
	A529[c]	Gr. 50	50	65-100	▨	▨	▨	▨	▨	▨	▨			
		Gr. 55	55	70-100	▨	▨	▨	▨	▨	▨	▨			
High-Strength Low-Alloy	A572	Gr. 42	42	60	▨	▨	▨	▨	▨	▨	▨			
		Gr. 50	50	65[d]	▨	▨	▨	■	▨	▨	▨			
		Gr. 55	55	70	▨	▨	▨	▨	▨	▨	▨			
		Gr. 60[e]	60	75	▨	▨	▨	▨	▨	▨	▨			
		Gr. 65[e]	65	80	▨	▨	▨	▨	▨	▨	▨			
	A618[f]	Gr. I & II	50[g]	70[g]								▨	▨	
		Gr. III	50	65								▨	▨	
	A913	50	50[h]	60[h]	▨	▨	▨	▨	▨	▨	▨			
		60	60	75	▨	▨	▨	▨	▨	▨	▨			
		65	65	80	▨	▨	▨	▨	▨	▨	▨			
		70	70	90	▨	▨	▨	▨	▨	▨	▨			
	A992		50	65[i]	■	▨	▨	▨	▨	▨	▨			
Corrosion Resistant High-Strength Low-Alloy	A242		42[j]	63[j]	▨									
			46[k]	67[k]	▨			▨						
			50[l]	70[l]	▨	▨	▨	▨	▨	▨	▨			
	A588		50	70	▨	▨	▨	▨	▨	▨	▨			
	A847		50	70								▨	▨	

■ = Preferred material specification
▨ = Other applicable material specification, the availability of which should be confirmed prior to specification
□ = Material specification does not apply

a Minimum unless a range is shown.
b For shapes over 426 lb/ft, only the minimum of 58 ksi applies.
c For shapes with a flange thickness less than or equal to $1\frac{1}{2}$ in. only. To improve weldability a maximum carbon equivalent can be specified (per ASTM Supplementary Requirement S78). If desired, maximum tensile stress of 90 ksi can be specified (per ASTM Supplementary Requirement S79).
d If desired, maximum tensile stress of 70 ksi can be specified (per ASTM Supplementary Requirement S91).
e For shapes with a flange thickness less than or equal to 2 in. only.
f ASTM A618 can also be specified as corrosion-resistant; see ASTM A618.
g Minimum applies for walls nominally $\frac{3}{4}$-in. thick and under. For wall thicknesses over $\frac{3}{4}$ in., $F_y = 46$ ksi and $F_u = 67$ ksi.
h If desired, maximum yield stress of 65 ksi and maximum yield-to-tensile strength ratio of 0.85 can be specified (per ASTM Supplementary Requirement S75).
i A maximum yield-to-tensile strength ratio of 0.85 and carbon equivalent formula are included as mandatory in ASTM A992.
j For shapes with a flange thickness greater than 2 in. only.
k For shapes with a flange thickness greater than $1\frac{1}{2}$ in. and less than or equal to 2 in. only.
l For shapes with a flange thickness less than or equal to $1\frac{1}{2}$ in. only.

그림 3.10 • 여러 형강에 사용되는 ASTM강재. Copyright © American of Steel Construction.

A501 Steel

A501 강재는 A36 강재와 유사한 탄소강이지만 원형과 직사각형 HSS에 사용된다. Grade A에서 A501강재의 최소 항복 응력이 $F_y = 36$ ksi이고 최소 인장 응력은 $F_u = 58$ ksi이며, Grade B에서 최소 항복 응력은 $F_y = 50$ ksi이고 최소 인장 응력은 $F_u = 70$ ksi이다.

A529 Steel

A529 강재는 Grade 50과 Grade 55로 사용할 수 있는 탄소 망간 강재이다. A529 강재는 1.5 in보다 작은 플랜지 두께를 갖는 작은 형강에 사용된다. A529 Grade 50의 최소 항복 응력은 $F_y = 50$ ksi이고 인장 응력은 $F_u = 65$~100 ksi이다. 반면 Grade 55의 최소 항복 응력은 $F_y = 55$ ksi이고 인장 응력은 $F_u = 70$~100 ksi이다.

A572 Steel

A572 강재는 고강도 저합금 강재이며 컬럼븀-바나듐 구조용 강재라고 하고 5등급으로 사용할 수 있다. A572는 용접성이 좋은 다목적 고강도 강재이다. 형강과 플레이트의 이용 가능성은 일반적으로 요소 두께에 따른 등급의 함수이다. A572는 HSS와 파이프를 제외한 모든 형강에서 사용할 수 있다. 등급에 따라 최소 항복 응력의 전체 범위는 42~65 ksi이고 최소 인장 응력의 범위는 60~80 ksi이다. A572 Grade 50은 HP-형강에 선호되는 강재이다.

A618 Steel

A618 강재는 HSS에 사용되는 고강도 저합금 강재이다. AISC에 의해 Grade l과 ll, lll이 구조물에 사용된다. Grade I는 HSS에 사용할 수 있는 유일한 고강도 저합금 강재이다. Grade II는 내후성을 제한하고 Grade III은 필요한 경우 내식성을 증가시켜 제조할 수 있다. 최소 항복 응력은 특정 제품에 따라 다르고 45~50 ksi이다. 최소 인장 응력은 등급과 제품의 두께에 따라 65~70 ksi이다.

A913 Steel

A913은 담금질과 지기 템퍼에 의해 제조되는 고강도 저합금 강재이다. Grade 50과 60, 65, 70으로 사용할 수 있다. 이 강재는 현재 미국 내에서 생산되고 있지 않지만 외국 제조사로부터 얻을 수 있다. 최소 항복 응력 범위는 50~70 ksi이고 최소 인장 응력 범위는 60~90 ksi이다.

A992 Steel

A992 강재는 와이프 플랜지 형강에 사용된다. 1998년에 A572 Grade 50의 대안으로

A992의 사용이 처음 승인되었다. 이 기준은 구조적 거동에 대한 재료특성의 차이의 영향에 대한 향상된 이해의 결과와 강재 생산을 위한 주요 자원으로 스크랩을 사용하여 특성의 변화의 결과로 부분적으로 발달되었다. A992 강재에 대한 화학 성분은 표 3.3에 나타내었으며 3.5절에서 설명되었다. A992의 최소 항복 응력은 $F_y = 50$ ksi이고 최소 인장 응력은 $F_u = 65$ ksi이다. 추가적인 필요 조건은 항복 인장 비가 0.85를 초과할 수 없다는 것이다.

A242 Steel

A242 강재는 고강도 저합금 내식성 강재이고 내후성 강재라고 한다. A242는 첫 번째 내식성 강재의 하나이며 일반 탄소강의 약 4배의 내식성을 가진다. A242에는 세 가지 등급이 있고 지금은 새로운 A588보다 일반적이다. 최소 항복 응력의 범위는 42~50 ksi이고 최소 인장 응력의 범위는 63~70 ksi이다.

A588 Steel

A588은 구리를 포함하거나 포함하지 않는 탄소강보다 상당히 우수한 내식성을 갖는 고강도 저합금 내식성 강재이다. A588은 HSS와 파이프, 플레이트를 제외한 모든 형강으로 사용할 수 있다. 모든 형강과 4 in까지의 플레이트의 경우 최소 항복 응력은 $F_y = 50$ ksi이고 최소 인장 응력은 $F_u = 70$ ksi이다. 8 in까지의 플레이트는 감소된 응력 값으로 사용할 수 있다.

A847 Steel

A847은 HSS에 사용되는 고강도 저합금 내식성 강재이다. A847은 A588과 같은 최소 항복 응력과 최소 인장 응력을 갖는다.

3.6.2 평판 및 봉 용 강재

형강에서 이미 설명된 많은 강재들은 평판과 봉으로 사용할 수 있다. 그림 3.11은 ASTM 명칭과 해당 항복 및 인장 응력, 적용되는 평판의 두께를 보여준다. 형강으로 사용할 수 없으나 평판이나 봉으로 사용할 수 있는 유일한 두 가지 강재는 열처리 템퍼 강재인 A514와 A852다.

A514 Steel

A514는 용접에 적합한 높은 항복 강도 열처리 템퍼 합금강재이다. A514는 6 in까지의 판재로 사용할 수 있다. 화학 성분과 최대 두께에 따라 다른 14개의 다른 등급이 있다. 최소 항복 응력은 90 ksi 또는 100 ksi이고 극한 인장 응력의 범위는 100~130 ksi이다. A514는

AISC 기준에 따라 사용이 승인된 가장 높은 항복 응력 강재이다.

A852 Steel

A852는 열처리 템퍼 고강도 저합금 내식성 강재이다. A852는 연성과 노치 인성이 중요한 용접 구조에서 주로 사용된다. A852는 최대 4 in 플레이트로 사용할 수 있다. A852의 최소 항복 응력은 $F_y = 70$ ksi이고 인장 강도는 $F_u = 90\sim110$ ksi이다.

Table 2–5
Applicable ASTM Specifications for Plates and Bars

Steel Type	ASTM Designation		F_y Min. Yield Stress (ksi)	F_u Tensile Stress[a] (ksi)	Plates and Bars: to 0.75 incl.	over 0.75 to 1.25	over 1.25 to 1.5	over 1.5 to 2 incl.	over 2 to 2.5 incl.	over 2.5 to 4 incl.	over 4 to 5 incl.	over 5 to 6 incl.	over 6 to 8 incl.	over 8
Carbon	A36		32	58-80										■
			36	58-80	■	■	■	■	■	■	■	■	■	
	A529	Gr. 50	50	70-100	▒	▒ b	▒ b	▒ b	▒ b					
		Gr. 55	55	70-100	▒	▒ b	▒ b							
High-Strength Low-Alloy	A572	Gr. 42	42	60	▒	▒	▒	▒	▒	▒	▒	▒		
		Gr. 50	50	65	▒	▒	▒	▒	▒	▒				
		Gr. 55	55	70	▒	▒	▒	▒						
		Gr. 60	60	75	▒	▒								
		Gr. 65	65	80	▒	▒								
Corrosion Resistant High-Strength Low-Alloy	A242		42	63				▒	▒	▒				
			46	67		▒	▒							
			50	70	▒									
	A588		42	63								▒	▒	
			46	67							▒			
			50	70	▒	▒	▒	▒	▒	▒				
Quenched and Tempered Alloy	A514[c]		90	100-130						▒	▒	▒		
			100	110-130	▒	▒	▒	▒	▒					
Quenched and Tempered Low-Alloy	A852[c]		70	90-110	▒	▒	▒	▒	▒	▒				

■ = Preferred material specification
▒ = Other applicable material specification, the availability of which should be confirmed prior to specification
□ = Material specification does not apply

a Minimum unless a range is shown.
b Applicable to bars only above 1-in. thickness.
c Available as plates only.

그림 3.11 • 평판 및 봉에 사용되는 ASTM강재. Copyright ⓒ American of Steel Construction.

3.6.3 연결재용 강재

강구조물 용 연결재는 고강도 볼트와 일반 볼트, 나사 로드, 앵커로드를 포함한다. 또한 너트와 와셔, 직접적인 인장을 전달하는 장치가 포함된다. 이런 요소들에 대해 승인된 ASTM 강재는 그림 3.12에 나타내었다. 많은 강종이 강구조물에서 사용되는 다양한 기계적 연결재에 적절하다. 그러나 일반적으로 볼트로 규정된 세 가지 강재가 여기서 설명된다.

A307 Bolts

A307 볼트는 일반 볼트 또는 블록 볼트라 한다. ASTM 기준은 세 가지 등급을 규정했지만 Grade A만 일반적으로 적용되는 볼트로 사용되도록 승인되었다. 이 볼트의 극한 인장 강도는 60 ksi이며 A36 강재와 동일한 강도 수준이다. 이 볼트는 AISC에 의해 나타나 있지만 강재와 강재의 구조적 연결에 거의 사용되지 않는다.

A325 Bolts

A325 볼트는 조질형 강재인－무거운 육각 구조용 볼트이다. A325 볼트는 구조물에 사용되는 주요 고강도 볼트이다. 두 종류를 사용할 수 있다: Type 1은 일반 중위 탄소 볼트이고 Type 3는 내후성 강재와 동일하다. 인장 강도는 직경 최대 1 in까지 120 ksi이고 직경 1 1/8~ 1 1/2는 105 ksi이다.

A490 Bolts

A490은 조질형 강재인－무거운 육각 구조용 볼트를 지정한다. 이 패스터는 높은 인장 강도가 요구될 때 사용된다. A325 볼트와 마찬가지로 A490은 동일하게 type 1 또는 type 3으로 사용할 수 있다. 직경 1/2~ 1 1/2인 볼트의 최소 인장 강도는 150 ksi이다.

F1852 Bolts

F1852는 120 ksi 또는 105 ksi의 인장 강도를 갖는 "나사" 장력 제어 볼트－너트－와셔 조립을 위한 표준 기준을 제공한다. 이런 구조용 연결재는 육각 머리를 가지고 있는 것이 아니라 특수 토크 렌치를 사용하여 설치되는 스플라인 막대기를 가진 점에서 독특하다. F1852 연결재는 기본적으로 A325 볼트다. 그러나 기하학적 특성이 일반 볼트와 다르기 때문에 반드시 다른 표준으로 제조되어야 한다. 이 패스터의 인장강도는 직경이 1/2~1 in의 경우 120 ksi이고 직경이 11/8 in의 경우 105 ksi이다.

Table 2–6
Applicable ASTM Specifications for Various Types of Structural Fasteners

ASTM Designation		F_y Min. Yield Stress (ksi)	F_u Tensile Stress[a] (ksi)	Diameter Range (in.)	High-Strength Bolts: Conventional	High-Strength Bolts: Twist-Off-Type Tension-Control[f]	Common Bolts	Nuts	Washers	Direct-Tension-Indicator Washers	Threaded Rods	Steel Headed Stud Anchors	Anchor Rods: Hooked	Anchor Rods: Headed	Anchor Rods: Threaded & Nutted
A108		—	65	0.375 to 0.75, incl.								■			
A325[d]		—	105	over 1 to 1.5 incl.	■										
		—	120	0.5 to 1, incl.	■										
A490		—	150	0.5 to 1.5	■										
F1852		—	105	1.125		■									
		—	120	0.5 to 1, incl.		■									
A194 Gr. 2H		—	—	0.25 to 4				▒							
A563		—	—	0.25 to 4				■							
F436[b]		—	—	0.25 to 4					■						
F959		—	—	0.5 to 1.5						■					
A36		36	58-80	to 10							■		▒		▒
A193 Gr. B7[e]		—	100	over 4 to 7							▒		▒		▒
		—	115	over 2.5 to 4							▒		▒		▒
		—	125	2.5 and under							▒		▒		▒
A307 Gr. A		—	60	0.25 to 4			■								
A354 Gr. BD		—	140	2.5 to 4 incl.							▒		▒	▒	▒
		—	150	0.25 to 2.5, incl.							▒		▒	▒	▒
A449		—	90	1.75 to 3 incl.	c						▒		▒	▒	▒
		—	105	1.125 to 1.5, incl.	c						▒		▒	▒	▒
		—	120	0.25 to 1, incl.	c						▒		▒	▒	▒
A572	Gr. 42	42	60	to 6							▒		▒		▒
	Gr. 50	50	65	to 4							▒		▒		▒
	Gr. 55	55	70	to 2							▒		▒		▒
	Gr. 60	60	75	to 1.25							▒		▒		▒
	Gr. 65	65	80	to 1.25							▒		▒		▒
A588		42	63	Over 5 to 8, incl.							▒		▒		▒
		46	67	Over 4 to 5, incl.							▒		▒		▒
		50	70	4 and under							▒		▒		▒
A687		105	150 max.	0.625 to 3							▒		▒		▒
F1554	Gr. 36	36	58-80	0.25 to 4											
	Gr. 55	55	75-95	0.25 to 4									■	■	■
	Gr. 105	105	125-150	0.25 to 3									▒	▒	▒

■ = Preferred material specification
▒ = Other applicable material specification, the availability of which should be confirmed prior to specification
□ = Material specification does not apply

— Indicates that a value is not specified in the material specification.
[a] Minimum unless a range is shown or maximum (max.) is indicated.
[b] Special washer requirements may apply per RCSC Specification Table 6.1 for some steel-to-steel bolting applications and per Part 14 for anchor-rod applications.
[c] See AISC Specification Section J3.1 for limitations on use of ASTM A449 bolts.
[d] When atmospheric corrosion resistance is desired, Type 3 can be specified.
[e] For anchor rods with temperature and corrosion resistance characteristics.

그림 3.12 • 연결재에 사용되는 ASTM강재.

F2280 Bolts

F2280은 150 ksi의 인장 강도를 갖는 "나사" 장력 제어 볼트–너트–와셔 조립에 대한 표준 기준을 제공한다. 이 연결재는 기본적으로 A490 볼트이지만 F1852 연결재와 같이 일반 볼트와는 기하학적인 특징이 다르기 때문에 별도의 표준으로 제조되어야만 한다. 이 패스터는 직경 1/2 ~ 1 1/8 in로 사용할 수 있다.

3.6.4 용접용 강재

용점용 강재는 필러 금속이라고 한다. 왜냐하면 기본적으로 접합된 베이스 금속 조각 사이의 틈새를 채우기 때문이다. 실제로 용접봉에 해당하는 필러 금속의 선택에서 가장 중요한 점은 베이스 금속과 전극을 맞추는 것이다. 용접은 어떠한 경우라도 반드시 접합부에서 약한 부분으로 처리되어서는 안된다. 미국 용접 협회는 설계기준 ANSI/AWS D1.1의 표 3.1에 모재와 전극의 적절한 조합의 위한 기준을 제공한다. 가장 일반적으로 사용되는 용접 강도는 70 ksi이다. 용접 공정과 재료 조합에 대한 설명은 10장에서 다룬다.

3.6.5 전단 스터드용 강재

전단 스터드는 강재와 콘크리트가 함께 거동하도록 구조용 형강에 용접되고 콘크리트에 박힌 기계적 연결재이며 이를 합성 구조라고 한다. 이런 스터드는 형강에 용접되기 때문에 그 특성을 AWS와 ASTM사이에서 공동으로 지정하고 있다. ANSI/AWS D1.1는 ASTM A108 재료로 만들어지는 Type B 전단 스터드 연결재가 반드시 사용되어야 한다고 규정한다. 이 스터드의 인장 강도는 65 ksi이다.

3.7 강구조의 유용성

구조 엔지니어는 일반적으로 설계를 위한 기초 자료로서 매뉴얼에 있는 형상 목록을 사용한다. 불행히도 모든 형강은 시장에서 똑같이 사용할 수 없으며 구하기 힘든 형강의 선택은 프로젝트의 전반적인 비용에 부정적인 영향을 미칠 수 있다. 일부 형강은 다양한 제조사에서 제조된다. 예를 들어 W10 × 30은 2010년 3월까지 일곱 개의 다른 국내외 공장에서 구할 수 있다. 그러나 W44 × 335와 같은 최대 크기 형강은 해외 공장 하나와 국내 공장 하나에서 구할 수 있다. 또한 작은 M-형강의 일부는 어떤 공장에서도 생산하지 않는다. 이용 가능한 형강 데이터는 AISC 웹 사이트의 www.asic.org/steelavailability에 있다.

강재의 또다른 중요한 공급처는 서비스 센터이다. 이러한 조직은 공장과 저장품으로부터 모든 형강을 얻는다. 모든 프로젝트에 필요한 강재를 얻는 작업은 강재 제조업자의 몫이지만 사용 가능한 몇 가지 지식을 가지는 것은 엔지니어에게 항상 유리하다.

3.8 연습문제

1. When was the first AISC Specification published and what was its purpose?

2. In addition to buildings, what other types of structures are included in the scope of the 2010 AISC Specification?

3. Sketch and label a typical stress-strain curve for steel subjected to a simple uniaxial tension test.

4. What is the value of the modulus of elasticity used for calculations according to the AISC Specification, and what does this value represent in relation to the graph of stress versus strain for steel?

5. What happens to a steel element when it is loaded beyond the elastic limit and then unloaded?

6. Describe the difference between the yield stress and ultimate stress of a steel element.

7. Sketch and label 10 different structural shape cross sections whose properties are given in the AISC Specification.

8. What are the nominal and actual depths of a W36 × 135 wide-flange member? What is the weight of this member per linear foot? (Hint: Use your AISC Manual.)

9. What are the nominal and actual depths of a W14 × 730 wide-flange member? Compare these to the nominal and actual depths of a W14 × 145. (Hint: Use your AISC Manual.)

10. What are the actual depth and flange width of a W14 × 132? (Hint: Use your AISC Manual.)

11. What are the actual depth and flange width of an HP12 × 84? What are the thicknesses of the web and flange? (Hint: Use your AISC Manual.)

12. What are the leg dimensions and thickness of an L8 × 8 × $^5/_8$? (Hint: Use your AISC Manual.)

13. What is the weight per linear foot of an L5 × 3 × $^1/_2$ member? (Hint: Use your AISC Manual.)

14. What are the outside dimensions of a rectangular HSS12 × 10 × $^3/_8$? What are the nominal and design wall thicknesses? (Hint: Use your AISC Manual.)

15. What is the outside diameter of a round HSS6.000 × 0.500? What are the nominal and design wall thicknesses? (Hint: Use your AISC Manual.)

16. What is the distinction between a round HSS and a pipe? (Hint: Use your AISC Manual.)

17. What are the outside diameter and wall thickness of a Pipe 4 xx-Strong? (Hint: Use your AISC Manual.)

18. What is the difference between a rectangular bar section and a plate?

19. What are the three preferred types of steel for shapes in the construction industry?

20. What effects does the addition of carbon have on steel?

21. Name three elements that improve the corrosion resistance of steel.

22. What grade of steel is most commonly used today in the production of W-shapes, and what are its yield stress and tensile stress?

23. What grade of steel is most commonly used today in the production of round HSS? Rectangular HSS?

24. What grade of steel is preferred for the fabrication of most structural shapes other than W-shapes, and what are its yield stress and tensile stress? (Hint: See Figure 3.10.)

25. What grade of steel is typically used for high-strength bolts in construction?

26. What resources can be consulted to determine the availability of a particular steel structural shape?

제 4 장

인장부재

4.1 서론

강재에서 하중을 전달하는 가장 효과적인 방법은 인장력이 발생할 때이다. 왜냐하면, 인장력은 부재 단면에 균일한 응력분포를 발생시키므로 재료 전체가 최대한의 성능을 발휘할 수 있기 때문이다. 인장력이 단면의 도심을 통해 작용한다는 일반적인 가정은 하중을 지지하는 재료의 성능을 감소시키는 좌굴이나 휨과 같은 다른 구조적인 작용이 존재하지 않는다는 것을 의미한다. 그러므로 인장부재 설계는 가장 단순하면서도 강구조 설계를 공부하는데 있어서 좋은 시발점이 된다.

인장부재는 모든 구조물에서 볼 수 있는 것은 아니지만, 건축 구조물에서는 매우 일반적인 요소로 사용된다. 이 장에서 고려되는 구조 부재는 일차적인 힘으로 중심 인장력을 받는 경우이다. 하중의 편심이나 연결에 의한 이차적인 영향은 고려되어야 하지만 이러한 인장과 힘의 상호작용은 제 8장에서 자세히 다룬다.

표 4.1은 본 장에서 논의될 시방서의 절과 매뉴얼의 일부분을 나열한 것이다.

표 4.1 이 장에서 다뤄지는 시방서의 절과 매뉴얼의 일부분

시방서	
B4.2	HSS에 대한 설계 벽 두께
B4.3	전단면적과 순단면적 결정
D1	세장비 제한
D2	인장 강도
D3	유효 순단면적
D4	조립 부재
D5	핀연결 부재
D6	아이바(eyebars)
J3.2	구멍의 크기와 사용
J3.5	최대 간격과 연단 거리
J3.6	볼트와 나사부분의 인장강도와 전단강도
J4.1	부재의 인장강더
J4.3	블록 전단 강도
매뉴얼	
Part 1	차원과 특성
Part 5	인장부재의 설계

4.2 구조물의 인장부재

인장부재는 다양한 건축물에서 확인할 수 있다. 이러한 부재들 중 트러스, 브레이싱 부재, 행거(hangers), 새그바(sag bar)는 중요한 인장부재이다. 트러스에서 인장부재들은 주강관, 대각선부재, 그리고 수직부재 등이 있다.

그림 4.1은 전형적인 단순지지 트러스로 인장부재가 표시(T)되어 있다. 구조물로 사용된 브레이싱 인장부재는 그림 4.2와 같이 일반적으로 가늘고 긴 형상을 가진다. 이러한 얇은 부재들은 상대적으로 유연하기 때문에, 압축 하중을 견디기 위해 설계할 경우 최종 구조

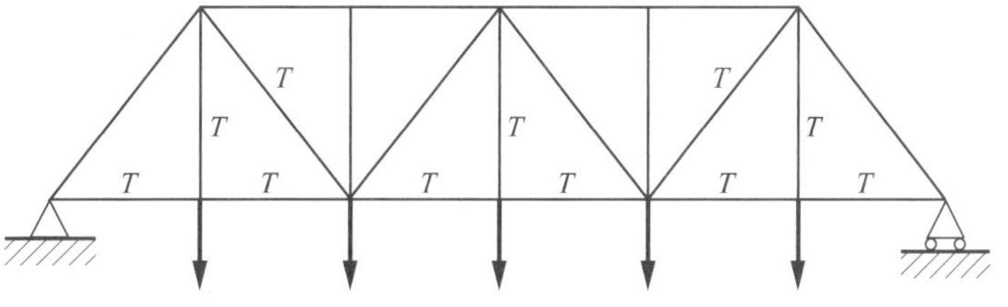

그림 4.1 • 인장부재가 표기된 단순지지 트러스

그림 4.2 • 인장 브레이싱 부재

그림 4.3 • 인장 행거

그림 4.4 • 지붕시스템에서의 새그로드(Sag Rods)

물에 영향을 미치므로 특히 주의하여 설계하여야 한다. 심지어 인장부재 전용으로 설계한 부재 내의 최소 압축력은 최종 구조물에 강도측면이나 보수에서도 문제를 일으킬 수 있다.

인장부재의 다른 예는 그림 4.3에 제시된 것과 같이, 구조물의 약간 낮은 층간, 행거(hangers) 및 지붕 구조체의 중도리(purlines) 또는 철골 구조물의 외벽에 위치한 거츠(girts) 등이 있다. 이것들은 일반적으로 직접 하중을 전달하기 때문에 인장부재의 중요성을 쉽게 확인할 수 있다. 하지만 그림 4.4에서 제시된 주 강관들은 직접적으로 받는 하중이 명확하지 않기 때문에 이해하기 쉽지 않다. 이러한 부재의 파괴는 벽체 내에서 심각한 변위를 일으킬 수 있으며, 중도리 또는 거츠의 안정성 문제를 일으킬 수 있으나, 직접적으로 하중을 전달할 가능성은 없다.

4.3 인장부재의 단면형상

인장부재는 강구조 형상, 판 또는 판과 형상의 조합(아이바(eyebar) 및 핀 연결 판, 강봉, 또는 와이어 로프(wire rope) 및 강철 케이블) 등이 될 수 있다. 이러한 요소들은 특수한 구조의 중요한 요소이지만 와이어 로프와 강 케이블은 여기에서 고려되어 있지 않다.

그림 4.5에서 볼 수 있듯이 아이바는 오늘날 일반적으로 사용하지 않지만, 트러스와 유사한 구조로 기존 응용프로그램에서 찾을 수 있다. 실제로 거의 사용되지는 않지만, 여전히 시방서에 적용되고 있다. 그림 4.6은 핀 연결된 판의 실제 연결부의 형상 중 일부이다. 이는 산업 구조, 인장부재에 대한 앵커, 교량 거더의 연결과 같은 다양한 부분에서 사용되고 있다.

그림 4.5 • 역사적 건물 지붕구조의 아이바

그림 4.6 • 핀연결부재
Photo Courtesy of LeJeune Steel Co.

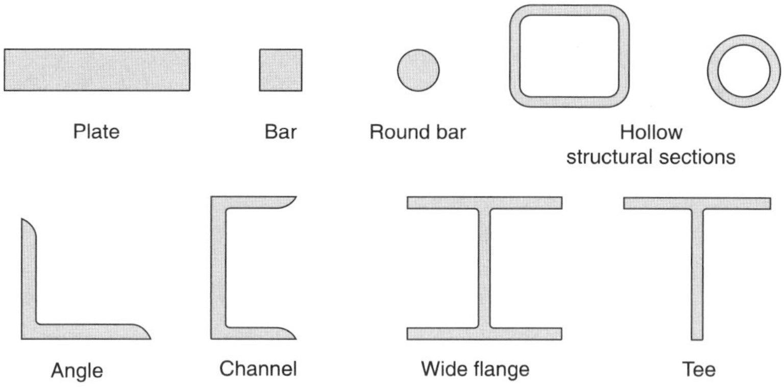

그림 4.7 • 인장부재의 일반적 형상

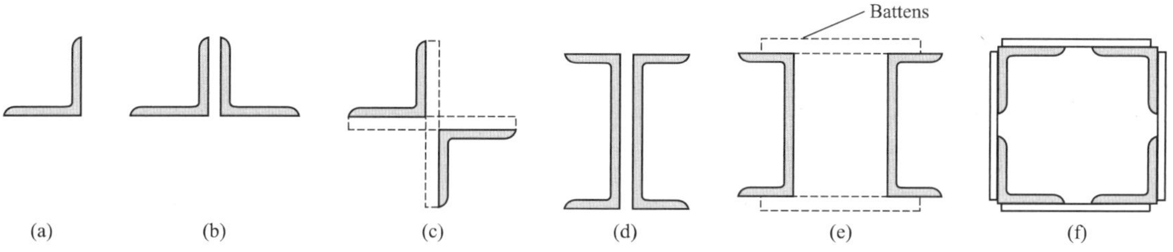

그림 4.8 • 인장부재로 사용되는 일반적 조립형상

인장부재에 사용되는 몇 가지 일반적인 형상은 그림 4.7과 같이 나타내며, 일반적인 조립형태는 그림 4.8과 같다. 중실 강봉은 자주 사용되는 하나의 막대로 다른 부재에 용접해서 사용된다. 나사산이 강봉보다 안쪽으로 설치된 경우(threaded rod) 설계 시 나사산에 의해 발생하는 단면적의 감소를 고려해야 한다. 이와는 반대로 나사산이 강봉 바깥쪽으로 설치된 경우(upset rod) 가끔 일반적인 경우 대신에 사용되어 진다. 이 때 본 강봉의 단면적을 감소시키지 않고 확대된 단면을 계산하여 설계에서 고려한다. 두 가지 강봉의 형상 차이는 그림 4.9와 같이 나타낼 수 있다.

정사각형, 직사각형, 원형 HSS는 주로 유지보수와 사용 편의성 측면에서 인장부재로 자주 사용되고 있다. 그러나 연결부는 특별한 용도에 따라서 복잡하고 가격적인 측면에서 비싸질 수도 있다. HSS는 장방형과 관련하여 유지 보수를 고려할 때 긴 인장부재 사용 시에 특히 유용하게 사용된다.

그림 4.8a에 표시된 것과 같이 단일 ㄴ형강은 고압전력선 및 전화 통신선을 지지하는 타워에서 광범위하게 사용된다. 그림 4.8b와 4.8d에서와 같이 나타낸 이중 ㄴ형강과 ㄷ형강은 보강판을 사용하여 개별 형상 사이의 공간에 배치될 수 있는 대중적인 인장부재이다. 이러한 부재에 대한 연결부 설계 및 제작은 수직면의 대칭성을 고려하여 간단하게 시공이 가능하다.

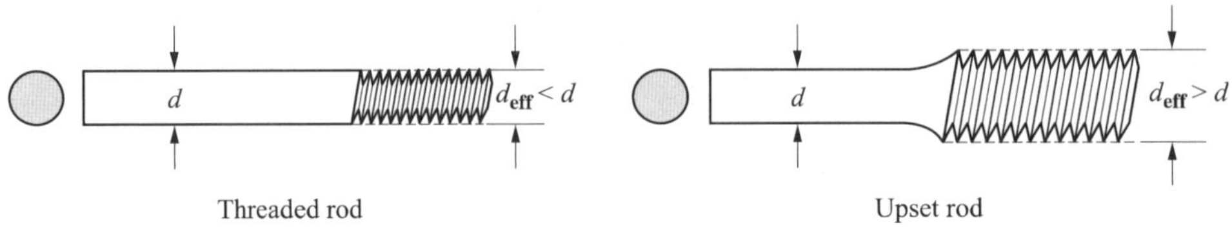

그림 4.9 • 나사산 및 업셉로드

큰 인장력은 그림 4.8e와 4.8f에 주어진 것과 같이 와이드 플랜지 형상, 티(tee), ㄷ형강 또는 조립된 형상으로 구성된 부재를 좌우하는 면적을 갖는 단면에서 요구할 수 있다. 조립형 단면은 과거 인건비가 낮은 때 많이 제작되었다. 오늘날 큰 인장력을 견디는 인장부재는 일반적으로 압연 모양으로 만들어진다. 이러한 부재는 현재 장대 지붕 트러스, 교량의 트러스에서 사용되고 있으며, 대형 산업 구조물의 부재로 보강되어진다.

4.4 인장부재의 거동 및 강성

인장부재는 시방서의 D장에 포함되어 있다. 인장부재의 항복과 파괴에 대한 두 가지 한계상태는 D2장에 제시되어 있다. 제어 한계상태는 소성 변형하는 부재의 능력에 의존한다. 이러한 파괴 모드를 모두 인장부재의 설계시에 고려되어야 하며 이것이 힘의 한계상태를 나타낸다. ASD와 LRFD의 설계 기준은 각각 1.9와 1.10에서 설명하였다. 식 (1.1)과 식 (1.2)는 시방서를 통해 제시된 것으로 공칭강도, 저항 요인 및 안전율과의 관계를 강화하기 위해서 반복하여 제시하고 있다. ASD의 경우 허용가능한 강도를 다음과 같이 정의한다.

$$R_a \leq \frac{R_n}{\Omega} \tag{1.1}$$

LRFD는 설계 강도를 다음과 같이 나타낸다.

$$R_u \leq \phi R_n \tag{1.2}$$

4.4.1 항복

항복(yield)은 단면에 걸쳐 균일하게 분포된 응력이 부재의 길이에 걸쳐 항복 응력에 도달할 때 발생한다. 비록 부재가 발생하는 항복에 의한 하중을 견딜 수 있더라도, 과도한 신장에 의해 항복상태에 도달하게 되면 그 부재를 사용할 수 없게 된다. 이는 길이가 긴 부재의 경우 신장률이 더 크다. 부재의 총 단면에 생기는 한계상태는 큰 변형을 수반하기 때문에 쉽게 파괴모드를 예측할 수 있다. 항복 한계상태는 다음과 같이 정의된다.

$$P_n = F_y A_g \tag{4.1}$$

여기서 P_n = 공칭 인장 항복강도

F_y = 항복 응력

A_g = 부재의 전단면적

설계 강도와 허용 강도는 다음의 식을 사용하여 결정된다.

$$\phi_t = 0.90\,(\text{LRFD}) \qquad \Omega_t = 1.67\,(\text{ASD})$$

4.4.2 파단

부재의 구멍에는 그림 4.10과 같이 사용하중 하에서 응력집중이 발생하게 된다. 탄성이론에 의하면 최대 구멍에서 발생하는 응력이 응력집중의 평균응력에 비해 약 세 배의 크기를 나타내고 있다. 최대 응력이 항복 응력에 도달하여도 부재에는 변형과 하중이 계속 증가할 수 있다. 하중의 증가와 함께 구멍 주변에서의 변형이 변형경화상태로 증가되고, 최종 강도를 초과하면 부재의 파괴가 발생한다. 구멍 주변에서 재료가 먼저 항복할 수도 있지만, 이는 매우 짧은 길이에 의해 작은 연신률일 때 발생한다. 따라서 재료는 과도한 신장이 발생하지 않고, 왜곡된 경화를 통해 최종 강도에 도달할 수 있으며, 파단(rupture)에 의해 파괴될 수 있다. 단면의 유효 순 단면적에서 파괴의 한계상태는 급작스런 파괴 이전에 조취를 취할 수 있도록 항복에 의한 소규모 변형을 관찰함에 따라 상태를 예측할 수 있다.

파단한계상태는 다음과 같이 정의된다.

$$P_n = F_u A_e \tag{4.2}$$

여기서 P_n = 공칭 인장 파단강도

F_u = 극한 응력

A_e = 부재의 유효 순단면적

각각의 설계기준에서의 설계강도와 허용강도는 다음을 사용하여 정의할 수 있다.

$$\phi_t = 0.75\,(\text{LRFD}) \qquad \Omega_t = 2.00\,(\text{ASD})$$

LFRD 조합을 사용하여 두 가지 한계상태가 동일한 허용강도의 결과를 나타낸다면

$$0.75 F_u A_e = 0.9 F_y A_g \tag{4.3}$$

또는

$$A_e / A_g = 0.9 F_y / 0.75 F_u \tag{4.4}$$

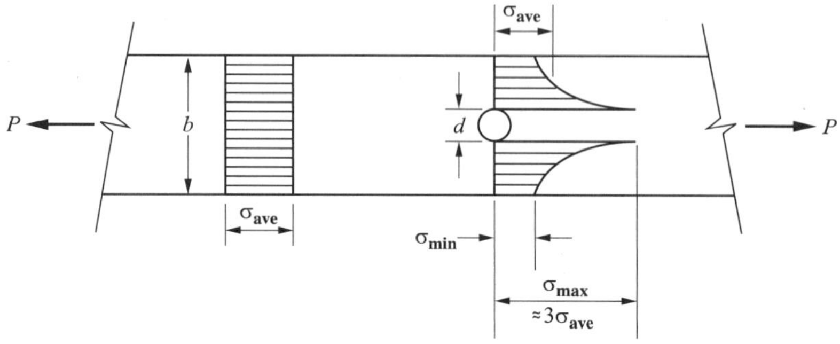

그림 4.10 • 부재의 구멍에 의한 응력집중

로 나타낼 수 있다. 식 (4.3)의 우측이 좌측보다 작은 경우 총 단면은 항복한계상태가 지배적이라고 할 수 있다. 식 (4.4)를 이용하여, 전 단면적의 항복을 나타내면

$$A_e/A_g > 0.9F_y/0.75F_u \tag{4.5}$$

그리고 순 단면적의 파단이 나타나면 다음의 식을 적용한다.

$$A_e/A_g < 0.9F_y/0.75F_u \tag{4.6}$$

$0.9F_y/0.75F_u = 0.9(36)/(0.75(58)) = 0.74$인 ASTM A36과 같은 작은 (F_y/F_u) 값을 갖는 강재는 파단한계상태가 지배하기 전에 볼트구멍모양으로 제거되는 단면적 중에서 $0.9F_y/0.75F_u = 0.9(50)/(0.75(65)) = 0.92$인 ASTM A992과 같은 높은 (F_y/F_u) 값을 갖는 강재보다 많이 허용할 것이다.

이러한 비교는 볼트의 연결부 및 해당 영역에 적용할 수 있다. 식 (4.1)에서 (4.6)은 큰 잘린부분(cutouts)을 가지는 인장부재를 위한 식은 아니다. 이들은 특별한 설계를 필요로 하고 이러한 건물의 구조는 일반적이지 않기 때문에 이 책에서 다루는 범위를 벗어난다.

용접 연결된 단면에서는 재료를 제거할 필요는 없지만, 용접부의 위치 및 단면의 형태는 유효 순 단면을 결정할 때 전 단면에서 감소시킬 수 있다.

4.5 면적의 계산법

인장부재의 설계는 다음과 같은 단면적의 정의를 사용한다.

1. 전단면적, A_g
2. 순단면적, A_n

3. 유효 순단면적, A_e

인장부재의 분석 및 설계에 필요한 다양한 분야의 계산에 적용되는 기준은 시방서의 B4.3과 D3에 제시되어 있으며 본 장에서 자세히 설명되어 있다.

4.5.1 전단면적

부재의 전단면적은 전체 단면의 영역으로 간주할 수 있다. 인장력은 단면요소의 길이방향에 수직으로 작용하고, 전단면적 A_g는 그 단면의 면적이다. 이러한 단면에는 어떠한 구멍이나 단면의 감소는 발생할 수 없다.

판, 봉 그리고 원형형상의 부재의 경우, A_g값으로 다양하게 정의할 수 있다. bt는 플레이트와 봉의 경우에 해당하며, $\pi d^2/4$는 원형형상의 부재에 해당하며 이때의 d는 직경이다. 일반적으로 건설에 사용되는 강재로 된 구조부재들은 Part 1에서 전단면적에 해당하는 값을 제공한다. 하지만 표의 값을 사용하는 대신에 A_g값을 근사치로 계산할 수 있다.

$$A_g = \sum w_i t_i \tag{4.7}$$

w_i와 t_i는 직사각형 형상의 폭과 두께를 나타낸다. 식 (4.7)은 와이드 플랜지 및 ㄷ형강과 같은 평판 구성요소로 구성되어 있는 형상에 적용되어진다. 중공 원형 형상의 계산 또한 간단하게 할 수 있다. 섹션 B4.2에 나타낸 바와 같이 ASTM A500의 요건을 충족하는 HSS 도형의 총면적은 공칭 두께의 93%를 사용하여 결정된다. HSS는 실제로 작은 두께로 제작되어 있기 때문에, 매뉴얼에서 제공된 모든 값들이 감소된 두께를 반영하여 제시되어 있다.

각각의 계산과정은 약간의 수정된 값을 요구한다. ㄴ형강은 유효 폭이 다리 치수 이하의 두께의 합으로 계산하여 등가 평판으로 취급할 수 있고, 전단면적은 유효폭과 ㄴ형강의 두께의 곱이다. ㄴ형강과 이에 상응하는 구조물은 그림 4.11에 제시되어 있다.

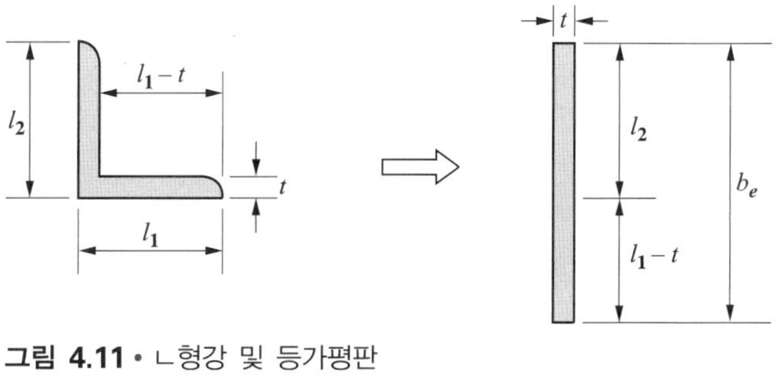

그림 4.11 • ㄴ형강 및 등가평판

4.5.2 순단면적

순단면적은 특정 부분의 영역에서 임의의 구멍 면적을 제외한 형태로 얻을 수 있으며, 이는 볼트 등의 기계적 체결로 인한 구멍 및 플러그 용접, 슬롯 용접에 의한 부분을 말한다. 이러한 고정 부재는 일반적으로 구조의 인접 부분에서 인장부재의 연결을 하는 곳에만 사용되므로 감소된 영역은 부재의 선단에서 나타난다. 하지만 구멍이 인장부재의 특정한 부분에 발생하게 된다면 그에 대한 영향을 고려해야 한다.

플러그와 슬롯용접은 구멍을 통해서 이루어지며 구조 부재와 판으로 만든 대부분의 구조물에서는 보기 드물다. 일반 용접이음은 부재에 구멍을 포함하지 않는다. 그러므로 용접은 일반적으로 순단면적이 전단면적과 동일하므로 인장부재의 단면적을 감소시키지 않는다.

구멍의 크기를 결정하는 볼트의 연결부은 인장부재의 순단면적의 계산에서 중요한다. 과대공, 표준공을 비롯한 슬롯의 크기는 시방서 J3장에 제시되어 있다.

표준구멍

보통 강구조는 연결재의 크기보다는 구멍 크기의 기준이 따로 필요하다. 구멍은 연결재의 종류에 따라서 크기가 결정된다. 그리고 구멍을 제작하는 방식 또한 중요하다.

제작된 표준 볼트 구멍은 연결재의 크기보다 더 큰 직경을 가져야 하므로 연결재의 종류가 결정되면 1/16 in 이상 크게 제작되어져야 한다. 그러므로 3/4 in인 볼트의 경우, (3/4 + 1/16) = 13/16 in의 구멍으로 제작되어야 한다. 펀칭 구멍의 경우에는 그 구멍에 바로 인접한 재료의 일부를 손상시킬 수도 있다. 그러한 재료는 하중을 전달할 때 유효하다고 생각하지 않을 수 있으며 실제로 제거되는 재료와 함께 전단면적에서 제외되어져야 한다. 그림 4.12는 이러한 펀칭 구멍의 개략적인 개념도이다. 실제로 구멍을 뚫을 때 그 주변의 가장자리는 그림 4.12b와 같이 변형이 된다. 이 영역에서는 유효한 구멍의 직경이 1/16 in만큼 증가하며 이는 B4.3b에 제시되어 있다.

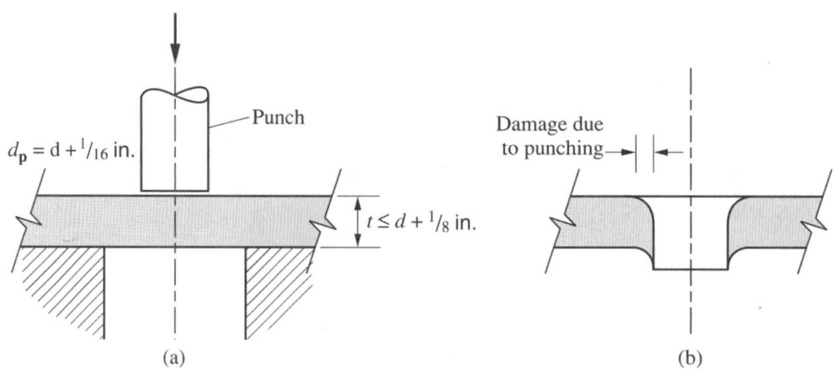

그림 4.12 • 구멍 펀칭에 의한 손상

재료의 두께가 1/8 in까지인 재료의 표준구멍의 크기는 공칭 볼트의 지름보다는 커야 한다. 그렇지 않으면, 구멍을 뚫거나 구멍확장용 드릴 브릿지리머를 사용하여 천공하여야 한다.

펀치나 구멍을 뚫는 것은 강재 제작시 설비용량의 함수로 결정되기 때문에, 인장부재의 설계시 볼트 구멍은 일반적으로 1/8 in 이상 뚫어야 하며 이는 볼트의 크기보다 크다.

다음의 예제는 여러 가지 형상에 대한 전단면적과 순단면적의 계산방법을 보여준다.

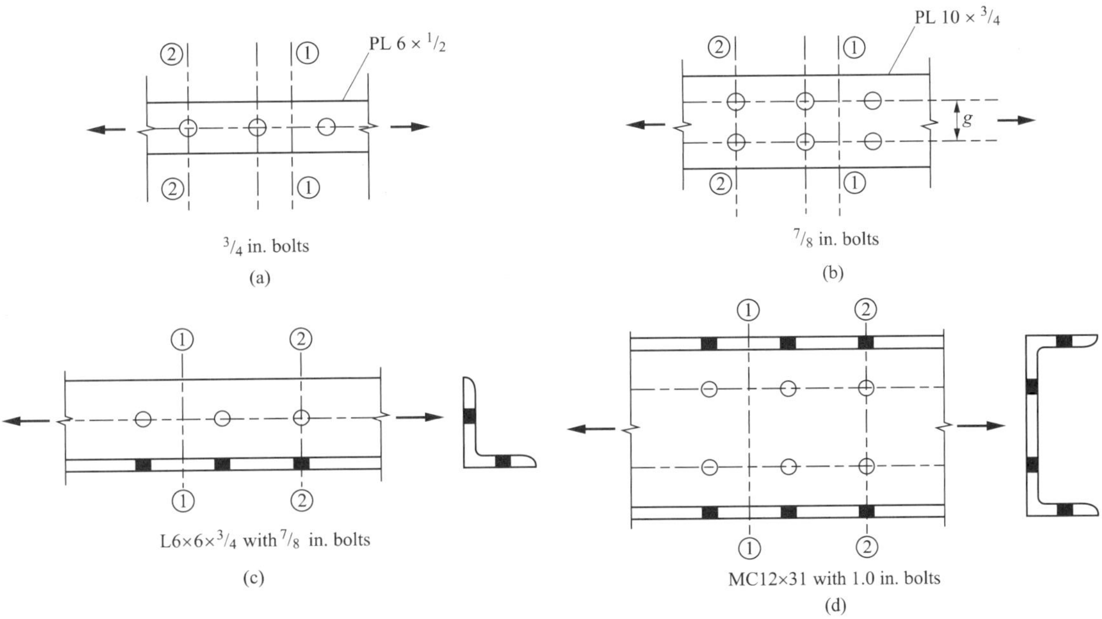

그림 4.13 • 예제 4.1~4.4에 사용되는 구멍의 판 및 형강

4.1 Example

– 전단면적과 순단면적 –

단일한 구멍 배치를 가진 판의 전단면적과 순단면적을 구하여라.

조건: 6 × 1/2 판의 3/4 in. 볼트 표준 구멍의 단일 배치는 그림 4.13a.에서와 같다.

풀이.

Step 1: 단면 1-1의 전단면적을 구한다.

$$A_g = 6(\tfrac{1}{2}) = 3.0 \text{ in.}^2$$

Step 2: 3/4 in. 볼트의 유효 직경을 구한다.

$$d_e = (\tfrac{3}{4} + \tfrac{1}{16} + \tfrac{1}{16}) = \tfrac{7}{8} \text{ in.}$$

Step 3: 단면 2-2의 순단면적을 구한다.

$$A_n = (b - d_e)t = (6.0 - \tfrac{7}{8})(\tfrac{1}{2}) = 2.56 \text{ in.}^2$$

4.2 Example

– 전단면적과 순단면적 –

이중 배치의 구멍을 가진 판의 전단면적과 순단면적을 구하여라.

조건: 10 × 3/4 판의 7/8 in. 볼트 표준 구멍의 이중 배치는 그림 4.13b.에서와 같다.

풀이.

Step 1: 단면 1-1의 전단면적을 구한다.

$$A_g = 10(3/4) = 7.5\ \text{in.}^2$$

Step 2: 7/8 in. 볼트의 유효 직경을 구한다.

$$d_e = (7/8 + 1/16 + 1/16) = 1.0\ \text{in.}$$

Step 3: 단면 2-2의 순단면적을 구한다.

$$A_n = (b - d_e)t = (10.0 - 2(1.0))(3/4) = 6.0\ \text{in.}^2$$

4.3 Example

– 전단면적과 순단면적 –

각각의 판(leg)에서 단일 배치된 구멍을 가진 ㄴ형강의 전단면적과 순단면적을 구하여라.

조건: 6 × 6 × 3/4 ㄴ형강의 각각의 판(leg)에 7/8 in. 볼트 표준 구멍의 단일 배치는 그림 4.13c.에서와 같다.

풀이.

Step 1: 단면 1-1의 전단면적을 구한다.

$$A_g = 8.46\ \text{in.}^2\ (\text{시방서 표 1-7 참고})$$

Step 2: 7/8 in. 볼트의 유효 직경을 구한다.

$$d_e = (7/8 + 1/16 + 1/16) = 1.0\ \text{in.}$$

Step 3: 단면 2-2의 순단면적을 구한다.

$$A_n = (8.46 - 2(1.0)(0.75)) = 6.96\ \text{in.}^2$$

4.4 Example

– 전단면적과 순단면적 –

다중 배치 구멍을 가진 C형강의 전단면적과 순단면적을 구하여라.

조건: MC12 × 31 판의 1 in. 볼트의 표준 구멍의 4중 배치는 그림 4.13d에서와 같다. 2열은 웹에 위치하고 1열은 각각의 플랜지에 위치한다.

풀이.

Step 1: 단면 1-1의 전단면적을 구한다.

$$A_g = 9.12\ \text{in.}^2\ (\text{시방서 표 1-6 참고})$$

Step 2: 1 in. 볼트의 유효 직경을 구한다.

$$d_e = (1.0 + 1/16 + 1/16) = 1.125\ \text{in.}$$

Step 3: 단면 2-2의 순단면적을 구한다. AISC 1-6을 이용하여 웹과 플랜지의 두께를 구한다.

$$t_w = 0.370\text{ in.} \quad \text{and} \quad t_f = 0.700\text{ in.}$$

$$A_n = (9.12 - 2(1.125)(0.370) - 2(1.125)(0.700)) = 6.71\text{ in.}^2$$

과대구멍과 슬롯구멍

사방서의 J3.2에서는 보다 규모가 큰 표준 또는 대형 구멍 및 슬롯이 있는 짧고 긴 구멍을 위해 필요한 측정값을 제공한다. 그림 4.14는 5/8 in와 3/4 in의 공칭 볼트 지름에 적용 가능한 기준을 보여주는 것이며 다른 볼트의 크기는 시방서를 참고할 수 있다. 이러한 구멍의 유형은 하중이 가해질 때 더 큰 회전과 변형을 견디기 위해 몇 가지 경우에서 사용된다.

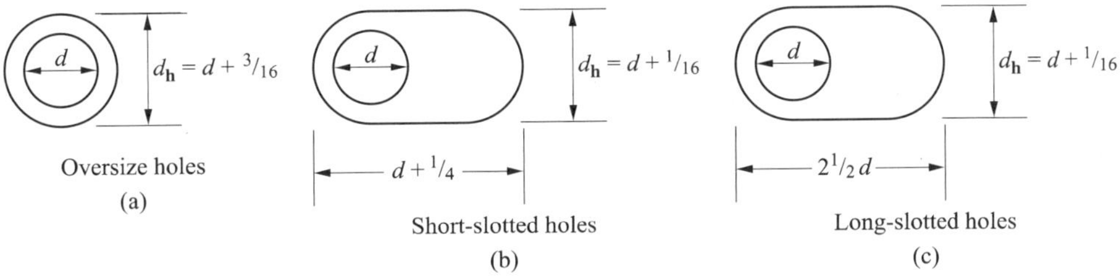

그림 4.14 • 대형 및 슬롯 구멍의 5/8 ~ 3/4인치 볼트에 대한 규격 기준

짧은 연결 요소

연결부 내의 인장부재는 일반적으로 짧은 링크, 플랜지 플레이트, 또는 보강 판 등의 요소를 연결한다. 부재가 짧고 순 면적과 총 면적이 동일한 값에 가까운 경우에는 단면 전체가 균일하게 생성되기 위한 충분한 길이가 아닐 수 있다. 이러한 경우에는 첫 번째 영역 및 파단 한계상태가 조기에 도달할 수 있으므로, 조기에 파열에 도달할 수 있다. 이는 부재가 파괴된다는 징후 없이 갑자기 발생하기 때문에 연성이 없는 부재의 파괴로 바람직하지 않은 형태이다. 시방서 J4.1에서는 이러한 접합판과 다른 짧은 연결 요소의 순 면적이 0.85배보다 더 크지 않아도 된다고 제시하고 있다.

4.5.3 구멍 배치의 영향

4.5.2절에서 제시한 간단한 예제들은 순단면적이 영역에서 면적의 가장 큰 감소가 보통 가장 많은 구멍을 가지고 있는 단면들이라는 것을 보여준다. 하지만 모든 단면이 같은 수의 구멍을 가지거나 간단한 패턴을 따르지는 않는다. 이는 그림 4.15에서와 같이 지그재그형 구멍 패턴을 사용하는 것이 때때로 유용하기도 하다. 그림 4.15a는 판에서 엇갈린 구멍(지그재그 패턴)을 나타낸 것이고, 4.15b는 각도에 대한 예를 나타낸 것이다. 여러 개의 구멍이

있는 경우, 하중이 가해지는 방향과 평행한 방향에 인접하는 두 구멍의 중심 사이의 거리는 피치(pitch), s로 정의한다. 하중과 평행한 방향의 구멍을 기본이라 할 때 이에 대한 수직 방향으로 인접한 구멍의 중심 사이의 거리는 게이지(gage), g로 정의한다.

지배적인 순 단면이 어떠한 경우인지 그림 4.15에서 명확하게 나타나지 않는다. 판의 경우, 단면 1-1과 2-2는 하나의 구멍을 위한 공제가 각 열에서 측정된 A_n값을 적용한다. 이와는 다르게 대각선의 점선으로 나타낸 것과 같이, 1열을 따라 시작해서 2열의 끝에 두 구멍을 포함하는 라인을 따르는 경우도 있다. 이는 각각의 구멍이 연결되어 있기 때문에 "체인(chain)"과 같이 시방서에서 제시하고 있다. 이러한 경우 두 구멍의 면적은 총 단면에서 공제된다. 그러나 이 방법은 두 구멍이 동일 선상의 1열, 2열의 것과 다르지 않다. 이러한 경우, 두 구멍을 공제하는 것은 과다하다는 것이 합리적일 것이다. 왜냐하면 이 구멍들은 같은 일직선상이 아닌 지그재그로 배치되었기 때문이다. 올바른 풀이는 하나의 구멍을 위한 공제의 결과와 두 구멍을 위한 공제 사이의 값을 적용해야 한다.

지그재그 배치 시 볼트구멍의 상호작용을 해결하기 위해 단순화된 접근 방식은 이전의 AISC 시방서에 의해 오래전에 채택되었다. 이러한 원래의 단순법이 소개된 이후로 수많은 연구가 수행되었으나 이처럼 간단하면서 더 정확한 방법을 제안하지 못하고 있다.

시방서 B4.3.b에서는 모든 가능한 파괴경로(failure path)를 고려해서 교차하는 각 구멍을 공제하고 난 후 대각선경로(diagonal path)에 의해 제공되는 강도증가를 반영하기 위해 무언가 다시 더해져야 한다고 규정한다. 파단이 발생할 수 있는 경로에 있는 모든 대각선에 대해 인접한 구멍이 공제된 경우에 공제의 과대평가를 고려하여 백 네트 폭에 $s^2/4g$만큼 추가해야 한다. 예제 4.5와 4.6은 지그재그 배치시 구멍 기준을 적용하는 과정을 보여준다.

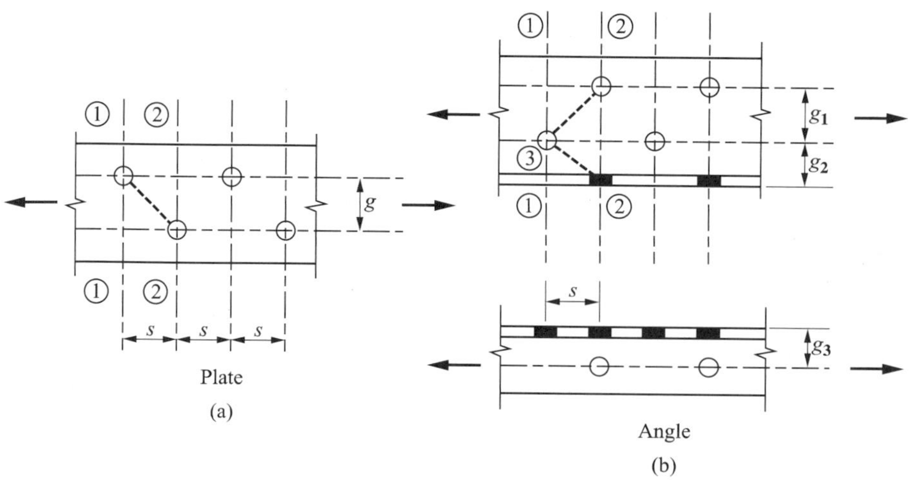

그림 4.15 • 판과 L형강에서의 엇모배치 구멍 패턴

4.5 Example

–판에서의 순단면 폭과 면적–

엇갈린 구멍들을 가진 판에서의 순단면 폭을 구하고 순단면적을 구하여라.

조건: 3/4 in. 볼트 구멍을 가지고 있는 18 × 7/8 in. 판의 구멍 배치는 그림 4.16에서와 같이 인장력을 받고 있다. A와 F는 판의 가장자리를 표현하고 있으며, B, C, D, E는 구멍의 위치를 표현하고 있다.

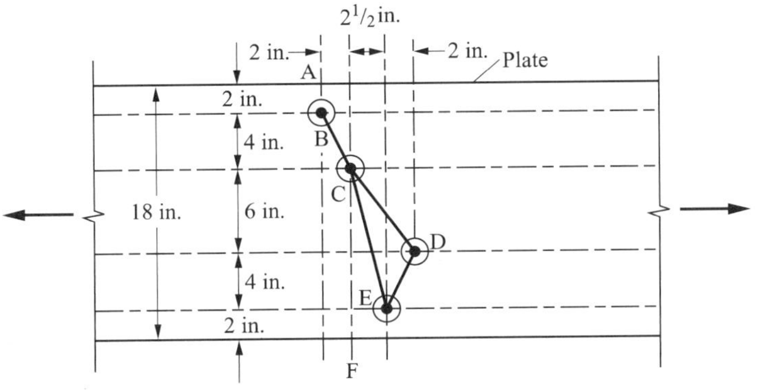

그림 4.16 • 예제 4.5에 사용되는 18인치 판의 구멍패턴

풀이.

Step 1: 파단면 ABF (하나의 구멍을 지나는 직선):

한 개의 직경을 제외한다. $(\frac{3}{4} + \frac{1}{8}) = -0.88$ in.

Step 2: 파단면 ABCF:

두 개의 직경을 제외하면 $2(\frac{3}{4} + \frac{1}{8}) = -1.75$

BC경로를 추가하면 $s^2/4g = 2.0^2/(4(4.0)) = +0.25$

전체 증감량을 계산한다. $= -1.50$ in.

Step 3: 파단면 ACEF:

두 개의 직경을 제외하면 $2(\frac{3}{4} + \frac{1}{8}) = -1.75$

CE경로를 추가하면 $s^2/4g = 2.5^2/(4(10.0)) = +0.16$

전체 증감량을 계산한다. $= -1.59$ in.

Step 4: 파단면 ABCEF:

세 개의 직경을 제외하면 $3(\frac{3}{4} + \frac{1}{8}) = -2.63$

BC경로를 추가하면 $s^2/4g = 2.0^2(4(4.0)) = +0.25$

CE경로를 추가하면 $s^2/4g = 2.5^2(4(10.0)) = +0.16$

전체 증감량을 계산한다. $= -2.22$ in.

Step 5: 파단면 ABCDEF:

네 개의 직경을 제외하면 $4(\frac{3}{4} + \frac{1}{8}) = -3.50$

이전 경로에서의 BC경로를 추가하면 $= +0.25$

CD경로를 추가하면 $s^2/4g = 4.5^2/(4(6.0)) = +0.84$

DE경로를 추가하면 $s^2/4g = 2.0^2(4(4.0)) = +0.25$

전체 증감량을 계산한다. $= -2.16$ in.

Step 6: 최소 순단면 폭을 얻기 위해 파단면 ABCEF에서 구한 최대 증감량을 제외한다.

$$\text{Net width} = b_n = 18.0 - 2.22 = 15.8 \text{ in.}$$

Step 7: 최소 순단면 폭을 사용하여 순단면적을 계산한다.

$$\text{Net area} = A_n = 15.8(7/8) = 13.8 \text{ in.}^2$$

4.6 Example

– ㄴ형강의 전단면적과 순단면적 –

지그재그 배치를 가진 ㄴ형강의 전단면적과 순단면적을 구하여라.

조건: ㄴ형강 A6 × 4 × 1/2의 7/8 in. 볼트 구멍의 배치는 그림 4.17과 같다.

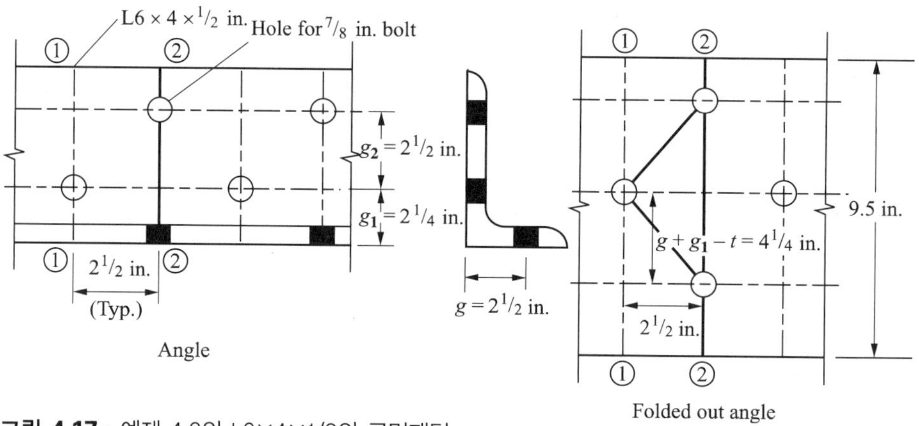

그림 4.17 • 예제 4.6의 L6×4×1/2의 구멍패턴

풀이.

Step 1: ㄴ형강의 폭을 대체하는 평판의 폭을 결정한다.

$$w_e = l_1 + l_2 - t = 6 + 4 - 1/2 - 9.50 \text{ in}$$

Step 2: 대체 평판의 전단면적을 구한다.

$$A_g = w_e t = 9.50(0.5) = 4.75 \text{ in.}^2 \text{ (as found in 매뉴얼 표 1-7)}$$

Step 3: 각각의 볼트 배치 선단거리를 구한다.

구멍들의 파단거리는 그림 4.17과 같다. ㄴ형강 두 개의 판(leg)의 모서리에 인접한 구멍들의 선단거리는 ㄴ형강의 두께를 고려하여 조정되어야 한다. 따라서,

$$(g + g_1 - t) = 2.50 + 2.25 - 0.50 = 4.25 \text{ in.}$$

Step 4: 순단면적을 구한다.

지배 순단면은 단면 2-2나 단면 2-1-2가 된다. 단면 1-1은 b_{n1}이 b_{n2}보다 무조건 크므로 고려될 필요가 없다. 단면 2-2에서,

$$b_{n2} = (9.5 - 2(7/8 + 1/8)) = 7.5 \text{ in.}$$
$$A_{n2} = 7.5(0.5) = 3.75 \text{ in.}^2$$

단면 2-1-2에서, 이 파단면은 두 개의 엇갈린 볼트 구멍을 가지고 있으며 그 간격은 같다 ($s = 2.50$ in). 파단거리 중 하나는 4.25 in, 다른 하나는 2.50 in로 서로 다르다. 이 파단면의 순단면적은 다음과 같다.

$$b_{n3} = 9.5 - 3(7/8 + 1/8) + \left(\frac{2.50^2}{4(2.5)}\right) + \left(\frac{2.50^2}{4(4.25)}\right) = 7.49 \text{ in.}$$

$$A_{n3} = 7.49(0.5) = 3.75 \text{ in.}$$

Step 5: 최소 순단면적을 결정한다.
가장 작은 순단면적이 지배한다. 이 경우, 두 개의 파단면이 가지는 순단면적이 서로 같다.

$$A_n = A_{n2} = A_{n3} = 3.75 \text{ in.}^2$$

4.5.4 유효 순단면적

인장부재의 모든 요소가 연결부 요소에 결합되어 있는 경우, 전체 부재는 연결부에 하중이 전달될 때 완전하게 작용한다. 하지만 모든 요소를 연결 요소에 결합시킬 수 없는 경우, 그러한 부재들을 모두 완전하게 작용하도록 할 수는 없다. 그림 4.18은 형강의 한 레그(leg)가 연결되고 나머지는 연결되지 않은 것을 보여준다. 부착되어 있지 않은 레그는 하중을 전달하기 위해 파단강도 계산에 사용되는 순 단면인 유효 순단면적 A_e를 감소시켜서 반영해야 한다.

이러한 현상은 연결위치보다 제한된 영역을 통해 전달되어야 하기 때문에 연결부로부터 가까운 거리에 있는 부재의 중간길이 근처에 발생하는 균일응력에 의해 발생한다. 힘의 전달에 효과적으로 참여하는 부재 영역은 전체 순 면적보다 작다. 따라서, 순 면적은 유효 영역으로 감소된다. 이러한 일반적인 현상을 전단지연이라고 한다. 시방서가 출간된 이후, 이 유효 순단면적은 전단지연감소계수를 사용하여 다음과 같이 표현하고 있다.

$$A_e = UA_n$$

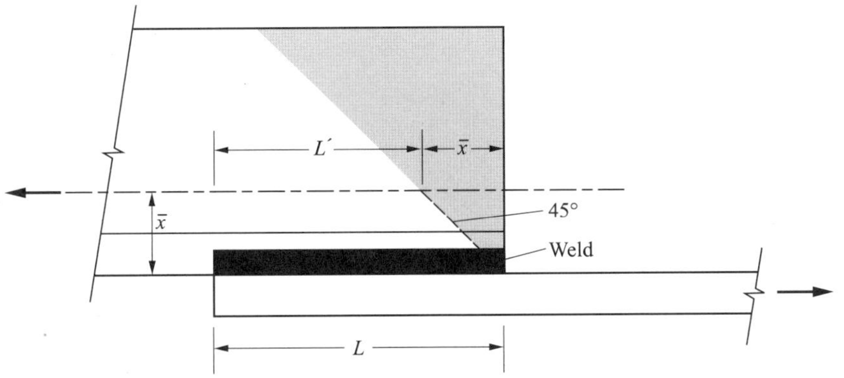

그림 4.18 • 전단지연감소계수의 개념적 기초

시방서의 표 D3.1에서는 다양한 요소의 전단지연계수, U의 값을 제공하고 있다. 인장하중이 단면의 모든 요소에 전달되지 않고 일부에만 전달될 때, 플레이트와 HSS를 제외한 모든 인장부재들은 연결의 유효길이 감소를 $L' = L - \bar{x}$로 계산 한다. 그림 4.18에 나타난 것과 같이 $\bar{x}$는 부재의 중심에 부착된 면으로부터의 거리이고, L은 연결 길이이다. 순단면적의 감소는 유효길이의 감소에 비례하여 L'/L과 같이 표현한다. 따라서 이러한 감소는 다음과 같다.

$$U = \frac{L'}{L} = \frac{L - \bar{x}}{L} = 1 - \frac{\bar{x}}{L} \tag{4.8}$$

그림 4.19는 볼트 및 용접연결에 대한 접속 길이 L의 정의를 나타낸다. 용접연결의 경우 길이 L은 용접의 용접길이이다. 볼트 연결의 경우는 길이 L은 각각의 연결 단부와 볼트 구멍 사이의 거리이다. 시방서에서는 특정 조건이 충족될 때 전단지연계수를 찾기 위해 단순화된 접근 방식중 하나인 표 D3.1을 제공하고 있다.

표 D3.1의 Case 7 : W-, M-, S- 모양이나 이러한 형태에서 잘라낸 티(tee) :

세 개나 그 이상 연결된 플랜지	$b_f \geq 2/3d$	$U = 0.90$
하중의 방향에서의 열 당 파스너	$b_f < 2/3d$	$U = 0.85$
네 개나 그 이상 연결된 웹 하중방향에서의 열 당 파스너		$U = 0.70$

표 D3.1의 Case 8 : 단일 L형강과 이중 L형강 :

하중의 방향에서의 열 당 네 개나 그 이상의 파스너	$U = 0.80$
하중의 방향에서의 열 당 세 개의 파스너	$U = 0.60$

기타 사항들은 표에서 제공하는 값을 사용해야 한다. 그러나 개방단면의 경우(W-, M-, S-, C-, HP-, WT-모양, 그리고 ST 형강, 단일 L형강과 이중 L형강) 부재의 전단면적에 연결된 요소들의 총 면적의 비율만으로 U를 취할 필요가 없다. 연결부의 수는 표 D3.1에 기재되어 있는 값보다 작은 경우에도 유용하다는 것을 알 수 있을 것이다.

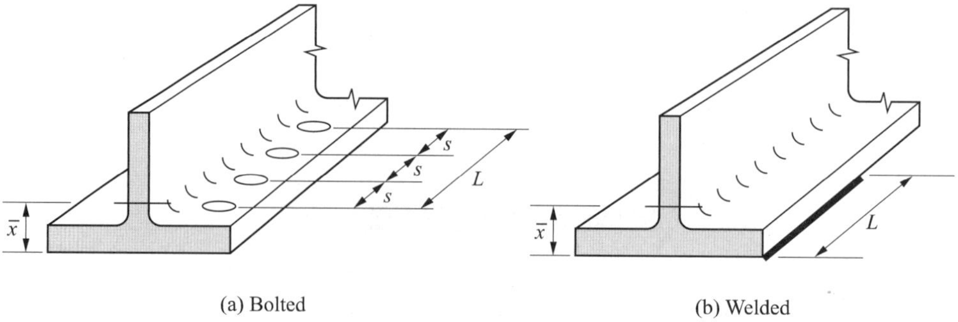

그림 4.19 • 볼트 및 용접연결에서의 연결길이 L의 정의

4.7
Example

– ㄴ형강의 인장강도 –

ㄴ형강의 설계강도(LRFD)와 허용강도(ASD)를 구하여라.

조건: L4 × 4 × 1/2 ㄴ형강은 그림 4.20에서와 같이 하나의 판(leg)을 이용하여 이음판에 부착되어 있다. A36 강재를 사용하여라.

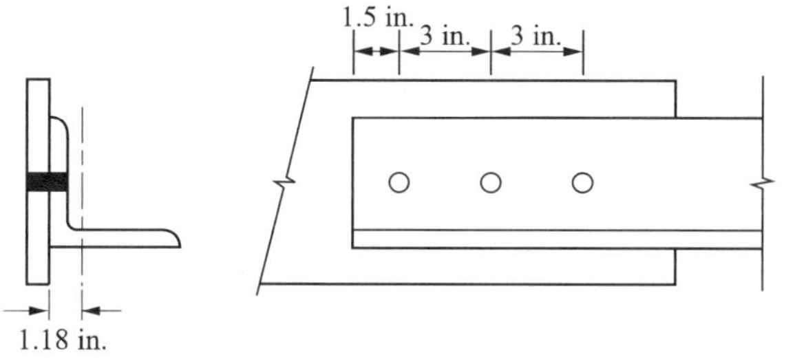

그림 4.20 • 예제 4.7의 단일 ㄴ형강 인장부재

풀이.

Step 1: 계산에 필요한 전단면적과 순단면적을 구한다.

$$A_g = 3.75 \text{ in.}^2 \text{ (from 매뉴얼 표 1-7)}$$
$$A_n = 3.75 - (3/4 + 1/8)(1/2) = 3.31 \text{ in.}^2$$

Step 2: 전단지연계수와 유효 순단면적을 구하여라. 표 D3.1의 Case 8을 사용한다.
이 연결의 배치에서 세 개의 볼트가 연결되어 있으므로 $U = 0.60$ 이다. 주어진 것과 같은 열린 모양의 연결에서 연결 길이 방향으로 U의 최소값은 다음과 같다.

$$U = \frac{\text{연결된 레그의 전단면적}}{\text{형강의 전단면적}} = \frac{4.0(0.5)}{3.75} = 0.533 < 0.6$$

연결부 길이를 근거로 한다.
6 in.의 연결길이와 $\bar{x} = 1.18$ in.의 ㄴ형강의 전단지연계수는(AISC 1-7)

$$U = 1 - \frac{\bar{x}}{L} = 1 - \frac{1.18}{6} = 0.80 > 0.60$$

따라서, $U = 0.80$ 이고

$$A_e = 0.80(3.31) = 2.65 \text{ in.}^2$$

LRFD에 따르면

Step 3: 항복의 한계상태는

$$P_n = 36(3.75) = 135 \text{ kips}$$
$$\phi_t P_n = 0.9(135) = 122 \text{ kips}$$

Step 4: 인장파단의 한계상태는

$$P_n = 58(2.65) = 154 \text{ kips}$$
$$\phi_t P_n = 0.75(154) = 116 \text{ kips}$$

따라서, 인장 파단 한계 제어 상태 및 설계 강도는

$$\phi_t P_n = 116 \text{ kips}$$

ASD에 따르면

Step 3: 항복의 한계상태는

$$P_n = 36(3.75) = 135 \text{ kips}$$

$$\frac{P_n}{\Omega_t} = \frac{135}{1.67} = 80.8 \text{ kips}$$

Step 4: 인장파단의 한계상태는

$$P_n = 58(2.65) = 154 \text{ kips}$$

$$\frac{P_n}{\Omega_t} = \frac{154}{2.00} = 77.0 \text{ kips}$$

따라서, 인장 파단 한계 제어 상태 및 허용 강도는

$$\frac{P_n}{\Omega_t} = 77.0 \text{ kips}$$

한계제어 상태는 ASD와 LRFD에서 모두 동일하다.

4.8 Example

–T–형강의 인장강도–

WT의 설계강도(LRFD)와 허용강도(ASD)를 구하여라.

조건: WT6 × 32.5 T-형강은 그림 4.21에서와 같이 이음판에 용접되어 부착되어 있다. A992 강재을 사용하여라.

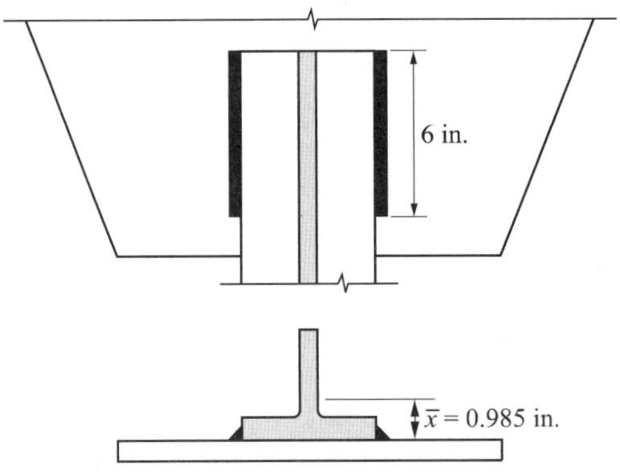

그림 4.21 • 예제 4.8의 거셋판에 용접되는 WT형강

풀이.

Step 1: 전단면적과 순단면적을 구한다:

$$A_g = 9.54 \text{ in.}^2 \text{ (from 매뉴얼 표 1-8)}$$

힘은 오직 길이방향 용접으로 전달되기 때문에,

$$A_n = A_g$$

Step 2: 전단지연계수와 유효 순단면적을 구한다.

표 D3.1의 Case 7 : 3 in. 간격의 세 볼트 연결에 동등한 6 in. 용접부의 최소 전단 지연 인자를 고려한다. WT6 × 32.5에서 절단한 W12 × 65에 대한 $b_f = 12.0$ 이며 $2d/3 = 2(12.1)/3 = 8.07$이다. 따라서,

$$b_f \geq \tfrac{2}{3}d$$

이며 최소 $U = 0.90$이다.

주어진 것과 같은 열린 모양의 연결에서 연결 길이 방향으로 U의 최소값은 다음과 같다.

$$U = \frac{\text{연결된 플랜지의 전단면적}}{\text{WT의 전단면적}} = \frac{12.0(0.605)}{9.54} = 0.76 < 0.9$$

연결부 길이를 근거로 한다.

6 in.의 연결길이와 $\bar{x} = 0.985$ in.의 전단지연계수는(AISC 1-8)

$$U = 1 - \frac{\bar{x}}{L} = 1 - \frac{0.985}{6} = 0.836 < 0.90$$

따라서, $U = 0.90$이고

$$A_e = 0.90(9.54) = 8.59 \text{ in.}^2$$

LRFD에 따르면

Step 3: 항복의 한계상태는

$$P_n = 50(9.54) = 477 \text{ kips}$$

$$\phi P_n = 0.9(477) = 429 \text{ kips}$$

Step 4: 인장파단의 한계상태는

$$P_n = 65(8.59) = 559 \text{ kips}$$

$$\phi P_n = 0.75(559) = 419 \text{ kips}$$

따라서, 인장 파단 한계 제어 상태 및 설계 강도는

$$\phi P_n = 419 \text{ kips}$$

For ASD

Step 3: 항복의 한계상태는

$$P_n = 50(9.54) = 477 \text{ kips}$$

$$\frac{P_n}{\Omega_t} = \frac{477}{1.67} = 286 \text{ kips}$$

Step 4: 인장파단의 한계상태는

$$P_n = 65(8.59) = 559 \text{ kips}$$

$$\frac{P_n}{\Omega_t} = \frac{559}{2.0} = 279 \text{ kips}$$

따라서, 인장 파단 한계 제어 상태 및 허용 강도는

$$\frac{P_n}{\Omega_t} = 279 \text{ kips}$$

4.6 인장부재 설계

구조용 강재의 인장부재를 설계하려면 부재의 크기가 결정되어야 하며, 적절한 한계상태를 확인해야 한다. 추가적으로 고려해야 할 사항은 부재의 세장비이다. 인장부재의 경우 세장비, L/r는 적어도 반경에 의해 분할된 부재의 길이로 정의되어 있다. 과거의 시방서는 인장부재의 가로, 세로에 대한 제한을 제시하였다. 그러나, D1에서 제시된 바와 같이 현재 인장부재의 세장비는 특정한 제한치가 없다. 설계자는 매우 높은 세장비 비율의 인장부재를 선택할 때, 즉, 과거의 제한치 $L/r = 300$ 근처의 값인 경우 이러한 부재는 쉽게 파손될 가능성이 있고 가로 방향의 유연성에 다른 문제를 발생시킬 수 있기 때문에 주의해야 한다.

인장부재 설계의 주요 작업은 부재의 면적을 결정하기 위한 것이기 때문에, 항복과 파과의 두 한계상태는 최소 전단면적과 순 단면적을 사용할 수 있으며 다음의 식과 같다.

$$A_{g\,\min} = \frac{P_u}{\phi_t F_y}(\text{LRFD}) \quad \text{or} \quad A_{g\,\min} = \frac{\Omega_t P_a}{F_y}(\text{ASD})$$

$$A_{e\,\min} = \frac{P_u}{\phi_t F_u}(\text{LRFD}) \quad \text{or} \quad A_{e\,\min} = \frac{\Omega_t P_a}{F_u}(\text{ASD})$$

연결부는 일반적으로 부재의 선택 초기 단계에서는 알 수 없기 때문에, 설계 시 부재의 정확한 유효 순 단면적의 실제 공제값을 결정하는 것이 어려울 수도 있다. 한 가지 방법은 효과적인 순 단면적의 공제 비율을 고정시키는 것이다. 설계자는 이 공제의 크기를 결정한 후 설계가 완료되면 이러한 공제값의 타당성을 확인할 수 있다.

설계기준의 5분야에서는 인장부재의 설계를 위한 $0.75A_g$와 동일한 유효 순 단면적에서의 파괴와 전 단면적의 항복한계상태를 기초로 한 인장부재의 표를 제공한다. 실제 유효 순 단면적이 예상 값과 다른 경우 설계자는 단순하게 강도를 조절할 수 있다.

4.9a Example

－LRFD를 이용한 인장부재 설계－

트러스의 웹 부재로 사용하기 위해 이중 ㄴ형강 부재를 선택하고 구멍과 전단 지연에 허용될 수 있는 최대 면적 공제값을 결정하라.

조건: 부재는 사하중 $P_D = 67.5$ kips와 활하중 $P_L = 202.5$ kips를 운반해야 한다. $1.2P_D + 1.6P_L$ 하중 조합에 의해 LRFD에서 필요한 강도 $P_u = 405$kips 이다. 두 부재는 A36 steel의 동일한 ㄴ형강을 사용한다.

풀이.

Step 1: 항복 한계상태에 대한 최소 요구 전단면적을 구한다.

$$A_{g\,min} = 405/(0.9(36)) = 12.5\ \text{in.}^2$$

Step 2: AISC 1-15를 이용해 최소 전단면적에 의한 단면을 선택한다.

$$2L6 \times 6 \times 9/16 \text{ with } A_g = 12.9 \text{ in.}^2$$

Step 3: 파괴 한계상태에 대한 최소 유효 순단면적을 구한다.

$$A_{e\,min} = 405/(0.75(58)) = 9.31 \text{ in.}^2$$

Step 4: 그러므로 구멍과 전단지연의 조합은 한 쌍의 앵글 면적을 다음의 값 이상만큼 감소시키지는 않을 것이다.

$$A_e/A_g = 9.31/12.9 = 0.722$$

4.9b Example

－ASD를 이용한 인장부재 설계－

트러스의 웹 부재로 사용하기 위해 이중 ㄴ형강 부재를 선택하고 구멍과 전단 지연에 허용될 수 있는 최대 면적 공제값을 결정하라.

조건: 부재는 사하중 $P_D = 67.5$ kips와 활하중 $P_L = 202.5$ kips를 운반해야 한다. $P_D + P_L$ 하중 조합에 의해 ASD에서 필요한 강도 $P_a = 270$ kips 이다. 두 부재는 A36 steel의 동일한 ㄴ형강을 사용한다.

풀이.

Step 1: 항복 한계상태에 대한 최소 요구 전단면적을 구한다.

$$A_{g\,min} = 270/(36/1.67) = 12.5 \text{ in.}^2$$

Step 2: AISC 1-15를 이용해 최소 전단면적에 의한 단면을 선택한다.

$$2L6 \times 6 \times 9/16 \text{ with } A_g = 12.9 \text{ in.}^2$$

Step 3: 파괴 한계상태에 대한 최소 유효 순단면적을 구한다.

$$A_{e\,min} = 270/(58/2.00) = 9.31 \text{ in.}^2$$

Step 4: 그러므로 구멍과 전단지연의 조합은 한 쌍의 앵글 면적을 다음의 값 이상만큼 감소시키지 않을 것이다.

$$A_e/A_g = 9.31/12.9 = 0.722$$

$P_L/P_D = 3.0$의 값을 가진다는 가정아래 LRFD와 ASD로 구한 요구 면적의 크기는 같다.

4.10a Example

－LRFD에 의한 인장부재 설계－

인장부재로 WT9을 사용하고 구멍과 전단지연에 허용될 수 있는 최대면적 감소를 결정한다.

조건: LRFD에서 부재는 $P_u = 818$ kips의 강도가 필요하다. A992 steel을 사용한다.

풀이.

Step 1: 항복 한계상태에 따라 최소 필요 전단면적을 구한다.

$$A_{g\,min} = 818/(0.9(50)) = 18.2\ \text{in.}^2$$

Step 2: 계산된 최소 전단면적을 이용해 AISC 1-8을 이용하여 선택한다.

$$\text{WT9} \times 65 \text{ with } A_g = 19.2\ \text{in.}^2$$

Step 3: 작용하는 하중에 저항하기 위한 최소 유효 순단면적을 결정한다.

$$A_{e\,min} = 818/(0.75(65)) = 16.8\ \text{in.}^2$$

Step 4: 그러므로 구멍과 전단지연의 조합은 WT단면의 면적을 다음의 값만큼 감소시키지는 않을 것이다.

$$A_e/A_g = 16.8/19.2 = 0.875$$

4.10b Example

−ASD에 의한 인장부재 설계−

인장부재로 WT9을 사용하고 구멍과 전단지연에 허용될 수 있는 최대면적 감소를 결정한다.

조건: ASD에서 부재는 $P_a = 545$ kips의 강도가 필요하다. A992 steel을 사용한다.

풀이.

Step 1: 항복 한계상태에 따라 최소 필요 전단면적을 구한다.

$$A_{g\,min} = 1.67(545)/50 = 18.2\ \text{in.}^2$$

Step 2: 계산된 최소 전단면적을 이용해 AISC 1-8을 이용하여 선택한다.

$$\text{WT9} \times 65 \text{ with } A_g = 19.2\ \text{in.}^2$$

Step 3: 작용하는 하중에 저항하기 위한 최소 유효 순단면적을 결정한다.

$$A_{e\,min} = 2.00(545)/65 = 16.8\ \text{in.}^2$$

Step 4: 그러므로 구멍과 전단지연의 조합은 WT 단면적 값을 다음의 값만큼 감소시키지는 않을 것이다.

$$A_e/A_g = 16.8/19.2 = 0.875$$

4.7 블록 전단

그림 4.22a와 같이 부재의 일부가 밖으로 빠져나올 때, 그림 4.22b에 나타난 바와 같이 인장 및 전단 조합의 결과로 이러한 파괴를 블록 전단파괴 라고 한다. 이러한 파괴는 주로 연결 불량에 의한 결과이며, 이는 아마도 인장부재의 전체 강도를 제어할 수 있다. 이러한 부재의 파괴는 그에 수직인 평면에서의 긴장과 긴장에 평행한 면에서의 전단조합에 의해 제공된다.

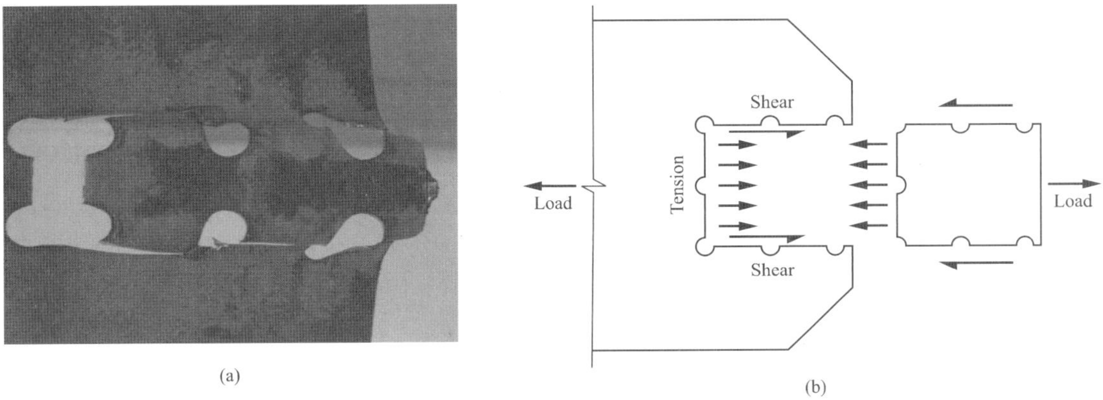

그림 4.22 • 판의 블록전단 파괴 예시. Photo courtesy Robert Driver.

파열은 항상 블록파괴의 인장 측면에서 제어되므로, 재료의 짧은 길이 때문에 항복이 될 수 있다. 전단면 제어의 한계상태는 강도가 낮은 상태에서 발생하거나 파열된다. 항복 및 파단 한계상태는 전체 부재의 강도에 대한 상태와 다른 저항과 안전성의 원인을 가지는 것과 달리 블록 전단은 모두 같은 한계상태의 값을 사용하고 있다. 따라서 공칭 강도의 단순한 비교는 제어 한계상태를 결정하기 위해서 적절하다. 시방서의 J4.3절에서는 블록 전단 강도를 다음과 같이 제공하고 있다.

$$R_n = 0.6F_u A_{nv} + U_{bs} F_u A_{nt} \leq 0.6F_y A_{gv} + U_{bs} F_u A_{nt} \tag{4.9}$$

여기서 $A_{gv}=$ 전단 전단면적

$A_{nv}=$ 전단 순단면적

$A_{nt}=$ 인장 순단면적

$U_{bs}=$ 인장 응력이 일정할 경우 1.0, 인장 응력이 일정하지 않을 경우, 0.5
인장부재에서, 인장 응력은 균일한 것으로 간주된다.
그러므로 $U_{bs}=1.0$이 사용된다.($U_{bs}=0.5$는 10장에서 다루어진다)

설계 및 허용강도는 다음과 같이 사용하고 있다.

$$\phi_t = 0.75(\text{LRFD}) \qquad \Omega_t = 2.00(\text{ASD})$$

이는 단순하게 인장 파단 강도 및 항복 또는 파열, 최소 전단 강도의 조합을 필요로 하는 식 (4.9)에서 주어진 블록 전단 강도를 적용함으로써 단순화 시킬 수 있다. 긴장과 전단 모두의 순단면적 계산은 전 단면적에서 구멍의 면적을 빼서 결정하는 것에 유의해야 한다.

4.11 Example

– 이음판의 인장강도 –

이음판이 블록 전단에 충분한 강도를 가지고 있는지 구한다.

조건: 그림 4.23의 이음판은 두께가 1/2 in.이다. 부재가 요구하는 강도는 LRFD에서 $P_u = 225$ kips 이고 ASD에서 $P_a = 150$ kips이다. A36 steel로 되어 있으며 볼트 구멍은 7/8 in.로 뚫려있다.

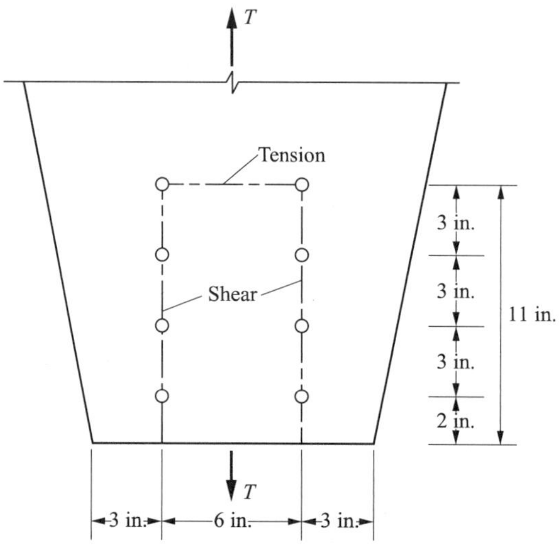

그림 4.23 • 예제 4.9의 블록전단 형상

풀이.

Step 1: 계산을 수행하는데 필요한 면적을 구한다.

$$A_{nt} = (6 - (7/8 + 1/8))(1/2) = 2.50 \text{ in.}^2$$
$$A_{gv} = 2(11)(1/2) = 11.0 \text{ in.}^2$$
$$A_{nv} = 2(11.0 - 3.5(7/8 + 1/8))(1/2) = 7.50 \text{ in.}^2$$

Step 2: 공칭 블록 전단강도를 구한다($U_{bs} = 1.0$).

$$R_n = 0.6(58)(7.50) + 1.0(58)(2.50) = 406 \text{ kips}$$

그러나 아래 값보단 작아야 한다.

$$R_n = 0.6(36)(11.0) + 1.0(58)(2.50) = 383 \text{ kips}$$

가장 낮은 공칭강도를 선택한다.

$$R_n = 383 \text{ kips}$$

Step 3: LRFD에서, 설계강도는

$$R_u = \phi R_n = 0.75(383) = 287 > 225 \text{ kips}$$

225 kips의 요구강도보다 크기 때문에, 이음판은 블록 전단에 의한 하중에 저항하기에 적절하다.

Step 3: ASD에서, 허용강도는

$$R_a = \frac{R_n}{\Omega} = \frac{383}{2.00} = 192 > 150 \text{ kips}$$

4.12a
Example

-LRFD에 의한 접합부재의 인장강도-

두 W 단면 연결부의 설계강도를 구하라.

조건: 두 개의 W14 × 43 A992 플랜지는 그림 4.24와 같이 배치된 7/8 in. 직경의 볼트에 의해 접합되어 있다. 여섯 개의 볼트들의 LRFD 허용강도는 227 kips이다. 판은 부재의 강도를 제한하지 않도록 선택한다.

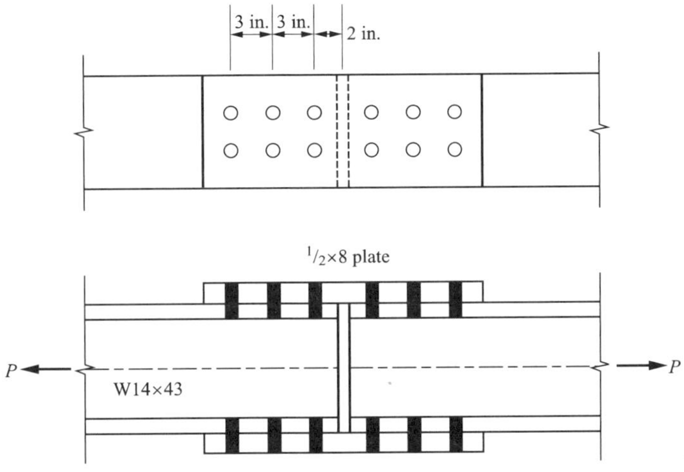

그림 4.24 • 예제 4.12의 이음 인장부재

풀이.

Step 1: W14 × 43의 항복 한계상태에 의한 설계 강도를 구한다.

$$A_g = 12.6 \text{ in.}^2$$
$$P_n = 50(12.6) = 630 \text{ kips}$$
$$\phi P_n = 0.9(630) = 567 \text{ kips}$$

Step 2: W14 × 43의 순단면적을 구한다.

$t_f = 0.530$ in인 각각의 플랜지에 의해 감소되는 면적은 다음과 같다.

$$2(7/8 + 1/8)(0.530) = 1.06 \text{ in.}^2$$

따라서, 전단면적에서 두 개의 플랜지에 의해 감소되는 면적은 다음과 같다.

$$A_n = 12.6 - 2(1.06) = 10.5 \text{ in.}^2$$

Step 3: 전단 지연 요소를 구한다.

W14 × 43는 WT7 × 21.5인 두 개의 티단면으로 간주된다. 각 WT에 대한 $\bar{x}$는 1.31 in.로 AICS 1-8에서 찾을 수 있다. $L = 2(3.0) = 6.0$ in. 이며,

$$U = 1 - \frac{1.31}{6.0} = 0.782$$

시방서 D3.1표는 $b_f > 2/3d$인 경우에 $U = 0.9$로 제시하고 있다.

Step 4: 파열의 한계상태에 대한 설계강도를 구한다.

$$A_e = 0.9(10.5) = 9.45 \text{ in.}^2$$
$$P_n = 65(9.45) = 614 \text{ kips}$$

$$\phi P_n = 0.75(614) = 461 \text{ kips}$$

Step 5: 플랜지의 설계 블록 전단 강도를 구한다.

블록 전단 한계상태는 그림 4.25와 같이 플랜지의 끝단 파열을 고려해야 한다. 계산은 그림과 같이 하나의 블록과 네 개 플랜지 단면에 대한 결과를 가산한 합계에 대해 수행 될 것이다.

인장면에 대한 파열

$$F_u A_{nt} = 65(2.0 - (1/2)(7/8 + 1/8))(0.530) = 51.7 \text{ kips}$$

전단면에 대한 항복

$$0.6 F_y A_{gv} = 0.6(50)(8.00)(0.530) = 127 \text{ kips}$$

전단면에 대한 파열

$$0.6\, F_u A_{nv} = 0.6(65)(8.00 - 2.5\,(7/8 + 1/8))(0.530) = 114 \text{ kips}$$

전단 파열은 전단 항복보다 값이 작기 때문에, $U_{bs} = 1.0$일 때, 단일 블록 전단 요소에 대한 설계강도는 다음과 같다.

$$R_n = (114 + 1.0(51.7)) = 165 \text{ kips}$$
$$\phi R_n = 0.75(165) = 124 \text{ kips}$$

또한 W14 × 43에 대한 전체 블록 전단 강도는 다음과 같다.

$$\phi R_n = 4(124) = 496 \text{ kips}$$

Step 6: 각각의 한계상태에 대한 설계 강도를 비교한다.

볼트 설계 강도(2 × 227)	454 kips
부재의 항복	567 kips
부재의 파열	461 kips
부재의 블록 전단	496 kips

Step 7: 볼트 설계 강도가 설계를 지배한다. 따라서, 부착 설계강도는 다음과 같다.

$$\phi R_n = 454 \text{ kips}$$

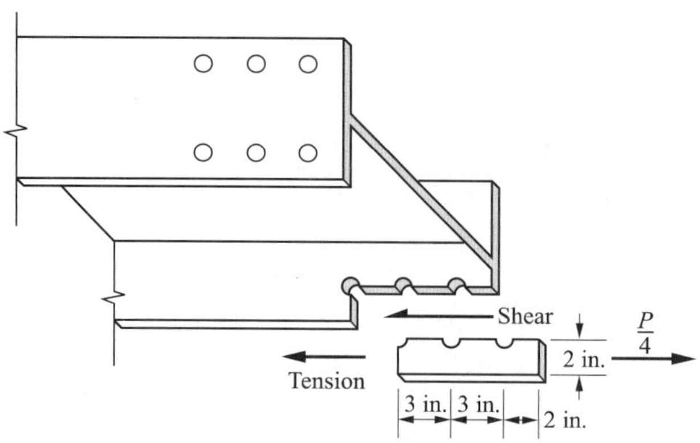

그림 4.25 • 예제 4.12의 블록 전단 검사

4.12b Example

-ASD에 의한 접합부재의 인장강도-

두 W 단면 연결부의 설계강도를 구하라.

조건: 두 개의 W14 × 43 A992 플랜지는 그림 4.24와 같이 배치된 7/8 in. 직경의 볼트에 의해 접합되어 있다. 여섯 개의 볼트들의 ASD 허용강도는 151 kips 이다. 판은 부재의 강도를 제한하지 않도록 선택한다.

풀이.

Step 1: W14 × 43의 항복 한계상태에 의한 허용 강도를 구한다.

$$A_g = 12.6 \text{ in.}^2$$
$$P_n = 50(12.6) = 630 \text{ kips}$$
$$\frac{P_n}{\Omega} = \frac{630}{1.67} = 377 \text{ kips}$$

Step 2: W14 × 43의 순단면적을 구한다.

$t_f = 0.530$ in.인 각각의 플랜지에 의해 감소되는 면적은 다음과 같다.

$$2(7/8 + 1/8)(0.530) = 1.06 \text{ in.}^2$$

따라서, 전단면적에서 두 개의 플랜지에 의해 감소되는 면적은 다음과 같다.

$$A_n = 12.6 - 2(1.06) = 10.5 \text{ in.}^2$$

Step 3: 전단 지연 요소를 구한다.

W14 × 43는 WT7 × 21.5인 두 개의 티단면으로 간주된다. 각 WT에 대한 $\bar{x}$는 1.31 in.로 AICS 1-8에서 찾을 수 있다. $L = 2(3.0) = 6.0$ in. 이며,

$$U = 1 - \frac{1.31}{6.0} = 0.782$$

시방서 D3.1표는 $b_f > 2/3d$인 경우에 $U = 0.9$로 제시하고 있다.

Step 4: 파열의 한계상태에 대한 허용 강도를 구한다.

$$A_g = 0.9(10.5) = 9.45 \text{ in.}$$
$$P_n = 65(9.45) = 614 \text{ kips}$$
$$\frac{P_n}{\Omega} = \frac{614}{2.00} = 307 \text{ kips}$$

Step 5: 플랜지의 설계 블록 전단 강도를 구한다.

블록 전단 한계상태는 그림 4.25와 같이 플랜지의 끝단 파열을 고려해야 한다. 계산은 그림과 같이 하나의 블록과 네 개 플랜지 단면에 대한 결과를 가산한 합계에 대해 수행 될 것이다.

인장면에 대한 파열

$$F_u A_{nt} = 65(2.0 - (1/2)(7/8 + 1/8))(0.530) = 51.7 \text{ kips}$$

전단면에 대한 항복

$$0.6F_y A_{gv} = 0.6(50)(8.00)(0.530) = 127 \text{ kips}$$

전단면에 대한 파열

$$0.6F_uA_{nv} = 0.6(65)(8.00 - 2.5(7/8 + 1/8))(0.530) = 114\,\text{kips}$$

전단 파열은 전단 항복보다 값이 작기 때문에, $U_{bs} = 1.0$일 때, 단일 블록 전단 요소에 대한 설계강도는 다음과 같다.

$$R_n = (114 + 1.0(51.7)) = 165\,\text{kips}$$
$$\frac{R_n}{\Omega} = \frac{165}{2.00} = 82.5\,\text{kips}$$

또한 W14 × 43에 대한 전체 블록 전단 강도는 다음과 같다.

$$\frac{R_n}{\Omega} = 4(82.5) = 330\,\text{kips}$$

Step 6: 각각의 한계상태에 대한 허용 강도를 비교한다.

볼트 허용 강도(2 × 151)	302 kips
부재의 항복	377 kips
부재의 파열	307 kips
부재의 블록 전단	330 kips

Step 7: 볼트의 허용 강도가 설계를 결정한다. 따라서 부착 허용 강도는 다음과 같다.

$$\frac{R_n}{\Omega} = 302\,\text{kips}$$

4.13a Example

–LRFD에 의한 ㄴ형강의 인장강도–

인장부재인 한 쌍의 ㄴ형강의 설계 강도를 구하라.

조건: 그림 4.26에서와 같이 트러스 대각선 부재는 인장력이 작용하는 한 쌍의 L4 × 3 × 3/8 ㄴ형강으로 되어있다. 3/4 in. 볼트와 A36 steel을 사용한다. 한 개의 ㄴ형강 연결에 사용된 볼트의 설계 전단 강도는 53.7 kips 이다.

풀이.

Step 1: 항복의 한계상태에 대한 ㄴ형강의 설계강도를 구한다.

$$A_g = 2.48\,\text{in.}^2$$
$$P_n = (36)(2.48) = 89.3\,\text{kips}$$
$$\phi P_n = 0.9(89.3) = 80.4\,\text{kips}$$

Step 2: 파열의 한계상태에 대한 ㄴ형강의 설계강도를 구한다.

$$A_n = 2.48 - 3/8(3/4 + 1/8) = 2.15\,\text{in.}^2$$

전단 지연 계수는 다음과 같다.

$$U = 1 - \bar{x}/L = 1 - 0.775/6.00 = 0.871$$
$$P_n = (58)(0.871)(2.15) = 109\,\text{kips}$$
$$\phi P_n = 0.75(109) = 81.8\,\text{kips}$$

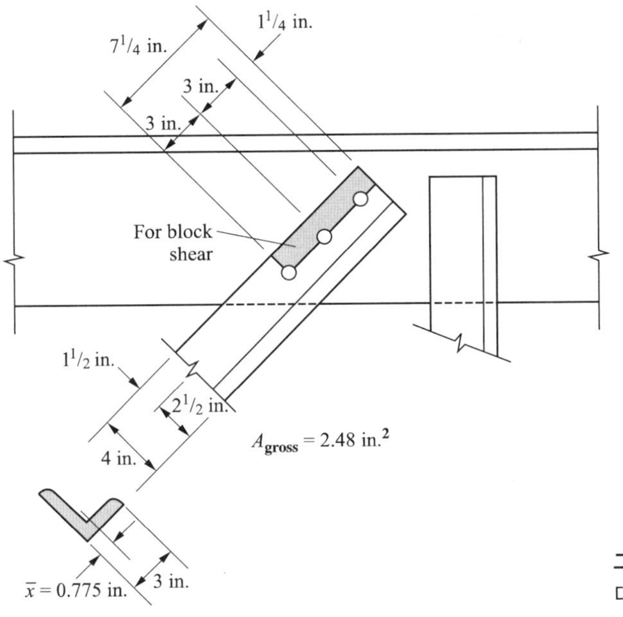

그림 4.26 • 예제 4.13의 트러스 대각 부재

Step 3: 블록 전단에 대한 ㄴ형강의 설계강도를 구한다.

인장 파열

$$F_u A_{nt} = 58(1.5 - \tfrac{1}{2}(\tfrac{3}{4} + \tfrac{1}{8}))(\tfrac{3}{8}) = 23.1 \text{ kips}$$

전단 항복

$$0.6F_y A_{gv} = 0.6(36)(7.25)(\tfrac{3}{8}) = 58.7 \text{ kips}$$

전단 파열

$$0.6F_u A_{nv} = 0.6(58)(7.25 - 2.5(\tfrac{3}{4} + \tfrac{1}{8}))(\tfrac{3}{8}) = 66.1 \text{ kips}$$

가장 낮은 전단 요소와 $U_{bs} = 1.0$을 이용하면 전체 블록 전단 강도는 다음과 같다.

$$R_n = (58.7 + 1.0(23.1)) = 81.8 \text{ kips}$$
$$\phi R_n = 0.75(81.8) = 61.4 \text{ kips}$$

Step 4: 각각의 한계상태에 대한 설계강도를 비교한다.

볼트 설계 강도	53.7 kips
부재의 항복	80.4 kips
부재의 파열	81.8 kips
부재의 블록 전단	61.4 kips

Step 5: 볼트 설계강도가 설계를 결정한다. 따라서, ㄴ형강의 설계강도는 다음과 같다.

$$\phi R_n = 53.7 \text{ kips}$$

그러므로 ㄴ형강 한쌍의 설계강도는 107 kips이다.

4.13b Example

－ASD에 의한 ㄴ형강의 인장강도－

인장부재인 한 쌍의 ㄴ형강의 허용강도를 구하라.

조건: 그림 4.26에서와 같이 트러스 대각선 부재는 인장력이 작용하는 한 쌍의 L4 × 3 × 3/8 ㄴ형강으로 되어있다. 3/4 in. 볼트와 A36 steel을 사용한다. 한 개의 ㄴ형강 연결에 사용된 볼트의 허용 전단 강도는 35.7 kips 이다.

풀이.

Step 1: 항복의 한계상태에 대한 ㄴ형강의 허용강도를 구한다.

$$A_g = 2.48 \text{ in.}^2$$
$$P_n = (36)(2.48) = 89.3 \text{ kips}$$
$$\frac{P_n}{\Omega} = \frac{89.3}{1.67} = 53.5 \text{ kips}$$

Step 2: 파열의 한계상태에 대한 ㄴ형강의 허용강도를 구한다.

$$A_n = 2.48 - 3/8(3/4 + 1/8) = 2.15 \text{ in.}^2$$

전단 지연 계수는 다음과 같다.

$$U = 1 - \bar{x}/L = 1 - 0.775/6.00 = 0.871$$
$$P_n = (58)(0.871)(2.15) = 109 \text{ kips}$$
$$\frac{P_n}{\Omega} = \frac{109}{2.00} = 54.5 \text{ kips}$$

Step 3: 블록 전단에 대한 ㄴ형강의 허용강도를 구한다.

인장 파열

$$F_u A_{nt} = 58(1.5 - 1/2(3/4 + 1/8))(3/8) = 23.1 \text{ kips}$$

전단 항복

$$0.6 F_y A_{gv} = 0.6(36)(7.25)(3/8) = 58.7 \text{ kips}$$

전단 파열

$$0.6 F_u A_{nv} = 0.6(58)(7.25 - 2.5(3/4 + 1/8))(3/8) = 66.1 \text{ kips}$$

가장 낮은 전단 요소와 $U_{bs} = 1.0$을 이용하면 전체 블록 전단 강도는 다음과 같다.

$$R_n = (58.7 + 1.0(23.1)) = 81.8 \text{ kips}$$
$$\frac{R_n}{\Omega} = \frac{81.8}{2.00} = 40.9 \text{ kips}$$

Step 4: 각각의 한계상태에 대한 허용강도를 비교한다.

볼트 허용 강도	35.7 kips
부재의 항복	53.5 kips
부재의 파열	54.5 kips
부재의 블록전단	40.9 kips

Step 5: 볼트의 허용강도가 설계를 결정한다. 따라서, ㄴ형강의 허용강도는 다음과 같다.

$$\frac{R_n}{\Omega} = 35.7 \text{ kips}$$

그러므로 ㄴ형강 한 쌍의 허용강도는 71.4 kips이다.

4.8 핀 연결 부재

핀 연결이 인장부재로 만들어지는 경우에는 구멍 부재와 그것이 부착되는 부분 모두에서 절단되어진다. 이러한 핀은 부재의 구멍에 끼워진 상태로 기계적 수단과 함께 요소를 유지하는 것으로 작용된다. 이러한 연결형식은 마찰 핀에 가까운 형식이다. 그림 4.27은 핀에 연결된 부재의 단부와 강도를 결정하는데 필요한 치수를 나타내고 있다. 이러한 부재들은 특히, 건물에서 일반적으로 보이는 형식은 아니며, 하부 구조에 행거 또는 브릿지 구조로 연결하는 링크 등의 특수용도로 주로 사용되고 있다.

시방서의 D5절에서는 핀에 연결된 부재에 대해 설계되어지는 한계상태에 대해서 제시되어 있다. 그 내용은 (1) 유효 순 단면적에서의 인장 (2) 유효 단면적에서의 전단 (3) 핀의 투영면적에서의 베어링 (4) 전 단면적에서의 항복과 같다. 핀에 연결된 인장부재의 강도는 이러한 한계상태에 의해 최저 강도로 예측되어진다.

1. 유효 순 단면적에서의 인장에 대한 실제 파단 한계상태

$$P_n = F_u(2tb_e)$$

$$\Phi_t = 0.75\,(\text{LRFD}) \qquad \Omega_t = 2.00\,(\text{ASD})$$

t는 판의 두께, b_e는 판의 유효 폭이며, $(2t+0.63)$ in로 나타낸다. 그러나 영역 끝단에서 구멍까지의 실제 거리는 힘의 방향에 수직으로 측정할 부분의 가장자리에서 구멍까지 거리보다 크지 않다($b_e \le b$).

2. 유효 면적에서의 전단에 대한 파단 한계상태

$$P_n = 0.6F_uA_{sf}$$

$$\Phi_t = 0.75\,(\text{LRFD}) \qquad \Omega_t = 2.00\,(\text{ASD})$$

여기서 $A_{sf} = 2t(a + d/2)$는 힘의 방향과 평행하게 측정된 부재의 가장자리에서 핀 구멍의 가장자리로부터 최단 거리이고 d는 판의 직경이다.

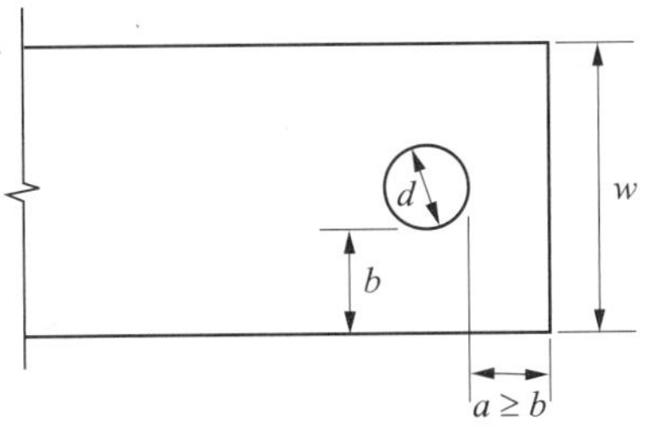

그림 4.27 • 핀연결 인장부재

3. J7절에서부터 핀의 투영면적에서의 베어링

$$P_n = 1.86 F_y A_{pb}$$

$$\Phi_t = 0.75\,(\text{LRFD}) \qquad \Omega_t = 2.00\,(\text{ASD})$$

여기서 $A_{pb} = td$, 핀의 투영 면적이다.

4. 전 단면에서의 항복

$$P_n = F_y A_{pb}$$

$$\Phi_t = 0.90\,(\text{LRFD}) \qquad \Omega_t = 1.67\,(\text{ASD})$$

4.14a Example

-LRFD에 의한 핀으로 연결된 부재 설계-

LRFD를 사용하여 핀으로 연결된 부재를 설계한다.

조건: 사하중 30 kips와 활하중 70 kips가 지지된다. 강재는 A572 GR 50이고 항복 하중과 극한 강도는 각각 50 ksi, 65 ksi이다. 4 in의 핀과 3/4 in 플레이트를 사용하라.

풀이.

Step 1: 소요 강도를 결정한다.

$$P_u = 1.2(30) + 1.6(70) = 148 \text{ kips}$$

Step 2: 파괴의 한계상태에서 최소 소요되는 유효 순 너비를 결정한다.

$$(b_e)_{\min} = \frac{P_u}{\phi F_u 2t} = \frac{148}{0.75(65)(2)(0.750)} = 2.02 \text{ in.}$$

그리고 섹션 D1.1로부터 최대 b_e를 결정한다.

$$(b_e)_{\max} = 2t + 0.63 = 2(0.750) + 0.63 = 2.13 \text{ in.}$$

그러므로 플레이트의 모서리로 $(b_e)_{\min}$보다 더 큰 실제 거리를 줄 9.0 in 플레이트를 사용하라. 따라서 $(b_e)_{\max}$는 플레이트의 파괴 강도를 계산하는데 사용된다.

Step 3: 인장 파괴의 한계상태에 대한 이 9 × 3/4 플레이트의 설계 강도를 결정한다.

$$\phi P_n = 0.75(65)\,(2)(2.13)(0.750) = 156 \text{ kips} > 148 \text{ kips}$$

Step 4: 전단 파괴의 한계상태에 대한 설계 강도를 결정한다.
9 in 플레이트와 4 in 핀에 대한 $a = b = 2.5$ in

$$A_{sf} = 2t(a + d/2) = 2(0.750)(2.5 + 4.0/2) = 6.75 \text{ in.}^2$$

$$\phi P_n = \phi 0.6 F_u A_{sf} = 0.75(0.6)(65)(6.75) = 197 \text{ kips} > 148 \text{ kips}$$

Step 5: 4 in 핀의 예상된 면적에서 지지 한계상태에 대한 설계 강도를 결정한다.

$$A_{pb} = td = 0.75(4.0) = 3.0 \text{ in.}^2$$

$$\phi P_n = \phi 1.8 F_y A_{pb} = 0.75(1.8)(50)(3.0) = 203 \text{ kips} > 148 \text{ kips}$$

Step 6: 부재의 전면적에서 항복 한계상태에 대한 설계 강도를 결정한다.

$$\phi P_n = \phi F_y A_g = 0.9(50)(0.750)(9.0) = 304 \text{ kips} > 148 \text{ kips}$$

Step 7: 결론: 제안된 4 in 핀으로 연결된 9 in × 3/4 in 부재는 적용된 하중을 지탱하기에 충분하다.

4.14b Example

−ASD에 의한 핀으로 연결된 부재 설계−

ASD를 사용하여 핀으로 연결된 부재를 설계한다.

조건: 사하중 30 kips와 활하중 70 kips가 지지된다. 강재는 A572 GR 50이고 항복 하중과 극한 강도는 각각 50 ksi, 65 ksi이다. 4 in의 핀과 3/4 in 플레이트를 사용하라.

풀이.

Step 1: 소요 강도를 결정한다.

$$P_a = 30 + 70 = 100 \text{ kips}$$

Step 2: 파괴의 한계상태에서 최소 소요되는 유효 순 너비를 결정한다.

$$(b_e)_{\min} = \frac{P_u \Omega}{F_u 2t} = \frac{100(2.00)}{(65)(2)(0.750)} = 2.05 \text{ in.}$$

그리고 섹션 D1.1로부터 최대 b_e를 결정한다.

$$(b_e)_{\max} = 2t + 0.63 = 2(0.750) + 0.63 = 2.13 \text{ in.}$$

그러므로 플레이트의 모서리로 $(b_e)_{\min}$보다 더 큰 실제 거리를 줄 9.0 in 플레이트를 사용하라. 따라서 $(b_e)_{\max}$는 플레이트의 파괴 강도를 계산하는데 사용된다.

Step 3: 인장 파괴의 한계상태에 대한 이 9 × 3/4 플레이트의 설계 강도를 결정한다.

$$\frac{P_n}{\Omega} = \frac{(65)(2)(2.13)(0.750)}{2.00} = 104 \text{ kips} > 100 \text{ kips}$$

Step 4: 전단 파괴의 한계상태에 대한 설계 강도를 결정한다.
9 in 플레이트와 4 in 핀에 대한 $a = b = 2.5$ in

$$A_{sf} = 2t(a + d/2) = 2(0.750)(2.5 + 4.0/2) = 6.75 \text{ in.}^2$$

$$\frac{P_n}{\Omega} = \frac{0.6F_u A_{sf}}{\Omega} = \frac{(0.6)(65)(6.75)}{2.00} = 132 \text{ kips} > 100 \text{ kips}$$

Step 5: 4 in 핀의 예상된 단면적에서 지지 한계상태에 대한 허용 강도를 결정한다.

$$A_{pb} = td = 0.75(4.0) = 3.0 \text{ in.}^2$$

$$\frac{P_n}{\Omega} = \frac{1.8F_y A_{pb}}{\Omega} = \frac{(1.8)(50)(3.0)}{2.00} = 135 \text{ kips} > 100 \text{ kips}$$

Step 6: 부재의 전 단면적에서 항복 한계상태에 대한 허용 강도를 결정한다.

$$\frac{P_n}{\Omega} = \frac{F_y A_g}{\Omega} = \frac{(50)(0.750)(9.0)}{1.67} = 202 \text{ kips} > 100 \text{ kips}$$

Step 7: 결론: 제안된 4 in 핀으로 연결된 9 in × 3/4 in 부재는 적용된 하중을 지탱하기에 충분하다.

4.9 아이바와 봉

아이바 인장부재는 새로운 구조물의 건설에서 자주 사용되지는 않는다. 그러나 몇몇 역사적인 맥락(context)을 가지는 설계와 같이 특별한 경우에는 사용되기도 한다. 그러므로 시방서의 D6절에서 이 부재의 설계를 위한 내용이 기술되어 있다. 이것은 공통적으로 트러스에서 사용되는 인장부재로써, 현수교에서 주 인장부재를 형성하는 연결재로 사용된다. 아이바는 전 단면에서 오로지 항복 한계상태에 대해서만 설계된다. 왜냐하면 단면의 요구사항은 어떤 하중에서도 파괴의 가능성이 없어야하기 때문이다. 그림 4.28은 아이바의 형상을 보여주고 그림 4.5는 건물에서 사용되어진 아이바를 보여준다.

봉은 설계시 요구되는 인장강도가 작을 경우에 인장부재로 사용된다. 이 인장부재는 일반적으로 2차부재로 간주되고 봉이 일차 힘을 전달하는 중요한 역할을 하는 경우에도 새그봉와 행거, 타이 로드를 포함한다. 또한 봉은 벽과 지붕에서 횡방향 버팀 시스템의 일부분으로 사용된다.

구조물에 용접을 이용하여 봉을 연결하는 것이 가능하지만, 나사와 볼트가 가장 일반적인 연결 수단이다. 봉은 두 가지 방법으로 나사를 조일 수 있다. 표준적인 봉은 재료의 제거를 통해 단면적을 줄이는 나사산을 가지고 있다. Upset 봉의 경우 봉의 총 단면적보다 어떤 큰 단면적을 줄이는 나사와 함께 확장된 끝부분을 포함하고 있다. 봉의 강도는 나사가 적용되는 방법에 따라 달라진다.

표준 나사 봉인 경우에, 공칭 강도는 시방서의 J3.6절에 $F_n = 0.75F_u$로 주어진다. 봉의 나사산이 없는 몸통 면적은 다음과 같이 주어진다.

$$P_n = 0.75F_uA_b$$

그리고 이에 대한 설계강도는 다음과 같다.

$$\Phi_t = 0.75(LRFD) \qquad \Omega_t = 2.00(ASD)$$

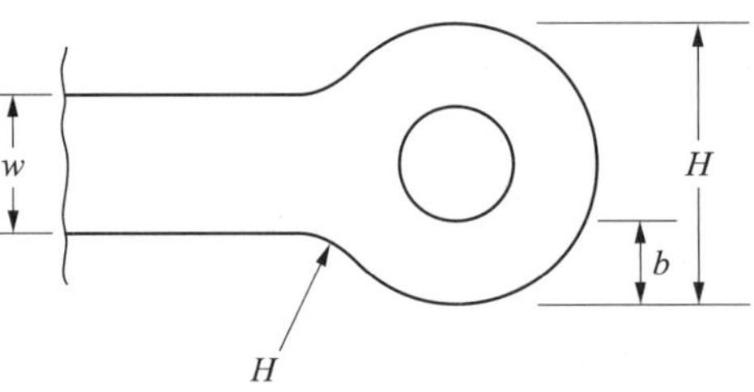

그림 4.28 • 아이바 형상

4.10 조립 인장부재

시방서의 D4절은 형상과 판의 결합으로부터 만들어진 인장부재를 설명하고 있다. 이 강도는 단일 형상 인장부재의 강도와 같은 방법으로 결정된다. 그러나 설계자는 조립 부재에서 볼트의 다양한 형상을 함께 조합하기 위해 보통 부재 길이에 따라 위치한다는 것을 반드시 기억해야 한다. 이 볼트들은 유효 순 단면적에 일어나는 파괴가 조절 한계상태가 되기 위해서 부재 길이에 따라, 끝단이 아닌 곳에서 구멍이 발생한다.

구멍 난 커버 판이나 띠 판은 떨어져있는 모양을 함께 묶는데 쓰일 수 있다. 이 요소의 간격에 대한 규정 또한 D4절에 설명이 되어 있다. 그리고 볼트의 위치에 대한 규정은 J3.5절에 설명이 있다.

4.11 트러스 부재

건물에 대한 횡방향 하중 저항력을 제공하기 위해 사용되는 부재인 트러스 부재는 특정 상태에서 인장을, 나머지 상태에서 압축을 전달하는 역할을 한다. 트러스는 보통 건물에서 지붕 구조와 운반 구조로써 사용된다. 트러스가 받는 특정한 하중 패턴에 따라, 항상 인장을 견디기도 하고 어떤 경우에는 인장을 견디고 나머지 경우에는 압축을 받는 역할을 한다. 부재가 인장과 압축 두 힘을 전달하는 경우에, 그에 맞춰 크기를 결정하는 것이 필요하다. 일반적으로 부재의 압축강도가 같은 부재의 인장 강도보다 상당히 작기 때문에 설계시 압축이 작용하도록 조정해야 하며 이는 5장에서 자세히 다룬다. 전형적인 트러스 부재는 단일 형상이나 조합 형상으로 구성될 수 있다. 조합 형상의 구성일 때, 4.10장에 논의된 규정이 포함되어야 한다. 그렇지 않으면, 트러스 부재는 이 단원에서 다뤄진 다른 인장부재와 똑같은 방법으로 설계된다. 예제 4.9, 4.10, 그리고 4.13은 몇몇의 트러스 인장부재에 인장 규정을 적용한 것을 보여준다.

4.12 브레이싱 부재

트러스 부재와 마찬가지로, 건물에 대한 횡방향 하중 저항력을 제공하기 위해 사용되는 부재는 특정 상태에서 인장을, 다른 상태에서 압축을 전달하는 역할을 한다. 그것은 두 하중을 지지하도록 설계되어야 한다. 그러나 많은 인장부재처럼 두 배를 제공하는 것과 인장부재가 압축을 지지하는 역할일 때, 찌그러지고 이에 따라 하중을 전달하지 않는다고 가정하는 것이 종종 경제적이다. 이는 모든 버팀쇠가 인장만 작용하는 부재로 설계되게 하고 그것들이 압축을 지지하게 되는 경우보다 더 작은 단면적을 갖게 한다. 이 가정이 수반하는 추가적인 단순화는 부재력에 대한 연구로부터 잠재적인 압축부재의 제거이다. 이는 부정정 구조보다 정정구조물이 되는 구조에서 발생된다.

4.15a Example

－LRFD에 의한 인장부재 설계－

x-버팀 프레임에서 버팀쇠 역할로써 적절한 인장부재를 선정하라.

조건: 부재는 4.29 그림에서 보이는 것과 같이 오직 빗장력을 가지고 $W = 120$ kips 크기의 수평인 풍력으로부터 나오는 힘을 지탱해야한다. 두 개의 등각 다리 아니면 A36 강재의 나사부분을 사용한다.

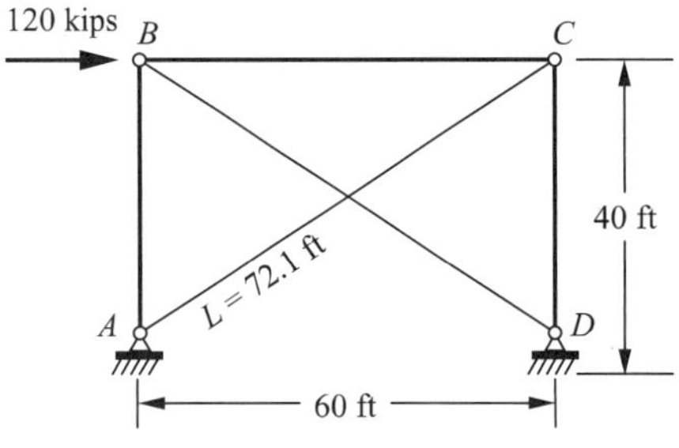

그림 4.29 • 예제 4.15의 가새골조

풀이.

Step 1: 이 하중에 대해 압축 상태에 있기 때문에 BD라고 적힌 버팀쇠는 작용하지 않는다고 가정한다면 AC라고 적혀있는 버팀쇠에서 힘을 결정한다.
가장 영향을 미칠 하중 조합은 0.9 사하중+1.0 풍하중 일 것이다. 비슷한 삼각관계를 사용하여,

$$P_u = 1.0(120)\left(\frac{72.1}{60.0}\right) = 144 \text{ kips}$$

Step 2: 항복 한계상태에 근거하여 최소 소요 전 단면적을 결정한다.

$$A_{g\ min} = 144/(0.9(36)) = 4.44 \text{ in.}^2$$

Step 2 : 매뉴얼 표 1-15로부터 이 최소 전 단면적에 근거하여, 선택한다.

$$2L2\tfrac{1}{2} \times 2\tfrac{1}{2} \times \tfrac{1}{2} \text{ with } A_g = 4.50 \text{ in.}^2$$

Step 3: 파괴 한계상태에 근거하여 최소 유효 순 단면적을 결정한다.

$$A_{e\ min} = 144/(0.75(58)) = 3.31 \text{ in.}^2$$

Step 4: 그러므로 구멍과 전단지연의 결합은 이 한 쌍의 각의 단면적을 감소시키지 않는다.

$$A_e/A_g = 3.31/4.50 = 0.736$$

Step 5: 선택된 이중 ㄴ형강의 세장비를 결정하고 최대 300인 이를 비교한다.
매뉴얼 표 1-15로부터,

$$\frac{L}{r_x} = \frac{72.1(12)}{0.735} = 1180 > 300$$

매뉴얼 표 1-15는 어떠한 이중 ㄴ형강도 300의 세장비를 만족시키지 못할 것을 보여준다.

Step 6: 소요강도를 맞추기 위해 나사부분을 선택한다. 최대 세장비는 막대에 적용되지 않는다. 항복에서, 최소 전 단면적은 이중 ㄴ형강에서와 같다. 나사부분의 파괴에서, 유효 순 단면적이 $0.75A_g$라고 추정하는 것이 합리적이다. 그러므로 Step 3으로부터 최소 유효 순 단면적 $A_e = 3.31$을 사용하여, 이에 상응하는 최소 전 단면적은

$$A_g = \frac{3.31}{0.75} = 4.41$$

항복 한계상태가 지배하고, 최소 소요 단면적은 4.44 in^2이다. 그러므로 A =4.91 in^2인 직경 21/2인 나사부분을 선택한다.

4.15b Example

-ASD에 의한 인장부재 설계-

x-버팀 프레임에서 버팀쇠 역할로써 적절한 인장부재를 선정한다.

조건: 부재는 4.29 그림에서 보이는 것과 같이 오직 빗장력을 가지고 W= 120 kips 크기의 수평인 풍력으로부터 나오는 힘을 지탱해야한다. 두 개의 등각 다리 아니면 A36 강재의 나사부분을 사용한다.

풀이.

Step 1: 이 하중에 대해 압축 상태에 있기 때문에 BD라고 적힌 버팀쇠는 작용하지 않는다고 가정한다면 AC라고 적혀있는 버팀쇠에서 힘을 결정한다. 가장 영향을 미칠 하중 조합은 사하중 + 0.6 풍하중 일 것이다. 비슷한 삼각관계를 사용하여,

$$P_a = 0.6(120)\left(\frac{72.1}{60.0}\right) = 86.5 \text{ kips}$$

Step 2: 항복 한계상태에 근거하여 최소 소요 전 단면적을 결정한다.

$$A_{g\,min} = 86.5/(36/1.67) = 4.01 \text{ in.}^2$$

Step 2: 매뉴얼 표 1-15로부터 이 최소 전 단면적에 근거하여, 선택한다.

$$2L3\tfrac{1}{2} \times 3\tfrac{1}{2} \times \tfrac{5}{16} \text{ with } A_g = 4.18 \text{ in.}^2$$

Step 3: 파괴 한계상태에 근거하여 최소 유효 순 단면적을 결정한다.

$$A_{e\,min} = 86.5/(58/2.00) = 2.98 \text{ in.}^2$$

Step 4: 그러므로 구멍과 전단지연의 결합은 이 한 쌍의 각의 단면적을 감소시키지 않는다.

$$A_e/A_g = 2.98/4.18 = 0.713$$

Step 5: 선택된 이중 ㄴ형강의 세장비를 결정하고 최대 300인 이를 비교한다.
매뉴얼 표 1-15로부터,

$$\frac{L}{r_x} = \frac{72.1(12)}{1.08} = 801 > 300$$

매뉴얼 표 1-15는 어떠한 이중 ㄴ형강도 300의 세장비를 만족시키지 못할 것을 보여준다.

Step 6: 소요강도를 맞추기 위해 나사부분을 선택하라. 최대 세장비는 막대에 적용되지 않는다. 항복에서, 최소 전 단면적은 이중 ㄴ형강에서와 같다. 나사부분의 파괴에서, 유효 순 단면적이 $0.75A_g$라고 추정하는 것이 합리적이다. 그러므로 Step 3으로부터 최소 유효 순 단면적 $A_e = 2.98$을 사용하여, 이에 상응하는 최소 전 단면적은

$$A_g = \frac{2.98}{0.75} = 3.97$$

항복 한계상태가 지배하고, 최소 소요 단면적은 4.01 in^2이다. 그러므로 $A = 4.43\ \text{in}^2$인 직경 2 3/8 in인 나사부분을 선택한다.

4.13 연습문제

1. Determine the gross and net areas for an 8 × $^3/_4$ in. plate with a single line of standard holes for $^7/_8$ in. bolts.

2. Determine the gross and net areas for a 10 × $^1/_2$ in. plate with a single line of standard holes for $^3/_4$ in. bolts.

3. Determine the gross and net areas for a 6 × $^5/_8$ in. plate with a single line of standard holes for 1 in. bolts.

4. Determine the gross and net areas for a 10 × $^1/_2$ in. plate with two lines of standard holes for $^7/_8$ in. bolts.

5. Determine the gross and net areas for a 12 × $^5/_8$ in. plate with two lines of standard holes for $^3/_4$ in. bolts.

6. Determine the gross and net areas for a 14 × 1 in. plate with three lines of standard holes for $^3/_4$ in. bolts.

7. Determine the gross and net areas for an L4 × 4 × $^1/_2$ with two lines, one in each leg, of standard holes for $^3/_4$ in bolts.

8. Determine the gross and net areas for an L5 × 5 × $^5/_8$ with two lines, one in each leg, of standard holes for $^7/_8$ in bolts.

9. Determine the gross and net areas for an L8 × 4 × $^9/_{16}$ with three lines of standard holes, two in the 8 in. leg and one in the 4 in. leg, for $^7/_8$ in. bolts.

10. Determine the gross and net areas for a WT8 × 20 with three lines of standard holes for $^3/_4$ in. bolts. Each element of the WT will be attached to the connection.

11. Determine the gross and net areas for a WT7 × 41 with three lines of standard holes for $^3/_4$ in. bolts. Each element of the WT will be attached to the connection.

12. Determine the gross and net areas for a WT9 × 25 with four lines of standard holes for $^3/_4$ in. bolts. Each element of the WT will be attached to the connection with two lines in stem.

13. Determine the gross and net areas for a C15 × 50 with five lines of standard holes for $^7/_8$ in. bolts. Each flange will contain one line of bolts and the web will contain three lines of bolts.

14. Determine the net width for a 10 × $^1/_2$ in. plate with $^3/_4$ in. bolts placed in three lines as shown in Figure P4.14.

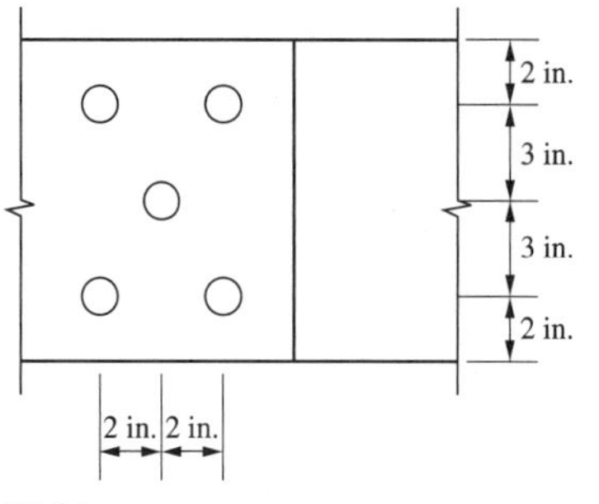

P4.14

15. Determine the net width for a 12 × $^1/_2$ in. plate with $^3/_4$ in. bolts placed in three lines as shown in Figure P4.15.

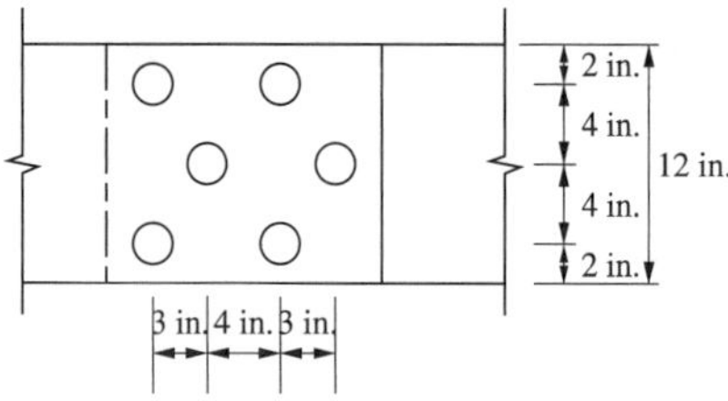

P4.15

16. Determine the net width for the L6 × 4 × $^5/_8$ with $^7/_8$ in. bolts shown in Figure P4.16.

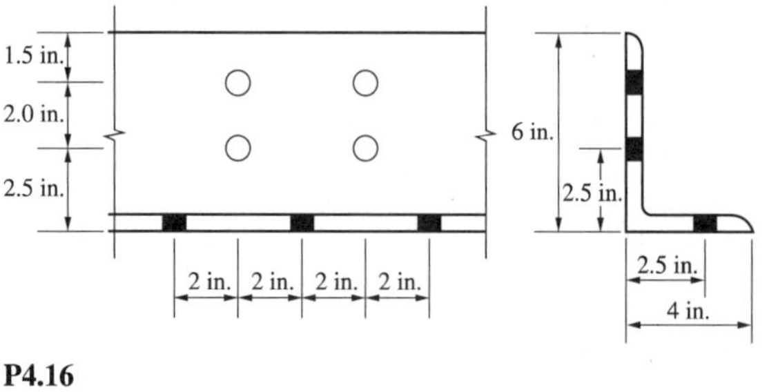

P4.16

17. Determine the net width for the L6 × 4 × ⅝ with ⅞ in. bolts shown in Figure P4.17.

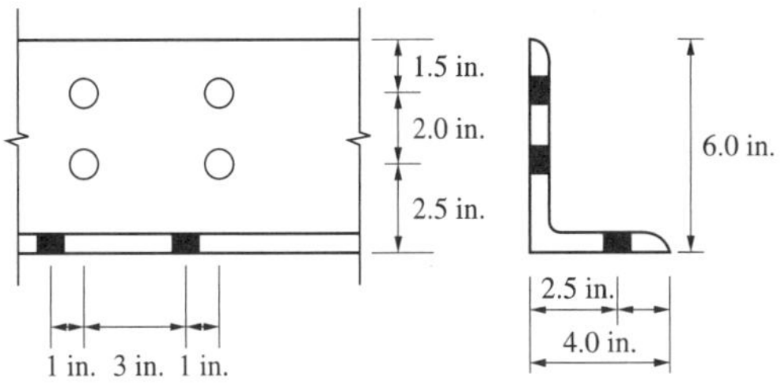

P4.17

18. Determine the gross and net areas for a double-angle tension member composed of two L4 × 4 × ½ shapes as shown in Figure P4.18 with holes for ¾ in. bolts staggered in each leg.

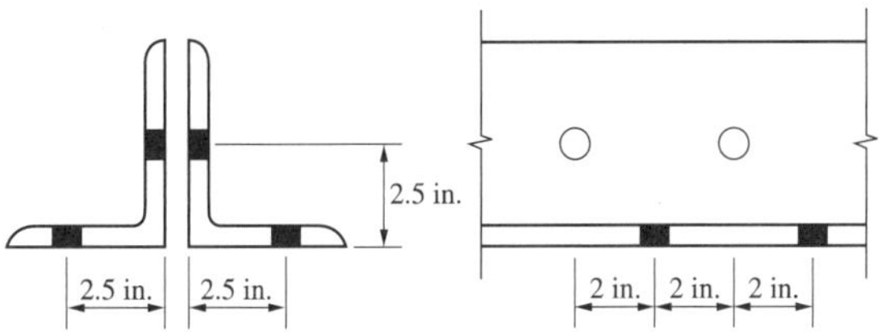

P4.18

19. Determine the gross and net areas for a double-angle tension member composed of two L6 × 6 × ⅝ shapes as shown in Figure P4.19 with holes for ¾ in. bolts staggered in each leg.

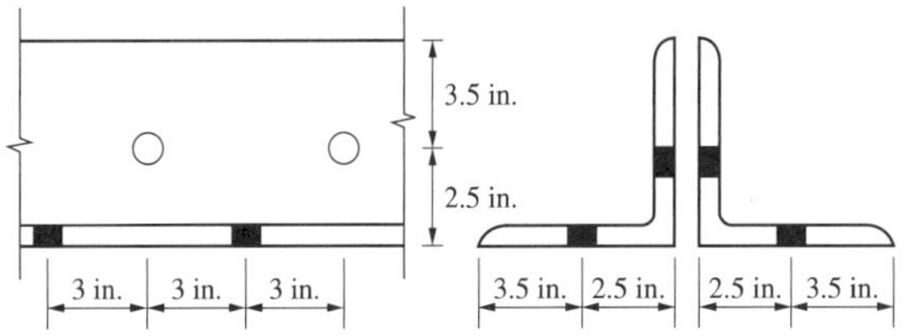

P4.19

20. For a WT8 × 50 attached through a flange to a 12 × ¾ in. plate with eight ⅞ in. bolts at a spacing of 3 in. and placed in two rows as shown in Figure P4.20, determine the shear lag factor and effective net area of the WT.

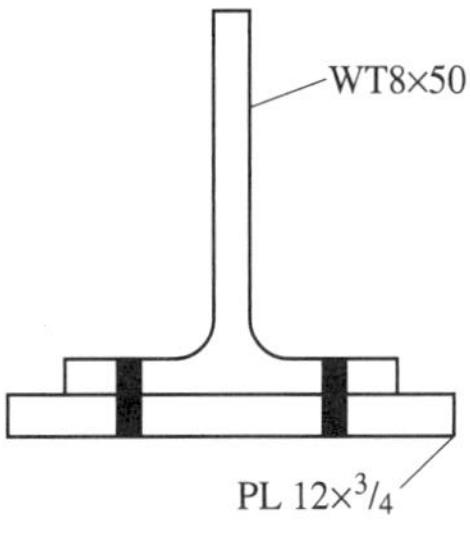

P4.20

21. For a WT7 × 34 attached through a flange to a 10 × 1 in. plate with six ¾ in. bolts at a spacing of 3 in. and placed in two rows as shown in Figure P4.21, determine the shear lag factor and effective net area of the WT.

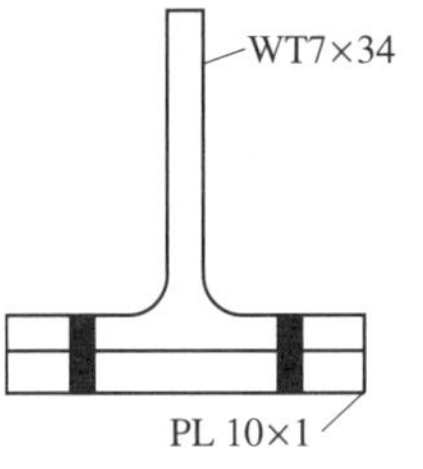

P4.21

22. A single L6 × 6 × 1 is used as a tension brace in a multistory building. One leg of the angle is attached to a gusset plate with a single line of ⅞ in. bolts. Determine the shear lag factor and effective net area for three bolts with a spacing of 3 in.

23. The WT8 × 50 of Problem 20 is welded along the tips of the flange for a length of 12 in. on each flange. Determine the shear lag factor and effective net area for the WT.

24. Determine the available strength of a 12 × ½ in. A36 plate connected to two 12 in. plates, as shown in Figure P4.24, with two lines of ¾ in. bolts. Determine the (a) design strength by LRFD and (b) allowable strength by ASD.

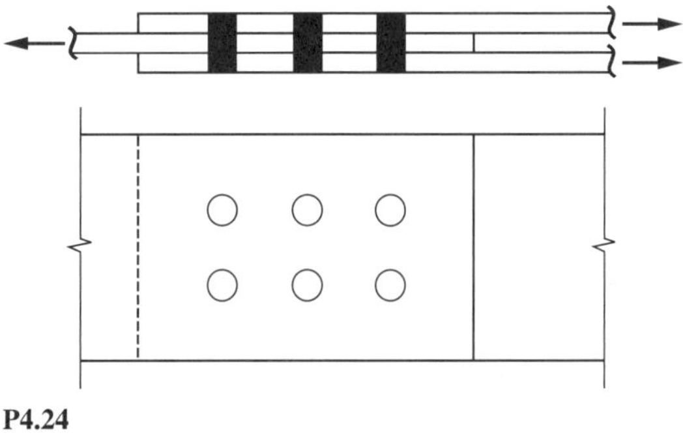

P4.24

25. Determine the available strength of an L6 × 4 × ¾ attached through the long leg to a gusset plate with ten ⅞ in. bolts at a 3 in. spacing in two lines. Use A36 steel. Determine the (a) design strength by LRFD and (b) allowable strength by ASD.

26. Determine the available strength of an 8 × ½ in. A572 Gr. 50 plate connected with three lines of ⅞ in. bolts. Determine the (a) design strength by LRFD and (b) allowable strength by ASD.

27. Determine the available strength of a WT7 × 15, A992 steel, with the flanges welded to a ½ in. gusset plate by a 10 in. weld along each side of the flange. Determine the (a) design strength by LRFD and (b) allowable strength by ASD.

28. Design a 10 ft long, single-angle tension member to support a live load of 49.5 kips and a dead load of 16.5 kips ($L/D = 3$). The member is to be connected through one leg, and only one $\frac{3}{4}$ in. bolt will occur at any cross section. Use A36 steel and limit the slenderness ratio to 300. Design by (a) LRFD and (b) ASD.

29. Design a 10 ft long, single-angle tension member as in Problem 28 with the same total service load, 66 kips. Using a live load of 7.3 kips and a dead load of 58.7 kips ($L/D = 0.125$), (a) design by LRFD and (b) design by ASD.

30. Design a 10 ft long, single-angle tension member as in Problem 28 with the same service load using a live load of 55.0 kips and a dead load of 11.0 kips ($L/D = 5$). Design by (a) LRFD and (b) ASD.

31. Design a 27 ft long WT tension wind brace for a multi-story building to resist a wind force of 380 kips. Use A992 steel and $\frac{7}{8}$ in. bolts. Assume that no more than four bolts will occur at any particular section. The length of the connection (the number of bolts) is not known. Design by (a) LRFD and (b) ASD.

32. Design a W14 A992 tension member for a truss that will carry a dead load of 89 kips and a live load of 257 kips. The flanges will be bolted to the connecting plates with $\frac{7}{8}$ in. bolts located so that four bolts will occur in any net section. Design by (a) LRFD and (b) ASD.

33. An L4 × 3 × $\frac{3}{8}$ is attached to a gusset plate with three $\frac{3}{4}$ in. bolts spaced at 3 in. with an end and edge distance of 1.5 in. as shown in Figure P4.33. Determine the available block shear strength of the A36 angle by (a) LRFD and (b) ASD.

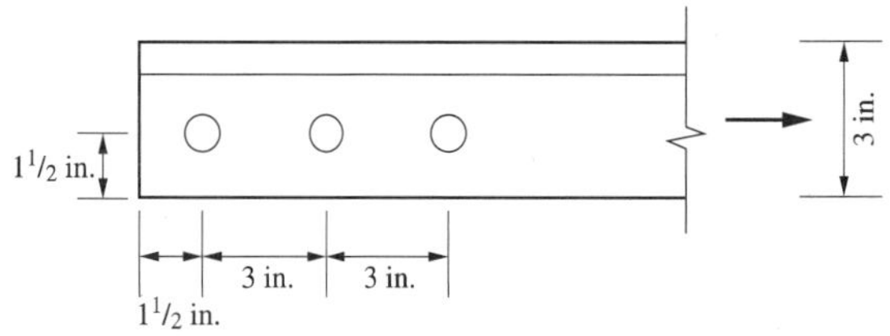

P4.33

34. A 7 × $\frac{3}{4}$ in. A36 plate is shown in Figure P4.34, where the holes are for $\frac{3}{4}$ in. bolts. Determine the available block shear strength by (a) LRFD and (b) ASD.

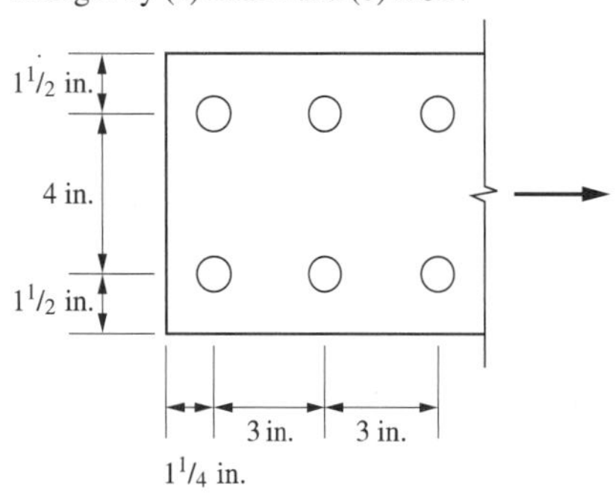

P4.34

35. Determine the available block shear strength for the A992 steel WT6 × 20, attached through the flange with eight $\frac{3}{4}$ in. bolts as shown in Figure P4.35, by (a) LRFD and (b) ASD.

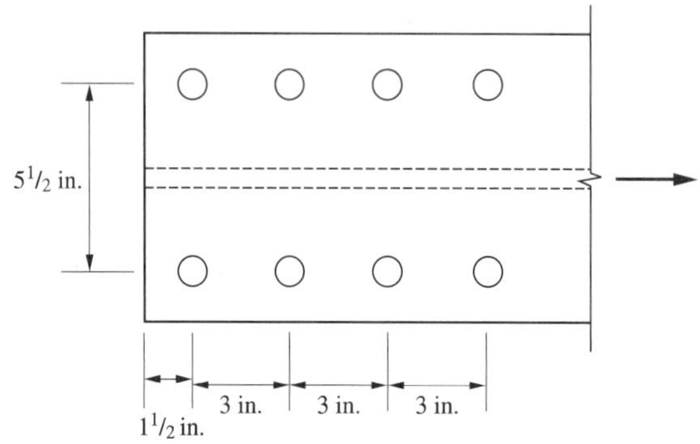

P4.35

Multi-Chapter Problem

36. Integrated Design Project. Lateral load resistance in the north-south direction is provided by a chevron braced frame as shown in Figure 1.25. Before the forces in these bracing members can be determined, the specified wind load must be determined. At this stage in the design, a simplified approach to wind load calculation might yield the following loads at each level.

Roof	54.0 kips
Fourth floor	102.0 kips
Third floor	93.0 kips
Second floor	88.0 kips
Total wind load	337.0 kips

It is permissible to treat the chevron braced frames as vertical trusses with pinned joints at all intersections. Using the two braced frames to share equally the given wind loading, analyze the vertical trusses for the wind in one direction only. It will be apparent that the windward brace is in tension and the leeward brace is in compression. When the wind blows in the other direction, the brace forces reverse.

Design all the braces as if the tension forces control. Although it is usually compression forces that control brace design, in this chapter we are focusing on tension. It would be useful to consider the use of several types of members, angles, channels, and I shapes to resist these forces.

제 5 장

압축부재

5.1 압축부재의 종류

압축부재는 서로 마주하는 부재의 단부를 누르는 축력을 받는 구조 요소를 말한다. 건축 구조에서 가장 일반적으로 사용되는 압축부재는 기둥(column)이다. 기둥은 지붕 또는 바닥 시스템의 수평 요소들을 지지하는 수직 부재이다. 그림 5.1은 건물 구조 일부로서의 몇몇 기둥들을 보여준다. 다른 압축부재들로는 트러스의 현재와 복재(chord and web members) 및 바닥과 벽체의 브레이싱 부재 등을 들 수 있다. 압축부재는 종종 지주(struts) 및 포스트(posts)로 불리기도 한다. 이 장에서는 압축부재(compression member)와 기둥(column)이라는 용어를 서로 교대로 사용할 것이다.

그림 5.1 • 다층건물의 기둥. Photo Courtesy Greg Grieco.

표 5.1 이 장에서 다루는 시방서의 절과 매뉴얼의 파트

시방서	
B4	국부좌굴에 대한 단면분류
E1	일반조항
E2	세장비 한계 및 유효길이
E3	세장요소 없는 부재의 휨좌굴에 대한 압축강도
E4	세장요소 없는 부재의 비틀림 및 휨-비틀림 좌굴에 대한 압축강도
E5	단일 ㄴ형강 압축부재
E6	조립부재
E7	세장요소를 가지는 부재
매뉴얼	
Part 1	치수 및 특성값
Part 4	압축부재설계
Part 6	조합하중을 받는 부재 설계

이 장에서 논의되는 압축부재는 오직 축력만 받는다. 실제 구조물에서는 축력에 휨이 조합된 추가의 하중효과가 종종 압축부재에 가해진다. 이러한 조합하중을 받는 부재는 보-기둥이라 하며 자세한 내용은 8장에서 논의된다. 압축부재에 적용하는 주요 규정들은 시방서의 E절에 제시되어 있다. 표 5.1은 이 장에서 논의되는 시방서 및 매뉴얼의 관련 부분들을 보여준다.

5.2 압축부재의 단면 형상

압축부재는 축력을 받기 때문에 주요 단면 특성은 면적이다. 따라서 하중과 응력 사이의 단순 관계는 다음과 같이 적용될 수 있다.

$$f = \frac{P}{A} \tag{5.1}$$

위의 관계식은 압축부재 강도를 나타내기 때문에 같은 단면적을 가지는 모든 단면은 같은 거동을 한다. 하지만 실제 구조물에서는 다른 요인들이 종종 압축부재의 강도에 영향을 미치므로 단면적의 분포가 중요하다.

건축구조물에서 일반적인 압축부재는 기둥이고 일반적으로 사용되는 기둥은 압연 W-형강 부재(wide-flange member)이다. 나중에 논의하겠지만, W-형강은 압축부재를 위한 가장 효율적인 재료의 분포를 가지고 있지는 않다. 그러나 W-형강 압축부재는 보나 다른 기둥과 같은 구조시스템의 다른 부재들에 쉽게 연결될 수 있다. 이러한 특징은 적절한 기둥 단면으로서 W-형강을 선택하는데 상당히 영향을 미친다.

그림 5.2는 압축부재로 사용되는 압연 및 조립(built-up) 형상의 예를 보여준다. 이 형상들의 대부분은 4장에서 논의된 인장부재에 사용되는 형상들과 같다. 비록 인장 및 압축부재의 축력이 서로 반대방향으로 작용하지만 두 경우 모두에 고려되는 하중은 축력이기 때문에 같은 형상을 사용하는 것은 합리적이다. 그러나 압축부재 강도에 영향을 미치는 다른 요인들은 이런 압축부재의 가장 효율적인 형상을 선택하기 위한 추가적인 기준들을 만들게 된다.

그림 5.2c와 d에 보이는 T-형강과 L-형강은 트러스의 현재와 복재(chords and webs)로 자주 사용된다. 트러스 적용 시, 이러한 형상의 단면들은 부재사이의 연결을 단순화시킨다. L-형강(angles)은 한 쌍의 조립 압축부재로 그림 5.2h에서와 같이 두 개의 L-형강 사이를 연결하여 사용된다. C-형강(channel)은 그림 5.2b, i, l, m에서와 같이 트러스에서 단일요소 혹인 다른 C-형강과 조합되어 사용된다. 조립 기둥은 또한 L-형강을 서로 맞대어서도 사용될 수 있다. 그림 5.2e, f, g에 보이는 강관(HSS shapes)과 파이프(pipe)는 건물의 기둥으로 종종 사용되고, 특히 부재로의 연결이 단순화될 수 있는 단층구조물에서 흔히 보인다. 이러한 형상들에서 재료의 분포는 실제 기둥에 가장 효율적이다.

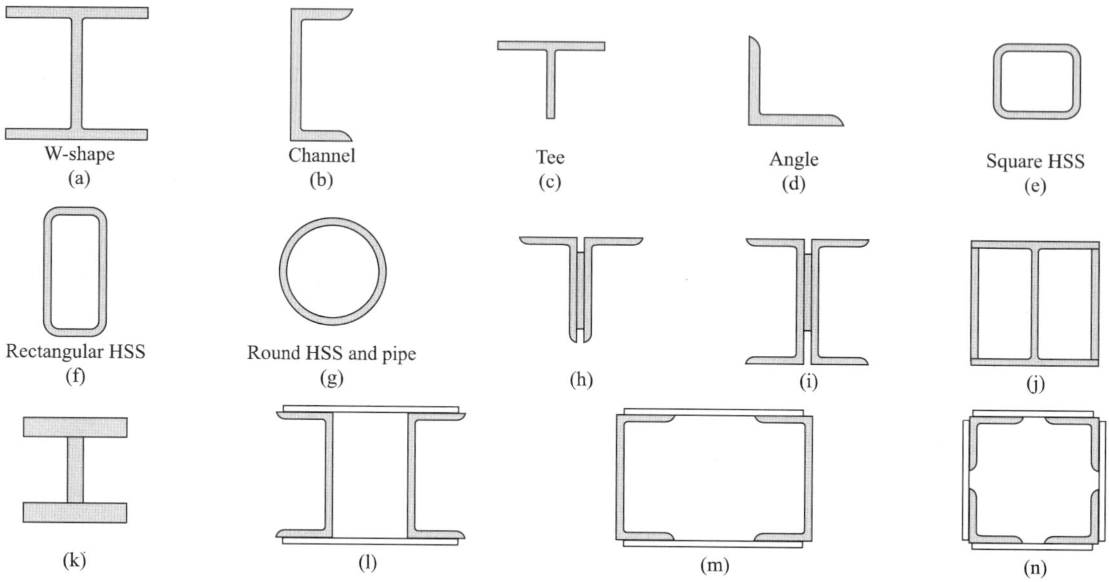

그림 5.2 • 압축부재에 대한 압연 형강 및 조립 형강

5.3 압축부재의 강도

만일 압축부재의 강도에 영향을 주는 다른 요인이 없다면, 식 5.1에서 주어진 단순 축 응력 관계가 부재의 강도를 설명하는데 사용될 수 있다. 이에 의하면, 압축부재가 항복상태에서 저항할 수 있는 최대 하중은

$$P_y = F_y A_g \tag{5.2}$$

여기서 P_y는 항복하중(yield load)이며 가끔 압괴하중(squash load)이라 불리기도 한다; F_y는 항복응력, A_g는 전 단면적이다. 이것은 하나의 길이가 다른 두 치수와 거의 비슷한 매우 짧은 시험편으로 압축 시험을 했을 경우 예상되는 거동이다. 이러한 유형의 기둥 시험편을 단주(stub column)라고 부른다. 대부분의 압축부재에서 길이는 다른 치수들을 매우 초과하기 때문에, 길이에 의한 영향은 무시할 수 없다.

5.3.1 오일러 기둥

압축부재 거동에 대한 길이의 영향을 설명하기 위해 그림 5.3에서와 같이 단순모델이 사용된다. 스위스의 수학자 레오나르도 오일러가 1759년에 처음으로 이 분석을 제시했으며 이 기둥 모델은 많은 가정들이 내포하고 있다: (1) 기둥 양단은 마찰이 없는 핀이고, (2) 기둥은

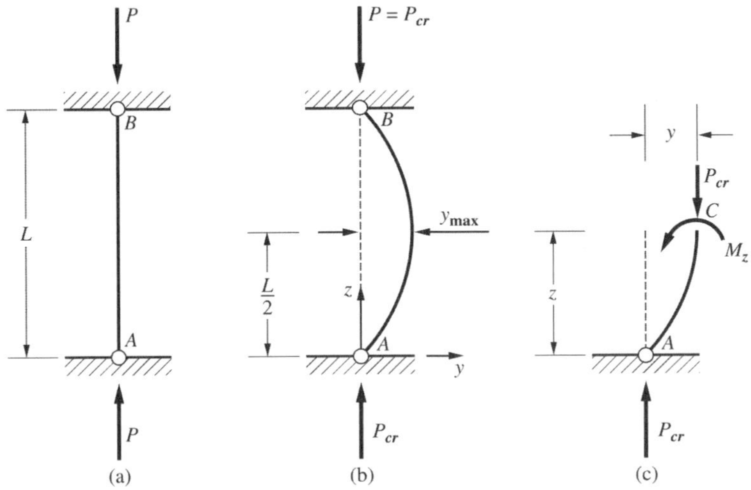

그림 5.3 • 탄성기둥에 대한 안정성 조건

완전한 직선이고, (3) 하중은 중심축을 따라 작용하며, (4) 재료는 탄성 거동을 한다. 이러한 가정들에 기초하여, 이 기둥 모델은 일반적으로 완전한 기둥(perfect column) 또는 순수한 기둥(pure column)으로 불린다.

그림 5.3a는 횡 변위나 항복을 발생시키지 않는 하중이 작용하는 완전한 기둥을 나타낸다. 이런 방식에서, 하중은 기둥의 횡 변위 없이 크게 증가될 수 있다. 그러나 임계하중(critical load) 또는 좌굴하중(buckling load)이라고 정의된 특정 하중 P_{cr}에서 기둥은 그림 5.3b에 나타난 것과 같이 횡 방향으로 변형된다. 이런 형상에서 점선은 부재의 원래 위치를 나타내고 실선은 변형된 위치를 나타낸다. 그림에는 부재 길이 방향의 z축과 부재 길이의 직각 방향인 y축을 가지는 축 시스템을 나타내었다. 이 시스템은 그림의 평면에 수직으로 x축을 배치한다. x축과 y축은 단면의 무게중심 축과 일치한다.

변형된 위치에서 기둥 하부의 자유물체도(free body diagram)를 그림 5.3c에 나타내었다. 만일 C점을 기준으로 모멘트를 취하면, 평형관계는 다음과 같다.

$$M_z = P_{cr}y$$

역학과 미소변위이론을 이용한 원리에서 변형 부재의 모멘트-곡률 관계에 대한 미분방정식은 다음과 같다.

$$\frac{d^2y}{dz^2} = -\frac{M_z}{EI_x}$$

이 두 식을 결합하고 항을 재배열하여 평형 미분방정식을 산출하면 다음과 같다.

$$\frac{d^2y}{dz^2} + \frac{P_{cr}}{EI_x}y = 0$$

만일 두 번째 항의 계수를 $k^2 = P_{cr}/EI_x$로 하면, 기둥에 대한 미분방정식은 다음과 같다.

$$\frac{d^2y}{dz^2} + k^2y = 0$$

이는 표준 2계 선형 상미분방정식이다. 이 방정식에 대한 해는 다음과 같다.

$$y = A\sin kz + B\cos kz \tag{5.3}$$

여기서 A와 B는 적분 상수이다. 이 방정식을 풀기 위해서는, 경계조건을 적용해야 한다. $z = 0$에서 $y = 0$이고 $z = L$에서 $y = 0$이기 때문에,

$$B = 0$$

이고

$$A\sin kL = 0$$

이다. 식 (5.3)에 대해 실해를 갖기 위해 $\sin kL$은 반드시 0이여야 한다. 따라서 $kL = n\pi$이고, 여기서 n은 정수이다. k를 대입하고 재배열하여 구하면

$$P_{cr} = \frac{n^2\pi^2EI_x}{L^2} \tag{5.4}$$

이다. n이 정수이기 때문에 식 (5.4)는 $n = 1$일 때 최소값을 가진다. 이때의 하중을 오일러 좌굴하중 또는 임계 좌굴하중이라고 하며, 다음과 같다.

$$P_{cr} = \frac{\pi^2EI_x}{L^2} \tag{5.5}$$

B와 kL의 값을 식 (5.3)에 대입하면, 좌굴된 기둥의 형상은 다음의 식으로부터 결정될 수 있다.

$$y = A\sin n\pi \tag{5.6}$$

A의 어떤 값도 식 (5.6)을 만족시킬 수 있기 때문에 변위에 대한 고유한 크기는 결정될 수 없다; 그러나 좌굴된 기둥의 형상은 $n = 1$일 때 반 사인파 곡선인 것은 분명하다. 이것을 그림 5.4a에 나타내었다. 다른 n 값에 대해 다른 좌굴 형상은 더 큰 임계 좌굴 하중을 갖게 한다. $n > 1$일 때, 이런 형상들은 고차 모드라고 한다. 그림 5.4b, c, d는 몇 가지 고차모드 경우를 보여준다. 모든 경우에 기본 형상은 사인(sine) 곡선이다. 이러한 고차 모드를 발생시키기 위해서는 좌굴 형상이 원래의 변형되지 않는 형상과 교차하는 점에서 좌굴에 대한 몇 가지 물리적인 구속이 요구된다. 이것은 브레이스(braces)의 추가로 달성될 수 있고, 나중에 다시 논의하기로 한다.

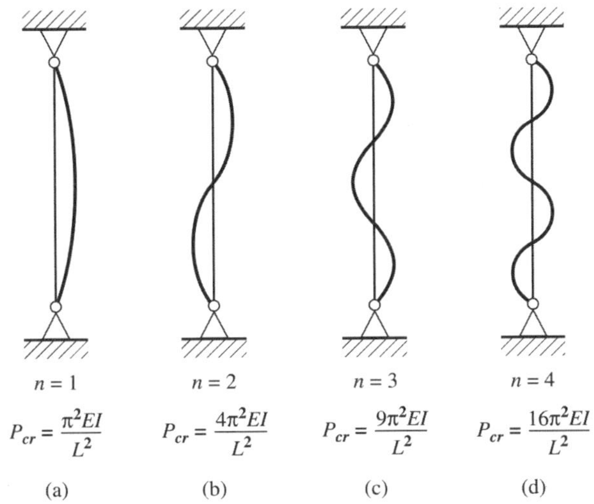

그림 5.4 • 좌굴된 기둥의 형상

우리는 기둥의 강도를 예측하는 두 개의 방정식을 가지고 있다: 길이를 언급하지 않는 식 (5.2)와 언급하는 식 (5.5)이다. 이 두 방정식은 그림 5.5에 그려진다. 오일러 방정식의 도출은 탄성거동에 기초를 두었으며 기둥은 항복하중 이상의 하중을 지지할 수 없기 때문에 기둥 강도에 제한이 있다.

만일 이 제한이 발생하는 길이가 L_y라고 하면 식 (5.2)를 식 (5.5)와 같게 설정하고 길이를 구하는 것으로 결정할 수 있으며 다음과 같다.

$$L_y = \pi \sqrt{\frac{EI_x}{F_y A_g}}$$

이 식을 단순화하기, 다음과 같은 회전반경, r이 사용된다.

$$r = \sqrt{\frac{I}{A}}$$

관성모멘트는 고려되는 축에 따라 다르며 A는 축의 독립적인 부분의 전 단면적이기 때문에 r은 좌굴 축에 따라 다르다. 확장된 도출 식에서, 그림 5.3의 기둥에 대한 좌굴 축은 x축을 가진다; 따라서,

$$L_y = \pi r_x \sqrt{\frac{E}{F_y}}$$

L_y보다 짧은 길이의 기둥은 항복에서 파괴하고 단주(short column)라고 한다. 반면 L_y보다 긴 길이의 기둥은 좌굴파괴가 발생하고 장주(long column)라고 한다.

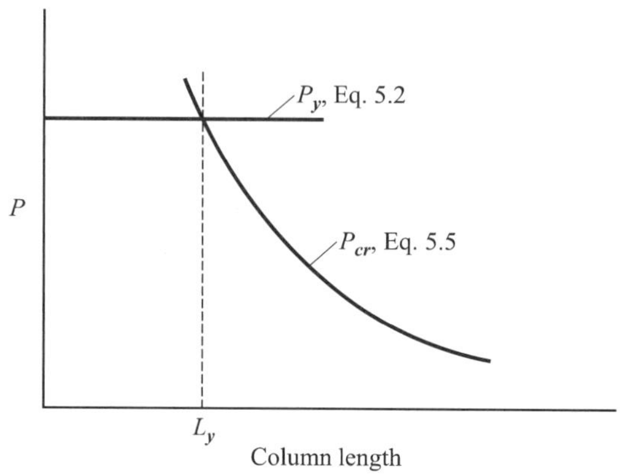

그림 5.5 • 길이에 따른 기둥강도

또한 응력 관점에서 식 (5.5)를 작성하는 것이 유용하다. 면적에 따라 양쪽을 나누고 다시 회전반경을 대입하면 다음과 같다.

$$F_{cr} = \frac{\pi^2 E}{\left(\frac{L}{r}\right)^2} \tag{5.7}$$

이 식에서, 회전반경은 좌굴을 지배하는 축에 적용할 수 있도록 아래첨자 없이 표시된다. 응력$-L/r$ 곡선은 그림 5.5의 하중-L 곡선과 같은 형상이다.

5.3.2 경계조건

식 (5.5)와 식 (5.7)에 나타난 좌굴 방정식의 도출은 양단이 마찰이 없는 핀에 대한 경계조건을 포함한다. 다른 경계조건을 가진 완전한 기둥의 경우, 양단에서 모멘트는 0이 아니고, 비제차 미분 방정식을 초래한다. 유도된 미분 방정식을 풀고 적절한 경계조건을 적용면 이전 방정식과 유사한 형태의 좌굴 방정식으로 이어진다. 다른 양단 조건에 대한 좌굴 방정식을 일반화하기 위해, 기둥길이 L은 기둥 유효길이 KL로 대체된다. 여기서 K는 유효길이 계수이다. 따라서, 일반화된 좌굴 방정식은 다음과 같다.

$$P_{cr} = \frac{\pi^2 EI}{(KL)^2} \tag{5.8}$$

이고

$$F_{cr} = \frac{\pi^2 E}{\left(\frac{KL}{r}\right)^2} \tag{5.9}$$

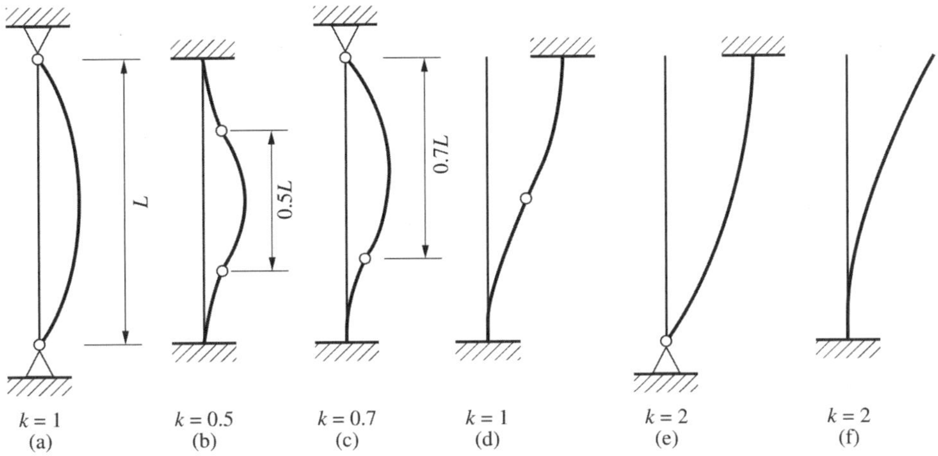

그림 5.6 • 다른 끝단 조건에 대한 기둥의 좌굴 형상

그림 5.6은 다른 양단 조건의 영향을 보여주는 몇 가지 기둥의 예를 가지고 원래의 핀지지 기둥을 보여준다. 모든 기둥은 횡 변형에 대해 고정된 하부 지지를 가지고 있다. 세 개의 기둥은 횡 변위에 저항하는 상단 지점을 가지며, 다른 세 개는 횡 변형에 자유로운 상단 지점을 가진다. 유효길이는 곡률이 반전하는 변곡점 사이의 길이로 구현될 수 있다. 이 결과는 n이 1이 아닌 정수를 가질 때 기존의 도출과정과 유사하다. 이것은 그림 5.6b와 c에서 가장 쉽게 볼 수 있으며 그림 5.7에서 나타난 기둥 위에 확장된 좌굴형상을 시각화 하여 그림 5.6d에서도 볼 수 있다. 모든 경우에 있어, 좌굴곡선은 사인곡선의 일부이다. 중요하게 주목할 점은 그림 5.6a에서의 기둥은 유효길이 L을 가지는 반면에, 그림 5.6b의 고정단을 가지는 기둥은 유효길이 $0.5L$을 갖는다는 것이다. 따라서, 고정단 기둥은 핀지지 기둥 강도의 4배 강도를 가진다.

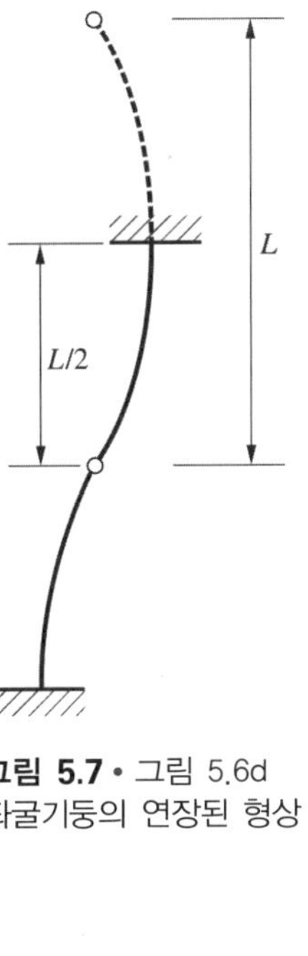

그림 5.7 • 그림 5.6d 좌굴기둥의 연장된 형상

5.3.3 브레이싱과 연단의 조합

유효길이에 대해 중간 브레이싱의 영향은 좌굴의 고차 모드에 대한 논의에서 다루었다. 이런 경우에, 모드 숫자를 반영한 동일한 길이로 분할을 가져왔다. 따라서, $n=2$인 기둥은 두 개의 동일한 분절을 가지고, $n=3$인 기둥은 세 개의 동일한 분절로 좌굴이 된다. 만일 물리적인 브레이스가 좌굴 저항을 기둥에 제공하기 위해 사용된다면 유효길이는 브레이스

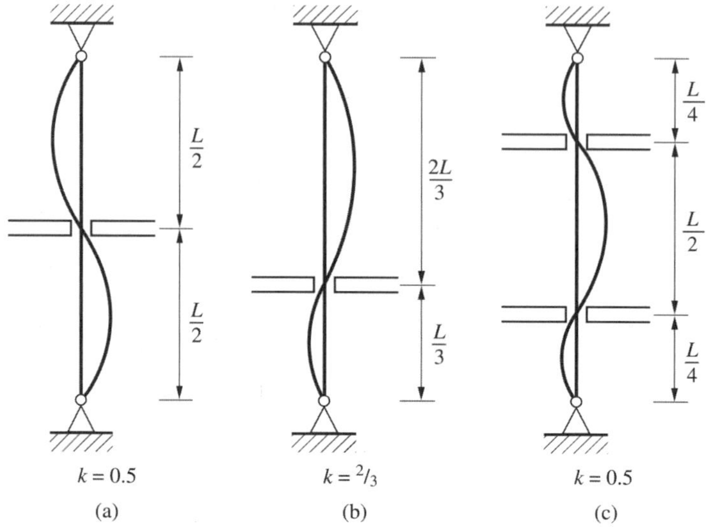

그림 5.8 • 경간에 브레이스를 가지는 기둥의 좌굴 형상

의 위치에 따라 다르다. 그림 5.8은 핀 지지와 중간 지지를 갖는 세 개의 기둥을 보여준다. 그림 5.8a의 기둥은 그림 5.4b의 기둥과 같다. 유효길이는 $0.5L$이고 $K = 0.5$이다. 그림 5.8b의 기둥은 $L/3$인 하나의 분절과 $2L/3$인 다른 분절을 갖는 비대칭 배치에서의 횡 브레이스를 보여주며 변곡점의 정확한 위치가 조금 더 분할되긴 하지만 유효길이와 같은 가장 긴 비지지 길이를 갖는다: 따라서 $KL = 2L/3$이고 $K = 2/3$이다. 그림 5.8c의 기둥은 두 위치에서 지지된다. 이 경우에 가장 긴 비지지 길이는 유효길이를 $KL = 0.5L$로 하고 $K = 0.5$와 같다. 일반적인 규칙은 기둥 양단이 핀 지지되었을 때, 가장 긴 비지지 길이는 그 방향으로 좌굴에 대한 유효길이가 된다.

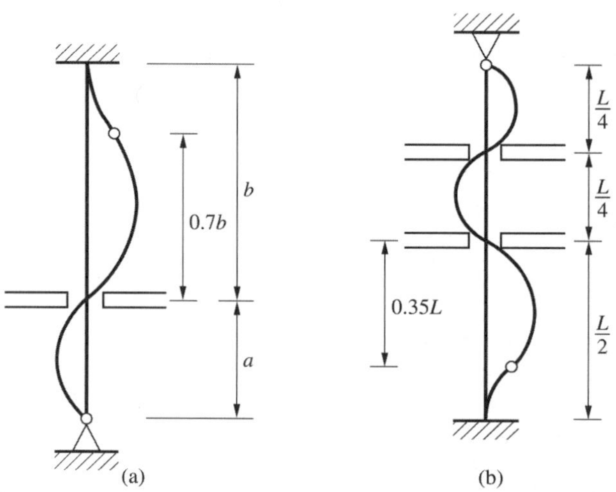

그림 5.9 • 다른 끝단 조건 및 중간 브레이스를 가지는 기둥의 좌굴 형상

다른 끝단 조건이 주어졌을 때, 이 두 영향은 반드시 조합되어야 한다. 그림 5.9의 기둥은 끝단 지지와 기둥 유효길이에 대한 브레이싱의 조합의 영향을 보여준다. 끝단 조건은 기둥의 단부 부분의 유효길이에 영향을 미친다. 그림 5.9a의 기둥의 경우, 하단 분절은 $L = a$를 가지며, 그 분절은 유효길이 $KL = a$에서 좌굴한다. 상단 분절은 $L = b$를 가지며, 고정된 단부를 가진다. 따라서, 길이 b를 갖는 그림 5.6c의 단부 조건을 조합함으로 얻어지는 유효길이 $KL = 0.7b$에서 좌굴한다. 따라서, 길이 a와 b 사이의 관계는 기둥의 어떤 단부가 전반적인 기둥 유효길이를 나타내는지를 결정한다. 일례로, 그림 5.9b의 기둥은 $0.35L$에서 기둥유효길이를 설정하는 최하단 분절을 보여준다.

5.1 Example

-이론적인 기둥강도-

단순지지 기둥의 이론 강도와 1차 좌굴 또는 항복 여부를 결정하라.

조건: A W10 × 33, A992, 기둥의 길이는 20ft

풀이.

Step 1: 좌굴하중을 결정한다.

다른 정보가 없다면, 유효길이는 두 축에 대해 20 ft이기 때문에 기둥의 약축에 대해 좌굴할 것으로 가정해야 한다. 매뉴얼 표 1-1로부터, $I_y = 36.6\ \text{in}^4$ 이고 $A_s = 9.71\ \text{in}^2$이다. 좌굴하중은

$$P_{cr} = \frac{\pi^2 EI_y}{L^2} = \frac{\pi^2(29{,}000)(36.6)}{(20(12))^2} = 182\ \text{kips}$$

Step 2: 항복하중을 결정한다.

$$P_y = F_y A_s = 50(9.71) = 486\ \text{kips}$$

Step 3: 결론: $P_{cr} < P_y$이기 때문에 기둥의 이론 강도는

$$P = 182\ \text{kips}$$

기둥은 항복응력에 도달하기 전에 좌굴이 발생한다.

5.2 Example

-임계 좌굴 길이-

이론적으로 기둥이 항복하기 전에 탄성적으로 좌굴하는 기둥의 길이를 결정하라.

조건: 고정지점을 가지는 W8 × 31 기둥 : (a) $F_y = 40\ \text{ksi}$ and (b) $F_y = 100\ \text{ksi}$.

풀이.

Step 1: 매뉴얼 표 1-1으로부터, $I_y = 37.1\ \text{in}^4$ and $A_s = 9.13\ \text{in}^2$.

Part a

Step 2: $F_y = 40\ \text{ksi}$일 때 기둥이 항복되는 힘을 결정한다.

$$P_y = F_y A_s = 40(9.13) = 365\ \text{kips}$$

Step 3: 이와 같은 하중이 좌굴하중이 되도록 길이를 결정하려면, 이 힘을 좌굴하중식과 같다고 놓고 다음과 같이 길이를 결정할 수 있다.

$$365 \text{ kips} = \frac{\pi^2 EI_y}{L^2} = \frac{\pi^2(29{,}000)(37.1)}{L^2}$$

$$L = \sqrt{\frac{\pi^2(29{,}000)(37.1)}{365}} = 171 \text{ in.}$$

따라서 유효길이는

$$L = \frac{171}{12} = 14.3 \text{ ft}$$

part b

Step 4: $F_y = 100$ ksi일 때 기둥이 항복되는 힘을 결정한다.

$$P_y = F_y A_s = 100(9.13) = 913 \text{ kips}$$

Step 5: 이와 동일한 하중이 좌굴하중이 되도록 길이를 결정하려면, 이 힘을 좌굴하중식과 같다고 놓고 다음과 같이 길이를 결정할 수 있다.

$$913 \text{ kips} = \frac{\pi^2 EI_y}{L^2} = \frac{\pi^2(29{,}000)(37.1)}{L^2}$$

$$L = \sqrt{\frac{\pi^2(29{,}000)(37.1)}{913}} = 108 \text{ in.}$$

따라서 유효길이는

$$L = \frac{108}{12} = 9.0 \text{ ft}$$

Step 6: 결론: 고정단 기둥의 유효길이는 실제 길이의 절반과 동일하기 때문에, 실제 길이가 다음보다 작거나 같으면 좌굴이 발생하지 않는다.

Part a

$$L = 2(14.3) = 28.6 \text{ ft for a column with } F_y = 40 \text{ ksi}$$

Part b

$$L = 2(9.0) = 18 \text{ ft for a column with } F_y = 100 \text{ ksi}$$

5.3.4 실제 기둥

실제 건축물에서의 기둥을 효율적으로 모델링하는 시편의 물리적인 실험은 기둥 강도가 오일러 좌굴 방정식에 의해 예측되는 좌굴하중 또는 재료의 항복에 의해 예측되는 압축강도에 비해 크지 않다는 것을 보여준다. 실제 거동을 예측하는 이론의 비정확성은 초기에 인식되었고, 많은 요인들이 원인으로 밝혀졌다. 주로 세 가지 요인이 기둥 강도에 영향을 미친다: 재료의 비탄성(material inelasticity), 기둥의 초기 변형(column initial out-of-straightness), 그리고 단부 조건(conditions). 기둥의 단부조건에 대한 영향은 이미 유효길이 결정과 관련하여 논의 되었다. 실제 기둥 강도에 상당한 영향을 미치는 재료적인 비탄성과 초기 변형은 여기서 기술한다.

기둥의 비탄성 거동은 단면의 내부(built-in) 또는 잔류응력에 기인한다. 즉, 이런 잔류응력은 제조 공정의 직접적인 결과이다. 강재는 열을 이용하여 제조되고 열은 강재를 건설에 사용되는 형상으로 만들기 위해 필요하다. 형상이 완전히 만들어지면, 냉각되어 진다. 이러한 냉각 과정에서 잔류 응력이 발생한다. 그림 5.10은 다양한 냉각 단계에서의 W-형강 단면을 보여준다. 그림 5.10a와 같이 우선 대부분의 표면적을 갖는 플랜지의 끝부분에 열을 식히기 위해 냉각을 시작한다. 이 재료는 냉각 될 때 수축하고, 결국 주변 온도와 같아지게 된다. 이 때, 단면의 끝부분에서 섬유는 마지막 수축한 길이가 최종으로 될 것으로 예상된다.

인접한 섬유가 냉각되면, 섬유는 많이 축소한다. 수축 과정에서, 이러한 후속으로 섬유를 냉각하는 것은 약간의 압축응력 아래에 후자를 놓으면서 이전에 냉각된 섬유를 잡아당긴다. 그림 5.10b는 냉각된 추가 플랜지 요소를 갖는 단면을 보여준다.

이미 냉각된 단면의 부분이 다음 냉각재의 수축을 억제하는데 충분한 강성을 제공할 때, 억제가 없는 경우처럼 수축할 수 없기 때문에 인장응력은 현재 냉각재로 인해 발생되어진다. 완전히 냉각되면, 그림 5.10c와 같이 플랜지의 끝과 웨의 중앙은 압축상태에 되고, 플랜지와 웹 접합부는 인장상태가 된다. 따라서, 냉각되는 첫 번째 섬유는 압축상태가 되고, 마지막에 냉각되는 섬유는 인장상태가 된다.

잔류응력분포의 여러 가지 표현이 제안되고 있다. 그 중 한 가지 분포는 그림 5.10c에 나타내었다. 최대 잔류 응력의 크기는 재료의 항복 강도에 의존하지 않고 재료두께의 함수로 나타낸다. 또한, 압축 잔류 응력은 압축부재를 고려할 때 중요한 관심사이다. 이 잔류응력의 크기는 형상에 따라 10 ksi부터 약 30 ksi까지로 변한다. 가장 두꺼운 플랜지 요소를 갖는 경우에는 더 큰 값이 발견되기도 한다.

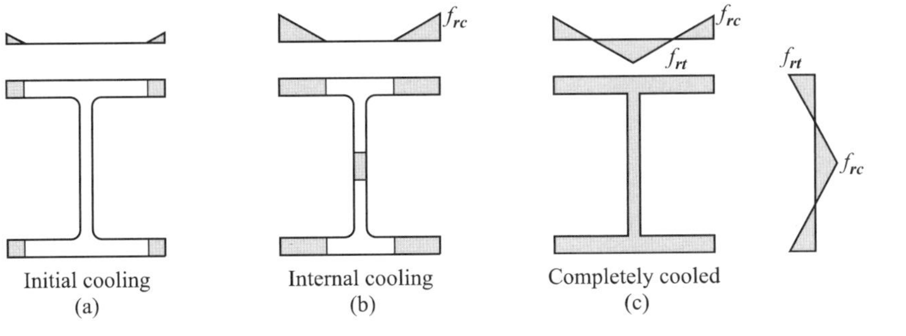

그림 5.10 • 잔류응력 분포

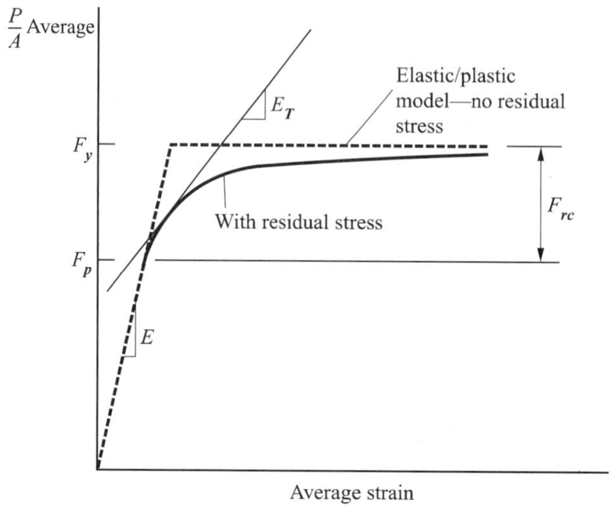

그림 5.11 • 잔류응력 존재 및 부재에 대한 단주기둥 응력-변형률 선도

기둥 거동에 대한 이러한 잔류응력의 전반적인 영향을 이해하기 위해, 단주(stub column)를 다시 조사해 본다. 그림 5.11은 좌굴이 발생하지는 않으나 잔류 응력의 영향을 보이는 단주에 대한 응력－변형률 관계를 보여준다. 기둥에 축하중이 작용할 때, 부재는 짧아지고 해당하는 변형률과 응력은 마치 완전한 탄성 시료인 것처럼 발생되어 진다. 완전 탄성, 완전 소성 기둥의 거동은 그림 5.11에 점선으로 나타내었다.

적용된 응력이 잔류 압축응력을 가진 부재에 더해질 때, 플랜지의 끝은 항복응력을 넘어서므로 단주는 더 큰 비율로 짧아지기 시작한다. 따라서, 응력－변형률 곡선은 직선형태의 점선을 벗어 곡선형태의 실선을 따르게 된다. 기둥에 하중을 계속 재하하면 주어진 응력에 대해 더 큰 변형률을 발생시키고 기둥은 마침내 완전 탄성 재료의 항복응력에 도달한다. 따라서, 실제 기둥과 응력－변형률 관계를 결정하기 위해 사용되는 일반적인 실험 시편의 거동 사이의 유일한 차이점은 실제 기둥은 압축 잔류응력을 가지는 단면의 일부분이 재료의 항복응력에 도달하기 때문에 비탄성으로 거동한다는 것이다.

새로운 용어인 접선 탄성계수 E_T가 그림 5.11에 나타나는 어떤 점에서의 실제 응력－변형률 곡선의 접선 기울기로 정의된다면, 기둥 좌굴강도에 대한 향상된 예측은 오일러 좌굴 방정식을 수정함으로써 얻어질 수 있으며, 이는 다음과 같다.

$$P_{cr} = \frac{\pi^2 E_T I_x}{(KL)^2}$$

따라서, 기둥에 탄성한계 이상의 하중이 작용할 때, E_T는 감소하고 좌굴강도 또한 감소한다. 이것은 부분적으로 기둥의 강도를 정확히 예측하는 오일러 좌굴 방정식의 일부 문제점(inability)을 설명하는 것이다.

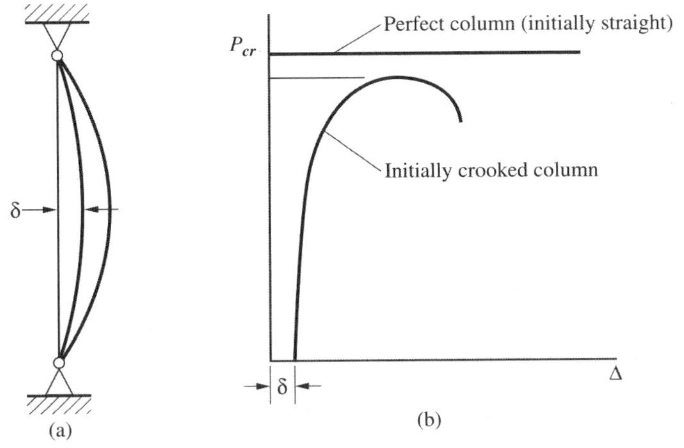

그림 5.12 • 초기결함(initial out-of-straightness)이 기둥강도에 미치는 영향

기둥 강도에 상당한 영향을 미치는 또 다른 요인은 기둥의 초기 변형이다. 형강 제조 공정은 기둥이 하중을 지지하는 능력(ability)에 영향을 미친다. 이 경우에, 문제점은 어떠한 구조용 강재도 제조 공정으로부터 완전히 직선인 형상으로 나오지 않는다는 사실에 관련하고 있다. AISC Code of Standard Practice는 초기 처짐을 횡지지 점 사이 길이의 1/1000로 허용한다. 비록 이러한 초기 변형은 직선에서 아주 작은 차이처럼 보이지만, 이는 기둥의 강도에 영향을 미친다.

그림 5.12a는 초기 변형, δ가 존재하는 완전 탄성, 핀 지지 기둥을 보여준다. 이러한 초기 변형을 가진 기둥을 그림 5.3과 같이 오일러 기둥식을 도출하기 위한 기둥과 비교해 보면, 원래 직선인 기둥보다 초기 변형을 가지는 기둥에서의 길이에 따른 모멘트 값이 더 커짐을 알 수 있다. 따라서, 미분방정식의 해는 다르다. 또한, 작용 하중이 좌굴 전에도 기둥의 길이를 따라 편심으로 작용하기 때문에 기둥에 모멘트가 작용하게 된다. 그림 5.12b는 초기에 직선인 기둥의 경우와 비교해 초기 변형을 가지는 기둥의 하중-횡변위 관계를 보여준다. 이 기둥은 더 큰 횡 변위를 발휘할 뿐 아니라 더 작은 최대 강도를 가진다.

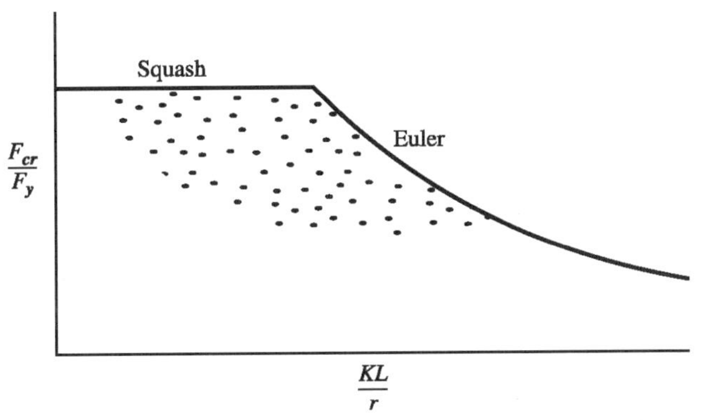

그림 5.13 • 이론적 기둥강도와 비교한 샘플 기둥 실험 데이터

이 두 요소를 조합하면, 오일러 방정식 그 자체로는 기둥의 거동을 적절하게 설명할 수 없다. 따라서, 기둥 거동을 예측하기 위한 곡선(curves)의 개발은 역사적으로 기둥 거동을 단순하게 나타내려는 시도에서 실험데이터의 curve-fitting 문제였다.

5.3.5 AISC 규정

지금까지는 압축부재 한계상태로서의 항복 또는 전반적인 기둥 좌굴을 논의하였다. 그림 5.13은 오일러 좌굴하중과 기둥 실험 데이터를 비교한 것이다. Structural Stability Research Council은 사용되는 강재 제품에 따라 기둥의 거동을 예측하는 세 개의 방정식을 제안하다. 기둥 설계를 단순화하기 위하여, AISC는 기둥의 강도를 나타내는 두개의 방정식을 사용하여 그려지는 하나의 곡선을 선택했다.

ASD와 LRFD에 대한 기본적인 사항은 1.9절과 1.10절에서 제시하였다. 식 (1.1)과 (1.2)는 시방서에서 제시되는 공칭강도, 저항계수, 안전계수 사이의 관계를 보여준다.

ASD의 경우, 허용강도는 다음과 같다.

$$R_a \leq \frac{R_n}{\Omega} \tag{1.1}$$

LRFD의 경우 설계강도는 다음과 같다.

$$R_u \leq \Phi R_n \tag{1.2}$$

앞에서 설명했듯이, 시방서는 각 한계상태를 고려하여 공칭강도와 해당하는 저항계수 및 안전계수를 결정하기 위해 그들의 상관관계를 제시한다. 세장하지 않은(nonslender) 요소를 갖는 압축부재에 대한 규정은 시방서 E3절에 주어진다. 세장하지 않는 요소를 갖는 부재의 휨 좌굴 한계상태에 대한 공칭 기둥강도는 다음과 같다.

$$P_n = F_{cr} A_g$$

그리고

$$\Phi_c = 0.9(\mathrm{LRFD}) \qquad \Omega_c = 1.67(\mathrm{ASD})$$

여기서 A_g는 전체 단면적이고 F_{cr}은 휨 좌굴응력이다. (5.3.1장의 오일러 기둥에서 휨 좌굴 한계상태를 언급하였다)

비탄성 좌굴이 기둥강도를 지배할 때, 즉 잔류응력이 중요해질 때, 기둥의 거동을 나타내기 위해 시방서는 다음의 식을 제공한다.

$$KL/r \leq 4.71\sqrt{E/F_y} \qquad \text{or} \qquad \frac{F_y}{F_e} \leq 2.25$$

$$F_{cr} = [0.658^{F_y/F_e}]F_y \qquad (\mathrm{AISC\ E3-2}) \tag{5.10}$$

비탄성 좌굴이 요인이 아니고 초기 변형이 지배할 때, 거동을 나타내기 위하여

$$KL/r > 4.71\sqrt{E/F_y} \qquad \text{or} \qquad \frac{F_y}{F_e} > 2.25$$

$$F_{cr} = 0.877F_e \qquad (\text{AISC E3}-3) \tag{5.11}$$

여기서 F_e는 탄성 좌굴 응력이다; 이전에 식 (5.9)에서도 제시한대로 오일러 좌굴 응력은 다음과 같다.

$$F_e = \frac{\pi^2 E}{\left(\frac{KL}{r}\right)^2}$$

세 가지 강재 A36, A992와 A514에 대한 휨 좌굴 응력과 세장비, KL/r와의 관계를 그림 5.14에 나타내었다. 매우 세장한 기둥의 경우, 좌굴 응력은 재료의 항복과는 독립적이다. 탄성과 비탄성 거동 즉, 식 (5.10)과 (5.11) 사이의 구분은 36 ksi, 50 ksi와 100 ksi의 항복을 갖는 강재에 대해 각각 KL/r 값이 134, 113, 80.2 이다.

LRFD 시방서의 1986, 1993, 1999판은 약간 더 단순화한 다른 형태로 식 (5.10)의 지수(exponent)를 정의하였다. 새로운 용어가 다음과 같이 정의되면

$$\lambda_c^2 = \frac{F_y}{F_e} = \left(\frac{KL}{\pi r}\right)^2 \frac{F_y}{E}$$

여기서 탄성과 비탄성 거동 사이의 분할점은 다음과 같으며

$$\frac{KL}{r} = 4.71\sqrt{\frac{E}{F_y}}$$

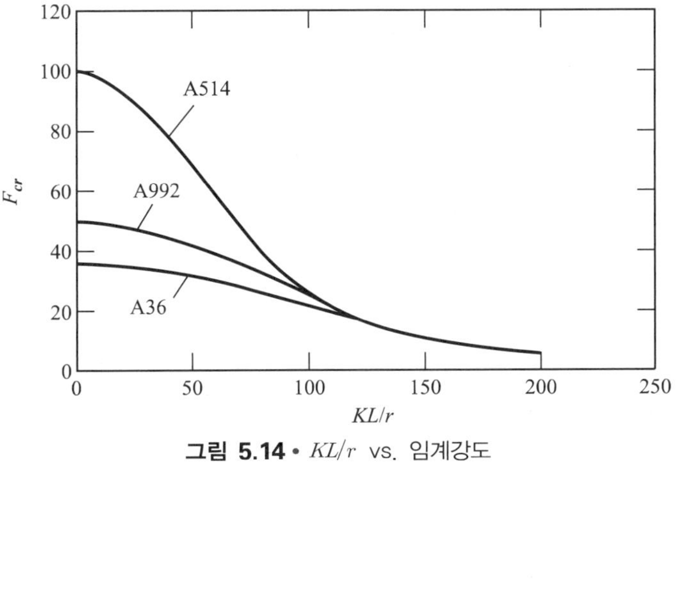

그림 5.14 • KL/r vs. 임계강도

$$\lambda_c = \frac{KL}{\pi r}\sqrt{\frac{F_y}{E}} = \frac{4.71}{\pi} = 1.5$$

$\lambda_c^2 = F_y/F_e$를 대체하면, $\lambda_c \leq 1.5$ 인 경우에 임계 휨 좌굴응력은 다음과 같으며,

$$F_{cr} = (0.658^{\lambda_c^2})F_y \tag{5.12}$$

$\lambda_c > 1.5$의 경우에는 다음과 같다.

$$F_{cr} = \frac{0.877}{\lambda_c^2}F_y \tag{5.13}$$

세장비, λ_c의 함수로서 항복응력에 대해 임계 휨 좌굴 응력비를 그리면 그림 5.15와 같다. 따라서, 강재의 항복 응력에 관계없이, 항복 응력에 대한 휨 좌굴 응력비는 같다. 표 5.2는 편리하고, 사용가능한 형태로 이 수치를 제공한다.

ASD와 LRFD 기준의 이전 버전은 $KL/r = 200$의 세장비 크기에 대한 상한치를 제시하였다. 이러한 제한사항에 대한 목적은 설계자가 매우 세장한 기둥을 선택할 경우 휨 좌굴 응력이 너무 작아서 기둥을 매우 비효율적으로 만들 수 있다는 것을 인식하게 하는 것이다. 이런 세장비에 대한 한계는 최근의 시방서에서는 제거되었다. 왜냐하면 기둥의 강도에 영향을 미치는 많은 요인들이 있고, 이는 아주 세장한 기둥이라도 실제로 허용될 수 있음을 의미하기 때문이다. E2절에는 단순히 설계자에게 기둥의 세장비는 200 미만으로 유지해야 한다고 알려준다. 표 5.3은 세 가지 다른 항복응력을 갖는 강재에 대해 0부터 200까지의 KL/r 값에 대한 휨 좌굴 응력을 나타낸다. 매뉴얼의 표 4-22는 1.0 ft의 세장비 증가에서 다섯 개의 다른 항복응력에 대해 이 표의 확장된 버전을 제공한다.

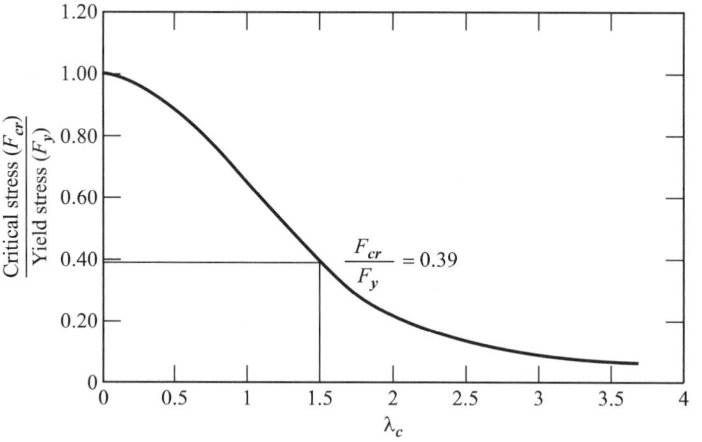

그림 5.15 • λ_c vs. 임계응력

표 5.2 항부응력에 대한 임계응력의 비

λ_c	F_{cr}/F_y	λ_c	F_{cr}/F_y	λ_c	F_{cr}/F_y	λ_c	F_{cr}/F_y
0.00	1.000	0.95	0.685	1.90	0.243	2.85	0.1080
0.05	0.999	1.00	0.658	1.95	0.231	2.90	0.1040
0.10	0.996	1.05	0.630	2.00	0.219	2.95	0.1010
0.15	0.991	1.10	0.603	2.05	0.209	3.00	0.0974
0.20	0.983	1.15	0.575	2.10	0.199	3.05	0.0943
0.25	0.974	1.20	0.547	2.15	0.190	3.10	0.0913
0.30	0.963	1.25	0.520	2.20	0.181	3.15	0.0884
0.35	0.950	1.30	0.493	2.25	0.173	3.20	0.0856
0.40	0.935	1.35	0.466	2.30	0.166	3.25	0.0830
0.45	0.919	1.40	0.440	2.35	0.159	3.30	0.0805
0.50	0.901	1.45	0.415	2.40	0.152	3.35	0.0781
0.55	0.881	1.50	0.390	2.45	0.146	3.40	0.0759
0.60	0.860	1.55	0.365	2.50	0.140	3.45	0.0737
0.65	0.838	1.60	0.343	2.55	0.135	3.50	0.0716
0.70	0.815	1.65	0.322	2.60	0.130	3.55	0.0696
0.75	0.790	1.70	0.303	2.65	0.125	3.60	0.0677
0.80	0.765	1.75	0.286	2.70	0.120	3.65	0.0658
0.85	0.739	1.80	0.271	2.75	0.116	3.70	0.0641
0.90	0.712	1.85	0.256	2.80	0.112	3.75	0.0624

표 5.3 세 개의 강에 대한 임계응력 값

	F_{cr} (ksi)				F_{cr} (ksi)		
KL/r	$F_y = 36$ ksi	$F_y = 50$ ksi	$F_y = 100$ ksi	KL/r	$F_y = 36$ ksi	$F_y = 50$ ksi	$F_y = 100$ ksi
0	36.0	50.0	100.0	80	25.7	31.3	39.2
4	36.0	49.9	99.8	84	24.8	29.8	35.6
8	35.9	49.8	99.1	88	23.9	28.4	32.4
12	35.7	49.5	97.9	92	23.1	26.9	29.7
16	35.5	49.1	96.3	96	22.2	25.5	27.2
20	35.2	48.6	94.3	100	21.3	24.1	25.1
24	34.9	47.9	91.9	104	20.4	22.7	23.2
28	34.5	47.2	89.2	108	19.5	21.3	21.5
32	34.1	46.4	86.1	112	18.6	20.0	20.0
36	33.6	45.5	82.7	116	17.7	18.7	18.7
40	33.1	44.5	79.1	120	16.9	17.4	17.4
44	32.5	43.4	75.3	124	16.0	16.3	16.3
48	31.9	42.2	71.4	128	15.2	15.3	15.3
52	31.2	41.0	67.3	132	14.4	14.4	14.4
56	30.5	39.8	63.2	136	13.6	13.6	13.6
60	29.8	38.4	59.1	140	12.8	12.8	12.8
64	29.0	37.1	54.9	144	12.1	12.1	12.1
68	28.2	35.7	50.9	148	11.5	11.5	11.5
72	27.4	34.2	46.9	152	10.9	10.9	10.9
76	26.6	32.8	43.0	156	10.3	10.3	10.3
160	9.81	9.81	9.81	184	7.41	7.41	7.41
164	9.33	9.33	9.33	188	7.10	7.10	7.10
168	8.89	8.89	8.89	192	6.81	6.81	6.81
172	8.48	8.48	8.48	196	6.53	6.53	6.53
176	8.10	8.10	8.10	200	6.28	6.28	6.28
180	7.75	7.75	7.75				

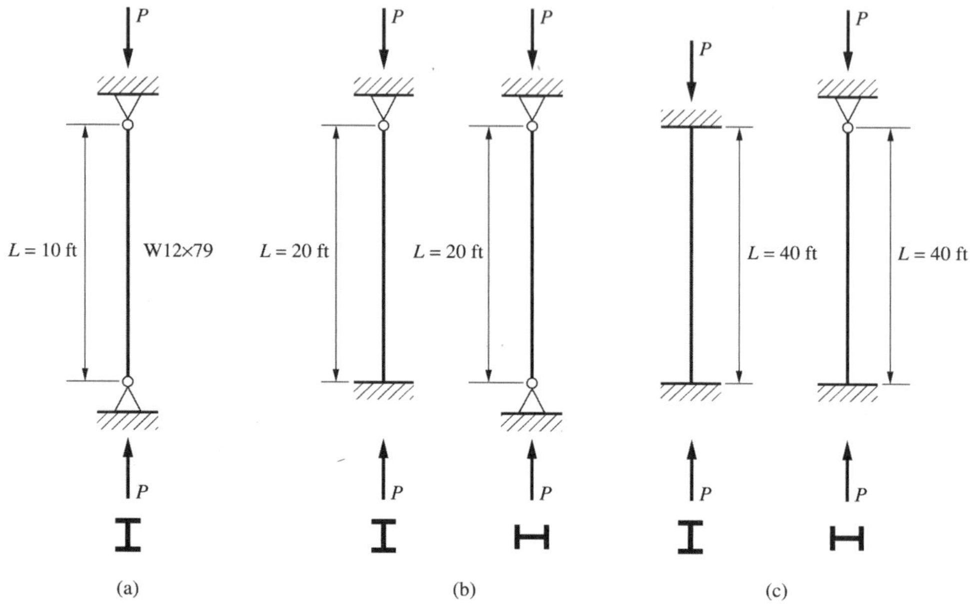

그림 5.16 • 예제 5.3, 5.4, 5.5의 기둥

5.3 Example

－AISC 규정에 의한 기둥의 강도－

기둥의 강도를 결정하라.

조건: 그림 5.16a에서와 같이 10 ft 길이의 A992 W12 × 79 단순지지 기둥이다.

풀이.

Step 1: 매뉴얼의 표 1-1로부터, $r_x = 5.34$ in, $r_y = 3.05$ in, and $A = 23.2\ \text{in}^2$.

Step 2: 지배하는 유효 세장비를 결정한다.

단순지지 기둥의 길이는 10ft이므로 x축과 y축 양축에 대해 $KL = 10.0$이다.

$$\frac{(KL)_x}{r_x} = \frac{10.0(12)}{5.34} = 22.5$$

$$\frac{(KL)_y}{r_y} = \frac{10.0(12)}{3.05} = 39.3$$

$$\frac{(KL)_y}{r_y} > \frac{(KL)_x}{r_x}$$

y축이 지배한다.

Step 3: 사용할 기둥 강도 식을 결정한다.

$$\frac{KL}{r} = 39.3 < 4.71\sqrt{\frac{E}{F_y}} = 4.71\sqrt{\frac{29{,}000}{50}} = 113 \quad (\text{식 5.10 AISC E3-2})$$

Step 4: 오일러 좌굴응력을 결정한다.

$$F_e = \frac{\pi^2(29{,}000)}{(39.3)^2} = 185\ \text{ksi}$$

Step 5: 식 (5.10)으로부터 임계응력을 결정한다.

$$F_{cr} = 0.658^{(F_y/F_e)} F_y = 0.658^{(50/185)}(50) = 44.7\ \text{ksi}$$

Step 6: 공칭강도를 결정한다.

$$P_n = 44.7(23.2) = 1040\ \text{kips}$$

Step 7: LRFD의 설계강도를 결정한다.

$$\phi P_n = 0.9(1040) = 936\ \text{kips}$$

Step 7: ASD의 허용강도를 결정한다.

$$\frac{P_n}{\Omega} = \frac{1040}{1.67} = 623\ \text{kips}$$

5.4 Example

– AISC 규정에 의한 기둥의 강도 –

기둥의 강도를 결정하라.

조건: 그림 5.16b에서와 같이, A992 W10 × 49 기둥의 길이는 20 ft, y축에 대하여 1단은 단순지지 타단은 고정지지이다. x축에 대해서는 양단 단순지지이다.

풀이.

Step 1: 매뉴얼 표 1-1로부터, $r_x = 4.35$ in, $r_y = 2.54$ in, and $A = 14.4\ \text{in}^2$.

Step 2: 그림 5.6으로부터 유효길이계수를 결정한다.
그림 5.6과 그림 5.16b의 기둥을 비교해보면, 유효길이계수는 $K_y = 0.7$ and $K_x = 1.0$이다.

Step 3: x축과 y축의 세장비를 결정한다.

$$\frac{K_x L}{r_x} = \frac{1.0(20.0)(12)}{4.35} = 55.2$$

$$\frac{K_y L}{r_y} = \frac{0.7(20.0)(12)}{2.54} = 66.1$$

Step 4: 최대 세장비를 사용하여, 기둥 강도 식을 결정한다.

$$\frac{KL}{r} = 66.1 < 4.71\sqrt{\frac{E}{F_y}} = 4.71\sqrt{\frac{29{,}000}{50}} = 113 \quad \text{(식 5.10 AISC E3-2)}$$

Step 5: 오일러 좌굴 응력을 결정한다.

$$F_e = \frac{\pi^2(29{,}000)}{(66.1)^2} = 65.5\ \text{ksi}$$

Step 6: 식 (5.10) (AISC E3-2)으로부터 임계응력을 결정한다.

$$F_{cr} = 0.658^{(F_y/F_e)} F_y = 0.658^{(50/65.5)}(50) = 36.3\ \text{ksi}$$

Step 7: 공칭강도를 결정한다.

$$P_n = 36.3(14.4) = 523\ \text{kips}$$

Step 8: LRFD의 설계강도를 결정한다.

$$\phi P_n = 0.9(523) = 471\ \text{kips}$$

Step 8: ASD의 허용강도를 결정한다.

$$\frac{P_n}{\Omega} = \frac{523}{1.67} = 313\ \text{kips}$$

5.5 Example

－AISC 규정에 의한 기둥의 강도－

기둥의 강도를 결정하라.

조건: 그림 5.16c에서와 같이, A992 W14×3 기둥의 길이는 40 ft, y축에 대하여 양단 고정, x축에 대하여 1단은 단순지지 타단은 고정지지이다.

풀이.

Step 1: 매뉴얼 표 1-1으로부터, $r_x = 5.89$ in, $r_y = 1.92$ in, and $A = 15.6\ \text{in}^2$.

Step 2: 그림 5.6으로부터 유효길이계수를 결정한다.
그림 5.6과 그림 5.16b의 기둥을 비교해보면, 유효길이계수는 $K_y = 0.7$ and $K_x = 1.0$이다.

Step 3: x축과 y축의 세장비를 결정한다.

$$\frac{K_x L}{r_x} = \frac{0.7(40.0)(12)}{5.89} = 57.0$$

$$\frac{K_y L}{r_y} = \frac{0.5(40.0)(12)}{1.92} = 125$$

Step 4: 최대 세장비를 사용하여, 사용할 기둥 강도 식을 결정한다.

$$\frac{KL}{r} = 125 > 4.71\sqrt{\frac{E}{F_y}} = 4.71\sqrt{\frac{29{,}000}{50}} = 113, \quad \text{(식 5.10 AISC E3-2)}$$

Step 5: 오일러 좌굴 응력을 결정한다.

$$F_e = \frac{\pi^2(29{,}000)}{(125)^2} = 18.3\ \text{ksi}$$

Step 6: 식 (5.11) (AISC E3-3)로부터 임계응력을 결정한다.

$$F_{cr} = 0.877F_e = 0.877(18.3) = 16.0\ \text{ksi}$$

Step 7: 공칭강도를 결정한다.

$$P_n = 16.0(15.6) = 250\ \text{kips}$$

Step 8: LRFD의 설계강도를 결정한다.

$$\phi P_n = 0.9(250) = 225 \text{ kips}$$

Step 8: ASD의 허용강도를 결정한다.

$$\frac{P_n}{\Omega} = \frac{250}{1.67} = 150 \text{ kips}$$

5.4 압축에 대한 추가적인 한계상태

압축부재에 대한 두 개의 한계상태, 항복과 휨 좌굴은 5.3절에서 논의되었다. 설계시방서의 E3절에서 제시된 강도 방정식은 길이가 0인 경우에만 기둥강도의 상한계인 F_yA_g에 도달할 수 있음을 보여준다. 따라서, 규정에서는 비록 항복을 고려하지만 휨 좌굴의 한계상태에만 적용하는 것으로 제시된다.

일축 대칭, 비대칭 그리고 특정 이중 대칭 부재들은 또한 비틀림 좌굴 또는 휨-비틀림 좌굴에 의해 제한된다. 이런 한계상태에 대한 강도 규정은 기준의 E4절에 나타나 있고 5.8절에서 논의된다.

일부 기둥의 경우, 또 다른 한계상태가 전반적인 기둥 강도를 제어한다. 기둥 단면의 개별 요소들은 전반적인 기둥의 좌굴을 유발하는 응력 이하에서 국부적으로 좌굴이 발생할 수 있다. 이런 경우의 기둥은 세장한 요소를 갖는 기둥으로 알려져 있다. 기둥 강도에 대한 이런 세장 요소의 영향을 포함하기 위하여, 설계시방서는 이미 정의된 휨, 비틀림 그리고 휨-비틀림 좌굴 규정에 포함될 수 있게 세장요소 감소계수를 제공한다. 이런 종류의 부재들에 대한 추가 규정은 5.6절에 제시되어 있다.

5.5 길이의 영향

유효길이는 쉽게 정의되는 단부 조건과 브레이싱 위치를 가지는 아주 단순한 기둥과 관련이 있다. 기둥이 실제 구조물의 일부분으로서 인식이 되면 유효길이를 결정하는 것은 더 복잡해진다. 또한 더 복잡한 구조의 경우, 유효길이 계수, K를 사용하는 것보다 해석에 의한 구조물의 좌굴 강도를 결정하는 것이 더 간단하다. 해석을 이용하여, 개별 기둥의 탄성 좌굴

응력, F_e는 결정된다. 그리고 이것은 기둥 강도 방정식에 직접 사용된다. 그러나 이 책에서는 기둥 탄성 좌굴은 유효 길이의 계산을 통해 결정하는 방법을 제시하고 있다. 이런 접근법은 실제 좌굴 해석에서 행해지지 않는 몇 가지 단순화를 포함하고 있고, K를 결정하는 접근방식에 따라 실제 구조물에서는 만족되지 않는 거동에 대한 가정을 포함한다.

구조물의 일부 실제적인 측면을 반영하려는 첫 번째 시도는 Commentary의 표 C-A-7.1과 그림 5.17에 나타내었다. 이 그림에서의 기둥들은 그림 5.6의 기둥들과 동일하며, 이론값으로서 같은 K 계수를 보여준다. 그림 5.17에서는 이상적인 조건들이 근사화될 때 설계에서 권장되는 값들 또한 보여준다. 이런 권장 값들의 대부분은 실제로 완전 강성 연결은 실현되기 어렵다는 사실에 기초하고 있다. 예를 들어, 고정단 기둥(그림 5.17의 경우)은 이론값으로 $K=0.5$를 갖는다. 그러나 만약 끝단 연결부가 실제로 아주 조금이라도 회전하게 되면 유효길이는 증가한다. 끝단 회전이 핀지지 기둥에서 발생하는 것처럼 증가하게 되면, K값은 1.0에 근접하게 된다. 따라서 K의 권장값은 0.65이다. 다른 경우에 대한 유사한 평가 시에도 실제 기둥 단부 조건이 이론적인 가정과 일치할 가능성이 낮기 때문에 각각 이론값보다는 약간 큰 권장값을 사용하는 것으로 이해하여야 한다.

그림 5.18에서와 같이 기둥이 골조의 일부일 때, 기둥의 골조를 만드는 부재들의 강성은 기둥 단부에 발생할 수 있는 회전에 영향을 미친다.

C-A-7.1
Approximate Values of Effective Length Factor, K

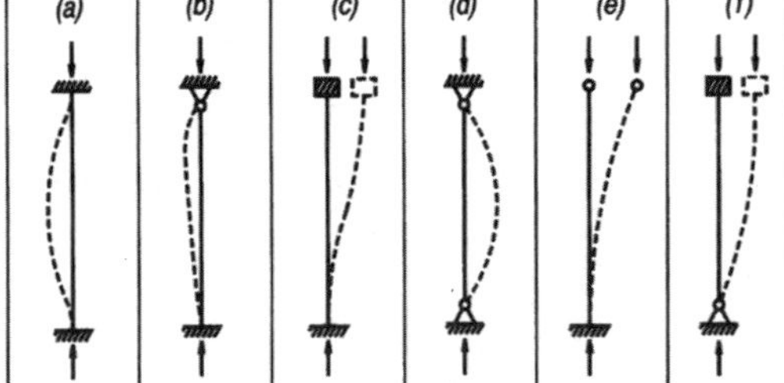

Buckled shape of column is shown by dashed line.	(a)	(b)	(c)	(d)	(e)	(f)
Theoretical K value	0.5	0.7	1.0	1.0	2.0	2.0
Recommended design value when ideal conditions are approximated	0.65	0.80	1.2	1.0	2.10	2.0

End condition code
- Rotation fixed and translation fixed
- Rotation free and translation fixed
- Rotation fixed and translation free
- Rotation free and translation free

그림 5.17 • 유효길이계수값, K.

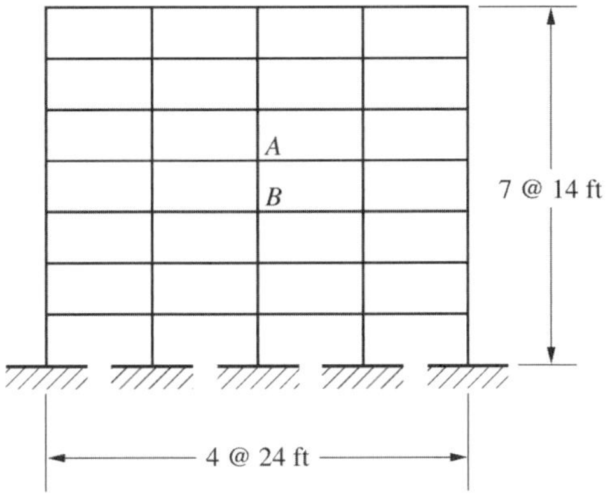

그림 5.18 • 전형적인 모멘트골조

그림 5.17의 기둥에 대해 논의된 강성 지지와 같이 이런 단부 조건은 기둥단부가 회전하도록 허용한다. 이 회전량은 고정된 지지의 무회전과 핀 지지의 자유 회전사이에 있다. 골조의 일부로서의 기둥이 양단에서 횡방향으로 상대적인 변위가 없을 경우, 이러한 골조는 그림 5.17의 a, b, d에서와 같이 수평변위가 억제된 가새골조(braced frame, a sideway prevented frame, or a sideway inhibited frame)라 한다. 가새골조에서 기둥의 경우, 가능한 K 계수의 범위는 0.5부터 1.0까지 이다. 이런 종류의 골조에서, K는 설계를 간단하게 하는 보수적인 값으로 1.0을 종종 사용한다. 사실 설계시방서의 부록 7의 2.3(a)절에서도 가새골조의 K는 해석결과가 더 작은 값이 적절하다고 보여주지 않는 한 1.0을 사용하여야 한다고 규정하고 있다. 기둥이 단부가 횡방향으로 이동하는 것이 허용되는 골조의 경우, 이러한 골조는 그림 5.17에서의 c, e와 f에 같이 모멘트골조(moment frame), 비가새골조(unbraced frame), 횡변위 허용골조(sideway permitted frame), 또는 횡변위 비제약골조(sideway uninhibited frame)라고 한다. 이 세 가지 경우에 K의 최소값은 1.0이다. 그림 5.17에 나타나지 않은 다른 극단적인 경우는 비가새골조의 핀지지 기둥이다. 이 기둥의 유효길이는 이론적으로 무한대이다. 따라서, 모멘트골조에서 기둥에 대한 K값의 범위는 1.0부터 무한대까지이다.

신뢰할 수 있는 유효길이계수의 결정은 기둥 설계에서 중요한 측면이라 할 수 있다. 다양한 접근법이 문헌에서 제시되었지만 가장 일반적으로 사용되는 접근법은 Commentary 부록 7에 제시된 차트를 이용하는 것이다. 이런 차트의 개발은 실제 구조물에는 위반되는 가정들에 기초한다.; 그럼에도 불구하고 이 차트는 광범위하게 사용되고 이런 가정들의 변화를 고려하기 위하여 종종 수정된다.

Commentary 부록 7에 나와 있는 이 가정들은 다음과 같다.

1. 순수하게 탄성거동을 한다.

2. 모든 부재는 일정한 단면을 갖는다.

3. 모든 접합부는 강결(rigid)이다.

4. 횡 이동이 억제되는 골조의 기둥인 경우, 구속된 보의 양단에서 단일 곡률의 휨을 생성하는 회전은 크기가 동일하고 방향은 반대이다.
5. 횡 이동이 억제되지 않은 골조의 기둥인 경우, 구속된 보의 양단에서 반대 방향의 곡률의 휨을 생성하는 회전은 크기와 방향이 동일하다.
6. 모든 기둥의 강성 변수 $L\sqrt{P/EI}$은 동일하다.
7. 연결부 구속은 두 기둥에 대해 EI/L에 비례하여 연결부의 상하로 기둥에 분배된다.
8. 모든 기둥은 동시에 좌굴한다.
9. 거더에는 현저하게 큰 축 방향 압축력이 존재하지 않는다.

이런 가정들을 사용하여, 횡 이동이 억제되는 골조의 기둥에 대해 다음의 방정식을 얻을 수 있다.

$$\frac{G_A G_B}{4}(\pi/K)^2 + \left(\frac{G_A + G_B}{2}\right)\left(1 - \frac{\pi/K}{\tan(\pi/K)}\right) + \frac{2\tan(\pi/2K)}{(\pi/K)} - 1 = 0 \qquad (5.14)$$

횡 이동이 억제되지 않는 골조의 경우 다음의 방정식을 얻을 수 있다.

$$\frac{G_A G_B(\pi/K)^2 - 36}{6(G_A + G_B)} - \frac{(\pi/K)}{\tan(\pi/K)} = 0 \qquad (5.15)$$

식 (5.14)와 식 (5.15)에서 G_A와 G_B는 A와 B의 단부에서 기둥에 연결되는 기둥과 보의 상대적인 강성과 각각 관련된다.

$$G = \frac{\Sigma(EI/L)_c}{\Sigma(EI/L)_g} \qquad (5.16)$$

가정 1에서와 같이 만일 보와 기둥이 탄성적으로 거동하면, 위 식은 다음과 같이 간소화된다.

$$G = \frac{\Sigma(I/L)_c}{\Sigma(I/L)_g} \qquad (5.17)$$

식 (5.14)와 식 (5.15)는 닫힌 형태의 해(closed-form solution)를 갖지 않는 초월 방정식이다. 오늘날에는 컴퓨터를 사용하여 반복적인 해를 쉽게 얻을 수 있다. 하지만 반드시 이런 방법으로 구할 수 있는 것은 아니며, 1980년대 초에 도해적인 해(graphical solution)가 개발되어 해를 얻기 위한 표준방법으로 사용되고 있다. 이러한 도해적 해는 노모그래프(nomogrpah) 또는 정렬차트(alignment chart)라고 한다. 그림 5.19는 횡 변위가 구속된 골조에 대한 노모그래프를 보여주고, 그림 5.20은 횡 변위가 허용되는 골조에 대한 차트를 보여준다.

식 (5.14)와 (5.15)의 근사적인 해는 설계규정이나 문헌에서 제시되었다. 프랑스는 1966년부터 설계법에 다음의 식을 사용하고 있다.

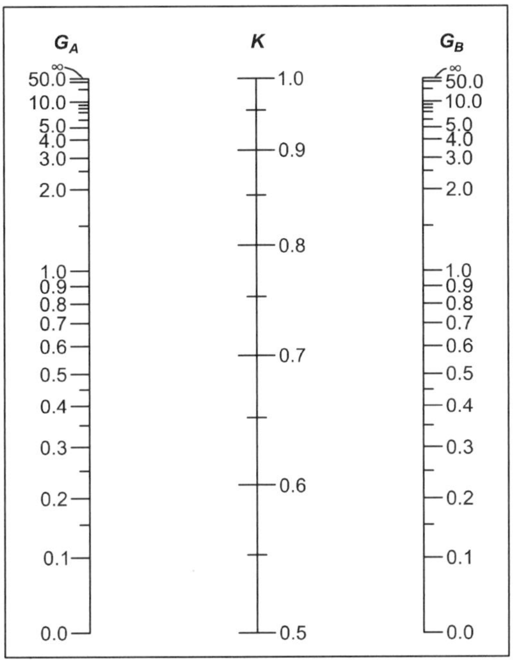

그림 5.19 • 가새골조에 대한 정렬차트(횡변위 구속)
Copyright ⓒ American Institute of Steel Construction.

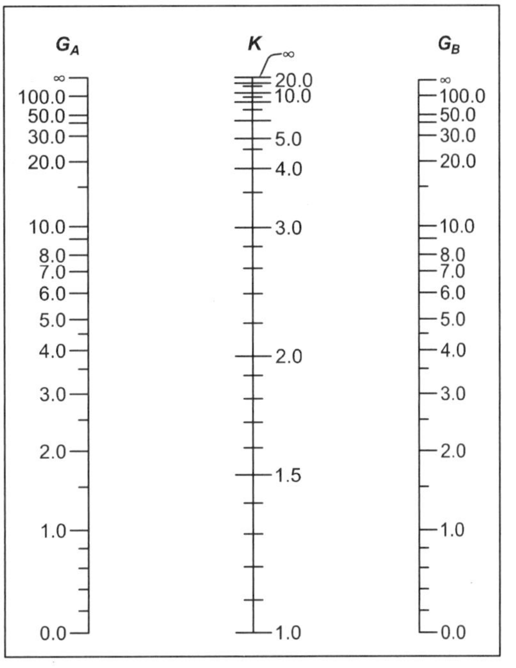

그림 5.20 • 비가새골조에 대한 정렬차트(횡변위 비구속)
Copyright ⓒ American Institute of Steel Construction.

횡 변위가 구속되는 경우,

$$K = \frac{3G_A G_B + 1.4(G_A + G_B) + 0.64}{3G_A G_B + 2(G_A + G_B) + 1.28} \tag{5.18}$$

횡 변위가 구속되지 않는 경우,

$$K = \sqrt{\frac{1.6G_A G_B + 4(G_A + G_B) + 7.5}{G_A + G_B + 7.5}} \tag{5.19}$$

이러한 근사식은 2% 이내의 범위에서 정확하다고 알려져 있다. 설계 시 이러한 식들은 정렬차트에서 읽은 값만큼 정확해야 한다.

$G_A = G_B$와 같은 특별한 경우에는 더 간단한 수식으로 표현될 수 있다. 횡 변위가 구속된 경우에는 다음과 같다.

$$K = \frac{G + 0.4}{G + 0.8} \tag{5.20}$$

횡 변위가 구속되지 않는 경우에는 다음과 같다.

$$K = \sqrt{0.8G + 1.0} \tag{5.21}$$

식 (5.20)과 (5.21)은 예비 설계 시 특히 유용하게 사용될 수 있다.

5.6
Example

-기둥의 유효 길이-

기둥의 유효길이를 (a) the alignment chart와 (b) 식 (5.19)를 사용하여 구하라.

조건: 그림 5.21은 모멘트골조의 기둥 AB를 보여준다. 기둥의 약축이 골조의 평면에 있다고 가정한다. 보의 웨브가 골조의 평면에 있으므로 강축(x축) 휨이 발생한다. 모멘트골조의 보가 x축 휨 이외의 1차적인 휨을 갖는 경우는 매우 드문 일이다.

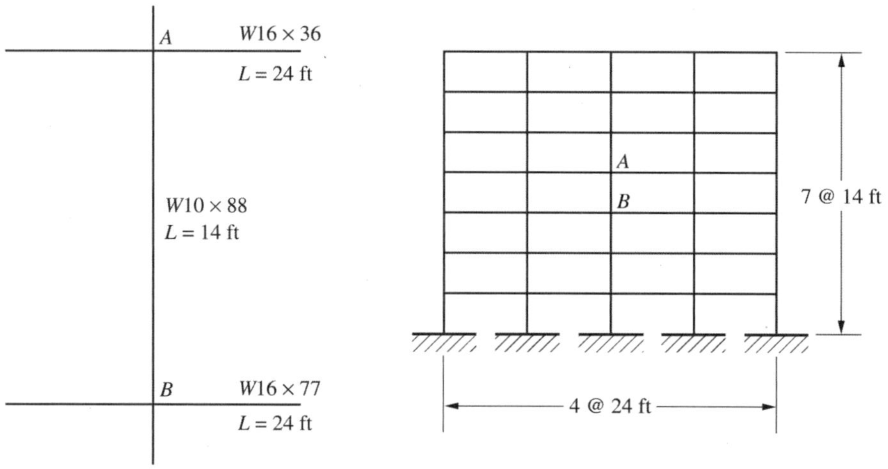

그림 5.21 • 예제 5.6 및 5.7의 다층 골조

풀이.

Part (a)

Step 1: 매뉴얼 표 1-1로부터 부재의 특성값들을 결정한다.

$$\text{end } A\text{: W16} \times 36;\ I_{gx} = 448\ \text{in.}^4$$

$$\text{W10} \times 88;\ I_{cx} = 534\ \text{in.}^4$$

$$\text{end } B\text{: W16} \times 77;\ I_{gx} = 1110\ \text{in.}^4$$

$$\text{W10} \times 88;\ I_{cx} = 534\ \text{in.}^4$$

Step 2: 양단의 강성비를 결정한다.

$$G_A = \frac{2\left(\frac{534}{14}\right)}{2\left(\frac{448}{24}\right)} = 2.04$$

$$G_B = \frac{2\left(\frac{534}{14}\right)}{2\left(\frac{1110}{24}\right)} = 0.825$$

Step 3: 횡방향 변위가 구속된 골조의 경우에는 그림 5.20의 정렬차트를 이용한다. 그림 5.22와 같이 적절한 스케일의 G_A와 G_B를 입력하고 그들 사이에 직선을 그린다. K와 교차하는

곳에서 유효길이계수를 제공하며, 이 경우

$$K = 1.42$$

Part (b)

Step 4: K는 강성비 G_A와 G_B를 이용하여 part (a) Step 2와 식 (5.19)에서 결정한다.

$$K = \sqrt{\frac{1.6(2.04)(0.825) + 4(2.04 + 0.825) + 7.5}{2.04 + 0.825 + 7.5}} = 1.45$$

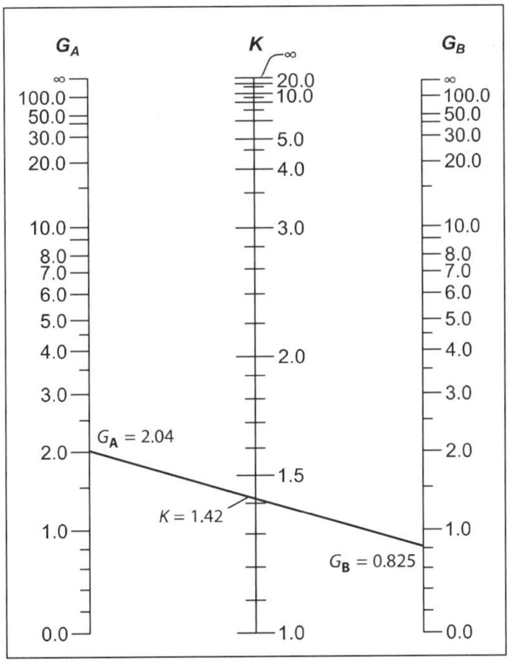

그림 5.22 • 예제 5.6의 정렬차트

5.7 Example

－기둥의 유효 길이－

기둥이 약축에 대해 휨이 발생하는 경우 정렬차트를 이용하여 예제 5.6의 기둥의 유효 길이를 결정하라.

조건: 모멘트 골조의 기둥 AB는 그림 5.21에서 보는 바와 같다. 그러나 이 예제에서는 기둥이 골조의 평면에서 강축을 가지고 있다고 가정한다.

풀이.

Step 1: 매뉴얼 표 1-1로부터 부재의 특성값들을 찾는다.

end A: W16 × 36; $I_{gx} = 448$ in.^{4}

W10 × 88; $I_{cy} = 179$ in.^{4}

end B: W16 × 77; $I_{gx} = 1110$ in.^{4}

W10 × 88; $I_{cy} = 179$ in.^{4}

Step 2: 양단의 강성비를 결정한다.

$$G_A = \frac{2\left(\frac{179}{14}\right)}{2\left(\frac{448}{24}\right)} = 0.685$$

$$G_B = \frac{2\left(\frac{179}{14}\right)}{2\left(\frac{1110}{24}\right)} = 0.276$$

Step 3: 횡 방향 비구속 골조의 경우에는 그림 5.20의 정렬차트를 이용한다. 적절한 스케일의 G_A와 G_B 값을 입력하고 그들 사이에 직선을 그린다. K와 직선의 교차점은 유효길이계수를 제공한다. 이 경우,

$$K = 1.16$$

기둥의 관성모멘트 감소는 보의 단부 강성을 증가시켜서 유효길이계수를 감소시킨다.

5.5.1 비탄성 기둥의 유효길이

골조 부재들에 대한 탄성거동 가정은 일반적으로 위반된다. 앞 절에서 이미 잔류응력이 비탄성 거동을 통해 기둥의 강도를 결정하는 역할을 한다는 것을 설명하였다. 따라서 이러한 비탄성 거동을 K 계수의 결정에 적용하는 것이 유용하다. 식 (5.16)을 단순화시켜 식 (5.17)을 이용하여 G값을 계산할 때 탄성거동을 한다는 가정은 중요하다. 식 (5.16)으로 돌아와서 접합부에 연결되는 모든 기둥들이 동일한 탄성계수값을 가지고(즉, 접선계수 E_T) 보도 탄성거동을 한다고 가정할 때 비탄성 거동을 위한 G의 정의는 다음과 같다.

$$G_{inelastic} = \frac{E_T(\Sigma(I/L)_c)}{E(\Sigma(I/L)_g)} \tag{5.22}$$

탄성거동을 경우 G를 $G_{elastic}$이라고 하면 $G_{inelastic}$은 다음과 같다.

$$G_{inelastic} = \left(\frac{E_T}{E}\right) G_{elastic} \tag{5.23}$$

이처럼 비탄성 기둥의 거동은 간단하게 G의 수정으로 결정되어 진다. 탄성계수에 대한 접선계수의 비는 항상 1보다 작기 때문에 노모그램에서 작은 G값을 사용하여 해당 K계수를 결정해보면 알 수 있듯이 탄성거동의 가정은 보수적인 평가로 이어지게 된다. 유효 길이의 결정에 있어서 비탄성 효과를 포함한 직접적인 접근방식 전에 접선계수와 탄성계수와의 관계를 설정해야 한다.

시방서 부록 7의 해설(commentary)에서는, C장의 직접분석법에서 주어지는 바와 같이, 유

효길이 산정방법에서 기둥의 비탄성을 고려하기 위하여 $\tau_b = E_T/E$가 사용되어져야 한다. 만약 $\alpha P_r/P_y \le 0.5$의 경우에는 다음과 같다.

$$\tau_b = 1.0$$

$\alpha P_r/P_y > 0.5$의 경우에는 다음과 같다.

$$\tau_b = 4\left(\frac{\alpha P_r}{P_y}\right)\left[1-\left(\frac{\alpha P_r}{P_y}\right)\right]$$

여기서 α는 1.0(LRFD)와 1.6(ASD)이다. 매뉴얼 표 4-21에서는 소요강도 P_u/A_g 및 P_a/A_g에 따른 τ_b 값을 제공한다. 표 4-21의 사용은 기둥에 발현 가능한 최대의 강도까지 하중이 재하 된다는 것을 전제로 하고 있다. 그렇지 않은 경우 이 표는 비탄성 강성 저항계수 및 유효길이에 대한 보수적인 평가를 제공한다.

5.8 Example

-비탄성 기둥 유효 길이-

정렬차트를 이용하여 비탄성 기둥 유효 길이를 구하라.

조건: 예제 5.6의 기둥에 대한 비탄성 유효길이계수를 구한다. 기둥은 LRFD에서 $P_u = 950$ kips의 강도가 요구되고 ASD에서 $P_a = 633$ kips의 강도가 요구된다. 정렬차트 대신에 식 (5.19)를 사용하라. 기둥은 A992강재이다.

풀이.

Step 1: 매뉴얼 표 1-1로 부터 W10 × 88의 $A = 26.0\text{ in}^2$이고 예제 5.6으로부터 탄성 강성비는 $G_A = 2.04$, $G_B = 0.825$이다.

LRFD의 경우

Step 2: 소요강도를 토대로 소요응력을 결정한다.

$$\frac{P_u}{A} = \frac{950}{26.0} = 36.5\text{ ksi}$$

Step 3: 매뉴얼 표 1-1에서 36 ksi와 37 ksi의 사이를 보간하여 강성 감소계수를 결정한다.

$$\tau_b = 0.788$$

Step 4: 강성 감소계수에 탄성 강성비를 곱하여 비탄성 강성비를 결정한다.

$$G_{iA} = 0.788(2.04) = 1.61$$
$$G_{iB} = 0.788(0.825) = 0.650$$

Step 5: 식 (5.19)로부터 K를 결정한다.

$$K = \sqrt{\frac{1.6(1.61)(0.650) + 4(1.61 + 0.650) + 7.5}{1.61 + 0.650 + 7.5}} = 1.37$$

유효길이계수가 예제 5.6에서 구한 것보다 작은 것을 알 수 있다.

ASD의 경우

Step 2: 소요강도를 토대로 소요응력을 결정하다.

$$\frac{P_a}{A} = \frac{633}{26.0} = 24.3 \text{ ksi}$$

Step 3: 매뉴얼 표 4-21에서 24 ksi와 25 ksi의 사이를 보간하여 강성 감소계수를 결정한다.

$$\tau_b = 0.691$$

Step 4: 강성 감소계수에 탄성 강성비를 곱하여 비탄성 강성비를 결정한다.

$$G_{iA} = 0.691(2.04) = 1.41$$
$$G_{iB} = 0.691(0.825) = 0.570$$

Step 5: 식 (5.19)로부터 K를 결정한다.

$$K = \sqrt{\frac{1.6(1.41)(0.570) + 4(1.41 + 0.570) + 7.5}{1.41 + 0.570 + 7.5}} = 1.36$$

유효 길이 계수가 예제 5.6에서 구한 것보다 작은 것을 알 수 있다.

5.6 압축에서의 세장 요소

5.4절에서 언급한 바와 같이, 지금까지 논의된 기둥은 전체 기둥좌굴에 의해 제어되는 것이었다. 일부 단면형상에 대해서는 다른 형태의 좌굴이 기둥강도를 제어할 수 있다: 기둥형상을 형성하는 요소들의 국부좌굴. 압연형강이든 조립형강이든 서로 연결되는 플레이트들의 그룹으로 구성된다고 간주할 수 있다. 이러한 플레이트들은 서로 어떻게 지지되는가에 따라 전체 기둥의 임계좌굴응력보다 낮은 응력에서 좌굴될 수 있다. 이를 국부좌굴이라고 하며 기둥의 오일러 좌굴 공식과 유사한 플레이트 임계좌굴 공식을 통해 나타낼 수 있다. 축력을 받는 플레이트에 대한 임계좌굴응력은 다음과 같다.

$$F_{cr} = \frac{k\pi^2 E}{12(1-\nu^2)\left(\frac{b}{t}\right)^2} \tag{5.24}$$

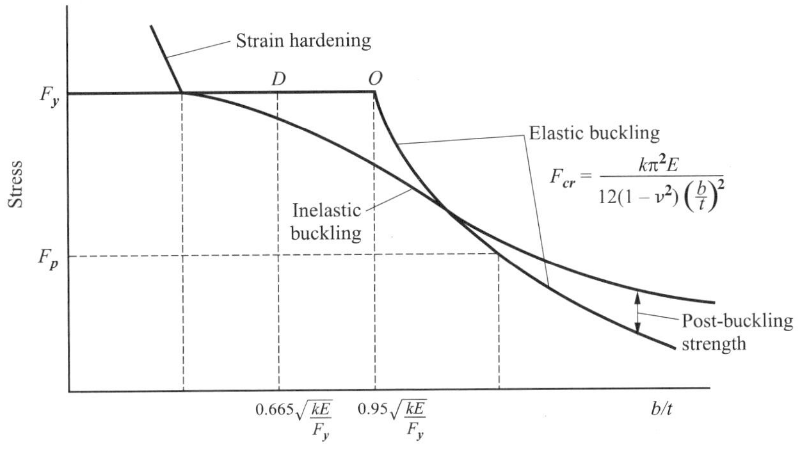

그림 5.23 • 압축에서의 플레이트 강도

여기서, k는 플레이트 하중, 끝단조건, 길이-폭 비율에 따른 상수이다; ν는 포아송비이고 b/t는 플레이트 두께에 대한 압축력에 직각인 폭의 비이다. 폭－두께비는 플레이트 세장비라고 하고 기둥 세장비에 대한 함수에서와 유사하다. 그림 5.23은 폭－두께비에 대한 함수로서 임계응력을 나타낸다.

전체 기둥 좌굴에서와 같이, 비탄성 전이점은 탄성좌굴과 요소항복 사이에 존재한다. 이 전이점은 전체 기둥 좌굴에서와 같이 잔류응력 및 초기결함으로 인해 생기며, 그림 5.23에서 보이는 바와 같이 비탄성 곡선 부분을 초래한다. 또한, 폭－두께비가 작은 플레이트에 대해서는 변형경화가 거동에 중요한 역할을 하며, 폭－두께비가 큰 경우에는 현저한 좌굴 후 강도를 가진다.

국부좌굴이 기둥의 강도를 제어하지 않게 하기 위해서는 국부좌굴을 일으키는 플레이트의 임계좌굴응력을 전체 기둥좌굴을 일으키는 임계좌굴응력으로 제한하여야 한다. 이 접근법은 기둥의 세장비에 대해 또 다른 최소 플레이트 세장비를 야기하며, 이러한 상황은 기둥 설계를 지나치게 복잡하게 만든다. 따라서 시방서의 규정은 플레이트 좌굴응력과 기둥의 항복응력을 같다고 했을 때의 플레이트 세장비를 찾는 것으로부터 시작한다. 이럴 때 식 (5.24)는 다음과 같이 된다.

$$\frac{b}{t} = \sqrt{\frac{k\pi^2 E}{12(1-\nu^2)F_y}}$$

강재에서의 표준값으로 포아송비 0.3을 사용하면 플레이트 세장비는 다음과 같이 된다.

$$\frac{b}{t} = 0.95\sqrt{\frac{kE}{F_y}}$$

이 값은 그림 5.23의 점 O에 나타나며, 이 점은 비탄성 좌굴곡선보다 매우 위에 존재한다.

항복응력에 근접하는 비탄성 좌굴응력을 야기하는 폭−두께비를 얻기 위해서는 기둥 항복응력에 해당하는 제한값에 0.7을 곱하여 약간 임의적으로 세장비 제한을 하고 있다.

$$\frac{b}{t} = 0.665\sqrt{\frac{kE}{F_y}}$$

이는 그림 5.23의 점 D에 나타난다.

표 5.4는 시방서 표 B4.1a에서 가져온 것으로 균일한 압축을 받는 여러 가지 요소에서 λ_r로 표현되는 폭−두께비의 제한값 및 이러한 값들을 얻기 위해 사용되는 플레이트 좌굴계수를 보여준다.

항복응력이 50 ksi인 W-형강의 경우 플랜지의 세장비 상한계는 $\lambda_{rf} = 13.5$이고 모든 형강은 이 상한계보다 작은 플랜지 세장비를 가지고 있다. 웨브의 경우 상한계는 $\lambda_{rw} = 35.9$이고, 많은 경우 이 상한계를 초과하여 세장한 단면으로 분류된다.

표 5.4 압축부재에 대한 플레이트 좌굴계수 및 요소 세장비

case			k	λ_r	
1	압연 I-형강 단면 플랜지, 압연 I-형강 단면으로부터 돌출된 플레이트; 연속적인 접촉으로 연결된 한쌍의 L-형강의 돌출변, C-형강 플랜지, T-형강 플랜지	b/t	0.71	$0.56\sqrt{E/F_y}$	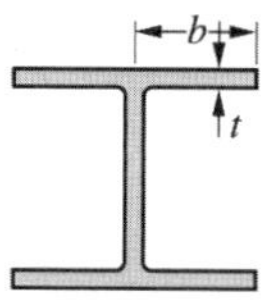
3	단일 L-형강의 변, 분리기를 갖는 이중 L-형강의 변 및 다른 모든 비보강된 요소들	b/t	0.46	$0.45\sqrt{E/F_y}$	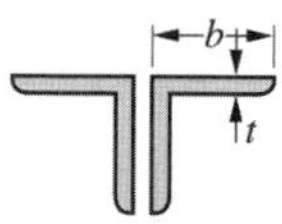
4	T-형강의 줄기	d/t	1.27	$0.75\sqrt{E/F_y}$	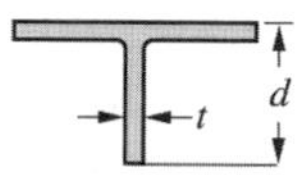
6	균일두께의 HSS 및 박스의 벽	b/t	4.43	$1.40\sqrt{E/F_y}$	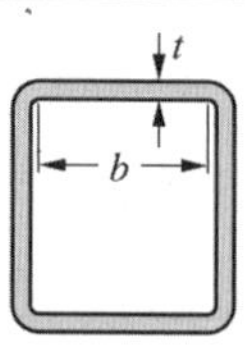
8	이중 대칭 I-형강 단면 및 C-형강의 웨브	h/t_w	5.0	$1.49\sqrt{E/F_y}$	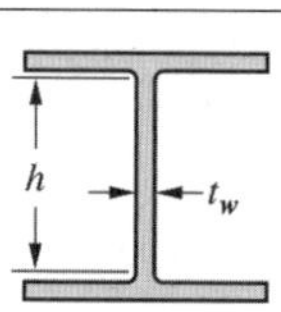

세장요소를 가지는 압축부재의 설계는 한 가지만 수정하면 세장요소를 가지지 않는 압축부재에 적용되는 규정을 따른다. 세장요소의 거동을 고려하기 위해 세장요소의 전체 단면적을 사용해서는 안된다. 그러나 계산에서 요소의 면적을 변경하는 것은 다소 복잡하기 때문에 시방서는 기둥공식에서 수정된 항복응력을 사용한다. 세장요소의 거동을 고려하기 위한 단순한 방법으로 항복응력을 수정하기 위헨 세장요소 저감계수 Q를 사용한다. 세장요소를 가지는 압축부재에 대한 규정은 시방서 E7절에 제시된다. 세장요소 압축부재인 경우, AISC E3-2와 E3-3은 각각 AISC E7-2와 AISC E7-3이 된다. 이 규정은 세장한 플랜지 및 웨브뿐만 아니라 세장한 보강 (웨브) 및 비보강 (플랜지) 요소들도 다룬다. 두 개의 요소를 고려하기 위하여 $Q = Q_a Q_s$이고, 여기서 Q_a는 보강요소를 반영하고 Q_s는 비보강요소를 반영한다. 모든 W-형강은 비세장(nonslender) 플랜지를 가지기 때문에 여기서는 세장한 보강요소들에 대한 규정들만 논의한다.

세장한 보강요소들에 대한 감소계수는 다음과 같이 얻어진다.

$$Q_a = \frac{A_e}{A_g}$$

여기서, A_g = 전체 단면적

A_e = 감소된 유효폭에 기초한 유효단면의 합

W-형강의 세장요들의 경우, $A_e = b_e t$이고

$$b_e = 1.92t\sqrt{\frac{E}{f}}\left[1 - \frac{0.34}{(b/t)}\sqrt{\frac{E}{f}}\right] \le b \quad \text{(AISC E7-17)} \qquad (5.25)$$

여기서 f는 $Q=1$로 계산된 F_{cr}이다. 보수적인 방법으로 $f = F_y$이다. 매뉴얼 표 4-1과 6-1은 세장요소의 강도저감을 이미 고려하고 있다. 따라서 매뉴얼의 표들에서 나타나는 형강들에 대해서 이러한 보수적인 단순화를 할 필요는 없다.

5.9 Example

– 세장요소를 갖는 기둥의 강도 –

세장 웨브를 갖는 압축부재의 강도를 구하라.

조건: $KL_y = 5.0$ ft인 기둥부재 W16 × 26을 사용하라.

Note: 이 형강은 세장한 웨브로 나타날 것이다. 이 웨브는 가장 세장한 웨브를 가지는 W-형강이고 기둥부재로는 일반적으로 사용되지 않는다.

풀이.

Step 1: 매뉴얼 표 1-1로부터,

$$A = 7.68\ \text{in.}^2,\quad h/t_w = 56.8,\quad t_w = 0.250\ \text{in.},$$
$$\text{and}\quad r_y = 1.12\ \text{in.}$$

Step 2: 표 5.4로부터 웨브의 세장비 제한을 결정한다.

$$\lambda_{rw} = 1.49\sqrt{\frac{E}{F_y}} = 1.49\sqrt{\frac{29{,}000}{50}} = 35.9$$

Step 3: 웨브의 세장비를 확인한다.

$$\frac{h}{t_w} = 56.8 > \lambda_{rw} = 35.9$$

그러므로 이 형강은 세장한 웨브를 가지고 있다. 모든 W-형강은 비세장 플랜지를 가지고 있으므로 여기서 이에 대해 따로 확인하지는 않는다.

Step 4: $KL = 5.0$ ft의 경우 오일러 좌굴응력 F_e을 결정한다.

$$F_e = \frac{\pi^2(29{,}000)}{\left(\frac{5(12)}{1.12}\right)^2} = 99.7\ \text{ksi}$$

Step 5: $Q = 1.0$으로 F_{cr}를 구한다.

$F_e = 99.7$ ksi $> F_y/2.25 = 50/2.25 = 22.2$ ksi이므로 AISC E3-2 또는 AISC E7-2 식을 사용하라.

$$f = F_{cr} = 0.658^{((1.0)50/99.7)}((1.0)50) = 40.5\ \text{ksi}$$

Step 6: 웨브의 유효폭을 결정한다.

$$b_e = 1.92(0.250)\sqrt{\frac{29{,}000}{40.5}}\left[1 - \frac{0.34}{56.8}\sqrt{\frac{29{,}000}{40.5}}\right] = 10.8\ \text{in.}$$

Step 7: 웨브의 실제폭을 결정한다.

웨브판의 폭은 h이다. 그러나 h값은 매뉴얼에서 사용할 수 없으므로 $h/t_w = 56.8$과 $t_w = 0.250$으로 h값을 결정할 수 있다.

$$h = 56.8(0.250) = 14.2\ \text{in.}$$

Step 8: 유효면적을 결정한다.

$b_e < h$이기 때문에 A_e를 결정하기 위해 b_e를 사용한다.

웨브-플랜지 결합부의 필렛을 적당히 고려하기 위해, 유효하지 않은 웨브의 면적은 전체 단면적으로부터 공제된다; 따라서,

$$A_e = A_g - (h - b_e)t_w = 7.68 - (14.2 - 10.8)(0.250) = 6.83\ \text{in.}^2$$

Step 9: 세장요소 감소계수를 결정한다.

$$Q = \frac{A_e}{A_g} = \frac{6.83}{7.68} = 0.889$$

Step 10: F_y 대신 QF_y를 사용하여 지배하는 기둥공식을 결정한다.

$$F_e = \frac{\pi^2(29{,}000)}{\left(\frac{5(12)}{1.12}\right)^2} = 99.7\text{ ksi} > \frac{QF_y}{2.25} = \frac{(0.889)(50)}{2.25} = 19.8\text{ ksi}$$

그러므로 AISC E3-2 또는 AISC E7-2 식을 사용한다.

Step 11: AISC E3-2 또는 AISC E7-2 식을 사용하여 임계응력을 결정한다.

$$F_{cr} = 0.658^{((0.889)50/99.7)}((0.889)50) = 36.9\text{ ksi}$$

Note: 이 임계응력은 $Q=1.0$으로 계산된 임계응력보다 작다. 이는 세장요소가 압축강도에 영향을 미침을 보여준다.

Step 12: 기둥의 공칭강도를 결정한다.

$$P_n = 36.9(7.68) = 283\text{ kips}$$

LRFD의 경우

Step 13: $KL = 5.0$ ft인 이 세장 웨브 기둥의 설계강도를 결정하라.

$$\phi P_n = 0.9(283) = 255\text{ kips}$$

ASD의 경우

Step 13: $KL = 5.0$ ft인 이 세장 웨브 기둥의 설계강도를 결정하라.

$$\frac{P_n}{\Omega} = \frac{283}{1.67} = 169\text{ kips}$$

5.10 Example

-세장요소를 갖는 기둥의 강도-

세장 웨브를 갖는 압축부재의 강도를 구하라.

조건: $KL_y = 15.0$ ft인 기둥부재 W16×26을 사용하라.

Note: 이 형강은 이미 세장한 웨브를 가지는 것으로 확인되었다.

풀이.

Step 1: 매뉴얼 표 1-1으로부터,

$$A = 7.68\text{ in.}^2,\quad h/t_w = 56.8,\quad t_w = 0.250\text{ in.},\quad r_y = 1.12\text{ in.}$$

Step 2: 표 5.4의 case 8 (시방서 표 B4.1a)로부터 웨브의 세장비 제한을 결정한다.

$$\lambda_{rw} = 1.49\sqrt{\frac{E}{F_y}} = 1.49\sqrt{\frac{29{,}000}{50}} = 35.9$$

Step 3: 웨브의 세장비를 확인한다.

$$\frac{h}{t_w} = 56.8 > \lambda_{rw} = 35.9$$

그러므로 이 형강은 세장한 웨브를 가지고 있다. 모든 W-형강은 비세장 플랜지를 가지고 있다고 이미 언급하였다.

Step 4: $KL = 15.0$ ft의 경우 오일러 좌굴응력 F_e을 결정한다.

$$F_e = \frac{\pi^2(29{,}000)}{\left(\frac{15(12)}{1.12}\right)^2} = 11.1 \text{ ksi}$$

Step 5: $Q = 1.0$으로 F_{cr}를 구한다.

$F_e = 11.1$ ksi $<$ $F_y/2.25 = 50/2.25 = 22.2$ ksi이므로 AISC E3-3 또는 AISC E7-3 식을 사용하라.

$$f = F_{cr} = 0.877(11.1) = 9.73 \text{ ksi}$$

Step 6: 웨브의 유효폭을 결정한다.

$$b_e = 1.92(0.250)\sqrt{\frac{29{,}000}{9.73}}\left[1 - \frac{0.34}{56.8}\sqrt{\frac{29{,}000}{9.73}}\right] = 17.6 \text{ in.}$$

Step 7: 웨브의 실제폭을 결정한다.

웨브판의 폭은 h이다. 그러나 h값은 매뉴얼에서 사용할 수 없으므로 $h/t_w = 56.8$과 $t_w = 0.250$으로 h값을 결정할 수 있다.

$$h = 56.8(0.250) = 14.2 \text{ in.}$$

Step 8: 유효면적을 결정한다.

$b_e > h$이기 때문에 단면적을 저감할 필요가 없다. 그러므로 $Q = 1.0$이다.

Step 9: 임계응력을 결정한다.

$Q=1.0$이므로 Step 5에서 결정된 임계응력이 이 기둥의 임계응력이 된다. 이는 비록 단면이 세장하더라도, 이 경우에서처럼 $KL = 15$ ft일 경우, 세장비는 기둥의 공칭강도에 영향을 미치지 않음을 보여준다.

Step 10: 기둥의 공칭강도를 결정한다.

$$P_n = 9.73(7.68) = 74.7 \text{ kips}$$

LRFD의 경우,

Step 13: $KL = 5.0$ ft인 이 세장 웨브 기둥의 설계강도를 결정하라.

$$\phi P_n = 0.9(74.7) = 67.2 \text{ kips}$$

ASD의 경우,

Step 13: $KL = 5.0$ ft인 이 세장 웨브 기둥의 설계강도를 결정하라.

$$\frac{P_n}{\Omega} = \frac{74.7}{1.67} = 44.7 \text{ kips}$$

5.7 기둥설계 표

AISC E3-2 및 AISC E3-3의 기둥공식에서 나타나듯이, 단면형상 및 재료강도 외에 기둥강도에 영향을 미치는 유일한 요소는 세장비이다. 따라서 기둥강도를 세장비에 대한 함수로서 표를 만드는 것이 편리하다. 매뉴얼의 Part 4는 W-형강, HP-형강, HSS-형강 및 여러 가지 일축 대칭 단면들에 대한 표들을 포함하고 있다. 그림 5.24는 몇몇 W14 단면에 대한 매뉴얼 표 4.1의 예시를 보여준다. ASD 및 LFRD 설계강도 값들이 주어진다.

이러한 기둥표 값들은 기둥은 약축에 대해 좌굴한다는 가정에 기초한다. 모든 W-형강에 대해 약축은 y축이며, 따라서 표에서의 값들은 최소회전반경 r_y에 대한 유효길이로 주어진다. 임계좌굴길이가 이렇게 약축에 대한 것일 때 이러한 사용은 확실하다. 강축이 지배할 때 이 표를 사용할 수 있게 하는 방법은 다음의 예제에서 나타난다.

5.11a Example

-LRFD에 의한 기둥설계-

주어진 하중을 견딜 수 있는 가장 최소중량의 단면을 그림 5.24로부터 선택하라.

조건: 기둥은 그림 5.25a에 보여진다. 기둥은 적당한 조합으로 다음의 하중을 저항하여야 한다: $P_D =$ 56 kips, $P_L = 172$ kips, $P_W = 176$ kips. 강재는 A992이다. 활하중은 100 psf보다 작은 분포하중으로부터 온다고 가정하여 활하중에 대한 LRFD 하중계수를 하중조합 4에서의 0.5를 사용하라.

풀이.

Step 1: 2.4절로부터 LRFD 하중조합을 사용하여 최대 소요강도를 결정하라.

1. $1.4P_D = 1.4(56) = 78.4$ kips
2. $1.2P_D + 1.6P_L = 1.2(56) + 1.6(172) = 342$ kips
4. $1.2P_D + 0.5P_L + 1.0P_W = 1.2(56) + 0.5(172) + 1.0(176) = 329$ kips
6. $0.9P_D + 1.0P_W = 0.9(56) + 1.0(176) = 226$ kips

그러므로 기둥은 $P_u = 342$ kips의 하중을 부담하여야 한다.

Step 2: 이 기둥은 x축과 y축에 대하여 같은 유효길이를 가지므로 $K_L = 18$ ft로 그림 5.24의 표를 사용한다. $KL = 18$ ft의 표를 살펴보고 LRFD 값들을 확인하면서 이 하중을 지지할 수 있는 최소중량 단면을 결정한다.
다음과 같은 설계 압축강도를 가지는 W14 × 61을 선택하라.

$$\phi P_n = 456 \text{ kips}$$

5.11b Example

-ASD에 의한 기둥설계-

주어진 하중을 견딜 수 있는 가장 최소중량의 단면을 그림 5.34로부터 선택하라.

조건: 기둥은 그림 5.25a에 보여진다. 기둥은 적당한 조합으로 다음의 하중을 저항하여야 한다: $P_D =$ 56 kips, $P_L = 172$ kips, $P_W = 176$ kips. 강재는 A992이다.

W14

Table 4-1 (continued)
Available Strength in Axial Compression, kips
W-Shapes

F_y = 50 ksi

Shape	W14×													
lb/ft	82		74		68		61		53		48		43[c]	
Design	P_n/Ω_c	$\phi_c P_n$	P_n/Ω_c	$\phi_c P_n$	P_n/Ω_c	$\phi_c P_n$	P_n/Ω_c	$\phi_c P_n$	P_n/Ω_c	$\phi_c P_n$	P_n/Ω_c	$\phi_c P_n$	P_n/Ω_c	$\phi_c P_n$
	ASD	LRFD	ASD	LRFD	ASD	LRFD	ASD	LRFD	ASD	LRFD	ASD	LRFD	ASD	LRFD
Effective length KL (ft) with respect to least radius of gyration r_y: 0	719	1080	653	981	599	900	536	805	467	702	422	634	374	562
6	676	1020	614	922	562	845	503	756	421	633	380	572	339	510
7	661	993	600	902	550	826	492	739	406	610	366	551	327	491
8	644	968	585	879	536	805	479	720	389	585	351	527	312	470
9	626	940	568	854	520	782	465	699	371	557	334	502	297	447
10	606	910	550	827	503	756	450	676	351	528	316	475	281	422
11	584	878	531	797	485	729	433	651	331	497	298	447	264	397
12	562	844	510	767	466	701	416	626	310	465	279	419	247	371
13	538	809	489	735	446	671	398	599	288	433	259	390	229	345
14	514	772	467	701	426	640	380	571	267	401	240	360	212	318
15	489	735	444	667	405	608	361	543	246	369	221	331	194	292
16	464	697	421	633	384	577	342	514	225	338	202	303	177	267
17	438	659	398	598	362	544	323	485	205	308	183	276	161	242
18	413	620	375	563	341	512	304	456	185	278	166	249	145	218
19	387	582	352	529	320	480	285	428	166	250	149	224	130	196
20	362	545	329	495	299	449	266	399	150	226	134	202	117	177
22	314	472	285	428	258	388	229	345	124	186	111	167	97.1	146
24	267	402	243	365	219	330	195	293	104	157	93.2	140	81.6	123
26	228	343	207	311	187	281	166	249	88.8	133	79.4	119	69.5	104
28	197	295	179	268	161	242	143	215	76.6	115	68.5	103	59.9	90.1
30	171	257	156	234	140	211	125	187	66.7	100	59.7	89.7	52.2	78.5
32	150	226	137	205	123	185	110	165	58.6	88.1				
34	133	200	121	182	109	164	97.0	146						
36	119	179	108	162	97.5	147	86.5	130						
38	107	160	96.9	146	87.5	131	77.7	117						
40	96.3	145	87.5	131	79.0	119	70.1	105						
Properties														
P_{wo}, kips	123	185	104	155	90.6	136	77.5	116	77.1	116	67.4	101	56.9	85.4
P_{wi}, kips/in.	17.0	25.5	15.0	22.5	13.8	20.8	12.5	18.8	12.3	18.5	11.3	17.0	10.2	15.3
P_{wb}, kips	201	302	138	207	108	163	80.1	120	76.7	115	59.5	89.5	43.0	64.7
P_{fb}, kips	137	206	115	173	97.0	146	77.8	117	81.5	123	66.2	99.6	52.6	79.0
L_p, ft	8.76		8.76		8.69		8.65		6.78		6.75		6.68	
L_r, ft	33.2		31.0		29.3		27.5		22.3		21.1		20.0	
A_g, in.^{2}	24.0		21.8		20.0		17.9		15.6		14.1		12.6	
I_x, in.^{4}	881		795		722		640		541		484		428	
I_y, in.^{4}	148		134		121		107		57.7		51.4		45.2	
r_y, in.	2.48		2.48		2.46		2.45		1.92		1.91		1.89	
r_x/r_y	2.44		2.44		2.44		2.44		3.07		3.06		3.08	
$P_{ex}(KL)^2/10^4$, k-in.^{2}	25200		22800		20700		18300		15500		13900		12300	
$P_{ey}(KL)^2/10^4$, k-in.^{2}	4240		3840		3460		3060		1650		1470		1290	

ASD	LRFD
$\Omega_c = 1.67$	$\phi_c = 0.90$

[c] Shape is slender for compression with F_y = 50 ksi.

Note: Heavy line indicates Kl/r_y equal to or greater than 200.

그림 5.24 • 축방향 압축에 대한 강도. Copyright © American Institute of Steel Construction.

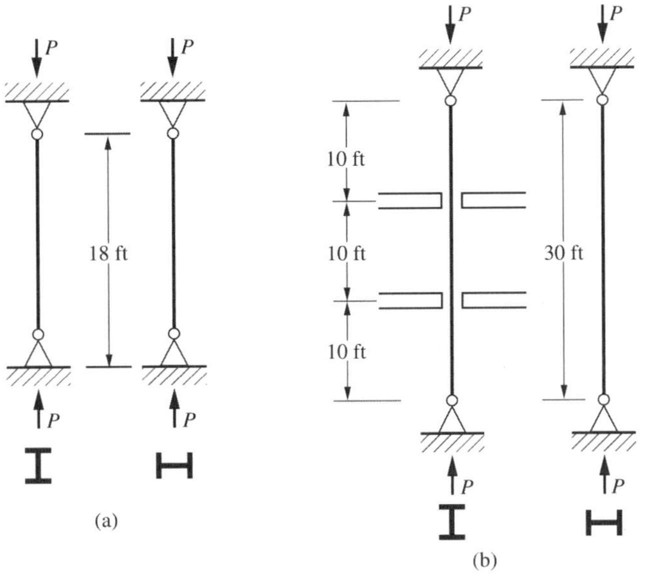

그림 5.25 • 예제 5.11 및 5.12의 기둥

풀이.

Step 1: 2.4절로부터 ASD 하중조합을 사용하여 최대 소요강도를 결정하라.

1. $P_D = 56$ kips
2. $P_D + P_L = 56 + 172 = 228$ kips
5. $P_D + 0.6P_W = 56 + 0.6(176) = 162$ kips
6. $P_D + 0.75P_L + 0.75(0.6P_W) = 56 + 0.75(172) + 0.75(0.6(176)) = 264$ kips
7. $0.6P_D + 0.6P_W = 0.6(56) + 0.6(176) = 132$ kips

그러므로 기둥은 $P_a = 342$ kips의 하중을 부담하여야 한다.

Step 2: 이 기둥은 x축과 y축에 대하여 같은 유효길이를 가지므로 $KL = 18$ ft로 그림 5.24의 표를 사용한다. $KL = 18$ ft의 표를 살펴보고 LRFD 값들을 확인하면서 이 하중을 지지할 수 있는 최소중량 단면을 결정한다.
다음과 같은 설계 압축강도를 가지는 W14 × 61을 선택하라.

$$P_n/\Omega = 304 \text{ kips}$$

어느 특정한 기중의 최대 세장비가 x축에 대한 좌굴의 경우라면, 이 표에서의 유효길이는 최소 회전반경과 연계되어 사용되도록 만들어졌기 때문에 바로 x축 유효길이를 사용할 수 없다. 그러나 표 사용 시 수정된 유효길이를 결정하는 가능하며 이를 사용하여 올바른 기둥강도를 산정할 수 있다.

x축이 기둥강도를 지배할 때 기둥공식에서 사용해야 하는 세장비는 $(KL)_x/r_x$이다. r_y와 조합될 때는 유효길이 $(KL)_{eff}$를 구해야만 이 기둥표를 사용할 수 있고 동일한 세장비를 제공할 것이다. 그러므로

$$\frac{(KL)_{eff}}{r_y} = \frac{(KL)_x}{r_x}$$

위 식에서 $(KL)_{eff}$를 구하면 다음과 같다.

$$(KL)_{eff} = \frac{(KL)_x}{(r_x/r_y)}$$

이러한 수정된 유효길이를 사용하여 표로부터 적절한 기둥을 선택할 수 있다. 그러나 이 과정에서 한 가지 어려움이 있다. 기둥단면을 알기 전에는 r_x/r_y는 결정될 수 없다. 이 점을 고려해볼 때, r_x/r_y를 추정하기 위해 기둥표를 살펴봐야 한다. 그 후 어떤 단면이 선택되면 이 가정은 검증될 수 있고 필요하다면 조정을 하면 된다.

5.12 Example

－기둥설계－

주어진 하중을 저항할 수 있는 최소중량 단면을 그림 5.24로부터 결정하라. LRFD 및 ASD에 의해 설계하라.

조건: 기둥은 그림 5.35b에 나타내었다. 예제 5.11의 하중을 사용하라.

풀이.

Step 1: 각 축에 대한 유효길이를 구한다.
그림 5.2b에서와 같이 y축 브레이싱으로 인해 $KL_y = 10.0$ ft이다. x축으로는 브레이싱이 없으므로 $KL_x = 30.0$ ft이다.

Step 2: x축에 대한 $(KL)_{eff}$를 구한다.
그림 5.34로부터 대표하는 r_x/r_y을 선택한다. 두 개의 일반적인 가능성이 있다. 하중을 저항하기 위해 보다 큰 단면이 필요하다고 가정하고 $r_x/r_y = 2.44$로 시도한다. 따라서,

$$(KL)_{eff} = \frac{(KL)_x}{(r_x/r_y)} = \frac{30.0}{2.44} = 12.3 \text{ ft}$$

Step 3: 지배하는 유효길이를 구한다.
$(KL)_{eff}$가 $KL_y = 10.0$ ft보다 크기 때문에, $KL = 12.3$ ft로 표에 들어가서 12 ft와 13 ft 사이에서 보간한다.

LRFD의 경우,

Step 4: 기둥은 $P_u = 342$ kips 보다 큰 설계강도를 가져야 한다. 그림 5.24에서 가장 작은 기둥인 W14×43 단면을 시도하자. 이 기둥의 $r_x/r_y = 3.08$.

Step 5: 이 새로운 r_x/r_y로 $(KL)_{eff}$를 구한다. 따라서,

$$(KL)_{eff} = \frac{30.0}{3.08} = 9.74 \text{ ft}$$

Step 6: 새롭게 지배하는 유효길이를 구한다.
$(KL)_{eff}$가 지금은 $KL_y = 10.0$ ft보다 작기 때문에, 10.0 ft를 가지고 표에 들어간다.
W14 × 43은 설계강도 422 kips를 가지며, 이는 소요강도 342 kips보다 크다.

Step 7: 결론: 다음 단면을 사용하라.

W14 × 43

Note: W14 × 43은 표의 각주로부터 $F_y = 50$ ksi일 경우 세장한 것으로 확인된다. 어느 세장요소의 영향은 이미 표를 작성할 때 고려되었기 때문에 이것은 설계 시 문제가 되지 않는다.
매뉴얼에서 사용가능한 모든 표에 대해 이 작업을 수행하면 주어진 하중에 저항할 수 있는 더 작은 W12 단면이 선택으로 이어질 것이다.

ASD의 경우,

Step 4: 기둥은 $P_a = 264$ kips보다 큰 허용강도을 가져야 한다. 그림 5.24에서 가장 작은 기둥인 W14 × 48 단면을 시도하자. 이 기둥의 $r_x/r_y = 3.08$.

Step 5: 이 새로운 r_x/r_y로 $(KL)_{eff}$를 구한다. 따라서,

$$(KL)_{eff} = \frac{30.0}{3.08} = 9.74\text{ ft}$$

Step 6: 새롭게 지배하는 유효길이를 구한다.
$(KL)_{eff}$가 지금은 $KL_y = 10.0$ ft보다 작기 때문에, 10.0 ft를 가지고 표에 들어간다.
W14 × 43은 설계강도 281 kips를 가지며, 이는 소요강도 264 kips보다 크다.

Step 7: 결론: 다음 단면을 사용하라.

W14×43

Note: W14 × 43은 표의 각주로부터 $F_y = 50$ ksi일 경우 세장한 것으로 확인된다. 어느 세장요소의 영향은 이미 표를 작성할 때 고려되었기 때문에 이것은 설계 시 문제가 되지 않는다.
매뉴얼에서 사용가능한 모든 표에 대해 이 작업을 수행하면 주어진 하중에 저항할 수 없는 더 작은 W12 단면의 선택으로 이어질 것이다.

매뉴얼 Part 4의 표 4-1은 W8 × 31로부터 W14 × 730까지의 단면을 포함한다. 이러한 모든 단면들은 기둥단면으로 고려되고 x축과 y축에 대해 유사한 강도를 가지고 있다. 즉, 단면들은 정사각형 모양에 가깝고 r_x/r_y는 매우 크지는 않고 1.59에서 3,09 사이의 값을 가진다. 기둥부재로 다른 W-단면들이 사용될 수도 있지만 x축과 y축과의 관계는 브레이싱이 제공되지 않는 한 y축이 지배하도록 되어있음을 인식해야 한다. 이 단면들은 일반적으로 보 단면을 간주된다. 보는 휨에 저항하도록 의도되므로 x축과 y축의 관계는 그렇게 중요하

지 않다. 예로, $KL_x = KL_y = 24$ ft 및 $r_x/r_y = 5.59$인 W16 × 26의 경우, 최소 4.29 ft 간격으로 브레이싱 되지 않는 한 y축이 지배할 것이다.

매뉴얼 Part 4의 W-단면 기둥표들은 가장 작은 W-단면들을 제외한다. 이는 설계기술자들이 연결부를 고려했을 때 보다 적당한 단면을 사용하도록 유도하기 위함이다. 그렇다고 이러한 작은 단면들이 기둥부재로 허용될 수 없다는 것은 아니다. 부록에서는 매뉴얼 표 4-1에서와 같은 형식으로 이러한 작은 단면들을 위한 표를 제공한다. 또한 8장에서 논의될 매뉴얼 Part 6의 표도 기둥 설계에 사용될 수 있고 이 표는 W6 및 더 작은 단면을 제외한 모든 W-단면을 포함하고 있다.

5.13 Example

-기둥설계-

x-버팀 프레임에서 버팀쇠 역할로서 적절한 인장부재를 선정한다.

조건: 주어진 하중을 저항할 수 있는 최소중량 단면을 부록의 기둥표에서 제공되는 작은 단면들을 사용하여 결정하라. LRFD 및 ASD에 의해 설계하라.

풀이.

LRFD의 경우,

Step 1: 하중조합 1.2D + 1.6L에 대하여 소요강도를 구한다.

$$P_u = 1.2(8.0) + 1.6(24.0) = 48.0 \text{ kips}$$

Step 2: 부록에서의 표들을 사용하여, 이 하중에 저항하는 가장 가벼운 기둥을 선택한다. W4 × 13을 선택하라.

$$\phi P_n = 60.1 \text{ kips}$$

ASD의 경우,

Step 1: 하중조합 D + L에 대하여 소요강도를 구한다.

$$P_a = 8.0 + 24.0 = 32.0 \text{ kips}$$

Step 2: 부록에서의 표들을 사용하여, 이 하중에 저항하는 가장 가벼운 기둥을 선택한다. W4 × 13을 선택하라.

$$\frac{P_n}{\Omega} = 40.0 \text{ kips}$$

5.8 비틀림 좌굴과 휨-비틀림 좌굴

지금까지는 기둥의 휨좌굴과 국부좌굴의 한계상태를 논의하였다. 하지만 기둥의 거동에 대한 두 가지 추가적인 한계상태가 반드시 설명되어야 한다. 이는 비틀림 좌굴과 휨－비틀림 좌굴이다. 이중 대칭 형상에 대해서는 이전 장에서 논의된 것과 같이 일반적으로 휨 좌굴이 발생한다. 단일 대칭과 비대칭 형상은 휨, 비틀림 또는 휨－비틀림 좌굴이 발생한다. 일반적으로 강재 부재로 사용되는 형상은 비틀림에 저항하는 것이 적합하지 않은 HSS 형상을 제외하고, 보통 기둥의 적절한 브레이싱 또는 비틀림 하중을 방지함으로써 비틀림 한계상태를 방지하는 것이 바람직하다.

만일 비틀림 한계상태 중 하나가 평가되어야만 한다면, 이 때 적용 가능한 시방서의 규정은 E5절에 있는 단일 ㄴ형강과 관련된 특수한 경우를 제외하고 E4절에서 찾을 수 있다. 단일 ㄴ형강을 제외한 모든 부재의 경우, 기둥의 임계응력 F_{cr}을 결정하기 위해 식 AISC E3-2와 AISC E3-3에서 사용되는 탄성 좌굴 응력 F_e가 결정된다. 비틀림과 휨－비틀림 좌굴의 한계상태에 대한 탄성 좌굴 응력을 정의하는 E4절에 주어진 방정식은 금속 구조물의 좌굴강도를 포함하여 표기를 바꾸어 다른 책들에도 기재된다. E3절의 방정식은 탄성좌굴, 초기처짐과 잔류응력과 같은 요인을 설명하기 위해 사용된다.

기준의 특별한 세트를 만족하는 단일 ㄴ형강에 대한 규정은 다른 접근법을 가진다. 하중이 단일 ㄴ형강 압축부재의 단부에 작용하는 방법을 제한함으로써, 기둥의 임계응력, F_{cr}을 결정하기 위해 식 AISC E3-2와 AISC E3-2에서 사용되는 유효 세장비가 결정된다.

비틀림 좌굴과 휨－비틀림 좌굴의 한계상태는 일반적으로 W-형강 기둥의 설계에 고려되지 않는다. 이 형강의 기둥은 일반적으로 지배하지 않고 지배할 때 임계하중은 휨 좌굴로부터 결정되는 강도와 아주 조금 다르다. 트러스에서의 WT 또는 이중 ㄴ형강 압축 요소와 같은 다른 종류의 부재의 경우, 이 한계상태는 매우 중요하다.

이런 한계상태에 기초하여 강도를 결정할 때 추가적인 요소는 비틀림 유효길이계수, K_z이다. Commentary는 보수적으로 $K_z = 1.0$을 추천하고 높은 정밀도가 요구된다면 몇 가지 다른 가능성을 제공한다.

5.14 Example

-비틀림 좌굴을 가지는 W-형강의 강도-

W-형강 기둥의 강도를 구하라. 비틀림 좌굴을 고려하라.

조건: 그림 5.26에서의 W14 × 48 A992 기둥은 양단에서 횡방향 및 비틀림에 대해 브레이싱 되어 있다. 길이의 중간점에서는 y축에 대한 좌굴에 저항하도록 브레이싱 되어 있으나, 그림 5.26c에서 보이는 브레이싱으로 보아 비틀림 좌굴에는 저항할 수 없다.

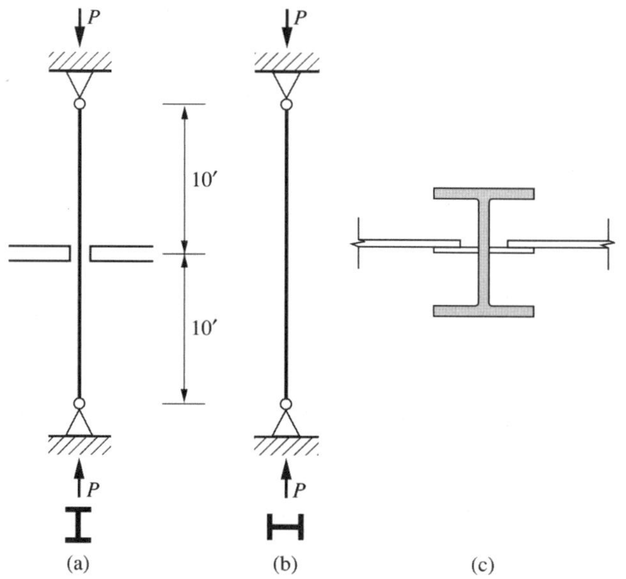

그림 5.26 • 예제 5.14의 기둥

풀이.

Step 1: 매뉴얼 표 1-1로부터,

$$A_g = 14.1 \text{ in.}^2,\ I_x = 484 \text{ in.}^4,\ I_y = 51.4 \text{ in.}^4,\ r_x = 5.85 \text{ in.},\ r_y = 1.91 \text{ in.},$$

$$C_w = 2240 \text{ in.}^6,\ J = 1.45 \text{ in.}^4,\ h/t_w = 33.6$$

Step 2: 웨브의 세장 상한계를 구한다.

$$\lambda_{rw} = 1.49\sqrt{\frac{E}{F_y}} = 1.49\sqrt{\frac{29{,}000}{50}} = 35.9$$

Step 3: 웨브와 플랜지의 세장비를 확인한다.

$$\frac{h}{t_w} = 33.6 < \lambda_{rw} = 35.9$$

그러므로, 웨브는 세장하지 않다. 전에 논의하였듯이, 모든 W-형강은 세장한 플랜지를 가지고 있지 않다.

Step 4: y축 좌굴에 대한 임계응력을 구한다.

$$\left(\frac{KL}{r}\right)_y = \frac{10(12)}{1.91} = 62.8$$

$$F_e = \frac{\pi^2 E}{\left(\frac{KL}{r}\right)^2} = \frac{\pi^2(29{,}000)}{(62.8)^2} = 72.6\text{ ksi} > \frac{F_y}{2.25} = 22.2\text{ ksi}$$

$$F_{cr} = (0.658)^{(50/72.6)}(50) = 37.5\text{ ksi}$$

Step 5: x축 좌굴에 대한 임계응력을 구한다.

$$\left(\frac{KL}{r}\right)_x = \frac{20(12)}{5.85} = 41.0$$

$$F_e = \frac{\pi^2 E}{\left(\frac{KL}{r}\right)^2} = \frac{\pi^2(29{,}000)}{(41.0)^2} = 170\text{ ksi} > \frac{F_y}{2.25} = 22.2\text{ ksi}$$

그러므로, 식 AISC E3-2를 사용한다.

$$F_{cr} = (0.658)^{(50/171)}(50) = 44.2\text{ ksi}$$

Step 6: E4(b)를 사용하여 z축 좌굴에 대한 임계응력을 구한다.

$$F_e = \left[\frac{\pi^2 EC_w}{(KL)_z^2} + GJ\right]\frac{1}{I_x + I_y} = \left[\frac{\pi^2(29{,}000)(2240)}{(20(12))^2} + 11{,}200(1.45)\right]\frac{1}{484 + 51.4}$$

$$= 51.1\text{ ksi} > \frac{F_y}{2.25} = 22.2\text{ ksi}$$

그러므로 식 AISC E3-2를 사용한다.

$$F_{cr} = (0.658)^{(50/51.1)}(50) = 33.2\text{ ksi}$$

Step 7: Steps 4, 5, 6에서 결정된 가장 작은 임계응력을 선택한다.

$$F_{cr} = 33.2\text{ ksi}$$

지배하는 응력은 Step 6에서 결정되므로, 기둥강도는 비틀림 좌굴에 의해 지배된다.

Step 8: 기둥의 공칭강도를 구한다.

$$P_n = 33.2(14.1) = 468\text{ kips}$$

LRFD의 경우,

Step 9: 기둥의 설계강도를 구한다.

$$\phi P_n = 0.9(468) = 421\text{ kips}$$

ASD의 경우,

Step 9: 기둥의 허용강도를 구한다.

$$\frac{P_n}{\Omega} = \frac{468}{1.67} = 280\text{ kips}$$

5.15 Example

-WT-형강의 강도-

휨, 비틀림, 휨-비틀림 좌굴을 고려하여 WT-형강 기둥의 강도를 구하라.

조건: WT7 × 34 A992 기둥의 길이는 10 ft 이고 양단에서 횡방향 및 비틀림에 대해 브레이싱 되어 있다.

풀이.

Step 1: 매뉴얼 표 1-1로부터,

$$A_g = 10.0\,\text{in.}^2,\ I_x = 32.6\,\text{in.}^4,\ I_y = 60.7\,\text{in.}^4,\ r_x = 1.81\,\text{in.},\ r_y = 2.46\,\text{in.},$$

$$t_f = 0.720,\ C_w = 3.21\,\text{in.}^6,\ J = 1.50\,\text{in.}^4,\ d/t_w = 16.9$$

Step 2: 플랜지 및 줄기(stem)의 세장 상한계를 구한다.

$$\lambda_{rf} = 0.56\sqrt{\frac{E}{F_y}} = 0.56\sqrt{\frac{29{,}000}{50}} = 13.5$$

$$\lambda_{rw} = 0.75\sqrt{\frac{E}{F_y}} = 0.75\sqrt{\frac{29{,}000}{50}} = 18.1$$

Step 3: 플랜지와 stem의 세장비를 확인한다.

$$\frac{b_f}{2t_f} = 6.97 \le \lambda_{rf} = 13.5$$

$$\frac{d}{t_w} = 16.9 < \lambda_{rw} = 18.1$$

그러므로, WT의 플랜지와 stem은 세장하지 않다.

Step 4: 휨 좌굴에 대한 공칭강도를 구한다. x축이 가장 작은 회전반경을 가지고 있으므로 휨 좌굴은 x축에 의해 지배된다.

$$\left(\frac{KL}{r}\right)_x = \frac{10(12)}{1.81} = 66.3 \le 4.71\sqrt{\frac{E}{F_y}} = 4.71\sqrt{\frac{29{,}000}{50}} = 113$$

$$F_e = \frac{\pi^2 E}{\left(\frac{KL}{r}\right)^2} = \frac{\pi^2(29{,}000)}{(66.3)^2} = 65.1\,\text{ksi} > \frac{F_y}{2.25} = 22.2\,\text{ksi}$$

그러므로 식 AISC E3-2를 사용한다.

$$F_{cr} = (0.658)^{(F_y/F_e)}F_y = (0.658)^{(50/65.1)}(50) = 36.3\,\text{ksi}$$

$$P_n = 36.3(10.0) = 363\,\text{kips}$$

Step 5: y축 좌굴에 대한 임계응력을 구한다.

$$\left(\frac{KL}{r}\right)_y = \frac{10(12)}{2.46} = 48.8$$

$$F_e = \frac{\pi^2 E}{\left(\frac{KL}{r}\right)^2} = \frac{\pi^2(29,000)}{(48.8)^2} = 120\,\text{ksi} > \frac{F_y}{2.25} = 22.2\,\text{ksi}$$

그러므로, 식 AISC E3-2를 사용한다.

$$F_{cry} = F_{cr} = (0.658)^{(50/120)}(50) = 42.0\,\text{ksi}$$

Step 6: 식 AISC E4-3을 이용하여 z축 좌굴에 대한 임계응력을 구한다. WT-단면의 전단중심은 stem-플랜지 교차점에 있다.

$$x_o = 0,\ y_o = \bar{y} - \frac{t_f}{2} = 1.29 - \frac{0.720}{2} = 0.930\,\text{in.}$$

$$\bar{r}_o^2 = x_o^2 + y_o^2 + \frac{I_x + I_y}{A_g} = 0.0 + 0.930^2 + \frac{32.6 + 60.7}{10.0} = 10.2$$

$$H = 1 - \frac{x_o^2 + y_o^2}{\bar{r}_o^2} = 1 - \frac{0 + 0.930^2}{10.2} = 0.915$$

$$F_{crz} = \frac{GJ}{A_g \bar{r}_o^2} = \frac{11,200(1.50)}{10.0(10.2)} = 165\,\text{ksi}$$

Step 7: 식 AISC E4-2를 사용하여 휨-비틀림 좌굴에 대한 임계응력을 구한다.

$$F_{cr} = \left(\frac{F_{cry} + F_{crz}}{2H}\right)\left(1 - \sqrt{1 - \frac{4F_{cry}F_{crz}H}{(F_{cry} + F_{crz})^2}}\right)$$

$$= \left(\frac{42.0 + 165}{2(0.915)}\right)\left(1 - \sqrt{1 - \frac{4(42.0)(165)(0.915)}{(42.0 + 165)^2}}\right) = 40.9\,\text{ksi}$$

Step 8: 휨-비틀림 좌굴 한계상태에 대해 기둥의 공칭강도를 구한다.

$$P_n = 40.9(10.0) = 409\,\text{kips}$$

LRFD의 경우,

Step 9: 기둥의 설계강도를 구한다. x축에 대한 휨 좌굴 공칭강도가 휨-비틀림 좌굴강도보다 작기 때문에,

$$\phi P_n = 0.9(363) = 327\,\text{kips}$$

ASD의 경우,

Step 9: 기둥의 허용강도를 구한다. x축에 대한 휨 좌굴 공칭강도가 휨-비틀림 좌굴강도보다 작기 때문에,

$$\frac{P_n}{\Omega} = \frac{363}{1.67} = 217\,\text{kips}$$

5.9 단일 ㄴ-형강 압축부재

단일 ㄴ형강 압축부재는 약간 다른 접근법을 허용하는 것을 제외하고 기준 E4절의 규정에 따라 설계된다. 연구결과는 만일 수정된 유효길이가 사용되고 기준의 E5에서 찾아낸 것과 같이 부재가 다음의 한계기준을 만족한다면 단일 ㄴ형강의 압축강도가 기준 E3절의 기둥 방정식을 이용하여 합리적으로 예측될 수 있다는 것을 보여준다.

1. 부재는 같은 leg을 통해 단부에 하중이 재하된다.
2. 부재는 용접 또는 최소 두 개의 볼트의 연결로 부착된다.
3. 중간에 횡방향 하중은 없다.

이 규정에는 두 가지 경우가 있다; (1) 개별부재 또는 평면 트러스의 웨브 부재인 ㄴ형강, (2) 박스 또는 공간 트러스의 웨브 부재인 ㄴ형강. 이런 구별은 압축부재가 설치된 요소에 의해 제공되는 구속의 차이점을 반영하기 위해 의도되었다.

ㄴ형강에 대한 방정식의 첫 번째 세트는 다음과 같다.

1. 개별 부재 또는 평면 트러스의 웨브 부재.
2. 같은 길이의 ㄴ형강 또는 더 긴 ㄴ형강의 연결에 의한 다른 길이의 ㄴ형강
3. 보강판의 같은 면에 부착된 인접한 웨브 부재 또는 트러스의 현

이 경우에, 좌굴은 x축에 대해 발생한다고 가정된다. x축은 부착된 다리와 평행한 기하학적인 축이다.

$L/r_x \leq 80$인 경우,

$$\frac{KL}{r} = 72 + 0.75\frac{L}{r_x} \qquad \text{(AISC E5-1)} \qquad (5.26)$$

그리고 $L/r_x > 80$인 경우,

$$\frac{KL}{r} = 32 + 1.25\frac{L}{r_x} \leq 200 \quad \text{(AISC E5-2)} \qquad (5.27)$$

5.16 Example

-단일 L-형강 압축부재의 강도-

10 ft 길이의 단일 L-형강 A36 압축부재의 강도를 구하라.

조건: L4 × 4 × 1/2은 평면트러스의 웨브 부재이다. 같은 leg를 통해 양단에 두 개의 볼트로 부착된다.

풀이.

Step 1: 매뉴얼 표 1-1로부터, $A = 3.75\ \text{in}^2$, $r_x = 1.21$.

Step 2: 세장비를 구한다.

$$\frac{L}{r_x} = \frac{10.0(12)}{1.21} = 99.2$$

Step 3: 어떤 식으로부터 유효 세장비를 구할지를 결정한다.

$$\frac{L}{r_x} = 99.2 > 80$$

식 5.27(AISC E5-2)를 사용한다.

Step 4: 식 (5.27)로부터 유효 세장비를 구한다.

$$\frac{KL}{r} = 32 + 1.25(99.2) = 156 < 200$$

Step 5: 어떤 기둥 강도식을 사용할지 결정한다.

$$\frac{KL}{r} = 156 > 4.71\sqrt{\frac{29{,}000}{36}} = 134$$

식 5.11(AISC E3-2)를 사용한다.

Step 6: 오일러 좌굴응력을 구한다.

$$F_e = \frac{\pi^2 E}{\left(\frac{KL}{r}\right)^2} = \frac{\pi^2(29{,}000)}{(156)^2} = 11.8\ \text{ksi}$$

Step 7: 식 (5.11)로부터 임계응력을 구한다.

$$F_{cr} = 0.877F_e = 0.877(11.8) = 10.3\ \text{ksi}$$

Step 8: 공칭강도를 구한다.

$$P_n = F_{cr}A = 10.3(3.75) = 38.6\ \text{kips}$$

LRFD의 경우,

Step 9: 설계강도를 구한다.

$$\phi P_n = 0.9(38.6) = 34.7\ \text{kips}$$

ASD의 경우,

Step 9: 허용강도를 구한다.

$$\frac{P_n}{\Omega} = \frac{38.6}{1.67} = 23.1\ \text{kips}$$

5.10 조립 부재

한 개 이상의 단면으로 구성된 부재를 조립부재라고 한다. 이러한 부재들을 그림 5.2h~n에 나타내었다. 두 개의 단면으로 구성된 조립부재는 시방서의 E6절에서 다루고 있다. 압축강도는 세장비를 통해 결정되고 시방서의 E3, E4와 E7에서 언급된다.

만일 부재 사이의 연결재가 전단을 받지 않으면서 좌굴이 일어난다만 유일한 요구사항은 연결재 사이의 부재의 세장비가 조립부재의 지배 세장비의 0.7배보다 작아야 한다는 것이다. 만일 전체 좌굴이 연결재에 전단을 일으킨다면 지배하는 세장비는 조립부재의 세장비보다 약간 크다. 이러한 수정된 세장비는 연결재의 종류 및 그들간의 간격에 대한 함수이다. 1차조임(snug-tight) 볼트의 중간 연결재의 경우, 수정된 세장비는 다음과 같다.

$$\left(\frac{KL}{r}\right)_m = \sqrt{\left(\frac{KL}{r}\right)_o^2 + \left(\frac{a}{r_i}\right)^2}$$

만일 중간 연결재가 용접 혹은 프리텐션선 볼트인 경우, 수정된 세장비는 다음과 같다.

$a/r_i < 40$일 때,

$$\left(\frac{KL}{r}\right)_m = \left(\frac{KL}{r}\right)_o$$

그리고 $a/r_i > 40$일 때,

$$\left(\frac{KL}{r}\right)_m = \sqrt{\left(\frac{KL}{r}\right)_o^2 + \left(\frac{K_i a}{r_i}\right)^2}$$

여기서 $(KL/r)_o$ = 일체로 거동하는 조립부재의 기둥 세장비

K_i = 0.50 for ㄴ형강 back to back

K_i = 0.75 for ㄷ형강 back to back

K_i = 0.86 for 다른 경우의 부재

a = 연결재 사이의 거리

r_i = 개별 요소의 최소 회전 반경

이 외에 시방서 E6절의 규정은 치수와 상세 요구사항을 나타낸다. 이런 규정은 판단과 경험에 기초하고 조립부재가 이미 논의한 강도 규정과 일관된 방식으로 거동한다는 것을 보장하기 위해 제공된다. 조립 압축부재의 단부는 반드시 용접되거나 초기 인장력으로 볼트 체결되어야 한다. 조립부재의 길이를 따라, 연결재의 길이 방향 간격은 반드시 좌굴 부재에서 소요 전단력을 전달하는데 충분해야 한다. 연결재 사이의 부재 세장비가 조립부재의 지배 세장비의 0.7배보다 작게 배치된 조립부재는 이 강도규정을 만족시키지는 못할 것이다.

매뉴얼은 part 1에서 double angles, double channels와 I-shapes with cap channels에 대한 특성을 표로 제공하고 part 4에 double-angle 압축부재에 대한 압축강도 표를 제공한다.

5.11 기둥 베이스 플레이트

기둥이 강재가 아닌 콘크리트 또는 석재인 재료위에 지지될 때, 기둥의 전체 면적보다 상당히 더 큰 면적에 걸려 하중을 분배하는 것이 필요하다. 이런 상황에서, 그림 5.27에 나타낸 것과 같은 기둥 베이스 플레이트가 사용된다.

그림 5.27a에 나와 있는 것과 같이 기둥 베이스 플레이트는 공장에서 기둥에 부착될 수 있거나 분리하여 현장으로 운반되고 부착될 수 있다. 기둥은 일반적으로 플레이트에 용접되지만 큰 플레이트가 분리되어 운반될 때 ㄴ형 강재에 부착된다. 어떤 경우에도, 플레이트의 치수와 두께의 선택은 다음의 규칙을 따른다.

기둥 베이스 플레이트는 일반적으로 기초 또는 앵커로 교각에 부착되고, 플레이트와 기초 사이의 공간은 수축하지 않는 그라우트로 충전된다. 높이 조절 플레이트, 너트, 또는 심 (그림 5.27b에 나타낸 것과 같이)이 기둥 베이스 플레이트의 수평을 조절하기 위해 사용된다. 기둥이 오직 축방향 축력을 지지하는 경우에, 앵커로드는 특정 하중을 견딜 수 있게 설계되어 있지 않다. 그러나 모든 기둥 베이스 플레이트는 OSHA 29 CFR 1926 Subpart R Safety Standards for Steel Erection의 Occupational Safety and Health Administration (OSHA) 규정에 따라 최소 네 개의 앵커로드로 고정되어야만 한다. 그림 5.28은 베이스 플레이트를 부착한 기둥의 평면도(그림 5.28a)와 네 개의 앵커로드를 갖는 측면도를 나타낸다.

(a) (b)

그림 5.27 • W형강 기둥 및 베이스플레이트의 예

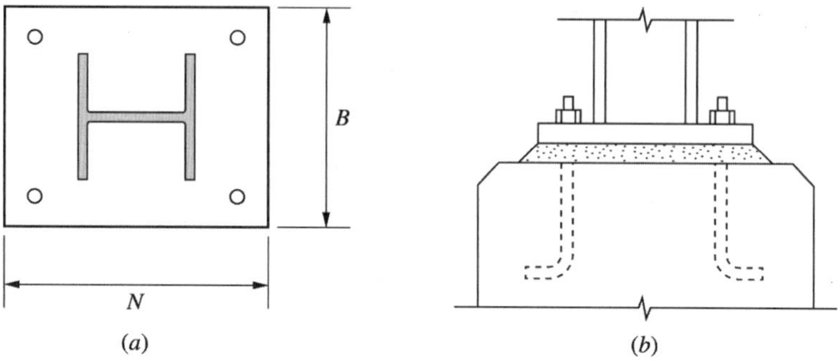

그림 5.28 • 기둥과 베이스플레이트 단면 및 앵커로드를 포함하는 평면

소요 지압 면적을 결정하기 위해, 베이스 플레이트가 지압하는 재료의 강도를 평가해야만 한다. 콘크리트의 경우, 기준의 J8절에서 ACI 318 코드에서 주어진 것과 동일한 규정을 제시한다. 지압 플레이트가 콘크리트 기초의 모든 면적을 덮을 때, 공칭 지압 강도는 다음과 같다.

$$P_n = P_p = 0.85 f_c{}' A_g$$

여기서 f_c는 지정된 콘크리트 압축 강도이고 A_1은 플레이트와 콘크리트의 면적이다. 플레이트가 모든 콘크리트 덮지 않는다면 하중이 콘크리트를 통해 하부로 전달되면서 하중이 퍼지기 때문에 강도가 증가한다. 이런 경우, 공칭 지압 강도는 다음과 같다.

$$P_n = P_p = 0.85 f_c{}' A_1 \sqrt{A_1/A_2} \leq 1.7 f_c{}' A_1$$

여기서 A_2는 지압 플레이트와 같은 형상을 갖는 콘크리트의 최대 면적이다. 식의 우변의 상한은 최대면적비의 4 : 1이다. 만일 지지하는 요소가 토질의 지압강도를 기초로 설계된다면, 베이스플레이트가 콘크리트 기초 또는 교각을 덮을 정도를 결정하는 것은 상대적으로 쉽다. 모든 경우에 $\phi = 0.65$와 $\phi = 2.31$이다.

기둥 베이스 플레이트의 두께는 플레이트 휨강도의 함수이다. 휨이 아직 이 책에서 다뤄지지 않았기 때문에 이 주제는 11.11절로 미루었다. 베이스플레이트 설계를 더 설명하는 것은 11.11절에서 진행되고 예제 문제를 나열하였다.

5.12 연습문제

1. Determine the theoretical buckling strength (Euler buckling load) for a W8 × 35 A992 column with an effective length of 20 ft. Will the theoretical column buckle or yield at this length?

2. Determine the theoretical buckling strength (Euler buckling load) for a W16 × 31 A36 column with an effective length of 12 ft. Will the theoretical column buckle or yield at this length?

3. Determine the theoretical buckling strength (Euler buckling load) for a W24 × 370 A992 column with an effective length of 15 ft. Will the theoretical column buckle or yield at this length?

4. Determine the theoretical buckling strength (Euler buckling load) for an HSS 10 × 5×$^{3}/_{8}$ A500 Grade B column with an effective length of 20 ft. Will the theoretical column buckle or yield at this length?

5. For a W12 × 40 A992 column, determine the effective length at which the theoretical buckling strength will equal the yield strength.

6. For a W5 × 19 A992 column, determine the effective length at which the theoretical buckling strength will equal the yield strength.

7. For an HP 8 × 36 A572 Grade 50 column, determine the effective length at which the theoretical buckling strength will equal the yield strength.

8. A W14 × 68 column has an effective length for y-axis buckling equal to 24 ft. Determine the effective length for the x-axis that will provide the same theoretical buckling strength.

9. A W14 × 48 column has an effective length for x-axis buckling equal to 20 ft. Determine the effective length for the y-axis that will provide the same theoretical buckling strength.

10. An HSS 12 × 6×$^{1}/_{2}$ column has an effective length for x-axis buckling equal to 18 ft. Determine the effective length for the y-axis that will provide the same theoretical buckling strength.

11. A W14 × 109 A992 column has an effective length of 36 ft about both axes. Determine the available compressive strength for the column. Determine the (a) design strength by LRFD and (b) allowable strength by ASD. Is this an elastic or inelastic buckling condition?

12. Determine the available compressive strength for a W14 × 120 A992 column with an effective length about both axes of 40 ft. Determine the (a) design strength by LRFD and (b) allowable strength by ASD. Is this an elastic or inelastic buckling condition?

13. A W6 × 15 A992 column has an effective length of 8 ft about both axes. Determine the available compressive strength for the column. Determine the (a) design strength by LRFD and (b) allowable strength by ASD. Is this an elastic or inelastic buckling condition?

14. Determine the available compressive strength for an M4 × 6 A36 column with an effective length about both axes of 7 ft. Determine the (a) design strength by LRFD and (b) allowable strength by ASD. Is this an elastic or inelastic buckling condition?

15. A W14 × 132 A992 column has an effective length of 40 ft about both axes. Determine the available compressive strength for the column. Determine the (a) design strength by LRFD and (b) allowable strength by ASD. Is this an elastic or inelastic buckling condition?

16. Determine the available compressive strength for a W12 × 45 A992 column when the effective length is 20 ft about the y-axis and 40 ft about the x-axis. Determine the (a) design strength by LRFD and (b) allowable strength by ASD. Is this an elastic or inelastic buckling condition? Describe a common condition where the effective length is different about the different axes.

17. A W8 × 24 A992 column has an effective length of 12.5 ft about the y-axis and 28 ft about the x-axis. Determine the available compressive strength and indicate whether this is due to elastic or inelastic buckling. Determine the (a) design strength by LRFD and (b) allowable strength by ASD.

18. Determine the available compressive strength for an HSS 4 × 4×$^{3}/_{8}$ A500 Grade B column where the effective length is 10 ft about the y-axis and 15 ft about the x-axis. Determine the (a) design strength by LRFD and (b) allowable strength by ASD. Is this an elastic or inelastic buckling condition? Describe a common condition where the effective length is different about the different axes.

19. A round HSS 16 × 0.375 A500 Grade B column has an effective length of 18 ft. Determine the available compressive strength and indicate whether this is due to elastic or inelastic buckling. Determine the (a) design strength by LRFD and (b) allowable strength by ASD.

20. A W8 × 40 is used as a 12 ft column in a braced frame with W16 × 26 beams at the top and bottom as shown in

Figure P5.20. The columns above and below are also 12 ft W8 × 40s. The beams provide moment restraint at each column end. Determine the effective length using the alignment chart and the available compressive strength, and the (a) design strength by LRFD and (b) allowable strength by ASD. Assume that the columns are oriented for (i) buckling about the weak axis and (ii) buckling about the strong axis. All steel is A992.

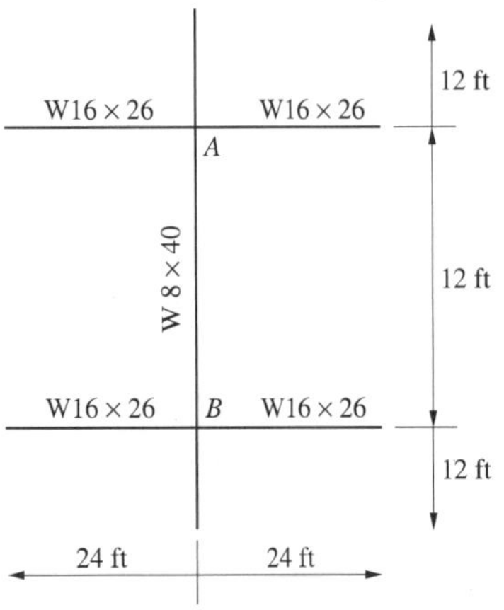

P5.20

21. If the structure described in Problem 20 is an unbraced frame, determine the effective lengths and compressive strength as requested in Problem 20.

22. A W12 × 170 column is shown in Figure P5.22 with end conditions that approximate ideal conditions. Using the recommended approximate values from Commentary Table C-A-7.1, determine the effective lengths for the y-axis and the x-axis. Which effective length will control the column strength?

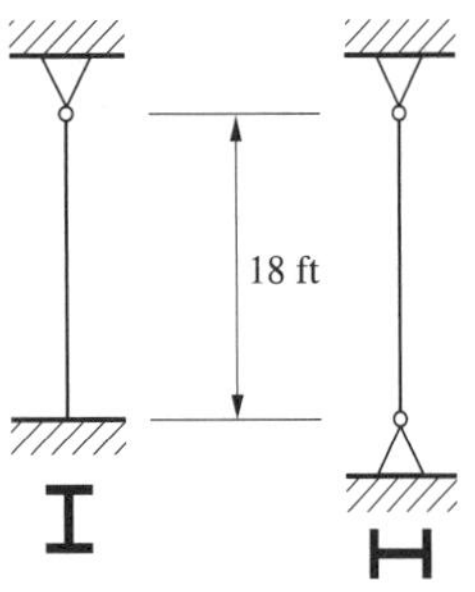

P5.22

23. A W12 × 96 column is shown in Figure P5.23 with end conditions that approximate ideal conditions. Using the recommended approximate values from Commentary Table C-A-7.1, determine the effective lengths for the y-axis and the x-axis. Which effective length will control the column strength?

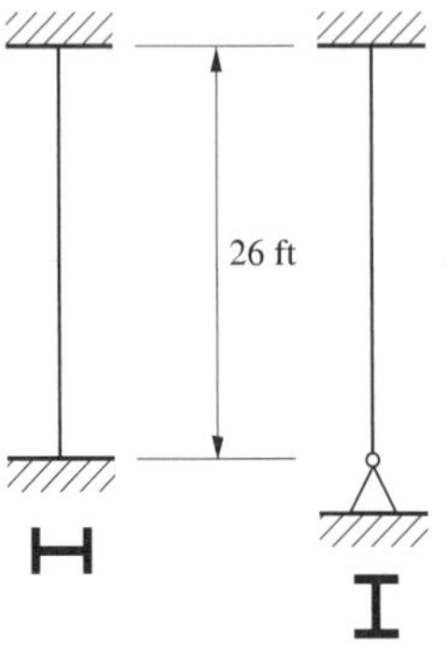

P5.23

24. A W10 × 60 column with an effective length of 30 ft for both axes is called upon to carry a compressive dead load of 123 kips and a compressive live load of 170 kips. Determine whether the column will support the load by (a) LRFD and (b) ASD. Evaluate the strength for (i) $F_y = 50$ ksi and (ii) $F_y = 70$ ksi.

25. A W14 × 257 A992 is used as a column in a building with an effective length for both axes of 16 ft. Determine whether the column will carry a compressive dead load of 800 kips and a compressive live load of 1100 kips by (a) LRFD and (b) ASD.

26. A W12 × 58 A992 is used as a column in a building with an effective length for each axis of 15 ft. Determine whether the column will carry a compressive dead load of 85 kips and a compressive live load of 255 kips by (a) LRFD and (b) ASD.

27. A W8 × 48 A992 is used in a structure to support a dead load of 60 kips and a live load of 100 kips. The column has an effective length of 20 ft. Determine whether the column will support the load by (a) LRFD and (b) ASD.

28. A W10 × 39 A992 is used as a column in a building with an effective length of 30 ft. Determine whether the column will carry a compressive dead load of 12 kips and a compressive live load of 32 kips by (a) LRFD and (b) ASD.

29. A W16 × 77 A992 is used as a column in a building to support a dead load of 130 kips and a live load of 200 kips. The column effective length is 20 ft for the y-axis and 30 ft for the x-axis. Determine whether the column will support the load by (a) LRFD and (b) ASD.

30. A W21 × 111 A992 is used as a column in a building to support a dead load of 120 kips and a live load of 300 kips. The column effective length is 22 ft for the y-axis and 33 ft for the x-axis. Determine whether the column will support the load by (a) LRFD and (b) ASD.

31. A W24 × 131 A992 is used as a column in a building to support a dead load of 245 kips and a live load of 500 kips. The column has an effective length about the y-axis of 18 ft and an effective length about the x-axis of 36 ft. Determine whether the column will support the load by (a) LRFD and (b) ASD.

32. An HSS8 × 8×1/2 A500 Gr. B is used as a column to support a dead load of 175 kips and a live load of 100 kips. The column has an effective length of 10 ft. Determine whether the column will support the load by (a) LRFD and (b) ASD.

33. For the W10 × 33 column with bracing and end conditions shown in Figure P5.33, determine the theoretical effective length for each axis and identify the axis that will limit the column strength.

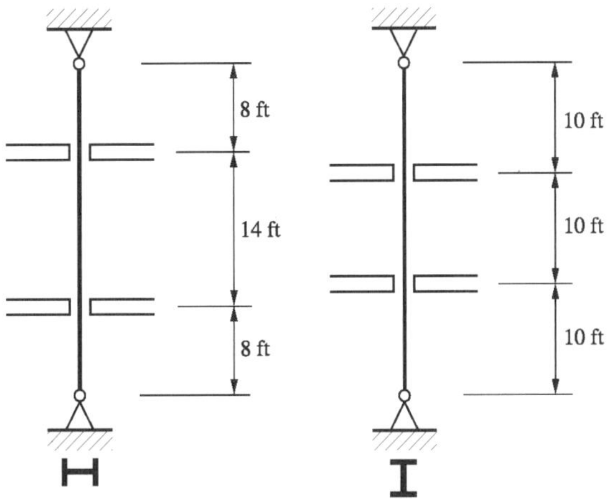

P5.33

34. For the W8 × 31 column with bracing and end conditions shown in Figure P5.34, determine the theoretical effective length for each axis and identify the axis that will limit the column strength.

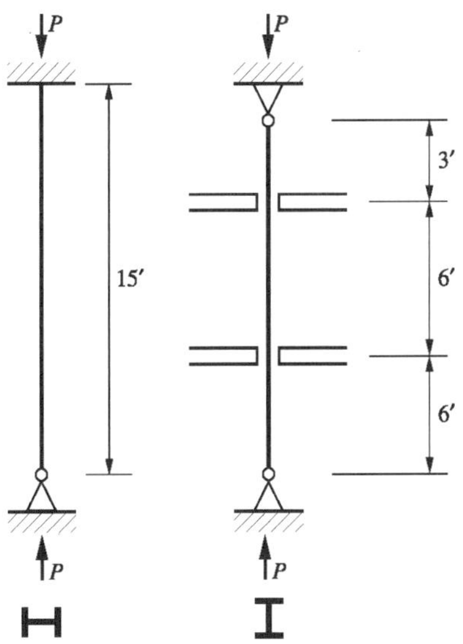

P5.34

35. A W10 × 45 column with end conditions and bracing is shown in Figure P5.35. Determine the least theoretical bracing and its location about the *y*-axis, in order that the *y*-axis not control the strength of the column.

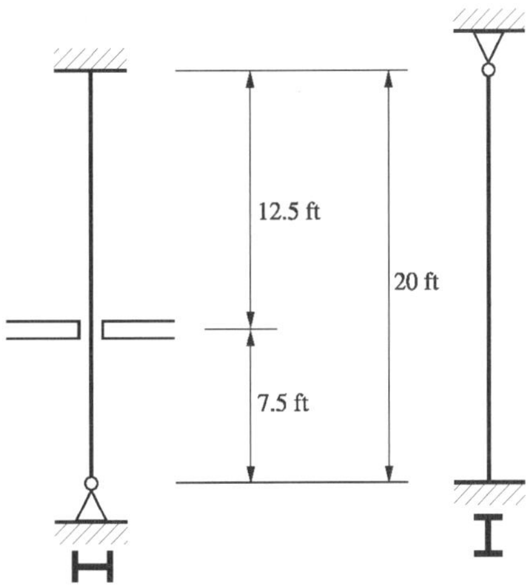

P5.35

36. A W14 × 193 column with end conditions and bracing is shown in Figure P5.36. Determine the least theoretical bracing and its location about the *y*-axis, in order that the *y*-axis not control the strength of the column.

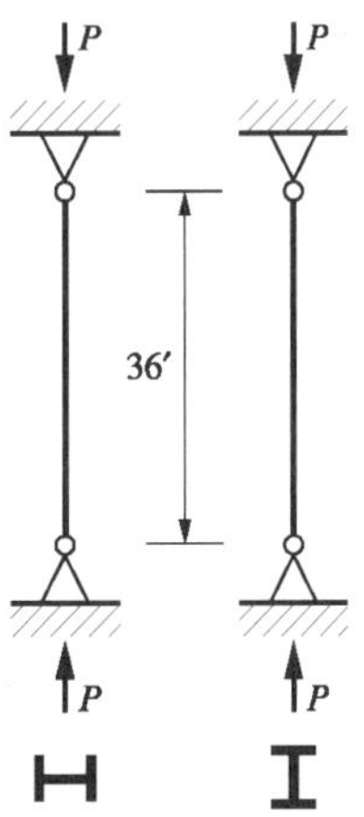

P5.36

37. A W12 × 50 column is an interior column with strong axis buckling in the plane of the frame in an unbraced multi-story frame. The columns above and below are also W12 × 50. The beams framing in at the top are W16 × 31 and those at the bottom are W16 × 36. The columns are 12 ft and the beam span is 22 ft. The column carries a dead load of 75 kips and a live load of 200 kips. Determine the inelastic effective length for this condition and the corresponding compressive strength by (a) LRFD and (b) ASD. All steel is A992.

38. Select the least-weight W12 A992 column to carry a live load of 130 kips and a dead load of 100 kips with an effective length about both axes of 14 ft by (a) LRFD and (b) ASD.

39. Select the least-weight W14 A992 column to carry a dead load of 200 kips and a live load of 600 kips if the effective length about both axes is 20 ft by (a) LRFD and (b) ASD.

40. Select the least-weight W10 A992 column to carry a dead load of 80 kips and a live load of 280 kips with an effective length about both axes of 15 ft by (a) LRFD and (b) ASD.

41. Select the least-weight W8 A992 column to carry a dead load of 20 kips and a live load of 50 kips with an effective length about both axes of 30 ft by (a) LRFD and (b) ASD.

42. Select the least-weight W6 A992 column to carry a dead load of 12 kips and a live load of 36 kips with an effective length about both axes of 8 ft by (a) LRFD and (b) ASD.

43. Select the least-weight W8 A992 column to carry a dead load of 13 kips and a live load of 39 kips with an effective length about both axes of 14 ft by (a) LRFD and (b) ASD.

44. A column with pin ends for both axes must be selected to carry a compressive dead load of 95 kips and a compressive live load of 285 kips. The column is 16 ft long and is in a braced frame. Select the lightest-weight W12 to support this load by (a) LRFD and (b) ASD.

45. If the column in Problem 44 had an effective length of 32 ft, select the lightest-weight W12 to support this load by (a) LRFD and (b) ASD.

46. A W14 A992 column must support a dead load of 80 kips and a live load of 300 kips. The column is 22 ft long and has end conditions that approximate the ideal conditions of a fixed support at one end and a pin support at the other. Select the lightest-weight W14 to support this load by (a) LRFD and (b) ASD.

47. Select the least-weight W8 A992 column to support a dead load of 170 kips with an effective length of 16 ft by (a) LRFD and (b) ASD.

48. A column with an effective length of 21 ft must support a dead load of 120 kips, a live load of 175 kips, and a wind load of 84 kips. Select the lightest W14 A992 member to support the load by (a) LRFD and (b) ASD.

49. A W14 × 99 A992 column is 20 ft long, pinned at each end, and braced at mid-height to prevent buckling about the y-axis. However, the y-axis bracing is not adequate to resist torsion. Considering flexural and torsional buckling, determine the nominal strength of this compression member.

50. An A36 single-angle compression web member of a truss is 10 ft long and attached to gusset plates through the same leg at each end with a minimum of two bolts. The member must carry a dead load of 8 kips and a live load of 10 kips. Select the least-weight equal leg angle to carry this load by (a) LRFD and (b) ASD.

51. If the compression web member of Problem 50 were loaded concentrically, determine the least-weight single angle to carry the load by (a) LRFD and (b) ASD.

52. A W16 × 31 A992 compression member has a slender web when used in uniform compression. Determine the available strength by (a) LRFD and (b) ASD when the effective length is (i) 6 ft and (ii) 12 ft.

53. The W14 × 43 is the only A992 column shown in the Manual column tables that has a slender web. Determine the available strength for this column if the effective length is 5 ft, and show whether the slender web impacts that strength by (a) LRFD and (b) ASD.

54. Determine the available strength of a WT6 × 22.5 A992 steel compression chord of a truss with effective length $KL = 14$ ft. Consider the member braced laterally and torsionally at its ends only. Determine by (a) LRFD and (b) ASD.

55. Determine the available strength of a WT12 × 125 A992 steel column with effective length $KL = 18$ ft. Consider the member braced laterally and torsionally at its ends only. Determine by (a) LRFD and (b) ASD.

56. Determine the available strength of a C9 × 20 A36 steel compression chord of a truss with effective length, $KL = 16$ ft. Consider the member braced laterally and torsionally at its ends only. Determine by (a) LRFD and (b) ASD.

Multi-Chapter Problems

57. Using the framing plan shown in Figure P5.57 (presented earlier as Figure 2.5), design the columns marked 4 and 5. This is the same structure used in Section 2.5, where load calculations with live load reductions were discussed. Those calculations can be reused here. Load case 2 for dead plus live load is to be considered. The building is an office building with a nominal live load of 50 pounds per square foot (psf) and a calculated dead load of 70 psf.

4: Interior column D-2 regardless of deck span direction

5: Exterior column D-4 regardless of deck span direction

Design for column length $L = 14$ ft and $K = 1.0$ using (a) LRFD and (b) ASD.

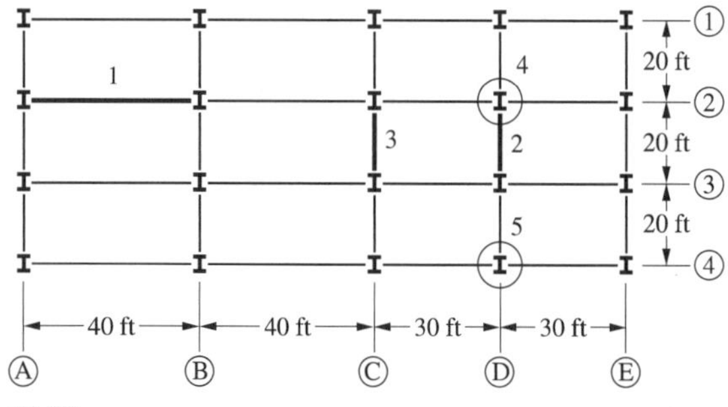

P5.57

58. The framing plan shown in Figure P5.58 is the same as the one shown in Figure P2.17 for an 18-story office building. It must support a dead load of 80 psf and a live load of 50 psf. In all cases, the decking spans in a direction from line A toward line E. Determine the required axial strength for the columns and design the columns as required below for (a) design by LRFD and (b) design by ASD. The required axial load strengths were determined in Problem 17 of Chapter 2. Use a story height of 13.5 ft in a braced frame so that $K = 1.0$.

iv: The column at the corner on lines 1 and E that supports eight levels.

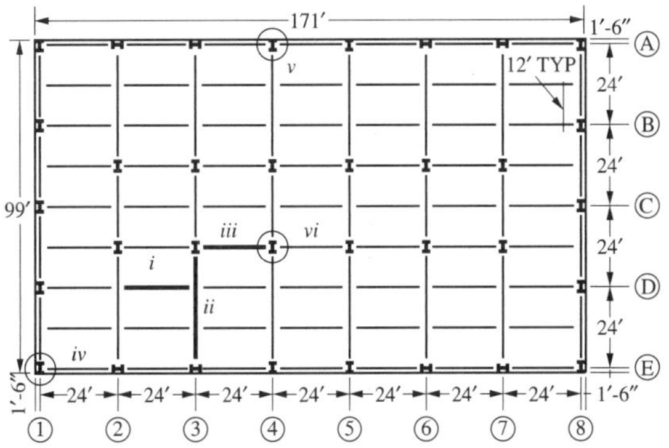

P5.58

v: The column on the edge at the intersection of lines 4 and A that supports eight levels.

vi: The interior column at the intersection of line 4 and the point between lines C and D that supports three levels.

59. Integrated Design Project. Using the gravity column loads determined in Chapter 2, Problem 18, design the gravity-only columns. Design columns as single-story members. (It is often more economical to use multi-story columns because of construction costs.) Select the final columns so that they are two-story from below grade to the second floor, two-story from the second floor to the fourth floor, and then use a single-story column to support the roof.

Design the columns in the braced frame for the gravity loads determined in Chapter 2 and the wind load determined in Chapter 4, Problem 36. Remember that the wind load must be considered to act in two directions, so use the largest compression forces from wind to combine with the gravity loads.

Using the wind load analysis from Chapter 4, design all the braces as compression members. Compare the tension design with the compression design and select the appropriate members.

제 6 장

휨부재

6.1 구조물의 휨부재

휨부재는 일반적으로 길이 방향에 직각으로 작용하는 하중을 지지하고 모멘트와 전단력으로 지점에 하중을 전달한다. 건축에서, 휨부재의 가장 일반적인 적용은 바닥판 또는 지붕에 대한 지지를 제공하는 것이다. 이런 보는 단경간이거나 연속경간일 수 있으며, 일반적으로 하중을 기둥, 거더와 벽체와 같은 다른 구조용 부재에 전달한다. 보 및 거더라는 용어로 서로 종종 상호 교환되어 사용되지만 보는 일반적으로 하중이 직접 적용되는 휨부재인 반면, 거더는 일반적으로 보를 지지하는 휨부재이다. 이러한 구분은 모든 휨부재에 같은 기준이 적용되기 때문에 설계에 중요하지 않다.

휨부재로 가장 일반적으로 사용되는 형상은 I형-단면과 W형-단면이다. 그러나 다른 형상들이 휨부재로 사용되는 많은 경우도 있다. L형강은 일반적으로 openings에 대해 상인방(lintel)으로 사용되고 T형강은 축하중과 함께 휨에 저항하도록 요구되는 트러스의 현으로 사용되며, C형강은 바닥 시스템에서 W형강과 같이 사용된다.

표준 형강의 사용뿐만 아니라 공학자는 종종 형상과/또는 플레이트의 조합으로 자신의 형상을 개발하는 것이 필요하다. 이런 조립 형상에 대한 몇 가지 예가 그림 6.1에 나타난다. 이런 조립부재의 사용이 기준에 허용되지만 조립부재는 제작과 관련된 인건비 때문에 경제적이지 않다. 다양한 가능한 형태로 인한 복잡함은 많은 세부 규정이 시방서의 F장에 포함된 이유이다.

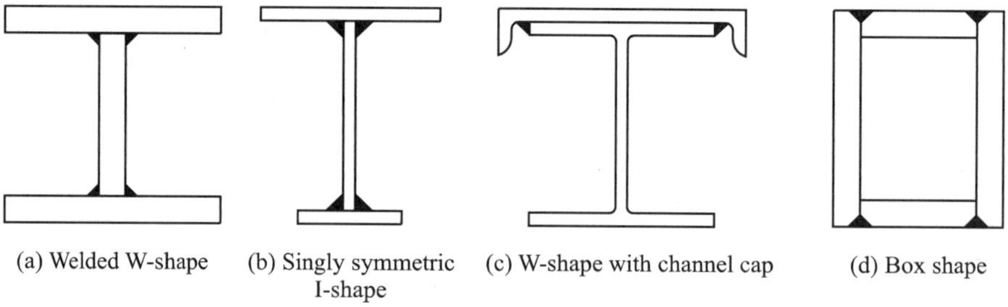

그림 6.1 • 조립 보

가장 일반적이고 경제적인 휨부재는 임의의 단면에서 좌굴에 의해 제한되는 휨부재를 제외하고 완전한 재료 항복강도에 도달할 수 있는 부재이다. 이런 부재들은 조밀부재(compact members)라고 하고, 첫 번째로 다루어진다.

표 6.1은 이 장에서 다루어질 시방서의 절들과 매뉴얼의 파트를 나열한다.

표 6.1 이 장에서 다뤄지는 시방서의 절과 매뉴얼의 Part

시방서	
B3	설계 기준
B4	국부좌굴 단면의 분류
F1	총칙
F2	2중 대칭의 조밀한 I 형상 부재와 주축에 대해 휘는 C형강
F3	주축에 대해 휘는 조밀한 웨브 및 비조밀한 또는 세장한 플랜지를 가지는 2중 대칭의 I 형상 부재
F6	I 형상 부재 및 주축에 대해 휘는 C형강
F9	대칭면에 적재된 티관과 양각
F10	편각
Chapert G	전단 부재의 설계
H1	휨과 수직하중의 적용을 받는 2중 대칭 부재와 1중 대칭 부재
J10	집중하중 플랜지와 web
Chapter L	내구성 설계
부록 I	비탄성 해석과 설계
매뉴얼	
Part 1	차원과 성질
Part 3	휨재의 설계

6.2 보의 강도

하중이 휨부재에 작용할 때, 휨 모멘트가 발생하여 응력이 단면에 발생한다. 건축 코드에서 지정된 하중의 크기인 공칭 수준 이하의 하중의 경우, 보의 단면이 탄성적 거동을 하도록 기대하는 것은 합리적이다. 그림 6.2a에 나타난 것과 같이 응력과 변형률은 분배된다. 이 탄성 거동은 그림 3.5의 응력－변형률 곡선의 초기 직선 부분과 일치할 때 발생한다.

재료 강도의 기본 원칙으로부터, 작용된 모멘트와 발생하는 응력사이의 관계는 익숙한 휨 공식에 의해 주어진다.

$$f_y = \frac{My}{I}$$

여기서 M = 탄성영역에서 단면에 응력을 가하는 적용 모멘트

y = 중립축에서 응력이 결정되는 곳까지의 거리

I = 단면2차모멘트

f_y = y위치에서의 휨응력 결과값

일반적으로 극단적인(extreme) 섬유에서의 응력 즉, 중립축에서 가장 먼 섬유는 그 점에서 최대 응력이 발생하기 때문에 중요하다. 중립축에서부터 최연단까지의 거리를 c라고 하면, 휨 공식은 다음과 같다.

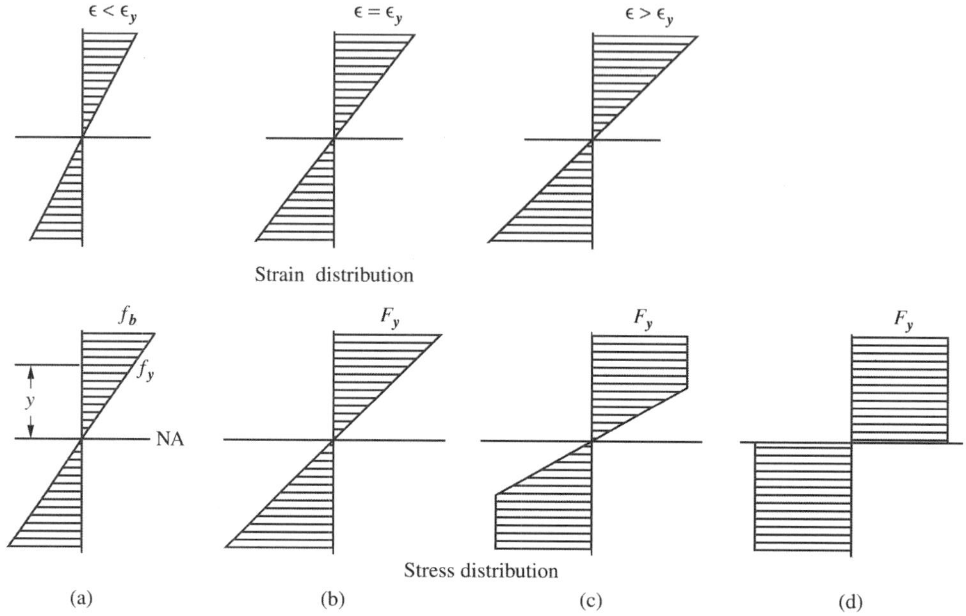

그림 6.2 • 단면 휨응력 및 변형률

$$f_b = \frac{Mc}{I} = \frac{M}{S}$$

여기서 S = 단면계수
f_b = 연단 휨응력

최연단이 항복응력 F_y에 도달하도록 하는 모멘트는 항복 모멘트 M_y라고 한다. 상응하는 응력과 변형률 그림은 그림 6.2b에 나타내었다. 하중이 항복 모멘트 이상으로 증가한다면, 최연단에서의 변형률은 증가한다; 그러나 그림 3.5와 3.6에 이전에 나타낸 것과 같은 응력－변형률 다이어그램의 플래토(plateau)와 같이 거동하기 때문에 응력은 F_y로 유지된다. 그림 6.2c에 나타낸 것과 같이 이런 가까운 단면이 탄성으로 남아 있는 동안 중립축과 더 가까운 단면의 어떤 점에서의 응력은 또한 항복 응력에 도달한다.

모멘트가 계속 증가함에 따라 항복응력에 도달하는 단면은 그림 6.2d와 같이 전체 단면이 항복응력에 도달할 때까지 계속해서 증가한다. 이 응력 분포를 만드는 모멘트는 소성모멘트 M_p라고 한다. 이 응력분포와 상응하는 모멘트를 이룰 수 있는 단면을 조밀단면이라고 한다. 하중의 모든 단계에서, 항상 단면이 요구하는 평형은 내부 인장력이 전체 내부 압축력과 같다는 것이다. 재료 강도의 기본 원칙은 Mechanics of Materials와 같은 많은 책에서 다루어졌다.

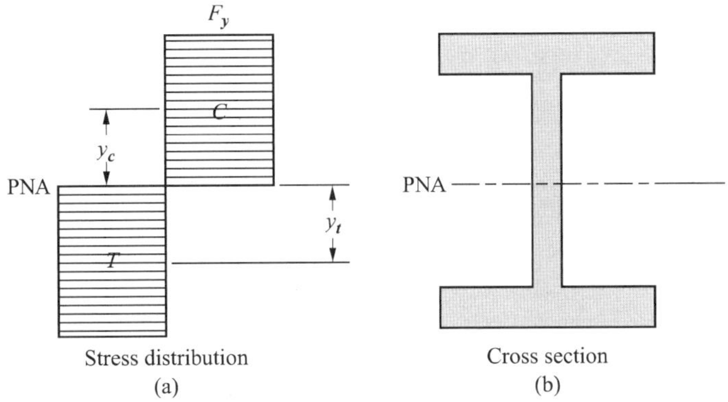

그림 6.3 • 이중대칭 W–형강의 평형

그림 6.3에 나타난 이중 대칭 와이드 플랜지 형상의 경우, 탄성 중립축 아래쪽의 형상 일부가 인장측으로 인장 응력을 받으면서 탄성 중립축 위쪽 형상의 일부가 압축측에서 항복응력을 받을 때 소성모멘트에 대한 평형은 발생한다.

비대칭 형상의 경우, 탄성 중립축 위쪽의 단면은 아래쪽 단면과 같지 않다. 따라서, 인장과 압축측에서 면적을 같게 하는 새로운 축이 반드시 정의되어야 한다. 단면을 두 개의 동일한 면적으로 나누는 새로운 축은 소성중심축(PNA)라고 한다. 와이드 플랜지와 같이 대칭단면의 경우, 탄성과 소성 중립축은 일치한다. 비대칭 단면의 경우, 이런 중립축은 위치가 다르다.

방정식은 인장력과 압축력이 크기가 같고 방향이 반대인 것을 의미하기 때문에 우력(force couple)을 형성한다. 이런 경우에 모멘트는 임의의 기준점에 대해 취할 수 있지만 PNA에 대해 모멘트를 취하는 게 일반적이다. 완전히 항복된 응력 분포 M_p와 같은 모멘트는 식 (6.3)으로부터 결정된다.

$$M_p = F_y(A_c y_c) + F_y(A_t y_t) \tag{6.3}$$

여기서 A_t와 A_c는 각각 인장과 압축 면적이고 같다. y_c와 y_t는 각각 인장과 압축에 대한 면적의 중심에서 PNA까지의 거리이다. 식 (6.3)은 식 (6.4)로 단순화 된다.

$$M_p = F_y\left(\frac{A}{2}\right)(y_c + y_t) \tag{6.4}$$

항복응력에 곱한 두 항은 기하학적인 단면에 대한 함수이고, 일반적으로 조합되고 소성단면계수 Z라고 한다. 따라서 소성모멘트는 식 (6.5)와 같다.

$$M_p = F_y Z \tag{6.5}$$

소성 단면 계수는 매뉴얼의 part 1에 모든 이용가능한 형상에 대해 나열되었다.

기준의 F장은 휨을 받는 휨부재의 설계에 대한 규정을 나타낸다. 완전 소성 모멘트 강도를 얻을 수 있는 주어진 보의 경우, 반드시 조밀단면이고, F2절에서 정의한 횡방향지지 기준을 만족해야한다. 이런 기준이 충족되지 않으면, 강도는 M_p보다 작게 정의된다. 충족되기 위한 기준은 항복이외에 두 가지 항복상태에 의해 정의 된다; 국부좌굴(비조밀형상) 그리고 횡 비틀림 좌굴. 보의 강도에 대한 이 한계상태와 영향은 6.4절과 6.5절에서 다루어진다.

6.1 Example

–Plastic Moment Strength for a Symmetric Shape–

세 개의 직사각형 플레이트의 모델을 사용하여 W 형상의 소성모멘트 강도를 결정하라.

조건: 그림 6.4에 나와 있는 것과 같이 W24 × 192. $F_y = 50$ ksi로 가정하라.

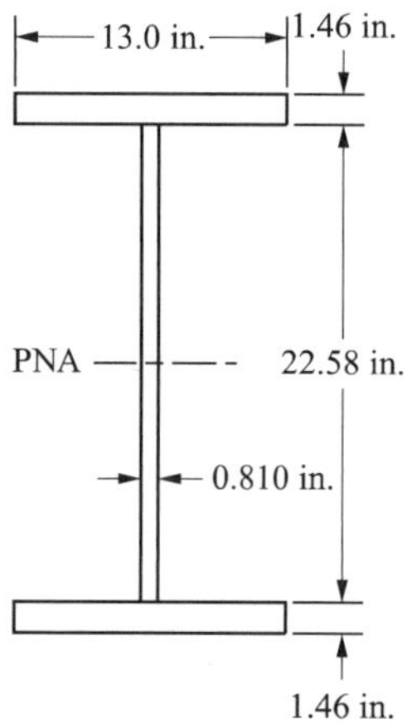

그림 6.4 • 예제 6.1의 W24×192 모델

풀이.

Step 1: 소성중립축의 위치를 결정하라.
형상이 대칭이기 때문에, 소성 중립축은 대칭축에 위치한다.

Step 2: 소성 중립축에 대해 면적 모멘트의 합으로써 소성 단면 계수를 결정하라.

$$Z = \frac{A}{2}(y_c + y_t) = 2\left(A_f y_f + \frac{A_w}{2} y_w\right)$$

$$Z = 2\left[13.0(1.46)\left(\frac{22.58}{2} + \frac{1.46}{2}\right) + \frac{22.58(0.810)}{2}\left(\frac{22.58}{4}\right)\right] = 560\ \text{in.}^3$$

Step 3: 소성 단면 계수 곱하기 항복응력으로 소성 모멘트 강도를 결정하라.

$$M_p = F_y Z = 50(560) = 28{,}000\ \text{in-kips}$$

$$M_p = \frac{28{,}000}{12} = 2330\ \text{ft-kips}$$

Step 4: 매뉴얼 표 1-1으로부터 계산된 소성 단면 계수 값을 비교하라. 표에 의해 $Z_x = 559\ \text{in}^3$

6.2 Example

–Plastic Moment Strength for a Symmetric Shape–

소성 중립축을 두고 WT에 대해 소성 단면 계수를 결정하라.

조건: 그림 6.5에 나와 있는 것과 같이 두 플레이트 모델 WT12 × 51.5. $F_y = 50$ ksi로 가정하라.

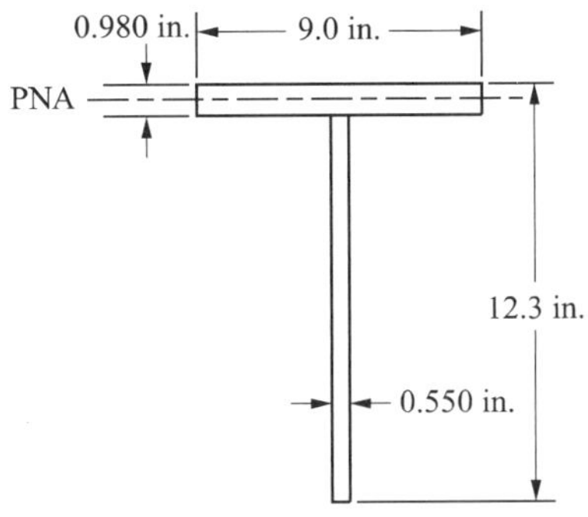

그림 6.5 • 예제 6.2의 T-보 모델

풀이.

Step 1: T형상의 면적을 결정하라.

$$A_{flange} = 9.00(0.980) = 8.82\text{ in.}^2$$
$$A_{stem} = 0.550(12.3 - 0.980) = 6.23\text{ in.}^2$$
$$A_{total} = 8.82 + 6.23 = 15.1\text{ in.}^2$$

Step 2: 면적의 절반을 결정하라. 왜냐하면 면적의 절반은 소성 중립축보다 위에 있고 절반은 아래에 있기 때문이다.

$$\frac{A_{total}}{2} = \frac{15.1}{2} = 7.55\text{ in.}^2$$

Step 3: 소성 중립축이 플랜지에 있는지 아니면 스탬(Stem)에 있는지 결정하라. 면적의 절반이 플랜지의 면적보다 작기 때문에, 소성 중립 축은 플랜지에 있다.

$$y_p = \frac{7.55}{9.0} = 0.839\text{ in.}$$

Step 4: 소성 단면 계수를 소성 중립 축에 대해 면적 모멘트의 합으로 결정하라.

$$Z = 7.55\left(\frac{0.839}{2}\right) + (8.82 - 7.55)\left(\frac{0.980 - 0.839}{2}\right) + 6.23\left(0.980 - 0.839 + \frac{11.3}{2}\right)$$

$$Z = 3.17 + 0.0895 + 36.1 = 39.4\text{ in.}^3$$

Step 5: 매뉴얼 표 1-8에 있는 값으로 이 값들을 비교하라.

$$y_p = 0.841\text{ in.} \quad \text{and} \quad Z = 39.2\text{ in.}^3$$

이것은 단순화의 효과를 보여준다.

6.3 조밀하고 횡방향으로 지지된 와이드플랜지 보의 설계

시방서의 F1(2)절은 모든 보가 지점에서 횡 축에 대해 비틀림에 구속되는 것을 요구한다. 소성 모멘트 강도를 얻을 수 있는 조밀 단면 보의 경우, 반드시 압축플랜지를 따라 특정 길이에서 횡지지가 되어야 한다. 이런 경우, 보는 완전히 횡지지 되었다고 한다. 6.2절은 좌굴 한계상태가 발생하지 않는 완전히 횡지지된 조밀한 부재의 공칭 강도가 항복 한계상태에 의해 결정된다는 것을 보여준다. 이 한계상태의 경우, 기준의 F2절은 다음을 제공한다.

$$M_n = M_p = F_y Z \tag{6.6}$$

기준의 F1절은 또한 모든 휨한계상태에 대해 설계강도 및 허용강도가 다음을 이용하여 결정된다는 것을 나타낸다.

$$\phi = 0.90\ (\text{LRFD}) \qquad \Omega = 1.67(\text{ASD})$$

1장에서 논의된 B3.2절과 B3.4절로부터 설계 기초가 반복된다. ASD의 경우 허용 강도는 다음과 같다.

$$R_a \le \frac{R_n}{\Omega} \tag{1.1}$$

LRFD의 경우, 설계강도는 다음과 같다.

$$R_u \le \phi R_n \tag{1.2}$$

그림 6.6은 강축 소성 단면 계수 순서로 W형강을 나열한 매뉴얼 표 3-2의 일부를 보여준다. 이 그림은 조밀하고 횡지지된 보의 설계를 보조하기 위한 다음의 예에서 사용된다.

6.3a Example

－LRFD에 의한 보 설계－

주어진 조건으로 적은 가중치의 H 형강 부재를 결정하라.

조건: 단순히 양 단부에 지지된 A992 보의 경간은 20ft 이고, 그림 6.7에서 보여지듯이, 미드스팬에 자중 뿐 아니라 8.0 kips의 정하중, 24.0 kips의 활하중이 적용된다. 가로방향지지이고 조밀한 단면으로 가정하라.

풀이.

Step 1: 2.4단면으로부터 LRFD 하중 조합을 이용하여 소요강도를 결정하라.

$$P_u = 1.2P_D + 1.6P_L = 1.2(8.0) + 1.6(24.0) = 48.0\text{ kips}$$

$$M_u = \frac{P_u L}{4} = \frac{48(20)}{4} = 240\text{ ft-kips}$$

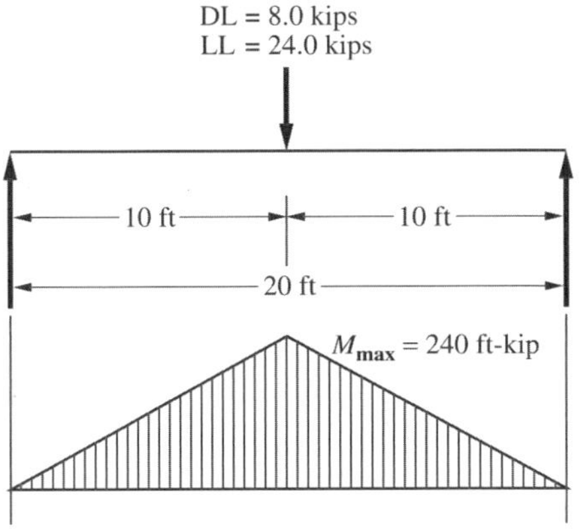

그림 6.7 • 예제 6.3의 보

Step 2: 소요 소성단면 계수를 결정하라. 그러므로 조밀하고 완전히 지지된 단면에서,

$$M_n = M_p = F_y Z$$

시방서 섹션 B3.3은 소요 모멘트가 허용 모멘트와 같거나 작은 것을 나타내고 있기 때문에, $M_u \leq \phi M_n = \phi F_y Z$

$$Z_{req} = \frac{M_u}{\phi F_y} = \frac{240(12)}{0.90(50)} = 64.0 \text{ in.}^3$$

Step 3: 소요 소성 단면 계수를 사용하여, 그림 6.6에 나타나있는 소성단면계수 표로부터 가중치가 적은 W형상을 결정하라. Z_x =64.0 in^{3}의 아래 부분에서 시작하고

$$\text{Select W18} \times 35 \quad (Z = 66.5 \text{ in.}^3)$$

이것은 소요 소성 단면 계수를 제공하는 섹션 무게에 근거한 가장 경제적인 W형상이다.

Step 4: 그림 6.6을 이용하여, 다른 접근법은 소요 모멘트 M_u = 240 ft-kips로 표를 입력하고 ϕM_n기둥을 진행한다. 같은 단면은 이 접근법으로 선택될 것이다.

Step 5: 선택된 보의 실제중량에 근거하여 추가적인 소요 강도를 결정하라. 보의 무게는 35 lb/ft 이다.

$$M_{u(self\text{-}weight)} = 1.2\left(\frac{0.035(20)^2}{8}\right) = 1.2(1.75) = 2.10 \text{ ft-kips}$$

Step 6: 새로운 소요 강도를 결정하기 위해 중첩 하중으로 인한 모멘트를 이 모멘트에 결합한다.

$$M_u = 240 + 2.10 = 242 \text{ ft-kips}$$

Step 7: 새로운 소요 소성 단면 계수를 결정하라.

$$Z_{req} = \frac{M_u}{\phi F_y} = \frac{(242)(12)}{0.90(50)} = 64.5 \text{ in.}^3$$

Step 8: 마지막 결정을 하라. 이 소요 소성 단면 계수는 이미 정해진 W18 × 35에 의해 제공된 것보다 적다. 따라서,

$$\text{W18} \times 35$$

Z_x

Table 3-2 (continued)
W-Shapes
Selection by Z_x

$F_y = 50$ ksi

Shape	Z_x	M_{px}/Ω_b	$\phi_b M_{px}$	M_{rx}/Ω_b	$\phi_b M_{rx}$	BF/Ω_b	$\phi_b BF$	L_p	L_r	I_x	V_{nx}/Ω_v	$\phi_v V_{nx}$
		kip-ft	kip-ft	kip-ft	kip-ft	kips	kips				kips	kips
	in.³	ASD	LRFD	ASD	LRFD	ASD	LRFD	ft	ft	in.⁴	ASD	LRFD
W18×35	**66.5**	**166**	**249**	**101**	**151**	**8.14**	**12.3**	**4.31**	**12.3**	**510**	**106**	**159**
W12×45	64.2	160	241	101	151	3.80	5.80	6.89	22.4	348	81.1	122
W16×36	64.0	160	240	98.7	148	6.24	9.36	5.37	15.2	448	93.8	141
W14×38	61.5	153	231	95.4	143	5.37	8.20	5.47	16.2	385	87.4	131
W10×49	60.4	151	227	95.4	143	2.46	3.71	8.97	31.6	272	68.0	102
W8×58	59.8	149	224	90.8	137	1.70	2.55	7.42	41.6	228	89.3	134
W12×40	57.0	142	214	89.9	135	3.66	5.54	6.85	21.1	307	70.2	105
W10×45	54.9	137	206	85.8	129	2.59	3.89	7.10	26.9	248	70.7	106
W14×34	**54.6**	**136**	**205**	**84.9**	**128**	**5.01**	**7.55**	**5.40**	**15.6**	**340**	**79.8**	**120**
W16×31	**54.0**	**135**	**203**	**82.4**	**124**	**6.86**	**10.3**	**4.13**	**11.8**	**375**	**87.5**	**131**
W12×35	51.2	128	192	79.6	120	4.34	6.45	5.44	16.6	285	75.0	113
W8×48	49.0	122	184	75.4	113	1.67	2.55	7.35	35.2	184	68.0	102
W14×30	**47.3**	**118**	**177**	**73.4**	**110**	**4.63**	**6.95**	**5.26**	**14.9**	**291**	**74.5**	**112**
W10×39	46.8	117	176	73.5	111	2.53	3.78	6.99	24.2	209	62.5	93.7
W16×26[v]	**44.2**	**110**	**166**	**67.1**	**101**	**5.93**	**8.98**	**3.96**	**11.2**	**301**	**70.5**	**106**
W12×30	43.1	108	162	67.4	101	3.97	5.96	5.37	15.6	238	64.0	95.9
W14×26	**40.2**	**100**	**151**	**61.7**	**92.7**	**5.33**	**8.11**	**3.81**	**11.0**	**245**	**70.9**	**106**
W8×40	39.8	99.3	149	62.0	93.2	1.64	2.46	7.21	29.9	146	59.4	89.1
W10×33	38.8	96.8	146	61.1	91.9	2.39	3.62	6.85	21.8	171	56.4	84.7
W12×26	**37.2**	**92.8**	**140**	**58.3**	**87.7**	**3.61**	**5.46**	**5.33**	**14.9**	**204**	**56.1**	**84.2**
W10×30	36.6	91.3	137	56.6	85.1	3.08	4.61	4.84	16.1	170	63.0	94.5
W8×35	34.7	86.6	130	54.5	81.9	1.62	2.43	7.17	27.0	127	50.3	75.5
W14×22	**33.2**	**82.8**	**125**	**50.6**	**76.1**	**4.78**	**7.27**	**3.67**	**10.4**	**199**	**63.0**	**94.5**
W10×26	31.3	78.1	117	48.7	73.2	2.91	4.34	4.80	14.9	144	53.6	80.3
W8×31[f]	30.4	75.8	114	48.0	72.2	1.58	2.37	7.18	24.8	110	45.6	68.4
W12×22	**29.3**	**73.1**	**110**	**44.4**	**66.7**	**4.68**	**7.06**	**3.00**	**9.13**	**156**	**64.0**	**95.9**
W8×28	27.2	67.9	102	42.4	63.8	1.67	2.50	5.72	21.0	98.0	45.9	68.9
W10×22	**26.0**	**64.9**	**97.5**	**40.5**	**60.9**	**2.68**	**4.02**	**4.70**	**13.8**	**118**	**49.0**	**73.4**
W12×19	**24.7**	**61.6**	**92.6**	**37.2**	**55.9**	**4.27**	**6.43**	**2.90**	**8.61**	**130**	**57.3**	**86.0**
W8×24	23.1	57.6	86.6	36.5	54.9	1.60	2.40	5.69	18.9	82.7	38.9	58.3
W10×19	**21.6**	**53.9**	**81.0**	**32.8**	**49.4**	**3.18**	**4.76**	**3.09**	**9.73**	**96.3**	**51.0**	**76.5**
W8×21	20.4	50.9	76.5	31.8	47.8	1.85	2.77	4.45	14.8	75.3	41.4	62.1

ASD	LRFD
$\Omega_b = 1.67$	$\phi_b = 0.90$
$\Omega_v = 1.50$	$\phi_v = 1.00$

[f] Shape exceeds compact limit for flexure with $F_y = 50$ ksi.

[v] Shape does not meet the h/t_w limit for shear in AISC *Specification* Section G2.1(a) with $F_y = 50$ ksi; therefore, $\phi_v = 0.90$ and $\Omega_v = 1.67$.

그림 6.6 • W-형강 : Z_x에 의한 선택. Copyright © American Institute of Steel Construction.

6.3b Example

−ASD에 의한 보 설계−

주어진 조건으로 적은 가중치의 H형강 부재를 결정하라.

조건: 단순히 양 단부에 지지된 A992 보의 경간은 20 ft 이고, 그림 6.7에서 보여 지듯이, 미드스팬에 자중 뿐 아니라 8.0 kips의 정하중, 24.0 kips의 활하중이 적용된다. 가로방향지지이고 조밀한 단면으로 가정하라.

풀이.

Step 1: 2.4단면으로부터 ASD 하중 조합을 이용하여 소요강도를 결정하라.

$$P_a = P_D + P_L = (8.0) + (24.0) = 32.0 \text{ kips}$$

$$M_a = \frac{P_a L}{4} = \frac{32.0(20)}{4} = 160 \text{ ft-kips}$$

Step 2: 소요 소성단면 계수를 결정하라. 그러므로 조밀하고 완전히 지지된 단면에서,

$$M_n = M_p = F_y Z$$

시방서 섹션 B3.4는 소요 모멘트가 허용 모멘트와 같거나 작은 것을 나타내고 있기 때문에, $M_a \leq M_n/\Omega = F_y Z/\Omega$

$$Z_{req} = \frac{M_a}{F_y/\Omega} = \frac{160(12)}{(50/1.67)} = \frac{160(12)}{30} = 64.0 \text{ in.}^3$$

Step 3: 소요 소성 단면 계수를 사용하여, 그림 6.6에 나타나있는 소성단면계수 표로부터 가중치가 적은 W형상을 결정하라. $Z_x = 64.0 \text{ in}^3$의 아래 부분에서 시작하고

$$\text{Select W18} \times 35 \ (Z = 66.5 \text{ in.}^3)$$

이것은 소요 소성 단면 계수를 제공하는 섹션 무게에 근거한 가장 경제적인 W형상이다.

Step 4: 그림 6.6을 이용하여, 다른 접근법은 소요 모멘트$M_a = 160$ ft-kips로 표를 입력하고 M_n/Ω기둥을 진행한다. 같은 단면은 이 접근법으로 선택될 것이다.

Step 5: 선택된 보의 실제중량에 근거하여 추가적인 소요 강도를 결정하라. 보의 무게는 35 lb/ft 이다.

$$M_{a(self\text{-}weight)} = \frac{0.035(20)^2}{8} = 1.75 \text{ ft-kips}$$

Step 6: 새로운 소요 강도를 결정하기 위해 중첩 하중으로 인한 모멘트를 이 모멘트에 결합한다.

$$M_a = 160 + 1.75 = 162 \text{ ft-kips}$$

Step 7: 새로운 소요 소성 단면 계수를 결정하라.

$$Z_{req} = \frac{M_a}{F_y/\Omega} = \frac{(162)(12)}{30} = 64.8 \text{ in.}^3$$

Step 8: 마지막 결정을 하라. 이 소요 소성 단면 계수는 이미 정해진 W18 × 35에 의해 제공된 것보다 적다. 따라서,

$$\text{W18} \times 35$$

6.4a Example

-LRFD에 의한 보 설계-

그림 6.8에 보인 것과 같이, 평면도에 A라고 표시되어있는 중간보에 대한 W 형상 가로보를 설계하라. 조건: 보는 층으로부터 보 자중 80 psf를 포함, 60 psf당 60 lb의 활하중과 정하중을 균등하게 받는다. 보는 교상에 의해 완전히 횡방향 지지를 받을 것이다. 그리고 조밀한 단면이 선택 될 것이다. A992 강철을 사용하라.

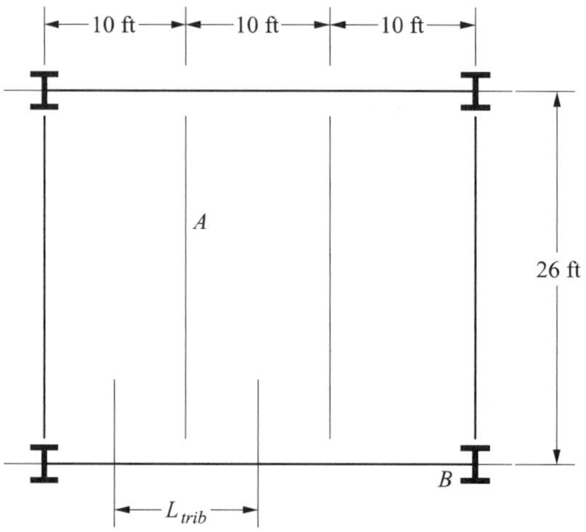

그림 6.8 • 예제 6.4의 골조 평면

풀이.

Step 1: 소요 하중과 모멘트를 결정하라.

$$w_u = (1.2w_D + 1.6w_L)L_{trib} = (1.2(60) + 1.6(80))(10) = 2000\ \text{lb/ft}$$

$$M_u = \frac{w_u L^2}{8} = \frac{2.0\ \text{kips/ft}(26\ \text{ft})^2}{8} = 169\ \text{ft-kips}$$

Step 2: 소요 소성 단면 계수를 결정하라.

조밀하고 완전히 지지된 보에서, $M_n = M_p = F_y Z$이다. 시방서의 B3.3 섹션은

$$M_u \le \phi M_n = \phi F_y Z$$

$$Z_{req} = \frac{M_u}{\phi F_y} = \frac{(169)(12)}{0.90(50)} = 45.1\ \text{in.}^3$$

Step 3: 그림 6.6에서 소성 단면 계수 경제 표를 사용하여, 가중치가 적은 가장 경제적인 W형상을 결정하라.

$$\text{W14} \times 30\ (Z = 47.3\ \text{in.}^3)$$

Step 4: 선택된 보의 실제 무게에 근거한 추가적인 소요 강도를 결정하라. 보의 무게는 30 lb/ft이다.

$$M_{u(self\text{-}weight)} = 1.2\left(\frac{0.030(26)^2}{8}\right) = 1.2(2.54) = 3.04\ \text{ft-kips}$$

Step 5: 새로운 소요 강도를 결정하기 위해 중첩 하중으로 인한 모멘트를 이 모멘트에 결합한다.

$$M_u = 169 + 3.04 = 172\ \text{ft-kips}$$

Step 6: 새로운 소요 소성 단면 계수를 결정하라.

$$Z_{req} = \frac{M_u}{\phi F_y} = \frac{(172)(12)}{0.90(50)} = 45.9\ \text{in.}^3$$

Step 7: 마지막 결정을 하라. 이 소요 소성 단면 계수는 이미 정해진 W14 × 30에 의해 제공된 것보다 적다. 따라서,

$$W14 \times 30$$

Step 8: 예제 6.3에서 보여진 것과 같이, 다른 접근법은 소요 모멘트 $M_u = 172$ ft-kips를 사용하고 같은 W형상을 결정하기 위해 ϕM_n기둥을 입력하는 것이다.

6.4b Example

−ASD에 의한 보 설계−

그림 6.8에 보인 것과 같이, 평면도에 A라고 표시되어있는 중간보에 대한 W 형상 가로보를 설계하라. 조건: 보는 층으로부터 보 자중 80 psf를 포함, 60 psf당 60 lb의 활하중과 정하중을 균등하게 받는다. 보는 교상에 의해 완전히 횡방향 지지를 받을 것이다. 그리고 조밀한 단면이 선택될 것이다. A992 강철을 사용하라.

풀이.

Step 1: 소요 하중과 모멘트를 결정하라.

$$w_a = (w_D + w_L)L_{trib} = (60 + 80)(10) = 1400\ \text{lb/ft}$$

$$M_a = \frac{w_a L^2}{8} = \frac{1.40\ \text{kips/ft}(26\ \text{ft})^2}{8} = 118\ \text{ft-kips}$$

Step 2: 소요 소성 단면 계수를 결정하라. 조밀하고 완전히 지지된 보에서, $M_n = M_p = F_y Z$이다. 시방서의 B3.3 섹션은

$$M_a \le \frac{M_n}{\Omega} = \frac{F_y Z}{\Omega}$$

$$Z_{req} = \frac{M_a}{F_y/\Omega} = \frac{(118)(12)}{30} = 47.2\ \text{in.}^3$$

Step 3: 그림 6.6에서 소성 단면 계수 경제 표를 사용하여, 가중치가 적은 가장 경제적인 W형상을 결정하라.

$$W14 \times 30\ (Z = 47.3\ \text{in.}^3)$$

Step 4: 선택된 보의 실제 무게에 근거한 추가적인 소요 강도를 결정하라. 보의 무게는 30 lb/ft이다.

$$M_{a(self\text{-}weight)} = \frac{0.030(26)^2}{8} = 2.54\ \text{ft-kips}$$

Step 5: 새로운 소요 강도를 결정하기 위해 중첩 하중으로 인한 모멘트를 이 모멘트에 결합한다.

$$M_a = 118 + 2.54 = 121\ \text{ft-kips}$$

Step 6: 새로운 소요 소성 단면 계수를 결정하라.

$$Z_{req} = \frac{M_a}{F_y/\Omega} = \frac{(121)(12)}{30} = 48.4\ \text{in.}^3$$

Step 7: 마지막 결정을 하라. 이 소요 소성 단면 계수는 이미 정해진 W14 × 30에 의해 제공된 것보다 적다. 따라서,

$$W16 \times 31$$

Step 8: 예제 6.3a에 보인 것과 같이, 다른 접근법은 소요 모멘트 $M_a = 121$ ft-kips를 사용하고 같은 W형상을 결정하기 위해 M_n/Ω기둥을 입력하는 것이다.

보의 자중을 포함하는 경우에 대한 다른 접근법은 보의 무게에 대한 예비 추정값으로 시작한다. 첫 번째 단면이 가정될 때, 보의 무게는 이미 포함된다. 그리고 가정된 무게는 선택된 형상의 무게와 비교된다. 가정된 무게가 선택된 무게보다 클 때, 보는 적절하다. 만일 위 또는 아래에 상당한 차이가 있다면, 두 번째 가정 형상이 선택될 수 있다.

6.4 조밀하고 횡방향으로 비지지된 와이드플랜지의 설계

6.4.1 횡 비틀림 좌굴

휨부재 단면의 압축 지역은 순수 압축부재가 좌굴되는 것과 비슷하게 좌굴이 발생하는 경향이 있다. 주요 차이점은 휨 인장 지역이 좌굴에 저항하도록 돕는다는 것이다. 휨에서 와이드플랜지 부재의 상부는 순수한 압축에서 T형과 같이 거동한다. 이 T형은 웹에 의해 가로 축에 대해 완전히 지지되고, 그 방향으로 좌굴이 발생하지 않는다. 그러나 수직축에 대한 좌굴의 경우 거리에 대해 비지지될 수 있다. 따라서 횡으로 좌굴하는 경향이 있다. 인장영역이 횡좌굴에 저항하는 경향이 있기 때문에, 형상은 실제로 조합된 횡과 비틀림 모드로 좌굴한다. 보의 중간 경간은 평면의 아래 방향으로 처지고 비틀리면서 횡으로 좌굴한다. 실내 실험에서 횡 비틀림 좌굴 때문에 파괴되는 보가 그림 6.9에 나타난다. 보는 약축에 대해 처지는 경향을 보인다. 이러한 경향에 저항하기 위해, 기준의 B3.6절과 F1(2)는 모든 휨부재는 횡축에 대한 회전에 대해 지점에서 구속된다고 요구한다. 만일 보가 길이를 따라 충분한 횡과/또는 비틀림 지지를 가지고 있다면, 조밀 단면은 좌굴하기 전에 항복할 것이다. 이런 경우는 6.2절과 6.3절에서 논의 되었다. 항복하기 전에 좌굴이 발생한다면, 공칭 모멘트 강도는 소성 모멘트보다 작다.

보 단면이 횡 비틀림 좌굴 없이 완전 소성 모멘트 강도에 도달할 수 있도록 하기 위해, 기준의 F2.2절은 다음의 세장비를 제한한다.

$$\frac{L_b}{r_y} \leq 1.76\sqrt{\frac{E}{F_y}} \tag{6.7}$$

여기서 L_b = 압축플랜지의 느슨해진 길이

r_y = y축에 대한 형상 회전반경

이 한계에 대한 실용적인 적용은 세장비의 형태로 회전 반경의 조합보다 비지지 길이를 사용하는 것이다. 이것은 기준의 식 F2-5에 주어진 완전 소성 모멘트 강도를 얻기 위한 요구사항을 초래한다.

그림 6.9 • 실험 골조 보의 횡-비틀림 좌굴. Photo courtesy of Donald W. White

$$L_b \le L_p = 1.76\, r_y \sqrt{\frac{E}{F_y}} \tag{6.8}$$

따라서, L_p는 형상이 소성 모멘트 강도에 도달하도록 허용하는 최대 비지지 길이이다. 이 값은 각 형상에 대해 나열되고, 그림 6.6에 나타낸 것의 일부를 매뉴얼 표 3-1에 나타내었고 매뉴얼의 일부 다른 절에 나타내었다.

보의 비지지길이가 L_p를 초과하면, 소성 모멘트 이하의 하중에서 횡 자굴이 발생하기 때문에 강도는 감소한다. 단순지지 이중 대칭 부재의 경우, 폐쇄형 해(closed-form solution)가 문헌에서 확립된다. The Guide to Stability Design Criteria for Metal Structures는 폐쇄형 해에 기초한 기준의 방정식의 개발을 보여준다.

W형상의 탄성 횡 비틀림 좌굴(LTB) 강도는 기준의 F2.2절에 다음과 같이 주어진다.

$$M_n = F_{cr}\, S_x \tag{6.9}$$

여기서,

$$F_{cr} = \frac{\pi^2 E}{\left(\dfrac{L_b}{r_{ts}}\right)^2} \sqrt{1 + 0.078 \frac{J c}{S_x h_o} \left(\frac{L_b}{r_{ts}}\right)^2} \tag{6.10}$$

만일 부재에서 실제 응력이 어떤 점에서도 F_y를 초과하지 않는다면 보는 탄성으로 좌굴한다. 모든 열연 압연 형상은 5.3.4절의 기둥에서 논의된 것과 같이 잔류 응력이 존재하기 때문에 이 탄성 LTB 식의 유용성에는 한계가 있다. 기준은 잔류응력을 $0.3F_y$ 정도로 정해서 오직 $0.7F_y$가 탄성으로 휨 모멘트에 저항할 수 있다. 이 제한은 최대 탄성 모멘트를

$M_{rLTB} = 0.7F_y S_x$로 만든다. 만일 식 (6.10)이 $0.7F_y$와 같다면, 부재가 탄성으로 좌굴하는 것 이상으로 비지지 길이 L_r을 제한하는 것이 결정된다. 기준의 F2절에 나와 있는 제한인 식 F2-6은 다음과 같다.

$$L_r = 1.95\, r_{ts} \frac{E}{0.7F_y} \sqrt{\frac{Jc}{S_x h_o} + \sqrt{\left(\frac{Jc}{S_x h_o}\right)^2 + 6.76\left(\frac{0.7F_y}{E}\right)^2}} \tag{6.11}$$

L_p와 L_r 사이의 비지지 길이를 갖는 보는 비탄성으로 좌굴한다. 이 범위에서 실험 결과와 비교했을 때, 공칭 모멘트 M_n은 직선의 식에 의해 합리적으로 예측된다. M_{rLTB}를 사용하여 수정되고 $C_b = 1$을 취하여 후에 논의될 공칭 모멘트 강도에 대한 기준 식은 다음과 같다.

$$M_n = \left[M_p - (M_p - M_{rLTB})\left(\frac{L_b - L_p}{L_r - L_p}\right)\right] \tag{6.12}$$

식 (6.10)과 식 (6.11)로부터 F_{cr}과 L_r의 결정은 다소 어려워 보일 수 있지만 매뉴얼은 약간의 노력으로 결정하도록 하는 광범위한 표를 제공한다.

비지지길이에 대한 함수로 빔의 공칭모멘트강도에 대한 완전한 그림은 그림 6.10에 나타내었다. 여기서 곡선은 적절한 강도식에 따라 나타내었다. 이것과 유사한 곡선은 각 W형강에 대한 매뉴얼 표 3-10과 C-와 MC-형강에 대한 표 3-11에서 이용할 수 있다. 이 곡선의 예는 그림 6.11에 나타내었다.

M_n은 계산을 통해 구할 수 있다면 추가적인 단순화가 곡선의 직선 구간에 적용될 수 있다. 식 (6.12)로부터 비율은 각 보의 형상에 대해 일정하고 공칭 강도로 쓰일 때, 다양한 BF로 정의된다.

$$\left(\frac{M_p - M_{rLTB}}{L_r - L_p}\right)$$

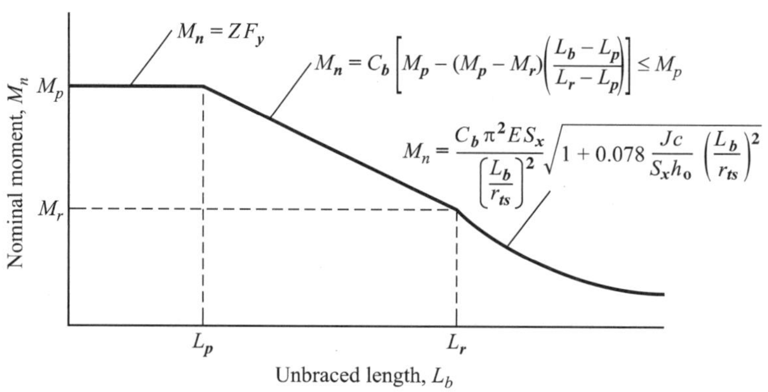

그림 6.10 • 횡-비틀림 좌굴

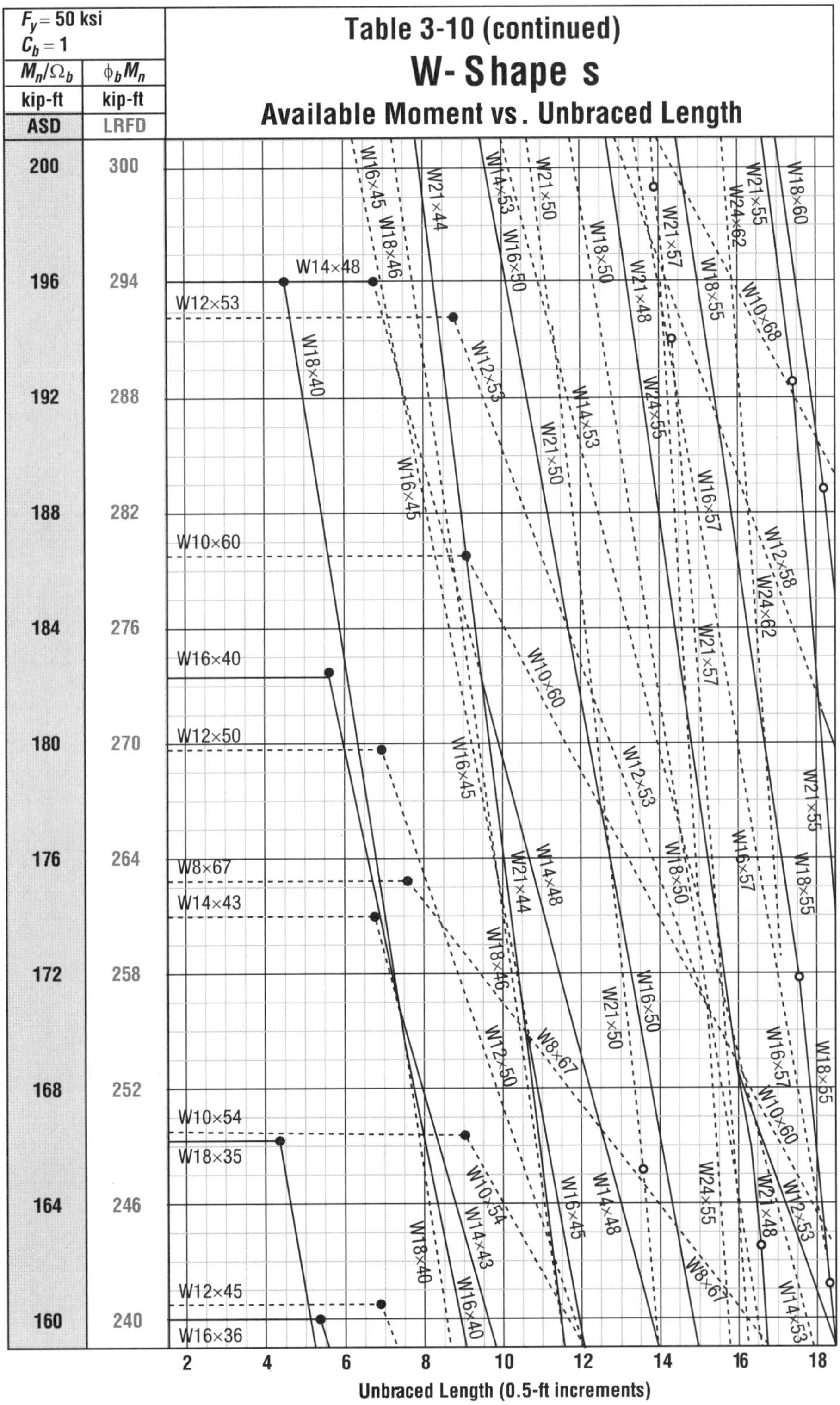

그림 6.11 • W-형강 : 가용모멘트 vs. 비지지길이.

6.5a Example

－LRFD에 의한 보 설계－

매뉴얼 표 3-10을 이용하여, 압축 플랜지의 비지지 길이를 고려하고 W형상 보를 결정하라.

조건: 보의 경간은 30 ft이고 282 ft-kips의 소요 강도를 가진다. 단부와 미드스팬(midspan)에 횡방향 지지를 가질 것이다. A992강철을 사용하라.

풀이.

Step 1: 소요 모멘트 강도와 비지지 길이를 결정하라. 주어진 자료로부터,

$$M_u = 282 \text{ ft-kips}$$
$$L_b = 15.0 \text{ ft}$$

Step 2: 그림 6.11에서 주어진 매뉴얼 표 3-10으로부터 가중치가 적은 W형상을 결정하라. $\phi M_n = 282$ ft-kips의 설계 강도와 $L_b = 15.0$ ft의 비지지 길이에서 표 3-10을 입력하라. 오른쪽 상단의 첫 번째 실선은 비지지 길이에 이 모멘트를 전달하기에 충분한 가중치가 적은 형상을 나타낸다.

Step 3: 그러므로, W18 × 55

6.5b Example

－ASD에 의한 보 설계－

매뉴얼 표 3-10을 이용하여, 압축 플랜지의 비지지 길이를 고려하고 W형상 보를 결정하라.

조건: 보의 경간은 30 ft이고 188 ft-kips의 소요 강도를 가진다. 단부와 미드스팬(midspan)에 횡방향 지지를 가질 것이다. A992강철을 사용하라.

풀이.

Step 1: 소요 모멘트 강도와 비지지 길이를 결정하라. 주어진 자료로부터,

$$M_a = 188 \text{ ft-kips}$$
$$L_b = 15.0 \text{ ft}$$

Step 2: 그림 6.11에서 주어진 매뉴얼 표 3-10으로부터 가중치가 적은 W형상을 결정하라. $M_n/\Omega = 188$ ft-kips의 설계 강도와 $L_b = 15.0$ ft의 비지지 길이에서 표 3-10을 입력하라. 오른쪽 상단의 첫 번째 실선은 비지지 길이에 이 모멘트를 전달하기에 충분한 가중치가 적은 형상을 나타낸다.

Step 3: 그러므로, W18 × 55

이 상수는 매뉴얼 표 3-1에 나열되었고, 각각 LRFD와 ASD에 대해 ϕ/BF와 BF/Ω가 그림 6.6과 같이 나타난다. 따라서 공칭 강도에 대해 식 (6.12)는 다음과 같이 다시 쓰일 수 있다.

$$M_n = M_p - BF(L_b - L_p) \tag{6.13a}$$

LRFD의 경우

$$\phi M_n = \phi M_p - \phi BF(L_b - L_p) \tag{6.13b}$$

ASD의 경우

$$\frac{M_n}{\Omega} = \frac{M_p}{\Omega} - \frac{BF}{\Omega}(L_b - L_p) \tag{6.13c}$$

6.4.2 모멘트 구배

식 (6.9), (6.12), (6.13a)에서 정의된 보의 공칭강도는 모멘트는 그림 6.12a에서와 같이 보의 전체 길이에 대해 균일하다고 가정한다. 횡－비틀림 좌굴 한계상태에 대해 이는 가장 가혹한 하중의 경우이고, 그 이유는 이러한 하중조건은 기둥에서와 같이 보의 전체길이에 최대수준의 응력을 발생시키기 때문이다. 다른 하중 패턴에서의 모멘트선도 결과는 보의 압축력은 모멘트선도에 따라 변화한다. 따라서, 부재에 대해 감소된 응력은 LTB 발생의 경향을 감소시키고 강도는 증가시키는 결과를 가져온다. 부재의 비지지된 부분(segment)에서의 모멘트 변화는 모멘트 구배(moment gradient)라고 부르고, 이는 모멘트가 특정길이를 따라 어떻게 변화하는지를 묘사한다.

일정하지 않은 모멘트선도를 유발하는 일반적인 하중의 경우, 식 (6.9), (6.12), 또는 (6.13)으로부터 계산되는 공칭 모멘트강도는 모멘트 구배를 고려하여 증가되고 식 (6.9)는 다음과 같이 된다.

$$M_n = C_b F_{cr} S_x \leq M_p \tag{6.14}$$

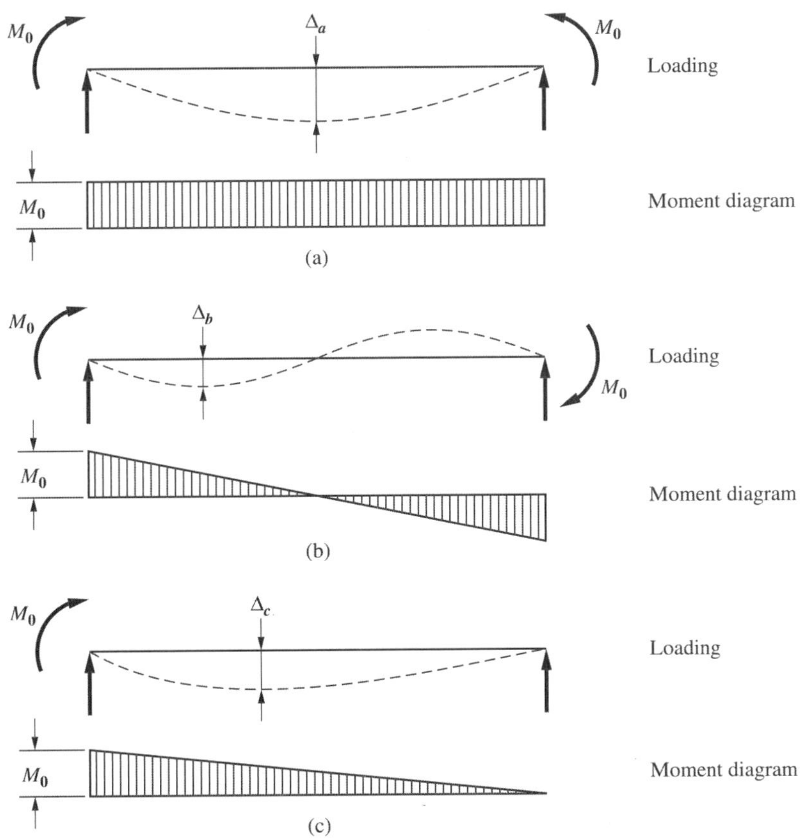

그림 6.12 • 세 개의 다른 하중 조건 하에서 최대모멘트에 대한 저항

그리고 식 (6.12)는 다음과 같이 된다.

$$M_n = C_b\left[M_p - (M_p - M_{rLTB})\left(\frac{L_b - L_p}{L_r - L_p}\right)\right] \le M_p \tag{6.15}$$

횡-비틀림 좌굴 수정계수 C_b는 부재의 비지지 길이에 대한 비균일 모멘트선도를 설명한다. C_b를 결정하기 위한 많은 식들이 문헌에서 제안되었다. Guide to Stability Design Criteria for Metal Structures(각주 2)는 이러한 제안식들의 요약을 잘 보여준다. 시방서 F1절에서 제시되는 식은

$$C_b = \frac{12.5M_{\max}}{2.5M_{\max} + 3M_A + 4M_B + 3M_C} \tag{6.16}$$

여기서, $M_{\max}$ = 비지지 부재(segment)의 최대모멘트 절대값

M_A = 비지지 부재의 1/4점에서의 모멘트 절대값

M_B = 비지지 부재의 중앙점에서의 모멘트 절대값

M_C = 비지지 부재의 3/4점에서의 모멘트 절대값

Table 3–1
Values for C_b for Simply Supported Beams

Load	Lateral Bracing Along Span	C_b
P	None Load at midpoint	1.32
	At load point	1.67 1.67
P P	None Loads at third points	1.14
	At load points Loads symmetrically placed	1.67 1.00 1.67
P P P	None Loads at quarter points	1.14
	At load points Loads at quarter points	1.67 1.11 1.11 1.67
w	None	1.14
	At midpoint	1.30 1.30
	At third points	1.45 1.01 1.45
	At quarter points	1.52 1.06 1.06 1.52
	At fifth points	1.56 1.12 1.00 1.12 1.56

Note: Lateral bracing must always be provided at points of support per AISC Specification Chapter F.

그림 6.13 • 단순지지 보에 대한 C_b값
Copyright © American Institute of Steel Construction.

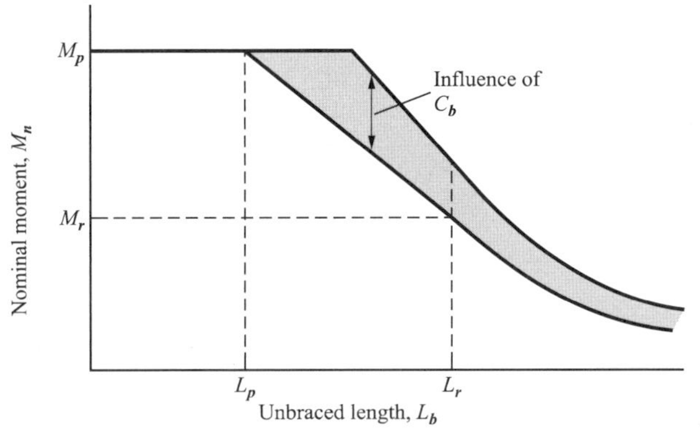

그림 6.14 • 모멘트 구배의 영향

균일한 모멘트에 대한 $C_b = 1.0$은 다른 경우들에서도 보수적으로 1.0으로 적용할 수 있다. 그러나 이렇게 적용하는 것은 설계자가 상당한 경제성을 희생하는 것이다. 그림 6.13은 하중조건의 예시, 브레이싱 조건 및 이에 해당하는 C_b값들을 보여준다.

모멘트 구배계수 C_b의 효과는 그림 6.14에서 보이는 것처럼 상수(constant)에 의해 공칭 모멘트－비지지길이 관계를 변경하는 것이다. 비지지길이가 아무리 작더라도 부재의 공칭 모멘트강도는 소성모멘트 강도를 초과할 수 없다. 따라서, 그림 6.14 곡선의 윗 부분은 M_p에서 종료된다.

6.6a Example

－모멘트 구배를 고려한 LRFD에 의한 보 강도 및 설계－

그림 6.15에 보이는 W14 × 34 보가 주어진 하중을 전달하는지 결정하라. 모멘트 구배 (a) $C_b = 1.0$, (b) 식 6.16으로부터의 C_b를 고려하여, (c) 적절한 C_b를 사용하여 하중을 전달할 수 있는 가장 가벼운 단면을 결정하라.

조건: 그림 6.15는 한 지점은 고정 다른 지점은 핀인 보를 보여준다. 보는 중간경간(midspan)에 8 kips의 집중 사하중과 24 kips의 집중 활하중을 가진다. 횡방향 가새는 각 지점 및 하중작용점에 위치한다.

풀이.

Step 1: 소요강도를 구한다. 하중조합 1.2D + 1.6L에 대해,

$$P_u = 1.2(8.0) + 1.6(24.0) = 48.0 \text{ kips}$$

Step 2: 부정정보의 탄성해석으로부터 최대 모멘트를 구한다. 고정단에서의 모멘트는 그림 6.15에 보이는 것처럼,

$$M_u = 180 \text{ ft-kips}$$

Step 3: 식 (6.13b)를 사용하기 위해 필요한 값들을 매뉴얼 표 3-2로부터 구한다. W14 × 34, $Z = 54.6 \text{ in}^3$, $L_p = 5.40$ ft, $L_r = 15.6$ ft, $\phi M_p = 205$ ft-kips, $\phi BF = 7.55$ kips.

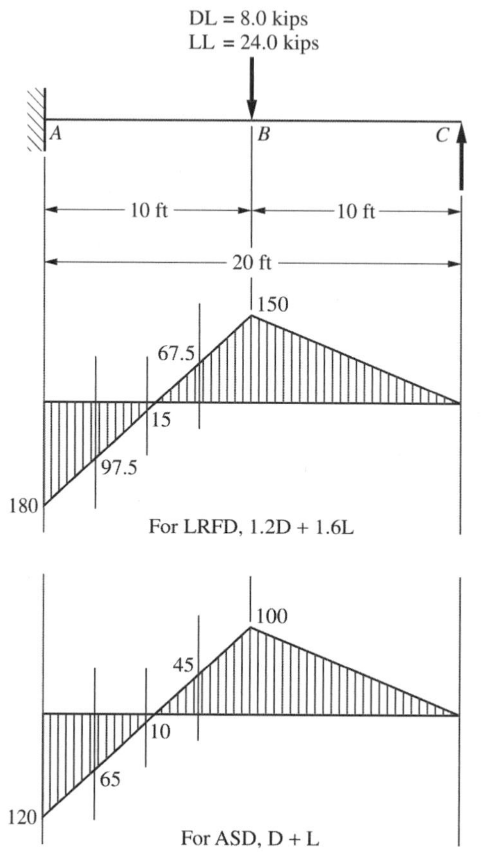

그림 6.15 • 예제 6.5의 보

Part(a): $C_b = 1.0$

Step 4: 지점과 하중재하점에서 압축플랜지에 횡방향 가새를 가지는, $L_b = 10$ ft, 경우에 대해 설계 모멘트강도를 구한다.

$L_b = 10\text{ ft} > L_p$이므로,

$$\phi M_n = (\phi M_p - \phi BF(L_b - L_p))$$
$$\phi M_n = (205 - 7.55(10.0 - 5.40)) = 170\text{ ft-kips} < 180\text{ ft-kips}$$

대안적 방법으로, 비지지길이 10 ft로 매뉴얼 표 3-10에 들어가면 W14 × 34의 설계강도 170 ft-kips을 확인할 수 있다. 그러므로,

$C_b = 1.0$이라면 보는 적절하지 않다.

Part(b): 계산된 C_b값을 사용하라.

Step 5: 보의 두 개의 비지지부분에 대해 올바른 C_b를 구한다.

비지지부분 BC에 대해 그림 6.13으로부터 $C_b = 1.67$. 이 C_b는 보의 B점에서 최대모멘트 150 ft-kips에 상응한다. W14 × 34는 part(a)에서 보인바와 같이 C_b를 고려하지 않아도 모멘트에 저항할 수 있다.

비비지부분 AB에 대해 C_b는 계산되어야 한다. 식 (6.16)을 사용하고 그림 (6.15)에 보이는 AB부분의 1/4점들에서의 모멘트값들을 사용하여,

$$C_b = \frac{12.5(180)}{2.5(180) + 3(97.5) + 4(15.0) + 3(67.5)} = 2.24$$

Step 6: 계산된 C_b값 및 part(a)에서 구한 설계 모멘트강도를 사용하고, 식 (6.13b)를 C_b로 증폭시키고 ϕM_p로 한정하여 설계 모멘트 강도를 구한다.

$$\phi M_n = C_b(\phi M_p - \phi BF(L_b - L_p)) \leq \phi M_p$$

$$\phi M_n = 2.24(170) = 381 \text{ ft-kips} > \phi M_p = 205 \text{ ft-kips}$$

그러므로, 보의 제한(limiting) 강도는

$$\phi M_n = 205 \text{ ft-kips} > 180 \text{ kip-ft, and}$$

$$\text{W14} \times 34$$

Part(c):

$C_b = 2.24$를 고려할 때, 더 작은 단면을 시도해볼 수 있다.

Step 7: $\phi M_n = \phi M_p$를 가정하여 W16 × 31을 시도한다. 매뉴얼 표 3-2로부터 필요한 값들을 얻는다.

$$\phi M_p = 203 \text{ ft-kips}, \ L_p = 4.13 \text{ ft}, \ L_r = 11.8 \text{ ft}, \ \phi BF = 10.3 \text{ kips}$$

Step 8: $L_b = 10$ ft $>$ $L_p = 4.13$ ft이므로, C_b와 함께 식 (6.13b)를 사용한다.

$$\phi M_n = C_b(\phi M_p - \phi BF)(L_b - L_p)$$

$$\phi M_n = 2.24(203 - 10.3(10.0 - 4.13)) = 2.24(143) = 320 \text{ ft-kips}$$

$$\phi M_n = 203 \text{ kip-ft} > 180 \text{ ft-kips}$$

$$\text{W16} \times 31$$

6.6b Example

－모멘트 구배를 고려한 ASD에 의한 보 강도 및 설계－

그림 6.15에 보이는 W14x34 보가 주어진 하중을 전달하는지 결정하라. 모멘트 구배 (a) $C_b = 1.0$, (b) 식 6.16으로부터의 C_b를 고려하여, (c) 적절한 C_b를 사용하여 하중을 전달할 수 있는 가장 가벼운 단면을 결정하라.

조건: 그림 6.15는 한 지점은 고정 다른 지점은 핀인 보를 보여준다. 보는 중간경간(midspan)에 8 kips의 집중 사하중과 24 kips의 집중 활하중을 가진다. 횡방향 가새는 각 지점 및 하중작용점에 위치한다.

풀이.

Step 1: 소요강도를 구한다. 하중조합 D + L에 대해,

$$P_a = (8.0) + (24.0) = 32 \text{ kips}$$

Step 2: 부정정보의 탄성해석으로부터 최대 모멘트를 구한다. 고정단에서의 모멘트는 그림 6.15에 보이는 것처럼,

$$M_a = 120 \text{ ft-kips}$$

Step 3: 식 (6.13b)를 사용하기 위해 필요한 값들을 매뉴얼 표 3-2로부터 구한다.

$$W14 \times 34,\ Z = 54.6\ \text{in.}^3,\ L_p = 5.40\ \text{ft},\ L_r = 15.6\ \text{ft},$$
$$M_p/\Omega = 136\ \text{ft-kips, and } BF/\Omega = 5.01\ \text{kips}$$

Part(a): $C_b = 1.0$

Step 4: 지점과 하중재하점에서 압축플랜지에 횡방향 가새를 가지는, $L_b = 10$ ft, 경우에 대해 허용 모멘트강도를 구한다.

$L_b = 10\ \text{ft} > L_p$이므로,

$$\frac{M_n}{\Omega} = \left(\frac{M_p}{\Omega} - \frac{BF}{\Omega}(L_b - L_p)\right)$$

$$M_n/\Omega = 136 - 5.01(10.0 - 5.40) = 113\ \text{ft-kips} < 120\ \text{kip-ft}$$

대안적 방법으로, 비지지길이 10 ft로 매뉴얼 표 3-10에 들어가면 W14 × 34의 허용강도 113 ft-kips을 확인할 수 있다. 그러므로,

$C_b = 1.0$이라면 보는 적절하지 않다.

Part(b): 계산된 C_b값을 사용하라.

Step 5: 보의 두 개의 비지지부분에 대해 올바른 C_b를 구한다.

비지지부분 BC에 대해 그림 6.13으로부터 $C_b = 1.67$. 이 C_b는 보의 B점에서 최대모멘트 100 ft-kips에 상응한다. W14 × 34는 part(a)에서 보인바와 같이 C_b를 고려하지 않아도 모멘트에 저항할 수 있다.

비비지부분 AB에 대해 C_b는 계산되어야 한다. 식 (6.16)을 사용하고 그림 6.15에 보이는 AB부분의 1/4점들에서의 모멘트값들을 사용하여,

$$C_b = \frac{12.5(120)}{2.5(120) + 3(65.0) + 4(10.0) + 3(45.0)} = 2.24$$

Step 6: 계산된 C_b값 및 part(a)에서 구한 허용 모멘트강도를 사용하고, 식 (6.13b)를 C_b로 증폭시키고 ϕM_p로 한정하여 허용 모멘트 강도를 구한다.

$$\frac{M_n}{\Omega} = C_b\left(\frac{M_p}{\Omega} - \frac{BF}{\Omega}(L_b - L_p)\right) \le \frac{M_p}{\Omega}$$

$$M_n/\Omega = 2.24(113) = 253\ \text{ft-kips} > M_p/\Omega = 136\ \text{ft-kips}$$

그러므로, 보의 제한(limiting) 강도는

$$M_p/\Omega = 136\ \text{ft-kips} > 120\ \text{kip-ft, and}$$
$$W14 \times 34$$

Part(c):

$C_b = 2.24$를 고려할 때, 더 작은 단면을 시도해볼 수 있다.

Step 7: $M_n/\Omega = M_p/\Omega$를 가정하여 W16 × 31을 시도한다. 매뉴얼 표 3-2로부터 필요한 값들을 얻는다.

$$M_p/\Omega = 135\ \text{kip-ft},\ L_p = 4.13\ \text{ft},\ L_r = 11.8\ \text{ft},\ BF/\Omega = 6.86\ \text{kips}$$

Step 8: $L_b = 10$ ft $>$ $L_p = 4.13$ ft이므로, C_b와 함께 식 (6.13b)를 사용한다.

$$\frac{M_n}{\Omega} = C_b\left(\frac{M_p}{\Omega} - \frac{BF}{\Omega}(L_b - L_p)\right) \leq \frac{M_p}{\Omega}$$

$$M_n/\Omega = 2.24(135 - 6.86(10.0 - 4.13)) = 2.24(94.7) = 212 \text{ ft-kips}$$

여기서 $M_n/\Omega = 212$ ft-kips $> M_p/\Omega = 135$ ft-kips.

$$M_p/\Omega = 135 \text{ kip-ft} > 120 \text{ ft-kips}$$

$$\text{W}16 \times 31$$

예제 5.5에서 보여준 매뉴얼 표 3-10은 비지지길이를 고려하는 설계에서 효과적으로 도움이 된다. 설계가 비지지길이 뿐만 아니라 모멘트 구배를 고려할 때, 예제 6.7에서 보일 것처럼, 표 3-10의 차트도 동일하게 유용할 것이다.

6.7a Example

−LRFD에 의한 보 설계−

매뉴얼 표 3-10을 사용하여 압축플랜지에서의 비지지길이 및 모멘트 구배를 고려하여 W-단면을 선택하라.

조건: 예제 5.5a에서와 같이 보의 스팬길이는 30 ft이고 소요강도는 282 ft-kips이다. 중앙경간에 집중하중이 작용하고 양끝 및 중앙경간에 횡방향 지지를 가진다. A992강을 사용하라.

풀이.

Step 1: 소요 모멘트강도 및 비지지 길이를 구한다. 주어진 정보로부터,

$$M_u = 282 \text{ ft-kips}$$

$$L_b = 15.0 \text{ ft}$$

Step 2: 그림 6.13으로부터 적절한 C_b를 구한다.

중앙경간에 집중하중과 양단 및 하중점에 횡지지를 가지는 보에 대해 $C_b = 1.67$.

Step 3: 표에 들어가기 위한 모멘트를 구한다.

모멘트 구배로 인한 강도 증가를 고려하기 위해, 소요모멘트를 C_b로 나누고 이 값으로 주어진 비지지길이와 함께 표에 들어간다. 따라서 설계 모멘트강도로 표 3-10에 들어가면

$$\frac{\phi M_n}{C_b} = \frac{282}{1.67} = 169 \text{ ft-kips}$$

그리고 비지지 길이 $L_b = 15.0$ ft.

Step 4: 위 및 오른쪽의 첫 번째 실선은 이 비지지길이에서 이 모멘트를 전달하기에 충분한 가장 경량의 단면을 의미한다. 그림 6.11에서 이를 찾을 수 없기 때문에, 매뉴얼 표 3-10을 사용하여 W12 × 40를 선택한다. 이 부재는 교차점에서 오른쪽에 나타난다.

Step 5: W12 × 40의 최대강도를 구한다.

매뉴얼 표 3-2로부터 $\phi M_p = 214$ ft-kips. 이는 소요강도 $M_u = 282$ ft-kips보다 작기 때문에 이 W-형강은 적절하지 않다.

Step 6: 매뉴얼 표 3-2로부터 $\phi M_p \geq$ 282 ft-ksi 인 단면을 선택한다. 따라서 $\phi M_p =$ 294 ft-ksi 인 W18 × 40을 선택한다.

Step 7: 매뉴얼 표 3-10에서, W18 × 40에 대하여 실선 혹은 점선이 $\phi M_n =$ 169 ft-ksi 및 $L_b =$ 15 ft 교차점의 위 및 오른쪽에 있는지 확인한다. 따라서, 다음을 선택한다.

W18 × 40

6.7b Example

-ASD에 의한 보 설계-

매뉴얼 표 3-10을 사용하여 압축플랜지에서의 비지지길이 및 모멘트 구배를 고려하여 W-단면을 선택하라.

조건: 예제 5.5b에서와 같이 보의 스팬길이는 30 ft이고 소요강도는 188 ft-kips이다. 중앙경간에 집중하중이 작용하고 양끝 및 중앙경간에 횡방향 지지를 가진다. A992 강을 사용하라.

풀이.

Step 1: 소요 모멘트강도 및 비지지 길이를 구한다. 주어진 정보로부터,

$$M_a = 188 \text{ ft-kips}$$

$$L_b = 15.0 \text{ ft}$$

Step 2: 그림 6.13으로부터 적절한 C_b를 구한다.

중앙경간에 집중하중과 양단 및 하중점에 횡지지를 가지는 보에 대해 $C_b = 1.67$.

Step 3: 표에 들어가기 위한 모멘트를 구한다.

모멘트 구배로 인한 강도 증가를 고려하기 위해, 소요모멘트를 C_b에 의해 나누고 이 값으로 주어진 비지지길이와 함께 표에 들어간다. 따라서 설계 모멘트강도로 표 3-10에 들어가면

$$\frac{M_n/\Omega}{C_b} = \frac{188}{1.67} = 113 \text{ ft-kips}$$

그리고 비지지 길이 $L_b = 15.0$ ft.

Step 4: 위 및 오른쪽의 첫 번째 실선은 이 비지지길이에서 이 모멘트를 전달하기에 충분한 가장 경량의 단면을 의미한다. 그림 6.11에서 이를 찾을 수 없기 때문에, 매뉴얼 표 3-10을 사용하여 W12 × 40를 선택한다. 이 부재는 교차점에서 오른쪽에 나타난다.

Step 5: W12 × 40의 최대강도를 구한다.

매뉴얼 표 3-2로부터 $M_p/\Omega =$ 142 ft-kips. 이는 소요강도 $M_a =$ 188 ft-kips보다 작기 때문에 이 W-형강은 적절하지 않다.

Step 6: 매뉴얼 표 3-2로부터 $\phi M_p/\Omega \geq$ 188 ft-ksi인 단면을 선택한다. 따라서 $M_p/\Omega =$ 196 ft-ksi 인 W18 × 40을 선택한다.

Step 7: 매뉴얼 표 3-10에서, W18 × 40에 대하여 실선 혹은 점선이 $M_n/\Omega =$ 113 ft-ksi 및 $L_b =$ 15 ft 교차점의 위 및 오른쪽에 있는지 확인한다. 따라서, 다음을 선택한다.

W18 × 40

6.5 비조밀 보의 설계

6.5.1 국부좌굴

단면의 압축요소가 항복응력에 도달하기 전의 하중에서 좌굴할 때 국부좌굴이 발생한다. 이 좌굴은 항복응력보다 작은 응력에서 일어나기 때문에 형강은 소성모멘트에 도달할 수 없다. 따라서, 형강은 조밀하지 않고 부재의 강도는 M_p보다 작다. 플랜지 및 웨브의 좌굴, 그리고 그 단면의 횡-비틀림 좌굴은 고립되어 발생하지 않기 때문에 그들을 개별적으로 묘사하기는 어렵다. 그림 6.16은 실험실에서 하중 재하 시 와이드플랜지 보의 압축 플랜지의 국부좌굴을 보여준다. 이 파괴는 플랜지 혹은 웨브가 세장할 때 발생하고 5장에서 논의된 플레이트 좌굴식을 통해 예측될 수 있다. 와이드플랜지 부재의 돌출(projecting) 플랜지는 웨브가 단지 하나의 끝단(edge)만 지지하고 다른 끝단은 비지지 되어 회전에 자유롭게 때문에 비보강(unstiffened) 요소로 간주된다. 와이드플랜지 웨브는 양 끝단이 플랜지에 연결되어 "보강" 요소로 간주된다.

시방서의 표 B4.1b는 플랜지 및 웨브가 완전히 소성모멘트에 도달하도록 보장하는 제한 세장비값 λ_p를 제공한다. 플랜지와 웨브 모두 세장비(b/t_f, h/t_w)가 표에 주어지는 λ_p보다 같거나 작을 때 조밀형강(compact shapes)이라고 한다. 만약 어느 하나가 이러한 값을 초과하면 형상은 조밀하다고 불릴 수 없고 공칭강도는 감소되어야 한다. 뒤의 경우가 여기서 논의된다.

W-형강의 플랜지가 조밀한 경우 (표 B4.1b의 case 10), 이의 폭-두께 비는 다음의 제한을 만족해야만 한다.

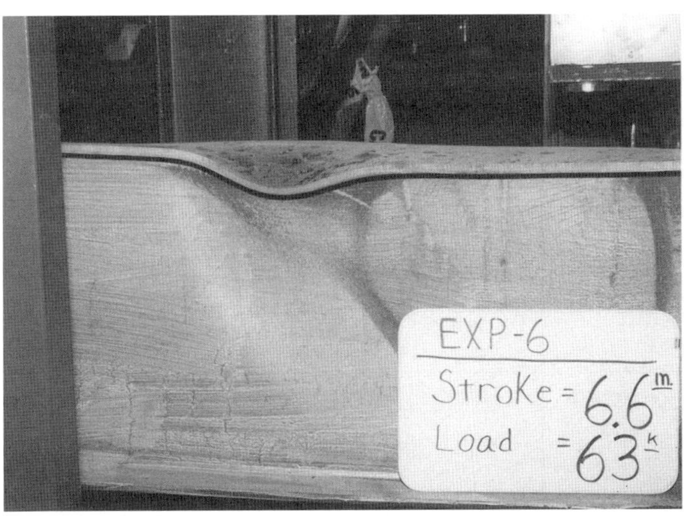

그림 6.16 • 플랜지 국부좌굴의 예. Photo courtesy of Donald W. White

$$\lambda_f = \frac{b}{t} \le \lambda_{pf} = 0.38\sqrt{\frac{E}{F_y}} \tag{6.17}$$

여기서 $b/t = b_f/2t_f$이다. 웨브가 조밀한 경우 (표 B4.1b의 case 15), 제한하는 비는

$$\lambda_w = \frac{h}{t_w} \le \lambda_{pw} = 3.76\sqrt{\frac{E}{F_y}} \tag{6.18}$$

$F_y = 50$ ksi인 일반적인 A992 강을 사용하면, 이러한 제한은 다음과 같이 된다:

$$\text{for a compact flange} \quad \frac{b_f}{2t_f} \le \lambda_{pf} = 9.15$$

$$\text{for a compact web} \quad \frac{h}{t_w} \le \lambda_{pw} = 90.6$$

이러한 제한들을 매뉴얼 표 1-1에 주어진 데이터와 비교하면 다수의 W-형강은 조밀한 플랜지를 가지고 모든 W-형강은 조밀한 웨브를 가짐을 알 수 있다.

그림 6.17은 시방서 표 B4.1b에서 찾을 수 있는 것처럼 흔히 사용되는 여러 가지 단면들에 대해 세장비 제한과 함께 치수들을 보여준다. 다른 형강들 또한 시방서 표 B4.1b에서 찾을 수 있다.

Case	Description of Element	Width Thick-ness Ratio	Limiting Width-Thickness Ratios		Example
			λ_p (compact)	λ_r (noncompact)	
10	Flanges of rolled I-shaped sections, channels and tees	b/t	$0.38\sqrt{E/F_y}$	$1.0\sqrt{E/F_y}$	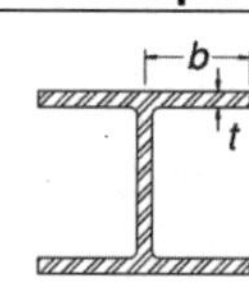
11	Flanges of doubly and singly symmetric I-shaped built-up sections	b/t	$0.38\sqrt{E/F_y}$	$0.95\sqrt{k_c E/F_L}$ [a],[b]	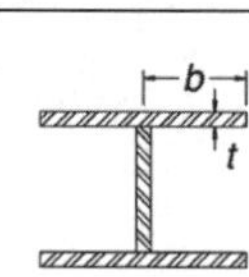
15	Webs of doubly symmetric I-shaped sections and channels	h/t_w	$3.76\sqrt{E/F_y}$	$5.70\sqrt{E/F_y}$	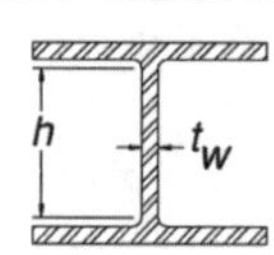
19	Webs of rectangular HSS and boxes	h/t	$2.42\sqrt{E/F_y}$	$5.70\sqrt{E/F_y}$	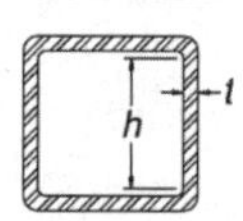

그림 6.17 • 시방서 표 B4.1의 요소 세장비의 정의. Copyright © American Institute of Steel Construction.

6.5.2 플랜지 국부좌굴

어떠한 단면의 공칭 모멘트강도 M_n의 전체 범위는 플랜지 세장비 λ_r의 함수로 표현될 수 있다; 이 관계는 그림 6.18에 나타난다. 그림에서 세 개의 구역에서 세 가지 유형의 거동이 확인된다. 첫 번째 구역은 소성거동을 나타내고, 이 경우 형강은 완전한 소성 모멘트강도를 발현할 수 있다. 이 강도는 6.2절에서 논의되었다. 이 구역에 속한 형강들은 조밀하다고 불린다. 중간구역에서 보여주는 거동은 비탄성이고, 이 범주에 속하는 형강들은 비조밀 하다고 불린다. 마지막 구역에 속하는 형강들은 탄성좌굴을 보이며 세장한(slender) 형강이라고 불린다. 마지막 두 개 유형의 거동에 대한 규정은 시방서 F3절에 제시된다.

I-형강 단면에 대해, 조밀과 비조밀 플랜지를 분할하는 선은 식 (6.17)에 주어진다. 비조밀과 세장한 플랜지 단면 사이의 분할은 열간압연 부재에 존재하는 잔류응력의 함수이다. 횡-비틀림 좌굴에서의 경우처럼, 시방서는 탄성거동이 탄성모멘트 $M_{rFLB} = 0.7F_yS_x$인 점까지 지속된다고 가정한다. 이는 시방서 표 B4.1b에서 찾을 수 있는 것처럼 다음의 플랜지 세장비에 상응한다.

$$\lambda_{rf} = 1.0\sqrt{\frac{E}{F_y}} \tag{6.19}$$

조밀 거동과 비조밀 거동의 교차점에서의 강도는

$$M_n = M_p = F_y Z$$

비조밀과 세장 거동의 교차점에서 모멘트는 다음과 같이 정의된다.

$$M_{rFLB} = 0.7F_y S_x$$

비조밀 형강의 강도는 이 점들간의 직선에 의해 나타난다. 따라서,

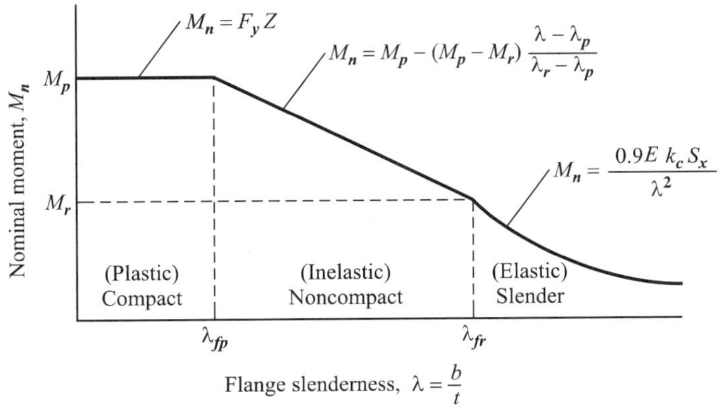

그림 6.18 • 플랜지 국부좌굴 강도

$$M_n = \left[M_p - (M_p - M_{rFLB})\left(\frac{\lambda - \lambda_{pf}}{\lambda_{rf} - \lambda_{pf}}\right)\right]$$

$F_y = 50$ ksi인 A992 강에 대해, 식 (6.19)는 비조밀 플랜지에 다음과 같은 상한계를 제공한다.

$$\lambda_{rf} = 1.0\sqrt{\frac{E}{F_y}} = 24.1$$

$b_f/2t_f$에 대해 매뉴얼 표 1-1을 살펴보면, 이 제한을 초과하는 플랜지를 가진 W-형강이 없음을 알 수 있다. 따라서, 모든 와이드플랜지 형강은 조밀하거나 혹은 비조밀한 플랜지를 가지고 있다. 표들을 더욱 더 살펴보면, 10개의 W-형강만이 비조밀한 플랜지를 가지고 있음을 보여준다.

6.5.3 웨브 국부좌굴

식 (6.18)에 주어진 웨브 국부좌굴에 대한 세장비 기준을 매뉴얼 표 1-1의 h/t_w 데이터와 비교해 보면, 모든 와이드플랜지 형강은 조밀한 웨브를 가지고 있음을 알 수 있다. 따라서, 비조밀한 W-형강을 고려하는 것은 단지 플랜지 국부좌굴만 고려하는 것이고 W-형강의 세장한 요소들을 다룰 필요는 없다. 하지만 세장한 웨브는 플레이트거더를 다루는 7장에서 조립부재들에 대해서 다뤄진다.

6.8 Example

−비조밀 보의 휨강도−

W6 × 15에 대하여 다음을 결정하라. (a) 공칭 모멘트강도, (b) 설계 모멘트강도(LRFD), (c) 허용 모멘트강도(ASD).

조건: 단순 지지된 W6 × 15의 스팬길이는 10 ft이다. 양 지점과 중앙경간에 브레이스 되어 있다 ($L_b = 5$ ft). A992 강을 사용하라.

풀이.

Part(a)

공칭강도를 구한다.

Step 1: 플랜지 국부좌굴의 제한을 확인한다. 매뉴얼 표 1-1로부터 플랜지에 대해,

$$\frac{b_f}{2t_f} = 11.5 > \lambda_{pf} = 0.38\sqrt{\frac{E}{F_y}} = 9.15$$

그러므로 플랜지는 조밀하지 않다. 비록 매뉴얼 데이터에 대해 전에 검사한 바로는 모든 W-형강은 이 제한을 초과하지 않지만 세장한 플랜지에 대해 검사해 보면,

$$\frac{b_f}{2t_f} = 11.5 < \lambda_{rf} = 1.0\sqrt{\frac{E}{F_y}} = 24.1$$

$\lambda_{pf} < b_f/2t_f < \lambda_{rf}$이므로, 이 형강은 비조밀 플랜지를 가지고 있다.

Step 2: 웨브 국부좌굴을 검사한다.

매뉴얼 표 1-1로부터 웨브에 대해,

$$\frac{h}{t_w} = 21.6 < \lambda_{pw} = 3.76\sqrt{\frac{E}{F_y}} = 90.6$$

따라서 웨브는 이전의 평가로부터 예상되는 대로 조밀하다.

Step 3: 이 형강의 플랜지는 비조밀하기 때문에 다음과 함께 식 (6.20)에 의한 공칭 모멘트강도를 구한다.

$$M_p = F_y Z_x = 50(10.8) = 540 \text{ in.-kips}$$
$$M_{rFLB} = 0.7F_y S_x = 0.7(50)9.72 = 340 \text{ in.-kips}$$

따라서,

$$M_n = \left[540 - (540 - 340)\left(\frac{11.5 - 9.15}{24.1 - 9.15}\right)\right] = 509 \text{ in.-kips}$$

그리고 플랜지 국부좌굴에 대해서는,

$$M_n = \frac{509 \text{ in.-kip}}{12 \text{ in./ft}} = 42.4 \text{ ft-kips}$$

Step 4: 횡－비틀림 좌굴 한계상태에 대해 검사한다.

이 형강에 대해,

$$L_p = 1.76 r_y \sqrt{\frac{E}{F_y}} = 1.76(1.45)\sqrt{\frac{29{,}000}{50}} = 61.5 \text{ in}$$

따라서, $L_p = 5.13$ ft이고 이는 $L_b = 5.0$ ft보다 크므로 보는 소성모멘트에 저항하기에 적절하게 브레이스 되어 있다. 횡－비틀림 좌굴에 대해,

$$M_n = M_p = F_y Z = 540 \text{ in.-kips}$$
$$M_n = 540/12 = 45.0 \text{ ft-kips}$$

Step 5: 플랜지 국부좌굴에 기초한 모멘트 42.4 ft-kips는 횡－비틀림 좌굴에 기초한 모멘트 45.0 ft-kips보다 작기 때문에 국부좌굴이 지배하고

$$M_n = 42.4 \text{ ft-kips}$$

Part(b)

Step 6: LRFD에 대하여 설계강도를 구한다.

$$\phi M_n = 0.9(42.4) = 38.2 \text{ ft-kips}$$

Part(c)

Step 6: ASD에 대하여 허용강도를 구한다.

$$\frac{M_n}{\Omega} = \frac{42.4}{1.67} = 25.4 \text{ ft-kips}$$

6.6 약축 휨에 대한 보 설계

현재까지, I-형강 보는 x-축이라고 불리는 플랜지에 평행한 축에 대한 휨을 가정하였다. 매뉴얼에서 이 형강의 단면특성값 표들을 살펴보면 x-축에 대한 단면계수 및 소성단면계수가 다른 직교축인 y-축에 대해 대응하는 값들보다 큼을 알 수 있다. 따라서 x-축에 대한 휨을 강축(strong axis) 휨이라고 하는 반면 y-축에 대한 휨은 약축(weak axis) 또는 단축(minor axis) 휨이라고 한다. 비록 보가 일반적으로 약축에 대한 휨으로 배치되지는 않지만 이러한 배치에서 보의 강도를 결정하는 것이 필요할 때가 있다.

약축 휨에 대한 I-형강 보의 설계는 상대적으로 쉽다. 시방서의 F6절은 단축에 대해 휘는 I-형강과 채널(channels)에 적용된다. 두 개의 한계상태가 확인된다: 항복과 플랜지 국부좌굴. 여기서 언급하는 플랜지 및 웨브는 형강이 강축에 대한 휨일 경우에서와 같은 요소들이다. 따라서, 플랜지 세장비에 대한 제한은 앞서 논의된 바와 같다. 비조밀 플랜지를 가지는 몇몇 안되는 W-형강에 대해, 전에 비조밀 플랜지에 대해 사용된 것과 유사한 식이 요구된다.

항복 한계상태에 대해,

$$M_n = M_p = F_y Z_y \leq 1.6 F_y S_y$$

약축에 대해 휘는 I-형강은 직사각형일 경우에서와 비슷한 단면특성(property)을 가진다. 직사각형인 경우, 형상계수(shape factor)라고 불리는 탄성 항복모멘트에 대한 소성모멘트의 비는 1.5이다. 웨브가 추가되면 탄성 단면계수와 소성 단면계수가 변경되어 이 약축 휨에 대한 형상계수는 1.5를 초과한다. 소성 한계상태에서 적절한 수준의 회전성능을 보장하기 위해 약축에 대한 형상계수는 1.6으로 제한된다. 4개의 W-형강을 제외한 모든 형강은 이 제한을 만족해야 한다.

비록 I-형강 부재들이 종종 순수 휨부재처럼 y-축에 대한 모멘트를 전달하도록 요구되지는 않지만 6.12절에서 논의되는 조합된 휨에 참여하도록 요구되며 8장에서 논의되는 축력과 조합되도록 요구된다.

6.9 Example

-보의 약축 휨강도-

W10×30에 대하여 y-축 휨에 대한 다음을 결정하라. (a) 공칭 모멘트강도, (b) 설계 모멘트강도 (LRFD), (c) 허용 모멘트강도 (ASD).

조건: 단순 지지된 W10×30 A992 강은 약축에 대한 휨을 유발하는 하중을 받고 있다.

풀이.

Part(a)

공칭강도를 구한다.

Step 1: 플랜지 국부좌굴의 제한을 확인한다.

매뉴얼 표 1-1로부터 플랜지에 대해,

$$\frac{b_f}{2t_f} = 5.70 < \lambda_{pf} = 0.38\sqrt{\frac{E}{F_y}} = 9.15$$

그러므로 플랜지는 조밀하다.

Step 2: 항복 한계상태에 대해,

$$M_n = F_y Z_y = 50(8.84) = 442 \text{ in.-kips}$$
$$\leq 1.6 F_y S_y = 1.6(50)(5.75) = 460 \text{ in.-kips}$$

따라서, 강도는 소성모멘트에 의해 지배되고

$$M_n = 442 \text{ in.-kips} = \frac{442}{12} = 36.8 \text{ ft-kips}$$

Part(b)

Step 3: LRFD에 대해 설계모멘트를 구한다.

$$\phi M_n = 0.9(36.8) = 33.1 \text{ ft-kips}$$

Part(c)

Step 4: ASD에 대해 허용모멘트를 구한다.

$$\frac{M_n}{\Omega} = \frac{36.8}{1.67} = 22.0 \text{ ft-kips}$$

6.10 Example

-보의 약축 휨강도-

W40 × 392에 대하여 y-축 휨에 대한 다음을 결정하라. (a) 공칭 모멘트강도, (b) 설계 모멘트강도 (LRFD), (c) 허용 모멘트강도 (ASD).

조건: 단순 지지된 W40 × 392 A992 강은 약축에 대한 휨을 유발하는 하중을 받고 있다.

풀이.

Part(a)

공칭강도를 구한다.

Step 1: 플랜지 국부좌굴의 제한을 확인한다.

매뉴얼 표 1-1로부터 플랜지에 대해,

$$\frac{b_f}{2t_f} = 2.45 < \lambda_{pf} = 0.38\sqrt{\frac{E}{F_y}} = 9.15$$

그러므로 플랜지는 조밀하다.

Step 2: 항복 한계상태에 대해,

$$M_n = F_y Z_y = 50(212) = 10,600 \text{ in.-kips}$$
$$\leq 1.6 F_y S_y = 1.6(50)(130) = 10,400 \text{ in.-kips}$$

따라서, 강도는 상한계에 의해 지배되고

$$M_n = 10,400 \text{ in.-kips} = \frac{10,400}{12} = 867 \text{ ft-kips}$$

Part(b)

Step 3: LRFD에 대해 설계모멘트를 구한다.

$$\phi M_n = 0.9(867) = 780 \text{ ft-kips}$$

Part(c)

Step 4: ASD에 대해 허용모멘트를 구한다.

$$\frac{M_n}{\Omega} = \frac{867}{1.67} = 519 \text{ ft-kips}$$

6.7 전단에 대한 설계

시방서 G장은 보의 전단에 대한 요구조건들을 수립한다. 비록 전단파괴가 압연 단면들에서는 흔하지 않지만, 보는 전단항복 또는 전단좌굴에 의해 파괴될 수 있다. 또한 보의 웨브에 볼트구멍이 존재할 때 웨브의 순면적에 대해 전단파단을 검사하여야 한다. 전단파단은 10장의 연결부 논의에서 다뤄진다.

공칭 전단 항복강도는 von Mises 기준을 토대로 하고, 여기서 좌굴에 의한 파괴가 일어나지 않도록 충분히 단단한(stocky) 비보강된(unreinforced beam) 보 웨브에 대한 전단강도는 $F_y/\sqrt{3} = 0.58F_y$로 취할 수 있다. 시방서는 이 응력을 $0.6F_y$로 하여 G2절에서 전단강도를 다음과 같이 제시한다.

$$V_n = 0.6\, F_y\, A_w\, C_v \qquad (6.21)$$

여기서, A_w는 웨브의 면적이고, 전체 길이에 웨브 두께를 곱하여 구한다.

웨브 전단계수 C_v는 웨브의 전단좌굴을 고려하기 위해 사용된다. 따라서, 웨브가 항복에 도달할 수 있다면 $C_v = 1.0$이다. 보의 웨브가 좌굴전에 항복에 도달하는 것을 보장하기 위해, 시방서는 다음과 같이 웨브 세장비를 설정한다.

$$\frac{h}{t_w} \leq 1.10\sqrt{\frac{k_v\, E}{F_y}}$$

여기서 $h/t_w < 260$인 비보강 웨브에 대해 $k_v = 5$이다. 현재의 모든 ASTM A6 압연 I-형강 부재들은 $k_v = 5$에 대한 이 기준을 만족시키는 웨브를 가지고, 모든 A992 W-형강은 웨브 항복에 대한 기준을 만족한다.

따라서, 압연 W-형강에 대한 공칭 전단강도는 다음과 같이 취해질 수 있다.

$$V_n = 0.6\, F_y\, A_w \tag{6.22}$$

전단강도 및 허용강도를 결정하는 것은 저항 및 안전계수들의 변화에 의해 복잡해진다. 보의 전단강도를 2010 시방서와 2005 전의 허용응력 시방서에서 동일하게 하기 위해, 압연 I-형강의 특별한 세트(set)에 대한 저항과 안전 계수는 완화되었다. 따라서, $h/t_w \le 2.24\sqrt{E/F_y}$ 인 압연 I-형강의 웨브에 대해,

$$\phi = 1.0\ (\text{LRFD}) \qquad \Omega = 1.5\ (\text{ASD})$$

다른 모든 형강들에 대해,

$$\phi = 0.9\ (\text{LRFD}) \qquad \Omega = 1.67\ (\text{ASD})$$

전단은 좀처럼 압연 보의 설계를 지배하지 않기 때문에, 매뉴얼의 표들을 사용하지 않을 때에는 모든 전단 검사에 대해 단순히 더욱 보수적인 계수들을 사용하는 것이 편리할 것이다.

6.11 Example

-보의 전단강도-

W16 × 31에 대하여 x-축 휨에 대한 다음을 결정하라. (a) 공칭 모멘트강도, (b) 설계 모멘트강도 (LRFD), (c) 허용 모멘트강도 (ASD).

조건: W16 × 31 A992 부재는 웨브에 전단을 유발하는 하중을 받는다.

풀이.

Part(a)

공칭강도를 구한다.

Step 1: 웨브의 항복 한계상태를 검사한다.

매뉴얼 표 1-1로부터 웨브에 대해,

$$\frac{h}{t_w} = 51.6 < 1.10\sqrt{\frac{k_v E}{F_y}} = 1.10\sqrt{\frac{5.0(29,000)}{50}} = 59.2$$

그러므로 웨브에 좌굴이 발생하지 않으며 $C_v = 1.0$ 이다.

Step 2: 항복 한계상태에 대해,

$$V_n = 0.6(50)(15.9)(0.275) = 131 \text{ kips}$$

Step 3: 저항계수 및 안전계수를 구한다.

$$\frac{h}{t_w} = 51.6 < 2.24\sqrt{\frac{E}{F_y}} = 2.24\sqrt{\frac{29,000}{50}} = 53.9$$

$$\phi_v = 1.00 \quad \text{and} \quad \Omega_v = 1.50$$

Part(b)

Step 4: LRFD에 대해 설계 전단강도를 구한다.

$$\phi V_n = 1.0(131) = 131 \text{ kips}$$

Part(c)

Step 4: ASD에 대해 허용 전단강도를 구한다.

$$\frac{M_n}{\Omega} = \frac{131}{1.50} = 87.3 \text{ kips}$$

6.8 연속보

두 개 지점 이상으로 놓여있는 보를 연속보(continuous beam)이라고 한다. 단순보와 달리 연속보는 부정정구조이고 세 개의 기본적인 평형방정식 이상을 적용하여 분석되어야 한다. 비록 부정정 해석이 이 책의 범위를 벗어나지만, 비록 간단할지라도 몇몇 측면들이 다뤄져야 한다.

매뉴얼은 표 3-23에 다양한 유형의 분포하중을 가지는 여러 가지 연속보들에 대한 전단, 휨, 처짐을 포함한다. 이 표에서의 결과값들은 탄성 부정정 해석으로부터 오며 지점과 하중 조건이 맞는 보들의 설계에 사용될 수 있다.

오래전부터 재료의 연성(ductility)은 강부재가 하중을 재분배하는 것을 허용한다고 알려져 왔다. 부재의 한 단면이 과부하 되면, 그 하중의 일부를 하중이 덜 부과된 단면으로 재분배할 수 있다. 이러한 재분배는 소성해석이라 불리는 해석방법 또는 부재의 실제 거동을 모델링할 수 있는 많은 최신의 방법들을 통해서 설명될 수 있다. 이러한 방법들을 총괄하여 고급해석(advanced analysis)이라고 하고 시방서 부록 1의 규정들을 통해서 강구조물 설계에 사용될 수 있다. 또한 이 부록은 부록 1.3절을 통해 연속보에 대한 단순화된 소성해석 방법의 사용을 허용한다.

설계자가 소성해석에서 설명되는 약간의 재분배의 이점을 활용하는 것을 허용하기 위해, B.3.7절은 보의 모멘트 재분배에 대한 규정을 제시한다. 조밀하고 충분히 브레이스된 압축 플랜지를 가지는 보 및 거더의 설계는 이러한 단순화된 재분배 접근방법의 이점들을 활용할 수 있다. 비지지길이에 대한 기준은 다른 반면 조밀성에 대한 기준은 이미 논의된 바와 같다. 단순화된 재분배를 사용하기 위하여 양축 대칭인 I-형강 보에 대한 압축플랜지의 비지지길이 L_b는 F13.5절에 주어진 다음의 값보다 작아야 한다.

$$L_m = \left[0.12 + 0.076\left(\frac{M_1}{M_2}\right)\right]\left(\frac{E}{F_y}\right)r_y \tag{6.23}$$

여기서, M_1은 비지지길이의 양단에서 더 작고 M_2는 더 큰 모멘트이다. 모멘트 비는 모멘트가 곡률을 반전시키면 정(+)이고 단일 곡률을 유발하면 부(−)이다.

이 기준이 만족될 때, 보는 지점의 부모멘트에 0.9의 비율로 조정될 수 있다. 이 재분배는 연직하중의 경우에만 허용되고 모멘트는 탄성해석으로부터 결정된다. 이러한 부모멘트의 감소가 사용될 때, 정모멘트는 평형을 유지하기 위해 증가되어야 한다. 이는 단순히 최대 정모멘트에 원래 평균 부모멘트의 0.1배를 더하여 달성될 수 있다.

6.12a Example

−LRFD에 의한 연속보 설계−

연속보에서의 사용을 위한 조밀하고 완전히 브레이스된 단면을 선택하라.

조건: 보는 각 30 ft 길이의 세 개의 스팬으로 연속이다. 이 보는 2.5 kips/ft의 활하중 및 1.8 kips/ft의 사사중을 지지하여야 한다. A992 강을 사용하라.

풀이.

Step 1: 소요강도를 구한다.

설계하중은 $w_u = 1.2(1.8) + 1.6(2.5) = 6.16$ kip/ ft.

매뉴얼 표 3-23 case 39의 보 전단, 모멘트, 처짐 도표로부터, 임계(critical) 스팬은 외측(exterior) 스팬이며, 여기서 부모멘트는

$$-M_{BA} = 0.100wl^2 = 0.100(6.16)(30)^2 = 554 \text{ ft-kips}$$

그리고 정모멘트는

$$+M_{BA} = 0.0800wl^2 = 0.0800(6.16)(30)^2 = 444 \text{ ft-kips}$$

Step 2: 시방서 B3.7절에 따라 모멘트 재분배를 고려한다.

설계는 최대모멘트 554 ft-kips에 대해 수행될 수 있으나, 재분배로 이 모멘트는 다음으로 감소된다.

$$M_{BA} = 0.9(554) = 499 \text{ ft-kips}$$

정보멘트가 평균 부모멘트 감소에 의해 증가된다. 따라서,

$$M_{AB} = 444 + \frac{0 + 0.1(554)}{2} = 472 \text{ ft-kips}$$

Step 3: 소요 소성 단면계수를 구한다.

정모멘트가 증가되어도 부모멘트가 여전히 최대 모멘트이므로, 따라서 모멘트 499 ft-kips에 대해서,

$$Z_{req} = \frac{499(12)}{0.9(50)} = 133 \text{ in.}^3$$

Step 4: 매뉴얼 표 3-2로부터 가장 가벼운 W-형강을 선택한다.

Select a W24 × 55, with $Z = 134$ in.^{3}

6.12b Example

-ASD에 의한 연속보 설계-

연속보에서의 사용을 위한 조밀하고 완전히 브레이스된 단면을 선택하라.

조건: 보는 각 30 ft 길이의 세 개의 스팬으로 연속이다. 이 보는 2.5 kips/ft의 활하중 및 1.8 kips/ft의 사사중을 지지하여야 한다. A992 강을 사용하라.

풀이.

Step 1: 소요강도를 구한다.

설계하중은 $w_a = (1.8) + (2.5) = 4.3$ kip/ft.

매뉴얼 표 3-23 case 39의 보 전단, 모멘트, 처짐 도표로부터, 임계(critical) 스팬은 외측(exterior) 스팬이며, 여기서 부모멘트는

$$-M_{BA} = 0.100wl^2 = 0.100(4.3)(30)^2 = 387 \text{ ft-kips}$$

그리고 정모멘트는

$$+M_{BA} = 0.0800wl^2 = 0.0800(4.3)(30)^2 = 310 \text{ ft-kips}$$

Step 2: 시방서 B3.7절에 따라 모멘트 재분배를 고려한다.

설계는 최대모멘트 387 ft-kips에 대해 수행될 수 있으나, 재분배로 이 모멘트는 다음으로 감소된다.

$$M_{BA} = 0.9(387) = 348 \text{ ft-kips}$$

정보멘트가 평균 부모멘트 감소에 의해 증가된다. 따라서,

$$M_{AB} = 310 + \frac{0 + 0.1(387)}{2} = 329 \text{ ft-kips}$$

Step 3: 소요 소성 단면계수를 구한다.

정모멘트가 증가되어도 부모멘트가 여전히 최대 모멘트이므로, 따라서 모멘트 348 ft-kips에 대해서,

$$Z_{req} = \frac{348(12)}{(50/1.67)} = 139 \text{ in.}^3$$

Step 4: 매뉴얼 표 3-2로부터 가장 가벼운 W-형강을 선택한다.

$$\text{Select a W21} \times 62, \quad \text{with} \quad Z = 144 \text{ in.}^3$$

앞의 예제에서 부모멘트의 감소는 원래의 부모멘트에 대해 설계에서 결과된 W-형강보다 더 작은 단면을 초래함을 알 수 있다.

6.9 소성해석 및 연속보 설계

지금까지는 휨부재의 소성모멘트 강도를 시방서의 강도규정을 만족시키기 위하여 보의 최대 탄성모멘트와 비교하는 것으로 가정하였다. 최대모멘트의 한 점에서 소성모멘트가 발현되어 하나의 소성힌지를 형성하여 부재파괴로 이어질 수 있는 정정(determinate) 부재들에 대해서 위의 가정은 정확하다. 하지만 연속보와 같은 부정정구조(indeterminate structure)에 대해서는 보가 실제로 붕괴하기 전에 한 개 이상의 소성힌지가 형성되어야 하고, 이는 탄성해석으로는 알 수 없는 약간의 추가적인 강도를 제공한다. 적절한 위치들에서의 소성힌지의 형성은 붕괴의 원인이 되고, 이 붕괴의 기하학적구조(geometry)를 파괴(failure) 또는 붕괴메카니즘(collapse mechanism)이라고 한다. 이는 소성해석(plastic analysis)이라고 언급되는 접근방식(approach)이고 LRFD 사용을 위해서만 시방서 부록 1.3절에 의해 허용된다. 골조에 대한 전통적인 소성해석은 붕괴에서의 안정성에 대한 2차효과를 고려하지 않으므로 시방서에서 더 이상 허용되지 않는다. 따라서, 여기서는 보에 대한 소성 붕괴메커니즘의 결정만이 고려된다.

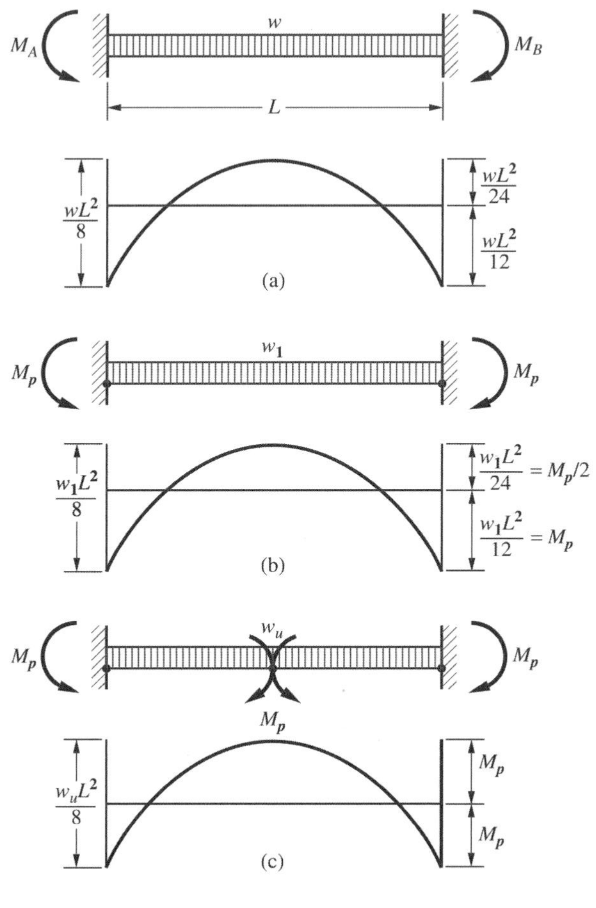

그림 6.19 • 보 및 소성메커니즘 발생을 위한 모멘트 선도

보의 파괴메커니즘 형성은 균일 분포하중을 받는 고정단 보의 하중이력에 의해 가장 잘 이해될 수 있을 것이다. 보 및 탄성 부정정 해석으로부터의 모멘트선도 결과가 그림 6.19a에 나타난다. 최대모멘트는 양 고정단에서 발생하고 그 값은 $wL^2/12$이다. 보의 하중이 증가되면, 그림 6.19B에서 보이는 바와 같이, 보는 양단의 모멘트가 부재의 소성 모멘트강도와 같아질 때까지 탄성적으로 거동한다. 추가적인 하중의 적용은 부재가 소성모멘트들 유지하면서 양단에서의 회전을 유발하므로 이 점들은 핀처럼 거동한다. 이 점들은 소성힌지(plastic hinge)라고 불린다. 이 경우, 하중은 w_1으로 표기한다. 부재는 이 w_1의 하중을 초과하여 단순보로서 기능을 하면서 세 번째 소성힌지가 보의 중앙에 형성 될 때까지 계속적으로 하중을 지지할 수 있다. 이 세 번째 소성힌지의 형성은 보를 불안정하게 만들고, 따라서 붕괴메커니즘을 형성하게 된다. 그 메커니즘과 이에 상응하는 모멘트선도가 그림 6.19c에 나타난다.

방금 묘사된 붕괴메커니즘에 대하여, 평형조건은 단순보 모멘트, $w_uL^2/8$은 소성모멘트의 두 배이다; 따라서,

$$M_p = w_uL^2/16 \tag{6.24}$$

만일 이 보가 탄성해석에 기초하여 설계되었다면, 이는 $w_uL^2/12$와 같거나 큰 모멘트강도를 요구했을 것이다. 소성해석을 사용하여, 더 작은 소성모멘트 $w_uL^2/16$이 설계에 제공되어야 한다. 따라서, 부정정보의 경우에 소성해석은 같은 하중을 전달하는데 요구되는 더 작은 부재를 야기할 수 있다.

부정정보에 대한 소성해석을 사용하는 또다른 이점은 해석은 단순성이다. 연속보의 전반적인 기하학적 형상에 관계없이, 지지점 사이의 각 요소(segment)는 다른 요소들과 독립적으로 평가될 수 있다. 이는 양단에서 연속이고 균일한 분포하중을 받은 어떠한 보 요소도 동일한 붕괴메커니즘을 보여줌을 의미한다. 따라서, 작용 하중과 소성모멘트와의 관계가 식 6.24에 주어진 바와 같다. 소성해석은 추가적인 하중의 결과를 낳으며 보의 형상은 그림 6.20에 주어진다. 에너지원리의 적용을 통한 이 관계의 개발뿐만 아니라 추가적인 예제들은 Applied Plastic Design in Steel4를 포함한 여러 교재들에서 찾을 수 있다.

주어진 보의 단면이 각 소성힌지에서 필요한 회전을 견딜 수 있도록 보장하기 위하여, 시방서에서는 $F_y \leq 65$ ksi, 단면은 조밀하고, 압축플랜지는 소성면적에서의 비지지길이가 시방서 부록 1.3절의 식 A-1-5처럼 L_{pd}보다 작도록 브레이스 되어야 한다고 규정한다. 이러한 제한들이 만족되지 않으면, 부재 설계는 탄성해석에 기초하여야만 한다.

6.13 Example

－소성해석으로 보 설계(LRFD만 적용)－

소성해석 및 A992 강을 사용하여 설계하라. 소성해석은 LRFD 하중조합에만 적용 가능하다.

조건: 보는 예제 6.6에서 그림 6.15에서와 비슷하게 한 끝은 단순지지이고 다른 끝은 고정지지이다. 보는 스팬은 20 ft 길이이고 중앙에 16 kips의 사하중 및 48 kips의 활하중이 작용한다. 최종 단면은 조밀하고 적절히 브레이스 된다고 가정한다.

풀이.

Step 1: 소용강도를 구한다.

$$P_u = 1.2(16) + 1.6(48) = 96\ \text{kips}$$

그림 6.20c로부터 소성해석결과를 사용하여,

$$\phi M_{p\,req} = \frac{Pab}{(a+2b)} = \frac{96(10)(10)}{10+2(10)} = 320\ \text{ft-kips}$$

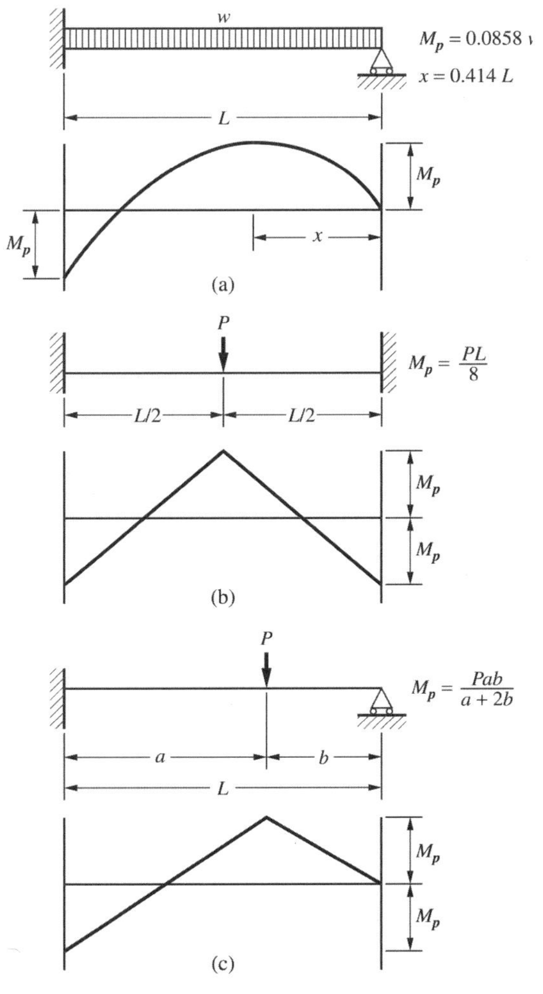

그림 6.20 • 하중 및 소성해석 결과의 보 형상

Step 2: 매뉴얼 표 3-2로부터 요구되는 W-형강을 선택한다.

W21 × 44, $\phi M_p = 358$ ft-kips

Step 3: 조밀성과 횡브레이스에 대한 초기 가정을 확인한다.
조밀 플랜지와 웨브의 기준을 확인해 보면, 이 형강은 조밀하다. 연속적인 브레이싱과 함께 보는 소성해석을 통해 설계될 수 있다. 따라서,

use a W21 × 44

6.10 더블앵글 및 T-부재에 대한 규정

T-형을 이루기 위해 한 쌍의 앵글을 조합하여 형성한 보 및 I-형강으로부터 자른 T로부터 만들어진 보에 대한 규정들은 시방서 F9절에 제시된다. 이러한 규정은 특별히 인장 또는 압축으로 줄기(stem)를 갖는 대칭의 평면 내에서 하중이 작용하는 이와 같은 단축 대칭 부재에 적용된다.T-형 부재의 설계에서는 4개의 한계상태들이 고려되어야 한다: 항복, 횡－비틀림 좌굴, 플랜지 국부 좌굴, 줄기 국부 좌굴.

6.10.1 항복

항복 한계상태에 대하여,

$$M_n = M_p = F_y Z_x$$

그리고 M_p는 단면의 배치(orientation)에 따라 제한된다. 줄기가 인장인 경우

$$M_p \leq 1.6 M_y = 1.6 F_y S_x$$

줄기가 압축인 경우

$$M_p \leq M_y = F_y S_x$$

이러한 제한은 부재가 최연단 섬유(extreme fibers)가 변형경화 영역으로 들어가지 않고 소성 모멘트강도에 이르기에 충분히 회전할 수 있도록 보장하는데 필요하다.

6.10.2 횡-비틀림 좌굴

횡－비틀림 좌굴도 형강의 배치를 반영하여야 한다. 공칭강도는 다음에 의해 주어진다.

$$M_n = M_{cr} = \frac{\pi\sqrt{EI_y GJ}}{L_b}\left[B + \sqrt{1+B^2}\right] \tag{6.25}$$

여기서 $B = \pm 2.3\left(\dfrac{d}{L_b}\right)\sqrt{\dfrac{I_y}{J}}$

B의 (+) 부호는 줄기가 인장 상태이어서 횡-비틀림 좌굴에 더욱 안정한 배치일 때 적용된다. B의 (−) 부호는 스팬을 따라 줄기의 어떤 부분이라도 압축일 때 사용된다.

6.10.3 플랜지 국부좌굴

이 형강에 대한 플랜지 국부좌굴 한계상태는 이미 고려된 I-형강에서와 같은 거동을 반영한다. 폭-두께 제한 비는 전에 논의한바와 같고, 공칭강도식은 $1.6M_y$로 제한되는 것 외에는 식 (6.20)과 같다. 조밀한 플랜지에 대해, 플랜지 국부좌굴 한계상태는 적용되지 않는다. 비조밀 플랜지에 대해, $\lambda_p < \lambda \le \lambda_r$,

$$M_n = \left[M_p - (M_p - M_{rFLB})\left(\frac{\lambda - \lambda_{pf}}{\lambda_{rf} - \lambda_{pf}}\right)\right] \le 1.6M_y \tag{6.26}$$

그리고 세장 플랜지에 대해, $\lambda_r < \lambda$,

$$M_n = \frac{0.7ES_{xc}}{\left(\dfrac{b_f}{2t_f}\right)^2} \tag{6.27}$$

여기서 S_{xc}는 압축플랜지와 관련 있는 단면계수이다. 만일 줄기가 압축이라면, 이 한계상태는 적용되지 않는다.

6.10.4 줄기 국부좌굴

줄기가 휨 압축일 때, 줄기 국부좌굴 한계상태에 대한 공칭강도는

$$M_n = F_{cr}\, S_x \tag{6.28}$$

여기서 S_x는 탄성단면계수이고 F_{cr}은 줄기의 세장비에 따른 임계응력이다. 따라서, 다음과 같을 때,

$$\frac{d}{t_w} \le 0.84\sqrt{\frac{E}{F_y}}$$

줄기는 좌굴하지 않고, 그리고

$$F_{cr} = F_y \tag{6.29}$$

다음과 같을 때,

$$0.84\sqrt{\frac{E}{F_y}} < \frac{d}{t_w} \le 1.03\sqrt{\frac{E}{F_y}}$$

$$F_{cr} = \left[2.55 - 1.84\frac{d}{t_w}\sqrt{\frac{E}{F_y}}\right]F_y \tag{6.30}$$

그리고 다음과 같을 때,

$$\frac{d}{t_w} > 1.03\sqrt{\frac{E}{F_y}}$$

$$F_{cr} = \frac{0.69E}{\left(\frac{d}{t_w}\right)^2} \tag{6.31}$$

6.14 Example

-WT-형강의 휨 설계-

주어진 WT 부재에 대한 다음의 경우에 대하여 공칭 모멘트강도를 구하라. (a) 줄기가 인장일 때 (그림 6.21a), (b) 줄기가 압축일 때 (그림 6.21b).

조건: WT9 × 17.5가 보로 사용되고 5 ft 간격으로 제공된 횡지지를 가진다.

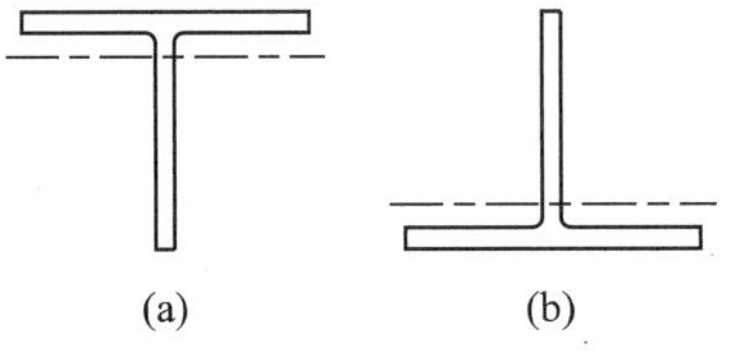

그림 6.21 • 예제 6.12의 T-보 배치

풀이.

Step 1: 매뉴얼 표 1-8로부터 WT-형강에 대한 단면값들을 결정한다.

$Z_x = 11.2$ in.^{3}, $S_x = 6.21$ in.^{3}, $d = 8.85$ in., $t_w = 0.300$ in., $I_y = 7.67$ in.^{4}, $J = 0.252$ in.^{4}

Part(a)

인장상태의 줄기에 대한 공칭강도를 구한다. WT는 그림 6.21a에서와 같이 배치된다.

Step 2: 항복 한계상태에 대한 공칭 모멘트강도를 구한다.

$$M_p = F_y Z_x = 50(11.2) = 560 \text{ in.-kips}$$
$$M_y = F_y S_x = 50(6.21) = 311 \text{ in.-kips}$$

그러나 강도는 다음으로 제한된다.

$$M_n \le 1.6M_y = 1.6(311) = 498 \text{ in.-kips}$$

따라서,

$$M_n = 498 \text{ in.-kips for the limit state of yielding}$$

Step 3: 횡-비틀림 좌굴 한계상태에 대한 공칭 모멘트강도를 구한다.

식 F9-5로부터 B를 결정한다.

$$B = \pm 2.3\left(\frac{d}{L_b}\right)\sqrt{\frac{I_y}{J}} = \pm 2.3\left(\frac{8.85}{60.0}\right)\sqrt{\frac{7.67}{0.252}} = \pm 1.87$$

B는 인장의 줄기에 대해서 (+)로 취해지므로 식 (6.25)는 다음과 같이 된다.

$$M_n = M_{cr} = \frac{\pi\sqrt{29,000(7.67)(11,200)(0.252)}}{60.0}\left[1.87 + \sqrt{1 + 1.87^2}\right] = 5240 \text{ in.-kips}$$

Step 4: 플랜지 국부좌굴 한계상태를 고려한다.
플랜지가 조밀하므로 플랜지 국부좌굴 한계상태는 WT9 × 17.5에 적용되지 않는다. 따라서, 이 WT의 공칭 모멘트강도는 항복 및 횡-비틀림 좌굴에 의해 주어진 강도보다 작다. 따라서,

$$M_n = \frac{498}{12} = 41.5 \text{ ft-kips}$$

Part(b)
압축상태의 줄기에 대한 공칭강도를 구한다. WT는 그림 6.21b에서와 같이 배치된다.

Step 5: M_p는 M_y로 제한되고 Step2로부터,

$$M_n = M_y = 311 \text{ in.-kips}$$

Step 6: 횡-비틀림 좌굴 한계상태에 대한 공칭 모멘트강도를 구한다.
B를 (−)이고

$$M_n = M_{cr} = \frac{\pi\sqrt{29,000(7.67)(11,200)(0.252)}}{60.0}\left[-1.87 + \sqrt{1 + (-1.87)^2}\right] = 329 \text{ in.-kips}$$

Step 7: 줄기 국부좌굴 한계상태에 대한 공칭 모멘트강도를 구한다.
줄기 세장비는

$$\frac{d}{t_w} = \frac{8.85}{0.300} = 29.5 > 1.03\sqrt{\frac{E}{F_y}} = 24.8$$

그러므로,

$$F_{cr} = \frac{0.69E}{\left(\frac{d}{t_w}\right)^2} = \frac{0.69(29,000)}{(29.5)^2} = 23.0 \text{ ksi}$$

$$M_n = 23.0(6.21) = 143 \text{ in.-kips}$$

Step 8: 압축의 줄기를 가지는 WT에 대한 지배하는 한계상태 강도를 결정한다. 공칭 모멘트강도는 확인된 한계상태 중 가장 작은 값이다; 따라서,

$$M_n = \frac{143}{12} = 11.9 \text{ ft-kips}$$

Note: 이 예제에서는 압축의 줄기를 가지는 WT-형강은 부재의 강도를 상당히 절충함을 보여준다. 심지어 그렇더라도, 이러한 배치의 보는 WT가 이러한 배치로 사용되는 석조벽 (masonry walls)의 lintels로서의 적용 시 시공이 종종 용이하다.

6.11 단일앵글 휨부재

단일앵글이 휨부재로 사용될 때, 이들은 기하학적 축들 중 변들(legs)에 평행하거나 또는 주축 중 하나의 축에 대해 휘게 된다. 그들은 종종 석조벽의 opening위의 lintels로서 사용되고, 여기서 그들은 기하학적 축들에 대해 되게 된다. 불행히도, 단일앵글 부재의 이러한 가장 유용한 배치는 종종 강도를 결정하는데 있어 가장 복잡한 배치이다. 그림 6.22a는 기하학적 축에 대한 휨으로 배치된 단일앵글을 보여주고, 그림 6.22b는 주축에 대한 휨으로 배치된 앵글을 보여준다.

시방서 F10절은 단일앵글 휨부재에 대한 규정들을 제시한다. 이러한 부재들에서 확인해야 할 한계상태로는 항복, 횡－비틀림 좌굴, 변 국부좌굴이 있다. 여기서는 기하학적 축에 대해 휨을 갖는 완전히 브레이스된 앵글만을 논의한다.

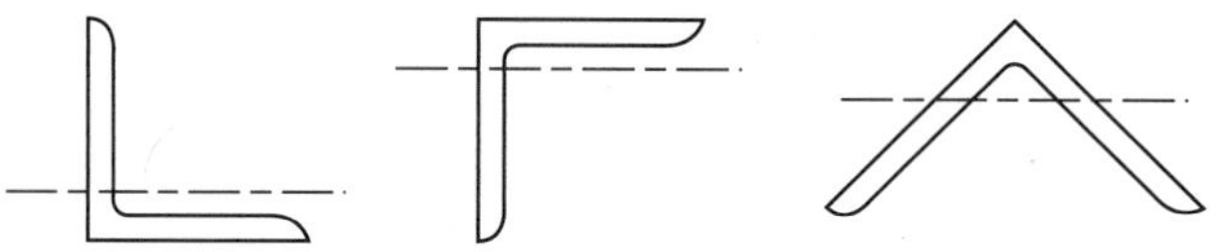

(a) Geometric axis bending (b) Principal axis bending

그림 6.22 • 기하학적 축 및 주축에 대한 단일 ㄴ형강의 휨

6.11.1 항복

앵글의 탄성단면계수에 대한 소성단면계수의 비는 쉽게 1.5를 초과할 수 있다. 따라서, 앵글이 변형경화 영역으로 변형되지 않도록 하기 위해 항복 한계상태에 대한 공칭모멘트는 다음과 같다.

$$M_n = 1.5M_y = 1.5\,F_y\,S$$

여기서 S는 휨축에 대한 가장 작은 단면계수로 취한다.

6.11.2 변 국부좌굴

압축상태의 앵글변은 다른 압축요소들에서와 같이 좌굴하는 경향을 가지고 있다. 시방서 표 B4-1b는 case 12에서 세장비 b/t를 다음과 같이 정의한다.

$$\lambda_p = 0.54\sqrt{\frac{E}{F_y}}$$

그리고
$$\lambda_p = 0.91\sqrt{\frac{E}{F_y}}$$

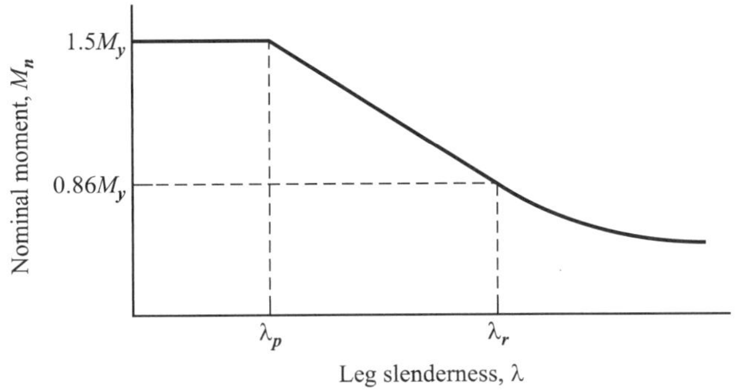

그림 6.23 • 변 세장비 함수로서의 단일 ㄴ형강 강도

변 세장비의 함수로서의 단일앵글 부재의 휨강도는 그림 6.23에 나타난다. 비조밀 거동의 영역에서, 직선 변이는 시방서에 다음의 식 F10-7로 주어진다,

$$M_n = F_y S_c \left(2.43 - 1.72 \left(\frac{b}{t_f} \right) \sqrt{\frac{F_y}{E}} \right)$$

그리고 탄성 좌굴강도는 다음과 같다.

$$M_n = \frac{0.71 E S_c}{\left(\frac{b}{t} \right)^2}$$

여기서 S_c는 휨축에 관련된 압축 toe의 탄성단면계수이다.

6.11.3 횡-비틀림 좌굴

횡-비틀림 좌굴 한계상태는 앵글의 toe가 인장 혹은 압축인지에 따라 의존한다. 그것은 종종 휨축의 함수이다. 시방서는 4개의 다른 휨 배치에 대한 강도규정을 제시한다. 여러분들은 이 규정들을 공부하여 앵글이 가장 큰 휨모멘트를 전달할 수 있도록 단면을 배치하고 횡방향 제한(restraint)을 제공하도록 노력하여야 한다.

6.12 이축 휨의 부재

휨부재는 종종 두 개의 직교축에 대한 휨으로 인한 힘을 저항하도록 요구된다. 이러한 유형의 부재의 예로는 크레인 거더 및 산업건물에서의 roof purlins이 있다. 작용하는 모멘트의 실제 배치와는 상관없이, 그림 6.24에서와 같이 모멘트를 두 개의 주축에 대한 성분으로 나

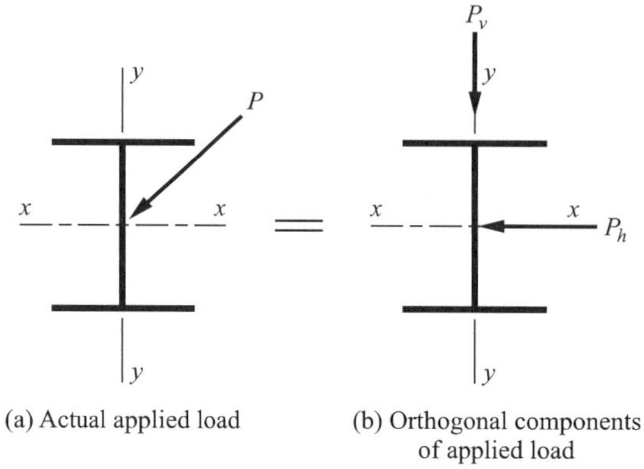

그림 6.24 • I-형강 보의 z축 휨

누는 것이 가능하다. 일단 이 분해가 수행되면, 단면이 조합된 모멘트에 저항하는 능력은 상관식을 통해 결정될 수 있다.

시방서 H장은 힘들의 상관관계를 다룬다. 조합된 모멘트에 대해, 그림 6.25에서와 같이 단순한 선형 상관식이 사용된다. 이는 시방서 H1절의 조합된 축하중 및 모멘트에 대에 제공되는 식으로부터 취해진다. 축하중이 0일 때, 식 H1-1b는 다음으로 줄어든다.

$$\frac{M_{rx}}{M_{cx}} + \frac{M_{ry}}{M_{cy}} \leq 1.0$$

여기서 모멘트 항들이 x- 및 y-축들과 관련되는 경우, 부재는 한 번에 한 축을 중심으로 휨을 갖는 것과 같이 결정되는, 분자(numerator)는 소용강도이고, 분모는 가용강도이다. 따라서, 만일 소요 x-축 모멘트가 x-축 강도의 79%이면, y-축 강도의 21%만이 모멘트를 저항할 수 있다. 축하중이 8장의 휨모멘트와 조합될 때 상관식을 사용할 때는 더욱더 주의가 필요하다.

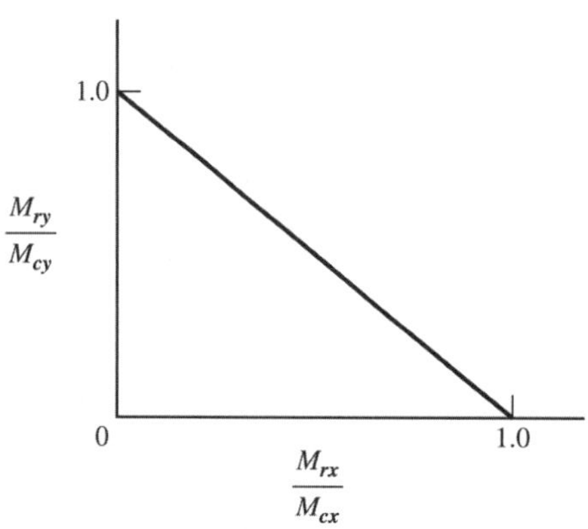

그림 6.25 • z축 휨에 대한 단순 선형 상관

6.13 보에 대한 사용성 기준

설계자가 다뤄야만 하는 여러 가지 사용성 관련 고려사항들이 있다. 일반적인 규정들은 시방서 L장에서 제시된다. 비록 이러한 기준들을 만족시키지 못하는 것이 부재 혹은 전반적인 구조물의 강도에 영향을 주지는 않지만 프로젝트의 성공적인 완수를 위한 어려움에 첫 번째 징후(signs)로 이어질 수 있다. 최종 생산품의 질이 소유주의 기대에 부합하도록 특정한 기준들은 설계자의 고객과 함께 자세히 논의되어야 한다. 경험상으로 바닥 진동의 성가신(annoying) 양은 처음에 나타나지만, 사용자는 시간이 지남에 따라 그것에 익숙해지게 될 것이다. 고객은 이러한 불만족의 기간을 다루기를 꺼려하여 시스템이 진동에 대한 불만을 막도록 설계해야 된다고 주장할 것이다. 이는 사용자기 들어와서 바닥판 거동이 불쾌함을 발견한 후가 아니라 프로젝트의 시작부터 알려져야만 한다. 설계자는 만들어진 결정들이 기대되는 결과를 성취하기에 적절하도록 소유자를 위해 이러한 고려사항들을 확인해야만 한다.

보는 직접적으로 다뤄줘야 하는 처짐과 진동의 두 가지 일반적인 사용성 사안이 있다. 세 번째 사안은 전반적인 건물 변위이며, 여기서 모멘트골조에서 보는 응답에서 중요한 역할을 담당한다.

6.13.1 처짐

처짐은 부과된 하중에 대한 보의 정상적인 응답이다. 하중 작용 시 처짐이 0이 되게 가설하는 것은 불가능하나, 설계자는 이 처짐을 이 한계상태로 적절한 주의를 가지고 제한할 수 있다. 처짐은 다양한 하중경우에 대해 다뤄져야 한다. 사하중 하의 처짐은 평평한 레벨의 바닥을 형성하기 위해 필요한 콘크리트 충전의 양을 포함한 건설과정에 영향을 미치기 때문에 중요한다. 활하중 처짐은 천장과 벽 같은 바닥에 부착된 요소들의 마감부분(finishes)에 영향을 미칠 수 있고 사용자들에게도 보일 수 있으므로 중요하다. 경험에서 증명되듯, 활하중 처짐은 스팬의 1/360로 제한된다면 문제가 아니다. 사하중 처짐 제한은 특별한 구조요소 및 하중의 함수이다. AISC로부터 Design Gudie 3: Serviceability Design Consideration for Steel Buildings은 처짐과 다른 사용성 설계 기준들을 다룬다.

6.13.2 진동

비록 바닥시스템의 진동이 안전성 관련 고려사항은 아니지만, 매우 성가신 반응으로 건물이 건설된 후에 수정하기에는 매우 어려울 것이다. 가장 흔한 문제는 백화점의 보석상점과 같은 매우 적은 감쇠(damping)를 가지는 wide-open 공간들에서 발생한다. 골칫거리(annoyance)의 위험을 줄이기 위한 일반적인 규칙은 보 또는 장선(joists)을 충분한 공간으로 멀리 배치시켜서 슬래브 두께가 필요한 강성 및 감쇠를 제공하도록 충분히 크게 하는 것이다. AISC로부터의 Design Guide 11: Floor Vibrations Due to Human Activity는 인간의 편안함을 위한 강골조 바닥시스템의 설계를 다룬다.

6.13.3 변위

횡방향 하중 하에서 건물은 수평으로 흔들린다. 이러한 횡방향 이동을 변위(drift)라고 한다. 처짐과 진동에서와 같이 변위는 보통 안전 관련 고려사항은 아니지만, 마감부분(finishes)에 균열을 일으키면서 성가실 수 있고 비구조 요소들에 부정적인 영향을 미칠 수 있다. 보와 거더는 변위를 줄이는데 중요하고, 그들의 최종 치수는 실제로 변위의 고려에 의해 결정될 것이다. 하지만, 변위의 고려가 보에 미치는 영향은 횡하중－저항 시스템의 다른 부분들 또한 보지 않고서는 결정될 수 없다. 사용성 한계상태는 8장에서 다뤄진다. 변위 또한 Design Guide 3에서 논의된다.

보의 처짐은 사용성 고려사항이기 때문에, 사용성 고려사항이 검토되는 특정한 하중을 사용하여 계산을 수행한다. 이는 활하중, 사하중, 또는 어떤 하중들의 조합, 하지만 보통 어떠한 하중계수를 포함하지는 않는다. 따라서, 설계가 LRFD 또는 ASD를 사용함에 관계없이, 사용성 고려는 동일한 하중들에 대해 검토된다. 주어진 보와 하중의 최대처짐을 구하는 많은 탄성해석 기술들이 있다. 몇몇 흔한 하중조건들과 그들에 대응하는 최대 처짐들이 그림 6.26에 나타난다. 이것들과 많은 다른 것들은 매뉴얼 표 3-23에 주어진다.

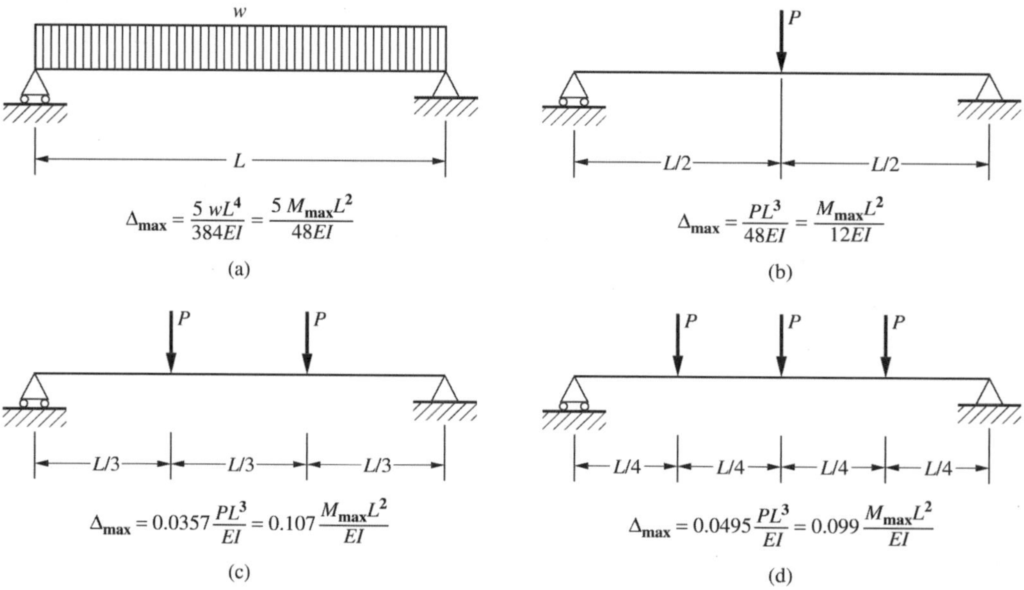

$$\Delta_{max} = \frac{5wL^4}{384EI} = \frac{5M_{max}L^2}{48EI}$$

(a)

$$\Delta_{max} = \frac{PL^3}{48EI} = \frac{M_{max}L^2}{12EI}$$

(b)

$$\Delta_{max} = 0.0357\frac{PL^3}{EI} = 0.107\frac{M_{max}L^2}{EI}$$

(c)

$$\Delta_{max} = 0.0495\frac{PL^3}{EI} = 0.099\frac{M_{max}L^2}{EI}$$

(d)

그림 6.26 • 일부 흔한 하중조건 및 대응하는 최대처짐

6.15 Example

-활하중 처짐-

이전에 설계된 보의 활하중 처짐을 확인하라.

조건: W18 × 35가 선택된 예제 6.3으로부터의 정보를 사용하라. 활하중 처짐에 대한 허용되는 설계의 제한을 스팬의 1/360으로 한다.

풀이.

Step 1: 예제 6.3으로부터 필요한 정보를 수집한다.

W18 × 35에 대해, $I = 510\ \text{in}^4$. 20 ft 스팬의 중앙에 작용하는 활하중은 24 kips이다.

Step 2: 활하중 처짐을 구한다. 그림 6.26의 case (b)에서의 처짐 식을 사용하여,

$$\Delta = \frac{PL^3}{48EI} = \frac{24(20.0)^3(12)^3}{48(29,000)(510)} = 0.467\ \text{in.}$$

Step 3: 계산된 처짐을 주어진 제한과 비교한다.

처짐 제한은

$$\Delta_{\max} = \frac{20.0(12)}{360} = 0.667\ \text{in.}$$

이유는

$$\Delta = 0.467\ \text{in.} < \Delta_{\max} = 0.667\ \text{in.}$$

변위는 세트 기준을 만족한다.

6.16 Example

-처짐제한을 통한 보의 설계-

활하중 처짐 제한을 만족시키는 W-형강을 선택하라.

조건: 처짐 제한을 더욱더 엄격한 수준인 스팬의 1/1000으로 하는 것 외에는 예제 6.15로부터 같은 데이터를 사용하라. 선택된 부재가 수립된 기준을 만족하지 않는다면 그 제한을 만족시키는 W-형강을 선택하라.

풀이.

Step 1: 새로운 처짐 제한을 확인한다.

$$\Delta_{\max} = \frac{20.0(12)}{1000} = 0.240\ \text{in.}$$

예제 6.15로부터 주어진 보가 너무 많은 처짐이 발생함을 알 수 있다.

Step 2: 처짐이 주어진 한계를 초과하지 않도록 하기 위해 필요한 최소 허용 관성모멘트, $I_{\min}$을 구한다. $I_{\min}$을 구하기 위해 최대 처짐 식을 다시 정리하면,

$$I_{\min} = \frac{PL^3}{48E\Delta_{\max}} = \frac{24(20.0)^3(12)^3}{48(29,000)(0.240)} = 993\ \text{in.}^4$$

Step 3: $I \geq 993\ \text{in}^4$이고, 예제 6.3으로부터, 강도제한 $Z \geq 64.0\ \text{in}^3$을 만족시키는 보를 선택한다. 매뉴얼 표 3-3의 관성모멘트 표로부터, 다음을 선택한다.

$$\text{W21} \times 55,\ \text{with } I = 1140\ \text{in.}^4 \text{ and } Z = 126\ \text{in.}^3$$

이는 소요 관성모멘트를 만족시키는 가장 경량의 W-형강이다.

6.14 보의 집중하중

보가 주어진 하중을 전달하도록 요구되기 전에, 그 하중은 몇 유형의 연결부를 통하여 보로 이동되어야 한다. 비슷한 방식으로, 보 반력들은 몇 유형의 연결부를 통하여 보의 지지 구조로 전달되어야 한다. 비록 대다수의 보가 연결부를 통하여 그들의 웨브로 하중이 부과되지만, 몇은 상단플랜지에 작용하는 집중하중에 의해 하중이 부과되고, 몇은 지지요소의 지압에 의해 지지되는 반력을 가질 것이다. 이 경우에, 보의 웨브가 작용하중을 저항하기에 충분한 강도를 가지는지를 확인해야만 한다.

이러한 집중하중을 저항하는 웨브의 하중전달 강도를 결정하는 4개의 한계상태가 있다: 웨브 국부항복, 웨브 크리플링, 웨브 수평(sideway)좌굴, 및 플랜지 국부좌굴. 이러한 한계상태들은 모두 시방서 J10장에서 논의된다. 비록 이러한 한계상태들이 지배하지 않는 충분히 두꺼운 웨브를 가지는 보를 선택하는 것이 가능하지만, 일반적으로 집중하중 밑에 지압보강재들을 추가하여 필요한 강도를 제공하는 것이 보다 경제적이다. 웨브 국부항복과 웨브 크리플링 한계상태에 대해서는 지압길이는 증가시켜 지압 보강재 요구사항을 제거하는 것이 가장 쉬울 것이다. 하지만, 웨브의 수평좌굴 한계상태가 초과되면, 보강재가 필요하게 된다. W-형강이 사용되는 적용에서, 이 한계상태는 하단플랜지가 압축플랜지인 부모멘트 영역에서의 연속보에 대해 중요하다. 플랜지 국부휨 한계상태는 인장하중이 보에 작용할때만 관심사이다. 보강재 설계는 플레이트거더의 적용에 더욱 흔하기 때문에 플레이트거더가 논의되는 이 책의 7.4절에서 다뤄진다. 웨브 국부항복 및 웨브 크리플링 한계상태는 이 한계상태들에 저항하는 지배요소인 지압길이를 사용하여 여기서 논의된다.

6.14.1 웨브 국부항복

단일 집중하중이 그림 6.27에서와 같이 보에 작용할 때, 힘은 지압길이 l_b로 보에 전달된다고 가정된다. 그런 후 힘은 플랜지를 통해 웨브로 분배된다. 웨브의 가장 좁은 부분이 임계(critical) 단면이다. 이는 그림 6.27a에서의 치수 k로 나타나는 웨브-블랜지 필렛의 toe에서 발생한다. 이 치수에 대하여 k_{des} 및 k_{det}인 두 개의 변수가 매뉴얼 표 1-1에 기재되어 있다. k_{des}는 W-형강의 생산에서 발견되는 실제 k 치수의 하한값을 대표하기 때문에 사용된다. 웨브를 따라 힘의 분배는 1 : 2.5의 경사로 일어난다. 따라서, 임계 단면에 이르렀을 때 힘은 각 방향으로 l_b에 2.5k를 더한 길이로 분배된다. 만일 집중하중이 양 방향으로 웨브로 따라 분산되도록 작용한다면, 이 분배는 그림 6.27b에 보이는 대로 지압길이를 5k 만큼 증가시킨다. 지압이 부내의 끝에 가깝다면, 분산은 중앙경간쪽으로 한 방향으로만 일어난다. 시방서는 "부재 끝에 가까운(close to the member end)"을 끝으로부터 부재 깊이(depth) 내에 있음으로 정의한다. 따라서, 그림 6.27에서 보이는 대로 웨브의 가용 길이는 $l_b + 2.5k$이다.

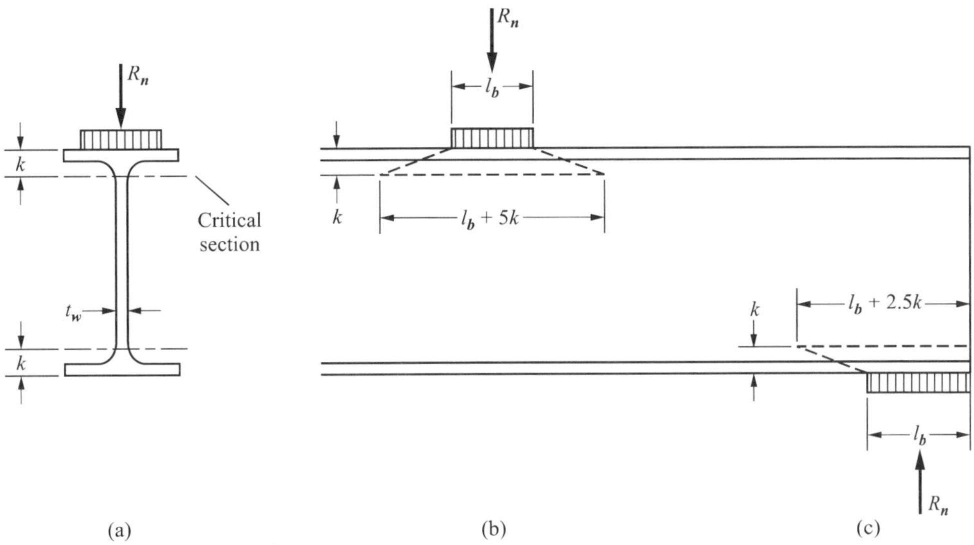

그림 6.27 • 보에 작용하는 단일 집중 하중

집중하중이 부재깊이 d보다 큰 부재 끝으로부터의 거리에 작용한다면 보 웨브의 공칭강도는

$$R_n = F_y t_w (5k + l_b) \tag{6.32}$$

집중하중이 부재깊이 d보다 작거나 같은 부재 끝으로부터의 거리에 작용한다면 보 웨브의 공칭강도는

$$R_n = F_y t_w (2.5k + l_b) \tag{6.33}$$

여기서 F_y = 부재의 항복응력
l_b = 지압 길이
k = 플랜지의 바깥면에서 필렛용접의 웨브 toe까지의 거리
t_w = 웨브 두께

웨브 국부항복에 대해

$$\phi = 1.9\ (\text{LRFD}) \qquad \Omega = 1.50\ (\text{ASD})$$

6.14.2 웨브 크리플링

웨브 크리플링에 한계상태에 대한 기준 또한 거더의 끝과 지압길이 l_b에 대한 힘의 위치에 의존한다. 집중 압축력이 $d/2$보다 크거나 같은 부재 끝으로부터의 거리에 작용한다면,

$$R_n = 0.80\, t_w^2 \left[1 + 3\left(\frac{l_b}{d}\right)\left(\frac{t_w}{t_f}\right)^{1.5}\right] \sqrt{\frac{EF_y t_f}{t_w}} \tag{6.34}$$

힘이 $d/2$보다 작고 $l_b/d \le 0.2$인 거리에 작용한다면,

$$R_n = 0.40\, t_w^2 \left[1 + 3\left(\frac{l_b}{d}\right)\left(\frac{t_w}{t_f}\right)^{1.5}\right] \sqrt{\frac{EF_y t_f}{t_w}} \tag{6.35}$$

그리고 $l_b > 0.2$ 일 때,

$$R_n = 0.40\, t_w^2 \left[1 + \left(\frac{4l_b}{d} - 2\right)\left(\frac{t_w}{t_f}\right)^{1.5}\right] \sqrt{\frac{EF_y t_f}{t_w}} \tag{6.36}$$

웨브 크리플링에 대해

$$\phi = 0.75\ (\text{LRFD}) \qquad \Omega = 2.0\ (\text{ASD})$$

보 반력이 지지 재료로 전달될 때, 지지재료의 파괴를 피하기 위해 충분히 큰 면적에 걸쳐 힘을 분산시키기 위해 보 지압판(bearing plate)을 종종 사용하는 것이 필요하다. 이러한 보 지압판은 11.1절에서 다뤄진다.

6.17a Example

-LRFD에 의한 보의 지압강도-

중앙경간에서의 집중하중과 집중반력을 지지하기 위한 W-형강의 소요 지압길이를 결정하라.

조건: 예제 6.3a에서 선택된 단순지지 부재인 W18 × 35 A992 보는 스팬길이가 20ft이고 중앙경간에 8.0 kips의 사하중과 24.0 kips의 활하중을 전달한다.

풀이.

Step 1: 2.4절의 LRFD 하중조합을 사용하여 하중점과 반력에서의 소요 지압강도를 구한다.

$$P_a = P_D + P_L = 8.0 + 24.0 = 32.0\ \text{kips}$$

$$R_a = \frac{P_a}{2} = \frac{36}{2} = 16\ \text{kips}$$

Step 2: 항복 한계상태에 대해, 하중에 저항하기 위한 웨브 내의 소요길이를 구한다. W18 × 35에 대해, $k_{des} = 0.827$ in, $t_w = 0.300$ in. 식 (6.32)에 기초하여 소요길이는,

$$N = \frac{P_a}{\dfrac{F_y}{\Omega} t_w} = \frac{32}{\left(\dfrac{50}{1.5}\right)(0.300)} = 3.20\ \text{in.}$$

Step 3: 최소 지압길이 l_b를 구한다. 이 힘은 분산이 양방향으로 일어나도록 위치하므로,

$$l_b = 3.20 - 2(0.827) = 1.55\ \text{in.}$$

최소 지압길이는 보통의 관례로 3.0 in로 한다.

Step 4: 웨브 크리플링 한계상태에 대해, 지압길이를 최소 3.0 in로 한다면 공칭강도를 구한다. 식 (6.34)로부터,

$$R_n = 0.80t_w^2\left[1+3\left(\frac{l_b}{d}\right)\left(\frac{t_w}{t_f}\right)^{1.5}\right]\sqrt{\frac{EF_yt_f}{t_w}}$$

$$= 0.80(0.300)^2\left[1+3\left(\frac{3.00}{17.7}\right)\left(\frac{0.300}{0.425}\right)^{1.5}\right]\sqrt{\frac{29,000(50)(0.425)}{0.300}} = 134\text{ kips}$$

Step 5: 웨브 크리플링에 대한 설계강도를 구한다.

$$\phi R_n = 0.75(134) = 101\text{ kips}$$

Step 6: 최종 선택을 위해, $R_u = 48$ kips $< \phi R_n = 101$ kips이므로 3 in 지압길이는 충분할 것이다.

Step 7: 끝단 반력들에 대한 소요지압을 평가한다.
끝단 반력들이 집중하중보다 작으므로, 3 in 지압길이는 끝단 반력에 또한 충분할 것이다. 따라서,

집중하중과 끝단 반력에 보 웨브를 따라 최소 3 in의 지압판 길이를 사용하라.

6.17b Example

– ASD에 의한 보의 지압강도 –

중앙경간에서의 집중하중과 집중반력을 지지하기 위한 W-형강의 소요 지압길이를 결정하라.

조건: 예제 6.3b에서 선택된 단순지지 부재인 W18 × 35 A992 보는 스팬길이가 20 ft이고 중앙경간에 8.0 kips의 사하중과 24.0 kips의 활하중을 전달한다.

풀이.

Step 1: 2.4절의 ASD 하중조합을 사용하여 하중점과 반력에서의 소요 지압강도를 구한다.

$$P_a = P_D + P_L = 8.0 + 24.0 = 32.0\text{ kips}$$

$$R_a = \frac{P_a}{2} = \frac{36}{2} = 16\text{ kips}$$

Step 2: 항복 한계상태에 대해, 하중에 저항하기 위한 웨브 내의 소요길이를 구한다. W18 × 35에 대해, $k_{des} = 0.827$ in, $t_w = 0.300$ in. 식 6.32에 기초하여 소요길이는,

$$N = \frac{P_a}{\frac{F_y}{\Omega}t_w} = \frac{32}{\left(\frac{50}{1.5}\right)(0.300)} = 3.20\text{ in.}$$

Step 3: 최소 지압길이 l_b를 구한다. 이 힘은 분산이 양방향으로 일어나도록 위치하므로,

$$l_b = 3.20 - 2(0.827) = 1.55\text{ in.}$$

최소 지압길이는 보통의 관례로 3.0 in로 한다.

Step 4: 웨브 크리플링 한계상태에 대해, 지압길이를 최소 3.0 in로 한다면 공칭강도를 구한다. 식 (6.34)로부터,

$$R_n = 0.80t_w^2\left[1+3\left(\frac{l_b}{d}\right)\left(\frac{t_w}{t_f}\right)^{1.5}\right]\sqrt{\frac{EF_yt_f}{t_w}}$$

$$= 0.80(0.300)^2\left[1+3\left(\frac{3.00}{17.7}\right)\left(\frac{0.300}{0.425}\right)^{1.5}\right]\sqrt{\frac{29,000(50)(0.425)}{0.300}} = 134\text{ kips}$$

Step 5: 웨브 크리플링에 대한 허용강도를 구한다.

$$\frac{R_n}{\Omega} = \frac{134}{2.00} = 67.0\text{ kips}$$

Step 6: 최종 선택을 위해,

$$R_a = 32\text{ kips} < \frac{R_n}{\Omega} = 67.0\text{ kips}$$

이므로 3 in 지압길이는 충분할 것이다.

Step 7: 끝단 반력들에 대한 소요지압을 평가한다.
끝단 반력들이 집중하중보다 작으므로, 3 in 지압길이는 끝단 반력에 또한 충분할 것이다. 따라서,

집중하중과 끝단 반력에 보 웨브를 따라 최소 3 in의 지압판 길이를 사용하라.

6.15 오픈 웨브 스틸 조이스트

Open web steel joint라는 용어는 Steel Joist Institute(SJI)의 설계기준에 따라 만들어진 건축 생산품(product)을 일컫는다. 그것들은 건물 바닥 및 지붕시스템에 자주 사용되는 트러스로 제작된다. 건물에서 사용되는 예시가 그림 6.28에 나타난다. 건물 생산품이기 때문에 설계자는 실제로 트러스를 설계하는데 관여하지 않는 대신 특정한 W-형강을 선택하는 것과 같이 표로부터 생산품을 선택한다. 비록 이 부재들이 강으로부터 만들어지지만 그것들은 AISC 규정에 따라 설계되지 않고 SJI 출판의 Standard Specifications, Load Tables, and Weight Tables for Steel Joists and Joist Girders(2010)의 기준에 따라 설계된다.
오픈웨브강재장선의 몇 장점은, 가볍고 긴 스팬으로 구성될 수 있고, 오픈웨브가 구조물을 통해서 기계적인 시스템들의 통과를 쉽게 수용할 수 있고, 몇몇 적용에서는 압연 형강보다 더욱 경제적이라는 것을 포함한다. 단점으로는, 압연강보다 하중전달 능력이 낮아서 더욱 조밀한 간격을 요구하고; 트러스 패널 점들 이외의 점들에서 집중하중을 쉽게 수용할 수 없고; 바닥시스템에 사용될 때 잠재적인 진동 문제를 가지고 있다. 모든 적용에서, 오픈웨브강재장선을 사용의 경제적인 장단점은 문제되는 특정한 조건에 대해서 평가되어야 한다.

오픈웨브강재장선의 네 가지 유형이 SJI 기준에 정의된다: K-series, KCS-series, LH-series, 및 DLH-series.

그림 6.28 • 오픈웨브강재장선의 적용. Photo courtesy Douglas Steel Fabrication Corporation

K-series 장선은 바닥 및 지붕시스템에 대해 가장 흔하게 사용되는 장선이다. 이 장선들은 10 in에서 30 in까지의 깊이로 사용 가능하고, 설계표에는 60 ft까지의 스팬에 대해 가용하다. K-series에 대한 표준표기는 16K6이고, 여기서 첫 번째 숫자는 깊이 16 in이고; 글자(letter)는 series 표기 K를 나타내고; 세 번째 숫자는 시리즈 내의 장소(place) 6을 나타낸다. 시리즈 표기는 트러스를 구성하는 요소들의 치수를 포함한 트러스 제조의 상세사항들을 확인한다. 각 제조사가 자신의 특별한 장선을 설계할 수 있는 기회는 여기이다. 16K 장선에 대해, 시리즈 내에 일곱 개의 표기가 있다: 2, 3, 4, 5, 6, 7 및 9. 표기에서의 각 증가는 무게의 증가를 나타낸다. 예로, 16K의 일곱 가지 표기는 대략 5.5, 6.3, 7.0, 7.5, 8.1, 8.6, 및 10.0 lb/ft 중량의 장선을 나타낸다. 무게는 각 제조사가 장선을 다른 단면의 요소들로 생산할 수 있는 기회를 가지기 때문에 대략적인 값으로 주어진다. 그러나 어떠한 장선이 생산될지라도 한 가지 일정한 것은 그것은 SJI 기준에 나타나는 강도를 가져야만 한다는 것이다. 그림 6.29는 SJI에 의해 출판된 단면표의 예를 보여준다. K시리즈 장선은 균일 분포하중을 전달하도록 설계된다. 따라서, 휨모멘트는 중앙경간의 최대치로부터 지점 0까지 포물선 모멘트선도에 근접하면서 스팬을 따라 변할 수 있고, 전단강도는 중앙경간의 0에서 지점의 최대치까지 삼각형의 전단력선도에 근접하면서 변할 수 있다. 설계표는 장선강도를 스팬 피트당의 하중으로 나타낸다.

KCS시리즈는 K시리즈 장선과 같은 방식으로 식별된다. 따라서, 10KCS3은 시리즈 3의 표기로 10 in 깊이의 KCS시리즈를 나타낸다. K시리즈와 KCS시리즈의 차이점은 모멘트와 전단력 선도와 직접적으로 관련되어 있다. KCS시리즈 장선은 모든 내측 패널 점들에 대한 선도와 일정한 전단에 대해 설계된다. 이 장선들은 균일 분포하중 및 집중하중을 조합하는 지지하중에 대해 특별히 유용하다. K시리즌 장선과 달리, KCS시리즈의 설계표는 모멘트와

LRFD

LRFD K-SERIES ECONOMY TABLE - STANDARD UNITS																
Joist Designation	14K6	18K5	22K4	16K6	20K5	24K4	18K6	16K7	22K5	20K6	18K7	22K6	20K7	24K5	22K7	24K6
Depth (In).	14	18	22	16	20	24	18	16	22	20	18	22	20	24	22	24
Approx. Wt. (lbs./ft)	7.7	7.7	8.0	8.1	8.2	8.4	8.4	8.6	8.8	8.4	8.9	8.5	8.9	9.3	9.0	9.7
Span (ft)																
14	825 550															
15	825 507															
16	825 467			825 550				825 550								
17	825 443			825 526				825 526								
18	825 408	825 550		825 490			825 550	825 490			825 550					
19	825 383	825 523		825 455			825 523	825 455			825 523					
20	787 347	825 490		825 426	825 550		825 490	825 426		825 550	825 490		825 550			
21	712 299	825 460		822 405	825 520		825 460	825 406		825 520	825 460		825 520			
22	648 259	777 414	825 548	747 351	825 490		825 438	825 385	825 548	825 490	825 438	825 548	825 490		825 548	
23	592 226	709 362	777 491	682 307	793 451		774 393	760 339	825 518	825 468	825 418	825 518	825 468		825 518	
24	543 199	651 318	712 431	627 269	727 396	780 516	709 345	697 298	804 483	792 430	789 382	825 495	825 448	825 544	825 495	825 544
25	501 175	600 281	657 381	576 238	669 350	718 456	652 305	642 263	739 427	729 380	727 337	805 464	811 421	810 511	825 474	825 520
26	462 156	553 249	606 338	532 211	618 310	663 405	603 271	592 233	682 379	673 337	672 299	744 411	750 373	748 453	825 454	814 493
27	427 139	513 222	561 301	493 188	573 277	615 361	558 241	549 208	633 337	624 301	622 267	688 367	694 333	693 404	768 406	754 439
28	397 124	477 199	522 270	459 168	532 248	571 323	519 216	510 186	588 302	579 269	577 239	640 328	645 298	643 362	712 364	700 393
29		444 179	486 242	427 151	495 223	531 290	483 194	475 167	547 272	540 242	538 215	597 295	601 268	600 325	664 327	652 354
30		414 161	453 219	399 137	462 201	496 262	451 175	444 151	511 245	504 218	502 194	556 266	561 242	559 293	619 295	609 319
31		387 146	424 198	373 124	433 182	465 237	421 158	415 137	478 222	471 198	469 175	520 241	525 219	523 266	580 267	570 289
32		363 132	397 180	349 112	406 165	435 215	396 144	388 124	448 201	442 179	441 159	489 219	492 199	490 241	544 242	535 262
33		342 121	373 164		254 150	273 196	248 131		421 183	415 163	414 145	459 199	463 181	462 220	511 221	502 239
34		321 110	352 149		358 137	257 179	233 120		397 167	391 149	390 132	432 182	435 165	435 201	481 202	472 218
35		303 101	331 137		339 126	363 164	330 110		373 153	369 137	367 121	408 167	411 151	409 184	454 185	445 200
36		286 92	313 126		319 115	343 150	312 101		354 141	348 125	348 111	385 153	388 139	387 169	429 169	421 183
37			297 116		303 106	324 138			334 130	330 115		364 141	367 128	366 155	406 156	399 169
38			280 107		286 98	307 128			316 119	312 106		345 130	348 118	346 143	384 144	378 156
39			267 98		271 90	292 118			300 110	297 98		327 120	330 109	328 132	364 133	358 144
40			253 91		258 84	277 109			285 102	282 91		310 111	313 101	312 122	346 123	340 133
41			241 85			264 101			271 95			295 103		297 114	330 114	324 124
42			229 79			252 94			259 88			282 96		283 106	313 106	309 115
43			219 73			240 88			247 82			268 89		270 98	300 99	294 107
44			208 68			229 82			235 76			256 83		258 92	286 92	280 100
45						219 76								246 86		268 93
46						208 71								235 80		256 87
47						199 67								225 75		246 82
48						192 63								216 70		235 77

그림 6.29 • K시리즈 오픈웨브강재장선에 대한 LRFD 경제표.

전단 강도만을 제시한다.

LH시리즈는 장경간의 장선들이다. 이들의 강도는 스팬길이 25 ft부터 96 ft에 대해 표에 작성되어 있다. LH시리즈의 깊이는 18 in에서 48 in 까지이다. 전형적인 표기는 28LH05이다. LH시리즈는 바닥 및 지붕시스템에 유용하고, K시리즈 장선과 같이, 균일 분포하중에 대해 설계된다.

DLH시리즈 장선은 주로 지붕데크를 지지하도록 의도된 깊고 장경간의 장선들이다. DLH시리즈 장선의 깊이는 52 in에서 120 in 까지 올라간다. 설계표는 스팬길이를 62 ft부터 240 ft까지 나타낸다. 표기 시스템은 다른 장선들에서와 동일하다; 68DLH17은 시리즈 표기 17을 가지는 68 in 깊이의 DLH시리즈 장선이다.

SJI 기준에 따라 설계되는 또다른 생산품은 장선거더이다. 장선거더는 본질적으로 패널 점들에서의 집중하중을 지지하도록 의도된 조립식(pre-engineered) 트러스이다. 이들은 균일한 간격의 오픈웨브강재장선을 지지하는데 사용되며 각 패널 점에 동일한 하중이 도입된다. 장선거더에 대한 가능한 표기는 44G8N12K이다. 첫 번째 숫자는 44 in 깊이의 부재를 의미하고, G는 장선거더를 의미한다. 8N은 여덟 개의 장선 공간이 있음을 의미하고, 이는 거더에 일곱 개의 집중하중이 있다고 말하는 것과 동일하다. 마지막 숫자는 하중(kips)을 의미한다. 만일 하중이 LRFD 설계를 위한 것이라면 마지막 문자는 계수하중(factored load)을 의미하는 F가 되고, 하중값은 LRFD 소요강도가 될 것이다.

6.18 Example

－LRFD에 의한 오픈웨브강재장선 선택－

그림 6.29에서 제한된 선택으로부터 K시리즈 오픈웨브강재장선을 선택하라.

조건: 지붕데크를 지지하는 장선은 30 ft 스팬이고 중앙에서 6 ft 간격이다. 하중은 균일 분포 사하중 20 psf 및 활하중 30 psf이다. 이 하중을 지지하기 위해 그림 6.29로부터 가장 얇은 K시리즈 오픈웨브강재장선을 선택하라.

풀이.

Step 1: 피트당 파운드의 소요하중을 구한다.

$$w_u = (1.2w_D + 1.6w_L)L_{trib} = (1.2(20) + 1.6(30))(6) = 432\,\text{lb/ft}$$

Step 2: 30 ft 스팬에 대한 K시리즈를 선택한다.

18K6는 451 lb/ft의 계수하중을 지지할 것이다. 이는 표에서의 위쪽의 번호(upper number)이다. 표의 다른 숫자는 175 lb/ft이다. 이는 span/360의 처짐을 유발하는 사용성 하중이다.

Step 3: 사용성 활하중 30 psf에 대한 18K6의 처짐을 검토한다.

6ft 간격의 장선 간격에 대해, 장선은 다음의 사용성 활하중을 전달한다.

$$6(30) = 180\,\text{lb/ft}.$$

이는 표에 주어진 하중을 초과하므로, 이 처짐 제한이 만족된다면 다음으로 큰 장선을 선택해야 한다.

Step 4: 18K7을 확인한다.

강도에 대하여, 용량은 502 lb/ft > 432 lb/ft. 처짐에 대하여, 용량은 194 lb/ft > 180 lb/ft.

Step 5: 장선이 자중을 지지할 수 있는지 확인한다.

장선의 자중은 대략 9.0 lb/ft이다. 자중으로 인한 계수 사하중은

$$w_{self} = 1.2(9.0) = 10.8\ \text{lb/ft}$$

따라서, 장선이 견뎌야 할 총 하중은

$$w_u = 432 + 10.8 = 443\ \text{lb/ft} < 502\ \text{lb/ft}$$

Step 6: 최종선택:

18K7

6.16 연습문제

1. Determine the elastic section modulus and the plastic section modulus for a W44 × 335 modeled as three rectangles forming the flanges and the web. Compare the calculated values to those given in the Manual.

2. Determine the elastic section modulus and the plastic section modulus for a W36 × 652 modeled as three rectangles forming the flanges and the web. Compare the calculated values to those given in the Manual.

3. Determine the elastic section modulus and the plastic section modulus for a W33 × 118 modeled as three rectangles forming the flanges and the web. Compare the calculated values to those given in the Manual.

4. Determine the plastic section modulus for a W21 × 44 modeled as three rectangles forming the flanges and the web. Compare the calculated value to that given in the Manual.

5. Determine the plastic section modulus for a W18 × 50 modeled as three rectangles forming the flanges and the web. Compare the calculated value to that given in the Manual.

6. Determine the plastic section modulus for a W40 × 199 modeled as three rectangles forming the flanges and the web. Compare the calculated value to that given in the Manual.

7. Determine the plastic section modulus for a W27 × 217 modeled as three rectangles forming the flanges and the web. Compare the calculated value to that given in the Manual.

8. Determine the plastic section modulus for a W8 × 31 modeled as three rectangles forming the flanges and the web. Compare the calculated value to that given in the Manual.

9. Determine the elastic neutral axis, elastic section modulus, plastic neutral axis, and plastic section modulus for a WT15 × 66 modeled as two rectangles forming the flange and the stem. Compare the calculated values to those given in the Manual.

10. Determine the elastic neutral axis, elastic section modulus, plastic neutral axis, and plastic section modulus for a WT8 × 13 modeled as two rectangles forming the flange and the stem. Compare the calculated values to those given in the Manual.

11. Determine the elastic neutral axis, elastic section modulus, plastic neutral axis, and plastic section modulus for a WT5 × 15 modeled as two rectangles forming the flange and the stem. Compare the calculated values to those given in the Manual.

12. Determine the plastic section modulus for an HSS8 × 4×$^1/_2$ modeled as four rectangles forming the flanges and webs. Remember to use the design wall thickness for the plate thickness and ignore the corner radius. Compare the calculated value to that given in the Manual.

13. Determine the plastic section modulus for an HSS12 × 6×$^5/_8$ modeled as four rectangles forming the flanges and webs. Remember to use the design wall thickness for the plate thickness and ignore the corner radius. Compare the calculated value to that given in the Manual.

14. Determine the plastic section modulus for an HSS6 × 6×$^1/_2$ modeled as four rectangles forming the flanges and webs. Remember to use the design wall thickness for the plate thickness and ignore the corner radius. Compare the calculated value to that given in the Manual.

15. Determine the plastic section modulus for a round HSS7 × 0.500. Remember to use the design wall thickness in your calculations. Compare the calculated value to that given in the Manual.

16. Determine the elastic neutral axis, elastic section modulus, plastic neutral axis, and plastic section modulus for a C15 × 50 modeled as three rectangles forming the flanges and the web. Compare the calculated values to those given in the Manual.

17. Determine the elastic neutral axis, elastic section modulus, plastic neutral axis, and plastic section modulus for a C6 × 13 modeled as three rectangles forming the flanges and the web. Compare the calculated values to those given in the Manual.

18. Determine the elastic neutral axis, elastic section modulus, plastic neutral axis, and plastic section modulus for a MC13 × 50 modeled as three rectangles forming the flanges and the web. Compare the calculated values to those given in the Manual.

19. Determine the elastic neutral axis, elastic section modulus, plastic neutral axis, and plastic section modulus, all about the geometric axis, for a L4 × 4×$^1/_2$ modeled as two rectangles. Compare the calculated values to those given in the Manual.

20. Determine the elastic neutral axis, elastic section modulus, plastic neutral axis, and plastic section modulus, all about the geometric axis, for a L8 × 8×$^7/_8$ modeled as two rectangles. Compare the calculated values to those given in the Manual.

21. Determine the elastic neutral axis, elastic section modulus, plastic neutral axis, and plastic section modulus, all about the geometric axis, for a L3 × 3×$^1/_4$ modeled as two rectangles. Compare the calculated values to those given in the Manual.

22. A simply supported beam spans 20 ft and carries a uniformly distributed dead load of 0.8 kip/ft, including the beam self-weight, and a live load of 2.3 kip/ft. Determine the minimum required plastic section modulus and select the lightest-weight W-shape to carry the moment. Consider only the limit state of yielding and use A992 steel. Design by (a) LRFD and (b) ASD.

23. For bending only, determine the lightest-weight W-shape to carry a uniform dead load of 1.2 kip/ft, including the beam self-weight, and a live load of 3.2 kip/ft on a simple span of 24 ft. Consider only the limit state of yielding and use A992 steel. Design by (a) LRFD and (b) ASD.

24. A beam is required to carry a uniform dead load of 0.85 kip/ft, including its self-weight, and a concentrated live load of 12 kips at the center of a 30 ft span. For bending only, determine the least-weight W-shape to carry the load. Consider only the limit state of yielding and use A992 steel. Design by (a) LRFD and (b) ASD.

25. A simply supported beam spans 32 ft and carries a uniformly distributed dead load of 1.8 kip/ft plus the beam self-weight and a live load of 5.4 kip/ft. Determine the minimum required plastic section modulus and select the lightest-weight W-shape to carry the moment. Consider only the limit state of yielding and use A992 steel. Design by (a) LRFD and (b) ASD.

26. For bending only, determine the lightest-weight W-shape to carry a uniform dead load of 4.5 kip/ft plus the beam self-weight and a live load of 3.5 kip/ft on a simple span of 24 ft. Consider only the limit state of yielding and use A992 steel. Design by (a) LRFD and (b) ASD.

27. A beam is required to carry a uniform dead load of 3.4 kip/ft plus its self-weight, and a concentrated dead load of 12 kips and a concentrated live load of 20 kips, both at the center of a 40 ft span. For bending only, determine the least-weight W-shape to carry the load. Consider only the limit state of yielding and use A992 steel. Design by (a) LRFD and (b) ASD.

28. Considering only bending, determine the lightest-weight W-shape to carry the following loads: a uniform dead load of 0.6 kip/ft plus self-weight, a concentrated dead load of 2.1 kips, and a concentrated live load of 6.4 kips, located at the center of a 16-ft span. Assume full lateral support and A992 steel. Design by (a) LRFD and (b) ASD.

29. Considering only bending, determine the lightest W-shape to carry a uniform dead load of 4.0 kip/ft plus the self-weight and a uniform live load of 2.3 kip/ft on a simple span of 10.0 ft. Assume full lateral support and A992 steel. Design by (a) LRFD and (b) ASD.

30. A 24 ft simple span laterally supported beam is required to carry a total uniformly distributed service load of 8.0 k/ft. Determine the lightest, A992, W-shape to carry this load, considering only the limit state of yielding, if the load is broken down as follows. Use LRFD.

a. Live load = 1.0 kips/ft; dead load = 7.0 kips/ft

b. Live load = 3.0 kips/ft; dead load = 5.0 kips/ft

c. Live load = 5.0 kips/ft; dead load = 3.0 kips/ft

d. Live load = 7.0 kips/ft; dead load = 1.0 kips/ft.

31. Repeat the designs specified in Problem 30 using ASD.

32. A 30 ft simply supported beam is loaded at the third points of the span with concentrated dead loads of 12.0 kips and live loads of 18.0 kips. Lateral supports are provided at the supports and at the load points. The self-weight of the beam will be ignored for this problem. Determine the least-weight W-shape to carry the load. Use A992 steel and $C_b = 1.0$. Design by (a) LRFD and (b) ASD.

33. Determine the least-weight W-shape to support a concentrated dead load of 22 kips plus the beam self-weight and a concentrated live load of 18 kips on a 30 ft span. The concentrated loads are located at the midpoint of the span. Lateral supports are provided at the supports and at the load point. Use A992 steel and $C_b = 1.0$. Design by (a) LRFD and (b) ASD.

34. A 35 ft simply supported beam is loaded with concentrated loads 15 ft in from each support. On one end, the dead load is 8.0 kips and the live load is 18.0 kips. At the other end, the dead load is 4.0 kips and the live load is 9.0 kips. Include the self-weight of the beam in the design. Lateral supports are provided at the supports and the load points. Determine the least-weight W-shape to carry the load. Use A992 steel and $C_b = 1.0$. Design by (a) LRFD and (b) ASD.

35. An 18 ft simple span beam is loaded with a uniform dead load of 1.4 kip/ft, including the beam self-weight, and a uniform live load of 2.3 kip/ft. The lateral supports are located at the supports and at 6.0 ft intervals. Determine the least-weight W-shape to carry the load. Use A992 steel and $C_b = 1.0$. Design by (a) LRFD and (b) ASD.

36. A 40 ft simple span beam is loaded with a uniform dead load of 2.4 kip/ft plus the beam self-weight and a uniform live load of 3.3 kip/ft. The lateral supports are located at the supports and at the midpoint of the span. Determine the least-weight W-shape to carry the load. Use A992 steel and $C_b = 1.0$. Design by (a) LRFD and (b) ASD.

37. An A992 W18 × 60 is used on a 36 ft simple span to carry a uniformly distributed load. Using $C_b = 1.0$, determine the locations of lateral supports in order to provide just enough strength to carry (a) a design moment of 435 ft-kips and (b) an allowable moment of 290 ft-kips.

38. An A992 W16 × 31 is used on an 18 ft simple span to carry a uniformly distributed dead load of 0.95 kips/ft plus self-weight and a live load of 1.9 kips/ft. Using $C_b = 1.0$, determine the locations of lateral supports in order to provide just enough strength to carry this loading by (a) LRFD and (b) ASD.

39. Redesign the beam of Problem 33 using the correct value of C_b.

40. Redesign the beam of Problem 34 using the correct value of C_b.

41. Redesign the beam of Problem 35 using the correct value of C_b.

42. There are no tables in the Manual for the design of beams with F_y other than 50 ksi. Construct the moment strength vs. unbraced length curve, similar to those in Manual Table 3-10, for a W18 × 76 A572 Grade 65 steel. Show the curve up to an unbraced length of 40 ft.

43. Since the chart developed for Problem 42 was similar to those in Manual Table 3-10, it used $C_b = 1.0$. Redo Problem 42 with values of $C_b = 1.0$, 1.14, 1.32, and 1.67.

44. Plot the nominal moment strength vs. unbraced length for a W27 × 84 using A992 and A913 Grade 65 steel. Compare the nominal moment strengths for an unbraced length of 18 ft.

45. Plot the nominal moment strength vs. unbraced length for a W16 × 31 using A36 and A992 steel. Compare the nominal moment strengths for an unbraced length of 7.0 ft.

46. Determine the available shear strength of a W24 × 94 A992 steel member by (a) LRFD and (b) ASD.

47. Determine the available shear strength of a W30 × 90 A992 steel member by (a) LRFD and (b) ASD.

48. A girder that carries a uniformly distributed dead load of 1.7 k/ft plus its self-weight and three concentrated live loads of 15 kips at the quarter points of the 36 ft span is to be sized. Using A992 steel, determine the lightest W-shape to carry the load with lateral supports provided at the supports and load points. Use the correct C_b, check shear, and limit deflection to $^1/_{360}$ of span. Design by (a) LRFD and (b) ASD.

49. A 32 ft simple span beam carries a uniform dead load of 2.3 k/ft plus its self-weight and a uniform live load of 3.1 k/ft. The beam is laterally supported at the supports only. Determine the minimum-weight W-shape to carry the load using A992 steel. Use the correct C_b, check shear, and limit live load deflection to $^1/_{360}$ of span. Design by (a) LRFD and (b) ASD.

50. A 36 ft simple span beam carries a uniformly distributed dead load of 3.4 kip/ft plus its self-weight and a uniformly distributed live load of 2.4 kip/ft. Determine the least-weight W-shape to carry the load. Use the correct C_b, check shear, and limit live load deflection to $^1/_{360}$ of the span. Use A992 steel and assume full lateral support. Design by (a) LRFD and (b) ASD.

51. A simple span beam with a uniformly distributed dead load of 1.1 k/ft, including the self-weight, and concentrated dead loads of 3.4 kips and live loads of 6.0 kips at the third points of a 24ft span, is to be designed with lateral supports at the third points and live load deflection limited to $^1/_{360}$ of the span. Use the correct C_b, and be sure to check shear. Determine the least-weight W-shape to carry the loads. Use A992 steel. Design by (a) LRFD and (b) ASD.

52. A fixed-end beam on a 28 ft span is required to carry a total ultimate uniformly distributed load of 32.0 kips. Using plastic analysis and A992 steel, determine the design moment and select the lightest W-shape. Assume (a) full lateral support and (b) lateral support at the ends and center line.

53. A beam is fixed at one support and simply supported at the other. A concentrated ultimate load of 32.0 kips is applied at the center of the 40 ft span. Using plastic analysis and A992 steel, determine the lightest W-shape to carry the load when the nominal depth of the beam is limited to 18 in. Assume (a) full lateral support and (b) lateral supports at the ends and the load.

54. A fixed-end beam on a 40 ft span is required to carry a total ultimate uniformly distributed load of 72.5 kips. Using plastic analysis and A992 steel, determine the lightest-weight W-shape to carry the load. Assume full lateral support.

55. A three-span continuous beam is to be selected to carry a uniformly distributed dead load of 4.7 kip/ft, including its self-weight, and a uniformly distributed live load of 10.5 kip/ft. Be sure to check the shear strength of this beam. Use A992 steel and assume full lateral support. Design using moment redistribution by (a) LRFD and (b) ASD.

56. Determine the available minor axis bending strength of a W18 × 130 of A992 steel. Determine by (a) LRFD and (b) ASD.

57. Determine the available minor axis bending strength of a W10 × 12 of A992 steel. Determine by (a) LRFD and (b) ASD.

58. Determine the available minor axis bending strength of a W40 × 392 of A992 steel. Determine by (a) LRFD and (b) ASD.

59. Determine the available bending strength of a WT8 × 25, A992 steel, if the stem is in compression and the unbraced length is 10 ft. Determine by (a) LRFD and (b) ASD.

60. Determine the available bending strength of a WT12 × 52, A992 steel, if the stem is in tension and the unbraced length is 8 ft. Determine by (a) LRFD and (b) ASD.

61. Determine the minimum required length of bearing for the beam of Problem 47 considering the limit state of web yielding and the available strength for the limit state of web crippling. Determine by (a) LRFD and (b) ASD.

62. For the girder designed in Problem 48, determine the minimum required length of bearing considering the limit state of web yielding. and the available strength for the limit state of web crippling. Determine by (a) LRFD and (b) ASD.

63. Obtain via the Internet a set of open web steel joist design tables from any manufacturer. Select the shallowest K-series joist to span 35 ft and support a roof system that carries a dead load of 25 psf and a live load of 35 psf. The joists will be spaced (i) 6.0 ft on center, (ii) 8.0 ft on center, and (iii) 10.0 ft on center. Limit live load deflection to span/360. Design by (a) LRFD and (b) ASD.

Multi-Chapter Problems

64. Using the framing plan shown in Figure P6.64 (presented earlier as Figure 2.5), design the beams marked 1, 2, and 3. This is the same structure used in Section 2.5, where load calculations with live load reductions were discussed. Those calculations can be reused here. Load case 2 for dead plus live load is to be considered. The building is an office building with a nominal live load of 50 pounds per square foot (psf) and a calculated dead load of 70 psf.

1. Girder AB on line 2-2 if the floor deck spans from line 1-1 to 2-2 to 3-3:
2. Floor beam 2-3 on line D-D if the floor deck spans from line C-C to D-D to E-E:
3. Floor beam 2-3 on line C-C if the floor deck spans from line B-B to C-C to D-D:

Design by (a) LRFD and (b) ASD.

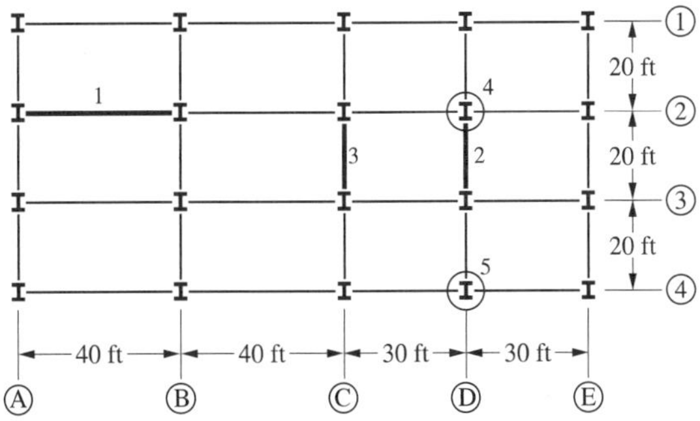

P6.64

65. The framing plan shown in Figure P6.65 is the same as that shown in Figure P2.17 for an 18-story office building. It must support a dead load of 80 psf and a live load of 50 psf. In all cases, the decking spans in the direction from line A toward line E. Determine the required moment and shear strength for the beams and design the beams as required below for (a) design by LRFD and (b) design by ASD. The required moment and shear strength were determined in Problem 17 of Chapter 2.

i. The beam between column lines 2 and 3 along line D.

ii. The girder on column line 3 between column line E and midway between lines D and C.

iii. The beam on the line between lines C and D and column lines 3 and 4.

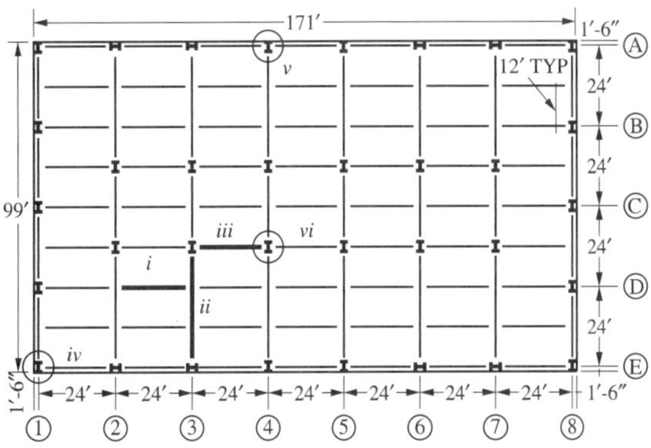

P6.65

66. Integrated Design Project. For the building introduced in Section 1.15, design the beams in the gravity-only system for the loads determined in Chapter 2. Be sure to indicate all assumptions regarding lateral support.

Reconsider the proposed framing plans given in Figures 1.21 and 1.22. For the panel bounded by column lines A, C, 6, and 7, span the beams in the 30 ft direction and redesign. Compare the results with the designs done above.

For open web steel joists, manufacturer literature includes load tables. These may be found on the Internet. Select open web steel joists for the roof using the loading determined in Chapter 2. Use spacing different from that suggested in Figure 1.23 if that appears to be more appropriate.

제 7 장

플레이트 거더

7.1 배경

플레이트거더는 개별 강판으로 구성된 휨부재이다. 플레이트거더는 압연형강이 하중을 지지할 정도로 충분히 크지 않을 경우 일반적으로 선택되는 부재임에도 불구하고, 그것들이 부재 크기의 범위에서 가장 큰 끝 값이 될 필요는 없다. 특정한 요구조건을 충족시키기 위해 각각의 강판으로 제조 된 보를 일반적으로 현장에서는 플레이트거더 라고 한다.

플레이트거더는 일반적으로 매우 긴 경간 또는 매우 큰 하중을 포함하는 것과 같은 특수한 상황에 대한 건물 구조에 사용된다. 아마도 가장 일반적인 응용은 전이보와 구조물을 위로 지지하고 기둥을 아래 간격으로 바꿔주는 휨부재가 있다. 그들은 또한 크레인 거더와 장비의 큰 부분을 지지하기 위한 산업적인 구조에서 매우 일반적이다. 상업적 빌딩에서 그것들은 종종 특수한 건물 요구조건을 충족시키기 위해 큰 개활지를 가로지르는데 사용된다. 일반적으로 거대한 깊이와 강성도 때문에, 그것들은 다른 잠재적인 긴 경간 해결책보다 덜 피하는 경향이 있다. 플레이트거더의 건물 적용의 예는 그림 7.1에 나와 있다.

일반적인 플레이트거더의 단면은 그림 7.2에 나타난다. 그리고 트럭에 이송 되는 큰 플레이트거더는 그림 7.3에 나타내었다. 이는 수많은 형상으로 강판을 결합하는 것이 가능하지만, 여기에서 다루어지는 플레이트거더는 3개의 플레이트, 1개의 웨브, 2개의 플랜지로 형성되어 있다. 플레이트거더의 웨브와 플렌지가 개개의 플레이트로부터 제조되었기 때문에, 그것들은 같은 등급의 강(균일 플레이트거더)이거나 다른 등급의 강(하이브리드 플레이트거더)로부터 웨브와 플랜지로 설계될 수 있다. 하이브리드 거더에서, 플랜지는 일반적으로 웨브에서 사용 된 것보다 강철의 높은 등급으로 제조된다. 이는 웨브보다 중심축으로부터 더 멀리 떨어져 있는 플랜지에서 발생할 수 있는 더 높은 응력을 분담한다는 장점이 있다.

그림 7.1 • 플레이트거더의 적용

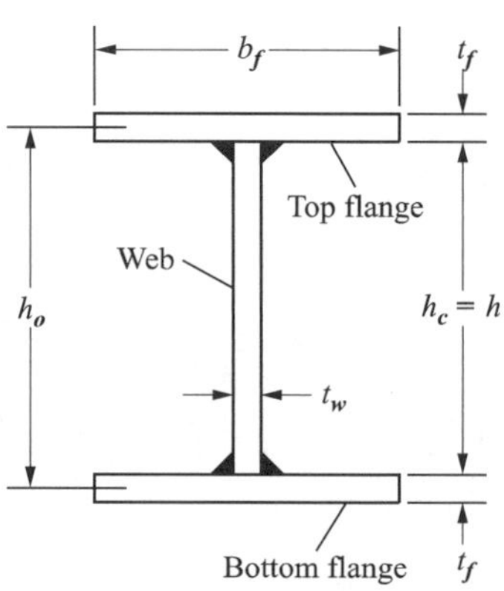

그림 7.2 • 전형적인 플레이트거더 정의

그림 7.3 • 운송중인 플레이트거더. Photo courtesy Lejeune Steel Co.

하이브리드 거더는 건설에서는 잘 쓰이지 않지만 교량 건설에서 비교적 일반적이다. 과거에 하이브리드 거더는 AISC 시방서에 포함되어 있었으나, 현재 버전에서 다뤄지지 않는다. 따라서, 그들은 이 책에서 논의되지 않다.

다른 종류의 플레이트거더는 그림 7.4에 도시된 바와 같이 동일한 크기가 아닌 하나의 플랜지를 가진 일축 대칭 거더이다. 일축 대칭 플레이트거더는 AISC 시방서에 다루어짐에도 불구하고 그들은 건물에서 특히 일반적인 것이 아니며, 여기서 구체적으로 다루지 않는다. 그러나, 이들 플레이트거더의 모든 원리는 동일하고, 조심스럽게 시방서 규정을 적용하는 것은 경제적이고 안전한 설계로 이어질 것이다.

조밀한 웹을 가진 조립 I-형상 부재는 F2와 F3 부분 시방서에서 나타나는 I-형상 부재와 이 책의 6장에서 논의된 것처럼 동일한 규정에 따라 설계된다. 이 장에서 플레이트거더의 논의는 조밀하지 않거나 얇은 웨브를 가진 이 조립 I-형상을 다룬다.

표 7.1은 시방서의 부분과 이 장에서 다뤄진 순서를 나열하였다.

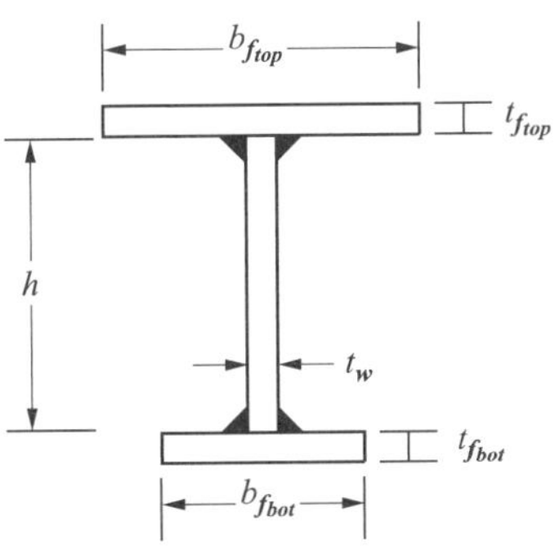

그림 7.4 • 단일대칭 플레이트거더

표 7.1 이 장에서 다뤄지는 시방서의 부분과 매뉴얼 부분

시방서	
B4	국부 좌굴 단면의 분류
F4	주축에 대한 휨 시 조밀 또는 비조밀한 웨브의 다른 I 형상 부재
F5	주축에 대한 휨 시 세장웨브를 가지는 이축대칭 및 일축대칭 I 형상 부재
Chapter G	전단 부재의 설계
J4.4	압축 요소의 강도
J10	집중하중을 받는 플랜지와 웨브

7.2 휨을 받는 플레이트거더

플레이트거더의 거동은 휨과 전단을 구분해서 고려하여야 가장 잘 이해될 수 있다. 휨에서, 플레이트거더는 이 책에서 웨브의 비율에 따라 비조밀 또는 세장한 것으로 고려된다. 플랜지는 조밀, 비조밀, 또는 세장할 수 있다. 그리고 이러한 한계상태의 모멘트 강도는 6장에서 다뤄진 것과 동일하다. 그러므로 예를 들면 비조밀 웨브 플레이트거더가 세장한 플랜지를 가지는 것이 가능하다. 각 종류의 거더에 대한 설계규정은 구분되어 고려된다.

이축대칭 플레이트거더만 논의해 볼때, 반드시 고려되어야 하는 한계상태는 압축 플랜지 항복, 압축플랜지 국 좌굴, 웨브 국부좌굴, 그리고 휨－비틀림 좌굴이다. 이들은 웨브 국부좌굴의 추가 외에는 6장에서의 압연 I-형강에 대해 고려되는 한계상태와 동일하다. 인장 플랜지 항복의 추가 한계상태는 무시할 수 있다. 왜냐하면 압축플랜지는 항상 이중 대칭 균질한 부재에서 인장 플랜지를 제어할 수 있기 때문이다. 비조밀 웨브를 가진 플레이트거더는 F4 부분 시방서에 다뤄진다. 그리고 세장한 웨브를 가진 것들은 F5 부분에서 다뤄진다. 모든 한계상태에서, 플레이트거더의 공칭강도는 그림 7.5를 통해 묘사된다. 6장에서 다뤄진 압연 I-형강 부재로 인해, 반응은 소성, 탄성 혹은 비탄성을 나타낸다. 그림 7.5는 소성이 조

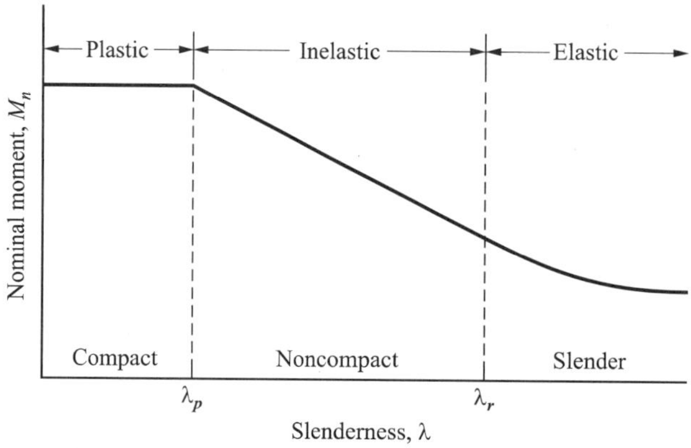

그림 7.5 • 플레이트거더 공칭 휨강도

밀로 나타내어진 그림의 면적과 부합하다는 것을 나타낸다. 비탄성은 비조밀로 나타내어진 면적과 부합하고, 탄성은 세장한 것으로 나타내어진 면적과 부합한다.

휨-비틀림 좌굴 한계상태에 같은 그림을 적용하면, 완전히 브레이스된 구역은 소성거동에 부합한다. 반면에 부분적으로 브레이스된 구역은 비탄성 혹은 탄성 좌굴에 부합한다.

휨 설계강도(LRFD)와 허용강도(ASD)는 6장에서 논의된 휨부재일 때의 경우와 마찬가지로 결정된다. 그러므로,

$$\phi = 0.9\,(\text{LRFD}) \qquad \Omega = 1.67\,(\text{ASD})$$

ASD에서 허용강도는

$$R_a \le \frac{R_n}{\Omega}$$

LRFD에서 설계강도는

$$R_u \le \phi R_n$$

7.2.1 비조밀 웨브 플레이트거더

플레이트거더의 강도에 미치는 웨브 세장비의 영향은 별도의 한계상태로 다루어지지 않는다. 웨브의 세장비는 시방서 F4 절에서 규정되는 바와 같이 플랜지 항복 또는 플랜지 국부좌굴 및 휨-비틀림 좌굴강도에 영향을 미친다.

웨브의 세장비 매개 변수는 $\lambda_w = h_c/t_w$로 정의된다. 시방서 표 B4.1b case 15에서 이중대칭 플레이트거더의 경우, 이것은 $\lambda_w = h/t_w$, 여기서 h는 플랜지 사이의 거리이다. 비조밀한 플레이트거더의 경우, 다음과 같은 요구사항이 설정된다.

$$\lambda_p < \lambda_w \le \lambda_r$$

여기서, $\lambda_p = 3.76\sqrt{\dfrac{E}{F_y}}$, $\lambda_r = 5.70\sqrt{\dfrac{E}{F_y}}$

비조밀 웨브의 영향은 웨브 소성화계수 R_{pc}를 통해 특징화된다. 이 계수는 단면이 가지는 최대의 소성용량에 도달할 수 있는지를 평가하는데 사용되고, 플랜지 항복 또는 국부좌굴 및 휨-비틀림 좌굴 한계상태를 수정한다. 웨브 소성화계수는 시방서 식 F4.9에 제시되고 아래와 같다.

$$R_{pc} = \left[\frac{M_p}{M_{yc}} - \left(\frac{M_p}{M_{yc}} - 1\right)\left(\frac{\lambda - \lambda_{pw}}{\lambda_{rw} - \lambda_{pw}}\right)\right] \le \frac{M_p}{M_{yc}}$$

여기서, $M_p = F_y Z_x \le 1.6 F_y S_x$

$M_{yc} = F_y S_x$

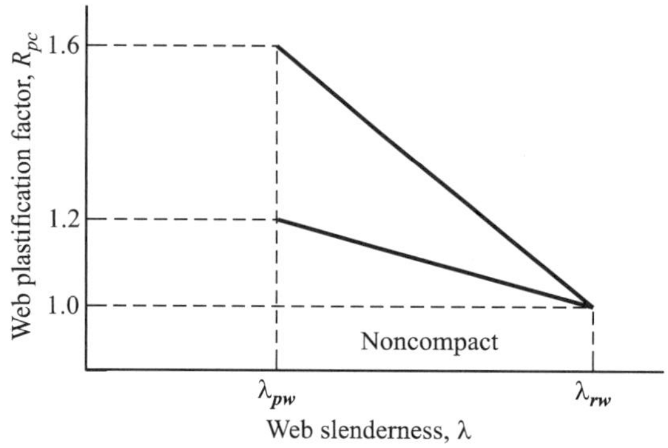

그림 7.6 • 웨브 소성계수

식 (7.1)은 M_p/M_{yc}의 두 개의 값에 대해 그림 7.6에 도시되어 있다. 하나는 M_p의 한계를 고려하여 1.6의 최대값을 갖고, 하나는 1.2이다. M_p/M_{yc}는 형상계수이며 이는 6장에 다뤄졌다. 논의되었던 경우처럼, 이 비율은 단면이 소성변형을 겪으면서 변형경화가 발생하기 전에 필요한 회전이 일어날 수 있음을 보장하기 위해 1.6으로 제한되어야 한다. 최소 R_{pc}는 M_p/M_{yc}에 관계없이 1.0이다. 따라서, 보수적인 접근 방식은 R_{pc}=1.0으로 하는 것이다. 약간 비조밀 웨브를 가지는 플레이트거더는 R_{pc}의 적용을 통해 반영된 상당히 추가된 강도를 가지고 또한 R_{pc}의 계산이 특히 어렵지 않기 때문에, 이 단순화에 어떠한 이점도 없다. 따라서, 식 (7.1)이 이 장의 전반에 걸쳐 적절히 사용된다.

플랜지 세장비의 함수로서 플레이트거더의 강도는 7.7에 나타나 있다. 조밀 플랜지 거더에 대해 비조밀 웨브의 영향은 식 (7.2)에 주어진 대로 R_{pc}를 계수로 강도를 변경하는 것이다.

$$M_n = R_{pc} F_y S_x \tag{7.2}$$

비조밀 웨브의 하한계에서, λ_{pw},

$$R_{pc} = \frac{M_p}{M_{yc}}$$

그리고

$$M_n = \frac{M_p}{M_{yc}} F_y S_x = M_p$$

비조밀 웨브의 상한계에서, λ_{rw}, $R_{pc} = 1.0$이고 공칭강도는 다음과 같다.

$$M_n = 1.0 F_y S_x = M_{yc} \tag{7.3}$$

비조밀하고 세장한 플랜지 사이의 경계점 λ_{rf}에서, 공칭 모멘트강도는 다음과 같다.

$$M_n = 0.7 F_y S_x \tag{7.4}$$

여기서, $0.7F_y$이 부재의 잔류응력을 반영한다. 이것은 플레이트거더가 용접으로 이뤄진 단면일지라도 압연강에서 가정되는 잔류응력과 같다.

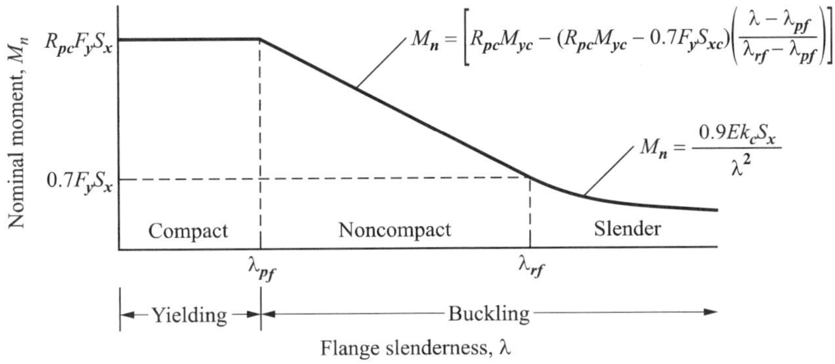

그림 7.7 • 플랜지 국부좌굴에 기초한 공칭 휨강도

비조밀 플랜지 플레이트거더의 휨강도는 그림 7.7에서와 같이 끝점 사이의 선형 보간을 통해 구하며 식 7.5로 주어진다.

$$M_n = \left[R_{pc}M_{yc} - (R_{pc}M_{yc} - 0.7F_yS_{xc})\left(\frac{\lambda - \lambda_{pf}}{\lambda_{rf} - \lambda_{pf}}\right)\right] \tag{7.5}$$

비조밀 웨의 영향은 플랜지가 더욱 더 비조밀해지면 감소된다. 플랜지가 얇아지면 R_{pc}는 더 이상 필요로 하지 않고, 플랜지 국부좌굴이 거더의 강도를 제어한다. 얇은 플랜지 거더의 거동은 그림 7.7에서와 같이 탄성 좌굴 현상이다.

$$M_n = \frac{0.9Ek_cS_x}{\lambda^2}$$

여기서 판 좌굴 계수는

$$k_c = \frac{4}{\sqrt{h/t_w}}$$

이 판 좌굴 계수는 0.35 − 0.76의 범위에서 취해져야 한다.

비조밀 웨브 플레이트거더의 휨 − 비틀림 좌굴 거동은 압연 보와 동일한 원칙이다. 그러나, 본 시방서 방정식은 다소 변경되며, 웨브 소성화계수를 포함되어야 한다. 휨 − 비틀림 좌굴응답이 더욱 지배적이게 되면서, 비조밀 플랜지를 고려할 때처럼 비조밀 웨브의 영향은 감소된다. 그림 7.8은 휨 − 비틀림 좌굴을 고려할 때 비조밀 웨브 플레이트거더의 강도를 보여준다.

L_p보다 크지 않은 간격에서 측면 지지를 받는 플레이트의 경우에 R_{pc}의 영향을 포함한 식 (7.2)는 거더 강도를 다시 정의한다. 이 거더는 전체 측면 지지부를 갖는 것으로 간주 될 것이다. 이 비지지 길이 제한의 정의는 조밀 웹브 부재에 대한 것과는 약간 다르다. 이 차이는 미미하지만, 1축 대칭 거더를 사용할 때 더 정확한 결과를 제공하기 때문에, 본 시방서에서 사용되고 있다.

$$L_p = 1.1r_t\sqrt{\frac{E}{F_y}}$$

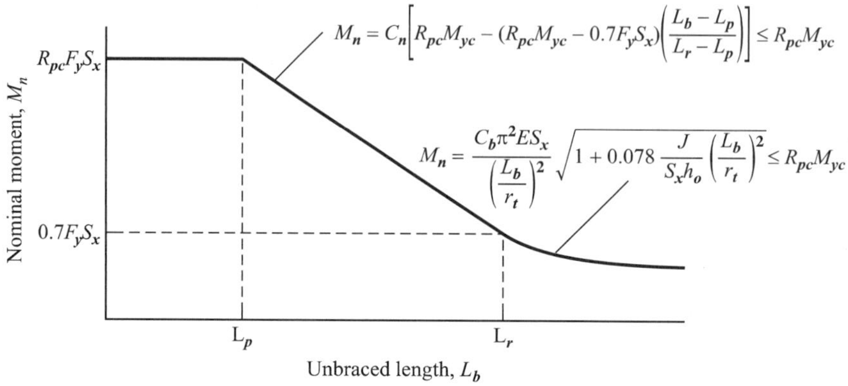

그림 7.8 • 비지지길이에 따른 공칭 휨강도

직사각형 압축플랜지와 I-형강의 경우, 횡 방향 비틀림 좌굴에 대한 관성의 유효 반경은

$$r_t = \frac{b_{fc}}{\sqrt{12\left(\frac{h_0}{d} + \frac{1}{6}a_w\frac{h^2}{h_0 d}\right)}}$$

이것은 보수적으로 압축 플랜지의 선회반경+웹의 1/3 압축 부로 간주 될 수 있다. 탄성 횡 비틀림 좌굴을 받은 부분의 강도가 플레이트 좌굴 이론을 통해 얻을 수 있다. 시방서는

$$M_n = \frac{C_b\pi^2 ES_x}{\left(\frac{L_b}{r_t}\right)^2}\sqrt{1 + 0.078\frac{J}{S_x h_0}\left(\frac{L_b}{r_t}\right)^2} \le R_{pc}M_{yc}$$

잔류응력은 압연강에서와 같이 플레이트거더에도 발생하기 때문에 좌굴응력이 항복응력을 넘어 단면의 실제 응력을 밀어 영향을 미칠 경우 탄성좌굴은 발생 할 수 없다. $0.3F_y$의 잔류 응력으로, 탄성응력은 다시 $0.7F_y$로 취해진다. 따라서, 식 (7.4)는 다시 제한강도를 제공하고 이번에는 탄성 휨-비틀림 좌굴에 대해서다. 식 (7.7)로 얻어지는 강도를 사용하여, 탄성 횡-비틀림 좌굴 한계를 정의하는 비지지(unbraced) 길이는 다음과 같이 얻어진다.

$$L_r = 1.95r_t\frac{E}{0.7F_y}\sqrt{\frac{J}{S_x h_0} + \sqrt{\left(\frac{J}{S_x h_0}\right)^2 + 6.76\left(\frac{0.7F_y}{E}\right)^2}} \qquad (7.8)$$

식 (7.8)은 시방서의 해당 식과 약간 다르다. 이유는 이 절에서는 2축 대칭인 거더만 고려하여 수정되었기 때문이다. 부재가 L_p과 L_r 사이의 비지지 길이를 가질 때, 횡-비틀림 좌굴 강도는 이전에 사용 된 동일한 직선 식에 의해 주어진다. 그러나 이번에 그것은 상한치 R_{pc}를 포함시킨 비조밀 웨브로 간주한다. 그러므로

$$M_n = C_b\left[R_{pc}M_{yc} - (R_{pc}M_{yc} - 0.7F_yS_x)\left(\frac{L_b - L_p}{L_r - L_p}\right)\right] \leq R_{pc}M_{yc} \tag{7.9}$$

7.2.2 세장한 웨브 플레이트거더

세장한 웨브 플레이트거더는 시방서 F5절에 설명되어 있다. 이들은 표 B4.1b에 주어진 한계를 초과하는 웨브 세장비, $\lambda_w = h/t_w$를 가지는 조립부재이다.

$$\lambda_{rw} = 5.70\sqrt{\frac{E}{F_y}}$$

비조밀 웨브 부재의 경우와 같이, 웨브의 세장비는 독립적으로 평가하는 한계상태가 아니다. 부재의 강도에 미치는 영향은 휨강도저감계수, R_{pg}을 특징으로 한다. 휨강도저감계수는 식 (7.10)에 의해 주어지고, 그림 7.9에 도시되어 있다.

$$R_{pg} = 1 - \frac{a_w}{1200 + 300a_w}\left(\frac{h}{t_w} - 5.7\sqrt{\frac{E}{F_y}}\right) \leq 1.0$$

여기서 $a_w = \dfrac{A_w}{A_f}$

A_w = 웹의 면적

A_f = 플랜지의 면적

시방서 F13.2절은 규정에 따라 설계 할 수 있는 부재의 비율을 제한한다. 웨브-플랜지 면적비, a_w는 설계자가 이러한 규정을 본질적으로 작은 보강재들을 가지는 웨브의 부재에 적용하는 것을 방지하기 위해서 10으로 제한한다. 또한 웨브 세장비는 $h/t_w \leq 260$이 되도록 제한된다. 이 제한은 규정이 이들의 거동을 제대로 반영하지 못할 정도로 거더를 너무 세장하지 않게 만든다.

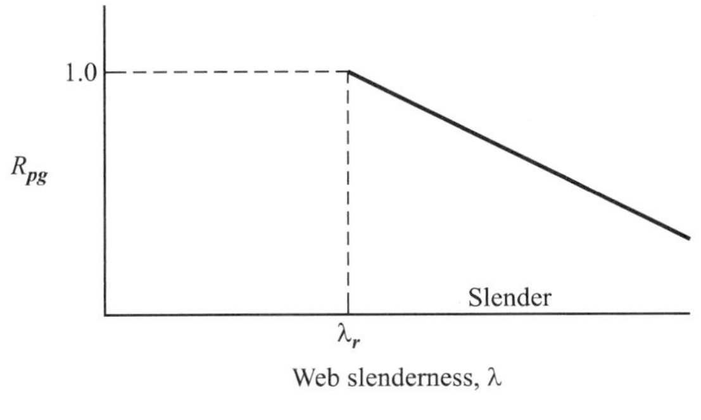

그림 7.9 • 휨강도 감소계수

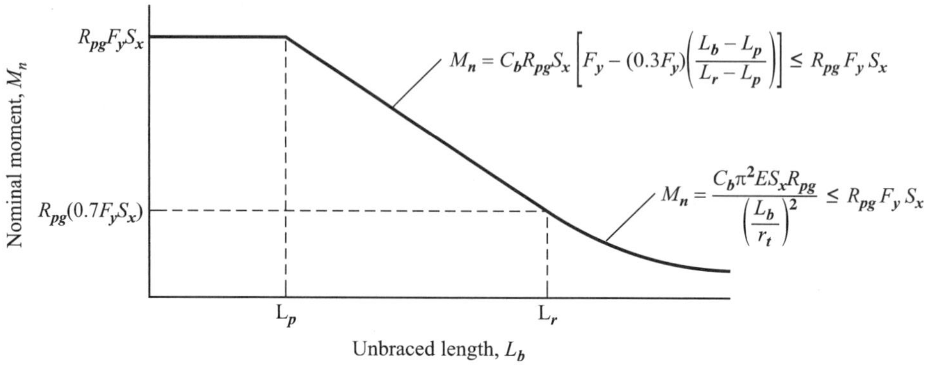

그림 7.10 • 플랜지 세장비에 따른 공칭 휨강도

식 (7.10)은 2축 대칭 제한의 이점을 취하기 위해 시방서에서의 h_c를 h로 치환한 식을 보여준다. 휨강도저감계수는 조밀 플랜지과 횡방향 브레이싱의 모든 범위에서 거더의 강도를 감소시킨다. 따라서, 이것은 단지 본 시방서에 도시된 것처럼 최종 감소로서 사용될 수 있거나, 또는 아래와 같이 일차 방정식 내에서 사용될 수 있다. 그것은 균일하게 제한 상태 모두에 적용되기 때문에, 휨강도에 세장한 웨브의 영향을 쉽게 가시화된다.

플랜지 세장비의 함수로서 플레이트거더의 강도는 그림 7.10에 도시된다. 플랜지 세장비 계수는 B4.1b 표에 정의되어 있고, 6장 및 7.2.1 부분에 사용 된 것과 동일하다. 조밀 플랜지 플레이트거더에서 $\lambda_f \le \lambda_{pf}$이다.

$$M_n = R_{pg}F_yS_x \tag{7.11}$$

R_{pg}이 1.0을 초과하지 않으므로, 세장한 웨브 거더의 굽힘 강도는 항복 모멘트로 제한된다.

비조밀 플랜지와 세장한 플랜지,λ_{rf}, 사이의 시점에서, 강도는 잔류응력을 고려한 후에, 탄성 거동으로 제한된다. 따라서,

$$M_n = R_{pg}(0.7F_yS_x) \tag{7.12}$$

세장한 웨브-비조밀 플랜지 플레이트거더의 모멘트 강도는 선형 변환에 의해 주어진다.

$$M_n = R_{pg}S_x\left[F_y - (0.9F_y)\left(\frac{\lambda - \lambda_{pf}}{\lambda_{rf} - \lambda_{pf}}\right)\right] \tag{7.13}$$

세장한 웨브-세장한 플랜지 부재의 경우, 강도는 비조밀 웨브-세장한 플랜지 부재의 경우와 같다. R_{pg}의 사용을 제외하고, 식 (7.6)에 주어진다.

$$M_n = \frac{0.9Ek_cS_xR_{pg}}{\lambda^2} \tag{7.14}$$

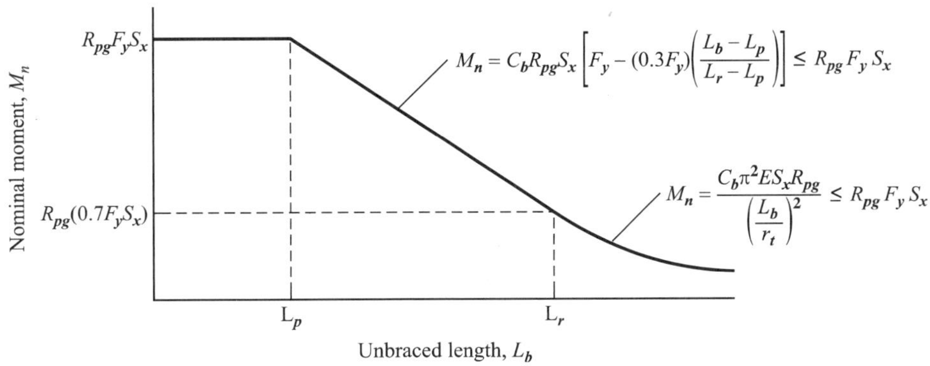

그림 7.11 • 비지지길이에 따른 공칭 휨강도

따라서 플레이트 좌굴 k_c는 앞과 같이 정의된다.

세장한 웨브 거더에서 횡-비틀림 좌굴은 비조밀 웨브 거더와 매우 유사하게 나타나고 이는 그림 7.11에 표시된다. 그러나 약간의 차이가 유의해야 한다. 전체 측면 지지부를 갖는 것으로 간주되기 위해 부재에서 비지지길이는 L_p 이하의 간격으로 제한된다.

$$L_p = 1.1r_t\sqrt{\frac{E}{F_y}}$$

이것은 비조밀 웨브 거더에 사용 된 것과 동일한 한도이지만 조밀 웨브 부재에 사용되는 것과 다르다. 세장한 웨브 거더의 탄성 횡-비틀림 좌굴 강도는 시방서에서 다음과 같이 주어진다.

$$M_n = \frac{C_b\pi^2ES_xR_{pg}}{\left(\frac{L_b}{r_t}\right)^2} \le R_{pg}F_yS_x \tag{7.15}$$

이 강도가 식 7.12에서 해당되는 강도한계와 같다고 할 때, 한계 비지지길이, L_r,은 다음과 같다.

$$L_r = \pi r_t\sqrt{\frac{E}{0.7F_y}}$$

탄성 횡-비틀림 좌굴에서 제한은 비조밀 웨브 거더에 사용된 것과 동일하지 않다. 따라서, L_r은 플레이트거더의 세 가지 유형에 따라 다르다: 조밀 웨브, 비조밀 웨브, 세장 웨브.

비탄성 휨-비틀림 좌굴 지역에서, 강도는 R_{pg} 곱의 추가와 함께 이전에 사용된 것과 유사한 선형 방정식으로 주어진다. 따라서,

$$M_n = C_bR_{pg}S_x\left[F_y - (0.3F_y)\left(\frac{L_b - L_p}{L_r - L_p}\right)\right] \le R_{pg}F_yS_x \tag{7.16}$$

7.1 Example

－플레이트거더 휨강도－

두 개의 다른 플레이트 설계에 대해 허용 굽힘 강도를 결정하라.

조건: 균일한 A36 플레이트거더의 횡단면은 그림 7.12와 같다. 경간은 120 ft이고, 압축 플랜지의 비지지 길이는 20 ft이다. $C_b = 1.0$이다.

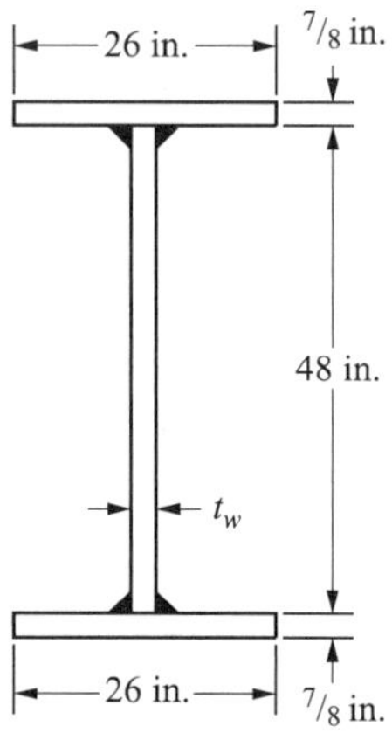

그림 7.12 • 예제 7.1의 플레이트거더

풀이.

Step 1: 두 개의 플레이트거더의 단면 특성을 결정하라.

(a) 3/8 in. web

$t_w = 0.375$ in.
$A = 63.5$ in.^{2}
$I_x = 30{,}600$ in.^{4}
$I_y = 2560$ in.^{4}
$S_x = 1230$ in.^{3}
$Z_x = 1330$ in.^{3}
$r_t = 7.13$ in.
$r_y = 6.35$ in.

(b) 1/4 in. web

$t_w = 0.25$ in.
$A = 57.5$ in.^{2}
$I_x = 29{,}500$ in.^{4}
$I_y = 2560$ in.^{4}
$S_x = 1190$ in.^{3}
$Z_x = 1260$ in.^{3}
$r_t = 7.27$ in.
$r_y = 6.67$ in.

Part (a)

3/8 in 웹 플레이트를 가진 플레이트거더에서

Step 2: 어떠한 시방서의 단면이 뒤따라야 하는지를 결정하기 위해서 웹 세장비를 확인하라.

$$\lambda_w = \frac{h_c}{t_w} = \frac{48}{0.375} = 128 > \lambda_p = 3.76\sqrt{\frac{E}{F_y}} = 107$$

$$< \lambda_r = 5.7\sqrt{\frac{E}{F_y}} = 162$$

따라서, 이것은 조밀한 웹 거더이고 F4 섹션의 규정이 뒤따라야 할 것이다. 웹 소성화 인자는 결정될 것이다.

Step 3: 형상 계수를 결정하고 R_{pc}를 계산하라.

$$\frac{M_p}{M_{yc}} = \frac{Z}{S} = \frac{1330}{1230} = 1.08 < 1.6$$

그러므로 R_{pc}의 계산에서 1.08을 사용하라.

$$R_{pc} = \left[1.08 - (1.08 - 1.0)\left(\frac{128 - 107}{162 - 107}\right)\right] = 1.05 \le 1.08$$

Step 4: 압축 플랜지 항복에 대한 공칭 휨강도를 결정하라.

$$\begin{aligned} M_n &= R_{pc} F_y S_x \\ &= 1.05(36)(1230) = 46{,}500 \text{ in.-kips} \\ &= \frac{46{,}500}{12} = 3880 \text{ ft-kips} \end{aligned}$$

Step 5: 휨 비틀림 좌굴에 대한 비지지 길이를 확인하라.

$$L_p = 1.1(7.13)\sqrt{\frac{29{,}000}{36}} = 223 \text{ in.} = \frac{223}{12} = 18.6 \text{ ft}$$

$$L_r = 1.95(7.13)\left(\frac{29{,}000}{0.7(36)}\right)\sqrt{\frac{12.5}{1230(48.9)} + \sqrt{\left(\frac{12.5}{1230(48.9)}\right)^2 + 6.76\left(\frac{(0.7(36))}{29{,}000}\right)^2}}$$

$$= 796 \text{ in.} = \frac{796}{12} = 66.3 \text{ ft}$$

여기서 $J = \sum \frac{1}{3} bt^3 = 2\left(\frac{26(0.875)^3}{3}\right) + \frac{48(0.375)^3}{3} = 12.5 \text{ in.}^4$

Step 6: 휨 비틀림 좌굴에 근거한 공칭 강도를 결정하라.
비지지 길이가 L_p와 L_r사이이기 때문에, 직선 식 (7.9)가 사용된다. 그러므로,

$$M_n = \left[3880 - \left(3880 - \frac{0.7(36)(1230)}{12}\right)\left(\frac{20.0 - 18.6}{66.3 - 18.6}\right)\right] = 3840 \text{ ft-kips}$$

Step 7: 압축 플랜지 국부 좌굴의 한계상태를 확인하라.

$$\lambda_f = \frac{b_f}{2t_f} = \frac{26}{2(0.875)} = 14.9$$

그리고 한계는 $\lambda_p = 0.38\sqrt{\frac{29{,}000}{36}} = 10.8$

그리고 $k_c = \frac{4}{\sqrt{48/0.375}} = 0.354,$

$$\lambda_r = 0.95\sqrt{\frac{0.354(29{,}000)}{36}} = 16.0$$

Step 8: 플랜지 국부 좌굴의 한계상태에 대한 공칭 모멘트 강도를 결정하라.
$\lambda_{pf} < \lambda_f < \lambda_{rf}$이기 때문에, 형상은 비조밀한 플랜지를 가진다.

$$M_n = \left[3880 - \left(3880 - \frac{0.7(36)(1230)}{12}\right)\left(\frac{14.9 - 10.8}{16.0 - 10.8}\right)\right] = 2860 \text{ ft-kips}$$

Step 9: 확인된 한계상태에 대한 가장 낮은 허용 모멘트를 결정하라.
압축 플랜지 국부 좌굴에서,

$$M_n = 2860 \text{ ft-kips}$$

Part (a)
LRFD의 경우

$$M_u = 0.9(2860) = 2570 \text{ ft-kips}$$

Part (a)
ASD의 경우

$$M_a = \frac{2860}{1.67} = 1710 \text{ ft-kips}$$

파트 (b)
1/4 in 웹 플레이트를 가진 플레이트거더에서
Step 10 : 어떠한 시방서의 단면이 뒤따라야 하는지를 결정하기 위해서 웹 세장비를 확인하라.

$$\lambda_w = \frac{h_c}{t_w} = \frac{48}{0.25} = 192 > \lambda_{rw} = 162$$

따라서, 이것은 얇은 웹 플레이트거더이고 F5 섹션의 규정이 뒤따라야 할 것이다.

Step 11: 항복 한계 상태에 대한 휨강도 감소 요소를 결정하라.

$$a_w = \frac{12.0}{22.8} = 0.526$$

$$R_{pg} = 1 - \frac{0.526}{1200 + 300(0.526)}\left(\frac{48.0}{0.250} - 5.7\sqrt{\frac{29{,}000}{36}}\right) = 0.988$$

Step 12: 항복 한계상태에 대한 공칭 모멘트 강도를 결정하라.

$$M_n = \frac{R_{pg}F_yS_x}{12} = \frac{0.988(36)(1190)}{12} = 3530 \text{ ft-kips}$$

Step 13: 휨 비틀림 좌굴 한계상태에 대한 비지지 길이를 확인하라.

$$L_b = 20 \text{ ft}$$

$$L_p = 1.1(7.27)\sqrt{\frac{29{,}000}{36}} = 227 \text{ in.}$$

$$= \frac{227}{12} = 19.0 \text{ ft}$$

$$L_r = \pi(7.27)\sqrt{\frac{29{,}000}{0.7(36)}} = 775 \text{ in.}$$

$$= \frac{775}{12} = 64.6 \text{ ft}$$

Step 14: 휨 비틀림 좌굴 한계상태에 대한 공칭 모멘트 강도를 결정하라.

비지지 길이가 L_p와 L_r사이이기 때문에, 휨 비틀림 좌굴에 대한 공칭 모멘트는 다음과 같다.

$$M_n = 0.988(1190)\left[36 - 0.3(36)\left(\frac{20.0 - 19.0}{64.6 - 19.0}\right)\right]\left(\frac{1}{12}\right) = 3500 \text{ ft-kips}$$

Step 15: 압축 플랜지 국부 좌굴을 확인하라. 압축 플랜지 국부 좌굴에서, 플랜지 세장비는 이 문제의 파트 (a)에서와 동일하다. $\lambda_f = 14.9$ 조밀한 플랜지 한계도 또한 같다. $\lambda_{pf} = 10.8$ 그러나, 비조밀한 플랜지에 대한 한계 플랜지 세장비는 다르다. 왜냐하면 k_c를 통해 웹 두께로 인해 영향을 받기 때문이다.

$$k_c = \frac{4}{\sqrt{48/0.250}} = 0.289 < 0.35$$

따라서

$$k_c = 0.350$$

$$\lambda_{rf} = 0.95\sqrt{\frac{0.350(29{,}000)}{36}} = 16.0$$

Step 16: 플랜지 국부 좌굴에 대해 공칭 모멘트 강도를 결정하라.

$$M_n = 0.988(1190)\left(36 - 0.3(36)\left(\frac{14.9 - 10.8}{16.0 - 10.8}\right)\right)\left(\frac{1}{12}\right) = 2690 \text{ ft-kips}$$

Step 17: 확인된 한계상태에 대한 가장 낮은 공칭 모멘트를 결정하라.
압축 플랜지 국부 좌굴에서,]

$$M_n = 2690 \text{ ft-kips}$$

Part (b)
LRFD의 경우

$$M_u = 0.9(2690) = 2420 \text{ ft-kips}$$

Part (b)
ASD의 경우

$$M_a = \frac{2690}{1.67} = 1610 \text{ ft-kips}$$

7.2 Example

－플레이트거더 휨강도－

A572 Gr.50 I 형상 조립 부재에 대해 허용 모멘트 강도를 결정하라.

조건: 거더는 그림 7.13에 나타내었다. 8 ft 간격에서 압축 플랜지에 대해 횡 방향지지를 가진다. $r_y =$ 2.81 in.

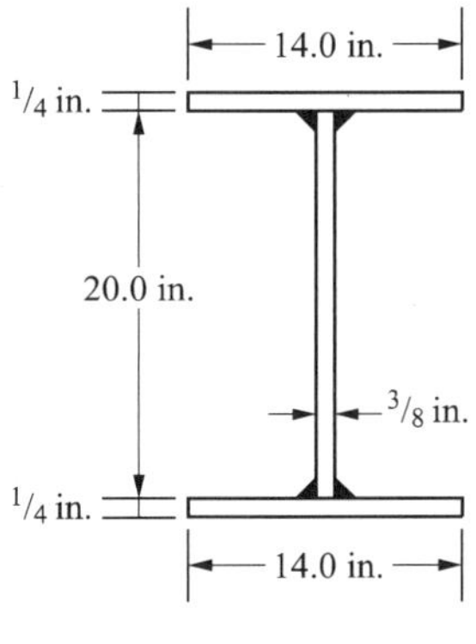

그림 7.13 • 예제 7.2의 플레이트거더

풀이.

Step 1: 어떠한 시방서의 단면이 뒤따라야 하는지를 결정하기 위해서 웹 세장비를 확인하라.

$$\lambda_w = \frac{h_c}{t_w} = \frac{20}{0.375} = 53.3 < \lambda_{pw} = 3.76\sqrt{\frac{E}{F_y}} = 90.6$$

따라서, 거더는 조밀한 웹 거더이고, F3 섹션에 따라서 설계 되어야 한다. 이것들은 6장에서 다뤄진 규정들이다.

Step 2: 횜 비틀림 좌굴에 대한 비지지 길이 한계를 확인하라.

$$L_b = 8.0\text{ ft}$$

$$L_p = 1.76 r_y\sqrt{\frac{E}{F_y}} = 1.76(2.81)\sqrt{\frac{29{,}000}{50}} = 119\text{ in.}$$

$$= \frac{119}{12} = 9.92\text{ ft} > L_b = 8\text{ ft}$$

따라서, 횜 비틀림 좌굴은 요소가 아니다.

Step 3: 플랜지 국부 좌굴에 대한 세장비 한계를 확인하라.

$$\lambda_f = \frac{b}{t} = \frac{7.0}{0.250} = 28.0$$

한계 세장비는 다음과 같다.

$$\lambda_{pf} = 0.38\sqrt{\frac{29{,}000}{50}} = 9.15$$

$$k_c = \frac{4}{\sqrt{20.0/0.375}} = 0.548$$

$$\lambda_{rf} = 0.95\frac{\sqrt{0.548(29{,}000)}}{50} = 16.9$$

Step 4: 플랜지 국부 좌굴의 한계상태에 대한 공칭 강도를 결정하라.

$\lambda_f = 28.0$이 $\lambda_{rf} = 16.9$보다 크기 때문에, 플랜지는 얇다. 그러므로 플랜지 국부 좌굴에서,

$$M_n = \frac{0.9Ek_cS_x}{\lambda_f^2}$$

$$M_n = \frac{0.9(29{,}000)(0.548)(94.4)}{(28.0)^2(12)} = 144\text{ ft-kips}$$

Step 5: 확인된 한계상태에 대한 가장 낮은 공칭 모멘트를 결정하라.

이 부재에 대해 웹 국부 좌굴과 횜 비틀림 좌굴이 인자가 아니기 때문에, 고려 될 유일한 한계상태는 플랜지 국부 좌굴이다. 이것은 제어 한계상태이다.

$$M_n = 144\text{ ft-kips}$$

LRFD의 경우

$$M_u = 0.9(144) = 130\text{ ft-kips}$$

ASD의 경우

$$M_a = \frac{144}{1.67} = 86.2 \text{ ft-kips}$$

7.3 전단을 받는 플레이트거더

웨브는 상대적으로 얇을 가능성이 있기 때문에, 전단은 거동과 플레이트거더의 설계에 중요한 요소이다. 플레이트거더의 전단 설계에는 두 개의 설계절차를 사용할 수 있다. 하나는 인장장작용(tension field action)를 통해 후 좌굴강도(postbuckling strength)를 고려하는 반면 다른 하나는 후 좌굴강도에 의존하지 않고 오직 웨브의 좌굴 강도를 사용한다. 횡 보강재는 웨브 전단강도를 증가시킬 수 있지만, 인장장작용이 필드에 계산되지 않는 한 필요하지 않다.

웨브 전단에 대한 한계상태는 웨브 항복 및 웨브 좌굴이다. 인장장작용을 고려하지 않으면, 이러한 한계상태들은 평가되고 웹의 강도는 결정된다. 특정 상황에서 더 높은 강도한계

그림 7.14 • 인장장작용을 보이는 웨브 좌굴
Photo courtesy Donald W. White

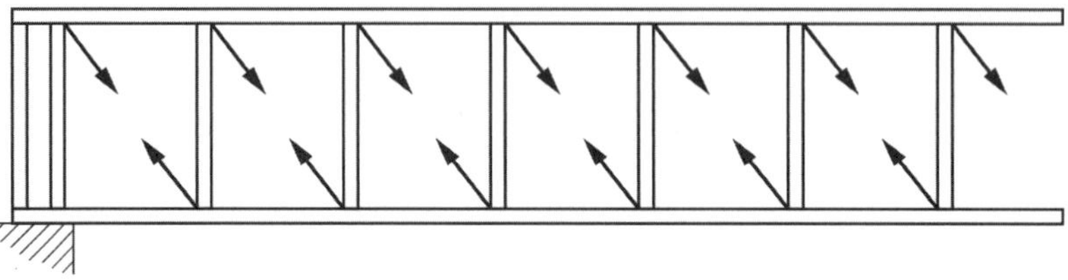

그림 7.15 • 인장장 작용을 보이는 플레이트거더

를 결정하기 위해 웨브의 거더의 후 좌굴 강도를 활용하는 것이 가능하다. 보강재와 얇은 웨브를 가진 플레이트거더가 추가적인 후 좌굴 강도를 제공하면서, Pratt 트러스와 비슷한 역할을 할 수 있다는 것이 연구에서 입증되었다. 플레이트거더의 좌굴된 웨브는 그림 7.14에 도시되고, 트러스 모델 거동은 거더의 좌굴된 판이 대각선 트러스 인장력을 가장하고 보강재가 수직 웹 부재를 나타내는 그림 7.15에서 도시된다. 설계자는 이 인장장작용을 사용하거나 기존의, 비인장장 거더를 설계 할 것인지 여부를 결정해야한다. 이는 웨브의 항복이 거더 웨브의 최대 강도를 제어하는 것을 보여줄 것이다. 거더 웨브의 크기가 웨브 항복을 허용하는 경우, 인장장작용이 있든 없든, 보강재를 고려하는 것에 대해 어떠한 이점이 없다.

전단 설계강도(LRFD)와 허용강도(ASD)는 휨의 경우에서와 같이 $\phi = 0.9$와 $\Omega = 1.67$으로 결정된다.

7.3.1 비인장장

비인장장(Nontension Field) 거더에서 공칭 전단강도는 웨브의 세장비의 함수이다. 이 세장비는 $\lambda_{wv} = h/t_w$로 정의되고, 거동을 묘사하기 위한 제한은

$$\lambda_{wvp} = 1.1\sqrt{\frac{k_v E}{F_y}}$$

그리고

$$\lambda_{wvp} = 1.37\sqrt{\frac{k_v E}{F_y}}$$

시방서의 기준 즉 $\lambda_{wv} < 260$, 에 맞는 I형강 부재의 비보강 웨브의 경우 웨브 플레이트 좌굴 계수 $k_v = 5.0$으로 취해진다. 보강재가 a 거리로 배치된 보강 웨브에서는 그림 7.16에서처럼 도시되어 있다.

$$k_v = 5 + \frac{5}{(a/h)^2}$$

그러나 $a/h > 3.0$ 혹은 $a/h > [260/(h/t_w)]^2$일 때 5로 취해진다.

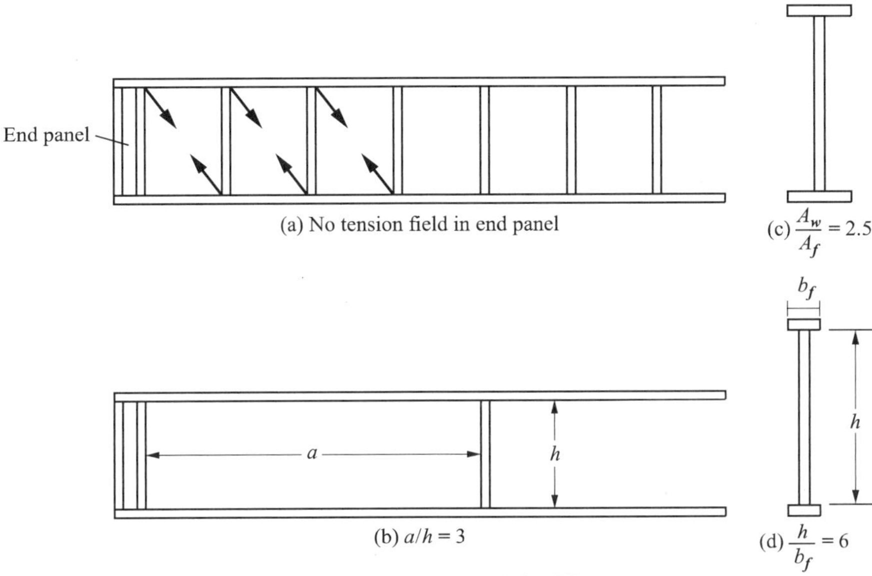

그림 7.16 • 인장장작용을 허용하기 위한 플레이트거더 제한

비인장장 거더의 공칭전단강도는 다음과 같이 주어진다.

$$V_n = 0.6\, F_y\, A_w\, C_v \tag{7.17}$$

여기서 A_w = 전반적인 깊이 × 웨브두께

C_v = 웨브 전단계수 (웨브 전단 세장비의 함수)

$\lambda_{wvp} = 1.10\sqrt{k_v E/F_y} < \lambda_{wv} \le \lambda_{wvr} = 1.37\sqrt{k_v E/F_y}$ 의 경우

$$C_v = 1.0$$

$\lambda_{wv} > \lambda_{wvr} = 1.37\sqrt{k_v E/F_y}$ 의 경우

$$C_v = \frac{1.51 E\, k_v}{(\lambda_{wv})^2\, F_y}$$

웨브 전단계수는 웨브 플레이트 좌굴계수의 두 가지 경우($k_v = 5.0$과 10.0)에서 그림 7.17에 표시된다. λ_{wvp}보다 낮은 전단 세장비를 가진 웨브에서, $c_v = 1.0$이고 웨브는 전체 소성강도에 도달한다. λ_{wvp}보다 높은 전단 세장비를 가진 웨브에서, 웨브는 탄성적으로 휜다. 이것들 사이에서 전단 세장비를 가진 웨브는 비탄성적으로 좌굴한다. 그림 7.17에서 비교되는 두 개의 곡선은 비인장장 거더에 보강재 추가의 효과를 보인다; 보강재가 없는 거더, $k_v = 5.0$, 그리고 판넬이 정사각형이고, $a/h = 1.0$ 그리고 $k_v = 10.0$이 되도록 보강재가 배치된 거더.

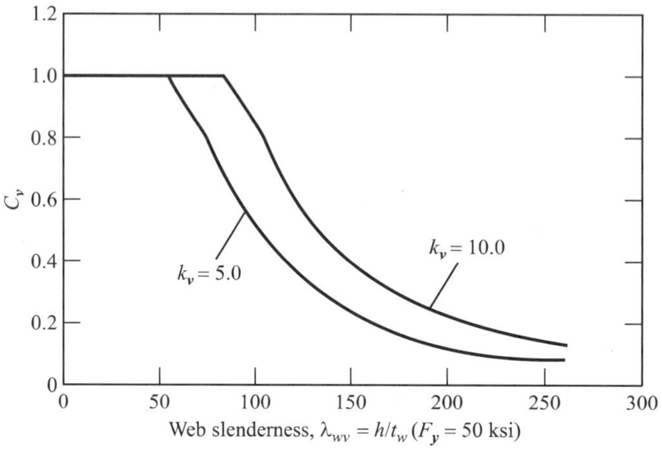

그림 7.17 • 웨브전단 세장비 함수로서의 웨브 전단 계수

7.3.2 인장장작용

비록 시방서가 인장장작용의 고려를 의무화하지는 않지만, 설계자는 보강재가 사용될 경우 인장장작용의 이점을 활용할 수 있다. 인장장작용의 효과는 웨브 좌굴강도와 웨브 후 좌굴강도의 조합으로서 결정된 공칭 전단강도와, 웨브 전단 강도를 증가시키는 것이다. 이러한 강도 구성 요소는 모두 보강재의 간격의 함수이다.

강도 계산에 인장장작용을 포함하려면, 플레이트거더는 시방서 G3절의 네 가지 제한 사항을 충족해야 한다. 여기에 설명된 대로 그림 7.16은 이 네 가지 한계를 보여준다.

단부 패널에서의 비 인장장작용

그림 7.16은 좌굴된 웨브를 지닌 플레이트거더를 보여준다. 웨브에 발생한 대각선 인장력은 플랜지－보강재 교차점에 두 개의 직교하는 하중성분을 야기한다. 프래트 트러스의 경우에서처럼, 수직 보강재는 수직성분의 힘만 지지하고 플랜지는 수평성분의 힘을 지지한다. 단부 패널은 수평힘을 견딜 수 있는 다음에 배치된 패널이 없다. 그러므로 이 마지막 패널은 인장장작용이 아닌 보 전단을 통해 전단력을 지지해야 한다. 모든 보강플레이트거더는 비인장장 패널로 설계된 단부 패널을 지닌다. 이것은 일반적으로 인장장 거더의 단부에 좁은 패널의 사용을 초래한다.

패널의 비율

시방서는 보강된 패널의 비율에 두 제한을 제공한다. 인장장 작용은 다음의 경우에 고려하지 않는다.

$$\frac{a}{h} > 3$$

혹은
$$\frac{a}{h} > \left(\frac{260}{h/t_w}\right)^2$$

그림 7.16b는 $a/h = 3$의 한계로 배치된 보강재를 가진 보강 플레이트거더의 일부를 보여준다. 패널은 매우 인장되고, 수직 방향 힘에 저항에서 그 효과는 7.16a에 도시된 것과 같이 더 작은 종횡비를 가진 패널의 것과 비교하여 감소된다.

플랜지 면적에 대한 웨브 면적의 비율

2축 대칭 플레이트거더에서, 플랜지 면적에 대한 웨브 면적의 비는 2.5를 초과할 수 없다. 이 한계를 초과하면, 플랜지는 발생한 대각선 인장력을 견디기에 충분하지 않다. 그림 7.16c는 이 한계에서 면적의 비를 가진 플레이트거더를 보여준다.

웨브 높이에 대한 플랜지 폭의 비율

플랜지에 생긴 압축력 때문에 횡 방향 좌굴에 저항하는 능력을 유지하도록 시방서는 인장장 플레이트거더의 비율을 제한한다. 웨브 높이, h는 플랜지 너비 b_f의 6배를 넘지 못한다. 그림 7.16d는 이 한계에서 플레이트거더를 보여준다. 이것은 다소 세장한 부재로 보여진다.

거더 웨브의 최대 전단강도는 항복 한계상태일 때이다. 그러므로 인장장작용은 비인장장작용 거더에서 정의된 $h/t_w > \lambda_{wvp}$일 경우에 유효하다. 그렇지 않으면, 거더의 강도는 이미 항복 강도일 때이다. 그러므로, 다음의 경우에 대해,

$$\frac{h}{t_w} > \lambda_{wvp} = 1.1\sqrt{\frac{k_v E}{F_y}}$$

공칭 전단강도는 전단 좌굴 강도에 후 좌굴강도를 더한 것이고 다음과 같다.

$$V_n = 0.6\,F_y A_w \left(C_v + \frac{1-C_v}{1.15\sqrt{1+(a+h)^2}}\right) \tag{7.18}$$

그림 7.18은 패널 크기의 다양함 웨브 전단 세장비의 함수로 인장장과 비인장장 플레이트거더에서의 $V_n/(0.6F_yA_w)$에 대하여 웨브 전단강도를 보여준다. 식 (7.18)은 인장장작용 때문에 강도는 전좌굴과 후좌굴의 조합임을 보여주기 위해 다시 정리될 수 있다.

$$V_n = 0.6\,F_y A_w C_v + 0.6 F_y A_w \left[\frac{1-C_v}{1.15\sqrt{1+(a+h)^2}}\right]$$

선좌굴 강도는 비인장장 거더의 강도로써 그림 7.18에 나타나 있다. 선좌굴 강도의 추가는 그림에 도시된 각각의 특정 a/h에 대한 곡선을 이동시킨다.

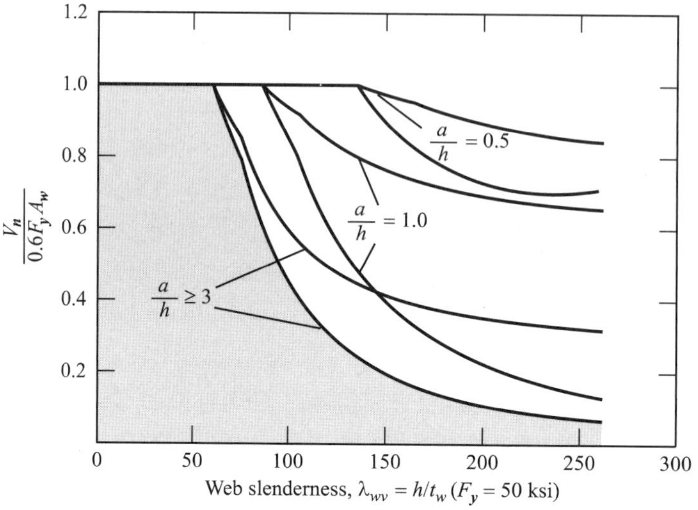

그림 7.18 • 인장장 및 비인장장 플레이트거더에 대한 웨브 전단 강도

인장장 플레이트거더의 단부 패널은 웨브의 나머지 부분들이 프래트 트러스로서 제대로 기능을 할 수 있도록 특히 강성이 커야 한다; 따라서, 지지(support)점 다음에 있는 패널의 보강재 간격은 스팬 내에 있는 간격보다 작아야 하며, 단부 패널의 전단은 비인장장 거더에 대한 규정을 따라야한다.

7.4 플레이트거더의 보강재

플레이트거더에 보강재가 필요할 때, 그것들은 중간 보강재 또는 베어링 보강재가 될 수 있다. 중간 보강재의 목적은 거더 웨브의 좌굴 강도를 조절하거나 후좌굴을 허용함으로써 거더의 전단강도를 증가시키는 것이다. 이 보강재들은 거더 길이에 따라 분배되고, 거더 전단 강도에 영향을 미치는 종횡비 a/h와 패널 크기를 초래한다. 베어링 보강재는 보통 집중 하중이나 반력의 위치에서 발생한다. 이는 거더 웹브에서 직접적으로 베어링을 통하여 즉시 전달될 수 없는 집중 하중의 전달을 허용한다.

7.4.1 중간 보강재

중간 보강재에 대해서 시방서는 처방적인 규정을 제시한다. 이 보강재 치수에 대한 강요 사항은 없다; 이들은 단순히 G2.2 및 G3.3절에서 제공된 특정 제약 사항을 충족시키기 위해서 치수가 매겨진다. 이미 설명한 바와 같이, 보강재는 비인장장 거더 웨브 강도가 $k_v = 5$

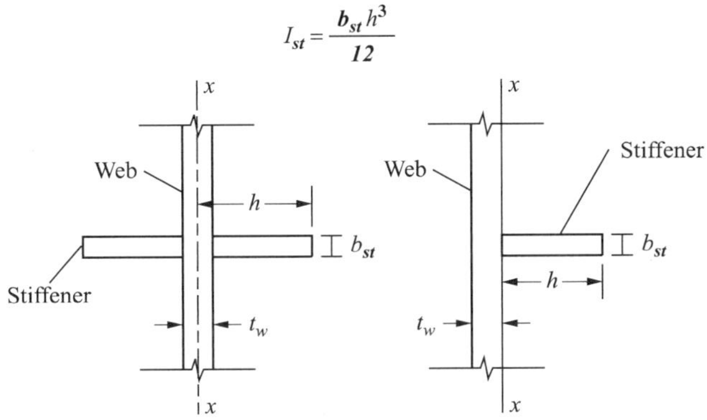

그림 7.19 • 웨브보강재 최소 관성모멘트

를 이용하여 결정되는 경우에는 필요하지 않다. 이는 그림 7.18에서 가장 낮은 곡선 아래의 영역으로 표시된다. 음영 영역의 오른쪽에 있는 어떠한 면적, 그림 7.18에서 다른 곡선에 의해 나타내어진 강도의 증가는 5보다 큰 값으로 k_v의 증가의 결과이고, 차례로 이는 패널 종횡비 3이나 더 작은 값을 갖는 결과이다. 보강재는 이 종횡비 패널을 생산해야하므로 중간 보강재는 이 거더에 요구된다.

비인장장 거더에서 중간 보강재에 대한 유일한 다른 치수 요구사항은 그들의 관성모멘트에 대한 제한이다. 시방서 G2.2절은 웨브 전단을 발생시키기 위해 사용되는 횡보강재가 그림 7.19에 보이는 단일 보강재에 대한 웨브 플레이트에 접촉하는 면 혹은 한 쌍의 보강재에 대한 웨브 전단에서의 축에 대한 관성모멘트, I_{st}를 가짐을 기술한다.

$$I_{st} \geq b\, t_w^3\, j$$

여기서 b는 a 또는 h보다 작고,

$$j = \frac{2.5}{(a/h)^2} - 2 \geq 0.5$$

또한, 시방서는 중간 보강재에 대해 상세 요구사항을 제시한다. 한 쌍으로 사용되는 경우, 인장 플랜지에 도달 전에 멈춰질 수 있고, 압축 플랜지에 부착될 필요가 없다. 그림 7.20에 보여진 것처럼, 웨브에 부착하는 용접은 가까운 토(toe)에서 웹-플랜지 용접부까지의 웨브 두께 4~6배 사이에서 종료된다. 그러나 용접 치수를 매기는 것에 대해서는 특정한 요구사항은 없다. 정상적으로는 플레이트 두께에 기초하여 크기가 정해질 것이다. 하나의 보강재를 사용할 때, 만약 장방형 판으로 구성된 경우, 이들은 플랜지에서 비틀림으로 인한 증가 성향을 지지하기 위해 압축 플랜지에 부착되어야 한다. 중간 보강재가 거더에 브레이싱력을 전달하기 위한 편리한 메커니즘을 제공하기 때문에, 이 보강재는 압축 플랜지에 연결되어야하고 총 플랜지력이 1%를 송신할 수 있어야 한다.

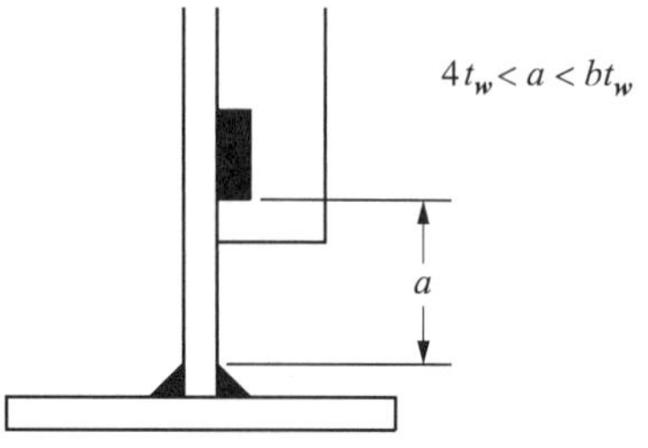

그림 7.20 • 경간보강재의 상세규정

비인장장 거더에 대한 중간 보강재는 이미 다루어졌던 요구사항과 세장비, 시방서 G3.3절의 면적 요구조건을 만족시켜야 한다.

$$\left(\frac{b}{t}\right)_{st} \le 0.56\sqrt{\frac{E}{F_{yst}}}$$

그리고

$$I_{st} \ge I_{st1} + (I_{st2} - I_{st1})\left[\frac{V_r - V_{c1}}{V_{c2} - V_{c1}}\right] \tag{7.19}$$

여기서 $(b/t)_{st}$ = 보강재의 판폭두께비
F_{yst} = 보강재의 항복 응력
I_{st} = 횡 보강재의 관성모멘트
I_{st1} = G2.2에 따른 전단 좌굴 지지에 요구되는 횡 보강재의 최소 관성모멘트
I_{st2} = 인장장 작용을 발생시키는 횡 보강재의 최소 관성모멘트
V_r = 보강재 위치에서 인접패널의 가장 큰 요구 전단 강도
V_{c1} = G2.1절에 정의된 인접패널의 더 작은 허용 전단 강도
V_{c2} = G3.2절에 정의된 인접패널의 더 작은 허용 전단 강도

인장장작용을 포함할 때 최소로 요구되는 관성모멘트는 시방서에 다음과 같이 정의된다.

$$I_{st2} = \frac{h^4 \rho_{st}^{1.3}}{40}\left(\frac{F_{yw}}{E}\right)^{1.5} \tag{7.20}$$

여기서 ρ_{st} = F_{yw}/F_{yst}와 1.0 중 큰 값
F_{yw} = 웨브의 항복 응력

식 (7.20)에 정의된 최소값은 인장장 작용 거더의 전체 전단강도가 사용된 경우 요구되는 것이다. 만약 요구된 전단강도가 전체 전단 강도보다 작다면, 식 (7.19)에서 나타낸 선형 보간법은 실제 요구 관성모멘트를 결정하는데 사용될 수 있다.

7.4.2 지압형 보강재

거더 웨브의 강도가 가해진 집중 하중을 지지하기에 충분하지 않을 때, 베어링 보강재가 요구된다. 베어링 보강재가 압연 I-형강 부재에 필요하고 6.14장에서 다루어졌음에도 불구하고, 그것은 플레이트거더에 더욱 필요하다. 특히, 거더 지지점에 필요하다. 시방서 J10절은 적절한 한계상태를 다루고 있다. 일반적으로 저항할 수 있는 힘은 사실상 압축이다. 이러한 경우를 들어, 웨브 국부항복, 웨브 크리플링(Crippling), 웨브 횡이동(Sidesway) 좌굴의 한계들은 검사해야 한다. 하중이 인장일 때, 웨브 국부항복과 플랜지 국부 굽힘은 고려되어야만 한다. 웨브의 강도가 적용 된 힘에 저항하기에 불충분하면, 지압형 보강재를 사용할 수 있다.

강도 및 공칭 강도의 관계는 웨브의 강도와 관련된 각 한계상태에 대해 다르다. 따라서, 설계 강도나 공칭 강도가 아닌 허용 강도 중 하나는 최소 웨브 강도를 결정하기 위해 비교되어야한다. 적절한 저항 요소와 안전 인자는 한계상태의 논의와 함께 주어진다.

웨브 국부항복

그림 7.21에서 나타내는 바와 같이 하나의 집중하중이 거더에 작용할 때, 힘은 지압형의 길이(l_b)에 걸쳐 거더에 전달되는 것으로 가정되고, 플랜지를 통해 웨브로 분배된다. 플레이트거더에서 그림 7.21a에서 k로 나타내어진 웹-플랜지 용접부 아래 웨브는 중요한 위치이다. 플레이트거더에서, 치수 k는 플랜지의 두께에 용접 치수를 더한 것으로 한다. W형강의 경우와 같이, 분배는 1 : 1.25의 경사를 가진 선을 따라 발생한다. 그러므로 임계 영역에 도달했을 때, 힘은 각 방향으로 l_b의 길이 $+2.5k$만큼 분배된다. 만약 집중하중이 양방향에서 웹

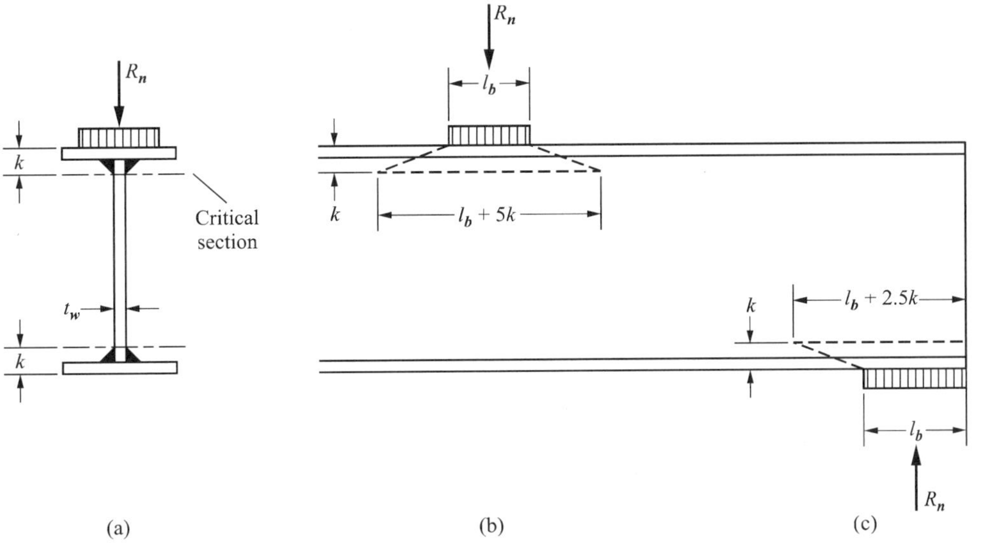

그림 7.21 • 보에 작용하는 단일 집중하중

을 따라 분산되도록 가해졌다면, 이 분배는 그림 7.21b에서 보인 것과 같이 $5k$에 의해 지압형 길이는 증가한다. 지압형이 부재의 단부에 가까운 경우, 분배는 미드스팬(midspan) 쪽으로 오직 한 방향에서만 발생한다. 시방서는 "부재 단부 부근"을 단부로부터의 부재 깊이 내에 있는 것으로 정의한다. 그러므로 웹의 가능한 길이는 그림 7.21c에 도시되어 있는 것과 같이 $(l_b + 2.5k)$이다.

집중하중이 부재의 단부로부터의 길이가 부재의 깊이 d보다 큰 곳에 가해질 때, 거더의 공칭강도는 다음과 같다.

$$R_n = F_{yw}\, t_w\,(5k + l_b)$$

집중하중이 부재의 단부로부터의 길이가 부재의 깊이 d보다 작은 곳에 가해질 때, 거더의 공칭강도는 다음과 같다.

$$R_n = F_{yw}\, t_w\,(2.5k + l_b)$$

여기서 F_{yw} = 웨브의 항복응력
l_b = 베어링 길이
k = 플랜지 바깥면에서 필렛 용접 웨브 선단까지의 거리
t_w = 웨브 두께

웨브 국부항복에 대해서는,

$$\phi = 1.0\ (\text{LRFD}) \qquad \Omega = 1.50\ (\text{ASD})$$

웨브 크리플링

플레이트거더의 웨브 크리플링 한계상태에 대한 규정은 압연 W형상에 대한 기준과 동일하다. 그것은 다시 거더의 단부에 대하여 힘의 위치에 의해 결정된다.

집중 압축하중이 부재의 단부로부터의 $d/2$보다 크거나 같은 곳에 가해질 때,

$$R_n = 0.80\, t_w^2\left[1 + 3\left(\frac{l_b}{d}\right)\left(\frac{t_w}{t_f}\right)^{1.5}\right]\sqrt{\frac{EF_{yw}t_f}{t_w}}$$

집중 압축하중이 부재의 단부로부터의 $d/2$보다 작고 $l_b/d \le 0.2$일 경우,

$$R_n = 0.40\, t_w^2\left[1 + 3\left(\frac{l_b}{d}\right)\left(\frac{t_w}{t_f}\right)^{1.5}\right]\sqrt{\frac{EF_{yw}t_f}{t_w}}$$

$l_b/d \ge 0.2$일 경우,

$$R_n = 0.40\, t_w^2 \left[1 + \left(\frac{4l_b}{d} - 0.2 \right) \left(\frac{t_w}{t_f} \right)^{1.5} \right] \sqrt{\frac{EF_{yw} t_f}{t_w}}$$

웨브 크리플링의 경우,

$$\phi = 0.75\ (\mathrm{LRFD}) \qquad \Omega = 2.0\ (\mathrm{ASD})$$

웨브 횡이동 좌굴

이미 논의된 바와 같이 플레이트거더의 웨브는 일반적으로 세장한 요소이다. 만약 거더의 인장과 압축 플랜지가 하중의 지점에서 측면으로 옮겨놓는 것을 막지 않는다면, 웨브 횡이동 좌굴은 평가될 것이다. 웨브 횡이동 좌굴에 대한 두 개의 규정이 있다. (1) 압축플랜지가 슬래브에 부착될 때와 같은 회전에 대해 제한될 경우 (2) 그렇지 않을 경우

압축 플랜지가 회전과 축방향 좌굴 세장비에 대한 웹 세장비의 비에 대해 제한될 때, $(h/t_w)/(L_b/b_f) \le 2.3$, 공칭 강도는 다음과 같이 주어진다.

$$R_n = \frac{C_r\, t_w^3\, t_f}{h^2} \left[1 + 0.4 \left(\frac{h/t_w}{L_b/b_f} \right)^3 \right]$$

만약 $(h/t_w)/(L_b/b_f) > 2.3$일 경우, 웨브 횡이동 좌굴의 한계상태는 적용되지 않는다.

압축 플랜지가 회전과 축방향 좌굴 세장비에 대한 웨브 세장비의 비에 대해 제한될 때, $(h/t_w)/(L_b/b_f) \le 1.7$, 공칭 강도는 다음과 같이 주어진다.

$$R_n = \frac{C_r\, t_w^3\, t_f}{h^2} \left[0.4 \left(\frac{h/t_w}{L_b/b_f} \right)^3 \right]$$

만약 $(h/t_w)/(L_b/b_f) > 1.7$일 경우, 웹 횡이동 좌굴의 한계상태는 적용되지 않는다.

여기서 L_b = 하중 지점에서 각각 플랜지에 따른 최대 횡 지지 거리

C_r = 하중 위치에서 $M_u < M_y$ 또는 $1.5M_a < M_y$인 경우 960,000 ksi ;

하중 위치에서 $M_u \geqq M_y$ 또는 $1.5M_a \geqq M_y$인 경우 480,000 ksi

웨브 횡 좌굴의 경우,

$$\phi = 0.85\ (\mathrm{LRFD}) \qquad \Omega = 1.76\ (\mathrm{ASD})$$

플랜지 국부 휨

그림 7.22에서 나와 있듯이, 단일 인장 집중 하중이 플랜지에 적용되고 플랜지 부재에 걸쳐 하중의 길이가 $0.15b_f$와 같거나 이보다 클 때, 이 한계상태가 적용된다. 공칭 강도는 다음과 같다.

$$R_n = 6.25\, F_{yf}\, t_f^2$$

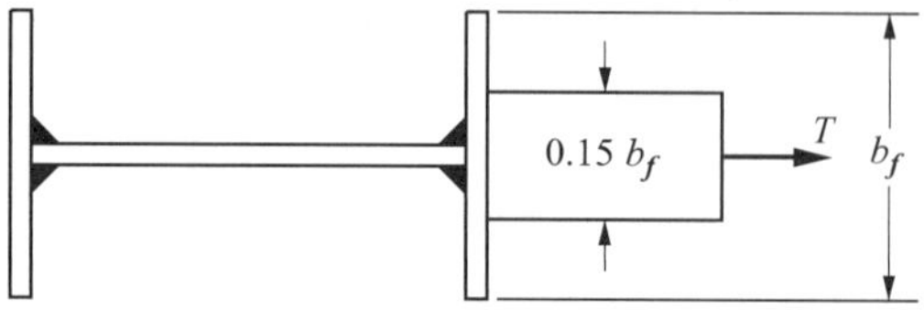

그림 7.22 • 작용 인장력에 대한 플랜지 국부 휨

만약 힘이 부재 단부로부터 $10t_f$보다 조금 떨어진 거리에 적용된다면, 강도는 50%까지 줄어들을 것이다.

플랜지 국부 휨의 경우,

$$\phi = 0.9 \text{ (LRFD)} \qquad \Omega = 1.67 \text{ (ASD)}$$

7.4.3 지압형 보강재 설계

적당한 한계상태가 확인되면, 베어링 보강재의 필요 여부를 결정해야 한다. 이 보강재를 필요로 하지 않는 웨브 플레이트를 선택하는 것이 가능하지만, 비록 이 보강재의 추가가 높은 인건비, 이에 따른 고비용을 초래할 지라도 이러한 선택이 일반적으로 가장 경제적인 방법은 아니다. 베어링 보강재의 치수를 정할 때, 시방서 J10.8장은 인장부재나 압축부재에 대한 규정에 따라 치수가 정해져야 한다고 요구한다.

인장력에 저항하도록 설계된 보강재는 필요한 강도 및 최소 가능한 한계상태 강도 차이에 대한 D장의 요구에 따라 설계되어야 한다. 보강재는 플랜지와 웨브에 용접되어야 하며, 이러한 용접은 보강재로 전달되는 힘에 저항할 수 있는 크기로 되어야 한다.

압축력을 저항하는 보강재는 소요 강도와 최소 허용 한계상태 강도와의 차이점 때문에 J4.4장에 따라 $F_{cr} = F_y$로 설계된 $KL/r \le 25$인 보강재를 제외하고, E장의 규정에 따라 설계되어야 한다. 이러한 보강재는 플랜지와 웹에 용접되어야하며, 이러한 용접은 보강재로 전달되는 힘에 저항 할 수 있는 크기로 되어야 한다.

7.2 Example

-플레이트거더 휨강도와 전단강도-

인장장 작용을 이용하여 허용모멘트와 전단 강도를 구하라.

조건: 조립부재는 7.23에서 보인 것과 같다. 보는 연속해서 횡 방향으로 떠받쳐진다. 부재 플레이트로 A572 Fr.50을 사용하고, 보강재로 A36을 사용하라. $S_x = 464\ \text{in}^3$이다.

풀이.

Step 1: 어떠한 시방서의 섹션이 사용되어야 하는지를 결정하기 위해 웹 세장비를 확인하라.

$$\lambda_w = \frac{h}{t_w} = \frac{40}{0.25} = 160 > \lambda_{rw} = 5.7\sqrt{\frac{29{,}000}{50}} = 137$$

이것은 얇은 웹 플레이트거더이고, 섹션F5의 규정이 적용되어야 한다.

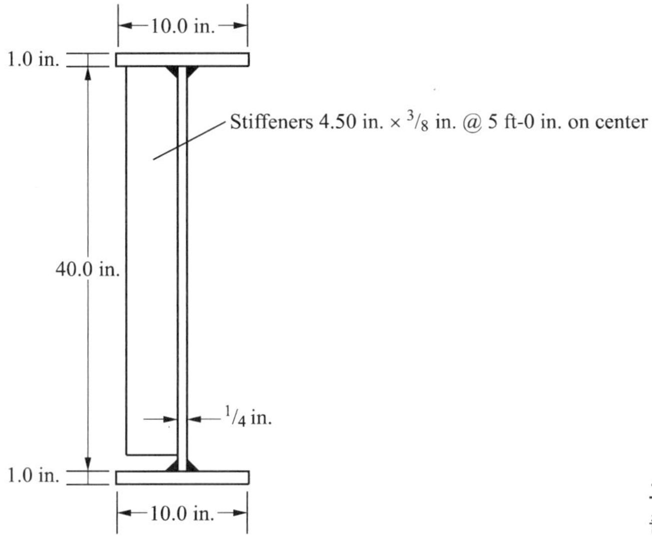

그림 7.23 • 예제 7.3의 플레이트거더

Step 2: 휨강도 감소 요소를 결정하라.
플랜지 면적에 대한 웹면적 비는 다음과 같다.

$$a_w = \frac{40.0(0.250)}{10.0(1.00)} = 1.00$$

$$R_{pg} = 1 - \frac{1.00}{1200 + 300(1.00)}\left(\frac{40.0}{0.250} - 5.7\sqrt{\frac{29{,}000}{50}}\right) = 0.985$$

Step 3: 항복 한계상태에 대한 공칭 모멘트 강도를 결정하라.

$$M_n = \frac{0.985(50)(464)}{12} = 1900 \text{ ft-kips}$$

Step 4: 휨 비틀림 좌굴 한계상태에 대한 공칭 모멘트강도를 결정하라.
플랜지는 완전히 지지되고, 이 한계상태는 적용되지 않는다.

Step 5: 플랜지 국부 좌굴 한계상태에 대한 공칭 모멘트 강도를 결정하라
플랜지 세장비는 다음과 같다.

$$\lambda_f = \frac{b}{t} = \frac{b_f}{2t_f} = \frac{5.0}{1.0} = 5.0 < \lambda_{pf} = 0.38\sqrt{\frac{29{,}000}{50}} = 9.15$$

그러므로 플랜지는 조밀하고, 강도에는 감소가 없다.

Step 6: 계산된 한계상태에 대한 가장 낮은 공칭 모멘트 강도를 결정하라. 항복 한계상태에서,

$$M_n = 1900 \text{ kip-ft}$$

Step 7: 허용 모멘트 강도를 결정하라.

LRFD의 경우

$$M_u = 0.9(1900) = 1710 \text{ ft-kips}$$

ASD의 경우

$$M_a = \frac{1900}{1.67} = 1140 \text{ ft-kips}$$

Step 8: 인장장 작용으로 전단 강도를 결정하라. 섹션 G3.1의 규범적 요구조건에 대해 먼저 중간 보강재를 확인하라.

패널의 비율:

$$\frac{a}{h} = \frac{60.0}{40.0} = 1.50 < 3$$

$$< \left(\frac{260}{h/t_w}\right)^2 = \left(\frac{260}{40.0/0.250}\right)^2 = 2.64$$

플랜지에 대한 웹의 비율:

$$\frac{A_w}{A_f} = \frac{42.0(0.250)}{10.0(1.00)} = 1.05 < 2.5$$

플랜지 너비에 대한 웹 높이의 비율:

$$\frac{h}{b_f} = \frac{40.0}{10.0} = 4.00 < 6.0$$

기준이 만족되었기 때문에 단부 패널을 제외하고 모든 곳에 인장장 작용을 사용하는 것이 인정된다.

Step 9: 인장장 작용이 웹 전단 세장비를 확인함으로써, 전단 강도를 증가 시키는지를 결정하라.

$$k_v = 5 + \frac{5}{(a/h)^2} = 5 + \frac{5}{(60.0/40.0)^2} = 7.22$$

$$\lambda_{wvp} = 1.1\sqrt{\frac{k_v E}{F_y}} = 1.1\sqrt{\frac{7.22(29{,}000)}{50}} = 71.2$$

$$\lambda_{wvr} = 1.37\sqrt{\frac{k_v E}{F_y}} = 1.37\sqrt{\frac{7.22(29{,}000)}{50}} = 88.7$$

$\lambda_{wv} = h/t_w = 40.0/0.250 = 160$이 λ_{wvp}과 λ_{wvr}보다 크므로 인장장 작용은 웹 전단 강도를 증가시킨다.

Step 10: 전단 강도 계수를 결정하라.

$$C_v = \frac{1.51(7.22)(29{,}000)}{(160)^2(50)} = 0.247$$

$$V_n = 0.6(50)(42.0)(0.250)\left((0.247 + \left[\frac{1 - 0.247}{1.15\sqrt{1 + (1.50)^2}}\right]\right) = 192 \text{ kips}$$

Step 11: 허용 전단 강도를 결정하라.

LRFD의 경우

$$V_u = 0.9(192) = 173 \text{ kips}$$

ASD의 경우

$$V_a = \frac{192}{1.67} = 115\text{ kips}$$

Step 12: 기준을 만족시키기 위해 중간 보강재 크기를 확인하라.
단일 플레이트 보강재에서,

$$I_{st} = \frac{b_{st}h^3}{3} = \frac{0.375(4.50)^3}{3} = 11.4\text{ in.}^4$$

인장장 작용없이 이는 $b\,t_w^3\,j$보다 커야만 하고,

$$j = \frac{2.5}{(60.0/40.0)^2} - 2 = -0.89 > 0.5$$

j가 0.5보다 같거나 크고 $b = h = 40.0$ in이기 때문에,

$$I_{st} \geq bt_w^3 j = 40.0(0.250)^3(0.5) = 0.313$$
$$I_{st} = 11.4\text{ in.}^4 \geq 0.313\text{ in.}^4$$

그래서 만약 인장장 작용이 고려되지 않을 경우, 보강재는 요구조건을 만족시킨다.

Step 13: 인장장 작용이 고려되지 않을 경우, 최소 보강재의 관성모멘트를 확인하라. 소요 전단 강도가 주어지지 않았기 때문에 보강재는 식 (7.20)을 사용한 웹의 전체 인장장 강도를 제공할 수 있는 것으로 보고 체크한다.

$$I_{st2} = \frac{h^4 \rho_{st}^{1.3}}{40}\left(\frac{F_{yw}}{E}\right)^{1.5} = \frac{40^4\left(\frac{50}{36}\right)^{1.3}}{40}\left(\frac{50}{29{,}000}\right) = 7.02\text{ in.}^4$$

$$I_{st2} = 7.02 < 11.4\text{ in.}^4$$

따라서 이러한 보강재는 Step 11에서 주어진 인장장 작용에 사용할 수 있는 전단 강도의 전체 사용을 허용하기에 충분하다.

7.5 연습문제

1. Determine the available moment strength of an A36 plate girder with a 50 in. × $^1/_2$ in. web plate and equal flange plates of 12 × 1 in. Assume there is full lateral support. Determine by (a) LRFD and (b) ASD.

2. Determine the available moment strength of an A572 Gr. 50 plate girder with an 80 in. × $^1/_2$ in. web plate and equal flange plates of 16 × $^1/_2$ in. Assume there is full lateral support. Determine by (a) LRFD and (b) ASD.

3. Determine the available moment strength of an A572 Gr. 50 plate girder with a web plate of 40 × $^1/_2$ in. and equal flange plates of 10 × 1 in. Assume there is full lateral support. Determine by (a) LRFD and (b) ASD.

4. Determine the available moment strength of an A36 plate girder with a web plate of 75 × $^3/_8$ in. and equal flange plates of 14 × $1^1/_4$ in. Assume there is full lateral support. Determine by (a) LRFD and (b) ASD.

5. For a plate girder spanning 80 ft with lateral supports at the supports and midspan, determine the nominal moment strength. The girder is an A36 member with a web plate of 45 × $^3/_4$ in. and flange plates of 9 × $^3/_4$ in.

6. For the plate girder of Problem 1, determine the available moment strength if the girder spans 120 ft and has lateral supports at the ends and the third points of the span. Determine by (a) LRFD and (b) ASD.

7. For the plate girder of Problem 2, determine the available moment strength if the girder spans 90 ft and has lateral supports at the ends and the quarter points of the span. Determine by (a) LRFD and (b) ASD.

8. For the plate girder of Problem 3, determine the available moment strength if the girder spans 70 ft and has lateral supports at the ends only. Determine by (a) LRFD and (b) ASD.

9. For the plate girder of Problem 4, determine the available moment strength if the girder spans 160 ft and has lateral supports at the ends and the third points of the span. Determine by (a) LRFD and (b) ASD.

10. Determine the available shear strength of an A572 Gr. 50 plate girder without transverse stiffeners. The web plate is $100 \times \frac{3}{4}$ in. and the flange plates are $15 \times 1\frac{1}{2}$ in. Determine by (a) LRFD and (b) ASD.

11. Determine the available shear strength of the girder in Problem 1 if there are no intermediate stiffeners. Determine by (a) LRFD and (b) ASD.

12. Determine the available shear strength of an A572 Gr. 50 plate girder with transverse stiffeners spaced every 100 in. The web plate is $100 \times \frac{3}{4}$ in. and the flange plates are $15 \times 1\frac{1}{2}$ in. Determine by (a) LRFD and (b) ASD.

13. Determine the available moment and available shear strength of an A36 plate girder on a 100 ft span with stiffeners at the ends and 20 in. from the ends, along with intermediate stiffeners spaced at 40 in. on center within the span. The girder has a web plate of $40 \times \frac{1}{4}$ in. and flange plates of $8 \times \frac{3}{4}$ in. Determine by (a) LRFD and (b) ASD.

14. A girder is to be designed to span 125 ft and carry a uniformly distributed live load of 2.0 kip/ft and a uniformly distributed dead load of 1.9 kip/ft including the beam weight. Assume that the compression flange has full lateral support, and determine the web and flange plates necessary if the web plate is limited to a depth of 50 in. Determine any stiffener requirements for a nontension field girder. Use A572 Gr. 50 steel. Design by (a) LRFD and (b) ASD.

15. Design a girder for the conditions of Problem 14 if the compression flange is braced at the $\frac{1}{3}$ points.

제 8 장

보-기둥 및 골조의 거동

8.1 개요

보-기둥은 축하중과 휨모멘트를 동시에 받는 부재이다; 따라서 부재들의 거동은 축하중을 받는 기둥과 순수 휨을 받는 보 사이의 어딘가에 속한다. 그러므로 보 또는 축하중 부재는 보-기둥의 특수한 경우로 고려하는 것이 가능하다. 보-기둥의 실무적인 적용은 다양하다. 트러스 구조의 현재(chord members), 강 접합된 뼈대구조의 요소, 그리고 핀 접합된 횡하중 또는 편심하중을 받는 구조물의 부재에서 발생한다. 부재를 보고 보-기둥 구조인지 여부를 확인하는 것이 항상 가능하지는 않다; 보-기둥 구조로서 분류할 수 있기 위해서는 부재에 의해 전달되는 실제 하중에 대한 지식이 수반되어야 한다. 하지만, 대다수의 구조 부재들이 이와 같은 조합력을 받기 때문에, 보-기둥은 건축구조물에서 매우 일반적인 요소이다.

조합하중이 특정 보-기둥 구조에 전달되는 방식은 이런 하중에 저항하는 부재의 능력에 중대한 영향을 미친다. 축하중을 받는 기둥에서 휨모멘트는 다양한 요인으로부터 발생할 수 있다. 횡방향 하중은 트러스 상현 또는 벽에서 횡방향 하중을 지지하는 기둥의 경우와 같이 직접적으로 부재에 작용될 수 있다. 대안으로 축방향 하중은 특정 연결(connection)의 결과를 기둥의 도심으로부터 어느 정도 편심으로 적용할 수 있다. 또한, 부재는 라멘(rigid frame)과 같은 구조의 다른 부재와의 연결부에서 끝단 모멘트(end moment)를 받을 수 있다. 모든 경우에 있어서 구조물의 다른 요소들과 보-기둥의 연관성은 가해진 힘과 부재의 강도를 결정하는데 중요하다.

보-기둥의 거동을 이해하려면, 상관식에 의해 예측된 응답을 보는 것이 일반적이다. 축하중 하의 보-기둥의 응답 P, 장축 모멘트 M_x, 단축 모멘트 M_y는 그림 8.1에 보이는 바와 같이 3차원 도표로 나타난다. 이 도표에서 각각의 축은 한 종류만의 하중을 받았을 경우 부재의 강도를 나타내고, 반면 곡선은 두 종류의 하중조합을 나타낸다. 세 개의 곡선을 연결하여 형성된 표면(surface)은 축하중과 2축 휨과의 상호작용을 나타낸다. 이 상호작용 표면은 설계자에게 중요하다.

그림 8.1에서 보여주는 곡선의 끝점은 압축부재(5장)와 휨부재(6장)에 설명 하였듯이 보-기둥의 강도에 의존한다. 이러한 끝점 사이의 곡선형상은 특정부재의 특성뿐만 아니라 구조물의 다른 부재의 특성에 의존한다.

표 8.1에는 이절에서 논의되는 시방서의 절(section)과 매뉴얼의 part의 목록을 나타낸다.

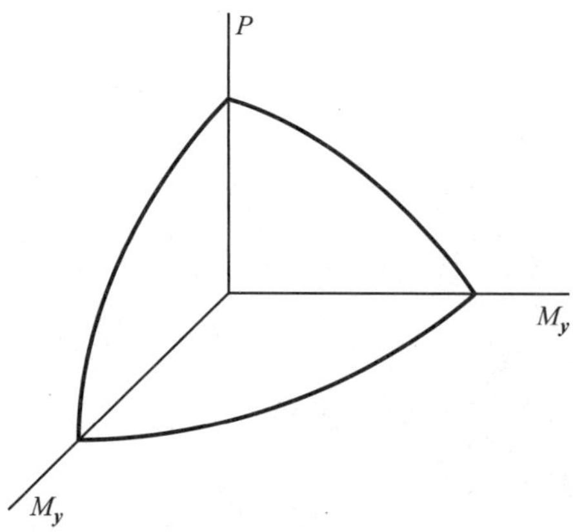

그림 8.1 • Stocky 보-기둥에 대한 극한 상호작용 표면

표 8.1 이 장에서 다루는 시방서의 절과 매뉴얼의 파트

시방서	
B3	설계기본
Chapter C	안정성 설계
Chapter H	조합력과 비틀림에 대한 부재설계
부록 6	기둥 및 보에 대한 안정성 브레이싱
부록 7	안정성 설계의 대안 방법
부록 8	근사적인 2차 해석
매뉴얼	
Part 1	치수 및 특성값
Part 3	휨부재 설계
Part 4	압축부재 설계
Part 6	조합하중을 받는 부재 설계

8.2 2차 효과

보-기둥의 해석과 설계에 있어 가장 복잡한 요인은 2차 효과이다. 2차 효과는 구조적 변형(deformations)의 직접적인 결과로서 부재의 힘과 모멘트의 변화에 영향을 미친다. 일반적인 구조해석인 탄성방법(Elastic methods)은 모든 변형이 작은 것(미소변형)으로 가정하고, 평형방정식은 구조물의 변형되지 않는 형상을 사용하기 때문에 이와 같은 방법은 실제 구조물에서 발생하는 추가적인 2차 효과의 영향을 고려할 수 없다. 이런 유형의 분석을 1차 효과, 즉 1차 힘, 1차 모멘트 및 1차 변위라고 불린다. 변형의 영향을 설명하기 위해, 추가적인 해석은 반드시 실행되어야 한다. 이와 같은 추가적인 해석의 결과를 2차 효과라고 일컫는다.

해석에서 2차 효과를 포함하는 여러 가지 방법들이 있다. 완전한 2차 비탄성 해석에서는 구조물의 실제 변형과 합력을 고려하고, 뿐만 아니라 하중재하의 순서 및 구성 요소들이 탄성한계 이상의 응력을 받은 후의 구조물의 거동을 고려한다. 해석을 위한 이와 같은 접근 방법은 일반적인 설계에서 필요한 것 보다 일반적으로 더 복잡하다. 실제 변형은 포함하나 비탄성 거동은 포함하지 않는 유사 접근법으로도 대개 충분하다.

일반적인 설계 관행 및 보-기둥이 수년 동안에 처리되어온 방법과 일관성 있는 접근 방식은 2차 효과의 근사치를 얻기 위해 1차 탄성해석 및 증폭계수를 사용하는 것이다. 이 접근법은 2차 효과를 얻기 위해 1차 해석결과의 배율로 이러한 증폭계수를 적용한다.

보-기둥에 발생하는 두 개의 다른 처짐 요소는 보-기둥의 모멘트에 영향을 준다. 그림 8.2A에 묘사되었듯이 처음에는 부재에 따른 모멘트 구배(gradient)의 결과로 부재의 길이에 따른 처짐을 나타낸다. 이 경우에 부재의 단부는 서로 상대적으로 원래의 위치에 남아 있어야 한다. 따라서 횡변위가 전혀 고려되지 않는다. 변형된 부재로부터 편심 δ에서 작용하는 하중 P에 의해 발생하는 모멘트는 적용된 끝단 모멘트로부터 발생하는 모멘트 구배에 중첩

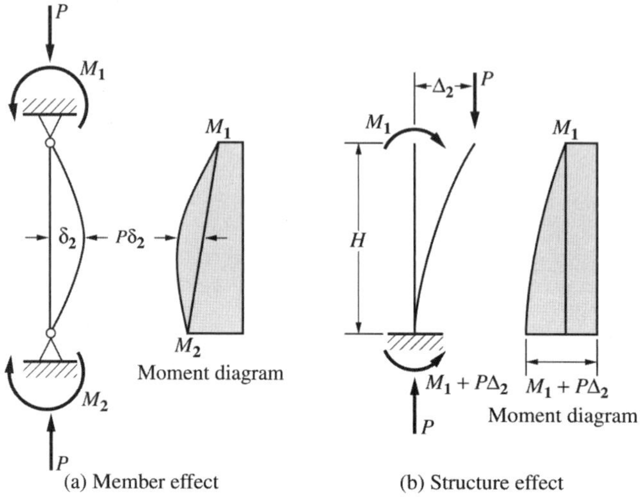

그림 8.2 • 2차 효과에 대한 기둥 변위

된다. 이러한 추가 모멘트의 크기는 기둥 자체의 특성에 의존하기 때문에, 이것을 부재효과(member effect)라 일컫는다.

보-기둥이 횡변위가 허용되는 구조물의 일부분인 경우, 전체 구조물의 변위 또한 부재에 작용하는 모멘트에 영향을 미친다. 그림 8.2b와 같이 Δ 만큼의 횡변위가 허용되는 보-기둥에 대한 추가적인 모멘트는 $P\Delta$에 의해 정해진다. 특정 부재의 횡방향 변위가 특정 층(story)에서 부재의 모든 특성에 대한 함수이기 때문에 이것을 구조효과(structure effect)라 일컫는다.

2차 효과에 의한 기둥 모멘트의 가능한 증가량을 이해하기 위해 두 가지 간단한 계산이 수행되어야 한다. 처음으로 그림 8.2A에 나타낸 것과 같은 20 ft 길이의 장주이다. W12 × 96 부재는 축방향 하중 $P_u = 400$ kips와 단일 곡률의 동일한 끝단 모멘트 $M_u = 200$ ft-kips의 하중을 지지하기 위해 사용된다. 1차 해석은 기둥에 400 kips의 축하중과 기둥 길이를 따라 모든 지점에서 200 ft-kips의 휨모멘트의 결과를 준다. 휨에 의한 중간높이에서 부재의 최대 처짐은,

$$\delta = \frac{M_u L^2}{8EI} = \frac{200(20)^2(1728)}{8(29{,}000)(833)} = 0.715 \text{ in}$$

처짐이 발생하면 400 kips의 하중은 변형된 형상의 부재로에 편심으로 작용한다. 따라서 부재에 일어나는 추가적인 모멘트 다음과 같다.

$$M_{\text{additional}} = \frac{400(0.715)}{12} = 23.8 \text{ ft-kips}$$

원래의 200 ft-kips 모멘트에 이 추가되는 모멘트를 더하면 2차 모멘트가 된다.

$$M_{2nd} = 200 + 23.8 = 224 \text{ ft-kips}$$

따라서, 224/122=1.12의모멘트 확대(amplification)가 있다. 이것이 마지막 경우라면, 2차 해석은 매우 간단하게 된다. 불행하게도, 방금 결정된 추가 모멘트도 순차적으로 추가 모멘트를 발생시키는 추가 처짐의 원인이 된다. 이 과정은 평행에 도달 할 때까지 계속된다. 과정은 반복적이며, 비선형이다.

두 번째 예시는 그와 유사한 기둥이다. 같은 W12 × 96 부재가 사용되었고, 축방향 하중은 다시 $P_u = 400$ kips이다. 이 경우에, 기둥은 상단에 $M_u = 200$ ft-kips의 모멘트를 갖는 캔틸레버이다. 이 모멘트는 기둥 상부에 다음과 같은 수평방향 처짐의 원인이 된다.

$$\Delta = \frac{M_u L^2}{2EI} = \frac{10(20)^2(1728)}{2(29{,}000)(833)} = 2.86 \text{ in}$$

이 변형된 위치에서, 400 kip 하중은 고정단으로부터 편심으로 작용하고 이는 다음과 같은 추가 모멘트를 발생시킨다.

$$M_{\text{additional}} = \frac{400(2.86)}{12} = 95.3 \text{ ft-kips}$$

원래의 지점모멘트 200 ft-kips에 이러한 추가모멘트를 더하면 2차 모멘트가 된다.

$$M_{2nd} = 200 + 95.3 = 295 \text{ ft-kips}$$

이는 1.48배로의 증가된 값이다. 다시 말하지만, 이것은 필요한 계산의 끝이 아니다; 이 추가적인 모멘트는 추가 처짐 및 추가 모멘트를 발생시킨다.

이러한 2차 효과는 시방서의 C1장을 따라서 보-기둥 설계에 고려되어야 한다. 이러한 효과들을 포함하기 위한 과정들은 보-기둥 설계를 위한 전반적인 방법을 먼저 수립한 후 논의될 것이다.

8.3 상호작용 원리

보-기둥의 탄성응답범위를 갖는 축하중과 휨의 상호작용은 중첩의 원리를 통해 직접적으로 살펴볼 수 있다. 이는 축하중에 의한 수직응력이 휨모멘트에 의한 수직응력에 더해진다는 기초적인 재료강도(strength of material)에서 고려되는 일반적인 방법이다.

개별적 응력효과의 중첩은 탄성응력에 대해서는 단순하고 정확하지만, 실제 구조물의 한계상태에 이 방법을 적용할 때는 중요한 제한사항들이 있다. 이는 다음과 같다.

1. 응력의 중첩은 오직 탄성범위 내에서의 거동(behavior)과, 유사한 응력의 유형들에서만 정확하다.
2. 변형이 미소한 경우 변형률의 중첩은 비탄성 범위로 확장할 수 있다.

3. 중첩은 국부좌굴과 같은 부재 변형 또는 안정성 효과를 설명할 수 없다.

4. 중첩은 구조적 처짐과 시스템 안정성을 설명할 수 없다.

이와 같은 한계를 염두에 두고, 보-기둥의 실제적인 한계상태의 거동을 반영하는 상관식을 개발하는 것이 바람직하다. 한계상태 상관식은 다음과 같은 특징들을 반영해야 한다:

축하중

1. 최대 기둥 강도

2. 각 기둥의 세장비

휨 모멘트

1. 횡방향지지 상태

2. 횡변위 조건

3. 부재 2차 효과

4. 구조물 2차 효과

5. 부재의 모멘트 구배

결과 식들은 순수 휨과 순수 압축의 두 가지 제한적인 경우를 포함하는 보-기둥에 대한 실험결과 및 이론적인 분석결과와 밀접한 상관관계를 제공해야 한다.

상관식의 적용성은 주어진 휨모멘트에 대한 축강도 결정 또는 주어진 축하중에 대한 모멘트 강도를 결정하는 과정으로 간주될 수 있다. 작용하는 휨모멘트는 기둥강도의 일부를 소모하여 감소된 축하중 강도를 야기한다. 이 두 가지 작용이 함께 추가되면, 전체의 하중은 모든 기둥 강도를 초과할 수 없다. 반대로, 축하중은 모멘트강도의 일부를 소모하는 것으로 간주될 수 있다. 이 감소량에 적용된 모멘트를 더한 값은 최대 보 강도를 초과할 수 없다.

8.4 상관식

3차원 상관식의 단순형은 다음과 같다.

$$\frac{P_r}{P_c} + \frac{M_{rx}}{M_{cx}} + \frac{M_{ry}}{M_{cy}} \leq 1.0 \tag{8.1}$$

여기서, 위의 항에서 첨자 r을 가지는 부분은 소요강도를 나타내고 첨자 c를 가지는 부분은 강도를 나타낸다.

이 상관식을 그림 8.3에 나타내었다. 이 그림에서는 하중 성분 중 어느 둘 사이 상호작용이 직선으로 나타남을 보여준다. 그림 8.3의 수평면은 2축 휨 상호작용을 나타내고, 반면에

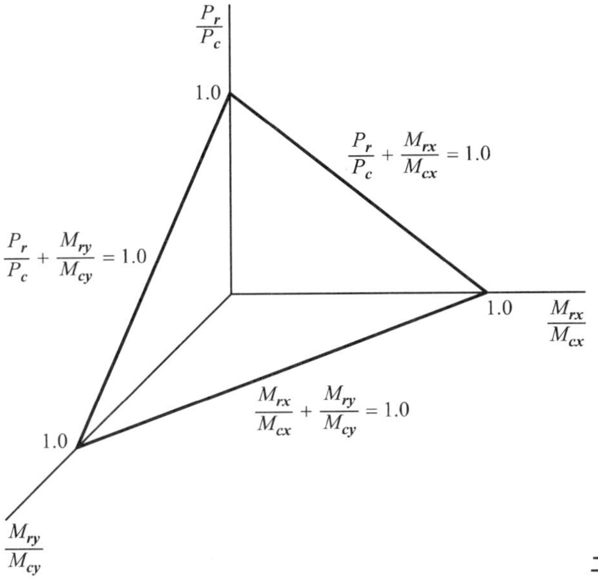

그림 8.3 • 단순화된 상호작용표면

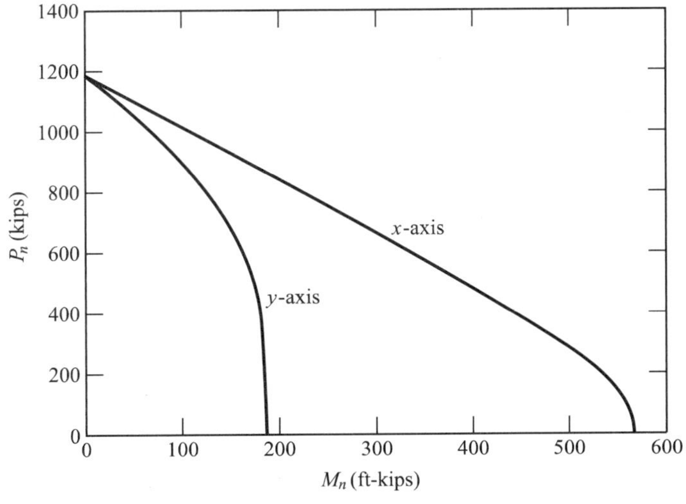

그림 8.4a • W14×82 단주기둥에 대한 상호작용 선도

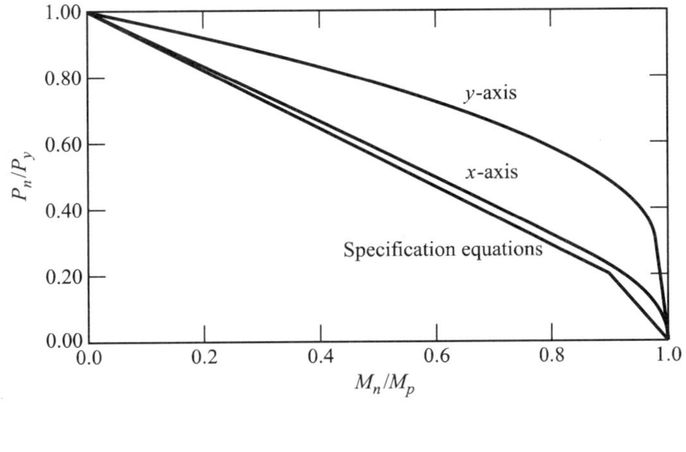

그림 8.4b • W14×82 단주기둥에 대한 정규화된 상호작용 선도

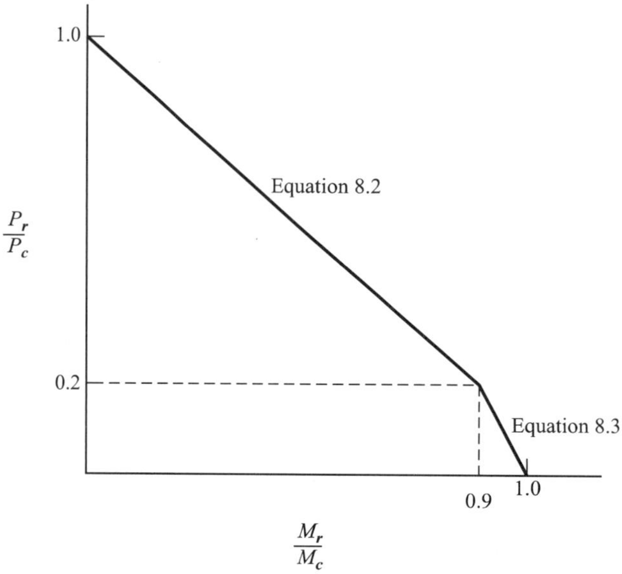

그림 8.5 • 상관식 8.2 및 8.3

수직면은 압축력에 강축 혹은 약축 휨의 상호작용을 나타낸다. 또한 3차원 상(aspect)은 세 개의 좌표 평면상의 직선에 의해 차단한 표면에 의해 표현할 수 있음이 명확하다.

시방서 H장의 상관식은 식 (8.1)의 형식과 유사한 상관식을 단주(stub columns)에서의 다양한 소성응력 분포에 대한 힘 및 모멘트 해석으로부터 개발된 일련의 데이터에 맞춤(fitting)의 결과이다. 그림 8.4a는 W14 × 82 단주에 대한 실제 분석결과를 보여준다. 그림 8.4b는 정규화된 축강도 P_y와 휨강도 M_p의 함수로서 도식화된 동일한 데이터를 보여준다. 두 경우 모두, 축강도 또는 휨강도에 대한 길이의 영향을 포함하지 않는다. 매우 다양한 보-기둥의 형태를 위해 개발된 이와 같은 유형의 곡선 사용으로 두 식은 x-축 휨에 대해 보수적이고 정확하게 개발되었다. y축 휨이 적용되면, 이들은 더 보수적이 된다. 하지만, 설계의 단순성과 약축방향 휨의 흔치 않은 사용은 이러한 보수성의 추가 수준(level)을 정당화 시킨다.

이러한 상관식에 길이효과를 반영하기 위해 추가적인 수정이 필요하다. 항복하중에서의 곡선과 그림 8.4b에서 수행된 소성 모멘트를 정규화(normalized)하는 것보다 이 식은 기둥의 공칭강도와 보의 공칭강도를 중심으로 개발되었다. 시방서 식 H1-1a 및 b에 주어진 식들은 여기서는 식 (8.2)와 (8.3)으로 주어지며 그림 8.5에 도시된다.

그림 8.5에서의 그래프는 단축 휨에 대한 것인 반면에 여기에서 설명하는 방정식은 주축 모두에 대한 휨을 고려한다.

$\frac{P_r}{P_c} \geq 0.2$인 경우

$$\frac{P_r}{P_c} + \frac{8}{9}\left(\frac{M_{rx}}{M_{cx}} + \frac{M_{ry}}{M_{cy}}\right) \leq 1.0 \quad (\text{H1}-1\text{a}) \tag{8.2}$$

$\frac{P_r}{P_c} < 0.2$인 경우

$$\frac{P_r}{2P_c} + \left(\frac{M_{rx}}{M_{cx}} + \frac{M_{ry}}{M_{cy}}\right) \leq 1.0 \qquad \text{(H1}-\text{1b)} \tag{8.3}$$

여기서, P_r = 압축 소요강도, kips

P_c = 압축 강도, kips

M_r = 소요 휨강도

M_c = 휨강도

x = 강축 휨 첨자에 대한 기호

y = 약축 휨 첨자에 대한 기호

주의하여야 할 중요 사항은 다음과 같다.

1. 압축강도 P_c는 최대 세장비를 갖는 기둥의 축에 기초한다. 이는 반드시 휨이 발생하는 축은 아니다.
2. 휨강도 M_c는 모든 보 한계상태의 영향을 포함한 축 하중이 없는 보의 휨강도에 기초한다.
3. 소요 압축강도 P_r은 2차 효과를 포함한 부재의 힘이다.
4. 소요 휨강도 M_r은 2차 효과를 포함한 부재의 휨모멘트이다.

2차 힘과 모멘트는 2차 분석을 통해서나 또는 앞서 언급한 바와 같이 증폭계수를 이용하여 1차 분석결과의 수정에 의해 결정할 수 있다. 이러한 증폭계수는 가새골조(8.5절) 및 모멘트 골조(8.6절)와 관련되므로 논의될 것이다.

추가규정은 축강도 한계상태가 면외 좌굴이고 휨강도 한계상태가 면내 횡－비틀림 좌굴일 경우에 사용된다. 식 H1-1A 및 B는 이 상황에 대해 보수적이지만, 추가적인 접근 방법을 사용할 수 있다. 시방서 H1.3절은 다음과 같이 규정한다. (1) 면내 불안정인 경우, 압축강도는 골조 면내의 좌굴에 대한 압축강도를 결정할 때 식 H1-1a 및 b를 사용하여야 하며, (2)는 면외 좌굴에 대해서는,

$$\frac{P_r}{P_{cy}}\left(1.5 - 0.5\frac{P_r}{P_{cy}}\right) + \left(\frac{M_{rx}}{C_b M_{cx}}\right)^2 \leq 1.0$$

여기서, P_{cy} = 면외 휨에 대한 압축강도

M_{cx} = 강축 휨에 대한 휨강도 ($C_b = 1.0$)

양축 휨이 있을 경우, 즉 양 축이 소요모멘트와 모멘트 비 0.05보다 크거나 같음을 의미할 때, 이 조건(option)을 사용할 수 없다. 이 선택적 접근방법이 경우에 따라서 경제적인 해결책을 제공할 수 있지만, 이 책의 예제나 문제에서 사용되지 않는다.

8.5 가새골조

전단벽(조적식, 콘크리트, 강, 또는 다른 재료) 또는 경사 강재(diagonal steel member)와 같은 실제 시스템이 그림 8.6에서 묘사되어진 것처럼 횡방향 하중에 저항하고 연직하중 하에 골조를 안정화시키며 또한 횡변위에 저항할 때 가새골조로 간주된다. 이러한 경우, 기둥은 횡변위에 맞서 버텨지고 있다고 간주되고 부록 7.2.3(a)에 의하면 합리적인 분석이 더 작은 값이 적절하다고 나타내지 않는 한 면내 K-계수는 1로 할 수 있다. 이는 6장에서 설명한 기둥의 유형이다. 부록 6에서 볼 수 있듯이 이 장의 뒷부분에서는 구조물이 가새골조로 간주될 수 있게 하는 브레이싱에 대한 요구사항들이 논의된다.

가새골조에서 기둥이 거더에 강접합 되어있는 경우, 휨모멘트는 거더에 연직하중의 적용에서부터 발생된다. 이러한 모멘트는 일차 탄성해석을 통해 구할 수 있다. 기둥 길이에 따른 변위로 인한 추가적인 2차 모멘트는 증폭계수를 적용하여 구할 수 있다.

증폭계수의 유도는 다양한 저자들에 의해 제시되고 있다. 이러한 유도는 매우 복잡하지만, 배경이론의 성립을 돕기 위해 여기서는 어느 정도 단순화된 유도과정을 제시한다. 크기가 동일하고 방향이 반대인 끝단 모멘트를 갖는 축하중을 받는 기둥을 그림 8.7a에 나타내었다. 이는 8.2절에서 설명한 것과 동일한 기둥이다. 그림 8.7b의 모멘트 선도는 끝단 모멘트 및 2차 모멘트 모두 보여준다.

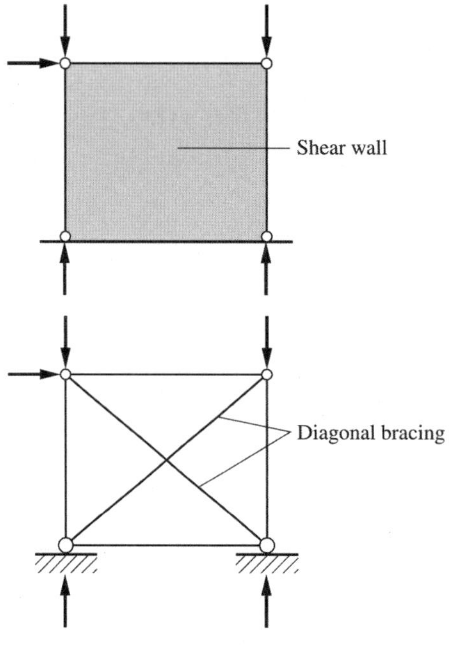

그림 8.6 • 가새골조

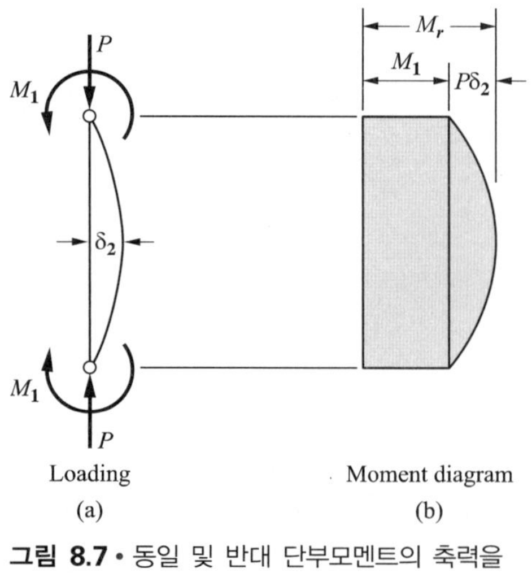

그림 8.7 • 동일 및 반대 단부모멘트의 축력을 받는 기둥

기둥의 중간높이에서 발생하는 최대 모멘트 M_r로 다음과 같다.

$$M_r = M_1 + P\delta_2$$

증폭계수는 다음과 같이 정의된다.

$$AF = \frac{M_r}{M_1} = \frac{M_1 + P\delta_2}{M_1}$$

항들을 재정리하면,

$$AF = \frac{1}{1 - \dfrac{P\delta_2}{M_1 + P\delta_2}}$$

단순화를 위해 두 가지 가정을 해보자. 첫번째로 δ는 충분히 작은 가정에 기초한다.

$$\frac{\delta_2}{M_1 + P\delta_2} \approx \frac{\delta_1}{M_1}$$

두 번째는 보의 처짐식 $\delta_1 = M_1 L^2 / 8EI$을 사용하여 다음과 같이 가정한다.

$$\frac{M_1}{\delta_1} = \frac{8EI}{L^2} \approx \frac{\pi^2 EI}{L^2} = P_e$$

이러한 단순한 가정은 반대 방향으로는 있기 때문에 상쇄(offsetting)되는 경향이 있다. 이는 비교적 정확한 증폭의 예측으로 이어진다. 따라서,

$$AF = \frac{1}{1 - P/P_e} \tag{8.4}$$

실제의 증폭과 식 (8.4)에서 주어진 증폭의 비교는 그림 8.8에 나타나 있다.

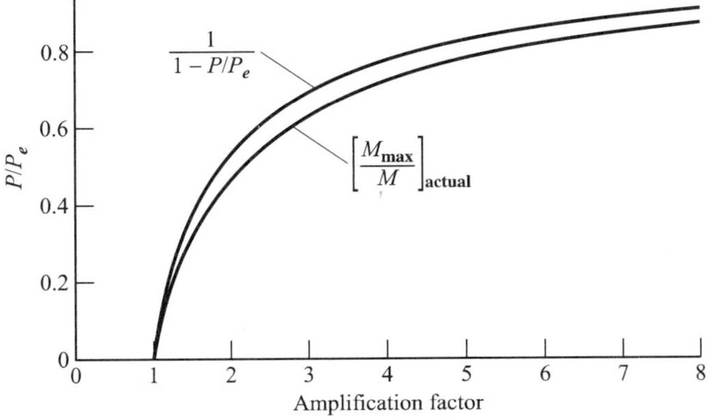

그림 8.8 • 증폭모멘트 : 정확 및 근사치

지금까지 논의된 것은 기둥의 각 단부에 모멘트의 크기가 동일하고 방향이 반대라 가정하였고, 모멘트 선도는 균일하다. 이는 변형에 대해 지지된 보-기둥에 대한 가장 안 좋은 하중 경우이다. 모멘트 분포가 균일하지 않으면, 부재에 발생하는 변위가 이전에 고려된 것보다 작고증폭모멘트 또한 표시된 것보다 작아지게 된다. 실제 설계에서의 관행은 기본적으로 균일모멘트의 경우를 사용하고 다른 모멘트 구배에 대해서는 추가적으로 C_m 계수를 사용하여 상응하는 균일모멘트로 변환하여 사용한다.

많은 연구에서도 보였듯이, 변위에 대해 지지되고 지점사이에 횡하중(transverse loading)이 없는 보-기둥에 대해 만일 모멘트에 C_m을 곱하여 감소시키면 상당히 정확한 수정된 결과를 나타낸다. 여기서,

$$C_m = 0.6 - 0.4(M_1/M_2) \tag{8.5}$$

M_1/M_2는 휨의 면에서 비지지 길이 부재의 끝단에 큰 모멘트에 대한 작은 모멘트의 비율이다. 부재가 역방향 곡률로 휘게 되면 M_1/M_2는 양수이고 단일 곡률로 휘면 음수이다.

부재가 지점 사이에 횡방향 하중을 받을 때 가새골조에서 보-기둥의 C_m은 해설 표 C-A-8.1로부터 얻을 수 있고, 또는 보수적으로 1.0의 값을 갖는다.

증폭계수 AF와 등가 모멘트 계수 C_m의 조합은 전체적으로 부재의 2차 효과를 설명하게 된다. 이와 같이 조합된 계수는 식 A-8-3과 같이 시방서의 부록 8에 B_1으로 주어지고, 여기서는 식 (8.6)으로 나타낸다.

$$B_1 = \frac{C_m}{1 - \dfrac{\alpha P_r}{P_{e1}}} \geq 1.0 \tag{8.6}$$

여기서, α = 극한강도에서 구조물의 비선형 거동을 고려하여 ASD에서는 1.6이고 LRFD에서는 1.0

P_r = 모멘트 골조에서 사용될 때 $P_{nt} + P_{lt}$와 같이 1차 소요강도로 구할 수 있는 소요강도

P_{e1} = 유효 길이 계수 K=1.0을 갖는 기둥의 오일러 좌굴 하중

따라서, 방정식 (8.2)와 (8.3)에서의 M_r의 값은 다음과 같다.

$$M_r = B_1 M_{nt}$$

여기서, M_{nt}는 보-기둥에서의 최대 모멘트이다. 첨자 nt는 이 경우에 기둥은 그 단부의 어떤 횡방향 변위를 받지 않는 것을 보여준다. C_m이 1.0 이하이고 식 (8.6)에서 1.0 이하의 증폭계수를 갖는 것이 가능하다. 이는 $P\delta$ 효과와 비균일 모멘트 선도의 조합이 1차 분석으로부터 구한 보-기둥의 최대 모멘트 보다 작은 모멘트를 초래함을 의미한다. 이 경우, 증폭계수 B_1 =1.0이다.

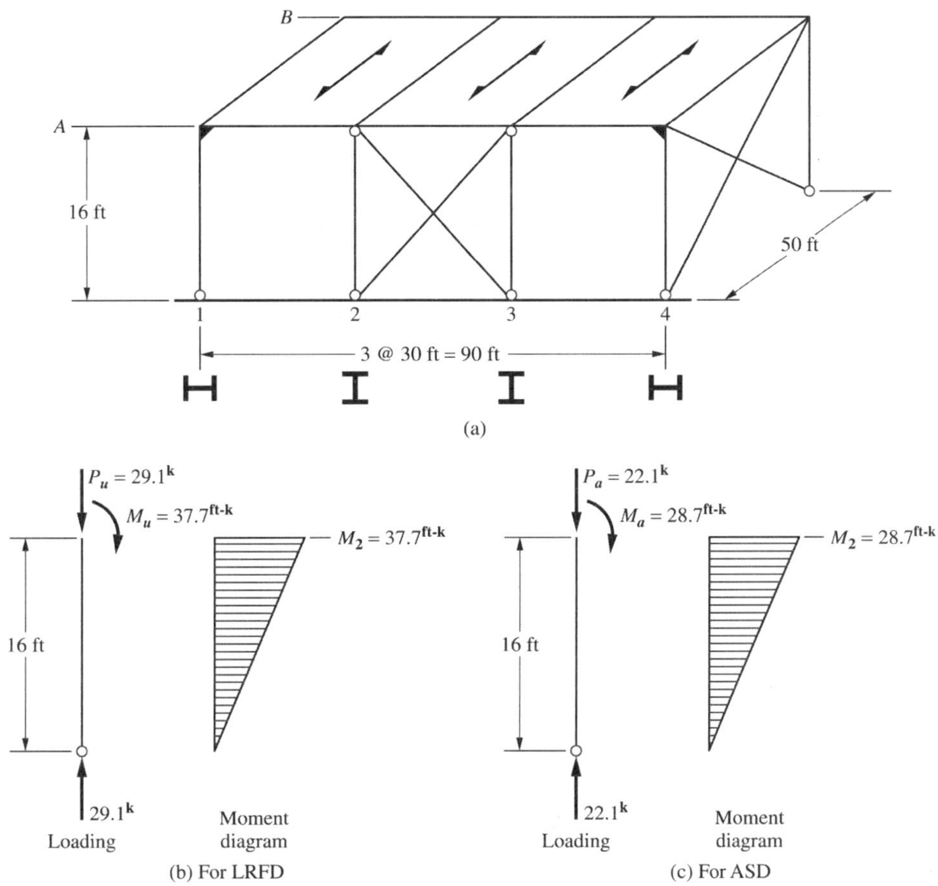

그림 8.9 • 단층구조에 대한 3차원 가새골조

8.1a Example

-축력 및 휨을 받는 기둥 설계(LRFD)-

주어진 하중에 대해 그림 8.9에 있는 기둥 A1을 설계하라. 시방서 부록 8에 있는 2차효과 증폭계수를 이용하라.

조건: 그림 8.9는 단층 구조의 3차원 가새골조를 보여준다. Roof에서 기둥 A1, B1, A4 및 B4는 강접합(rigid connection)으로 연결된다. 다른 모든 기둥들은 핀접합이다. 사하중 = 50 psf, 설하중 = 20 psf, roof 활하중 = 10 psf, 풍하중 = 20 psf. A992 강을 사용한다. X-브레이싱은 골조가 모든 횡하중을 지지하기에 충분한 강성을 가지고 있다고 가정하라.

풀이.

Step 1: 적용되는 하중조합을 결정한다. ASCE 7 2.3절로부터 다음의 하중조합을 고려한다.

$$1.2D + 1.6(L_r \text{ or } S \text{ or } R) + (0.5L \text{ or } 0.5W) \quad \text{(ASCE 7-3)}$$

$$1.2D + 1.0W + 0.5L + 0.5(L_r \text{ or } S \text{ or } R) \quad \text{(ASCE 7-4)}$$

Step 2: 각 하중조합에 대해 계수 roof 연직하중을 구한다.

$$1.2(50) + 1.6(20) = 92 \text{ psf} \quad \text{(ASCE 7-3)}$$

$$1.2(50) + 0.5(20) = 70 \text{ psf} \quad \text{(ASCE 7-4)}$$

기둥 A1은 횡방향 하중 지지에 관여하지 않으므로 균일하게 분포된 roof 하중 92 psf를 이용한다.

Step 3: 예비 1차 해석을 수행한다. 이 골조는 정정구조이기 때문에 많은 방법들이 사용될 수 있다. 임의로 6 : 1의 보에 대한 기둥의 관성모멘트를 가정하면, 모멘트분배 해석은 그림 8.9b의 결과가 산출된다. 따라서, 기둥은 다음의 하중을 지지하도록 설계된다.

$$P_u = 29.1 \text{ kips} \quad \text{and} \quad M_u = 37.7 \text{ ft-kips}$$

Step 4: 기둥 A1을 위한 한 단면을 선택하고 이의 압축강도와 휨강도를 결정하라. W10 × 33을 시도하자 (8.8절은 단면 선택에 대해 설명한다).

$$A = 9.71 \text{ in.}^2, \quad r_x/r_y = 2.16, \quad r_x = 4.19 \text{ in.}, \quad r_y = 1.94 \text{ in.}, \quad I_x = 171 \text{ in.}^4$$

기둥들은 x축에 대한 휨이 일어나게 배치된다. 패널 2-3의 대각선 브레이스에 의해 횡방향으로 지지되고 하부에서 핀지지 되며 휨 평면 내에서 상부에는 강접합으로 연결된다. 이 기둥은 가새골조의 일부분 이므로, K=1.0을 사용한다. 비록 시방서는 해석에 의해 해명된다면 더 작은 K값의 사용을 허용하지만 이는 브레이스 패널에 더 큰 강성을 요구할 수 있기 때문에 권장되지는 않는다.

매뉴얼 표 4.1로부터,

$$\phi P_n = 214 \text{ kips for } KL = 16.0 \text{ ft}$$

매뉴얼 표 3.2로부터,

$$\phi M_n = 113 \text{ ft-kips for } L_b = 16.0 \text{ ft}$$

Step 5: W10 × 33이 축력과 면내 휨에 대해 적합한지 확인한다.

16 ft의 비지지 길이에 대해, 오일러 하중은,

$$P_{e1} = \frac{\pi^2 EI}{(KL)^2} = \frac{\pi^2(29{,}000)(171)}{(16.0(12))^2} = 1330 \text{ kips}$$

기둥은 브레이싱부와 끝단 사이에서 단일 곡률로 휘며 하단에서의 모멘트는 0이므로 M_1/M_2 =0.0이다. 따라서,

$$C_m = 0.6 - 0.4(0.0) = 0.6$$

따라서, 증폭계수는 다음과 같게 된다.

$$B_1 = \frac{0.6}{1 - \dfrac{29.1}{1330}} = 0.61 \leq 1.0$$

시방서는 B_1은 1.0보다 작아서는 안 된다고 규정한다. 따라서 $B_1 = 1.0$으로 하면,

$$M_{rx} = B_1(M_x) = 1.0(37.7) = 37.7 \text{ ft-kips}$$

어떤 상관식을 사용할지 결정하기 위해, 다음을 계산한다.

$$\frac{P_u}{\phi P_n} = \frac{29.1}{214} = 0.136 < 0.2$$

따라서, 식 8.3 (H1-1b)을 사용한다.

$$\frac{P_u}{2\phi P_n} + \frac{M_u}{\phi M_n} \leq 1.0$$

$$0.5(0.136)+\frac{37.7}{113}=0.402<1.0$$

그러므로 W10 × 33은 쉽게 주어진 하중을 견딜 것이다.
식 H1-1b에 대한 해는 안전율에 대해 상당한 여유가 있음을 의미한다. 보다 경제적인 설계를 위하여 보다 작은 기둥을 고려하는 것이 적절할 것이다.

8.1b Example

-축력 및 휨을 받는 기둥 설계 (ASD)-

주어진 하중에 대해 그림 8.9에 있는 기둥 A1을 설계하라. 시방서 부록 8에 있는 2차효과 증폭계수를 이용하라.

조건: 그림 8.9는 단층 구조의 3차원 가새골조를 보여준다. Roof에서 기둥 A1, B1, A4 및 B4는 강접합(rigid connection)으로 연결된다. 다른 모든 기둥들은 핀접합이다. 사하중 = 50 psf, 설하중 = 20 psf, roof 활하중 = 10 psf, 풍하중 = 20 psf. A992 강을 사용한다. X-브레이싱은 골조가 모든 횡하중을 지지하기에 충분한 강성을 가지고 있다고 가정하라.

풀이.

Step 1: 적용되는 하중조합을 결정한다. ASCE 7 2.4절로부터 다음의 하중조합을 고려한다.

$$D+(L_r \text{ or } S \text{ or } R) \qquad \text{(ASCE 7-3)}$$

$$D+0.75\,L+0.75(0.6\,W)+0.75(L_r \text{ or } S \text{ or } R) \qquad \text{(ASCE 7-4)}$$

Step 2: 각 하중조합에 대해 계수 roof 연직하중을 구한다.

$$(50)+(20)=70\text{ psf} \qquad \text{(ASCE 7-3)}$$

$$(50)+0.75(20)=65\text{ psf} \qquad \text{(ASCE 7-4)}$$

기둥 A1은 횡방향 하중 지지에 참여하지 않으므로 균일하게 분포된 roof 하중 70 psf를 이용한다.

Step 3: 예비 1차 해석을 수행한다. 이 골조는 정정구조이기 때문에 많은 방법들이 사용될 수 있다. 임의로 6 : 1의 보에 대한 기둥의 관성모멘트를 가정하면, 모멘트분배 해석은 그림 8.9c의 결과는 준다. 따라서, 기둥은 다음의 하중을 지지하도록 설계된다.

$$P_a=22.1\text{ kips} \quad \text{and} \quad M_a=28.7\text{ ft-kips}$$

Step 4: 기둥 A1을 위한 한 단면을 선택하고 이의 압축강도와 휨강도를 결정하라. W10 × 33을 시도하자(8.8절은 단면 선택에 대해 설명한다).

Try W10 × 33. (Section 8.8 addresses trial section selection.)

$A=9.71\text{ in.}^2$, $r_x/r_y=2.16$, $r_x=4.19\text{ in.}$, $r_y=1.94\text{ in.}$, $I_x=171\text{ in.}^4$

기둥들은 x축에 대한 휨이 일어나게 배치된다. 패널 2-3의 대각선 브레이스에 의해 횡방향으로 지지되고 하부에서 핀지지 되며 휨 평면 내에서 상부에는 강접합으로 연결된다. 이 기둥은 가새골조의 일부분 이므로, $K=1.0$을 사용한다. 비록 시방서는 해석에 의해 해명된다면 더 작은 K값의 사용을 허용하지만 이는 브레이스 패널에 더 큰 강성을 요구할 수 있기 때문에 권장되지는 않는다.
매뉴얼 표 4.1로부터,

$$P_n/\Omega=142\text{ kips for } KL=16.0\text{ ft}$$

매뉴얼 표 3.2로부터,

$$M_n/\Omega = 74.9 \text{ ft-kips for } L_b = 16.0 \text{ ft}$$

Step 5: W10 × 33이 축력과 면내 휨에 대해 적합한지 확인한다.

16 ft의 비지지 길이에 대해, 오일러 하중은,

$$P_{e1} = \frac{\pi^2 EI}{(KL)^2} = \frac{\pi^2(29{,}000)(171)}{(16.0(12))^2} = 1330 \text{ kips}$$

기둥은 브레이싱부와 끝단 사이에서 단일 곡률로 휘며 하단에서의 모멘트는 0이므로 $M_1/M_2 = 0.0$이다. 따라서,

$$C_m = 0.6 - 0.4(0.0) = 0.6$$

따라서, $\alpha = 1.6$이고 증폭계수는 다음과 같게 된다.

$$B_1 = \frac{0.6}{1 - \dfrac{1.6(22.1)}{1330}} = 0.616 \leq 1.0$$

시방서는 B_1은 1.0보다 작아서는 안 된다고 규정한다. 따라서 $B_1 = 1.0$으로 하면,

$$M_{rx} = B_1(M_x) = 1.0(28.7) = 28.7 \text{ ft-kips}$$

어떤 상관식을 사용할지 결정하기 위해, 다음을 계산한다.

$$\frac{P_a}{P_n/\Omega} = \frac{22.1}{142} = 0.156 < 0.2$$

따라서, 식 8.3 (H1-1b)을 사용한다.

$$\frac{P_a}{2P_n/\Omega} + \frac{M_a}{M_n/\Omega} \leq 1.0$$

$$0.5(0.156) + \frac{28.7}{74.9} = 0.461 < 1.0$$

그러므로 W10 × 33은 주어진 하중을 지지할 것이다.

식 H1-1b에 대한 해는 안전율에 대해 상당한 여유가 있음을 의미한다. 보다 경제적인 설계를 위하여 보다 작은 기둥을 고려하는 것이 적절할 것이다.

8.6 모멘트 골조

모멘트골조는 연직하중과 연직 및 횡하중이 조합된 하중 하에서의 안정성을 위해 골조를 구성하는 보와 기둥의 강성에 의존한다. 가새골조와는 달리 모멘트골조는 안전성을 위한 외부 구조가 존재하지 않는다. 모멘트골조에서의 기둥은 축하중과 모멘트를 받으며 횡방향 변위가 발생한다.

식 (8.2) 및 (8.3)의 가새골조에서와 동일한 상관식이 모멘트골조의 보-기둥을 설계하는

데 사용된다. 그러나 8.5절에서 언급한 부재의 2차 효과 이외에, 골조의 횡변위로 인한 추가적인 2차 효과가 있다.

그림 8.10은 축방향 하중과 횡방향 하중의 작용 하에서 캔틸레버 기둥을 보여준다. 그림 8.10a는 하부에서 모멘트 $M_{lt} = HL$를 필요로 하는 평형상태에서의 1차 탄성해석을 위해 나타낸 기둥이다.

기둥의 상부에 발생하는 휨 $\varDelta_1$은 캔틸레버의 탄성변형 이다. 따라서,

$$\varDelta_1 = \frac{HL^3}{3EI} \tag{8.7}$$

2차 분석은 그림 8.10b에서 보이는 바와 같이 힘과 변위를 산출한다. 변위 $\varDelta_2$는 2차 효과를 포함한 전체 변위와 2차 효과를 포함한 모멘트로 다음과 같다.

$$B_2 M_{lt} = HL + P\varDelta_2 \tag{8.8}$$

상응하는 횡하중은 2차 분석과 같은 기둥의 하단에서 같은 모멘트가 되도록 결정할 수 있다. 이 하중은 $H + P\varDelta_2/L$이고 그림 8.10c에서 보여준다.

그림 8.10b와 c의 경우를 위해 기둥의 상부에서 변위가 동일하다는 것을 약간의 오차를 갖고 가정할 수 있다. 따라서 상응하는 횡방향 하중을 사용하여

$$\varDelta_2 = \frac{(H + P\varDelta_2/L)L^3}{3EI} = \frac{HL^3}{3EI}\left(1 + \frac{P\varDelta_2}{HL}\right) = \varDelta_1\left(1 + \frac{P\varDelta_2}{HL}\right) \tag{8.9}$$

식 (8.9)에서 $\varDelta_2$를 구할 수 있고, 여기서

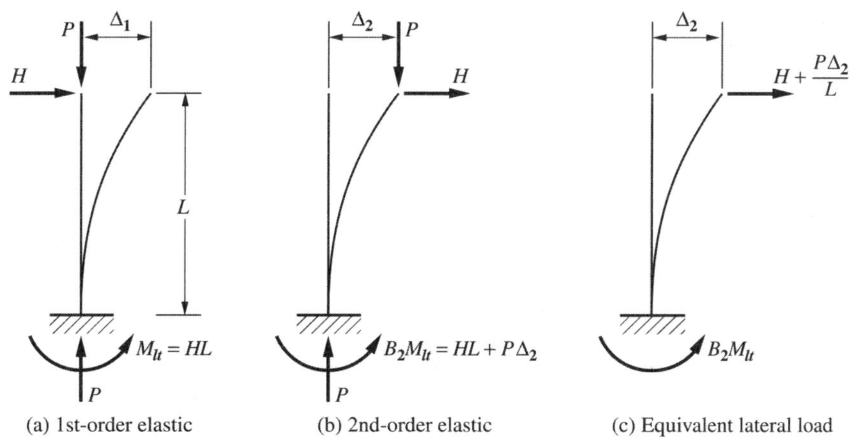

그림 8.10 • 구조 2차 효과 : 횡이동

$$\Delta_2 = \frac{\Delta_1}{1 - \dfrac{P\Delta_1}{HL}}$$

또한 결과는 식 (8.8)에 대입한다. 증폭계수 B_2에 결과 식을 풀고 단순화하면 다음과 같다.

$$B_2 = \frac{1}{1 - \dfrac{P\Delta_1}{HL}} \tag{8.10a}$$

전형적인 보-기둥은 몇 가지 큰 구조의 일부가 되는 것을 고려하면, 이 방정식은 실제 구조물의 다층 및 다경간 특성의 영향을 포함하도록 변경되어야 한다. 이는 쉽게 층에서 기둥의 총 수직방향 하중과 층에서 총 횡방향 하중을 합산하여 수행된다. 따라서, 식 (8.10a)는 다음과 같다.

$$B_2 = \frac{1}{1 - \dfrac{\Sigma P\Delta_1}{\Sigma HL}} \tag{8.10b}$$

식 A-8-7과 A-8-8이 결합될 때, 이와 같은 증폭계수는 기본적으로 식 A-8-6로 시방서의 부록 8에서 주어진다.

$$B_2 = \frac{1}{1 - \dfrac{\alpha P_{story}}{P_{e\ story}}} = \frac{1}{1 - \dfrac{\alpha P_{story}\Delta_H}{R_M HL}} \geq 1.0 \tag{8.11}$$

여기서, P_{story} = 층에서의 총 연직하중

$P_{e\ story}$ = 구조물의 횡방향 강도값

Δ_H = 횡방향 하중으로 인한 1차 분석의 층 변위

α = 극한강도에서 구조물의 비성형 거동을 고려하여 ASD에서는 1.6이고 LRFD에서는 1.0

R_M = $1-0.15(P_{mf}/P_{story})$

P_{mf} = 횡방향 하중 저항 시스템의 부분인 기둥에서의 총 수직방향 하중

변수 R_M은 위의 단순화된 유도에서는 설명할 수 없는 횡변위에 대한 부재효과의 영향을 설명한다. 모든 기둥이 모멘트 골조의 기둥인 경우, $P_{mf}/P_{strory}=1.0$ 이고 $R_M=0.85$ 이다. 가새골조인 경우는 $P_{mf}=0$이고 $R_M=1.0$ 이다.

설계단계에서 보통 구조물의 횡변위를 제한하는 것이 바람직하다. 이 제한은 층 높이를 층변위로 나눈 변위지수를 사용하여 정의할 수 있다. 그런 다음 설계는 최종적인 구조물이

의도된대로 거동하도록 부재를 선택하여 진행한다. 이는 변위가 사용성 기준인 보 설계와 유사하다. 이 변위지수는 부재 크기를 몰라도 구할 수 있으므로, 식 (8.11)에서 사용할 수 있다. 따라서 해석에서 부재크기 가정하는 것은 불필요하다.

증폭된 횡변위를 가지고 식 (8.2)와 (8.3)에서 사용된 모멘트 M_r을 평가할 수 있다. M_r은 부재와 구조물 2차 효과를 모두 포함해야 한다. 따라서 횡변위가 없는 1차 분석을 통해 횡변위가 없는 M_{nt}를 구하고 B_1계수로 증폭시킨다. 그런 다음 횡방향 하중을 포함하고 이동이 가능한 1차 분석이 이루어진다. 이는 B_2에 의해 증폭된 변위를 갖는 모멘트를 도출한다. 그 결과 2차 모멘트는 다음과 같다.

$$M_r = B_1 M_{nt} + B_2 M_{lt} \tag{8.12}$$

여기서, B_1은 식 (8.6)에 주어진다.

B_2는 식 (8.11)에 주어진다.

M_{nt} = 횡변위 없는 1차 모멘트

M_{lt} = 횡변위에서 오는 1차 모멘트

M_{lt}는 비대칭 골조 제원 또는 하중뿐만 아니라 횡방향 하중에 의한 모멘트를 포함할 수 있다. 하지만 대부분의 실제 구조물에서 대칭의 부족으로 인한 모멘트는 대체로 작고, 그래서 종종 무시된다. 2차 힘은

$$P_r = P_{nt} + B_2 P_{lt}$$

P_{lt}의 합이 0이 되기 때문에, 전체 구조물의 P_{nt}와 P_{lt}의 합은 구조물에서 총 연직 하중과 같다. 하지만 횡방향 하중으로부터 발생하는 각각의 기둥의 힘을 증폭하는 것이 중요하다.

구조물에 횡방향 하중이 없는 상황에서 연직하중의 2차 효과를 포착하기 위해 최소한의 횡방향 하중을 통합 할 필요가 있다. 이는 안정성 해석과 설계를 논의하기 위해 시방서에 제공되는 세 가지 방법이 논의되어 있는 8.7장에서 설명한다.

8.2a Example

–압축과 휨에 대한 강도 확인 (LRFD)–

LRFD 규정을 이용하여, 그림 8.11에 보이는 W14 × 90 A992 기둥이 주어진 하중을 지지하기에 적절한지 결정하라.

조건: 그림 8.11은 다층 모멘트골조의 중간레벨에서의 외측 기둥을 보여준다. 이 기둥은 그림 면외에 있는 가새골조의 일부분이다. 그림 8.11a는 검사해야 할 기둥 AB를 보여준다. 동일한 기둥 단면이 기둥 AB의 위 및 아래 레벨에 사용된다. 연직하중 및 최소 횡하중(최소 횡하중은 8.7절에서 논의된다.)을 받은 골조의 1차 해석결과의 힘들은 그림 8.11b에 나타나고 연직하중 및 풍하중에 대한 해석 결과는 그림 8.11c에 나타난다. 사용하중(service loads)하의 골조 변위는 층전단 H=148 kips에 대해 height/300으로 제한된다.

풀이.

Step 1: 휨 평면에서 기둥의 유효길이를 구한다.
5장에서 소개되고 해설(Commentary)에서 주어지는 유효길이 정렬표(alignment chart)를 사용하여 모멘트골조 평면에서의 좌굴에 대한 유효길이를 구한다.

$$G_A = G_B = \frac{2\left(\frac{999}{12.5}\right)}{\left(\frac{2100}{30.0}\right)} = 2.28$$

따라서, 그림 5.20으로부터, $K = 1.66$.

Step 2: 지배하는 유효길이를 구한다.
W14 × 90의 $r_x/r_y = 1.66$ 이므로,

$$(KL)_{eff} = \frac{(KL)_x}{r_x/r_y} = \frac{1.66(12.5)}{1.66} = 12.5\ \text{ft}$$
$$KL_y = 1.0(12.5) = 12.5\ \text{ft}$$

Step 3: 기둥의 설계 축강도를 구한다.
매뉴얼 표 4-1의 기둥표로부터 $KL = 12.5$ ft에 대해,

$$\phi P_n = 1060\ \text{kips}$$

Step 4: 풍하중을 포함한 하중조합에 대한 1차 모멘트 및 힘을 구한다.
그림 8.11c에서 주어진 기둥의 끝단 모멘트는 횡변위 없는 연직하중 해석 및 풍하중 해석에서 오는 모멘트의 조합니다.
A점에서의 모멘트:

$$M_{nt} = 96.7\ \text{ft-kips}$$
$$M_{lt} = 154\ \text{ft-kips}$$

B점에서의 모멘트:

$$M_{nt} = 48.3\ \text{ft-kips}$$
$$M_{lt} = 154\ \text{ft-kips}$$

압축:

$$P_{nt} = 354\ \text{kips}$$
$$P_{lt} = 99.0\ \text{kips}$$

Step 5: 1차 모멘트를 증폭하여 2차 모멘트를 구한다.
횡변위 없는 증폭: 횡변위 없을 시 모멘트는 B1에 의해 증폭되어야 한다. 그림 8.11c로부터 끝단 모멘트는 기둥에 반대(reverse)의 곡률로 휘게 함을 알 수 있다:

$$\frac{M_1}{M_2} = \frac{48.3}{96.7} = 0.50$$
$$C_m = 0.6 - 0.4(0.50) = 0.4$$
$$P_{e1} = \frac{\pi^2(29{,}000)(999)}{(1.0(12.5)(12))^2} = 12{,}700\ \text{kips}$$

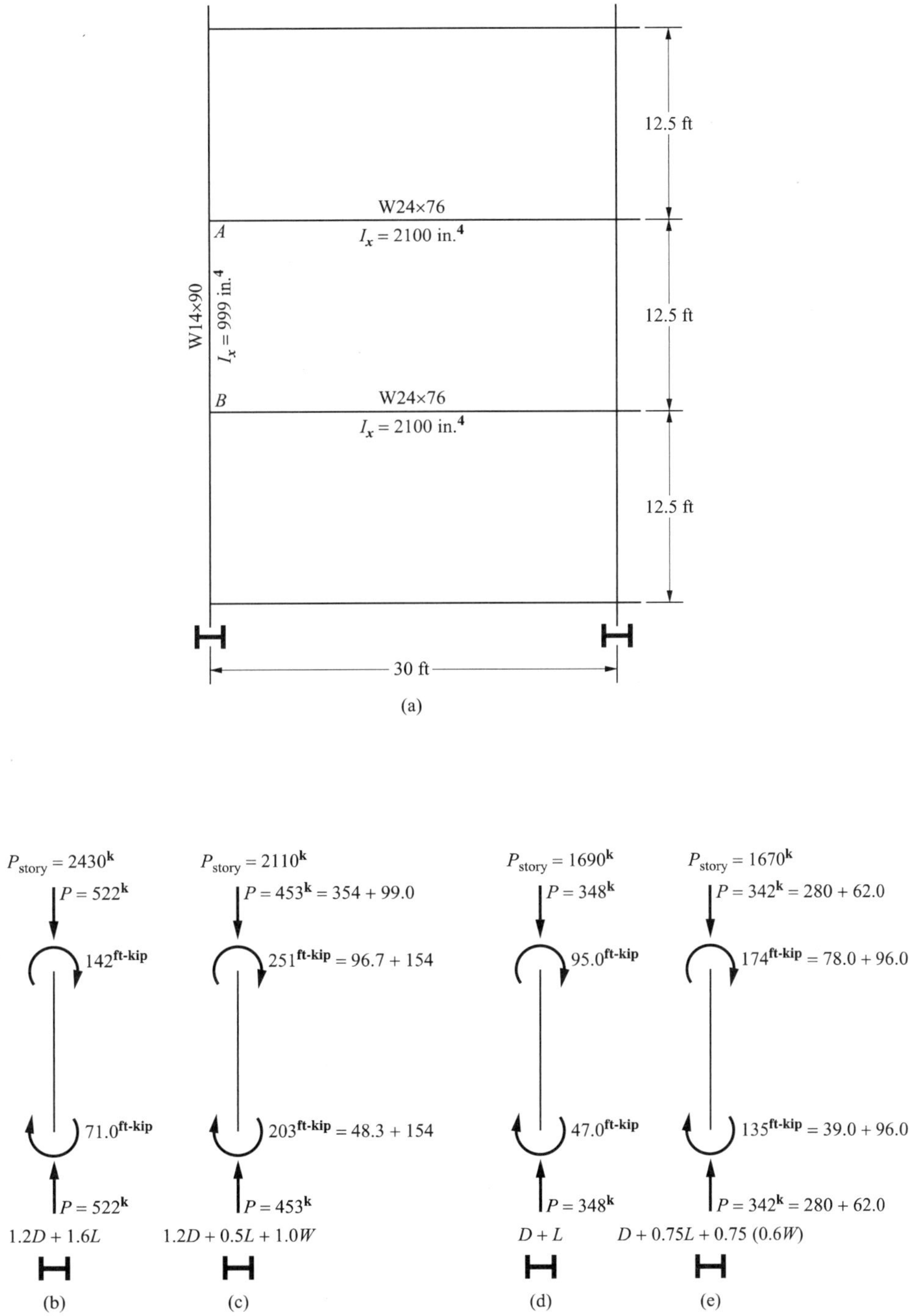

그림 8.11 • 다층 강결골조 중간레벨에서의 외측기둥

따라서, LRFD에서 $\alpha=1$, $P_r=354+99=453$ kips이고 식 (8.6)은 다음과 같이 된다.

$$B_1 = \frac{0.4}{1-\dfrac{(1.0)(354+99)}{12{,}700}} = 0.415 < 1.0$$

그러므로, $B_1=1.0$.

횡변위 시 확대: 힘과 모멘트는 B_2에 의해 증폭되어야 한다. B_2를 결정하기 위해 설계 변위 한계 height/300 및 식 (8.11)이 사용된다.

이 층에 작용하는 총 사용 횡하중은 다음과 같다.

$$H = 148\text{ kips}$$

추가적인 정보는 이 하중조합에서의 총 연직하중은

$$P_{story} = 2110\text{ kips}$$

148 kips의 사용하중에 대한 변위 한계는

$$\Delta_H = L/300 = 12.5(12)/300 = 0.50\text{ in.}$$

B_2의 계산에서 H는 ΔH가 상응하는 변위인 한 어떠한 보수적인 값을 취해도 된다. 왜냐하면 ΔH에 대한 H의 비율이 $P_{e\,story}$의 결정에 사용되기 때문이다.

그러므로 LRFD의 경우 $\alpha=1$이므로,

$$P_{e\,story} = \frac{0.85(148)(12.5)(12)}{0.50} = 37{,}700\text{ kips}$$

$$B_2 = \frac{1.0}{1.0-\left(\dfrac{(1.0)2110}{37{,}700}\right)} = 1.06 > 1.0$$

따라서, 2차 압축력 및 모멘트는

$$P_r = P_{nt} + B_2(P_{lt}) = 354 + 1.06(99) = 459\text{ kips}$$
$$M_r = B_1(M_{nt}) + B_2(M_{lt}) = 1.0(96.7) + 1.06(154) = 260\text{ ft-kips}$$

Step 6: 적당한 상관식에 기초에 이 단면이 요구되는 강도를 제공하는지 결정하라.

순수휨에 대한 압축플랜지의 비지지 길이는 12.5 ft이고 이는 이 단면의 $L_p=1.51$ ft보다 작다. 이를 고려하면 이 플랜지는 비조밀이다. 따라서 매뉴얼 표 3.2로부터 단면의 설계 휨강도는

$$\phi M_n = 574\text{ ft-kips}$$

적당한 상관표를 결정한다. Step 3으로부터 $\phi P_n = 1060$ kips, $P_r/\phi P_n = 459/1060 = 0.433 > 0.2$ 이므로 식 8.2(H1-1a)를 사용하면

$$0.433 + \frac{8}{9}\left(\frac{260}{574}\right) = 0.836 < 1.0$$

따라서, W14 × 90은 이 하중조합을 대해 적절하다.

Step 7: 연직하중만의 하중조합 $1.2D+1.6L$에 대해 단면을 검사(check)한다.

연직하중만의 하중조합이기 때문에, C2.2.b에 대한 시방서 부록 7.2.2절은 해석 시 최소

횡하중으로 연직하중에 0.002를 곱해야 한다고 규정한다. 이는 8.7절에서 더 논의될 것이다. 이 하중조합에 대해 전체 층 연직하중을 알아야 하며 $P_{story} = 2430$ kips로 주어진다. 따라서 이 골조의 최소 횡하중은 이 레벨에서 $0.002P_{story} = 0.002(2430) = 4.86$ kips. 그림 8.1b에 보이는 힘 및 모멘트는 최소 횡하중의 효과를 포함한다. 이 경우에 횡방향 변위효과의 값은 적다. 최소 횡하중에 의한 모멘트 및 증폭계수 B_2가 작기 때문에 이 검사에서 사용되는 힘과 모멘트는 약간의 오차로 횡변위가 없는 경우로부터 생긴다고 가정한다. 만일 최소 횡하중이 큰 모멘트를 유발하거나 Step 5에서 계산된 증폭계수 B2가 크다면 이것은 좋은 가정이 아니다. 그러므로 A점에서 $M_{nt} = 142$ ft-kips, B점에서 $M_{nt} = 71.0$ ft-kips, $P_{nt} = 522$ kips.

이 문제 해의 첫 번째 부분에서 B_1 결정과정을 살펴보면 유일한 변화는 축력 및 부재 끝단에서의 모멘트 값에 있음을 알 수 있다.

$$\frac{M_1}{M_2} = \frac{71.0}{142} = 0.50$$

$$C_m = 0.6 - 0.4(0.50) = 0.4$$

$$P_{e1} = \frac{\pi^2(29{,}000)(999)}{(1.0(12.5)(12))^2} = 12{,}700 \text{ kips}$$

따라서, LRFD 경우 $\alpha = 1.0$이므로,

$$B_1 = \frac{0.4}{1 - \dfrac{(1.0)(522)}{12{,}700}} = 0.417 < 1.0$$

B_1은 다시 1.0이다.

횡방향 변위가 없다는 가정으로,

$$M_{lt} = 0.0 \text{ and } B_2 \text{ is unnecessary,}$$

그러므로,

$$P_r = 522 \text{ kips}, \; M_r = 1.0(142) = 142 \text{ ft-kips}$$

식 8.2 (H1-1a)을 다시 사용하면,

$$\frac{522}{1060} + \frac{8}{9}\left(\frac{142}{573}\right) = 0.713 < 1.0$$

그러므로, W14 × 90은 고려되는 두 가지 하중조건에 대해 적당하다.

8.2b Example

－압축과 휨에 대한 강도 확인 (ASD)－

ASD 규정을 이용하여, 그림 8.11에 보이는 W14 × 90 A992 기둥이 주어진 하중을 지지하기에 적절한지 결정하라.

조건: 그림 8.11은 다층 모멘트골조의 중간레벨에서의 외측 기둥을 보여준다. 이 기둥은 그림 면외에 있는 가새골조의 일부분이다. 그림 8.11a는 검사해야 할 기둥 AB를 보여준다. 동일한 기둥 단면이 기둥 AB의 위 및 아래 레벨에 사용된다. 연직하중 및 최소 횡하중(최소 횡하중은 8.7절에서 논의된다.)을 받은 골조의 1차 해석결과의 힘들은 그림 8.11d에 나타나고 연직하중 및 풍하중에 대한 해석결과는 그림 8.11e에 나타난다. 사용하중(service loads)하의 골조 변위는 층전단 $H = 148$ kips에 대해 height/300으로 제한된다.

풀이.

Step 1: 휨 평면에서 기둥의 유효길이를 구한다.
5장에서 소개되고 해설(Commentary)에서 주어지는 유효길이 정렬표(alignment chart)를 사용하여 모멘트골조 평면에서의 좌굴에 대한 유효길이를 구한다.

$$G_A = G_B = \frac{2\left(\frac{999}{12.5}\right)}{\left(\frac{2100}{30.0}\right)} = 2.28$$

따라서, 그림 5.20으로부터, $K = 1.66$.

Step 2: 지배하는 유효길이를 구한다.
W14 × 90의 $r_x/r_y = 1.66$ 이므로,

$$(KL)_{eff} = \frac{(KL)_x}{r_x/r_y} = \frac{1.66(12.5)}{1.66} = 12.5 \text{ ft}$$
$$KL_y = 1.0(12.5) = 12.5 \text{ ft}$$

Step 3: 기둥의 설계 허용 축강도를 구한다.
매뉴얼 표 4-1의 기둥표로부터 $KL = 12.5$ ft에 대해,

$$P_n/\Omega = 703 \text{ kips}$$

Step 4: 풍하중을 포함한 하중조합에 대한 1차 모멘트 및 힘을 구한다.
그림 8.11e에서 주어진 기둥의 끝단 모멘트는 횡변위 없는 연직하중 해석 및 풍하중 해석에서 오는 모멘트의 조합니다.
A점에서의 모멘트:

$$M_{nt} = 78.0 \text{ ft-kips}$$
$$M_{lt} = 96.0 \text{ ft-kips}$$

B점에서의 모멘트:

$$M_{nt} = 39.0 \text{ ft-kips}$$
$$M_{lt} = 96.0 \text{ ft-kips}$$

압축:

$$P_{nt} = 280 \text{ kips}$$
$$P_{lt} = 62.0 \text{ kips}$$

Step 5: 1차 모멘트를 증폭하여 2차 모멘트를 구한다.
횡변위 없는 증폭: 횡변위 없을 시 모멘트는 B_1에 의해 증폭되어야 한다. 그림 8.11e로부터 끝단 모멘트는 기둥에 반대(reverse)의 곡률로 휘게 함을 알 수 있다:

$$\frac{M_1}{M_2} = \frac{39.0}{78.0} = 0.50$$
$$C_m = 0.6 - 0.4(0.50) = 0.4$$
$$P_{e1} = \frac{\pi^2(29{,}000)(999)}{(1.0(12.5)(12))^2} = 12{,}700 \text{ kips}$$

따라서, ASD에서 $\alpha=1.6$, $P_r=280+62=342$ kips이고 식 (8.6)은 다음과 같이 된다.

$$B_1 = \frac{0.4}{1-\dfrac{1.6(280+62)}{12{,}700}} = 0.418 < 1.0$$

그러므로, $B_1=1.0$.

횡변위 시 확대: 힘과 모멘트는 B_2에 의해 증폭되어야 한다. B_2를 결정하기 위해 설계 변위 한계 height/300 및 식 (8.11)이 사용된다.

이 층에 작용하는 총 사용 횡하중은 다음과 같다.

$$H = 148\text{ kips}$$

추가적인 정보는 이 하중조합에서의 총 연직하중은

$$P_{story} = 1670\text{ kips}$$

148 kips의 사용하중에 대한 변위 한계는

$$\Delta_H = \text{L}/300 = 12.5(12)/300 = 0.50\text{ in.}$$

B_2의 계산에서 H는 Δ_H가 상응하는 변위인 한 어떠한 보수적인 값을 취해도 된다. 왜냐하면 Δ_H에 대한 H의 비율이 $P_{e\,story}$의 결정에 사용되기 때문이다.

그러므로 ASD의 경우 $\alpha=1.6$이므로,

$$P_{e\,story} = \frac{0.85(148)(12.5)(12)}{0.50} = 37{,}700\text{ kips}$$

$$B_2 = \frac{1.0}{1.0-\left(\dfrac{(1.6)1670}{37{,}700}\right)} = 1.08$$

따라서, 2차 압축력 및 모멘트는

$$P_r = P_{nt} + B_2(P_{lt}) = 280 + 1.08(62.0) = 347\text{ kips}$$
$$M_r = B_1(M_{nt}) + B_2(M_{lt}) = 1.0(78.0) + 1.08(96.0) = 182\text{ ft kips}$$

Step 6: 적당한 상관식에 기초에 이 단면이 요구되는 강도를 제공하는지 결정하라.

순수휨에 대한 압축플랜지의 비지지 길이는 12.5 ft이고 이는 이 단면의 $L_p=1.51$ ft보다 작다. 이를 고려하면 이 플랜지는 비조밀이다. 따라서 매뉴얼 표 3.2로부터 단면의 설계 허용 휨강도는

$$M_n/\Omega = 382\text{ ft-kips}$$

적당한 상관표를 결정한다.

$P_r/P_n/\Omega=347/703=0.494>0.2$ 이므로 식 8.2(H1-1a)를 사용하면

$$0.494 + \frac{8}{9}\left(\frac{182}{382}\right) = 0.918 < 1.0$$

따라서, W14 × 90은 이 하중조합을 대해 적절하다.

Step 7: 연직하중만의 하중조합 $D+L$에 대해 단면을 검사(check)한다.

연직하중만의 하중조합이기 때문에, C2.2.b에 대한 시방서 부록 7.2.2절은 해석 시 최소

횡하중으로 연직하중에 0.002를 곱해야 한다고 규정한다. 이는 8.7절에서 더 논의될 것이다. 이 하중조합에 대해 전체 층 연직하중을 알아야 하며 $P_{story}=1690$ kips로 주어진다. 따라서 이 골조의 최소 횡하중은 이 레벨에서 0.002(1690) = 3.38 kips.

그림 8.1b에 보이는 힘 및 모멘트는 최소 횡하중의 효과를 포함한다. 이 경우에 횡방향 변위효과의 값은 적다. 최소 횡하중에 의한 모멘트 및 증폭계수 B_2가 작기 때문에 이 검사에서 사용되는 힘과 모멘트는 약간의 오차로 횡변위가 없는 경우로부터 생긴다고 가정한다. 만일 최소 횡하중이 큰 모멘트를 유발하거나 Step 5에서 계산된 증폭계수 B_2가 크다면 이것은 좋은 가정이 아니다. 그러므로 A점에서 $M_{nt}=95.0$ ft-kips, B점에서 $M_{nt}=47.0$ ft-kips, $P_{nt}=348$ kips.

이 문제 해의 첫 번째 부분에서 B_1 결정과정을 살펴보면 유일한 변화는 축력 및 부재 끝단에서의 모멘트 값에 있음을 알 수 있다.

$$\frac{M_1}{M_2}=\frac{47.0}{95.0}=0.50$$

$$C_m=0.6-0.4(0.50)=0.4$$

$$P_{e1}=\frac{\pi^2(29{,}000)(999)}{(1.0(12.5)(12))^2}=12{,}700\text{ kips}$$

따라서, ASD 경우 $\alpha=1.6$이므로,

$$B_1=\frac{0.4}{1-\dfrac{1.6(348)}{12{,}700}}=0.418<1.0$$

B_1은 다시 1.0이다.

횡방향 변위가 없다는 가정으로,

$$M_{lt}=0.0\text{ and }B_2\text{ is unnecessary.}$$

그러므로,

$$P_r=348\text{ kips},\quad M_r=1.0(95)=95\text{ ft-kips}$$

식 8.2 (H1-1a)을 다시 사용하면,

$$\frac{348}{703}+\frac{8}{9}\left(\frac{95.0}{382}\right)=0.716<1.0$$

그러므로, W14 × 90은 고려되는 두 가지 하중조건에 대해 적당하다.

보와 보-기둥 접합부에서 모멘트는 2차 효과를 고려하는 중요한 경우에 증폭되어야 한다. 이는 보-기둥 연결부의 평형을 고려하여 이루어진다. 기둥에서 연결부 상하에 증폭된 모멘트는 함께 더해지고 이러한 총합은 그 강성에 따라서 연결부로 부터 골조인 보에 분배된다. 이러한 모멘트는 접합부 설계 모멘트를 만든다.

8.7 안정성 해석 및 설계의 시방서 규정

지금까지의 압축 및 휨의 상호작용 논의는 상관식의 개발 및 2차 효과를 반영하는 방법에 집중했다. 시방서는 실제로 이러한 두 밀접하게 연결된 문제를 해결하기 위해 세 가지 방법을 제공한다. 가장 직접적인 접근방법은 C장에서 서술된 직접해석법과 함께 일반적인 2차 해석을 사용하는 것이다. 일반적인 2차 해석은 증폭계수에 의지할 필요없이 H장의 상관식에서 직접 사용될 수 있는 힘과 모멘트의 결과를 준다. 이 방법의 단점은 매우 유용하고 중요한 중첩을 사용할 수 없기 때문에 (구조응답은 비선형이기 때문에), 각 하중 조합에 대해 완전한 비선형 해석은 수행해야 한다는 것이다. 2차 분석의 일반적인 또는 자세한 방법에 대한 설명은 이 책의 범위를 초과한다. 따라서 이 책의 나머지 부분에서는, 2차 효과가 해석 결과에 포함되지 않는 경우 증폭된 1차 해석 방법이 사용된다.

8.7.1 직접해석법

C장에서의 직접해석법의 장점은 압축부재의 설계에서 유효길이계수를 1.0으로 하는 것이다. 이를 위해 시방서는 구조물의 횡방향 하중 저항에 기여하는 모든 요소들의 강성이 감소됨을 규정한다. 따라서 구조물의 축강성 EA를 사용하는 대신에 수정된 강성 $EA^* = 0.8EA$가 사용되었다. 마찬가지로 휨강성에 대해서는 τ_b가 2차 효과에 대한 잔류 응력의 영향을 설명하는 수정된 강성 $EI^* = 0.8\tau_b EI$를 사용하였다. 압축강도과 휨강도 부재에 대한 잔류 응력의 영향은 이미 5와 6장에서 논의되었다. 이 경우 τ_b의 사용은 이들과 같은 잔류응력이 변위, 즉 2차 효과에 미치는 영향을 파악하는 것이다. 이는 5장에서 유효길이 결정을 위해 정렬표(alignment chart)에서 사용되는 것과 같은 τ_b이다.

이 시점까지 간략히만 언급된 또 다른 고려사항은 기하학적 결함을 고려되는 C1절의 요구사항이다. 잔류응력에서처럼 기하학적 결함이 압축부재의 강도에 미치는 영향은 시방서의 기둥 강도식을 통해 이미 설명되었다. 여기서 요구사항은 구조물의 안정성에 대한 out-of plumbness을 고려하는 것이다. 이것은 out-of-plumbness를 시뮬레이션하기 위해 out-of-plumb 상태 또는 가상하중의 사용을 통하여 구조물을 모델링함으로써 달성 될 수 있다. 이러한 가상하중은 이 절의 뒷부분에서 설명될 것이다.

직접 분석법 외에, 두 개의 다른 설계 방법은 시방서에 주어진다. 그것들은 부록 7에서 찾을 수 있다. 이러한 방법들의 적용에 대한 제한 사항들은 직접 분석법에 근거한다.

8.7.2 유효길이방법

부록 7.2는 유효길이방법에 대한 요구사항을 제공한다. 이는 이 장에서 가새골조와 비가새골조에 대해 이미 설명한 방법이다. 이 방법은 1차 처짐에 대한 2차 처짐의 비율 Δ_2/Δ_1이 1.5보다 같거나 작을 때 타당하다. 이 요구사항을 명시하는 또 다른 방법은 $\Delta_2/\Delta_1 = B_2$이므로, 유효길이방법은 $B_2 \leq 1.5$에 한하여 타당하다. 비록 이러한 확인이 예제 8.2에서서는 이뤄지지 않았지만, LRFD와 ASD 모두에 대해 $B_2 \leq 1.5$이므로 이 예제에서 유효길이방법을 사용하는 것은 허용됨을 지금 알 수 있다. $B_2 \leq 1.1$일 때 추가적인 수정을 적용할 수 있다. 이 경우 모멘트 골조의 기둥은 $K=1.0$을 사용하여 설계할 수 있다. 유효길이방법은 본질적으로 연직하중만의 하중조합에 적용하는 최소 횡하중의 요구사항을 추가하는 과거의 실무에서 사용하는 방법과 같다. 이것은 초기 out-of-plumbness를 고려하기 위하여 위에 논의한 가상하중이다. 그것은 예제 8.2에서 사용되는 최소 횡하중과 동일하며 이절에서 나중에 논의될 것이다.

8.7.3 1차 해석 방법

세 번째 방법은 시방서의 부록 7.3에 제시되는 일차분석법이다. 이 방법은 추가 횡하중의 적용을 통하는 것을 제외하고는 2차 효과를 직접적으로 고려하지 않고 설계가 가능하다. 이것은 이 방법의 수행에 많은 제한이 놓여있기 때문에 가능하다. 또한 $K=1.0$을 사용하여 압축부재의 설계를 가능하게 한다. 이 방법에 대한 자세한 정보는 시방서의 부록 7.3이나 매뉴얼을 참고하기 바란다.

8.7.4 가상하중

이제 기하학적 결함을 반영하는 요구사항을 보다 자세히 고려해 보자. 시방서 C1절은 기하학적 결함이 구조물의 해석과 설계에 고려되어야 한다고 규정한다. 고려되어야 할 기하학적 결함의 두 가지 유형은 초기 비직진도(out-of-straightness)와 초기 out-of-plumbness이다. 시방서 E장의 강도식은 이미 초기 비직진도를 설명한다. out-of-plumbness를 고려하기 위해서 구조물이 out-of-plumb 위치에 모델링할 수 있고 또는 시방서 C2.2b절에 주어진 것처럼 가상하중을 사용할 수 있다. 표준관행의 AISC 코드는 높이/500의 out-of-plumbness을 허용한다. 이 out-of-plumbness는 구조물의 각 레벨에서 연직하중의 0.2%에 해당하는 횡방향 하중으로 모델링 할 수 있다. 이 횡하중은 가상하중이라 하고 $N_i = 0.002\alpha Y_i$로 앞서 설명한 바와 같이 Y_i는 층에서의 총 연직하중으로 i와 α는 LRFD에서 1.0이고 ASD에서 1.6이다. 시방서에는 여기에서 설명한 것처럼 α를 포함하지만 2차 효과를 얻기 위해 증폭된 1차 해석이 사용될 때에는 α가 B_1과 B_2의 계산에 포함되므로 필요하지 않다. 이는 예제 8.2에서서 이미 사용된 가상하중이다.

8.3a Example

- LRFD에 의한 기둥설계를 위한 직접해석법 -

LRFD 규정과 2차 해석 직접해석결과를 이용하여, W14 × 132 A992 부재가 주어진 하중 및 모멘트에 저항하기에 적절한지 결정하라.

조건: 기둥의 길이는 16 ft이고 양 끝단에서만 지지된다. 2차 직접 해석결과는 P_u =800 kips, M_{ut} = 300 ft-kips, M_{uy} =76 ft-kips 이다.

풀이.

Step 1: 소요강도를 구한다.

주어진 결과값들은 2차 해석으로부터 구했으므로 힘과 모멘트를 증폭할 필요가 없다. 따라서,

$$P_r = P_u = 800 \text{ kips}, \quad M_{rx} = M_{ux} = 300 \text{ ft-kips}, \quad M_{ry} = M_{uy} = 76 \text{ ft-kips}$$

Step 2: 기둥의 압축강도를 구한다.

주어진 결과값은 직접해석으로부터 구했으므로, K=1.0; 따라서, KL =16.0 ft와 매뉴얼 표 4-1로부터,

$$\phi P_n = 1440 \text{ kips}$$

Step 3: x축 휨에 대한 휨강도를 구한다.

비지지길이 L_b =16 ft와 매뉴얼 표 3-2로부터,

$$\phi M_p = 878 \text{ ft-kips}, \quad L_p = 13.3 \text{ ft}, \quad \phi BF = 7.74 \text{ kips}$$

$$\phi M_{nx} = \phi M_p - \phi BF(L_b - L_p) = 878 - 7.74(16 - 13.3) = 857 \text{ ft-kips}$$

Step 4: y축 휨에 대한 휨강도를 구한다.

매뉴얼 표 3-4로부터,

$$\phi M_{ny} = 424 \text{ ft-kips}$$

Step 5: 축하중 및 휨하중에 대해 W14 × 132을 검증한다. 어떤 식을 사용할지 결정하기 위해,

$$\frac{P_u}{\phi P_n} = \frac{800}{1440} = 0.556 \geq 0.2$$

그러므로, 식 8.2(H1-1a)를 사용한다.

$$\frac{P_r}{\phi P_n} + \frac{M_{rx}}{\phi M_{nx}} + \frac{M_{ry}}{\phi M_{ny}} \leq 1.0$$

$$0.556 + \frac{300}{857} + \frac{76}{424} = 1.09 > 1.0$$

따라서, W14 × 132는 주어진 하중에 지지하지 못한다.

8.3b Example

- ASD에 의한 기둥설계를 위한 직접해석법 -

ASD 규정과 2차 해석 직접해석결과를 이용하여, W14 × 132 A992 부재가 주어진 하중 및 모멘트에 저항하기에 적절한지 결정하라.

조건: 기둥의 길이는 16 ft이고 양 끝단에서만 지지된다. 2차 직접 해석결과는 P_u =530 kips, M_{ut} = 200 ft-kips, M_{uy} = 52 ft-kips 이다.

풀이.

Step 1: 소요강도를 구한다.
주어진 결과값들은 2차 해석으로부터 구했으므로 힘과 모멘트를 증폭할 필요가 없다. 따라서,

$$P_r = P_a = 530\ \text{kips},\ M_{rx} = M_{ax} = 200\ \text{ft-kips},\ M_{ry} = M_{ay} = 52\ \text{ft-kips}$$

Step 2: 기둥의 압축강도를 구한다.
주어진 결과값은 직접해석으로부터 구했으므로, $K=1.0$; 따라서, $KL=16.0$ ft와 매뉴얼 표 4-1로부터,

$$\frac{P_n}{\Omega} = 960\ \text{kips}$$

Step 3: x축 휨에 대한 휨강도를 구한다.
비지지길이 $L_b = 16$ ft와 매뉴얼 표 3-2로부터,

$$\frac{M_p}{\Omega} = 584\ \text{ft-kips}, \quad L_p = 13.3\ \text{ft}, \quad \frac{BF}{\Omega} = 5.15\ \text{kips}$$

$$\frac{M_{nx}}{\Omega} = \frac{M_p}{\Omega} - \frac{BF}{\Omega}(L_b - L_p) = 584 - 5.15(16 - 13.3) = 570\ \text{ft-kips}$$

Step 4: y축 휨에 대한 휨강도를 구한다.
매뉴얼 표 3-4로부터,

$$\frac{M_{ny}}{\Omega} = 282\ \text{ft-kips}$$

Step 5: 축하중 및 휨하중에 대해 W14 × 132을 검증한다. 어떤 식을 사용할지 결정하기 위해,

$$\frac{P_u}{\phi P_n} = \frac{530}{960} = 0.552 \geq 0.2$$

그러므로, 식 8.2(H1-1a)를 사용한다.

$$\frac{P_r}{P_n/\Omega} + \frac{M_{rx}}{M_{nx}/\Omega} + \frac{M_{ry}}{M_{ny}/\Omega} \leq 1.0$$

$$0.552 + \frac{200}{570} + \frac{52}{282} = 1.09 > 1.0$$

따라서, W14 × 132는 주어진 하중에 지지하지 못한다.

8.8 초기의 보-기둥 선택

보-기둥의 설계는 상관식을 사용하기 위한 중요한 매개변수들이 결정되기 전에 단면을 알아야 하는 시행착오과정이다. 예비로 보-기둥 부재 단면을 결정하는 많은 방법들이 있다. 각 방법은 각각의 고도화 수준으로 각각 고유에 맞는 정밀도 수준으로 이어진다. 시험 단면을 선택하는데 사용되는 방법에 관계없이 하나의 요인은 남아있다-시험 단면은 궁극적으

로 상호식을 만족해야 한다.

시험 단면을 선택하기 위한 간단하고 유용한 방법을 수립하기 위해 식 H1-1a는 다시 쓰여진다. 식 (8.2)를 사용하고 각각의 항에 P_c를 곱하면 다음과 같다.

$$P_r + \frac{8}{9}\frac{M_{rx}P_c}{M_{cx}} + \frac{8}{9}\frac{M_{ry}P_c}{M_{cy}} \leq P_c \tag{8.13}$$

세 번째 항에 M_{cx}/M_{cx}을 곱하고,

$$m = \frac{8P_c}{9M_{cx}}$$

$$U = \frac{M_{cx}}{M_{cy}}$$

그리고 식 (8.13)에 대입하여 산출하면,

$$P_r + mM_{rx} + mUM_{ry} \leq P_c \tag{8.14}$$

식 (8.14)는 기둥강도 P_c에 대한 식 좌변을 비교하기 때문에 식 (8.14)는 유효 축하중으로 생각할 수 있다; 따라서,

$$P_{eff} = P_r + mM_{rx} + mUM_{ry} \leq P_c \tag{8.15}$$

m과 U의 평가에 사용되는 정확도란 선택된 기둥의 강도를 나타내는 식 (8.15)가 가지는 정확도를 말한다. 설계에서 이 시점에서는 실제 기둥단면은 알려져 있지 않기 때문에, m과 U의 정확한 값은 결정할 수 없다.

AISC 매뉴얼의 과거 버전은 이러한 승수(multipliers)들을 평가하는 많은 방법들을 제시하였다. 그러나 더 단순한 방법은 예비 설계에서 더 유용하다. 길이의 영향, 즉 P_c와 M_{cx}에 영향을 미치는 모든 좌굴의 영향을 무시하면, P_c/M_{cx}의 비율은 A/Z_x와 $m = 8A/9Z_x$가 된다. 표 8.2에 주어진 평균 m값은 12의 단위보정계수를 포함하는 W6부터 W14의 모든 단면까지의 m의 값을 구함으로써 얻는다. 면적 A와 소성단면계수 Z_x의 관계가 $0.89d$의 대략적인 내부 모멘트 팔을 사용하여 수립된 경우, 여기서 d는 in로 부재의 공칭높이, 이때 $m = 24/d$이다. 이 값은 표 8.2에 제시된다. 이 새로운 m은 예비설계에 사용될 수 있는 평균 m에 충분히 근접한다.

휨이 y-축에 대해 발생한 경우 U는 평가되어야 한다. W6부터 W14까지의 단면의 검토는 표 8.2에 주어진 평균 U값을 야기한다. 하지만 이러한 단면을 위한 U값에 대해 상세히 살펴보면 각 공칭 깊이에 대한 가장 작은 단면만이 3보다 현저히 큰 U값을 가지고 있음을 보여준다. 따라서, $U = 3.0$의 적절한 값을 첫 번째 시도(trial)에 사용할 수 있다.

길이효과를 포함한 이러한 승수에 대하여 보다 정확한 평가가 수행되었으나 예비설계의

단계에서는 이러한 추가적인 정밀도의 필요성은 없어 보인다. 그러나 일단 초기에 단면이 선택되면, 실제 시방서 규정은 충족되어야 한다.

표 8.2 단순화된 휨 계수

Shape	m_{avg}	$m = 24/d$	U_{avg}
W 6	4.41	4.00	3.01
W 8	3.25	3.00	3.11
W10	2.62	2.40	3.62
W12	2.08	2.00	3.47
W14	1.72	1.71	2.86

8.4a Example

-LRFD에 의한 초기의 시험단면 설정-

기둥을 위한 초기의 시험단면(trial section)을 결정하라.

조건: 그림 8.11c의 하중이 사용된다. 기둥은 W14단면 및 A992 강을 가정하라. 또한 표 8.2의 단순화된 값들, $m = 24/d$를 사용하라.

풀이.

Step 1: 그림 8.11c로부터 소요강도를 구한다.

$$P_u = 453 \text{ kips}$$
$$M_u = 251 \text{ ft-kips}$$

Step 2: 축력과 휨모멘트를 결합한 유효 하중을 구한다.

W14, $m = 1.71$이므로,

$$P_{eff} = 453 + 1.71(251) = 882 \text{ kips}$$

Step 3: 요구되는 힘 P_{eff}를 지지하는 기둥의 시험단면을 선택한다.

매뉴얼 표 4-1로부터 유효길이 $KL = 12.5$ ft를 사용하면 하중을 지지하는 가벼운 W14 단면은

$$\text{W } 14 \times 90 \quad \text{with} \quad \phi P_n = 1060 \text{ kips}$$

예제 8.2는 이 기둥은 부과된 하중을 적절히 전달함을 보여주었다. 여기서 사용된 방법은 보수적으로 기대되기 때문에, 그 다음으로 작은 단면 W14 × 82의 선택을 고려하여 이 단면을 상관식으로 확인하는 것이 적절할 것이다.

8.4b Example

-ASD에 의한 초기의 시험단면 설정-

기둥을 위한 초기의 시험단면(trial section)을 결정하라.

조건: 그림 8.11e의 하중이 사용된다. 기둥은 W14단면 및 A992 강을 가정하라. 또한 표 8.2의 단순화된 값들, $m = 24/d$를 사용하라.

풀이.

Step 1: 그림 8.11e로부터 소요강도를 구한다.

$$P_a = 342 \text{ kips}$$
$$M_a = 174 \text{ ft-kips}$$

Step 2: 축력과 휨모멘트를 결합한 유효 하중을 구한다.
W14, $m = 1.71$이므로,

$$P_{eff} = 342 + 1.71(174) = 640 \text{ kips}$$

Step 3: 요구되는 힘 P_{eff}를 지지하는 기둥의 시험단면을 선택한다.
매뉴얼 표 4-1로부터 유효길이 $KL = 12.5$ ft를 사용하면 하중을 지지하는 가벼운 W14 단면은

$$\text{W14} \times 90 \text{ with } P_n/\Omega = 703 \text{ kips}$$

예제 8.2는 이 기둥은 부과된 하중을 적절히 전달함을 보여주었다. 여기서 사용된 방법은 보수적으로 기대되기 때문에, 그 다음으로 작은 단면 W14 × 82의 선택을 고려하여 이 단면을 상관식으로 확인하는 것이 적절할 것이다.

선택한 모든 기둥의 단면은 적절한 상호작용 방정식으로 확인되어야 한다. 따라서, 초기의 선택과정은 신속하고 합리적이어야 한다. 경험이 풍부한 설계자는 오히려 이러한 단순화된 접근방법보다는 그 경험에 의지하는 것을 빠르게 배운다.

8.9 매뉴얼 Part 6을 이용한 보-기둥 설계

아마도 매뉴얼의 가장 유용한 표는 파트 6에서 조합하중을 받는 부재의 설계이다. 비록 그들이 조합하중에 관련되어 이러한 표를 여기에 제시하고 있지만, 그들은 또한 순수 휨에 필요한 약간의 수정을 해서, 순수 압축, 순수 휨, 순수 인장에 사용될 수 있다.

시방서 상호식 H1-1a는 약간 수정된 형태로 여기서 다음과 같이 반복된다.

$$\left(\frac{1}{P_c}\right)P_r + \left(\frac{8}{9M_{cx}}\right)M_{rx} + \left(\frac{8}{9M_{cy}}\right)M_{ry} \leq 1.0$$

이 방정식은 다음과 같이 다시 쓸 수 있다.

$$pP_r + b_x M_{rx} + b_y M_{ry} \leq 1.0 \tag{8.16}$$

여기서 $p = \dfrac{1}{P_c}$

$$b_x = \frac{8}{9M_{cx}}$$

$$b_y = \frac{8}{9M_{cy}}$$

방정식 H1-1b는 다음과 같이 다시 쓸 수 있다.

$$1/2\,pP_r + 9/8\,(b_x\,M_{rx} + b_y\,M_{ry}) \le 1.0 \tag{8.16}$$

p, b_x 그리고 b_y는 부재의 강도의 함수임이 명확하다. 예제 8.2에서는 기둥 단면은 적절한 기둥과 보의 식 또는 해당 매뉴얼 표로부터 축강도와 휨강도의 결정에 의해 확인된다. 식 (8.16)과 (8.17)의 여기서 제시된 공식을 사용하여 모든 필요한 정보는 매뉴얼 파트 6의 단일 표로부터 얻는다.

그림 8.12는 매뉴얼 표 6-1의 일부이다. 주어진 단면에 대한 압축강도용어 p는 부재의 약축에 대한 비지지 길이의 함수임을 보여준다. 이 표는 매뉴얼의 파트 4에 기둥 표와 정확하게 동일한 방법으로 사용된다. 강축 휨강도 b_x는 보의 압축플랜지의 비지지 길이의 함수이다. 이전에는 이 정보가 매뉴얼의 파트 3에서 보 곡선을 통해서만 사용할 수 있었다. 약축 휨은 길이의 함수가 아니므로 b_y에 대한 단지 하나의 값이 각각의 단면에 대해 구해진다. 비록 인장이 휨과 결합될 때의 보-기둥을 위해 사용되지는 않지만 이 표는 t_y와 t_r 값 또한 제공한다.

8.5a Example

-매뉴얼 파트6 및 LRFD에 조합강도 확인-

매뉴얼 파트6을 사용해 보-기둥의 강도를 확인하고 식 8.2a의 결과와 비교하라.

조건: 예제 8.2a에서 W14 × 90은 LRFD에 의해 이미 적절함을 보여주었다. 예제 8.2a에서 주어진 소요강도값을 사용해서 그림 8.12 또는 매뉴얼 표 6-1의 값들을 사용해서 이 단면을 재확인하라.

풀이.

Step 1: 매뉴얼 표 6-1(그림 8.12)으로부터 필요한 값들을 구한다. 이 기둥은 y축 유효길이 12.5 ft 및 x축 휨에 대한 비지지길이 12.5 ft을 가지고 압축력을 지지한다. 따라서 그림 8.12로부터,

$$p = 0.000947$$
$$b_x = 0.00155$$

Step 2: 어떤 상관식을 사용할지 결정한다.

$$pP_r = 0.000947(459) = 0.435 > 0.2$$

그러므로, 식 (8.16)을 사용한다.

$$pP_r + b_x M_r \le 1.0$$

$$0.000947(459) + 0.00155(260) = 0.838 < 1.0$$

그러므로, 이미 예제 8.2a에서 결정된 대로 이 단면은 이 기둥 및 이 하중조합에 적당하다. 매뉴얼 표 6-1 및 4-1로부터 오는 이 결과값은 rounding으로 인해 약간은 다르다. 따라서, 이 방법에 의한 결과는 예제 8.2a의 방법에서 오는 결과와 항상 정확히 동일하지는 않을 것이다.

W14

Table 6-1 (continued)
Combined Flexure and Axial Force
W-Shapes

F_y = 50 ksi

Shape	W14×											
	109				99[f]				90[f]			
Design	$p \times 10^3$ (kips)$^{-1}$		$b_x \times 10^3$ (kip-ft)$^{-1}$		$p \times 10^3$ (kips)$^{-1}$		$b_x \times 10^3$ (kip-ft)$^{-1}$		$p \times 10^3$ (kips)$^{-1}$		$b_x \times 10^3$ (kip-ft)$^{-1}$	
Effective length, KL (ft), with respect to least radius of gyration r_y, or Unbraced Length, L_b (ft), for X-X axis bending	ASD	LRFD	ASD	LRFD	ASD	LRFD	ASD	LRFD	ASD	LRFD	ASD	LRFD
0	1.04	0.694	1.86	1.23	1.15	0.764	2.07	1.38	1.26	0.839	2.33	1.55
11	1.14	0.761	1.86	1.23	1.26	0.838	2.07	1.38	1.38	0.920	2.33	1.55
12	1.16	0.774	1.86	1.23	1.28	0.853	2.07	1.38	1.41	0.937	2.33	1.55
13	1.19	0.789	1.86	1.23	1.31	0.869	2.07	1.38	1.44	0.955	2.33	1.55
14	1.21	0.805	1.87	1.25	1.33	0.887	2.08	1.38	1.47	0.975	2.33	1.55
15	1.24	0.823	1.89	1.26	1.36	0.907	2.10	1.40	1.50	0.997	2.33	1.55
16	1.27	0.843	1.91	1.27	1.40	0.929	2.13	1.42	1.53	1.02	2.35	1.57
17	1.30	0.864	1.93	1.29	1.43	0.953	2.15	1.43	1.57	1.05	2.38	1.59
18	1.33	0.887	1.95	1.30	1.47	0.978	2.18	1.45	1.62	1.08	2.42	1.61
19	1.37	0.913	1.98	1.31	1.51	1.01	2.21	1.47	1.66	1.11	2.45	1.63
20	1.41	0.940	2.00	1.33	1.56	1.04	2.23	1.49	1.71	1.14	2.48	1.65
22	1.51	1.00	2.04	1.36	1.66	1.11	2.29	1.52	1.83	1.22	2.55	1.70
24	1.61	1.07	2.09	1.39	1.78	1.19	2.35	1.56	1.96	1.31	2.62	1.74
26	1.74	1.16	2.14	1.43	1.92	1.28	2.41	1.60	2.12	1.41	2.70	1.80
28	1.89	1.26	2.20	1.46	2.09	1.39	2.48	1.65	2.30	1.53	2.78	1.85
30	2.06	1.37	2.25	1.50	2.28	1.52	2.55	1.69	2.52	1.68	2.87	1.91
32	2.27	1.51	2.31	1.54	2.51	1.67	2.62	1.74	2.77	1.84	2.96	1.97
34	2.50	1.67	2.37	1.58	2.78	1.85	2.70	1.80	3.07	2.04	3.06	2.03
36	2.79	1.86	2.44	1.62	3.10	2.06	2.78	1.85	3.42	2.28	3.16	2.10
38	3.11	2.07	2.51	1.67	3.45	2.30	2.87	1.91	3.81	2.54	3.27	2.18
40	3.44	2.29	2.58	1.72	3.83	2.55	2.96	1.97	4.23	2.81	3.39	2.26
42	3.80	2.53	2.66	1.77	4.22	2.81	3.06	2.04	4.66	3.10	3.52	2.34
44	4.17	2.77	2.74	1.82	4.63	3.08	3.17	2.11	5.11	3.40	3.72	2.48
46	4.55	3.03	2.82	1.88	5.06	3.37	3.31	2.20	5.59	3.72	3.94	2.62
48	4.96	3.30	2.92	1.94	5.51	3.67	3.48	2.32	6.08	4.05	4.15	2.76
50	5.38	3.58	3.05	2.03	5.98	3.98	3.66	2.43	6.60	4.39	4.36	2.90

Other Constants and Properties

	109 ASD	109 LRFD	99[f] ASD	99[f] LRFD	90[f] ASD	90[f] LRFD
$b_y \times 10^3$, (kip-ft)$^{-1}$	3.84	2.56	4.29	2.85	4.90	3.26
$t_y \times 10^3$, (kips)$^{-1}$	1.04	0.694	1.15	0.764	1.26	0.839
$t_r \times 10^3$, (kips)$^{-1}$	1.28	0.855	1.41	0.940	1.55	1.03
r_x/r_y	1.67		1.66		1.66	
r_y, in.	3.73		3.71		3.70	

[f]Shape does not meet compact limit for flexure with F_y = 50 ksi.

그림 8.12 • W-형강에 대한 조합된 축 및 휨강도.

8.5b Example

-매뉴얼 파트6 및 ASD에 조합강도 확인-

매뉴얼 파트6을 사용해 보-기둥의 강도를 확인하고 식 8.2b의 결과와 비교하라.

조건: 예제 8.2b에서 W14×90은 LRFD에 의해 이미 적절함을 보여주었다. 예제 8.2b에서 주어진 소요강도값을 사용해서 그림 8.12 또는 매뉴얼 표 6-1의 값들을 사용해서 이 단면을 재확인하라.

풀이.

Step 1: 매뉴얼 표 6-1(그림 8.12)로부터 필요한 값들을 구한다. 이 기둥은 y축 유효길이 12.5 ft 및 x축 휨에 대한 비지지길이 12.5 ft을 가지고 압축력을 지지한다. 따라서 그림 8.12로부터,

$$p = 0.00143$$
$$b_x = 0.00233$$

Step 2: 어떤 상관식을 사용할지 결정한다.

$$pP_r = 0.00143(347) = 0.496 > 0.2$$

그러므로, 식 (8.16)을 사용한다.

$$pP_r + b_x M_r \le 1.0$$

$$0.00143(347) + 0.00233(182) = 0.920 < 1.0$$

그러므로, 이미 예제 8.2b에서 결정된대로 이 단면은 이 기둥 및 이 하중조합에 적당하다. 매뉴얼 표 6-1 및 4-1로부터 오는 이 결과값은 rounding으로 인해 약간은 다르다. 따라서, 이 방법에 의한 결과는 예제 8.2b의 방법에서 오는 결과와 항상 정확히 동일하지는 않을 것이다.

8.10 단순 및 모멘트골조의 조합

강구조물의 실제 설계에서는 종종 핀접합 요소와 강접합 요소를 조합하는 골조의 결과로 나타난다. 만일 이러한 구조물이 횡방향 하중에 저항하고 구조물의 전반적인 안정성을 제공하는 모멘트골조에 의존한다면, 강접합 기둥은 그들에 직접적으로 작용하는 것보다 더 큰 하중을 지지할 수 있다. 이러한 단순 및 모멘트골조의 조합에서, 안정성을 유지하기 위해 모멘트골조에 의존하는 "lean" 단순 기둥들은 "순기둥(lean columns)"이라 부른다. 그것들은 오직 중력하중을 지지하기 때문에 또한 중력기둥이라고도 부른다. 이러한 기둥은 해석방법에 관계없이 유효길이계수 $K=1.0$으로 설계할 수 있다. 이러한 leaning 기둥은 그 자체에 횡방향 안정성이 없기 때문에 모멘트골조 기둥은 그 기둥 자체 및 전체 골조에 횡방향 안정성이 제공하도록 설계되어야 한다. 비록 이러한 조합된 골조 형식이 구조물의 설계를 더욱 복잡하게 만들지만, 이 조합은 전체 구조물에 모멘트 연결의 수를 줄일 수 있기 때문에 경제적으로 유리할 수 있다.

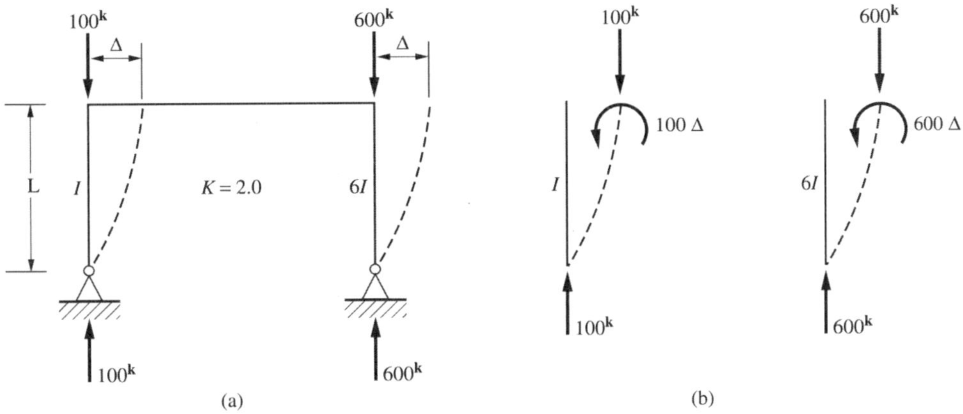

그림 8.13 • 핀기초 비가새골조

많은 설계 방식들이 순기둥(leaning column) 및 관련된 모멘트골조를 고려하여 제안되어 왔다. Yura는 고려하는 그 층의 골조에 작용하는 총 하중에 대해 횡방향 안정성을 제공하는 기둥을 설계할 것을 제안하였고, 반면에 LeMessurier는 전체 골조 안정성을 고려하는 수정된 유효길이계수를 제시하였다. 아마도 가장 간단한 방법은 다음과 같이 Yura가 제시하고 있는 것이다.

그림 8.13a에 표시된 두 개의 기둥 골조는 핀 고정된 주각(base column)과 강 접합된 보를 갖는 모멘트 골조를 나타낸다. 기둥 사이즈는 보여지는 하중 하에서 횡방향 모드로 동시에 좌굴하도록 선택한다. 왜냐하면 이들의 하중은 부내의 강성에 비례하기 때문이다. 그림 8.13b는 변위된 위치에서의 평형을 보여준다. 골조의 횡방향 변위 Δ는, 보이는 바와 같이, 각 기둥의 상단에서의 모멘트가 기둥에 작용한 하중에 변위를 곱하여 얻어지게 됨을 초래한다. 이는 8.6절에서 언급한 2차 효과이다. 골조의 총하중은 700 kips이고 총 $P\Delta$ 모멘트는 각각 수반하는 하중에 따라 두개의 기둥으로 나누어 700Δ이다.

만일 우측 기둥에 하중이 500 kips로 감소되면 상단의 모멘트는 600Δ 보다 작게 되므로 기둥은 횡방향으로 좌굴하지 않는다. 좌굴 조건에 도달하기 위해서는 그림 8.14b에 나타낸 바와 같이 수평방향 힘은 기둥의 상부에 작용해야 한다. 이 힘은 보를 통해서 전달된 좌측 기둥에 작용으로 기인할 수 있다. 그림 8.14a에 나타낸 좌측 기둥의 평형을 고려하면 100 kips의 추가적인 하중이 변위된 위치에서 평형 상태가 되도록 기둥에 작용해야 한다. 골조의 총 지지력은 여전히 700 kips이고 총 2차 모멘트도 여전히 700Δ이다.

각각의 기둥이 저항할 수 있는 최대 하중은 $K = 1.0$인 가새골조에서 기둥에 허용되는 것으로 제한된다. 이 예제의 경우, 좌측 기둥은 400 kips, 우측 기둥은 2400 kips 만큼 저항할 수 있다. 각 기둥에서 유효길이계수는 2.0에서 1.0으로 감소하게 되므로, 기둥에서 원래 하중의 4배로 증가한다. 좌측 기둥의 추가적인 저항력은 오직 휨 축에 관련되어 있다. 이 기둥은 우축 기둥의 하중을 감소시키기 전에도 그랬던 것처럼 다른 축에 대해서도 같은 저항력

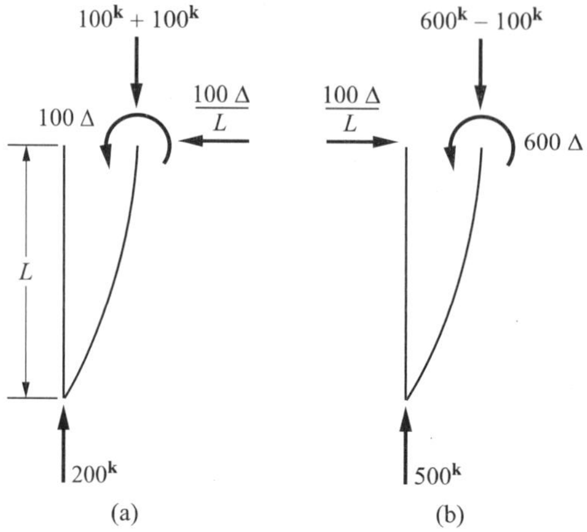

그림 8.14 • 수정된 하중의 비가새골조 기둥

을 가질 것이다. 골조에서 다른 기둥이 횡 좌굴에 대한 임계하중 이하를 수반할 때 기둥이 증가된 하중에 대해 저항하는 능력은 중요한 특성이다. 이는 골조의 총 연직하중이 라멘에 의해 지지될 때 핀지지 기둥이 모멘트골조 기둥에 기댈 수 있음을 허용한다.

8.6a Example

–LRFD에 의한 모멘트골조 강도 및 안정성–

그림 8.15의 구조가 부과된 하중을 전달하기에 충분한 강도와 안정성을 가지는지 결정하라.

조건: 그림 8.15에 보이는 골조는 예제 8.1에서와 유사하다. 다만 면내 안정성과 횡하중 저항은 네 개의 코너(corner)에서 모멘트골조에 이해 제공된다. 외측 기둥은 W8 × 40이고 roof 거더는 강성이 충분하다고 가정한다. 면외 안정성 및 횡하중 저항력은 기둥 라인 1과 4를 따라 X-브레이싱에 의해 제공된다. 하중은 예제 8.1에서와 같다: 사하중 = 50 psf, 설하중 = 20 psf, roof 활하중 = 10 psf, 풍하중 = 20 psf 수평. A992 강을 사용하라.

풀이.

Step 1: 예제 8.1에서 보여진 대로 연직하중에 대한 골조 해석이 사용한다. 그러나 다른 하중중합이 중요할 수 있기 때문에 공칭 설하중 및 공칭 사하중에 대한 해석결과는 그림 8.16b에 주어진다. 왼쪽에 작용하는 공칭 풍하중에 대한 해석결과는 그림 8.16c에 주어진다.

Step 2: 1차 힘 및 모멘트를 구한다.

ASCE 7 하중조합3에 대해서는:

$$P_u = 1.2(15.8) + 1.6(6.33) + 0.5(0.710) = 29.1 + 0.355 = 29.4 \text{ kips}$$

$$M_u = 1.2(20.5) + 1.6(8.20) + 0.5(32.0) = 37.7 + 16.0 = 53.7 \text{ ft-kips}$$

ASCE 7 하중조합 4에 대해서는:

$$P_u = 1.2(15.8) + 0.5(6.33) + 1.0(0.710) = 22.1 + 0.710 = 22.8 \text{ kips}$$

$$M_u = 1.2(20.5) + 0.5(8.20) + 1.0(32.0) = 28.7 + 32.0 = 60.7 \text{ ft-kips}$$

Step 3: 하나의 골조에 작용하는 전체 층 연직하중을 구한다.

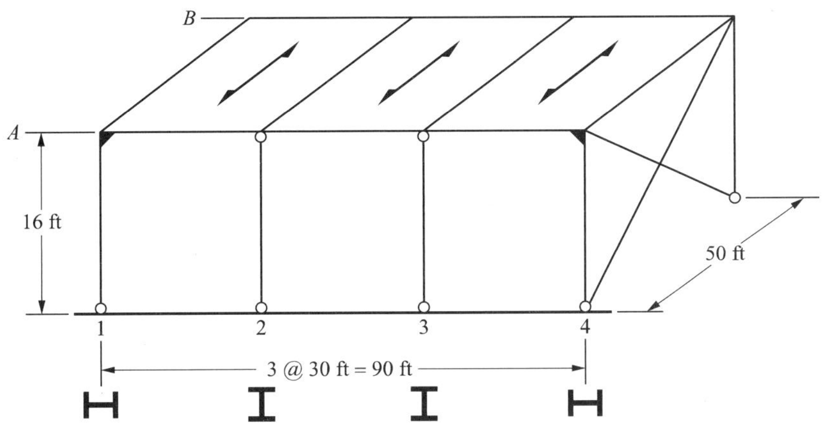

그림 8.15 • 예제 8.6의 골조

$$\text{Dead} = 0.05\text{ ksf }(90\text{ ft})(50\text{ ft})/2\text{ frames} = 113\text{ kips}$$

$$\text{Snow} = 0.02\text{ ksf }(90\text{ ft})(50\text{ ft})/2\text{ frames} = 45.0\text{ kips}$$

Step 4: 하중조합 3에 대해 2차 힘 및 모멘트를 구한다. 연직하중은 비변위 효과로 가정되며 풍하중은 횡변위 효과로 가정된다.

Step 2로부터,

$P_{nt} = 29.1$ kips, $P_{lt} = 0.355$ kips, $M_{nt} = 37.7$ ft-kips, $M_{lt} = 16.0$ ft-kips

W8 × 40에 대해,

$$A = 11.7\text{ in.}^2,\ I_x = 146\text{ in.}^4,\ r_x = 3.53\text{ in.},\ r_x/r_y = 1.73$$

골조 평면 내에서,

$$C_m = 0.6 - 0.4\left(\frac{0}{37.7}\right) = 0.6$$

$$P_{e1} = \frac{\pi^2 EI_x}{(1.0L)^2} = \frac{\pi^2(29{,}000)(146)}{(16.0(12))^2} = 1130\text{ kips}$$

$$B_1 = \frac{0.6}{1 - \dfrac{29.4}{1130}} = 0.616 < 1.0$$

그러므로, $B_1 = 1.0$.

횡변위 증폭을 결정하기 위해 이 하중조합에 대한 골조의 전체 연직하중은

$$P_{story} = 1.2(113) + 1.6(45.0) = 208\text{ kips}$$

사용성 변위지수 0.003은 실제 풍하중 하에서 유지된다. 따라서, 횡변위 증폭계수를 구하기 위해 $H = 4.0$ kips, $\Delta/L = 0.003$을 사용한다. 만일 이러한 한계가 설계의 끝단계(completion)에서 만족되지 않으면, 2차 효과가 다시 계산되어야 한다.

$$B_2 = \frac{1}{1 - \left(\dfrac{P_{story}}{H}\left(\dfrac{\Delta}{L}\right)\right)} = \frac{1}{1 - \dfrac{208}{4.0}(0.003)} = 1.18$$

따라서, 2차 힘 및 모멘트는

$$M_r = 1.0(37.7) + 1.18(16.0) = 56.6 \text{ ft-kips}$$
$$P_r = 29.1 + 1.18(0.355) = 29.5 \text{ kips}$$

Step 5: 기둥이 상관식을 만족하는지 결정한다.
이 예제에서 roof 보는 강성하다고 가정하기 때문에 골조평면에 대해서는 그림 5.17 case f로부터 설계에서 권장되는 값인 $K=2.0$, $KL_x = 2.0(16.0)=32.0$ ft을 사용한다. 면외에 대해서는 가새골조이고 $K=1.0$; 따라서 $KL_y=16.0$ ft 이다.
지배하는 좌굴축을 결정한다.

$$KL_{eff} = \frac{KL_x}{r_x/r_y} = \frac{32.0}{1.73} = 18.5 \text{ ft} > KL_y = 16.0 \text{ ft}$$

따라서, 매뉴얼 표 4-1로부터 $KL_{eff}=18.5$ ft,

$$\phi P_n = 222 \text{ kips}$$

그리고 매뉴얼 표 3-10에서 비지지길이 $L_b=16$ ft에 대해

$$\phi M_{nx} = 128 \text{ ft-kips}$$

어떤 상관식을 이용할지 결정한다.

$$\frac{P_r}{\phi P_n} = \frac{29.5}{222} = 0.133 < 0.2$$

그러므로, 식 8.3(H1-1b)를 사용한다.

$$\frac{29.5}{2(222)} + \frac{56.6}{128} = 0.509 < 1.0$$

그러므로, 기둥은 이 하중조합에 대해 적절하다.

Step 6: 횡변위 및 비-횡변위 에 대한 같은 가정으로 하중조합 4에 대한 1차 힘 및 모멘트를 결정한다. Step 2로부터,

$$P_{nt} = 22.1 \text{ kips}, \quad P_{lt} = 0.710 \text{ kips}, \quad M_{nt} = 28.7 \text{ ft-kips}, \quad M_{lt} = 32.0 \text{ ft-kips}$$

Step 7: 2차 힘 및 모멘트를 구한다.
골조 면내에서, Step 4에서처럼,

$$C_m = 0.6 - 0.4\left(\frac{0}{28.7}\right) = 0.6$$

$$P_{e1} = \frac{\pi^2 EI_x}{(1.0L)^2} = \frac{\pi^2(29{,}000)(146)}{(16(12))^2} = 1130 \text{ kips}$$

$$B_1 = \frac{0.6}{1 - \dfrac{22.8}{1130}} = 0.612 < 1.0$$

그러므로, $B_1=1.0$.
횡변위 증폭을 결정하기 위해 이 하중조합에 대한 골조의 전체 연직하중은

$$P_u = 1.2(113) + 0.5(45.0) = 158 \text{ kips}$$

사용성 변위지수 0.003은 실제 풍하중 하에서 유지된다. 따라서, 횡변위 증폭계수를 구하기 위해 $H = 4.0$ kips, $\Delta/L = 0.003$을 사용한다. 만일 이러한 한계가 설계의 끝단계(completion)에서 만족되지 않으면, 2차 교과가 다시 계산되어야 한다.

$$B_2 = \frac{1}{1 - \left(\frac{P_{story}}{H}\left(\frac{\Delta}{L}\right)\right)} = \frac{1}{1 - \frac{158}{4.0}(0.003)} = 1.13$$

따라서, 2차 힘 및 모멘트는

$$M_r = 1.0(28.7) + 1.13(32.0) = 64.9 \text{ ft-kips}$$
$$P_r = 22.1 + 1.13(0.710) = 22.9 \text{ kips}$$

Step 8: 기둥이 상관식을 만족하는지 결정한다.
Step 5에서의 동일한 강도값을 사용하여, 적당한 상관식을 결정한다.

$$\frac{P_r}{\phi P_n} = \frac{22.9}{222} = 0.103 < 0.2$$

그러므로, 식 8.3(H1-1b)를 사용한다.

$$\frac{22.9}{2(222)} + \frac{64.9}{128} = 0.559 < 1.0$$

그러므로, 기둥은 또한 이 하중조합에 대해 적절하다.

Step 9: W8 × 40은 연직하중 및 풍하중 조합에 대해 적절함을 보여준다. 이제는, 이 기둥들이 순기둥에 가장 큰 힘이 부여되는 하중조합 3에 대해 내측 핀지지 기둥들을 브레이스 하기에 충분한 강도를 지니는지 확인한다.

Step 10: 골조 면내 안정성에 대해, 구조물의 전체 하중은 네 개의 코너에서 저항된다; 따라서,

$$\text{Dead Load} = 0.05 \text{ ksf } (50 \text{ ft})(90 \text{ ft})/4 \text{ columns} = 56.3 \text{ kips}$$
$$\text{Snow Load} = 0.02 \text{ ksf } (50 \text{ ft})(90 \text{ ft})/4 \text{ columns} = 22.5 \text{ kips}$$

따라서, 하중조합 3에 대해,

$$P_u = 1.2(56.3) + 1.6(22.5) + 0.5(0.710) = 104 \text{ kips}$$
$$M_u = 1.2(20.5) + 1.6(8.20) + 0.5(32.0) = 53.7 \text{ ft-kips}$$

Step 11: 2차 증폭을 구한다.
전처럼 $L_x = 16.0$ ft, $P_{e1} = 1130$ kips, $C_m = 0.6$에 대해 부재효과에 대한 2차 증폭은

$$B_1 = \frac{0.6}{1 - \frac{104}{1130}} = 0.66 < 1.0$$

그러므로, $B_1 = 1.0$, $P_u = 104$ kips을 사용한다.
횡변위 증폭은 연직하중이 같기 때문에 Step 4에서 구한 것과 같을 것이다; 따라서 $B_2 = 1.18$. 그러므로, $M_u = 1.0(37.3) + 1.18(16.0) = 56.6$ ft-kips.

Step 12: 이러한 힘 및 모멘트에 대해 코너 기둥들의 상관식을 확인한다.
면내 좌굴에 대해 Step 5에서 결정된 대로,

$$\phi P_{nx} = 222 \text{ kips}$$
$$\phi M_{nx} = 128 \text{ ft-kips}$$

적절한 상관식을 확인하면,

$$\frac{P_u}{\phi P_n} = \frac{104}{222} = 0.468 > 0.2$$

그러므로, 식 8.2 (H1-1a)를 사용한다.

$$\frac{P_u}{\phi P_n} + \frac{8}{9}\left(\frac{M_{ux}}{\phi M_{nx}}\right) = \frac{104}{222} + \frac{8}{9}\left(\frac{56.6}{128}\right) = 0.862 < 1.0$$

따라서, W8 × 40은 조합하중에 대한 강도 및 순기둥을 지지하는 안정성에 대해 모두 적절하다.

8.6b Example

-ASD에 의한 모멘트골조 강도 및 안정성-

그림 8.15의 구조가 부과된 하중을 전달하기에 충분한 강도와 안정성을 가지는지 결정하라.

조건: 그림 8.15에 보이는 골조는 예제 8.1에서와 유사하다. 다만 면내 안정성과 횡하중 저항은 네 개의 코너(corner)에서 모멘트골조에 이해 제공된다. 외측 기둥은 W8 × 40이고 roof 거더는 강성이 충분하다고 가정한다. 면외 안정성 및 횡하중 저항력은 기둥 라인 1과 4를 따라 X-브레이싱에 의해 제공된다. 하중은 예제 8.1에서와 같다: 사하중 = 50 psf, 설하중 = 20 psf, roof 활하중 = 10 psf, 풍하중 = 20 psf 수평. A992 강을 사용하라.

풀이.

Step 1: 예제 8.1에서 보여진 대로 연직하중에 대한 골조 해석이 사용한다. 그러나 다른 하중중합이 중요할 수 있기 때문에 공칭 설하중 및 공칭 사하중에 대한 해석결과는 그림 8.16b에 주어진다. 왼쪽에 작용하는 공칭 풍하중에 대한 해석결과는 그림 8.16c에 주어진다.

Step 2: 1차 힘 및 모멘트를 구한다.
ASCE 7 하중조합3에 대해서는:

$$P_a = (15.8) + (6.33) = 22.1 \text{ kips}$$
$$M_a = (20.5) + (8.20) = 28.7 \text{ ft-kips}$$

ASCE 7 하중조합 6에 대해서는:

$$P_a = (15.8) + 0.75(6.33) + 0.75(0.6(0.710)) = 20.5 + 0.320 = 20.8 \text{ kips}$$
$$M_a = (20.5) + 0.75(8.20) + 0.75(0.6(32.0)) = 26.7 + 14.4 = 41.1 \text{ ft-kips}$$

Step 3: 하나의 골조에 작용하는 전체 층 연직하중을 구한다.

$$\text{Dead} = 0.05 \text{ ksf } (90 \text{ ft})(50 \text{ ft})/2 \text{ frames} = 113 \text{ kips}$$
$$\text{Snow} = 0.02 \text{ ksf } (90 \text{ ft})(50 \text{ ft})/2 \text{ frames} = 45.0 \text{ kips}$$

Step 4: 하중조합 3에 대해 2차 힘 및 모멘트를 구한다. 연직하중은 비변위 효과로 가정되며 풍하중은 횡변위 효과로 가정된다.
Step 2로부터,

$$P_{nt} = 22.1 \text{ kips}, \quad P_{lt} = 0 \text{ kips}, \quad M_{nt} = 28.7 \text{ ft-kips}, \quad M_{lt} = 0 \text{ ft-kips}$$

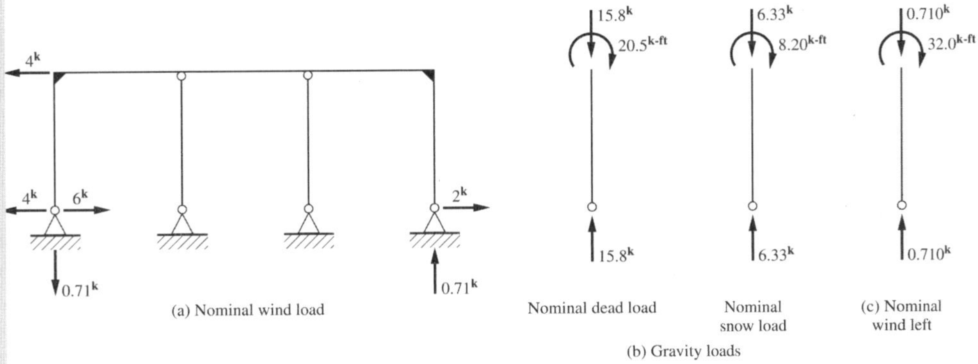

그림 8.16 • 공칭 풍하중, 설하중, 사하중(예제 8.6)

W8 × 40에 대해,

$$A = 11.7\ \text{in.}^2, \quad I_x = 146\ \text{in.}^4, \quad r_x = 3.53\ \text{in.}, \quad r_x/r_y = 1.73$$

골조 평면내에서,

$$C_m = 0.6 - 0.4\left(\frac{0}{28.7}\right) = 0.6$$

$$P_{e1} = \frac{\pi^2 EI_x}{(1.0\text{L})^2} = \frac{\pi^2(29{,}000)(146)}{(16.0(12))^2} = 1130\ \text{kips}$$

$$B_1 = \frac{0.6}{1 - \dfrac{1.6(22.1)}{1130}} = 0.619 < 1.0$$

그러므로, $B_1 = 1.0$.

횡변위 증폭을 결정하기 위해 이 하중조합에 대한 골조의 전체 연직하중은

$$P_{story} = (113) + (45.0) = 158\ \text{kips}$$

사용성 변위지수 0.003은 실제 풍하중 하에서 유지된다. 따라서, 횡변위 증폭계수를 구하기 위해 $H = 4.0$ kips, $\Delta/L = 0.003$을 사용한다. 만일 이러한 한계가 설계의 끝단계(completion)에서 만족되지 않으면, 2차 교과가 다시 계산되어야 한다. ASD에 경우, $\alpha = 1.6$.

$$B_2 = \frac{1}{1 - \left(\dfrac{\alpha P_{story}}{H}\left(\dfrac{\Delta}{\text{L}}\right)\right)} = \frac{1}{1 - \dfrac{1.6(158)}{4.0}(0.003)} = 1.23$$

따라서, 2차 힘 및 모멘트는

$$M_r = 1.0(28.7) + 1.23(0) = 28.7\ \text{ft-kips}$$
$$P_r = 22.1 + 1.23(0) = 22.1\ \text{kips}$$

Step 5: 기둥이 상관식을 만족하는지 결정한다.

이 예제에서 roof 보는 강성하다고 가정하기 때문에 골조평면에 대해서는 그림 5.17 case f로부터 설계에서 권장되는 값인 $K = 2.0$, $KL_x = 2.0(16.0) = 32.0$ ft을 사용한다. 면외에 대해서는 가새골조이고 $K = 1.0$; 따라서 $KL_y = 16.0$ ft 이다.

지배하는 좌굴축을 결정한다.

$$KL_{eff} = \frac{KL_x}{r_x/r_y} = \frac{32}{1.73} = 18.5\text{ ft} > KL_y = 16.0\text{ ft}$$

따라서, 매뉴얼 표 4-1로부터 KL_{eff} =18.5 ft,

$$P_n/\Omega = 148\text{ kips}$$

그리고 매뉴얼 표 3-10에서 비지지길이 L_b =16 ft에 대해

$$M_{nx}/\Omega = 85.0\text{ ft-kips}$$

어떤 상관식을 이용할지 결정한다.

$$\frac{P_r}{P_n/\Omega} = \frac{22.1}{148} = 0.149 < 0.2$$

그러므로, 식 8.3(H1-1b)를 사용한다.

$$\frac{22.1}{2(148)} + \frac{28.7}{85.0} = 0.412 < 1.0$$

그러므로, 기둥은 이 하중조합에 대해 적절하다.

Step 6: 횡변위 및 비-횡변위 에 대한 같은 가정으로 하중조합 4에 대한 1차 힘 및 모멘트를 결정한다. Step 2로부터,

$$P_{nt} = 20.5\text{ kips},\ P_{lt} = 0.320\text{ kips},\ M_{nt} = 26.7\text{ ft-kips},\ M_{lt} = 14.4\text{ ft-kips}$$

Step 7: 2차 힘 및 모멘트를 구한다.
골조 면내에서, Step 4에서처럼,

$$C_m = 0.6 - 0.4\left(\frac{0}{26.7}\right) = 0.6$$

$$P_{e1} = \frac{\pi^2 EI_x}{(1.0L)^2} = \frac{\pi^2(29{,}000)(146)}{(16(12))^2} = 1130\text{ kips}$$

$$B_1 = \frac{0.6}{1 - \dfrac{1.6(20.8)}{1130}} = 0.618 < 1.0$$

그러므로, B_1 =1.0.

횡변위 증폭을 결정하기 위해 이 하중조합에 대한 골조의 전체 연직하중은

$$P_{story} = (113) + 0.75(45.0) = 147\text{ kips}$$

사용성 변위지수 0.003은 실제 풍하중 하에서 유지된다. 따라서, 횡변위 증폭계수를 구하기 위해 H=4.0 kips, Δ/L=0.003을 사용한다. 만일 이러한 한계가 설계의 끝단계(completion)에서 만족되지 않으면, 2차 교과가 다시 계산되어야 한다.

$$B_2 = \frac{1}{1 - \left(\dfrac{\alpha P_{story}}{H}\left(\dfrac{\Delta}{L}\right)\right)} = \frac{1}{1 - \dfrac{1.6(147)}{4.0}(0.003)} = 1.21$$

따라서, 2차 힘 및 모멘트는

$$M_r = 1.0(26.7) + 1.21(14.4) = 44.1 \text{ ft-kips}$$

B_2에 의해 증폭된 횡하중 효과에서 더하면,

$$P_r = 20.5 + 1.21(0.320) = 20.9 \text{ kips}$$

Step 8: 기둥이 상관식을 만족하는지 결정한다.
Step 5에서의 동일한 강도값을 사용하여, 적당한 상관식을 결정한다.

$$\frac{P_r}{P_n/\Omega} = \frac{20.9}{148} = 0.141 < 0.2$$

그러므로, 식 8.3(H1-1b)를 사용한다.

$$\frac{20.9}{2(148)} + \frac{44.1}{85.0} = 0.589 < 1.0$$

그러므로, 기둥은 또한 이 하중조합에 대해 적절하다.

Step 9: W8 × 40은 연직하중 및 풍하중 조합에 대해 적절함을 보여준다. 이제는, 이 기둥들이 순기둥에 가장 큰 힘이 부여되는 하중조합 3에 대해 내측 핀지지 기둥들을 브레이스 하기에 충분한 강도를 지니는지 확인한다.

Step 10: 골조평면의 안정성에 대해, 구조물의 전체 하중은 4개의 코너에서 저항된다 ; 따라서,

$$\text{Dead Load} = 0.05 \text{ ksf } (50 \text{ ft})(90 \text{ ft})/4 \text{ columns} = 56.3 \text{ kips}$$
$$\text{Snow Load} = 0.02 \text{ ksf } (50 \text{ ft})(90 \text{ ft})/4 \text{ columns} = 22.5 \text{ kips}$$

따라서, 하중조합 3에 대해,

$$P_a = (56.3) + (22.5) = 78.8 \text{ kips}$$
$$M_a = (20.5) + (8.20) = 28.7 \text{ kips}$$

면내 좌굴에 대하여 5단계에서 결정된 대로,

$$P_n/\Omega = 148 \text{ kips}$$
$$M_{nx}/\Omega = 85.0 \text{ ft-kips}$$

적절한 상관식에 대해 검사하면,

$$\frac{P_u}{P_n/\Omega} = \frac{78.8}{148} = 0.532 > 0.2$$

따라서, 식 8.2(H1-1a)를 사용한다.
전처럼 L_x =16.0 ft, P_{e1} =1130 kips, C_m =0.6에 대해 부재효과에 대한 2차 증폭은

$$B_1 = \frac{0.6}{1 - \dfrac{1.6(78.8)}{1130}} = 0.675 < 1.0$$

그러므로, B_1 =1.0

$$\frac{P_a}{P_n/\Omega} + \frac{8}{9}\left(\frac{M_{ax}}{M_{nx}/\Omega}\right) = \frac{78.8}{148} + \frac{8}{9}\left(\frac{28.7}{85.0}\right) = 0.833 < 1.0$$

따라서, W8 × 40은 조합하중에 대한 강도 및 순기둥을 지지하는 안정성에 대해 모두 적절하다.

8.11 부분적으로 구속된 골조

지금까지 고려된 골조의 보와 기둥은 모두 모멘트-저항 완전히 구속된(FR) 연결부 또는 단순 핀으로 고정시킨 접합부로 연결되어 있었다. 이러한 후자의 접합부는 미리 시방서에 규정된 더 일반적인 부분적으로 구속된 접합부의 특수한 경우로 간주하고 있지만, 이러한 간단한 접합부는 현재 별도로 시방서 B3.6a절에 정의되어 있다. FR 연결부와 같이 시방서의 B3.6b절에서 정의된 부분 구속 접합부는 역사적으로 반강접 접합부(semirigid connections)라고 언급되어 왔다. 이러한 PR 접속부가 구조용 골조의 연결요소로 포함되는 경우, 그것들은 구조물의 강도 및 안정성 모두에 영향을 미친다.

부분 구속 골조를 고려하기 전에 부분적으로 구속된 보를 살펴보는 게 도움이 될 것이다. 대칭이고 균일한 하중을 받는 prismatic 보의 끝단 멘트와 끝단 회전 사이의 관계는 다음과 같이 잘 알려진 처짐각 식으로부터 얻어질 수 있다.

$$M = -2\frac{EI\theta}{L} + \frac{WL}{12} \tag{8.18}$$

이 식은 그림 8.17a에 나타내고 보선(beam line)으로 표시되어 있다.

모든 PR 접합부는 적용된 모멘트의 결과로 회전을 보여준다. 이러한 연결부의 모멘트-회전 특성은 연결부의 종류 및 이어 따른 구조물의 거동을 결정하는데 있어서 중요 사항이다. 세 가지 일반적인 접합부에 대한 모멘트-회전 곡선은 그림 8.17b에 나타내고 rigid, simple과 PR로 표시되어 있다. 많은 연구가 실제 접합부에 대한 모멘트-회전 곡선을 확인하기 위해 수행되었다. 이러한 곡선의 두 가지 편집물(compilation)이 발표되었다.

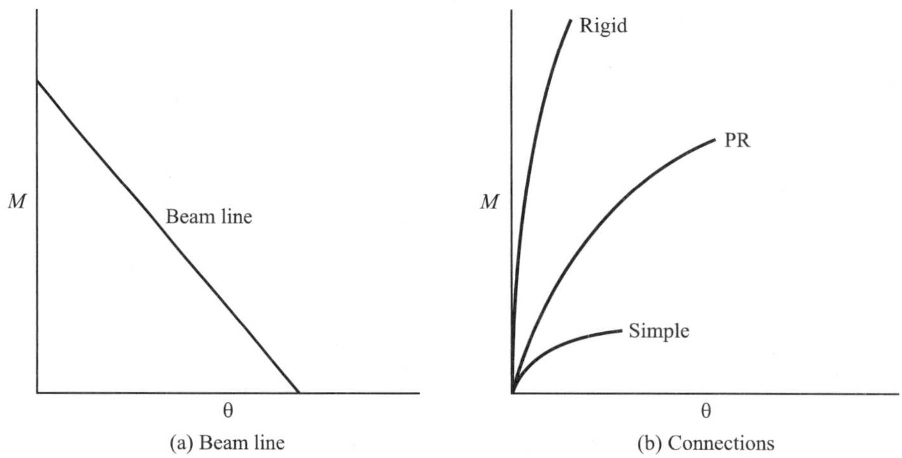

그림 8.17 • 균일하중 보와 전형적인 연결부에 대한 모멘트 회전곡선

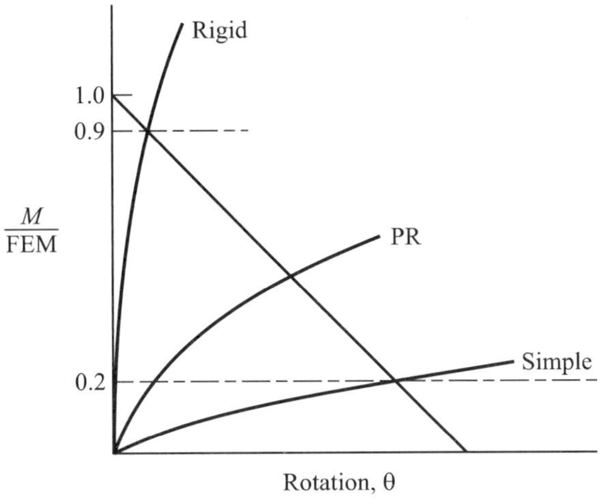

그림 8.18 • 보 선 및 연결 곡선

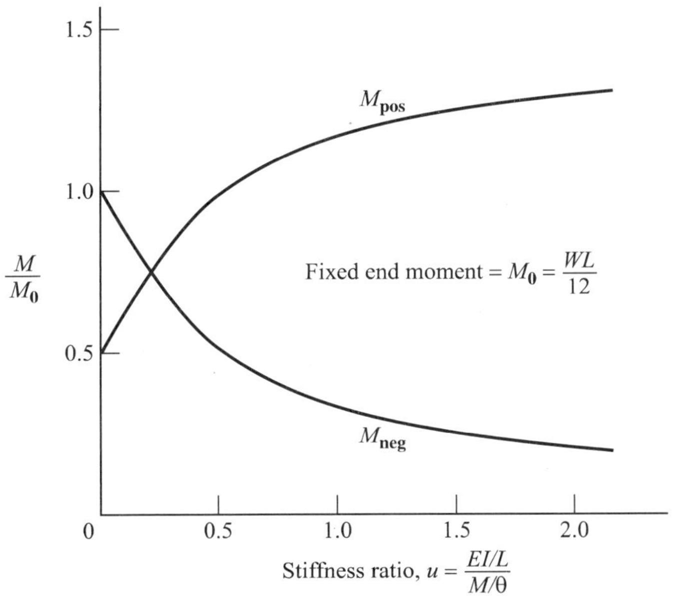

그림 8.19 • PR연결이 보의 최대 정 및 부모멘트에 미치는 영향

그림 8.18과 같이 접속부와 보의 모멘트-회전 특성간의 관계는 보 선과 접속부 곡선(connection curve)을 함께 나타내어 확인할 수 있다. 일반적으로 공학 실무에서는 고정단 모멘트의 최소 90%를 저항할 수 있으면 강결(rigid), 20% 이상을 저항할 수 있으면 단순 "simple"으로 다룬다. 이러한 제한들 간의 모멘트에 저항하는 능력을 발휘하는 모든 접합부는 그것들의 실제 모멘트-회전 특성을 설명하는 부분적으로 구속된 접합부로 취급되어야 한다.

보의 최대 정 및 부 모멘트에 PR 접합부의 영향을 그림 8.19에서 보여준다. 여기서 고정단 모멘트의 정 또는 부 모멘트의 비율은 선형 접합부 강성 M/θ에 대한 보 강성 EI/L의 비율로 나타낸다. 보에서의 모멘트는 접합부의 강성에 따라 0.75배 고정단 모멘트부터 1.5배 고정단 모멘트의 범위로 설계해야 한다.

PR 접합부가 PR 골조를 형성하기 위해 보와 기둥을 연결하는데 사용되는 경우, 해석은 훨씬 더 복잡해진다. 이러한 문제를 해결하기 위하여 수많은 연구 결과가 보고되고 있다. 몇 가지 실용적인 설계가 수행되었지만, PR 골조의 광범위한 실용적인 설계는 일시적으로 중단 중이다. 특정 접합부를 모델링하는 것과 관련된 문제 이외에 하중 재하순서의 의문이 생긴다. 실제의 부분 구속 접합부는 비선형으로 거동하므로 적용된 하중의 순서는 구조물의 응답에 영향을 미친다. 하중 적용 방식은 해석에 사용되는 접합부 모델의 정확성보다 더 중요성을 갖는다.

부분적으로 구속된 골조의 완전한 이론적 해석은 현재 일반적인 공학 실무 관행을 넘어서지만, 단순화된 방법은 실무 관행 범위 내에 있을 뿐만 아니라 일상의 설계에 종종 수행된다. 이러한 방법은 유연 모멘트 접합부라 부른다. 그것은 역사적으로 바람의 두 번째 유형이라 불려왔다. 실제 곡선이 사용되지 않지만 유연 모멘트 접합부 접근방법은 PR 접합부의 비선형 모멘트－회전 거동에 크게 의존한다. 또한, 비록 초기에 비선형 거동을 보이지만 횡하중의 제한된 수의 적용후에는 선형으로 거동함을 보여주는 shake-down이라 불리는 현상에 의존한다.

전형적인 PR 접합부에 대한 모멘트－회전 곡선은 등분포 하중을 받는 보에 대한 beam line을 따라 그림 8.20a에 보여준다. 0으로 표시된 점이 적용된 연직하중의 평형을 나타낸다. 풍하중의 적용은 보의 바람이 부는 반대 방향 끝단에서의 중력 모멘트를 추가하고 바람이 불어오는 방향 끝단에서 빼주어 보 끝단에서 모멘트를 생성한다. 바람이 불어오는 방향 끝단에 모멘트가 제거되기 때문에 접합부가 원래의 접합부 강성에 가까운 강성을 가지고 탄성적으로 거동하는 반면에, 바람이 가려지는 방향 끝단에서는 접합부가 비선형 접합부 곡선을 따라 이동을 계속한다. 그림 8.20b에 표지된 점 1과 1'는 골조에 바람의 첫 번째 적용하의 평형을 나타낸다.

풍하중이 제거되면, 접합부는 그림 8.20c에서 보여준 바와 같이 점 1과 1'에서 점 2와 2'로 이동한다. 처음보다 크고 방향이 반대인 풍하중의 다음 적용은 접합부 거동이 점 3과 3'로 이동하는 것을 알수 있을 것이다. 바람이 불어오는 방향을 숙지하고 이와 같이 적용된 풍모멘트는 그림 8.20d에서 보이는 바와 같이 접합부가 선형으로 거동하는지 또는 비선형 곡선을 따르는지를 좌우한다. 이 풍하중을 제거하면 선형으로 접합부의 한쪽 끝단에 하중 제거되고 다른쪽 끝단에 하중이 재하된다. 이미 적용된 최대보다 작은 풍하중의 추가 적용은 접합부의 선형 거동을 나타낼 것이다. 또한, 접합부에서 최대 모멘트는 여전히 원래 적용된 연직하중에 근접하다. 따라서, 그림 8.20f에 설명된 조건은 shake-down이 일어나고 접합부는 하중 재하와 제거 동안에 모두 선형 거동하는 것을 보여준다.

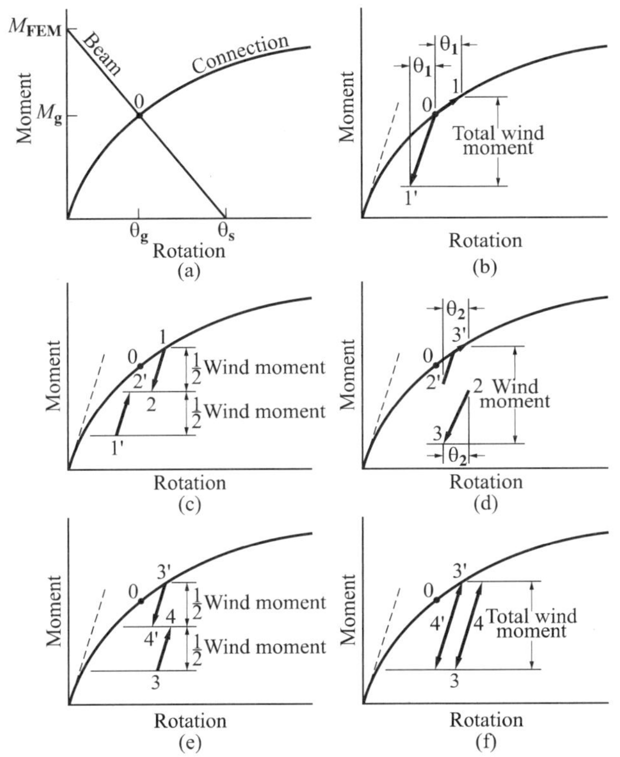

그림 8.20 • Shake-down을 보여주는 모멘트-회전 곡선

이 shake-down을 고려하기 위해 사용되는 설계절차는 간단하다. 모든 보는 적절한 하중조합을 사용하여 단순보로 설계된다. 이것은 보가 실제 접합부 강성과 상관없이 그림 8.19에 보이는 것처럼 적절함을 확인한다. 풍하중모멘트는 바람이 가려지는 방향 기둥이 횡방향 하중 저항에 참여하는 것을 가정하지 않을 때 수정된 문형(portal) 해석을 통하여 결정된다. 접합부는 적절한 하중조합에 대해 결과 모멘트에 저항하도록 치수가 정해진다. 또한, 조합된 중력과 바람 아래에 볼트나 용접에 과부하 없이 발생하는 대 회전을 수용하기 위해 충분한 연성을 갖는 접합부를 제공하는 것은 특히 중요하다.

기둥은 연직하중 뿐만 아니라 중력에 바람을 더한 하중 하에 골조의 안정성을 제공하도록 설계되어야 한다. 기둥은 종래의 라멘 설계로부터 두 개의 필수적인 차이점을 갖고 모멘트 골조의 기둥을 위해 제시된 방법을 이용하여 설계할 수 있다:

1. 연직하중이 연결부의 소성 모멘트 용량까지 하중을 재하할 수 있기 때문에, 기둥은 한 쪽에서 거더에 의해서 구속될 수 있고 이 거더는 먼 단부에 핀지지 되어 있는 것처럼 거동할 것이다. 그러므로 보 강성 회전계수를 계산할 때 I_g/L_g가 유효길이 alignment chart에 사용되기 위해 거더 길이는 두 배로 한다.
2. 하지만, 외부 기둥 중 하나가, 총 골조 하중을 지지하기 위해 나머지 기둥을 설계함으

로써, 풍하중의 경우에 대한 바람이 가려지는 방향 기둥은, 보장할 수 있는 골조의 골조 안정성에 참여할 수 없다.

외부 기둥에 대해 보과 기둥의 연결부에서 모멘트는 접합부의 저항력과 같다. 이 모멘트가 반은 상부기둥과 반은 하부기둥으로 분배한다고 가정하는 것은 충분히 정확하다. 내부기둥에 대하여 거더 골조로부터 기둥까지 발생하는 모멘트에 있어서 현실적인 최대 가능한 차이는 동일하게 위는 기둥 위와 아래 연결부는 균등하게 분배되어야 한다.

8.7a Example

–LRFD에 의한 유연한 풍 접합부의 기둥 설계–

유연한 풍 접합부를 가지는 빌딩의 거더 및 기둥을 선택하라.

조건: 3층 빌딩의 중간층이 그림 8.21에 주어진다. 층 높이는 12 ft이다. 골조는 보이는 것에 수직 방향으로 브레이스 되어 있다. LRFD 규정과 A992 강을 사용하라.

풀이.

Step 1: 하중조합 1.2D + 0.5L + 1.0W에 대한 소요 힘 및 모멘트를 구한다. 그림 8.21에 보이는 하중은 코드에서 규정되는 공칭 하중이다. 소요 힘은 다음과 같이 tributary 면적을 사용하여 계산된다.

외부 기둥들에 대한 연직하중.

$$1.2D = 1.2(25\text{ kips} + 0.75\text{ kips/ft}\,(15\text{ ft})) = 43.5\text{ kips}$$
$$0.5L = 0.5(75\text{ kips} + 2.25\text{ kips/ft}\,(15\text{ ft})) = \underline{54.4\text{ kips}}$$
$$\text{Total } 97.9\text{ kips}$$

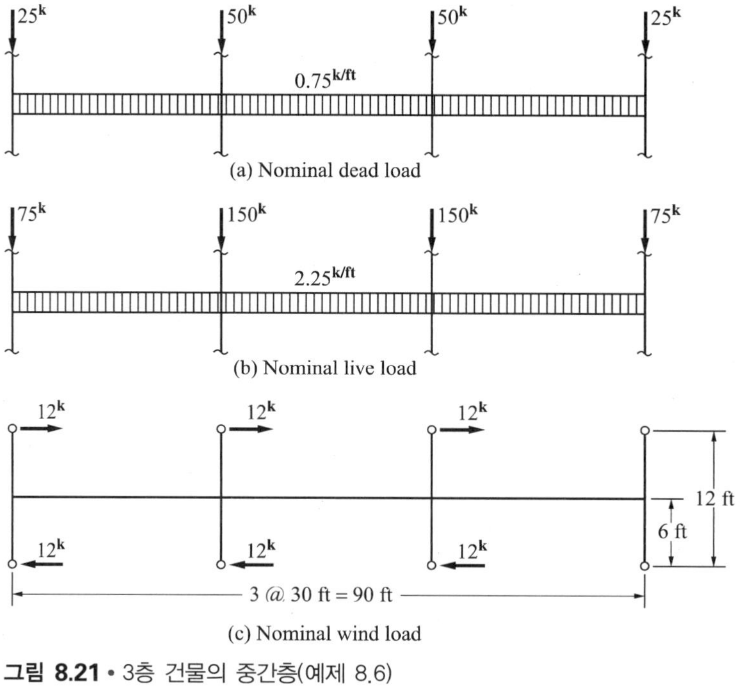

그림 8.21 • 3층 건물의 중간층(예제 8.6)

내부 기둥들에 대한 연직하중

$$1.2D = 1.2(50\,\text{kips} + 0.75\,\text{kips/ft}\,(30\,\text{ft})) = 87.0\,\text{kips}$$
$$0.5L = 0.5(150\,\text{kips} + 2.25\,\text{kips/ft}\,(30\,\text{ft})) = \underline{109\,\text{kips}}$$
$$\text{Total } 196\,\text{kips}$$

최악의 하중조합 1.2D + 1.6L에 대한 거더에 작용하는 연직하중:

$$1.2D = 1.2(0.75\,\text{kips/ft}\,(30\,\text{ft})) = 27.0\,\text{kips}$$
$$1.6L = 1.6(2.25\,\text{kips/ft}\,(30\,\text{ft})) = \underline{108\,\text{kips}}$$
$$\text{Total } 135\,\text{kips}$$

Step 2: 매뉴얼 표 3-2를 사용하여 단순 보 모멘트에 대한 거더를 설계한다.

$$M_u = 135(30.0)/8 = 506\,\text{ft-kips}$$
$$\text{Use W21} \times 62(\phi M_n = 540\,\text{ft-kips},\ I_x = 1330\,\text{in.}^4)$$

Step 3: 매뉴얼 표 4-1을 사용하여 내부 기둥의 연직하중에 대해 기둥을 설계한다.
가새골조의 면외 좌굴에 대해,

$$K = 1.0 \quad \text{and} \quad KL_y = 12.0$$

그러므로, $P_u = 196$ kips와 함께,

$$\text{try W14} \times 43, \qquad (\phi P_n = 371\,\text{kips},\quad I_x = 428\,\text{in}^4)$$

Step 4: 평면에서의 안정성을 위해 기둥을 검증하기 위해, alignment chart로부터 유효길이계수를 구한다.

$$G_{top} = G_{bottom} = \frac{2\left(\dfrac{428}{12.0}\right)}{\left(\dfrac{1330}{2(30.0)}\right)} = 3.21$$

단지 하나의 보만이 이 기둥을 지지할 수 있고 이 보는 먼 단부에서 핀지지이다; 따라서 유효 보길이는 실제길이의 두 배로 취한다.
하중하에 기둥의 응력을 고려하여, 강성감소계수는 결정될 수 있다.

$$f_u = 196/12.6 = 15.6\,\text{ksi}$$

그러므로, $f_u = 15.6 < 0.5F_y$ 이므로, 강성감소계수는 $\tau_b = 1.0$. 강성 비율은

$$G_{top} = G_{bottom} = 3.21$$

alignment chart로부터,

$$K = 1.87$$

Step 5: 휨 평면 내에서 유효길이를 구한다.

$$\frac{KL}{r_x/r_y} = \frac{1.87(12.0)}{3.07} = 7.31\,\text{ft}$$

Step 6: 매뉴얼 표 4-1로부터 기둥의 압축강도를 구한다.

$$\phi P_n = 484\,\text{kips}$$

Step 7: 2차 모멘트를 구한다.

적용된 풍모멘트는 $M_u = 1.0(6.0)(12.0) = 72.0$ ft-kips 이고 적용된 힘은 $P_u = 196$ kips 이다.

모든 모멘트는 횡변위 모멘트로 고려하고 Commentary 식 C-A-8-1를 사용하여,

$$P_{e2} = \frac{\pi^2(29{,}000)(428)}{(1.87(12.0)(12))^2} = 1690 \text{ kips}$$

그러므로, 모든 세 개의 기둥에 대해

$$B_2 = \cfrac{1}{1 - \cfrac{3(196)}{3(1690)}} = 1.13$$

그리고 $M_r = 1.13(72.0) = 81.4$ ft-kips

Step 8: 기둥이 상관식을 만족하는지 확인한다.

$$\frac{P_r}{\phi P_n} = \frac{196}{484} = 0.405 > 0.2$$

그러므로 식 8.2 (H1-1a를 사용한다.) 매뉴얼 표 3-10으로부터 $\phi M_n = 222$

$$0.405 + \frac{8}{9}\left(\frac{81.4}{222}\right) = 0.731 < 1.0$$

이는 W14 × 43은 안정성에 적합함을 의미한다. 그렇다면 이 부재들은 보다 엄밀한 해석의 시작점으로서 사용될 수 있다.

8.7b Example

–ASD에 의한 유연한 풍 접합부의 기둥 설계–

유연한 풍 접합부를 가지는 빌딩의 거더 및 기둥을 선택하라.

조건: 3층 빌딩의 중간층이 그림 8.21에 주어진다. 층 높이는 12 ft이다. 골조는 보이는 것에 수직 방향으로 브레이스 되어 있다. ASD 규정과 A992 강을 사용하라.

풀이.

Step 1: 하중조합 D + 0.75L + 0.75(0.6W)에 대한 소요 힘 및 모멘트를 구한다. 그림 8.21에 보이는 하중은 코드에서 규정되는 공칭 하중이다. 소요 힘은 다음과 같이 tributary 면적을 사용하여 계산된다.

외부 기둥들에 대한 연직하중.

$$\text{D} = (25\text{ k} + 0.75\text{ k/ft}(15\text{ ft})) = 36.3\text{ kips}$$
$$0.75\text{L} = 0.75(75\text{ k} + 2.25\text{ k/ft}(15\text{ ft})) = \underline{81.6\text{ kips}}$$
$$\text{Total } 118\text{ kips}$$

내부 기둥들에 대한 연직하중

$$\text{D} = (50\text{ k} + 0.75\text{ k/ft}(30\text{ ft})) = 72.5\text{ kips}$$
$$0.75\text{ L} = 0.75(150\text{ k} + 2.25\text{ k/ft}(30\text{ ft})) = \underline{163\text{ kips}}$$
$$\text{Total } 236\text{ kips}$$

최악의 하중조합 D + L에 대한 거더에 작용하는 연직하중:

$$\text{D} = (0.75\ \text{k/ft}\ (30\ \text{ft})) = 22.5\ \text{kips}$$
$$\text{L} = (2.25\ \text{k/ft}\ (30\ \text{ft})) = \underline{67.5\ \text{kips}}$$
$$\text{Total}\ 90.0\ \text{kips}$$

Step 2: 매뉴얼 표 3-2를 사용하여 단순 보 모멘트에 대한 거더를 설계한다.

$$M_a = 90.0(30.0)/8 = 338\ \text{ft-kips}$$
$$\text{Use W21} \times 62\ (M_n/\Omega = 359\ \text{ft-kips},\ I_x = 1330\ \text{in.}^4)$$

Step 3: 매뉴얼 표 4-1을 사용하여 내부 기둥의 연직하중에 대해 기둥을 설계한다.
가새골조의 면외 좌굴에 대해,

$$K = 1.0 \quad \text{and} \quad KL_y = 12.0$$

그러므로, P_a =236 kips와 함께,

$$\text{try W14} \times 43(P_n/\Omega = 247\ \text{kips},\ I_x = 428\ \text{in.}^4)$$

Step 4: 평면에서의 안정성을 위해 기둥을 검증하기 위해, alignment chart로부터 유효길이계수를 구한다.

$$G_{top} = G_{bottom} = \frac{2\left(\dfrac{428}{12.0}\right)}{\left(\dfrac{1330}{2(30.0)}\right)} = 3.21$$

단지 하나의 보만이 이 기둥을 지지할 수 있고 이 보는 먼 단부에서 핀지지이다; 따라서 유효 보길이는 실제길이의 두 배로 취한다.
하중하에 기둥의 응력을 고려하여, 강성감소계수는 결정될 수 있다.

$$f_a = \frac{P_a}{A} = \frac{236}{12.6} = 18.7\ \text{ksi}$$

그러므로, 매뉴얼 표 4-21으로부터 강성감소계수 τ_b =0.960. 비탄성 강성 비율은

$$G_{top} = G_{bottom} = 0.960(3.21) = 3.08$$

alignment chart로부터,

$$K = 1.84$$

Step 5: 휨 평면 내에서 유효길이를 구한다.

$$\frac{KL}{r_x/r_y} = \frac{1.84(12.0)}{3.08} = 7.17\ \text{ft}$$

Step 6: 매뉴얼 표 4-1로부터 기둥의 압축강도를 구한다.

$$P_n/\Omega = 324\ \text{kips}$$

Step 7: 2차 모멘트를 구한다.
적용된 풍모멘트는 M_a =0.75(0.6)(6.0(12.0)) = 32.4 ft-kips 이고 적용된 힘은 P_a = 236 kips 이다.
모든 모멘트는 횡변위 모멘트로 고려하고 Commentary 식 C-A-8-1를 사용하여,

$$P_{e2} = \frac{\pi^2(29{,}000)(428)}{(1.84(12)(12))^2} = 1740 \text{ kips}$$

$$\alpha P_a = 1.6(236) = 378 \text{ kips}$$

그러므로, 모든 세 개의 기둥에 대해

$$B_2 = \frac{1}{1 - \dfrac{3(378)}{3(1740)}} = 1.28$$

그리고 $M_r = 1.28(32.4) = 41.5$ ft-kips

Step 8: 기둥이 상관식을 만족하는지 확인한다.

$$\frac{P_r}{P_n/\Omega} = \frac{236}{324} = 0.728 < 0.2$$

그러므로 식 8.2 (H1-1a를 사용한다.) 매뉴얼 표 3-10으로부터 $M_n/\Omega = 148$

$$0.728 + \frac{8}{9}\left(\frac{41.5}{148}\right) = 0.98 < 1.0$$

이는 W14 × 43은 안정성에 적합함을 의미한다. 그렇다면 이 부재들은 보다 엄밀한 해석의 시작점으로서 사용될 수 있다.

허용되는 기둥을 선택한 후, 구조물의 횡방향 변위를 확인해야 한다. 풍 모멘트 골조의 변위는 여기서 목표로 하는 논의를 넘어서지만 Geschwindnerd와 Disque에서 다루어진다.

8.12 브레이싱 설계

강구조물의 브레이스는 기둥의 유효 길이를 감소시키고 보의 비지지길이를 감소시키며 전반적인 구조적 안정성을 제공하는데 사용된다. 제 5장에서 기둥의 논의는 브레이스가 유효길이를 감소시키고 그렇게 함으로써 기둥 강도를 증가 시키는데 효과적인 방법을 보여주었다. 제 6장에서는 비가새 보의 길이가 영향을 준 그 강도와 이 장에 앞서 구조물의 안정성에 대한 횡변위의 영향을 설명하였다. 모든 경우에 주어진 브레이스의 필요조건이 충족된 것으로 가정하였지만, 필요한 브레이스의 강도 또는 강성에 대해서는 언급하지 않았다. 브레이스가 구체적으로 2차 해석에 포함되지 않을 경우에, 브레이스의 설계는 시방서의 부록 6 규정에 따른다. 특정 요구사항이 다르지만, 부록 6에서는 유사하게 기둥과 보에 대한 브레이스를 다룬다. 브레이스는 절점 브레이스(nodal braces)가새와 상대 브레이스(relative braces) 2종류로 정의되어 있다.

절점가새는 어떤 인접한 가새 절점의 상호작용 없이 부재에서 절점의 움직임을 제어한다.

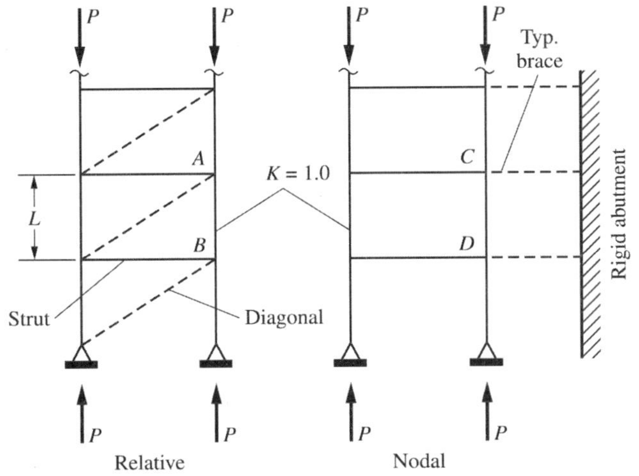

그림 8.22 • 브레이싱 종류의 정의.

이러한 가새는 그림 8.22b에 보이는 바와 같이 교대처럼 부재와 고정 지점에 부착된다.

상대가새는 지지점을 제공하기 위해 구조물의 다른 가새된 절점에 의존한다. 그림 8.22a와 같이 골조 내의 경사 가새는 상대가새이다. 이 경우에, 경사 가새의 축방향 변형은 가새의 각각 끝단에서 변위의 함수이다. 수평 버팀대는 일반적으로 그 평면 내에서 상당한 강도를 가지는 매우 딱딱한 바닥 시스템이기 때문에 경사 요소의 강도와 강성은 일반적으로 가새 시스템 전체의 거동을 제어한다.

시방서의 요구사항은 부재가 가새 점과 유효길이계수 $K=1.0$ 사이의 길이에 따라 그 최대 강도에 도달하기 위하여 설계가 가능하도록 의도된다. 가새의 요구조건으로는 강도와 강성 두 가지가 있다. 이러한 측면 중에 어느 하나가 불충분한 가새는 가새된 부재가 설계된 바와 같이 수행가능하기에 충분하지 않다.

8.12.1 기둥 가새

기둥의 상대가새에 대해 요구강도는

$$P_{br} = 0.004\, P_r \tag{8.19}$$

그리고 요구되는 가새 강성은

$$\beta_{br} = \frac{1}{\phi}\left(\frac{2P_r}{L_b}\right)(\text{LRFD}) \qquad \beta_{br} = \Omega\left(\frac{2P_r}{L_b}\right)(\text{ASD}) \tag{8.20}$$

$$\phi = 0.75\ (\text{LRFD}) \qquad \Omega = 2.00\ (\text{ASD})$$

기둥의 절점가새에 대해 요구강도는

$$P_{br} = 0.01\ P_r \tag{8.21}$$

절점가새의 요구강성은

$$\beta_{br} = \frac{1}{\phi}\left(\frac{8P_r}{L_b}\right)(\text{LRFD}) \quad \beta_{br} = \Omega\left(\frac{8P_r}{L_b}\right)(\text{ASD}) \tag{8.22}$$

$$\phi = 0.75\ (\text{LRFD}) \qquad \Omega = 2.00\ (\text{ASD})$$

여기서, L_b = 가새간의 거리

P_r = ASD 또는 LRFD 요구강도

절점가새에 대한 요구사항이 상대가새보다 많이 큰 것에 특히 주의해야 한다. 따라서, 상대가새를 사용시 더욱 경제적일 가능성이 더 크다.

8.12.2 보 가새

보의 상대가새에 대해 요구강도는

$$P_{br} = 0.008\ M_r\ C_d/h_o \tag{8.23}$$

그리고 요구되는 가새 강성은

$$\beta_{br} = \frac{1}{\phi}\left(\frac{4M_r C_d}{L_b h_o}\right)(\text{LRFD}) \quad \beta_{br} = \Omega\left(\frac{4M_r C_d}{L_b h_o}\right)(\text{ASD}) \tag{8.24}$$

$$\phi = 0.75\ (\text{LRFD}) \qquad \Omega = 2.00\ (\text{ASD})$$

보 절점가새의 경우, 가새 소요강도는

$$P_{br} = 0.02\ M_r\ C_d/h_o \tag{8.25}$$

그리고 소요강성은

$$\beta_{br} = \frac{1}{\phi}\left(\frac{10M_r C_d}{L_b h_o}\right)(\text{LRFD}) \quad \beta_{br} = \Omega\left(\frac{10M_r C_d}{L_b h_o}\right)(\text{ASD}) \tag{8.26}$$

$$\phi = 0.75\ (\text{LRFD}) \qquad \Omega = 2.00\ (\text{ASD})$$

여기서 h_o = 플랜지 도심간의 거리

C_d = 단일 곡률일 휨인 경우 1.0, 이중 곡률 휨인 경우 2.0

L_b = 횡방향 비지지 길이

M_r = 소요 휨강도

기둥 가새의 경우처럼, 절점 가새의 요구사항은 상대가새 보다 더 크다.

8.12.3 골조 가새

골조가새 및 기둥가새는 동일한 상대 및 절점 가새를 수반하고 같은 강성과 강도식을 사용하여 설계할 것이다. 하지만, 가새설계의 가장 직접적인 방법은 2차 해석을 할 때 모델에 가새를 포함하는 것이다. 이 경우, 부록 6의 규정은 확인할 필요가 없다.

8.8a Example

-LRFD에 의한 가새 설계-

연직하중에 대해 안정성을 제공하는 가새골조의 요구 가새를 결정하라.

조건: LRFD 요구사항을 사용하여 총 사하중 113 kips 및 활하중 45 kips에 대한 안정성을 제공하고 그림 8.9a의 3-bay 골조 패널 중앙에 보이는 절점가새를 제공하는 봉(rod)을 선택한다.

풀이.

사하중 + 활하중

Step 1: 연직하중에 대한 소요 가새 강성을 구한다.

연직하중에 대해, 가새 요구 강성은 1.2D + 1.6L에 기초한다.

$$P_r = 1.2(113) + 1.6(45.0) = 208 \text{ kips}$$

$$\beta_{br} = \frac{1}{\phi}\left(\frac{8P_r}{L_b}\right) = \frac{1}{0.75}\left(\frac{8(208)}{16.0}\right) = 139 \text{ kips/ft}$$

Step 2: 요구강성 및 가새의 각도를 고려하여 가새 요구단면을 구한다.

그림 8.9의 가새 형상에 기초하여, 여기서 θ는 수평에 대해 가새의 각도이고 L_r은 가새의 길이이다.

$$\beta_{br} = \frac{A_{br}E}{L_r}\cos^2\theta = 139 \text{ kips/ft}$$

이는 다음의 가새 요구 단면적을 준다.

$$A_{br} = \frac{\beta_{br}L_r}{E\cos^2\theta} = \frac{139(34.0)}{29{,}000\left(\dfrac{30}{34}\right)^2} = 0.209 \text{ in.}^2$$

Step 3: 연직하중에 대해 가새 소요힘을 구한다. 절점가새에 대한 가새의 수평힘은

$$P_{br} = 0.01P_r = 0.01(208) = 2.08 \text{ kips}$$

이는 부재에 다음의 힘을 준다.

$$P_{br(angle)} = 2.08(34/30) = 2.36 \text{ kips}$$

그리고 봉의 F_y =36 ksi를 가정할 때 요구면적은

$$A_{br} = \frac{2.36}{0.9(36)} = 0.0728 \text{ in.}^2$$

Step 4: 사하중 + 활하중의 경우,

$$A_{\min} = 0.209 \text{ in.}^2$$

Step 5: 사하중 + 활하중에 대해 지배하는 강성에 대해 요구 면적을 만족시키는 봉을 선택한다. (여기서 $A_{min} = 0.209 \text{ in}^2$)

$A = 0.307 \text{ in}^2$인 5/8 in 봉을 사용한다.

8.8b Example

-ASD에 의한 가새 설계-

연직하중에 대해 안정성을 제공하는 가새골조의 요구 가새를 결정하라.

조건: ASD 요구사항을 사용하여 총 사하중 113 kips 및 활하중 45 kips에 대한 안정성을 제공하고 그림 8.9a의 3-bay 골조 패널 중앙에 보이는 절점가새를 제공하는 봉(rod)을 선택한다.

풀이.

사하중 + 활하중

Step 1: 연직하중에 대한 소요 가새 강성을 구한다.
연직하중에 대해, 가새 요구 강성은 D + L에 기초한다.

$$P_r = 113 + 45.0 = 158 \text{ kips}$$

$$\beta_{br} = \Omega\left(\frac{8P_r}{L_b}\right) = 2.00\left(\frac{8(158)}{16.0}\right) = 158 \text{ kips/ft}$$

Step 2: 요구강성 및 가새의 각도를 고려하여 가새 요구단면을 구한다.
그림 8.9의 가새 형상에 기초하여, 여기서 θ는 수평에 대해 가새의 각도이고 L_r은 가새의 길이이다.

$$\beta_{br} = \frac{A_{br}E}{L_r}\cos^2\theta = 158 \text{ kips/ft}$$

이는 다음의 가새 요구 단면적을 준다.

$$A_{br} = \frac{\beta_{br}L_r}{E\cos^2\theta} = \frac{158(34.0)}{29{,}000\left(\frac{30}{34}\right)^2} = 0.238 \text{ in.}^2$$

Step 3: 연직하중에 대해 가새 소요힘을 구한다. 절점가새에 대한 가새의 수평힘은

$$P_{br} = 0.01P_r = 0.01(158) = 1.58 \text{ kips}$$

이는 부재에 다음의 힘을 준다.

$$P_{br(angle)} = 1.58(34/30) = 1.79 \text{ kips}$$

그리고 봉의 $F_y = 36$ ksi를 가정할 때 요구면적은

$$A_{br} = \frac{1.79}{(36/1.67)} = 0.0830 \text{ in.}^2$$

Step 4: 사하중 + 활하중의 경우,

$$A_{min} = 0.238 \text{ in.}^2$$

Step 5: 사하중 + 활하중에 대해 지배하는 강성에 대해 요구 면적을 만족시키는 봉을 선택한다.

(여기서 $A_{min} = 0.238\ \text{in}^2$)

$A = 0.307\ \text{in}^2$인 5/8 in. 봉을 사용한다.

8.13 인장+휨

이 절을 통해서 압축 및 휨의 조합력의 경우가 다루어졌다. 이는 전형적인 빌딩구조물 조합하중의 가장 일반적인 사례이다. 그러나 시방서는 H1.2절에 인장과 휨을 조합하는 규정 또한 가지고 있다. 이미 휨을 받는 부재에 인장력의 추가는 아마 이로울 것이다.

조합된 인장과 휨의 상관식은 이미 설명된 것과 같이 (8.2)와 (8.3)의 식으로 주어진다. 하지만 휨강도는 휨-비틀림 좌굴의 한계상태에 의해 제어되는 경우에, 인장력의 추가는 휨강도를 증가시킬 수 있다. 이는 C_b에 적용되는 보정계수의 도입에 의해 시방서에서 설명된다. 따라서, 이중 대칭 부재에 대해, F장의 C_b는 $\sqrt{1+\alpha P_r/P_{ey}}$로 곱해질 수 있다. 여기서 $P_{ey} = \pi^2 EI_y/L_b^2$이고 LRFD에서 α =1.0이고 ASD에서 1.6이다. 제 6장에서 보 설계의 경우와 마찬가지로 M_n은 M_p를 초과할 수 없다는 제한이 여전히 만족되어야 한다.

8.14 연습문제

Unless noted otherwise, all columns should be considered pinned in a braced frame out of the plane being considered in the problem with bending about the strong axis.

1. Determine whether a W14 × 90, A992 column with a length of 12.5 ft is adequate in a braced frame to carry the following loads from a first-order analysis: a compressive dead load of 100 kips and live load of 300 kips, a dead load moment of 30 ft-kips and live load moment of 70 ft-kips at one end, and a dead load moment of 15 ft-kips and a live load moment of 35 ft-kips at the other. The member is bending in reverse curvature about the strong axis. Determine by (a) LRFD and (b) ASD.

2. A W12 × 58, A992 is used as a 14 ft column in a braced frame to carry a compressive dead load of 50 kips and live load of 150 kips. Will this column be adequate to carry a dead load moment of 20 ft-kips and live load moment of 50 ft-kips at each end, bending the column in single curvature about the strong axis? The analysis results are from a first-order analysis. Determine by (a) LRFD and (b) ASD.

3. Determine whether a W12 × 190, A992 column with a length of 22 ft is adequate in a braced frame to carry the following loads from a first-order analysis: a compressive dead load of 300 kips and live load of 500 kips, a dead load moment of 50 ft-kips and live load moment of 100 ft-kips at one end, and a dead load moment of 25 ft-kips and a live load moment of 50 ft-kips at the other. The member is bending in reverse curvature about the strong axis. Determine by (a) LRFD and (b) ASD.

4. A W10 × 77, A992 is used as a 13 ft column in a braced frame to carry a compressive dead load of 74 kips and live load of 120 kips. Will this column be adequate to carry a dead load moment of 30 ft-kips and live load moment of 45 ft-kips at each end, bending the column in single curvature about the strong axis? The analysis results are from a first-order analysis. Determine by (a) LRFD and (b) ASD.

5. Given a W14 × 500, A992 42 ft column in a braced frame with a compressive dead load of 90 kips and live load of 270 kips. Maintaining a live load to dead load ratio of 3, determine the maximum live and dead load second-order moments that can be applied about the strong axis on the upper end when the lower end is pinned by (a) LRFD and (b) ASD.

6. Given a W14 × 120, A992 16 ft column in a braced frame with a compressive dead load of 350 kips and live load of 350 kips, and maintaining a live load to dead load ratio of 1, determine the maximum live and dead load second-order moments that can be applied about the strong axis on the upper end when the lower end is pinned by (a) LRFD and (b) ASD.

7. Reconsider the column and loadings in Problem 1 if that column were bent in single curvature by (a) LRFD and (b) ASD.

8. Reconsider the column and loadings in Problem 2 if that column were bent in reverse curvature by (a) LRFD and (b) ASD.

9. Reconsider the column and loadings in Problem 3 if that column were bent in single curvature by (a) LRFD and (b) ASD.

10. Reconsider the column and loadings in Problem 4 if that column were bent in reverse curvature by (a) LRFD and (b) ASD.

11. A 15 ft pin-ended column in a braced frame must carry a compressive dead load of 85 kips and live load of 280 kips, along with a uniformly distributed transverse dead load of 0.4 kips/ft and live load of 1.3 kips/ft. Will a W14 × 74, A992 member be adequate if the transverse load is applied to put bending about the strong axis? Determine by (a) LRFD and (b) ASD.

12. A pin-ended chord of a truss is treated as a member in a braced frame. Its length is 12 ft. It must carry a compressive dead load of 95 kips and live load of 180 kips, along with a uniformly distributed transverse dead load of 1.2 kips/ft and live load of 2.3 kips/ft. Will a W8 × 67, A992 member be adequate if the transverse load is applied to put bending about the strong axis? Determine by (a) LRFD and (b) ASD.

13. A moment frame is designed so that under a service lateral load $H = 150$ kips, the frame drifts no more than $L/400$. There are a total of 15 columns in this frame, so P_{story} is 15 times the load on this column. A 12 ft, W14 × 109, A992 column is to be checked. Analysis results are from a first-order analysis. The column is called upon to carry a compressive dead load of 100 kips and live load of 300 kips. This load will be taken as coming from a no-translation analysis. The top of the column is loaded with no-translation dead load moment of 25 ft-kips and a no-translation live load moment of 80 ft-kips. The translation moments applied to that column end are a dead load moment of 35 ft-kips and a live load moment of 100 ft-kips. The lower end of the column feels half of these moments. The column is bending in reverse curvature about the strong axis. Will the W14 × 109, A992 member be adequate to carry this loading? Analysis shows that the effective length factor in the plane of bending is 1.66. Determine by (a) LRFD and (b) ASD.

14. A W14 × 176, A992 member is proposed for use as a 12.5 ft column in an moment frame. The frame is designed so that under a service lateral load $H = 120$ kips, the frame drifts no more than $L/500$. The total story load, P_{story}, is 20 times the individual column load. Analysis results are from a first-order analysis. Will this member be adequate to carry a no-translation compressive dead load of 160 kips and live load of 490 kips? The top of the column is loaded with a no-translation dead load moment of 15 ft-kips and a no-translation live load moment of 30 ft-kips. The translation moments applied to that column end are a dead load moment of 80 ft-kips and a live load moment of 250 ft-kips. The column is bending about the strong axis and, the lower end of the column is considered pinned, and the effective length factor is taken as 1.5. Determine by (a) LRFD and (b) ASD.

15. Will a W14 × 38 be adequate as a 13 ft column in a moment frame with a compressive dead load of 25 kips and live load of 80 kips? One half of this compressive load is taken as a no-translation load and one half as a translation load. The top and bottom of the column are loaded with a no-translation dead load moment of 20 ft-kips and a no-translation live load moment of 55 ft-kips. The translation moments applied to the column ends are a dead load moment of 10 ft-kips and a live load moment of 50 ft-kips. Analysis results are from a first-order analysis. The frame is designed so that under a service lateral load $H = 50$ kips, the frame drifts no more than $L/300$. The total story load, P_{story}, is eight times the individual column load. The column is bent in reverse curvature about the strong axis, and $K_x = 1.3$. Determine by (a) LRFD and (b) ASD.

16. Determine whether a 10 ft braced frame W14 × 43, A992 column can carry a compressive dead load of 35 kips and live load of 80 kips along with a dead load moment of 20 ft-kips and live load moment of 40 ft-kips. One half of these moments are applied at the other end, bending it in single curvature.

17. A two-story single bay frame is shown in Figure P8.17. The uniform live and dead loads are indicated along with the wind load. A first-order elastic analysis has yielded the results shown in the figure for the given loads and the appropriate notional loads. Assuming that the story drift is limited to height/300 under the given wind loads, determine whether the first- and second-story columns are adequate. The gravity loads will produce the no-translation results and the wind load will produce the translation results. The members are shown and are all A992 steel. Determine by (a) LRFD and (b) ASD.

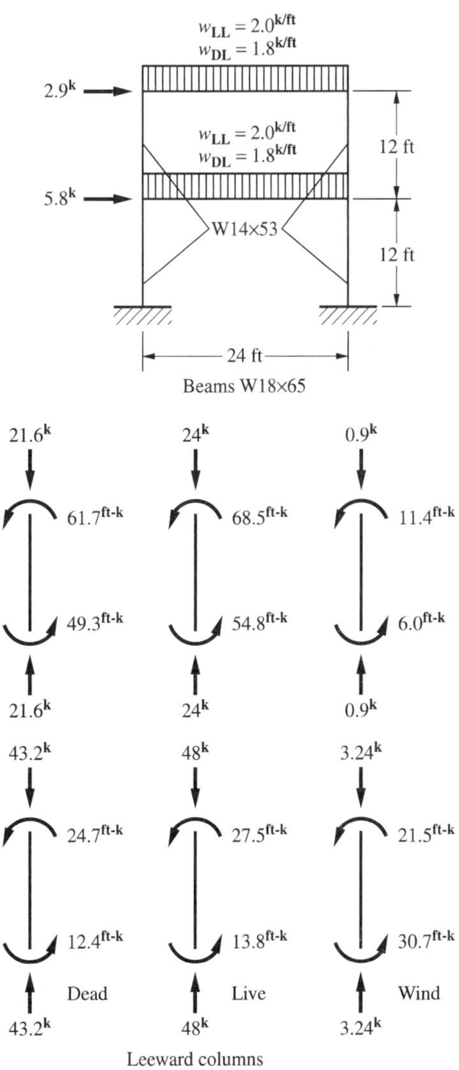

P8.17

18. Determine whether the columns of the two-bay unbraced frame shown in Figure P8.18 are adequate to support the given loading. Results for the first-order analysis are provided. The gravity loads will produce the no-translation results and the wind load will produce the translation results. Assume that the lateral drift under the given wind load will be limited to a maximum of 0.1 in. All members are A992 steel and the sizes are as shown. Determine by (a) LRFD and (b) ASD.

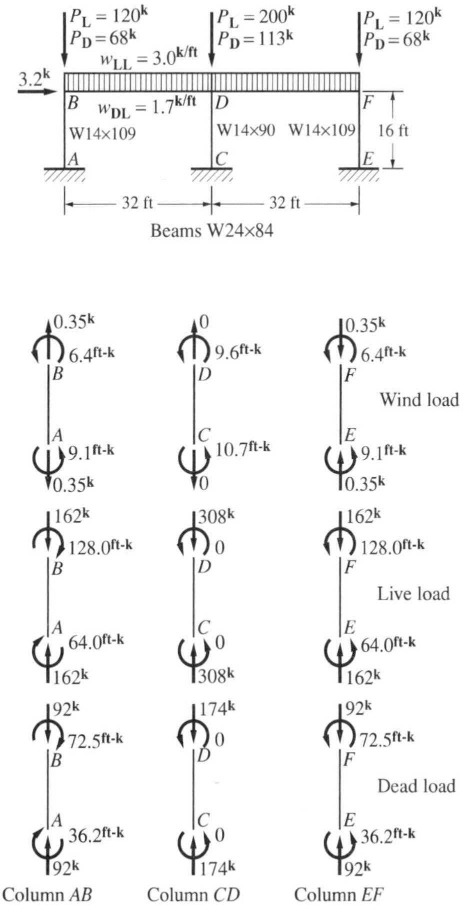

P8.18

19. A nonsymmetric two-bay unbraced frame is required to support the live and dead loads given in Figure P8.19. Using the results from the first-order elastic analysis provided, assuming the axial forces provided are from the no-translation analysis and the lateral drift due to a 5 kip force is limited to 0.4 in., determine whether each column will be adequate. All members are A992 steel and the sizes are as shown. Determine by (a) LRFD and (b) ASD.

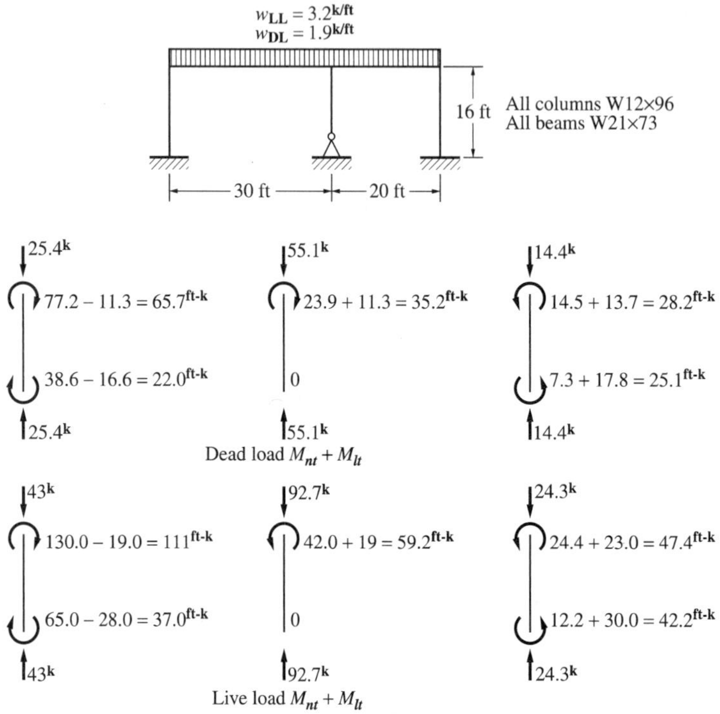

P8.19

20. A 15 ft column in a moment frame must carry a compressive load of 540 kips and a moment about the strong axis of 135 ft-kips from an LRFD second-order direct analysis. Will a W14 × 74, A992 member be adequate if the moment is applied to put bending about the strong axis?

21. A 15 ft column in a moment frame must carry a compressive load of 360 kips and a moment about the strong axis of 90 ft-kips from an ASD second-order direct analysis. Will a W14 × 74, A992 member be adequate if the moment is applied to put bending about the strong axis?

22. A 28 ft column in a moment frame must carry a compressive load of 110 kips and moment about the strong axis of 100 ft-kips from an LRFD second-order direct analysis. Will a W10 × 54, A992 member be adequate if the moment is applied to put bending about the strong axis?

23. A 28 ft column in a moment frame must carry a compressive load of 73 kips and moment about the strong axis of 67 ft-kips from an ASD second-order direct analysis. Will a W10 × 54, A992 member be adequate if the moment is applied to put bending about the strong axis?

24a. Select a W-shape for a column with a length of 18 ft. The results of a second-order direct analysis indicate that the member must carry a force of 700 kips and a moment of 350 ft-kips. Design by LRFD.

24b. Select a W-shape for a column with a length of 18 ft. The results of a second-order direct analysis indicate that the member must carry a force of 467 kips and a moment of 230 ft-kips. Design by ASD.

25a. Select a W-shape for a column with a length of 28 ft. The results of a second-order direct analysis indicate that the member must carry a force of 1100 kips and a moment of 170 ft-kips. Design by LRFD.

25b. Select a W-shape for a column with a length of 28 ft. The results of a second-order direct analysis indicate that the member must carry a force of 730 kips and a moment of 110 ft-kips. Design by ASD.

26a. Select a W-shape for a column with a length of 14 ft. The results of a second-order direct analysis indicate that the member must carry a force of 350 kips and a moment of 470 ft-kips. Design by LRFD.

26b. Select a W-shape for a column with a length of 14 ft. The results of a second-order direct analysis indicate that the member must carry a force of 230 kips and a moment of 320 ft-kips. Design by ASD.

27a. Select a W-shape for a column with a length of 16 ft. The results of a second-order direct analysis indicate that the member must carry a force of 1250 kips and a moment of 450 ft-kips. Design by LRFD.

27b. Select a W-shape for a column with a length of 16 ft. The results of a second-order direct analysis indicate that the member must carry a force of 830 kips and a moment of 300 ft-kips. Design by ASD.

28. The two-bay moment frame shown in Figure P8.28 contains a single leaning column. The results of a first-order elastic analysis for each load are given. Determine whether the exterior columns are adequate to provide stability for the frame under dead and live load. All W-shapes are given and the steel is A992. Determine by (a) LRFD and (b) ASD.

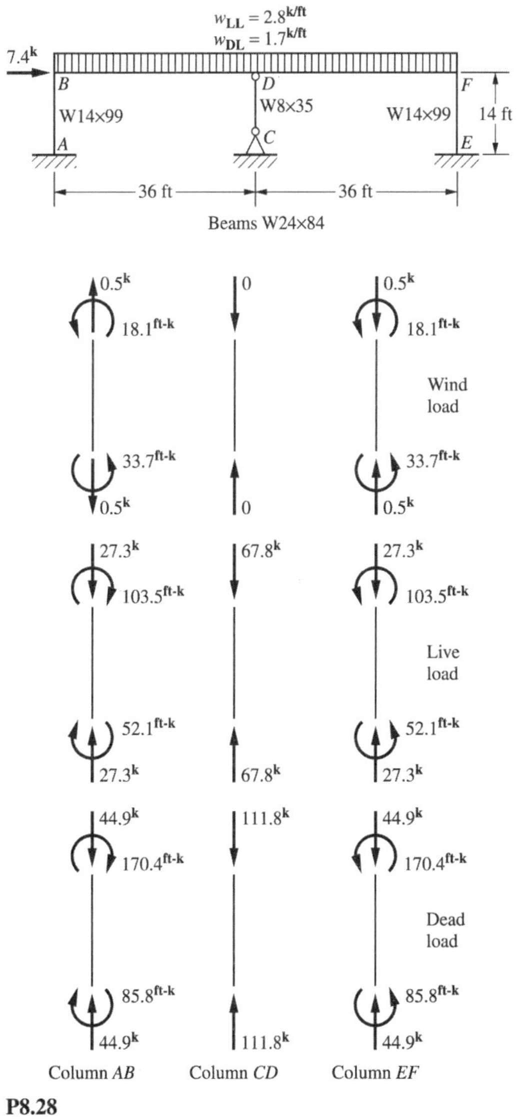

P8.28

29. The two-story frame shown in Figure P8.29 relies on the left-hand columns to provide stability. Using the first-order analysis results shown, determine whether the given structure is adequate if the steel is A992.

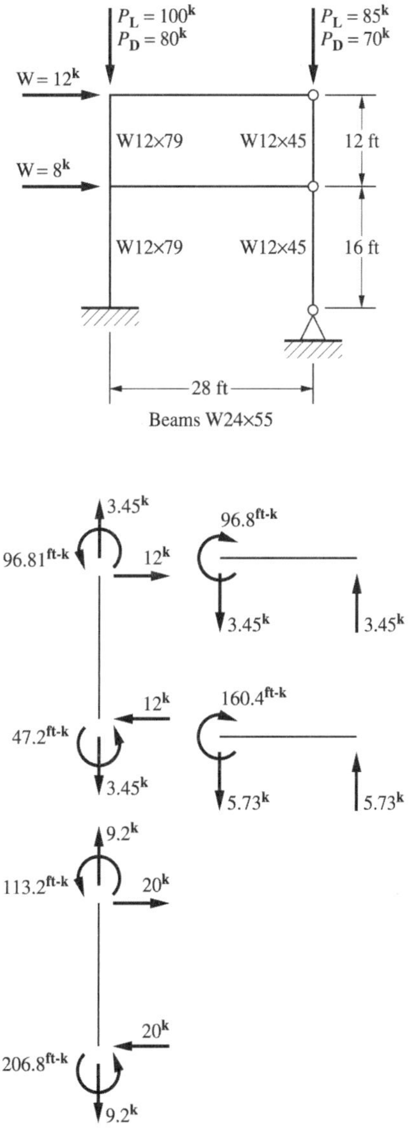

P8.29

30. The two-bay, two-story frame shown in Figure P8.30 is to be designed. Using the Live, Dead, Snow, and Wind Loads given in the figure, design the columns and beams to provide the required strength and stability by (a) LRFD and (b) ASD.

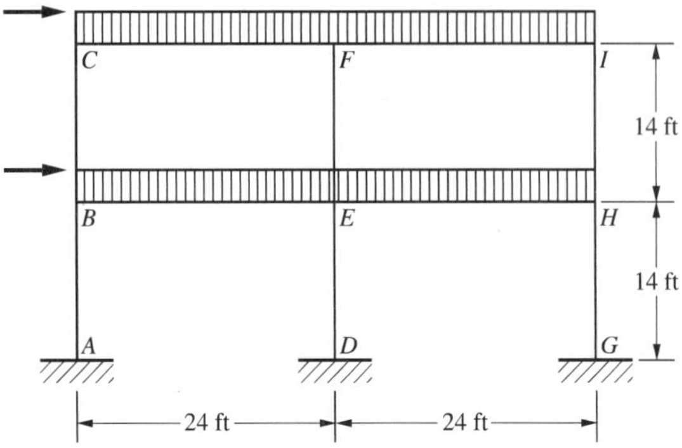

Level *CFI*

$w_{LL} = 0.72^{k/ft}$

$w_{snow} = 1.08^{k/ft}$

$w_{DL} = 1.80^{k/ft}$

Level *BEH*

$w_{LL} = 2.88^{k/ft}$

$w_{DL} = 2.0^{k/ft}$

Wind

at *C* 6.3^{k}

at *B* 12.6^{k}

P8.30

Multi-Chapter Problem

31. Integrated Design Project For the building introduced in Section 1.15, the lateral load resistance in the east-west direction is provided by two perimeter moment frames as seen in Figure 1.25. Before the forces in these members can be determined, the specified wind load must be determined. At this stage in the design, a simplified approach to wind load calculation similar to that used in Chapter 4 might yield the following loads at each level:

Roof	32.0 kips
Fourth floor	59.0 kips
Third floor	54.0 kips
Second floor	50.0 kips
Total wind load	195.0 kips

The moment frames will share equally in carrying these loads. They will be designed using the effective length method of Appendix 7.2, and second-order effects will be incorporated using the amplified first-order analysis method of Appendix 8; thus, superposition may be used.

Before an analysis may be carried out, preliminary member sizes must be obtained. Using the gravity loads calculated in Chapter 2, select preliminary column and beam sizes without concern for the frame behavior of the structure.

With these member sizes, the analysis is to be carried out for dead load, live load, roof load, and wind load. Members are to be selected for the gravity plus wind load combination, so there will be no need to include notional loads.

Design the columns and beams for the resulting load effects and redo the analysis to check the strength of these new members and the drift of the structure. Confirm that the effective length method may be used.

제 9 장

합성 구조

9.1 개요

서로 다른 응력-변형률 관계를 갖는 둘 또는 그 이상의 재료를 결합하여 단일 부재로서 기능하기 위해 요구된 모든 구조 부재는 합성 부재로 간주할 수 있다.

많이 다른 종류의 부재는 합성재로 불리고 사용되어 왔다. 이러한 부재는 그림 9.1에서와 같이 (a) 철근콘크리트 보, (b) 현장타설콘크리트 슬래브를 갖는 프리캐스트콘크리트 보, (c) 목재 측 부재와 강판을 결합한 flitch 거더, (d) 합판이 원목과 결합된 가압판 패널(stressed skin panel)과 (e) 콘크리트와 결합된 형강(steel shape)을 포함한다.

마지막 유형의 부재 및 유사한 부재들은 일반적으로 건물 적용에서 합성재로 고려된다. 시방서 제 I 장은 그림 9.2에 묘사된 합성재의 설계를 위한 규칙을 제공한다. 이와 같은 부재는 (a) 콘크리트에 완전 매입된 철골보 (b) 평편하면(flat soffit) 콘크리트 슬래브를 갖는 철골보 (c) 성형(formed) 강재 데크와 결합된 철골보 (d) 콘크리트에 완전 매입된 철골기둥, 그리고 (e) 콘크리트로 충전된 중공 형강 등이 있다.

그림 9.2a와 e에 나타내는 매입 보와 충전 기둥은 두 재료 사이에 존재하는 자연부착 이외의 강철과 콘크리트 사이의 기계적 정착을 필요로 하지 않을지 모른다; 그러나, 그림 9.2b, c 및 d에 나타낸 휨과 압축부재는 항상 기계적인 전단연결의 일부 방식을 필요로 한다.

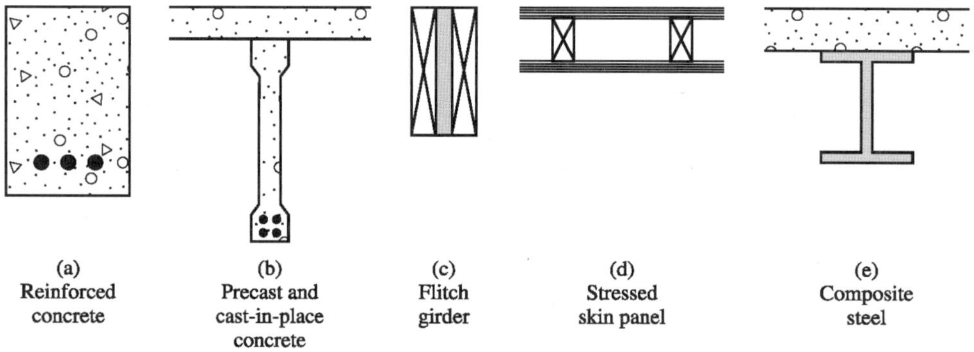

그림 9.1 • 합성부재

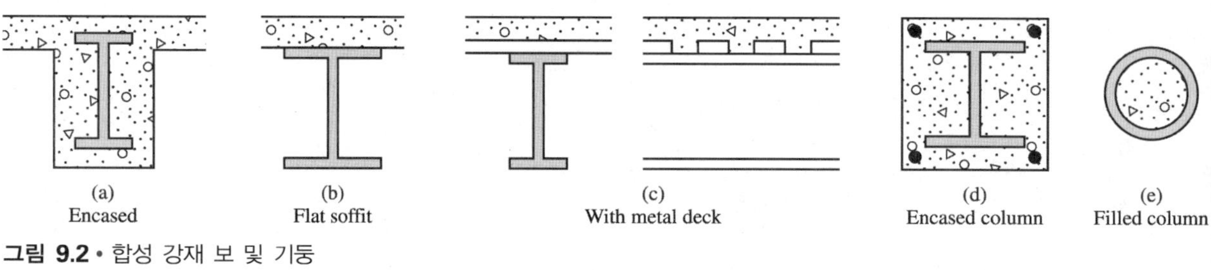

그림 9.2 • 합성 강재 보 및 기둥

그림 9.3 • 나선 전단 연결재를 사용한 합성보

기계적 전단 장치의 종류와 관계없이, 이는 강과 콘크리트를 연결하여 단일체를 형성하고 하중에 저항하기 위해 함께 거동하도록 두 재료를 허용한다. 이는 bare 형강의 강도를 상당히 증가한다. 합성보는 약 1935년에 처음 미국에서 교량설계에 사용하였다. 그림 9.3과 같이 전단스터드의 발명까지 콘크리트 바닥 슬래브는 와이어 스파이럴이나 채널을 사용하여 보의 상단 플렌지에 용접된 세로보(stringer beams)에 연결하였다.

그림 9.4와 같이 1940년대에 Nelson Stud Company는 특수 장비나 총기를 사용하여 강철보에 용접된 headed rod인 전단 스터드를 발명했다. 이 회사는 특허를 강요하지 않는 대신에 대중적이 되었을 경우에는 기업이 사업의 점유율을 올바르게 가정하고, 시스템의 비전매 특허의 사용을 권장하지 않는다. 매우 짧은 시간에 스터드는 나선형(spirals)과 채널(channels)을 대체하였고 오늘날 스터드는 합성 보 구조물에서 거의 독점적으로 사용되고 있다.

1952년 AISC는 건물 설계에 대한 시방서에 매입형 보의 합성 설계 규정을 채택했고, 1956년에는 평편하면(flat soffits)을 갖는 보까지 그것들을 확장했다. 설계절차는 합성단면의 극한 강도에 근거하지만, 규정들은 그 시대에 일반적이었던 허용응력 형태로 쓰여 있다. 이후에, 합성 보의 허용응력 설계는 종종 난해하고 이해하기 어렵다고 비판되어 왔다.

그림 9.4 • 스터드 Gun을 이용한 전단스터드 설치. **Photo Courtesy W. Samuel Easterling.**

표 9.1 이 장에서 다루는 시방서의 절과 매뉴얼의 파트

시방서	
I1	일반규정
I2	축력
I3	휨
I5	조합된 축력 및 휨
I6	하중 전이
I8	강재 앵커
매뉴얼	
Part 3	휨부재 설계
Part 4	압축부재 설계

ASD 또는 LRFD이던 현재의 시방서에서 합성보의 설계에 대한 규정은 간단하고 직접적이고 아주 단순하다. 합성 부재의 극한 휨강도는 강 단면과 콘크리트 슬래브 사이에 전단을 전달하는 연성 전단 연결재와 소성응력 분포에 근거한다.

시방서 I1.3절에는 합성 콘크리트 부재를 사용하기 위한 재료적 물성치에 제한을 준다. 콘크리트는 f_c'를 경량 콘크리트는 3 ksi와 6 ksi 사이에 보통 콘크리트는 3 ksi와 10 ksi 사이로 제한된다. 구조용 강재와 철근의 최소 항복강도는 75 ksi까지다.

이 장에서는 합성보와 합성기둥의 설계에 대해 설명한다. 표 9.1은 이장에서 논의되는 시방서의 절들과 매뉴얼의 파트를 나열한다.

9.2 합성보 시공의 장단점

합성구조의 한 가지 특징은 건축 구조물에 사용하기에 특히 유리하다는 것이다. 전형적인 건물 바닥 시스템은 두 개의 주요부분으로 되어있다: 지지 부재에 하중을 수반하는 바닥 구조물은 일반적으로 콘크리트 슬래브 또는 금속 데크 슬래브이고, 거더 사이의 공간인 경간(span)은 지지부재로서 일반적으로 강재 보 또는 장선이다. 합성 바닥시스템의 장점은 기존 콘크리트 슬래브의 "double counting"에서 유래한다. 이런 구조 유형의 장점으로 확인 할 수 있는 다른 모든 요인들은 이러한 단일특성(single feature)으로 추적할 수 있다. 합성보는 기존 콘크리트 슬래브를 가지고 거더에 하중을 수반하는 강재 보와 연계하는 것을 가능하게 한다. 따라서, 결과적인 시스템은 강재 보에서 단독으로 이용할 수 있는 것보다 큰 강도를 갖는다.

이 요소의 장점은 bare 강재보에 비해 주어진 하중을 수반하기 위해 경량 및/또는 얕은 깊이가 필요한 부재에 있다. 콘크리트 슬래브가 압축되고 강재의 대부분이 긴장상태에 있기 때문에, 두 가지 재료는 가장 유리하게 작동한다. 또한, 유효 보 깊이는 부재의 전반적인 효율성을 증가하기 위해 단지 강재의 깊이로부터 슬래브의 상부에서 강재의 바닥까지의 총 거

리로 증가되어 왔다.

강성에 관해서는 합성 단면에서는 기존의 강재 보에 비해 관성의 증가된 탄성 모멘트를 갖는다. 합성 단면의 강성 실제 계산은 많은 경우에 근사치를 낼지 모르지만, 증가된 강성의 영향이 정적 처짐에 영향을 미친다.

합성 구조의 유일한 단점은 시방서에 강재 스터드 앵커라고 언급되는 전단 연결재의 추가 비용이다. 증가된 강도 또는 필요 강재무게의 감소는 일반적으로 전단 연결재의 추가 비용을 상쇄하기에 충분하기 때문에 이 증가된 비용이 진정한 단점이라고 할 수는 없다.

9.3 지주와 무지주 시공

시공의 두 가지 방법을 합성 보에 사용할 수 있다: 이는 지주(shored)와 무지주(unshored) 시공이다. 각각은 장점과 단점을 가지고 있고 간략히 논의 될 것이다. 합성 보의 시공에 대한 두 가지 방법 사이의 차이점은 젖은 콘크리트의 자중이 전달되는 방법이다.

형강이 단독으로 콘크리트 하중을 전달하는 것이 요구될 때, 보는 무지주 된 것으로 간주된다. 이 경우에 강재는 응력을 받고 변형한다. 이는 거푸집 및/또는 데크를 강재 보에 직접적으로 지지하기 때문에 합성 보를 구축하는 가장 간단한 방법이다. 하지만 무지주 시공은 젖은 콘크리트 배치에 의해 시공단계에서 처짐 문제를 초래할 수 있으므로 강재 보에는 처짐이 발생한다. 레벨(level) 슬래브를 얻기 위해, 보의 처짐이 최대가 되는 위치에 더 많은 콘크리트를 배치한다. 이것은 건설업자가 초기 슬래브 두께에 따라 필요 이상으로 콘크리트를 배치해야 한다는 것을 의미하며, 설계자는 슬래브가 균일한 두께인 경우 필요로 하는 것보다 더 많은 강도를 제공하는 것이 필요하다.

지주 시공을 위해 shores라 불리는 임시 지지대는 젖은 콘크리트의 무게를 견디기 위해 강재 보의 아래에 배치된다. 이와 같은 경우에 합성 단면은 지주가 제거된 후의 전체 하중을 견딘다. 어떤 하중도 bare 강재 보에 의해서만 전달되지 않고, 따라서 콘크리트 타설동안 처짐이 발생하지 않는다. 지주 시공의 선택에 있어서 두 가지 요소를 고려해야 한다: (1) 시간과 비용의 두 가지 측면에서 임시 지주에 대한 배치 및 제거의 추가비용과 (2) 콘크리트에서 크리프에 의한 사하중 처짐인 장기적인 잠재적인 증가는 슬래브의 영구적인 무게를 견디기 위해 참여해야 한다.

사용하중 상태에서 탄성응력 분포 및 처짐은 합성 보가 지주 또는 비지주 되어 있는지 여부에 따라 영향을 받지만, 연구는 합성 단면의 극한강도가 지주의 여부(situation)와는 무관하다는 것을 보여준다. 따라서 지주의 사용은 설계자와 건설업자에게 모두 고려되어야 하는 사용성과 시공성 전부의 문제이다. ASD 또는 LRFD 이던간에, 지주 및 비지주 시스템은 시방서 I3절에서 주어진 것처럼 동일한 공칭 강도를 갖는다.

9.4 유효 플랜지

전형적인 일련의 합성보 단면도는 그림 9.5에 보여준다. 콘크리트 슬래브는 일반적으로 횡 스패닝(spanning) 바닥시스템의 일부이기 때문에 그 두께와 강재 보의 간격은 일반적으로 합성 보의 설계 이전에 정립된다.

하중 지지에 참여하는 슬래브 능력은 보 중심선으로부터의 거리가 증가함에 따라 감소하기 때문에, 약간의 제한이 합성 보의 강도를 결정하기 위해 계산에 사용될 수 있는 슬래브의 부분을 결정하기 위해 수립되어야 한다. 시방서는 I3.1a 절에 내부 보에서 콘크리트 슬래브의 유효폭과 테두리 보에 대한 추가적인 기준을 결정하기 위한 두 가지 기준을 제공한다. 그림 9.5에서 보여주듯이, 유효폭 b_{eff}은 강재 단면 중심선의 양쪽에서 b'값의 합이다. 내부 보에서 b'는 다음보다 작은 값을 갖는다.

$$b' \leq \frac{\text{span}}{8}$$

$$b' \leq \frac{1}{2}\text{distance to the adjacent beam}$$

테두리 보에 대한 추가적인 기준은 다음과 같다.

$$b' \leq \text{distance to the edge of the slab}$$

콘크리트 슬래브의 전체 두께는 압축력을 전달하는 것이 가능하다. 그러나 계산에 사용된 콘크리트의 깊이는 형강에서 전단 연결재에 의해 전달되는 힘의 균형을 위해 압축에 충분한 면적을 제공하는 것이 필요하다. 슬래브 두께는 슬래브의 유효폭에 영향을 주지 않는다.

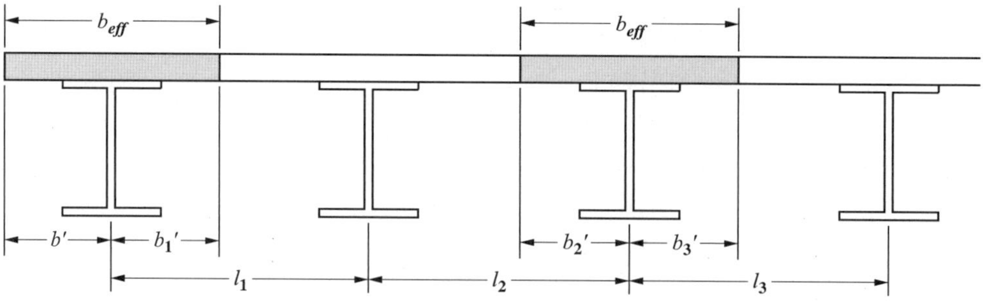

그림 9.5 • 유효 플랜지 폭

9.5 합성보와 슬래브의 강도

평편하면 합성보(그림 9.2b)는 강재단면의 상단과 같은 높이로 설치되어 있는 거푸집을 사용하여 시공된다. 콘크리트 슬래브는 강재의 상단 높이에서 평평한 표면을 가지고 강재 단면에 직접적으로 배치된다. 성형 강재데크를 갖는 합성 보는 강재 보 또는 거더의 위에 실려 있는 강재데크를 구축하고 있다. 콘크리트는 데크의 상단에 콘크리트 리브와 보이드(voids)가 교대되도록 배치된다. 제공된 강재에서 긴장력을 균형 시키는데 필요한 콘크리트의 일부가 리브의 상단 위에서 이용가능하다면 극한강도는 복합 보의 두 가지 유형에 대해 유사하게 결정된다. 강재가 지주 와 무지주 중 하나로 할 수 있지만, 합성 부재의 강도는 지주의 사용에 의존하지 않고 설계 규정은 시공방법과는 무관하다.

콘크리트가 압축에서 정모멘트를 받는 합성보의 휨강도는 시방서의 I3.2a절에 나타내었다. 이 절에서는 강도가 평편하면 보에 발현된다. 금속 데크의 사용을 고려하기 위해 필요한 사항은 다음 절에서 제시되고 있다. $h/t_w \leq 3.76\sqrt{E/F_y}$ (모든 압연 W-, S-와 HP- 형강에 관하여)의 복부 세장비를 갖는 형강의 경우 공칭모멘트 M_n은 합성단면에서 응력의 소성 분포로부터 결정되며,

$$\phi_b = 0.90\ (\text{LRFD}) \qquad \Omega_b = 1.67\ (\text{ASD})$$

세 가지 가능한 소성응력 분포를 갖는 합성보 단면도는 그림 9.6에 보여준다. 응력분포 고려에 관계없이 평형은 전체 장력과 전체 압축력이 동등 하다는 것($T = C$)이 요구된다. 그림 9.6a에서 소성중립축(PNA)은 형강의 상단에 위치해 있다. 모든 콘크리트를 사용하여 발생한 압축력은 강재 전부를 사용하여 개발된 인장력과 정확하게 동일하다. 그림 9.6b의 분포에 대하여, PNA는 형강 내에 배치되어 있다. 이 경우에는 모든 콘크리트는 압축을 가지고 있지만, 이는 전체의 형강을 제공 할 수 있는 인장력의 균형을 맞추는 것만으로 충분하

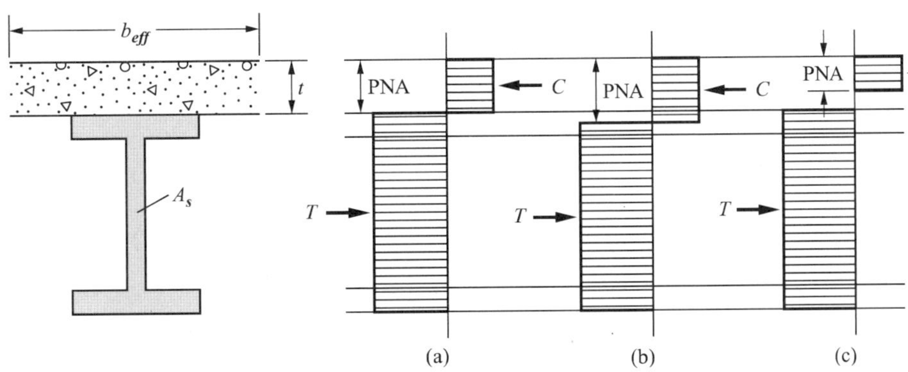

그림 9.6 • 소성응력 분포

지 않다. 따라서 형강의 일부는 $T=C$를 충족하기 위해 압축 상태에 있다. 그림 9.6c에 표시된 소성응력분포는 콘크리트의 전량보다 적지만 형강으로 발생한 인장력의 균형을 위해 필요로 하는 경우에 나타난다. 여기에서 PNA는 콘크리트 내에 배치되고, 그것이 긴장 상태가 되기 때문에 PNA 아래의 콘크리트의 부분은 사용되지 않는다.

세 개의 모든 경우에 있어서 단면의 평형은 전단 연결재가 콘크리트의 강재에 의해 견디는 힘을 전달할 수 있는 것을 요구한다. 그림 9.6a와 b의 경우에 이는 콘크리트의 전체 강도이다. 그림 9.6c의 경우에 이것은 형강의 강도이다. 전단연결재는 요소들 중 하나의 최대 강도(capacity)를 사용하여 균형을 제공하는데 필요한 전단력의 전체 양을 견디기 때문에, 이것은 완전합성보(fully composite beam)라고 부른다. 이것은 전단 연결재로 전달할 수 있는 전단력이 이 양보다 작으면 합성 보를 설계할 수 있다. 이 경우에 보는 부분합성보(partially composite beam)라고 부른다. 그것이 완전합성부재보다 낮은 강도를 가지고 있지만, 그것은 종종 가장 경제적인 해결책이다.

시방서는 콘크리트에 소성응력분포가 $0.85f_c'$의 규모에서 균일한 응력임을 나타낸다. 이것은 ACI318 철근콘크리트용 시방서에 의해 명시된 분포와 같다. 추가로, 형강에서 소성모멘트를 결정할 때의 경우처럼, 강에서의 응력분포는 균일한 F_y로 한다.

시방서는 또한 합성단면의 강도를 결정하는 변형률 적합법의 사용을 제공한다. 단면이 특이한 기하학적 구조인 경우 또는 강재가 조밀한 웨브를 가지고 있지 않는 경우에 이 방법을 고려해야 한다.

9.5.1 완전합성보

응력분포의 수립은 강재와 콘크리트의 사실상 특정한 조합에 대하여 합성 보의 세 가지 요소에 의해 제어되도록 최소의 압축력을 계산하는 것이 필요하다: 콘크리트, 강재 및 전단 연결재.

모든 콘크리트가 압축이 작용하는 경우,

$$V_c' = 0.85f_c'\, b_{eff}\, t \tag{9.1}$$

모든 강재가 인장이 작용하는 경우,

$$V_s' = F_y A_s \tag{9.2}$$

전단스터드가 모든 강도를 발현한 경우,

$$V_q' = \Sigma Q_n \tag{9.3}$$

전체 합성작용은 현재 가정되기 때문에 V_q'는 통제하지 않으며 심지어 고려되지 않는다. $V_s' \le V_c'$인 경우, 강재는 완전히 응력을 받고 콘크리트는 약간의 응력을 받는다. 이는 그림 9.6a 또는 c에 나타낸 분포이다. $V_c' < V_s'$인 경우 콘크리트는 완전히 응력을 받고 강재는 평형을 확보하기 위해 인장과 압축을 모두 전달하는 것이 요구된다. 이는 그림 9.6b에 나타내는 분포를 야기한다. 적절한 응력 분포를 알면 해당하는 힘이 결정되고 그 적용 점을 찾을 수 있다. 이 같은 정보를 갖는 공칭 모멘트 M_n은 몇 가지 기준점 주위의 모멘트를 갖고 구할 수 있다. 내력은 짝힘과 같기 때문에 임의의 기준점이 모멘트를 적용하는데 사용될 수 있다; 그러나 일관된 기준점을 사용하는 것이 편리하다. 이러한 계산은 강재의 상단을 모멘트가 취해지는 점으로 사용한다.

그림 9.6a와 c의 경우에 PNA의 결정은 매우 간단하다. 두 가지 경우에서 강재가 완전한 인장상태이므로 강재가 지배한다고 하며 이것은 콘크리트가 V_s'와 동일한 압축력을 지지해야 하는 것으로 알려져 있다. 이 힘에 저항하기 위해 필요한 콘크리트 부분만 사용되며 a는 그것의 궁극적으로 응력을 받는 콘크리트의 깊이로 정의되므로 $C_c = 0.85 f_c' b_{eff}\, a$이다. $V_s' = C_c$로 하고 a에 대해 풀면

$$a = \frac{V_s'}{0.85 f_c' b_{eff}} = \frac{F_y A_s}{0.85 f_c' b_{eff}} \tag{9.4}$$

V_s'와 V_c'가 완전히 동일할 때에 특별한 경우에 대해 이렇게 하여 얻어진 값은 실제 슬래브 두께 t와 같다. 이는 그림 9.6A에 나타낸다. a의 다른 모든 값에 대해 그림 9.6c의 분배가 발생한다. 공칭 휨강도는 다음처럼 강재의 상단에 대해 모멘트에 의해 얻을 수 있다.

$$M_n = T_s(d/2) + C_c(t - a/2) \tag{9.5}$$

$V_c' < V_s'$는 콘크리트 제어할 때에 PNA의 결정은 조금 복잡하다. 이것은 두 개의 독립된 서브케이스로서 이러한 경우를 고려하는 것이 좋다: (1) 강재 플랜지에서 발생하는 PNA와 (2) 웨브에서 발생하는 PNA. 그것은 V_c'가 제어함으로 결정되고 따라서 $C_c = V_c'$이며 다음 단계는 아래로부터 강 플랜지와 웨브의 힘을 결정하는 것이다.

$$T_f = F_y(b_f t_f) \tag{9.6}$$

$$T_w = T_s - 2T_f \tag{9.7}$$

콘크리트의 힘과 바닥 플랜지와 웨브를 더한 힘과 비교하면 PNA가 상부 플랜지 또는 웨브에 있는지를 보여준다. $C_c > T_w + T_f$인 경우 더 많은 인장이 평형을 위해 필요하고 PNA는 상부 플랜지에 있어야 한다. $C_c < T_w + T_f$인 경우에는 더 적은 인장이 평형에 필요하며 PNA는 웨브에 있어야 한다. 어느 경우에나 콘크리트 힘 C_c와 사용 가능한 강재 힘 T_s 사이의 차이가 평형을 얻기 위해 긴장과 압축 사이에서 균등하게 분할되어야 한다. 이는 PNA의 위치와 공칭 모멘트 강도의 결정을 가능하게 한다. 따라서,

$$A_{s-c} = \text{압축을 받는 강재의 면적}$$

그리고

$$A_s = \text{강재의 총면적}$$

평형은 다음에 의해 주어진다.

$$C_c + F_y A_{s-c} = T_s - F_y A_{s-c} \tag{9.8}$$

압축을 받는 강재의 면적에 대해 풀면 다음과 같다.

$$A_{s-c} = \frac{T_s - C_c}{2F_y} \tag{9.9}$$

PNA가 플랜지에 있는 경우에 플랜지의 상부로부터 PNA까지의 거리는 x로 주어지며, 여기서,

$$x = \frac{A_{s-c}}{b_f} \tag{9.10}$$

그리고 PNA가 웨브에 있는 경우는,

$$x = \frac{A_{s-c} - b_f t_f}{t_w} + f_f \tag{9.11}$$

식 (9.11)은 고려되는 면적과 관련된 경우 더욱 쉽게 이해될 수 있다. 압축을 받는 웨브 면적은 플랜지 면적보다 작은 압축을 받는 강의 면적이다. 이러한 웨브 압축 면적은 웨브의 두께로 나누고 그 결과는 플랜지의 밑면에서 측정된 PNA의 위치이다. 따라서 x는 단순히 압축에서 플랜지의 두께를 더한 웨브의 두께이다.

9.1 Example

－완전합성보 강도－

그림 9.7의 "보 A"로 보이는 내측 합성보의 공칭 모멘트강도를 구하라.

조건: 단면은 W21 × 44이고 4.5 in 콘크리트 슬래브를 지지한다. 치수는 보이는 바와 같다. $F_y = 50$ ksi이고 $f_c' = 4$ ksi이다. 완전합성 작용을 가정한다.

풀이.

Step 1: 유효 플랜지폭을 결정하고, 최소는

$$b_{eff} = 30.0(12\text{ in./ft})/4 = 90.0\text{ in.}$$

그리고

$$b_{eff} = (10.0 + 10.0)(12\text{ in./ft})/2 = 120\text{ in.}$$

그러므로,

$$b_{eff} = 90.0\text{ in.}$$

Step 2: 지배하는 압축력을 구한다.

$$V_c' = 0.85(4.0)(90.0)(4.5) = 1380 \text{ kips}$$
$$V_s' = 13.0(50) = 650 \text{ kips}$$

완전합성작용을 가정하여, 전단연결재는 V_c'와 V_s'중 작을 것을 전달해야 한다; 따라서,

$$V_q' = 650 \text{ kips}$$

V_s'가 V_c'보가 작기 때문에, PNA는 콘크리트에 위치한다.

Step 3: 식 (9.4)를 이용하여 PNA 위치를 구한다.

$$a = \frac{650}{0.85(4)(90.0)} = 2.12 \text{ in.}$$

결과되는 소성응력 분포는 그림 9.7c에 나타난다.

Step 4: 식 (9.5)를 사용하여 공칭 모멘트강도를 구한다.

$$M_n = 650\left(\frac{20.7}{2}\right) + 650\left(4.50 - \frac{2.12}{2}\right) = 9000 \text{ in.-kips}$$

$$M_n = \frac{9000}{12} = 750 \text{ ft-kips}$$

Step 5: LRFD의 경우, 설계모멘트는

$$\phi M_n = 0.9(750) = 675 \text{ ft-kips}$$

Step 5: ASD의 경우, 설계모멘트는

$$\frac{M_n}{\Omega} = \frac{750}{1.67} = 449 \text{ ft-kips}$$

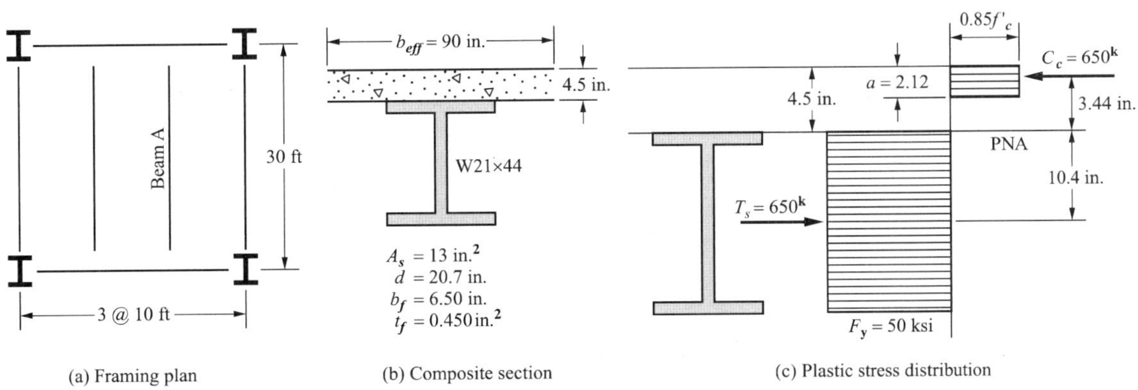

(a) Framing plan (b) Composite section (c) Plastic stress distribution

그림 9.7 • 내측 합성보 (예제 9.1)

9.2 Example

－완전합성보 강도－

그림 9.7의 "보 A"로 보이는 내측 합성보의 공칭 모멘트강도를 구하라.

조건: 그림 9.8에 보이는 대로 강 부재에 대해 W21 × 111을 사용하고 예제 9.1에서와 같은 재료를 사용한다. 설계모멘트 및 허용모멘트를 구한다.

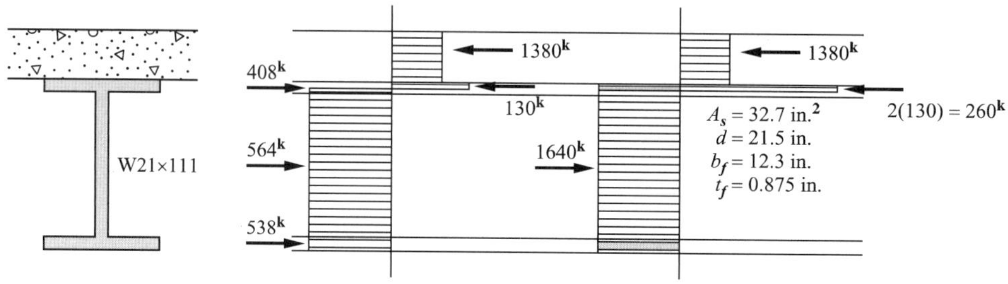

그림 9.8 • 내측 합성보 (예제 9.2)

풀이.

Step 1: 유효 플랜지폭을 결정한다.
유효 플랜지폭은 같을 것이다; 따라서,

$$b_{eff} = 90.0\text{ in.}$$

Step 2: 지배하는 압축력을 구한다.

$$V_c' = 0.85(4.0)(4.5)(90.0) = 1380\text{ kips}$$
$$V_s' = 32.7(50) = 1640\text{ kips}$$

Assuming full composite action

$$V_q' = 1380\text{ kips}$$

V_c'가 V_s'보가 작기 때문에, PNA는 강재에 위치한다.

Step 3: PNA가 강의 플랜지 혹은 웨브에 있는지 결정한다.

$$T_f = 12.3(0.875)(50) = 538\text{ kips}$$
$$T_w = 1640 - 2(538) = 564\text{ kips}$$

따라서,

$$C_c = V_c' = 1380 > T_f + T_w = 538 + 564 = 1100$$

콘크리트의 압축력을 균형시키기 위해 추가의 인장이 필요하므로 PNA는 플랜지에 위치한다.

Step 4: 압축을 받는 강의 면적을 구한다.
식 (9.9)를 사용한다.

$$A_{s-c} = \frac{1640 - 1380}{2(50)} = 2.60\text{ in.}^2$$

Step 5: 플래지 내의 PNA 위치를 구한다.

PNA는 식 (9.10)에서 주어진 대로 강의 상단으로부터 밑으로 x만큼의 거리에 위치한다.

$$x = 2.60/12.3 = 0.211 \text{ in.}$$

이 PNA 위치에 대한 응력 분포는 그림 9.8b에 나타난다.

Step 6: 합성보의 공칭 모멘트강도를 결정한다.
공칭모멘트를 구하기 위하여 모멘트는 어떤 점에 대해서도 취해질 수 있다; 하지만, 그림 9.8c에 보이는 단순화된 모델은 해석을 더욱 빠르게 만든다. 이 경우, 강의 전체 면적은 인장으로 보이고 압축 부분은 우선 제거되고 (압축쪽의 130 kips), 압축에서 더해진다 (압축쪽에 또다른 130 kips), 2(130) = 260 kips. 이는 모멘트식에 들어가는데 있어 세 개의 힘 및 모멘트팔만을 야기한다. 따라서,

$$M_n = T_s\left(\frac{d}{2}\right) + C_c\left(\frac{t}{2}\right) - 2A_{s-c}F_y\left(\frac{x}{2}\right)$$

$$M_n = 1640\left(\frac{21.5}{2}\right) + 1380\left(\frac{4.5}{2}\right) - 2(130)\left(\frac{0.211}{2}\right) = 20{,}700 \text{ in.-kips}$$

$$M_n = \frac{20,700}{12} = 1730 \text{ ft-kips}$$

Step 7: LRFD의 경우, 설계모멘트는

$$\phi M_n = 0.9(1730) = 1560 \text{ ft-kips}$$

Step 7: ASD의 경우, 설계모멘트는

$$\frac{M_n}{\Omega} = \frac{1730}{1.67} = 1040 \text{ ft-kips}$$

9.5.2 부분합성보

합성부재는 지금까지 완전합성으로 고려되어 왔다. 이것은 전단 연결재가 콘크리트 또는 강재 중 하나가 완전 응력을 받는 경우에 평형을 위해 필요로 하는 어떠한 힘을 전달할 수 있다고 가정하는 것을 의미한다. 합성 단면의 소요강도는 완전 합성작용으로 인한 것보다 작게 하는 많은 조건들이 있다. 특히 이것들은 강부재의 크기가 합성 단면의 강도 이외의 요소에 의해 결정되는 경우가 있다. 전단연결재는 합성보에서 비용의 상당한 부분을 구성하기 때문에 강재 단면과 콘크리트의 형상이 이미 주어진 경우에 적은 소요휨강도가 감소된 전단 연결재의 수에 반영시킬 수 있다면 경제성은 발생할 수 있다.

합성단면이 탄성응력분포 하에서 관찰 된 경우 부분 합성작용은 더 쉽게 이해될 수 있다. 그림 9.9는 결합된 강재와 콘크리트의 세가지 케이스에 대한 탄성응력분포를 나타낸다. 그림 9.9a의 첫 번째 경우는 콘크리트가 두 재료 간에 전단 전달 없는 강재에 단순히 있을 때 발생한다. 그 결과는 경계면에서 서로 미끄러지는 두 개의 독립된 부재이다. 두 재료가 완전

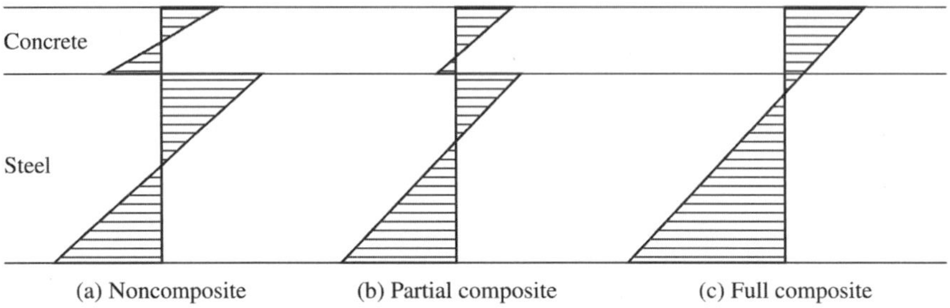

그림 9.9 • 탄성거동에 대한 합성작용 단계

연결되어 있다면, 탄성응력분포는 그림 9.9c에 나타나 있으며 재료들은 전혀 미끄러짐이 허용되지 않는다. 미끄러짐의 일부 제한된 양이 강재와 콘크리트 사이에 허용된 경우에, 탄성응력분포는 그림 9.9b에 나타낸 것과 비슷하다. 이것은 부분합성보가 탄성 영역에서 거동하는 방법이다.

부분합성부재의 소성모멘트강도는 그림 9.10에 나타낸 것과 유사한 응력분포 결과이다. PNA는 강재에 있고 콘크리트에서 압축력의 규모는 전단 연결재의 강도에 의해 제어된다.

$$V_q' = \Sigma Q_n$$

PNA의 최종위치에 관계없이 콘크리트의 힘은 전단스터드의 강도에 의해 제한된다. 따라서 완전 합성단면의 세 가지 경우에 대한 결합 방법은 부분합성부재를 위해 사용된다. 부분합성부재의 정의에 의해,

$$C_c = V_q' = \Sigma Q_n$$

그리고 압축에서 콘크리트 작용의 깊이는 다음에 의해 주어진다.

$$a = \frac{\Sigma Q_n}{0.85 f_c' \, b_{eff}} \tag{9.12}$$

식 (9.6)부터 (9.11)은 다음에 강재 내의 PNA의 위치를 결정하기 위해 사용할 있고 전과 같이 공칭 모멘트를 얻을 수 있다.

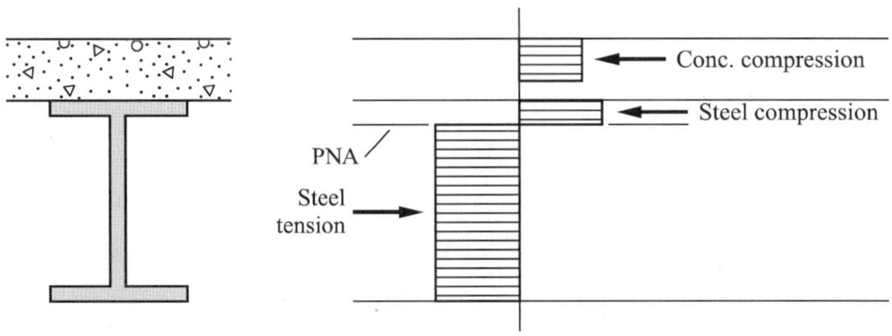

그림 9.10 • 부분 합성작용에 대한 소성응력 분포

9.3 Example

-부분합성보 강도-

부분합성보의 공칭 모멘트강도를 구하라. 또한 설계모멘트 및 허용모멘트를 구하라.

조건: 예제 9.1에 주어지고 그림 9.7에 보이는 콘크리트와 강재보를 고려한다. 하지만 이 경우에 전단 연결재들은 $V_q' = 500$ kips만을 전달할 수 있다고 가정한다.

풀이.

Step 1: 유효 플랜지폭을 결정한다. 이는 예제 9.1에서 결정된 것과 같다.

$$b_{eff} = 90.0 \text{ in.}$$

Step 2: 지배하는 압축력을 구한다. 예제 9.1로부터,

$$V_c' = 1380 \text{ kips}$$
$$V_s' = 650 \text{ kips}$$

주어진 데이터로부터,

$$V_q' = 500 \text{ kips}$$

최소 압축력값은 V_q'로 주어지기 때문에 이는 부분합성부재이고 $C_c = V_q' = 500$ kips.

Step 3: 식 (9.12)로부터 압축으로 작용하는 콘크리트의 깊이를 구한다.

$$a = \frac{500}{0.85(4)(90.0)} = 1.63 \text{ in.}$$

Step 4: 식 (9.9)로부터 압축의 강재 면적을 구한다.

$$A_{s-c} = \frac{650 - 500}{2(50)} = 1.50 \text{ in.}^2$$

이는 플랜지의 면적보다 작기 때문에, $6.50(0.450) = 2.93$ in^2, PNA는 플랜지에 위치한다.

Step 5: 식 (9.10)으로부터 PNA의 위치를 구한다.

$$x = 1.50/6.50 = 0.231 \text{ in.}$$

Step 6: 그림 9.11에 보이는 세 개의 힘을 사용사여 공칭 모멘트강도를 구한다.

$$M_n = 650\left(\frac{20.7}{2}\right) + 500\left(4.50 - \frac{1.63}{2}\right) - 2(75.0)\left(\frac{0.231}{2}\right) = 8590 \text{ in.-kips}$$

$$M_n = \frac{8590}{12} = 716 \text{ ft-kips}$$

Step 7: LRFD의 경우, 설계모멘트는

$$\phi M_n = 0.9(716) = 644 \text{ ft-kips}$$

Step 7: ASD의 경우, 설계모멘트는

$$\frac{M_n}{\Omega} = \frac{716}{1.67} = 429 \text{ ft-kips}$$

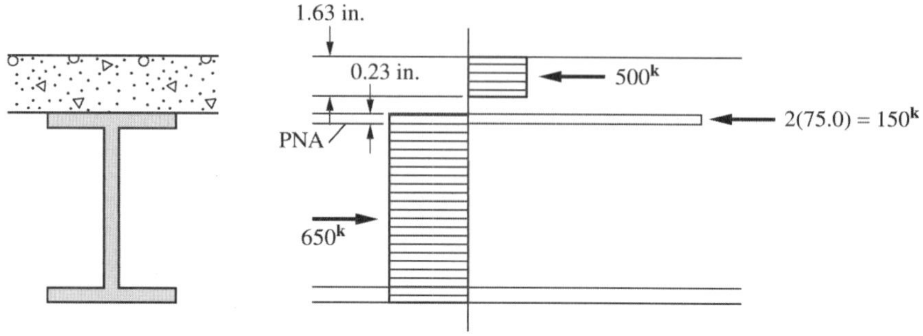

그림 9.11 • 예제 9.3의 응력분포 및 힘

공칭모멘트강도는 예제 9.1의 완전합성작용에 대한 750 ft-kips 부터 예제 9.3에 주어진 부분합성작용의 수준인 716 ft-kips까지 감소한다. 이것은 전단 연결재 강도의 23% 이상 감소에 해당하는 대략적으로 강도의 5% 감소이다. 두 가지 경우에서 합성 보의 강도는 기존 강재 보의 소성 모멘트 강도가 M_p = 398 ft-kips일 때 기존 강재 보의 강도보다 상당히 크다. 기존 강재 보와 합성 보 때문에 공칭강도수준에서 비교를 만족하고 저항계수와 안전계수는 같다.

9.5.3 합성보 설계표

강재와 콘크리트 사이에서 전달되는 힘은 합성 보의 강도를 지배한다. 전단스터드는 콘크리트에 하중을 전달하기 때문에 설계는 총 전단력 ΣQ_n과 연관된다. 설계 표는 합성 보의 휨 강도를 결정하기 위해 콘크리트 단면과 강도의 무한한 선택을 갖는 조합에서 전단 스터드 강도를 사용하여 개발되었다. 이는 매뉴얼 표 3-19에 주어진 예를 그림 9.12와 같이 여기에 나타낸다.

매뉴얼 표 3-19에 사용된 변수는 그림 9.13에 정의되어 있다. 보는 일곱 개의 PNA 위치로 나누어져 있다; 다섯 개는 플랜지에 두 개는 웨브에 있다. 위치 1에서 PNA는 플랜지의 상단에 있을 때 전체 강재 단면은 긴장상태에 있다. 이것은 완전합성보이다. PNA가 위치 1에서 웨브에 있을 때, 잠재적인 강재 단면력의 25%는 스터드를 통해 콘크리트에 전달된다. 그림 9.13과 같이 플랜지는 다섯 개의 PNA 위치를 갖고 위치 6의 스터드 강도는 위치 5와 7 사이의 차이의 1/2이다. 이러한 7 PNA 위치는 해당하는 스터드 강도 ΣQ_n를 수립하고 또한 표로 주어진다.

W16-W14

Table 3-19 (continued)
Composite W-Shapes
Available Strength in Flexure, kip-ft

F_y = 50 ksi

Shape	M_p/Ω_b	$\phi_b M_p$	PNA[c]	$Y1$[a]	ΣQ_n	$Y2$[b], in.							
	kip-ft					2		2.5		3		3.5	
	ASD	LRFD		in.	kip	ASD	LRFD	ASD	LRFD	ASD	LRFD	ASD	LRFD
W16×26	110	166	TFL	0	384	189	284	198	298	208	312	217	327
			2	0.0863	337	184	276	192	289	201	302	209	314
			3	0.173	289	179	269	186	280	193	291	201	301
			4	0.259	242	174	261	180	270	186	279	192	288
			BFL	0.345	194	168	253	173	260	178	267	183	275
			6	2.05	145	161	241	164	247	168	252	171	258
			7	4.01	96.0	148	223	151	226	153	230	155	234
W14×38	153	231	TFL	0	560	253	380	267	401	281	422	295	443
			2	0.129	473	244	367	256	384	268	402	279	420
			3	0.258	386	234	352	244	367	254	381	263	396
			4	0.386	299	224	337	232	348	239	360	247	371
			BFL	0.515	211	214	321	219	329	224	337	229	345
			6	1.38	176	209	313	213	320	217	327	222	333
			7	2.53	140	201	303	205	308	208	313	212	319
W14×34	136	205	TFL	0	500	225	338	237	356	250	375	262	394
			2	0.114	423	217	326	227	342	238	357	248	373
			3	0.228	346	208	313	217	326	226	339	234	352
			4	0.341	270	200	300	206	310	213	320	220	330
			BFL	0.455	193	190	286	195	293	200	301	205	308
			6	1.42	159	186	279	190	285	193	291	197	297
			7	2.61	125	179	269	182	273	185	278	188	283
W14×30	118	177	TFL	0	443	197	295	208	312	219	329	230	345
			2	0.0963	378	190	285	199	300	209	314	218	328
			3	0.193	313	183	275	191	287	199	298	206	310
			4	0.289	248	176	264	182	273	188	283	194	292
			BFL	0.385	183	168	253	173	260	177	266	182	273
			6	1.46	147	163	245	167	250	170	256	174	261
			7	2.80	111	156	234	158	238	161	242	164	246
W14×26	100	151	TFL	0	385	172	258	181	273	191	287	201	301
			2	0.105	332	166	250	175	262	183	275	191	287
			3	0.210	279	161	241	168	252	175	262	182	273
			4	0.315	226	155	232	160	241	166	249	172	258
			BFL	0.420	173	148	223	153	230	157	236	161	243
			6	1.67	135	143	215	146	220	149	225	153	230
			7	3.18	96.1	134	202	137	205	139	209	141	213

ASD	LRFD
$\Omega_b = 1.67$	$\phi_b = 0.90$

[a] $Y1$ = distance from top of the steel beam to plastic neutral axis.
[b] $Y2$ = distance from top of the steel beam to concrete flange force.
[c] See Figure 3-3c for PNA locations.

그림 9.12 • 합성 W-형강 : 휨강도

F_y = 50 ksi

Table 3-19 (continued)
Composite W-Shapes
Available Strength in Flexure, kip-ft

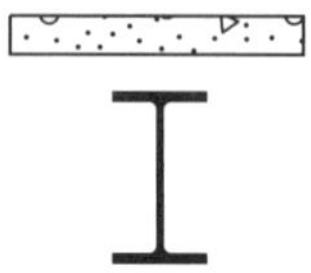

W16-W14

Shape	Y2[b], in.													
	4		4.5		5		5.5		6		6.5		7	
	ASD	LRFD	ASD	LRFD	ASD	LRFD	ASD	LRFD	ASD	LRFD	ASD	LRFD	ASD	LRFD
W16×26	227	341	237	356	246	370	256	384	265	399	275	413	285	428
	218	327	226	340	234	352	243	365	251	377	259	390	268	403
	208	312	215	323	222	334	229	345	237	356	244	366	251	377
	198	297	204	306	210	315	216	324	222	333	228	343	234	352
	188	282	192	289	197	296	202	304	207	311	212	318	217	326
	175	263	179	268	182	274	186	279	189	285	193	290	197	296
	158	237	160	241	163	244	165	248	167	252	170	255	172	259
W14×38	309	464	323	485	337	506	351	527	365	548	379	569	393	590
	291	438	303	455	315	473	327	491	338	508	350	526	362	544
	273	410	283	425	292	439	302	454	311	468	321	482	331	497
	254	382	262	393	269	404	276	416	284	427	291	438	299	449
	235	353	240	361	245	369	250	376	256	384	261	392	266	400
	226	340	230	346	235	353	239	360	244	366	248	373	252	379
	215	324	219	329	222	334	226	340	229	345	233	350	236	355
W14×34	274	413	287	431	299	450	312	469	324	488	337	506	349	525
	259	389	269	405	280	421	291	437	301	453	312	468	322	484
	243	365	252	378	260	391	269	404	277	417	286	430	295	443
	227	340	233	351	240	361	247	371	253	381	260	391	267	401
	210	315	214	322	219	330	224	337	229	344	234	351	239	359
	201	303	205	309	209	315	213	321	217	327	221	333	225	338
	191	287	194	292	197	297	201	301	204	306	207	311	210	316
W14×30	241	362	252	378	263	395	274	412	285	428	296	445	307	461
	228	342	237	356	246	370	256	385	265	399	275	413	284	427
	214	322	222	334	230	345	238	357	245	369	253	381	261	392
	201	301	207	311	213	320	219	329	225	339	231	348	238	357
	186	280	191	287	196	294	200	301	205	308	209	315	214	321
	178	267	181	273	185	278	189	284	192	289	196	295	200	300
	167	250	169	255	172	259	175	263	178	267	180	271	183	275
W14×26	210	316	220	330	229	345	239	359	248	373	258	388	268	402
	199	300	208	312	216	325	224	337	233	349	241	362	249	374
	188	283	195	294	202	304	209	315	216	325	223	336	230	346
	177	266	183	275	188	283	194	292	200	300	205	309	211	317
	166	249	170	256	174	262	179	269	183	275	187	282	192	288
	156	235	160	240	163	245	166	250	170	255	173	260	176	265
	144	216	146	220	149	223	151	227	153	231	156	234	158	238

ASD	LRFD
$\Omega_b = 1.67$	$\phi_b = 0.90$

[a] $Y1$ = distance from top of the steel beam to plastic neutral axis.
[b] $Y2$ = distance from top of the steel beam to concrete flange force.
[c] See Figure 3-3c for PNA locations.

그림 9.12 • (계속)

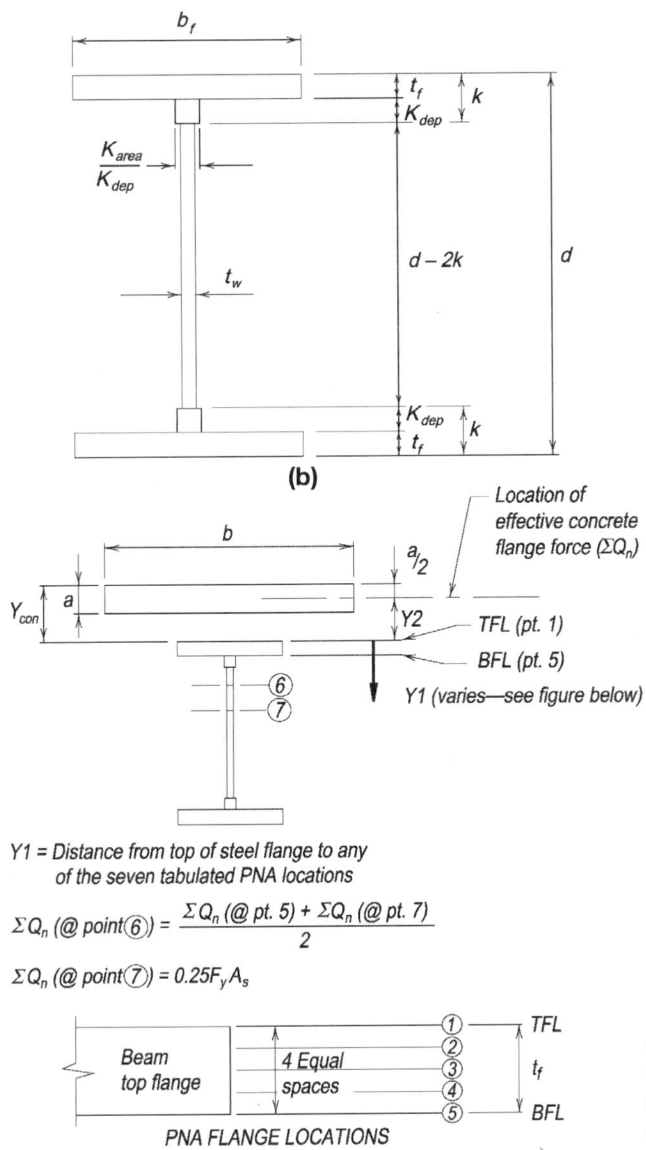

그림 9.13 • 합성보 설계표 사용을 위한 변수의 정의.

보 강도에 대한 콘크리트의 기여를 찾아내는 것은 콘크리트 압축력의 위치에 대한 지식이 필요하다. 이미 언급한 바와 같이 콘크리트에서의 힘은 스터드에서의 힘 ΣQ_n과 같다. 힘에 대한 모멘트 팔은 그림 9.13에 Y2로 정의되어 있다. 이것은 콘크리트 강도와 콘크리트 형상의 함수이다. 이러한 표는 매우 유연하고 모든 허용된 콘크리트 강도와 유효 슬래브 폭을 수용한다. 슬래브의 두께는 표에서 주어진 최대 모멘트 팔에 의해 제한된다.

이러한 표는 합성 보의 설계에서 가장 가치가 있지만, 그것들은 또한 특정 조합을 확인하는데 사용할 수 있다. 합성보의 선택은 9.9절에 나타난다.

9.4
Example

-표를 사용한 합성보 강도-

완전합성 W16×26에 대한 설계 휨강도 및 허용 휨강도를 구하라.

조건: 그림 9.14에 보이는대로 W16×26은 금속데크와 슬래브와 함께 사용된다. 유효 플랜지폭은 b_{eff} =60.0 in 로 주어지고 f_c' =4 ksi이다. 그림 9.12로부터 표 3-19의 일부를 사용한다.

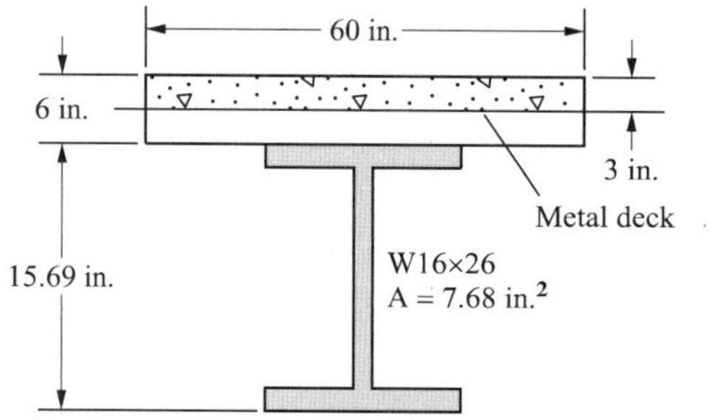

그림 9.14 • 예제 9.4의 합성보

풀이.

Step 1: 지배하는 압축력을 구한다.

$$V_c' = 0.85(4)(3.0)(60.0) = 612 \text{ kips}$$
$$V_s' = 7.68(50) = 384 \text{ kips}$$

$V_s' < V_c'$ 이므로 강재가 지배하고 PNA는 플랜지 상단 혹은 위에 있다. 그림 9.12에서 PNA위치는 ΣQ_n =384 kips임을 확인한다.

Step 2: 이 스터드 힘을 균형시키는데 필요한 압축으로 작용하는 콘크리트의 깊이를 구한다.

$$a = \frac{384}{0.85(4)(60.0)} = 1.88 \text{ in.}$$

Step 3: 강재의 상단으로부터 압축력의 모멘트 팔길이를 구한다.

$$Y2 = 6.0 - \frac{1.88}{2} = 5.06 \text{ in.}$$

Step 4: 그림 9.12로부터 설계 모멘트강도를 구한다(LRFD).
실제 Y2=5.06보다는 약간 보수적인 Y2=5.0 및 ΣQ_n =384로 표에 들어간다.
LRFD의 경우, 설계모멘트는

$$\phi M_n = 370 \text{ ft-kips}$$

Step 4: 그림 9.12로부터 허용 모멘트강도를 구한다 (ASD).
실제 Y2=5.06보다는 약간 보수적인 Y2=5.0 및 ΣQ_n =384로 표에 들어간다.
ASD의 경우, 허용모멘트는

$$\frac{M_n}{\Omega} = 246 \text{ ft-kips}$$

9.5.4 부모멘트 강도

시방서 I3.2b절에 따르면 부모멘트 휨강도가 F장의 조항에 따라 기존 강재 보와 같거나 또는 기준을 만족하는 합성 단면의 경우 소성응력 분포를 사용한 합성 단면과 같이 취할 수 있다. 합성 단면에 대하여 인장에서 콘크리트는 무시되고 인장영역에서 철근은 배치된다. 저항계수와 안전계수는 정모멘트 경우에 대해서는 같고 공칭 휨강도는 정모멘트 경우와 마찬가지로 소성응력 분포를 가정하여 계산한다. 시방서에서 제시되는 제한사항은 다음과 같다.

1. 강재 보는 F장에 따라 조밀하고 적절하게 브레이스 되어야 한다.
2. 전단연결재(강재 볼트형 스터드 또는 강재 채널 앵커)는 부모멘트 영역에 설치된다.
3. 소요 축방향 철근은 슬래브의 유효폭 내에 배치되고 적절하게 발현된다.

9.6 전단 스터드 강도

전단 연결재와 같이 건설산업에서 알려진 것들은 시방서에서 강재 앵커라 불린다. 전단 연결재의 두 가지 다른 유형은 강재 볼트형 스터드 앵커라 불리는 강재 스터드와 강재 채널 앵커라 불리는 채널이다. 단일 강재 스터드의 공칭 강도 Q_n은 다음과 같이 시방서 I8.2a절에 주어진다.

$$Q_n = 0.5\, A_{sc} \sqrt{f_c' E_c} \le R_g\, R_p\, A_{sc}\, F_u \tag{9.13}$$

여기서, A_{sc} = 스터드 생크 단면적, in^2

f_c' = 콘크리트의 압축강도, ksi

F_u = 스터드의 최소 인장강도, ksi

E_c = 콘크리트의 탄성계수 $w_c^{1.5}\sqrt{f_c'}$, ksi (w_c는 pcf인 콘크리트의 단위하중, f_c'는 ksi). 이는 ACI 318에 사용되는 수식에서 다소 차이가 있지만, 이 경우에는 충분히 정확한 결과를 제공한다.

R_g, R_p = 실험결과와 일치하는 예측 스터드 강도를 야기하기 위해 사용되는 감소계수. 하면 평편 슬래브에 사용될 때 R_g =1.0이고 R_p =0.75이다.

전단 스터드의 전형적인 3/4 in의 공칭강도는 표 9.2에서 다른 결과와 함께 제공되고 있다. 제시되는 값들은 f_c' =3 ksi and 4 ksi로 보통 및 경량 콘크리트에 대해 주어진다. 또한 값들은 $R_g = R_p = 1.0$을 갖는 스터드 재료의 인장 강도에 따라 스터드 강도에 대해 주어진다. 이러한 스터드가 금속데크의 슬래브로 합쳐질 때 적용에서의 감소는 후에 논의될 것이다.

표 9.2 $R_p = R_g$ =1.0인 한 개의 스터드에 대한 공칭 전단강도, Q_n(kips)

스터드 직경(in)	보통중량 콘크리트 $w_c = 145$ pcf		경량 콘크리트 $w_c = 110$ pcf		
	$f_c' = 3$ ksi	$f_c' = 4$ ksi	$f_c' = 3$ ksi	$f_c' = 4$ ksi	$F_u = 65$ ksi
3/8	5.26	6.53	4.28	5.31	7.18
1/2	9.35	11.60	7.60	9.43	12.80
5/8	14.60	18.10	11.90	14.70	19.90
3/4	21.00	26.10	17.10	21.20	28.70

실제로 오늘날 일반적으로 사용되고 있지는 않지만, 채널 전단 연결재는 시방서에서 적용되어 있다. 채널 전단 연결재의 공칭 강도 Q_n은 다음과 같이 주어진다.

$$Q_n = 0.3(t_f + 0.5t_w)\, l_c \sqrt{f_c' E_c} \qquad (9.14)$$

여기서, t_f = 채널 플랜지의 두께, in.

t_w = 채널 웨브의 두께, in.

l_c = 채널의 길이, in.

9.6.1 전단스터드의 수와 배치

전단 스터드는 강재보와 콘크리트 슬래브 사이에서 하중을 전달하는 역할을 하지만 하중이 재하된 보의 전단 다이어그램에 따라 스터드를 배치할 필요는 없다. 실험은 스터드가 극한 하중조건 하에서 전단하중을 재분배하는데 충분한 연성을 갖는 것으로 입증하였다. 그러므로 설계에서는 스터드가 균등하게 하중을 공유한다고 가정한다. 따라서 9.5절에 따라 결정된 총 전단력은 최대 모멘트와 영 모멘트 사이의 거리를 통하여 전달해야 한다. 등분포하중의 경우 이는 보 경간의 중심선에서 최대 모멘트의 각 측면에 V_q'/Q_n 연결재를 만든다. 보

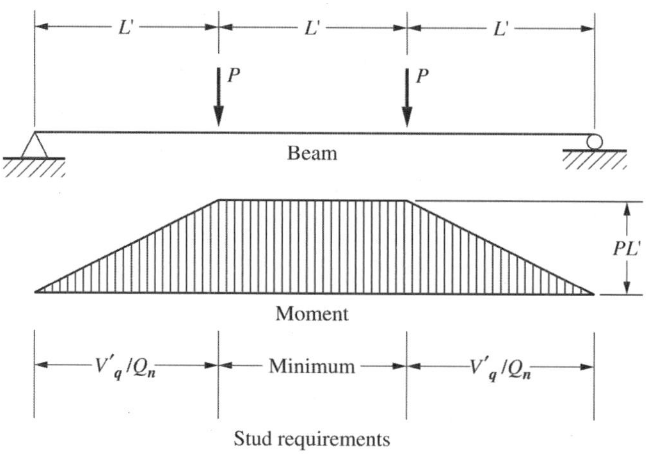

그림 9.15 • 집중하중에 대한 스터드 배치

의 세 번째 점에 배치된 집중하중의 경우에는 스터드의 동일한 수가 하중과 지지대 사이에서 보의 각 측면에 사용되며, 그리고 스터드의 최소한 수가 하중 사이에 필요하게 된다. 이는 그림 9.15에 보여준다.

압연 강재 데크의 리브에서 사용되지 않는 한 횡방향 콘크리트의 피복두께 최소 1 in를 갖도록 전단 스터드는 배치되어야 하다. 스터드의 직경은 보 웨브에 직접 위치되어 있지 않은 경우에는 그것들이 용접되어 보의 플랜지 두께에 2.5배보다 커서는 안 된다. 강재 데크 리브에 배치되지 않은 스터드에 대해 최소 중심에서 중심까지의 간격은 부재에서 횡 방향으로 부재를 따라서 6 스터드 직경과 4 스터드 직경이 있다. 금속 데크 리브에 배치된 경우 간격은 어느 방향으로도 4 직경보다 적지 않고 최대 스터드 간격은 총 슬래브 두께에 8배 또는 36 in이다.

9.5 Example

-전단스터드 결정-

전체 보 경간에 대해 필요한 3/4 in 전단스터드의 개수를 구하라.

조건: 예제 9.1에서의 완전합성보를 사용한다. 보통중량 콘크리트와 예제 9.1에서의 값들을 가정한다.

풀이.

Step 1: 하나의 전단스터드에 대한 강도를 구한다. 표 9-2로부터 콘크리트에 기초하여,

$$Q_n = 0.5A_{sc}\sqrt{f_c'E_c} = 26.1 \text{ kips}$$

감소계수 없이 스터드에 기초하여

$$Q_n = A_{sc}F_u = 28.7 \text{ kips}$$

예제 9.1의 슬래브에 대하여, 스터드는 flat soffit 보의 상단 플랜지에 직접 용접된다, 따라서

$$R_g = 1.0$$
$$R_p = 0.75$$
$$Q_n = R_g R_p A_{sc} F_u = 1.0(0.75)(28.7) = 21.5 \text{ kips}$$

최소 Q_n을 사용한다, 따라서

$$Q_n = 21.5 \text{ kips}$$

Step 2: 요구되는 스터드 개수를 구하다. 예제 9.1로부터

$$V_q' = \sum Q_n = 650 \text{ kips}$$

따라서, 필요갯수는

$$650/21.5 = 30.2 \text{ studs}$$

Step 3: 보에 필요한 총 스터드 개수를 구한다.
최대 모멘트와 0 모멘트 사이에 보의 각 측면에 31개의 3/4 in 전단스터드를 배치한다. 따라서, 전체 보 스팬에 62개의 스터드를 사용한다.

Note: 이 계산은 공칭강도 수준에서 수행되었기 때문에 이 예제에서처럼 전달되는 전단력이 같을 때 ASD 혹은 LRFD의 사용에는 독립적이다.

9.7 압연 금속 데크를 갖는 합성 보

압연 강재 데크와 합성 설계의 조합은 오늘날 바닥판 구조의 경제적인 방법의 하나로 고려되고 있다. 강재 데크는 콘크리트 슬래브용 stay-in-place 거푸집이다. 데크 아래와 리브 사이의 공간을 닫아서 형성할 수 있는 셀은 시스템 전체의 경제성에 크게 기여하고 건물의 전기 및 전자 시스템을 분배하는데 사용할 수 있다.

시방서는 3 in까지의 공칭 리브 높이와 2 in 또는 이상의 평균 리브 폭을 갖는 강재 데크에 대해 I3.2c절에 규칙을 제공한다. 보의 경계면 보다 상단에서 좁은 리브를 가지는 데크에는 계산에 사용되는 리브의 폭이 좁은 부분에서 폭을 초과하지 않도록 주의해야한다. 이 모양(profile)의 단면은 다른 일반적인 데크 개요와 마찬가지로 그림 9.16에 나타낸다. 스터드는 직경의 3/4 이하로 하고, 적어도 1 1/2 in로 확장해야 한다. 콘크리트 슬래브 두께는 설치된 스터드 상부 커버의 1/2 in를 제공하는데 충분해야 한다. 금속 데크에 슬래브 두께는 적어도 2 in로 하고, 데크는 18 in를 초과하지 않는 간격에 puddle용접과 스터드를 결합한 지지 보에 고정되어야 한다.

9.7.1 강재 보에 수직인 데크 리브

그림 9.17과 같이 강재 데크를 지지하는 보에 대해 리브가 빔에 수직으로 연결한다. 리브의 상단 하부 공간은 오직 교대되는 공간에 콘크리트가 포함되어 있기 때문에 이 수준에서는 힘을 전달할 기회가 없다. 따라서 전체 콘크리트 힘을 계산하기 위해 사용가능한 유일한 콘크리트는 데크의 상단에 있다.

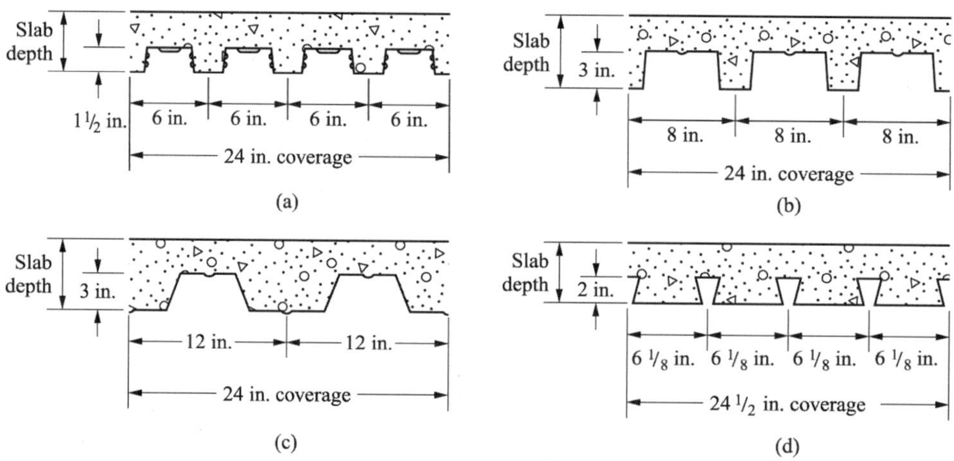

그림 9.16 • 일반적 강재데크 profile

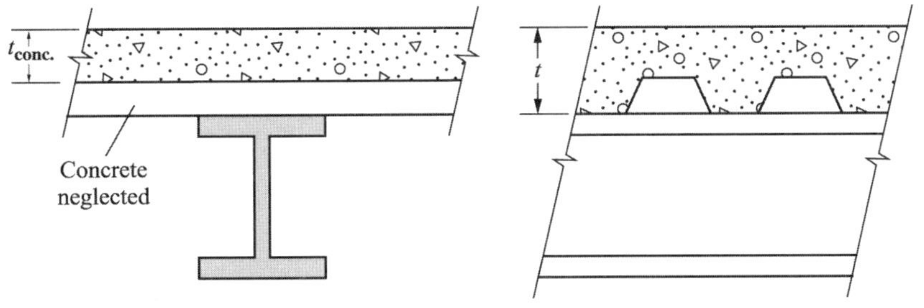

그림 9.17 • 금속데크 폼을 갖는 보

표 9.3 전단스터드 강도조정계수. **Copyright © American Institute of Steel Construction**

조건	R_g	R_p
데킹 없음*	1.00	0.75
데킹이 강재와 평행		
$w_r/h_r \geq 1.5$	1.00	0.75
$w_r/h_r < 1.5$	0.85**	0.75
데킹이 강재와 수직 동일한 데크리브를 차지하는 스터드 개수		
1	1.00	0.60†
2	0.85	0.60†
3 또는 그 이상	0.70	0.60†

$h_r =$ 공칭 리브 깊이, 인치
$w_r =$ 콘크리트 리브 혹은 헌치의 평균폭(I 3.2c에 정의됨)
* "데킹없음"이 되기 위해서는, 스터드 전단연결재는 강재에 직접적으로 용접되어야 하고 강재 상부플랜지의 50% 미만이 데킹 또는 거더 충전재와 같은 강재쉬트로 덮어져야 한다.
** 단일 스터드에 해당
† $e_{mid-nt} \geq 2$ in (51 mm) 일 때, 이 값은 0.75로 증가될 수 있다.

R_p 또는 R_g 없이 식 (9.13) 부등식의 우변은 스터드 재료의 인장강도를 설명한다. 힘에서 떨어진 리브 벽에 가까운 거리에 배치된 스터드와 대조적으로 힘의 방향에 가까운 리브 벽에 배치된 스터드에 대한 강도에 차이가 있으므로, 이러한 강도는 콘크리트 리브 내에 스터드의 위치를 고려하여 감소해야 한다. 식 (9.13)의 부등식 우변에 지정된 스터드 강도 값은 R_g와 R_p 두 개의 곱셈을 포함한다. $R_p = R_g = 1.0$에서 F_u에 의해 제어되는 스터드의 강도는 표 9.2에 주어지고, 이러한 조정 계수에 대한 값의 단순화된 표는 표 9.3에 주어진다.

R_g는 주어진 콘크리트 리브에서 스터드의 수를 설명하기 위하여 사용된다. 리브가 단일 스터드를 포함하는 경우에 $R_g = 0.85$이고 리브가 세 개 또는 그 이상의 스터드를 포함하는 경우에는 $R_g = 0.7$이다.

R_p는 강하거나 약한 위치 중 하나에서 리브 스터드의 위치를 설명하는데 사용된다. 그림 9.18은 가해지는 힘에 관련하여 스터드의 강하고 약한 위치를 보여준다. 스터드가 강한 위치에 놓여 있는지 확인하는 것은 어렵기 때문에 스터드가 강한 위치에 놓여 있는지 확인하

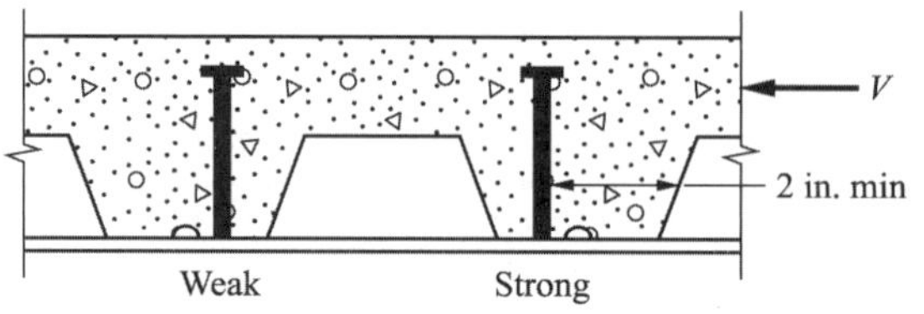

그림 9.18 • 강하고 약한 전단스터드 위치

기 위해 추가적인 노력을 정당화하기에 충분히 중요한 경우를 제외하고 $R_p = 0.6$을 사용하는 것을 권하였다. 스터드는 그림 9.18과 같이 스터드의 중간 높이에서 리브 끝의 하중 부하측에서 부터 적어도 2 in인 강한 위치에 배치된 경우에 R_p는 0.75까지 증가할 수 있는 동일한 값이 평편하면 슬래브에 사용된다.

최대 스터드 간격은 36 in로 지정되어 있고 이는 많은 데크가 6 in의 리브 간격을 가지고 있기 때문에 편리하다.

9.7.2 강재 보에 평행한 데크 리브

그림 9.19와 같이 강재 데크를 지지하는 거더 지지 보의 경우 리브는 강재 단면에 평행으로 연결한다. 데크의 아래 콘크리트는 합성 단면 특성 계산에 사용할 수 있고 전단 스터드 계산에 사용하여야 한다. 계산을 목적으로 전단 스터드 강도의 균형을 위해 필요한 경우를 제외하고 강재 데크의 상단 아래의 콘크리트는 무시할 수 있다. 설계 절차는 여기에도 적용되는 평편하면 보에 대해 설명하고 식 (9.4) 또는 (9.12)에서 결정 되는대로 강재 데크의 상단 위에 사용할 수 있다. 강재 데크의 상단 아래의 콘크리트는 스터드 또는 강재 빔 강도의 균형을 잡기 위해 사용되어야 하는 경우에는 강도 결정에 유일한 차이점은 리브 부분을 포함에 따라 변경된 기하학적 구조와 관련이 있다.

강재 데크의 깊이는 1 1/2 in 이상인 경우 헌치 또는 리브의 평균 폭 w_r은 가로의 열에 각각 추가적인 스터드에 대한 가로의 열에 더하는 네 개의 스터드 직경에서 첫 스터드에 대

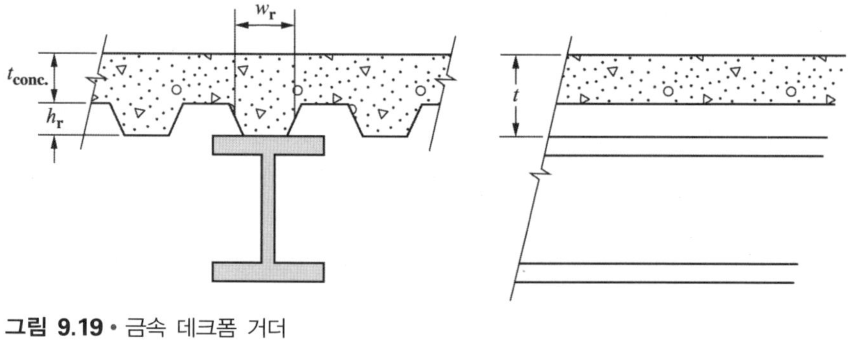

그림 9.19 • 금속 데크폼 거더

해 2 in 이상일 수 없다. 데크 리브를 너무 좁게 설정하면 데크는 보에 나누어질 수 있고 부재 강도에 불리하게 영향을 주지 않고 필요한 리브 폭을 허용하는 것에 대해 그런 식으로 이격시킬 수 있다.

이러한 데크 방향은 R_g가 데크 리브의 폭과 높이 비율을 고려하는데 사용된다. $w_r/h_r \geq 1.5$인 경우에는 $R_g = 1.0$이고, $w_r/h_r < 1.5$인 경우에는 $R_g = 0.85$이다.

R_p는 단순히 평편하면 슬래브에 대해서 데크 리브는 지지부재에 평행한 모든 경우에는 0.75로 한다.

9.6 Example

－합성보 설계－

합성단면에 설계모멘트 및 허용모멘트를 계한하고 스터드 요구사항들을 결정하라. 다음의 세 가지에 대한 계산을 수행하라.

(a) 완전합성작용 (그림 9.20).

(b) 부분합성작용, $V_q' = 387$ kips, 이는 PNA가 강재보 상단플랜지의 중심에 위치하게 한다(그림 9.21).

(b) 부분합성작용, $V_q' = 260$ kips, 이는 PNA가 강재보 상단플랜지의 바닥에 위치하게 한다(그림 9.22).

조건: 그림 9.16c에 보이는 대로 보에 수직인 3 in 금속데크에 6 in 슬래브와 함께 W18 × 35를 사용한다. 보의 간격은 12 ft이고 보의 경간은 40 ft이다. $f_c' = 4$ ksi이고 $F_y = 50$ ksi 이다.

풀이.

Step 1: 유효 플랜지폭을 구한다.

$$b_{eff} = 40.0/4 = 10.0 \text{ ft (governs)}$$
$$b_{eff} = \text{beam spacing} = 12.0 \text{ ft}$$

Step 2: 전체 콘크리트 및 전체 강재 면적을 사용하여 압축력을 구한다.

$$V_c' = 0.85(4)(120)(3.0) = 1220 \text{ kips}$$
$$V_s' = 10.3(50) = 515 \text{ kips}$$

Part (a)

완전합성 작용 (그림 9.20)

Step 3: 지배하는 콘크리트 힘을 구한다.

완전합성 작용에 대해, V_q'는 V_c' 및 V_s'보다 작기 때문에; 따라서,

$$V_q' = 515 \text{ kips}$$

Step 4: 콘크리트의 유효깊이를 계산한다.

$$a = \frac{515}{0.85(4)(120)} = 1.26 \text{ in.}$$

a는 데크 위의 콘크리트에 사용 가능한 3 in보다 작기 때문에, flat soffit에 대한 절차를 사용할 수 있다.

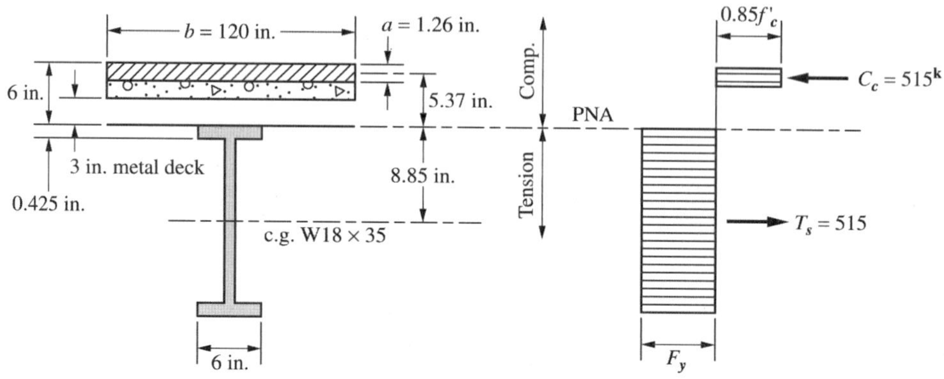

그림 9.20 • 예제 9.6 case(a)

Step 5: 공칭 모멘트강도를 구한다.

$$M_n = 515\left(\frac{17.7}{2}\right) + 515\left(6.0 - \frac{1.26}{2}\right) = 7320 \text{ in.-kips}$$

$$M_n = \frac{7320}{12} = 610 \text{ ft-kips}$$

Step 6: LRFD의 경우, 설계강도는

$$\phi M_n = 0.9(610) = 549 \text{ ft-kips}$$

Step 6: ASD의 경우, 허용강도는

$$\frac{m_n}{\Omega} = \frac{610}{1.67} = 365 \text{ ft-kips}$$

Step 7: 단일 스터드의 강도를 구한다.

표 9.2로부터, 보통중량 콘크리트 f_c' =4 ksi로 하나의 3/4 in 스터드에 대한 값은 콘크리트를 기초로 26.1 kips 이다.

하지만, 스터드는 금속데크과 결합하여 사용되기 때문에, 요구되는 감소분에 대한 확인이 이뤄줘야 한다. 가장 약한 위치에 배치된 스터드들과 함께 리브당 두 개의 스터드를 가정하면, 표 9.2 및 9.3으로부터,

$$R_p = 0.85$$

$$R_g = 0.6$$

$$A_{sc}F_u = 28.7 \text{ kips}$$

$$R_p R_g A_{sc} F_u = 0.85(0.6)(28.7) = 14.6 \leq 26.1 \text{ kips}$$

스터드 강도는 금속데크의 스터드 배치를 토대로 더 작은 값이다.

Step 8: 최대모멘트의 각 측에 필요되는 스터드의 개수를 구한다. 전달되어야 하는 전단은 515 kips이다. 그러므로,

$$\text{스터드 개수} = 515/14.6 = 35.3$$

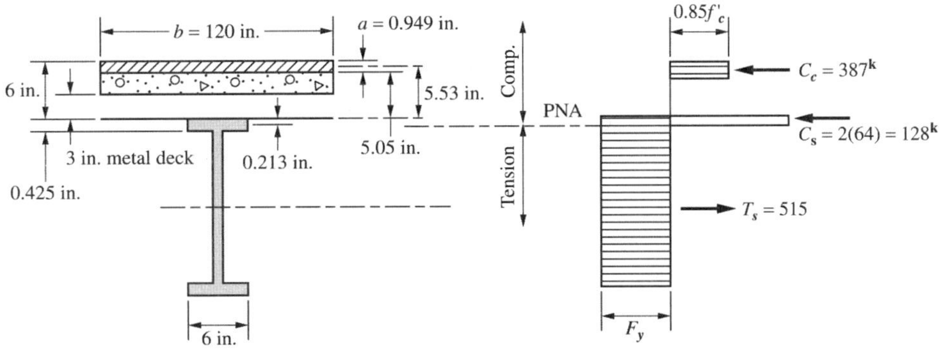

그림 9.21 • 예제 9.6 case(b)

Step 9: 보에 필요한 총 스터드 개수를 구한다.

각 반쪽 스팬에 36개의 스터드를 사용한다.

전체 보 스팬에 72개 스터드

이러한 데크 프로파일로, 스터드는 12 in 간격으로 배치될 수 있다. 이는 각 리브에 배치된 두 개의 스터드와 함께 40 ft상에 72개의 스터드를 수용할 수 있다.

Part (b)

부분합성 작용 (그림 9.21)

Step 10: 지배하는 콘크리트 힘을 구한다.

주어진 $V_q' = 387$ kips는 V_c', V_s'보다 작기 때문에 V_q'가 지배하고 이는 부분합성 보이다.

Step 11: 콘크리트의 유효깊이를 계산한다.

$$a = \frac{387}{0.85(4)(120)} = 0.949 \text{ in.}$$

$a < 3.0$ ft이므로 part (a)에서처럼 금속데크 위에 충분한 콘크리트가 사용 가능하다.

Step 12: 압축의 강재 면적을 구한다.

$$A_{s-c} = \frac{515 - 387}{2(50)} = 1.28 \text{ in.}^2$$

Step 13: 강재 내의 PNA 위치를 구한다.

PNA가 플랜지에 있다고 가정한다.

$$x = \frac{A_{s-c}}{b_f} = \frac{1.28}{6.00} = 0.213 \text{ in.} < t_f = 0.425 \text{ in.}$$

그러므로, PNA는 플랜지에 있다.

Step 14: 공칭 모멘트강도를 구한다.

$$M_n = 515\left(\frac{17.7}{2}\right) + 387\left(6.0 - \frac{0.949}{2}\right) - 128\left(\frac{0.213}{2}\right) = 6680 \text{ in.-kips}$$

$$M_n = \frac{6680}{12} = 557 \text{ ft-kips}$$

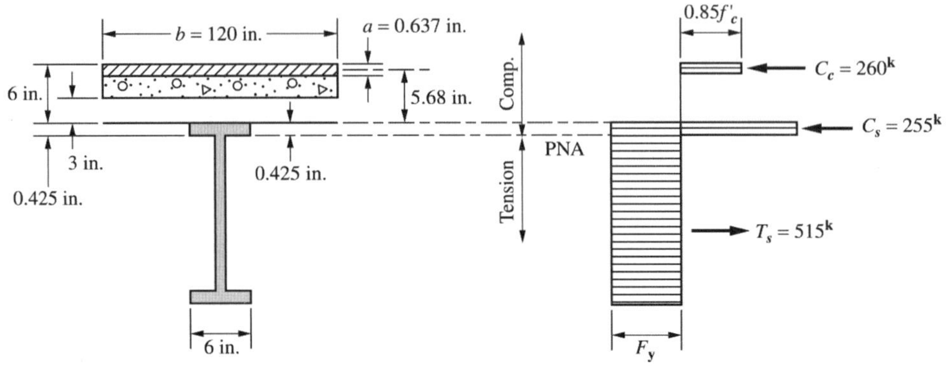

그림 9.22 • 예제 9.6 case(c)

Step 15: LRFD의 경우, 설계강도는

$$\phi M_n = 0.9(557) = 501 \text{ ft-kips}$$

Step 15: ASD의 경우, 허용강도는

$$\frac{M_n}{\Omega} = \frac{557}{1.67} = 334 \text{ ft-kips}$$

Step 16: 스터드 필요요건을 구한다.
전달되는 전단은 387 kips이다.
part(a)에서 전에 결정된 스터드 강도값은

$$Q_n = 14.6 \text{ kips}$$

Step 17: 전단스터드의 필요개수는

$$387/14.6 = 26.5 \text{ studs}$$

Step 18: 보에 필요한 총 스터트 개수를 구한다.
각 반 스팬에 27개 스터드를 사용한다. 혹은,

전체 보 스팬에 54개의 스터드

Part (c)
부분합성 작용 (그림 9.22)
Step 19: 지배하는 콘크리트 힘을 구한다.
주어진 V_q' =260 kips는 V_c', V_s' 보다 작기 때문에 V_q'가 지배하고 이는 부분합성 보이다.

Step 20: 콘크리트의 유효깊이를 계산한다.

$$a = \frac{260}{085(4)(120)} = 0.637 \text{ in.}$$

Step 21: 압축의 강재 면적을 구한다.

$$A_{s-c} = \frac{515 - 260}{2(50)} = 2.55 \text{ in.}^2$$

Step 22: 강재내의 PNA 위치를 구한다.
PNA가 플랜지에 있다고 가정한다.

$$x = \frac{A_{s-c}}{b_f} = \frac{2.55}{6.00} = 0.425 \text{ in.}$$

그러므로, PNA는 플랜지에 있다.

Step 23: 공칭 모멘트강도를 구한다.

$$M_n = 515\left(\frac{17.7}{2}\right) + 260\left(6.0 - \frac{0.637}{2}\right) - 255\left(\frac{0.425}{2}\right) = 5980 \text{ in.-kips}$$

$$M_n = \frac{5980}{12} = 498 \text{ ft-kips}$$

Step 24: LRFD의 경우, 설계강도는

$$\phi M_n = 0.9(498) = 448 \text{ ft-kips}$$

Step 24: ASD의 경우, 허용강도는

$$\frac{M_n}{\Omega} = \frac{498}{1.67} = 298 \text{ ft kips}$$

Step 25: 스터드 필요요건을 구한다.
전달되는 전단은 260 kips이다.
전처럼, 단일 스터드 강도는

$$Q_n = 14.6 \text{ kips}$$

Step 26: 전단스터드의 필요개수는

$$260/14.6 = 17.8 \text{ studs.}$$

Step 27: 보에 필요한 총 스터트 개수를 구한다.
각 반 스팬에 18개 스터드를 사용한다. 혹은, 전체 보 스팬에 36개의 스터드.
하지만, 이는 각 리브에서 하나만의 스트드를 필요로 하고 따라서 $R_g = 0.85$는 적용될 필요가 없다. 그러므로,

$$Q_n = 1.0(0.6)(28.7) = 17.2 < 26.1 \text{ kips}$$
$$260/17.2 = 15.1 \text{ studs}$$

따라서, 총 32개의 스터드를 사용한다.
이는 리브당 하나의 스터드로 수용될 것이다.

예제 9.6에서 결과의 비교는 전단 스터드에 의해 전달되는 전단력 저하에 기인하는 모멘트 강도 저하의 규모는 전단 강도 저하의 규모보다 작다는 것을 나타낸다. 예제의 파트(b)의 경우 전단 강도는 약 25% 감소했지만, 그것은 단지 약 9%의 모멘트 강도 저하를 초래하였다. 마찬가지로 파트(c)에서 스터드 강도의 50% 감소는 모멘트 강도의 18% 감소로 이어졌다.

9.8 완전 매입형 강재 보

최종 부재의 강도에 기여하는 완전 매입형 콘크리트 강재 보는 매입형 보라고 일컫는다. 이러한 보는 시방서에 I3.3절에서 주어진 두 단계 중 하나를 통하여 설계 할 수 있다. 휨강도는 지주(shoring)의 영향을 고려하여 탄성 응력의 중첩으로 계산할 수 있다. 또는 전단 연결재가 제공되는 경우, 휨강도는 합성 단면의 소성응력 분포 또는 변형률 적합 법에 근거한다. 대안으로, 강도는 강재 단면에서만의 소성응력 분포로부터 계산될 수 있다. 모든 경우에 대해 $\phi_b = 0.9$이고 $\Omega_b = 1.67$이다.

9.9 단면 선택

다양한 다른 설계에서의 상황처럼, 합성보의 설계는 다소 시행착오 과정이다. 단면도와 콘크리트 치수가 알려진 경우에 이 장에서 지금까지 존재하는 재료는 단면 강도의 결정에 대한 방향을 제시해 왔다. 이 절에서는 주어진 콘크리트 슬래브를 따라서 가는 형강의 예비 선택(preliminary selection)을 다루고 있다. 그 다음 매뉴얼에 보이는 설계표에 대한 논의가 따른다.

보 깊이의 추정치를 갖는 보의 무게는 추정할 수 있다. 이는 전체 강재 단면이 항복이 되도록 PNA는 콘크리트 내부에 있다는 가정에 근거한다. 결과 치수는 그림 9.23에 주어진다.

강재의 인장력과 콘크리트의 압축력 간의 모멘트 팔은 다음과 같이 주어진다.

$$\text{moment arm} = \frac{d}{2} + \left(t - \frac{a}{2}\right) \tag{9.15}$$

공칭모멘트 강도가 모멘트 팔에 의해 분할된 경우 소요인장력은 결정할 수 있다. 그 힘을 강재 항복 응력으로 나누면 소요면적이 결정된다. 각 평방인치 3.4 lb/ft인 강재의 무게에 소요면적을 곱하여 보 무게의 추정치를 얻을 수 있다.

$$\text{beam weight} = \frac{M_n}{\left(\frac{d}{2} + t - \frac{a}{2}\right) F_y}(3.4) \tag{9.16}$$

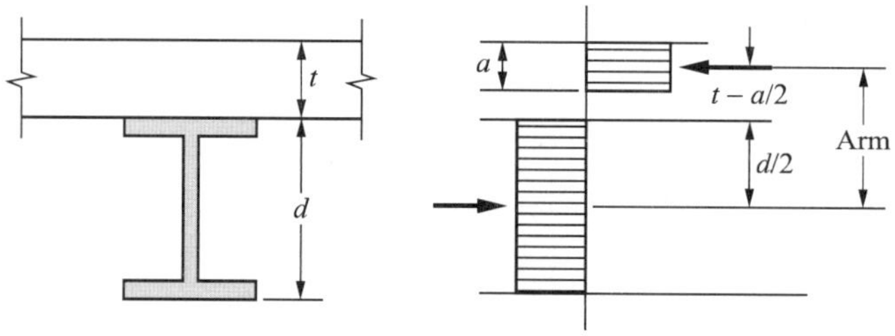

그림 9.23 • 사전 중량 결정을 위한 모멘트 팔

이러한 방법에 의해 보 무게를 결정하기 위해서는 보의 깊이가 추정되어야 한다. 여기서는 몇 가지 방법이 제안되고 있다. 하나의 간단한 방법은 피트 단위의 스팬을 가지고 인치단위의 깊이를 얻기 위해 2에 의해 그것을 분할한다. 다른 방법은 총 합성단면 $(d+t)$의 깊이를 결정하기 위해 피트 단위의 경간을 가지고 인치 단위로 깊이를 얻기 위해 1.33에 의해 나눈다. 어떠한 합리적인 방법은 출발점을 제공한다. 슬래브의 두께가 가로(transverse) 방향 설계에서 결정되기 때문에 콘크리트의 유일한 유효깊이가 결정되도록 남아있다. 콘크리트의 유효 깊이가 1 in라고 가정하는 것은 일반적으로 충분하다. 그러므로 $a/2=0.5$ in이다.

합성 보 설계에 대한 출발점을 찾을 수 있는 이러한 방법은 유용할지 모르지만, 매뉴얼에서 설계 표는 필요 이상의 노력이 불필요하다. 매뉴얼 표 3-19 (그림 9.12)는 강재와 콘크리트의 주어진 조합의 강도를 결정하는 맥락(context)에서 논의되고 있다. 현재는 예제 사용을 통해 단면 선택의 관점에서 접근된다.

9.7a Example

－LRFD에 의한 합성보 설계－

합성보로 사용될 가장 경제적인 W-형강을 선택하라.

조건: 합성보는 30ft 스팬이고 근접 보들로부터 10 ft 간격이다. 이 보는 그림 9.16a에서 보이는 것과 유사한 프로파일로 2 in 강 데크 위에 5 in 슬래브를 지지한다. 보는 사하중 모멘트 50.0 ft-kips와 활하중 모멘트 150 ft-kips를 지지해야 한다. 추가로, bare 강 보는 사하중에 시공 활하중 모멘트 40 ft-kips를 더하여 검토되어야 한다. $F_y=50$ ksi 이고 $f_c'=3$ ksi이다.

풀이.

Step 1: 합성보의 소요모멘트들 구한다.

$$M_u = 1.2(50.0) + 1.6(150) = 300\text{ ft-kips}$$

Step 2: 강재의 상단으로부터 콘크리트에 대한 시작하는 모멘트 팔을 구한다.
매뉴얼 표 3-19는 Y2값으로 들어갈 때 가장 효과적이다. 설계절차를 시작하기 위해 콘크리트의 압축력에 대한 모멘트 팔이 추정되어야 한다. 시작점으로 $a=1.0$으로 가정하는 것이 거의 항상 적정하다. 따라서,

$$\text{Y2} = 5 - \frac{1.0}{2} = 4.5\text{ in.}$$

Step 3: 그림 9.12로부터 가능한 W-형강을 선택한다.
Y2=2.5로 그림 9.12의 기둥에 들어가서 300 ft-kips의 설계모멘트를 전달할 가능한 단면을 확인하면서 밑으로 진행한다.

$$\text{W }16\times 26\text{ with }M_u = 306\text{ ft kips and }\sum Q_n = 242\text{ kips}$$

매뉴얼 표 3.19를 사용하면 추가의 가능성을 준다:

$$\text{W }16\times 31\text{ with }M_u = 319\text{ ft-kips and }\sum Q_n = 164\text{ kips}$$
$$\text{W }14\times 34\text{ with }M_u = 309\text{ ft-kips and }\sum Q_n = 159\text{ kips}$$
$$\text{W }14\times 30\text{ with }M_u = 311\text{ ft-kips and }\sum Q_n = 248\text{ kips}$$
$$\text{W }14\times 26\text{ with }M_u = 312\text{ ft-kips and }\sum Q_n = 332\text{ kips}$$

Step 4: 유효 플랜지폭을 구한다.

$$b_{eff} \leq \frac{30.0(12)}{4} = 90.0 \text{ in.}$$
$$b_{eff} \leq 10.0(12) = 120 \text{ in.}$$

그러므로, $b_{eff} = 90.0$ in.

Step 5: 전단 스터드에서의 힘을 균형시키는데 필요한 콘크리트 깊이를 구한다. 주어진 스팬 및 간격으로, W16 × 31을 고려하고, $\sum Q_n$값과 이미 결정된 유효 플랜지폭을 사용한다.

$$a = \frac{164}{0.85(3)(90.0)} = 0.715 \text{ in.}$$

이는 문제를 시작할 때 가정한 $a = 1.0$ in보다 작기 때문에 가정은 보수적이다. 설계는 더욱 정확한 소요 스터드강도의 결정으로 지속될 수도 있고, 또는 이 보수적인 해가 사용될 수도 있다. 전처럼 어떠한 formed 강 데크와 이의 스터드 강도에 대한 경향을 고려하면서 필요한 스터드 개수를 결정할 수 있다.

Step 6: 사하중과 시공 활하중의 조합하에 bare 강 보의 소요강도를 구한다.

$$M_u = 1.2(50.0) + 1.6(40.0) = 124 \text{ ft-kips}$$

Step 7: bare 강 보가 소요강도를 지지하는지를 검증한다.
매뉴얼 표 3-19로부터, W16 × 31은 다음의 설계강도를 가진다.

$$\phi M_p = 203 \text{ ft-kips} > 124 \text{ ft-kips}$$

그러므로, W16 × 31은 강도에 대해 허용되는 선택이다.

Step 8: a의 가정이 좋지 않을 때 어떠한 일이 발생하는지 보여주기 위해 W14 × 26이 고려된다. 다시, 표에서 결정된 $\sum Q_n$과 유효 플랜지폭을 사용하여,

$$a = \frac{332}{0.85(3)(90.0)} = 1.45 \text{ in.}$$

이는 가정된 값보다 상당히 크다. 이 단면을 더 검토하기 위하여, 새로운 Y2를 결정한다.

$$\text{Y2} = 5 - \frac{1.45}{2} = 4.28 \text{ in.}$$

보수적인 값으로 Y2 = 4.0으로 매뉴얼 표 3-19에 들어가면, M_u = 300 ft-kips가 결정되고 이는 동일한 소요 전단 스터드 강도에 상응한다. 따라서, 이 선택 또한 강도규정을 만족시키고, 설계는 스터드 선택과 함께 진행될 수 있다.

9.7b
Example

− ASD에 의한 합성보 설계 −

합성보로 사용될 가장 경제적인 W-형강을 선택하라.

조건: 합성보는 30ft 스팬이고 근접 보들로부터 10 ft 간격이다. 이 보는 그림 9.16a에서 보이는 것과 유사한 프로파일로 2 in 강 데크위에 5 in 슬래브를 지지한다. 보는 사하중 모멘트 50,0 ft-kips와 활하중 모멘트 150 ft-kips를 지지해야 한다. 추가로, bare 강 보는 사하중에 시공 활하중 모멘트 40 ft-kips를 더하여 검토되어야 한다. $F_y = 50$ ksi 이고 $f_c' = 3$ ksi이다.

풀이.

Step 1: 합성보의 소요모멘트를 구한다.

$$M_a = 50.0 + 150 = 200 \text{ ft-kips}$$

Step 2: 강재의 상단으로부터 콘크리트에 대한 시작하는 모멘트 팔을 구한다.
매뉴얼 표 3-19는 Y2값으로 들어갈 때 가장 효과적이다. 설계절차를 시작하기 위해 콘크리트의 압축력에 대한 모멘트 팔이 추정되어야 한다. 시작점으로 $a = 1.0$으로 가정하는 것이 거의 항상 적정하다. 따라서,

$$\text{Y2} = 5 - \frac{1.0}{2} = 4.5 \text{ in.}$$

Step 3: 그림 9.12로부터 가능한 W-형강을 선택한다.
Y2=2.5로 그림 9.12의 기둥에 들어가서 300 ft-kips의 설계모멘트를 전달할 가능한 단면을 확인하면서 밑으로 진행한다.

$$\text{W16} \times 26 \text{ with } M_a = 204 \text{ ft kips and } \sum Q_n = 242 \text{ kips}$$

매뉴얼 표 3-19를 사용하면 추가의 가능성을 준다:

$$\text{W16} \times 31 \text{ with } M_a = 212 \text{ ft-kips and } \sum Q_n = 164 \text{ kips}$$
$$\text{W14} \times 34 \text{ with } M_a = 205 \text{ ft-kips and } \sum Q_n = 159 \text{ kips}$$
$$\text{W14} \times 30 \text{ with } M_a = 207 \text{ ft-kips and } \sum Q_n = 248 \text{ kips}$$
$$\text{W14} \times 26 \text{ with } M_a = 208 \text{ ft-kips and } \sum Q_n = 332 \text{ kips}$$

Step 4: 유효 플랜지폭을 구한다.

$$b_{eff} \le \frac{30.0(12)}{4} = 90.0 \text{ in.}$$
$$b_{eff} \le 10.0(12) = 120 \text{ in.}$$

그러므로, $b_{eff} = 90.0$ in.

Step 5: 전단 스터드에서의 힘을 균형시키는데 필요한 콘크리트 깊이를 구한다.
주어진 스팬 및 간격으로, W16×31을 고려하고, $\sum Q_n$값과 이미 결정된 유효 플랜지폭을 사용한다.

$$a = \frac{164}{0.85(3)(90.0)} = 0.715 \text{ in.}$$

이는 문제를 시작할 때 가정한 $a = 1.0$ in보다 작기 때문에 가정은 보수적이다. 설계는 더욱 정확한 소요 스터드강도의 결정으로 지속될 수도 있고, 또는 이 보수적인 해가 사용될 수도 있다. 전처럼 어떠한 formed 강 데크와 이의 스터드 강도에 대한 경향을 고려하면서 필요한 스터드 개수를 결정할 수 있다.

Step 6: 사하중과 시공 활하중의 조합하에 bare 강 보의 소요강도를 구한다.

$$M_a = 50.0 + 40.0 = 90.0 \text{ ft-kips}$$

Step 7: bare 강 보가 소요강도를 지지하는지를 검증한다.
매뉴얼 표 3-19로부터, W16×31은 다음의 허용강도를 가진다.

$$\frac{M_p}{\Omega} = 135 \text{ ft-kips} > 90.0 \text{ ft-kips}$$

그리므로, W16×31은 강도에 대해 허용되는 선택이다.

Step 8: a의 가정이 좋지 않을 때 어떠한 일이 발생하는지 보여주기 위해 W14×26이 고려된다. 다시, 표에서 결정된 $\sum Q_n$과 유효 플랜지폭을 사용하여,

$$a = \frac{332}{0.85(3)(90.0)} = 1.45 \text{ in.}$$

이는 가정된 값보다 상당히 크다. 이 단면을 더 검토하기 위하여, 새로운 Y2를 결정한다.

$$Y2 = 5 - \frac{1.45}{2} = 4.28 \text{ in.}$$

보수적인 값으로 Y2=4.0으로 매뉴얼 표 3-19에 들어가면, $M_a = 200$ ft-kips가 결정되고 이는 동일한 소요 전단 스터드 강도에 상응한다. 따라서, 이 선택 또한 강도규정을 만족시키고, 설계는 스터드 선택과 함께 진행될 수 있다.

최종 설계는 상황의 전체적인 경제성에 따라 여러 가지 가능한 단면중 어느 것이 선택되어야 한다. 몇몇의 대안을 비교하기 위한 한 가지 방법은 필요한 스터드의 총량과 결합된 강재 단면의 총 중량을 고려한 것이다. 이러한 비교를 하는 것은 많은 경우에서 설치된 단일 전단 스터드가 강재의 10 파운드 상당의 비용을 갖는다는 가정을 하는 것이 효과적이다. 비교의 유형을 확인하기 위해 초기에 발견된 다섯 개의 잠재적인 단면이 표 9.4에 제시되어 있다. 여기서 Q_n =21.0 kips로 가정된다. 이것은 금속 데크 감소에 대해 고려하지 않음을 의미한다. 또한, 검사는 실제 차원 대비로 가정이 이뤄지지 않았다. 이 표는 단순히 더 고려되어야 하는 잠재적인 형태를 결정하는데 도움이 되도록 하는 것이다. 이 표를 근거하여 1020 파운드에 상응하는 무게를 갖는 W16×26을 더 조사되어야 한다고 말해질 수 있다.

표 9.4 예제 9.6에서 선택된 형강

모양	M_u	$\sum Q_n$	강재 중량	스터드 개수	스터드의 중량	빔의 총 중량
W16×31	319	164	930	16	160	1090
W16×26	306	242	780	24	240	1020
W14×34	309	159	1020	16	160	1180
W14×30	311	248	900	24	240	1140
W14×26	312	332	780	32	320	1100

9.10 사용성 고려

세 가지 중요한 사용성 고려사항은 합성 바닥시스템의 설계와 관련되어 있다: 시공 중 처짐, 사용하중 상태에서 진동, 그리고 사용하중 상태에서 활하중 처짐이다.

9.10.1 시공 중 처짐

절 9.3에서 설명된 바와 같이, 시방서는 지주 또는 무지주 시공을 허용한다. 무지주 시공에 대하여 시방서에는 강재 단면이 단독으로 콘크리트가 그 기준강도의 75%를 달성하기 전에 적용되는 모든 하중을 지지하기 위하여 충분한 강도를 가져야 한다고 규정한다. 이러한 하중의 무게 하에서 기존 강재 보는 탄성부재로서 변형한다. 젖은 콘크리트의 무게 하에서 보의 처짐으로 인하여 강재 보의 캠버(cambering)는 종종 명시된다. 캠버는 무 하중부하 상태에서 보의 영구적인 상향 처짐의 부과하여 하중부하에서 하향 처짐은 과도한 처짐이 없는 보를 야기한다. 필수 캠버의 예측은 보 연결재에 의해 제공되는 단부 구속조건과 같은 요소뿐만 아니라 다른 시공사에 의해 사용되는 변화하는 방법과 콘크리트 배치의 순서 때문에 어렵다. 심지어 캠버는 설계자가 설계 고정 하중에 약간의 여유 콘크리트 하중을 추가하는 것과 시공자가 양의 측정에 약간의 여유 콘크리트를 허용하는 것은 종종 신중하다.

콘크리트가 소정의 강도와 합성작용을 달성할 때까지 지주는 제거되지 않기 때문에 시공기간 동안 처짐은 일반적으로 문제가 되지 않으므로 지주를 이용한 시공의 경우 걱정이 아니다. 지주 시공에 대한 젖은 콘크리트 하의 처짐은 최소이다. 한편 콘크리트의 크리프에 의한 장기 처짐은 콘크리트가 지속적인 사용하중과 함께 영구적인 하중 부하로 자중 상태에서 응력을 받기 때문에 조사되어야 한다.

9.10.2 사용하중 상태에서의 진동

합성구조는 일반적으로 지각 진동의 영향을 받기 쉬우므로 비교될 수 있는 비합성 구조 보다 얕다. 진동 계산은 보가 합성보가 아닌 경우에도 합성적으로 거동하는 것을 전제로 하기 때문에 합성 보의 추가적인 강성은 그 진동 특성을 개선하지 않는다. 문제가 발생할 경우, 그것들은 일반적으로 긴 스팬과 약간의 감쇠를 가지는 적용에서 일어난다. 예를 들어 light jewerly display를 포함한 백화점의 넓은 지역은 일부 고객에게 인식되는 진동을 나타낼 수 있다.한편으로 같은 바닥 시스템을 구축하는 사무실 건물은 모든 지각 진동을 방지하는데 충분한 감쇠를 제공하는 전체 또는 부분적인 높이의 파티션이 포함되어 있을 수 있다. 따라서 진동 침 기타 여러 요인의 인간 지각에 있어 다르기 때문에 진동 문제는 간단한 해결책을 그것들 스스로 주지 않는다. AISC 설계 가이드 11에는 바닥 진동이 인간 활동에 기인하므로 감쇠와 합리적인 설계 기준에 대한 더 많은 정보를 제공하고 설계자에게 진동 허용 기준에 대한 접근방법이 주어진다.

9.10.3 활하중 처짐

활하중 처짐은 다양한 적용에서 중요한 설계 고려사항이 될 수 있다. 과도한 처짐은 파티션, 문 및 장비에 적절한 적응에 문제를 일으킬 수 있고 마감의 균열 및 파손의 다른 시각적인 증거 등을 포함하는 받아들일 수 없는 외간이 될 수 있다. 따라서 활하중 처짐 계산은 대부분의 상황을 위해 수행되어야 한다. 제 6장에서 설명했듯이, 이러한 계산은 일반적으로 공칭 활하중으로 처짐이 관심 대상의 사용하중을 사용한다.

보 처짐은 보 강성의 함수이기 때문에 합성단면의 탄성 계수와 관성모멘트를 결정해야 한다. 사용하중 수준에서 실제 관성모멘트에 의한 처짐을 산출하는 것은 간단하게 결정되지 않는다. 또한 합성 단면의 탄성계수는 강재와 콘크리트의 상호작용을 고려해야 한다. 일반적인 접근방법은 동일한 탄성계수를 갖고 강재와 같은 거동의 재료에 대해 콘크리트를 변환하는 것이다. 새로운 변형된 단면의 관성모멘트는 다음에서 결정할 수 있다. 강재에 대한 콘크리트의 변환은 계수비 $n = E_s/E_c$에 의해 콘크리트 면적을 분할하고 동일한 두께를 사용하여 달성된다. 이것은 매우 간단한 과정처럼 보이지만 문제는 실제로 처짐 저항성에 참여하는 콘크리트의 두께를 결정하는 것이다.

한 방법은 강도를 제공하고 또한 휨 저항성에 관여하는 유일한 콘크리트라고 가정하는 것이다. 따라서 완전 합성 또는 부분 합성 부재의 여부는 관성의 모멘트가 강도 계산에서 알려진 값을 이용하여 결정할 수 있다. 공칭강도는 극한하중 수준에서 계산되어 있기 때문에, 사용하중에 대해 실제로 관여하는 콘크리트의 양은 강도 계산에 사용되는 것보다 확연히 많다. 따라서 이 방법에 의해 결정되는 관성모멘트는 실제로 유효할지 모르는 것보다 작고 관성의 하한범위 모멘트 ILB라고 한다. 그림 9.24는 이미 논의된 강도 표에 평행 형식으로 관성의 하한범위 모멘트가 주어지는 매뉴얼 표 3-20에서 샘플이다. 이러한 ILB 값의 사용은 사용하중 처짐의 보수적인 예측을 야기한다.

Table 3-20 (continued)
Lower Bound Elastic Moment of Inertia, I_{LB}, for Plastic Composite Sections

F_y = 50 ksi

I_{LB}

W16-W14

Shape[d]	PNA[c]	$Y1$[a]	ΣQ_n	$Y2$[b], in.										
		in.	kip	2	2.5	3	3.5	4	4.5	5	5.5	6	6.5	7
W16×26	TFL	0	384	674	712	753	796	840	887	935	985	1040	1090	1150
(301)	2	0.0863	337	649	686	724	763	805	849	894	941	990	1040	1090
	3	0.173	289	621	654	689	726	764	804	846	889	934	980	1030
	4	0.259	242	589	619	651	683	718	754	791	830	871	912	956
	BFL	0.345	194	551	577	604	633	663	694	727	760	795	832	869
	6	2.05	145	505	527	549	572	597	622	649	676	705	734	765
	7	4.01	96.0	450	466	482	499	517	535	555	575	596	617	640
W14×38	TFL	0	560	844	896	951	1010	1070	1130	1200	1270	1340	1410	1490
(385)	2	0.129	473	805	853	903	956	1010	1070	1130	1190	1260	1330	1400
	3	0.258	386	759	802	847	894	943	995	1050	1100	1160	1220	1290
	4	0.386	299	704	741	779	819	861	905	951	999	1050	1100	1150
	BFL	0.515	211	636	665	695	726	759	794	830	868	907	948	990
	6	1.38	176	604	629	656	683	712	742	774	807	841	877	914
	7	2.53	140	568	589	611	634	659	684	710	738	766	796	827
W14×34	TFL	0	500	745	791	840	891	945	1000	1060	1120	1190	1250	1320
(340)	2	0.114	423	711	754	798	845	895	946	1000	1060	1110	1180	1240
	3	0.228	346	671	709	749	791	835	881	929	979	1030	1090	1140
	4	0.341	270	624	656	691	727	764	804	845	888	933	979	1030
	BFL	0.455	193	566	591	618	647	677	708	741	775	811	848	886
	6	1.42	159	535	558	581	606	632	659	687	717	748	780	813
	7	2.61	125	502	521	540	561	582	605	628	653	678	705	732
W14×30	TFL	0	443	642	682	725	770	817	866	918	972	1030	1090	1150
(291)	2	0.0963	378	614	651	691	732	775	821	868	918	969	1020	1080
	3	0.193	313	581	615	650	688	727	767	810	855	901	949	999
	4	0.289	248	543	572	603	635	669	704	741	780	820	862	905
	BFL	0.385	183	496	520	545	571	599	627	658	689	722	756	791
	6	1.46	147	466	486	507	530	553	578	604	630	658	687	717
	7	2.80	111	432	448	465	483	502	522	542	564	586	610	634
W14×26	TFL	0	385	553	589	626	665	706	749	794	841	890	941	994
(245)	2	0.105	332	530	563	598	634	672	712	754	797	843	890	938
	3	0.210	279	504	534	565	598	633	669	707	746	787	830	874
	4	0.315	226	473	499	527	556	586	618	652	686	722	760	799
	BFL	0.420	173	436	458	481	506	531	558	586	615	645	677	709
	6	1.67	135	405	423	443	463	485	507	530	555	580	607	634
	7	3.18	96.1	368	382	397	413	429	447	465	483	503	523	544

[a] $Y1$ = distance from top of the steel beam to plastic neutral axis.
[b] $Y2$ = distance from top of the steel beam to concrete flange force.
[c] See Figure 3-3c for PNA locations.
[d] Value in parentheses is I_x(in.^{4}) of noncomposite steel shape.

그림 9.24 • 소성 합성 단면에 대한 하한 관성모멘트 I_{LB}.

9.8 Example

－처짐－

bare 강 보의 시공하중 처짐 및 예제 9.7의 합성보의 사용하중 처짐을 구한다.

조건: 예제 9.7에서 설계된 W16 × 26을 고려한다. 사하중 0.45 kps/ft, 시공 활하중 0.36 kips/ft, 및 사용 활하중 1.35 kips/in에 대해 보를 검토한다. 시공하중 처짐을 span/360과 비교하라. 활하중 처짐에 대해, 그림 9.24로부터 관성모멘트의 최소치를 사용하고 계산된 처짐을 설계한계인 span/360과 비교하라.

풀이.

Step 1: 처짐계산을 위한 전체 시공하중을 구한다.

$$w = w_D + w_{L-const} = 0.45 + 0.36 = 0.81 \text{ kips/ft}$$

Step 2: 매뉴얼 표 1-1 혹은 3-20으로부터 W16 × 26의 관성모멘트를 구한다.

$$I_x = 301 \text{ in.}^4$$

Step 3: 시공하중 처짐을 계산하고 span/360과 비교한다.

$$\Delta_{LL} = \frac{5(0.81)(30.0)^4(1728)}{384(29,000)(301)} = 1.69 \text{ in.} > \frac{30(12)}{360} = 1.0 \text{ in.}$$

처짐이 한계치를 초과하므로, 보의 캠버링 혹은 시공 중 지주가 필요하다. 지주는 일정 및 비용에 상당한 영향을 미치므로, 보를 캠버링 하거나 더 큰 단면을 사용할 수 있을 것이다. 적절한 해답으로 캠버를 선택하면서, 보는 사하중 처짐의 약 75%로 캠버링 되어야 한다. 따라서, 0.75(1.69) = 1.27이고 1.25 in 캠버를 명시한다.

Step 4: 시공하중 처짐문제가 해결되었다고 가정하고, 사용 활하중 하에서 활하중 처짐을 구한다. 예제 9.7로부터, Y2 = 4.5를 사용하여 W16 × 26이 선택되었고, 결과되는 전단 스터드 힘은 PNA 4 위치에서 $\sum Q_n = 242 \text{ kips}$ 이다.

Step 5: 관성모멘트의 하한치를 구한다.
Step 4에서 주어진 값들과 함께 매뉴얼 표 3-20을 사용하면, 다음을 선택한다.

$$I_{LB} = 754 \text{ in.}^4$$

Step 5: 활하중 처짐을 구한다.

$$\Delta_{LL} = \frac{5(1.35)(30.0)^4(1728)}{384(29,000)(754)} = 1.13 \text{ in.}$$

Step 6: 계산된 처짐을 주어진 제한과 비교한다.

$$\Delta_{LL} = 1.13 > \frac{\text{span}}{360} = \frac{30(12)}{360} = 1.0 \text{ in.}$$

계산된 처짐이 한계값보다 크기 때문에, 주어진 기준을 토대로 활하중 처짐은 허용되지 않는다. 시공하중 처짐문제와 조합하여 이 결과는 설계자에게 이 상황에서 예제 9.7에서와 같이 더 큰 단면을 선택하게 할 수 있다.
처짐계산은 사용하중 하에서 수행되고 LRFD 또는 ASD 설계와는 독립적이다.

9.11 합성기둥

건축물 공사에서 합성기둥은 합성보에 비해 허용되는데 많이 지체되었다. 시방서 규정에는 1986 LRFD 시방서와 2005 ASD 시방서에서 처음으로 제공되었다. 건물에서 합성 기둥의 사용은 매우 제한적이지만, 폭발력(blast force)에 대한 구조물의 경화에 대한 관심은 합성기둥을 중요한 위치로 가져올 수 있을 것이다.

시방서 I2 절에는 합성 기둥의 두 가지 유형이 제공된다: 콘크리트에 의해 매입된 개방형상과 콘크리트로 충전된 중공형상이다. 합성기둥은 강재에 대한 규정과 콘크리트에 대한 규정 사이의 경계에 존재한다. 부재가 시방서에서 합성기둥으로서 자격을 갖기 위해서는 다음과 같은 제한사항을 준수해야 한다:

1. 강재의 단면적은 총 면적의 최소 1%로 구성해야 한다.
2. 콘크리트 encasement은 축방향 연속철근 뿐만 아니라 대철근(lateral ties) 또는 나선철근(spirals)으로 보강해야 한다. 축방향 철근 면적은 총면적의 최소 0.004배여야 하고, 대철근 면적은 최소 12 in 간격으로 No. 3 Bar와 동등해야 한다. 대철근 간격은 기둥의 최소치수에 절반을 초과해서는 안 된다.
3. 콘크리트강도 f_c'는 보통 콘크리트에 대해 3 ksi와 10 ksi 사이로 하고 경량 콘크리트에 대해 3 ksi와 6 ksi 사이어야 한다.
4. 계산에 사용되는 F_y의 최대 값은 75ksi이다.
5. 충전된 중공단면의 강도는 기둥의 국부 좌굴의 함수이다. 조밀 단면으로 분류하기 위해서는 HSS가 다음과 같은 최소 두께를 가지고 있어야 한다.

$$\frac{b}{t} \leq 2.26\sqrt{\frac{E}{F_y}}$$

직사각형 HSS에 대해서는, 그리고

$$\frac{D}{t} \leq 0.15\frac{E}{F_y}$$

원형 HSS에 대한 것이다. 충전된 합성기둥을 위해 사용할 수 있는 비조밀하고 세장한 벽 HSS는 적절한 시방서 규정들을 만족한다면 합성기둥으로 사용될 수 있다.

이러한 요구사항은 일반적으로 쉽게 만족되지만 그렇지 않은 상황에 대해서는 ACI 318을 참고해야 한다.

합성기둥의 공칭강도에 세장비의 영향을 고려하기 위하여 강재기둥에 대한 E장의 식이 약간의 수정과 함께 사용된다. 두 가지 다른 재료의 조합과 합성 기둥 거동의 일반적인 불확실성으로 인해 저항과 안정계수는 다음과 같다.

$$\phi_c = 0.75\,(\text{LRFD}) \qquad \Omega_c = 2.00\,(\text{ASD})$$

기둥 식 (5.10)과 (5.11)을 합성기둥의 식으로 변환하기 위해 항복응력은 공칭 축강도로 대체되고 탄성 임계좌굴응력은 유효 강성을 사용한 합성기둥의 탄성 임계좌굴강도로 대체된다. 이는 매입형 기둥에 대해 시방서 I2.1절에 다음과 같이 나타낸다.

for $\dfrac{P_{no}}{P_e} \leq 2.25$

$$P_n = P_{no}\left[0.658^{P_{no}/P_e}\right] \tag{9.17}$$

for $\dfrac{P_{no}}{P_e} > 2.25$

$$P_n = 0.877\,P_e \tag{9.17}$$

여기서 $P_{no} = F_y A_s + F_{ysr} A_{sr} + 0.85 f_c{}' A_c$

$$P_e = \frac{\pi^2 E\, I_{eff}}{(K\,L)^2}$$

$$E\,I_{eff} = E_s\,I_s + 0.5\,E_s\,I_{sr} + C_1 E_c\,I_c$$

$$C_1 = 0.1 + 2\left(\frac{A_s}{A_c + A_s}\right) \leq 0.3$$

이와 같은 식에서 첨자 s는 강재 단면을 나타내고, 첨자 sr은 축방향 주철근을 나타내며, 그리고 첨자 c는 콘크리트를 의미한다.

조밀한 HSS로 충전된 기둥은 다음 사항들이 사용된다.

$$P_{no} = P_p = F_y A_s + C_2\, f_c{}'\left(A_c + A_{sr}\left(\frac{E_s}{E_c}\right)\right)$$

$$E\,I_{eff} = E_s\,I_s + E_s\,I_{sr} + C_3 E_c\,I_c$$

$$C_2 = 0.85 \text{ for rectangular sections}$$

$$= 0.95 \text{ for round sections}$$

$$C_3 = 0.6 + 2\left(\frac{A_s}{A_c + A_s}\right) \leq 0.9$$

9.9 Example

–합성기둥 강도–

합성기둥의 공칭강도를 구하라. 그 후 설계강도와 허용강도를 구하라.

조건: 그림 9.25는 18 in × 22 in의 콘크리트에 매입된 W14 × 53으로 구성된 기둥을 보여준다. 추가적인 정보는 다음과 같다.

$$
\begin{aligned}
\text{기둥 유효길이} &= 15\text{ ft}\\
\text{형강 : } F_y &= 50\text{ ksi}\\
\text{철근 : 4\#9, Gr.60, } F_y &= 60\text{ ksi}\\
\text{콘크리트강도 : } f_c' &= 5\text{ ksi}\\
E_c = 145^{1.5}\sqrt{5} &= 3900\text{ ksi}
\end{aligned}
$$

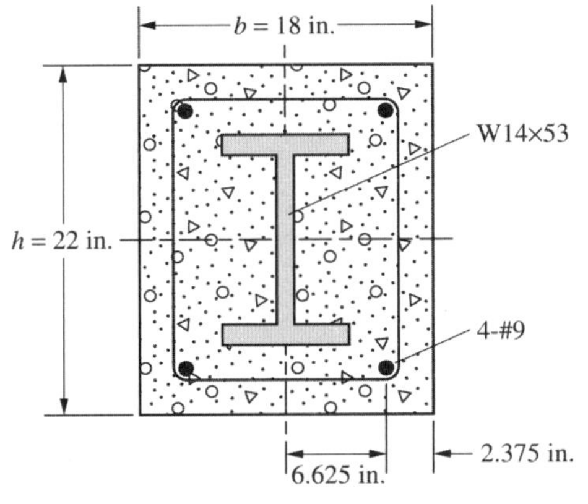

그림 9.25 • 합성기둥 (예제 9.9).

풀이.

Step 1: 요소들의 면적을 구한다.

$$
\begin{aligned}
A_s &= 15.6\text{ in.}^2\\
A_{sr} &= 4(1.0) = 4.0\text{ in.}^2\\
A_c &= 18.0(22.0) - 15.6 - 4.0 = 376\text{ in.}^2
\end{aligned}
$$

Step 2: 최소 철근비를 검토한다.

$$
\rho_s = \frac{A_s}{A_g} = \frac{15.6}{22.0(18.0)} = 0.0394 > 0.001
$$

$$
\rho_{sr} = \frac{A_{sr}}{A_g} = \frac{4.0}{22.0(18.0)} = 0.0101 > 0.004
$$

따라서 명시된 최소치는 만족된다.

Step 3: P_{no}와 P_e를 구하다.

$$
C_1 = 0.1 + 2\left(\frac{15.6}{376 + 15.6}\right) = 0.180 < 0.3
$$

검사에 의해, y축이 형강과 콘크리트 보호에 대해 약축이기 때문에 y축이 임계 좌굴 축이다.

$$
\begin{aligned}
I_s &= I_y = 57.7\text{ in.}^4\\
I_{sr} &= 4(1.0)(6.625)^2 = 176\text{ in.}^4\\
I_c &= \frac{22.0(18.0)^3}{12} - 57.7 - 176 = 10{,}500\text{ in.}^4
\end{aligned}
$$

$$P_{no} = 50(15.6) + 60(4.0) + 0.85(5)(376) = 2620 \text{ kips}$$
$$EI_{eff} = 29{,}000(57.7) + 0.5(29{,}000)(176) + 0.180(3900)(10{,}500) = 11.6 \times 10^6 \text{ in.-kips}$$

$$P_e = \frac{\pi^2 EI_{eff}}{(KL)^2} = \frac{\pi^2(11.6 \times 10^6)}{(15.0(12))^2} = 3530 \text{ kips}$$

Step 4: 지배하는 기둥 강도식을 구하다.

$$\frac{P_{no}}{P_e} = \frac{2620}{3530} = 0.742 < 2.25$$

따라서, 식 (9.17)을 사용한다.

Step 5: 공칭 압축강도를 구한다.

$$P_n = P_{no}(0.658)^{P_{no}/P_e} = 2620(0.658)^{0.742} = 1920 \text{ kips}$$

Step 6: LRFD의 경우, 설계 압축강도는

$$\phi P_n = 0.75(1920) = 1440 \text{ kips}$$

Step 6: ASD의 경우, 허용 압축강도는

$$\frac{P_n}{\Omega} = \frac{1920}{2.00} = 960 \text{ kps}$$

충전된 HSS 강도는 적절한 C 정수를 사용하여 매입형 형상에 대해 논의된 바와 같은 방식으로 결정된다. 주로 강재 단면과 콘크리트 치수의 무제한적으로 가능한 조합으로 인하여, 매뉴얼에는 합성 매입형 기둥에 대한 표를 제공하지 않는다. 해설서(Commentary)에서는 AISC Design Guide 6, Load and Resistance Factor Design of W-Shapes Encased in Concrete의 표는 보수적인 결과를 줌을 나타낸다. 충전된 HSS는 제한된 기하학적 형상들을 나타내므로, 매뉴얼 파트 4는 이러한 형강들에 대한 강도 표를 제공한다. 표는 기존 강재 기둥에 대해 앞서 논의된 바와 같이 기둥 표와 동일하게 사용되고 있다. 충전된 HSS가 기존 HSS보다 작은 강도를 갖는 경우에 합성 기둥 표는 기존 강재 기둥에 대한 값을 제공한다.

9.10 Example

－HSS 합성기둥 강도－

HSS 합성기둥의 강도를 구하라.

조건: 기둥은 콘크리트에 매입된 HSS7 × 4 × 1/4로 구성되어 있다. 추가적인 정보는 다음과 같다.

기둥 유효길이 = 15 ft
HSS : F_y = 46 ksi
콘크리트강도 : f_c' = 5 ksi

풀이.

Step 1: 지배하는 좌굴축을 구한다. 두 축에 대해 $KL = 15$ ft이므로 y축이 지배하고 강도는 매뉴얼 표 4-14로부터 직접적으로 구해진다.

Step 2: LRFD의 경우, $KL = 15$ ft이고 매뉴얼 표 4-14로부터 설계강도는

$$\phi P_n = 91.2 \text{ kips}$$

Step 2: ASD의 경우, $KL = 15$ ft이고 매뉴얼 표 4-14로부터 허용강도는

$$\frac{P_n}{\Omega} = 60.8 \text{ kips}$$

9.11 Example

-HSS 합성기둥 강도-

HSS 합성기둥의 강도를 구하라.

조건: 기둥은 콘크리트에 매입된 HSS16 × 8 × 5/8로 구성되어 있다. 추가적인 정보는 다음과 같다.

기둥 유효길이 = x축에 대해서 21 ft, y축에 대해서 7 ft

HSS : F_y = 46 ksi

콘크리트강도 : f_c' = 5 ksi

풀이.

Step 1: 지배하는 좌굴축을 구한다.

매뉴얼 표 4-14로부터, $r_{mx}/r_{my} = 1.80$. 이는 bare 강재 기둥에 대한 경우에서와 같다; 따라서,

$$(KL)_{eff} = \frac{(KL)_x}{r_{mx}/r_{my}} = \frac{21}{1.80} = 11.7 \text{ ft}$$

이는 y축에 대한 KL보다 크기 때문에, $(KL)_{eff} = 11.7$ ft로 매뉴얼 표 4-14에 들어간다.

Step 2: LRFD의 경우, $KL = 11.7$ ft이고 매뉴얼 표 4-14로부터 설계강도는

$$\phi P_n = 1046 \text{ kips}$$

Step 2: ASD의 경우, $KL = 11.7$ ft이고 매뉴얼 표 4-14로부터 허용강도는

$$\frac{P_n}{\Omega} = 697 \text{ kips}$$

9.12 합성 보-기둥

합성 보-기둥은 bare 강재 보-기둥에서 발생하는 동일한 가능성을 갖는다. 휨모멘트와 축력이 동시에 작용하는 어떠한 적용도 시방서 I5절의 규정에 따라 다룰 필요가 있다.

건물 공사에서 볼 수 있는 가장 일반적인 합성 보-기둥은 이중대칭 합성 보-기둥의 경우에 시방서 H장의 상관식은 보수적으로 사용할 수 있다. 강도를 결정하는 보다 정확한 방법에서는, 상호작용면은 소성응력분포 및 9.11절에서 논의된 바와 같이 시방서 I2절에서 길이의 수정을 토대로 발달될 수 있다.

그림 9.26은 합성 보-기둥에 대한 몇몇의 잠재적으로 유용한 상호작용 도표를 제공한다. 곡선 1은 길이의 영향을 고려하지 않고 철근 콘크리트 기둥에 대한 유사한 도표를 개발하는데 사용되는 것과 비슷한 변형률 적합법에 근거하는 상호작용 곡선이다. 곡선 2는 마찬가지로 길이의 영향을 포함하지 않고 소성응력분포에 근거하여 세분화된 직선의 근사치를 나타낸다. 곡선 3은 곡선 2의 단순화이고, 길이 영향을 포함하며 순수 축방향 강도와 순수 휨강도 사이의 유일한 한 개의 중간점을 사용한다. 곡선 4는 곡선 3에 저항성과 안전계수의 적용으로 인한 결과이다. 곡선 5는 H장의 상관식을 적용한 결과이다.

그림 9.26에서 곡선 4와 5만이 보-기둥 강도에 대한 저항 또는 안전계수와 길이의 영향을 설명한다. 곡선 4의 방식과 비교하면 H장 방식의 보수성은 크지 않을 수 있다.

제 1장의 Steel Construction Manual 설계 예제는 그림 9.26에서 상호작용 도표의 곡선 2를 위해 필요한 점을 결정하는데 사용하기 위한 방정식이 포함된다. 사용 가능한 식은 강축과 약축의 휨에 대한 매입형 W-shape은 강축 또는 약축 중 하나에 대하여 직사각형 HSS 휨 그리고 원형 HSS 휨을 다룬다. 그림 9.27은 강축에 대한 충전된 W형 휨의 식을 나타내고 그림 9.28은 같은 축에 대한 직사각형 HSS 휨의 을 제공한다. 그림 9.26의 곡선 4 상호

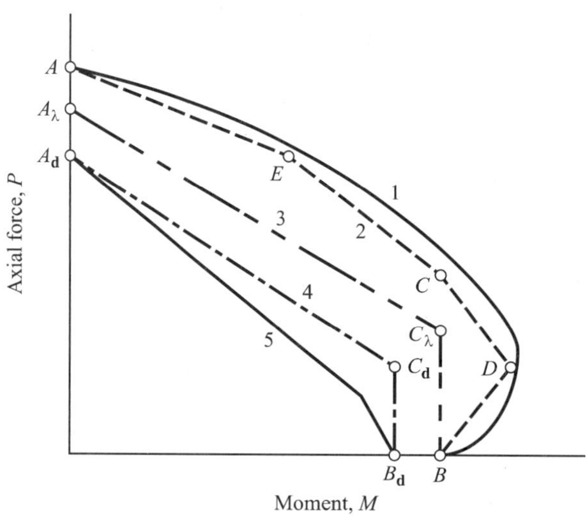

그림 9.26 • 합성기둥 상관선도

작용이 구축 될 경우, 식은 그림 9.27과 9.28에서 확인되는 A, B 및 C점은 평가 될 필요가 있다. 다음은 길이 영향이 A와 C점에 적용되어야 하며, 저항 또는 안전계수는 세 개의 모든 점에 적용되어야 한다.

Table A.
Plastic Capacities for Rectangular, Encased W-Shapes Bent About the X-X Axis

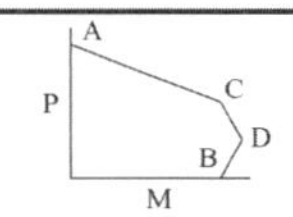

Section / Stress Distribution:

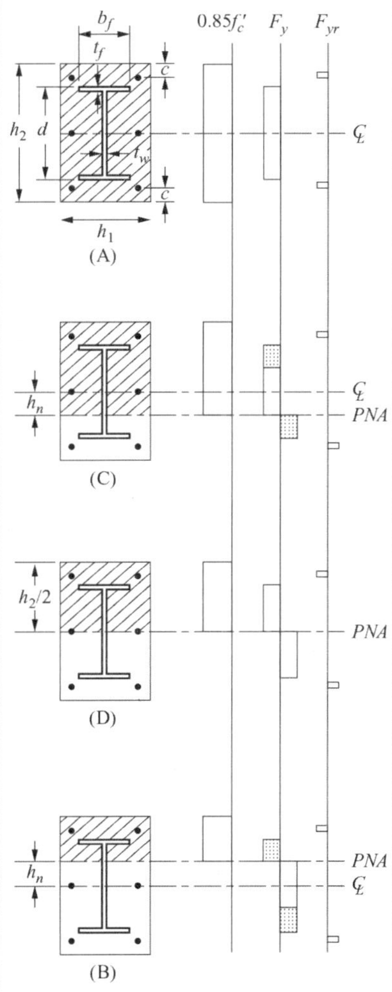

Point	Defining Equations
A	$P_A = A_sF_y + A_{sr}F_{yr} + 0.85f'_cA_c$ $M_A = 0$ A_s = area of steel shape A_{sr} = area of all continuous reinforcing bars $A_c = h_1h_2 - A_s - A_{sr}$
C	$P_C = 0.85f'_cA_c$ $M_C = M_B$
D	$P_D = \dfrac{0.85f'_cA_c}{2}$ $M_D = Z_sF_y + Z_rF_{yr} + \dfrac{Z_c}{2}(0.85f'_c)$ Z_s = full x-axis plastic section modulus of steel shape A_{srs} = area of continuous reinforcing bars at the centerline $Z_r = (A_{sr} - A_{srs})\left(\dfrac{h_2}{2} - c\right)$ $Z_c = \dfrac{h_1h_2^2}{4} - Z_s - Z_r$
B	$P_B = 0$ $M_B = M_D - Z_{sn}F_y - ½Z_{cn}(0.85f'_c)$ $Z_{cn} = h_1h_n^2 - Z_{sn}$ For h_n below the flange $\left(h_n \le \dfrac{d}{2} - t_f\right)$ $h_n = \dfrac{0.85f'_c(A_c + A_{srs}) - 2F_{yr}A_{srs}}{2\left[0.85f'_c(h_1 - t_w) + 2F_yt_w\right]}$ $Z_{sn} = t_wh_n^2$ For h_n within the flange $\left(\dfrac{d}{2} - t_f < h_n \le \dfrac{d}{2}\right)$ $h_n = \dfrac{0.85f'_c(A_c + A_s - db_f + A_{srs}) - 2F_y(A_s - db_f) - 2F_{yr}A_{srs}}{2\left[0.85f'_c(h_1 - b_f) + 2F_yb_f\right]}$ $Z_{sn} = Z_s - b_f\left(\dfrac{d}{2} - h_n\right)\left(\dfrac{d}{2} + h_n\right)$ For h_n above the flange $\left(h_n > \dfrac{d}{2}\right)$ $h_n = \dfrac{0.85f'_c(A_c + A_s + A_{srs}) - 2F_yA_s - 2F_{yr}A_{srs}}{2(0.85f'_ch_1)}$ $Z_{sn} = Z_{sx}$ = full x-axis plastic section modulus of steel shape

그림 9.27 • 합성기둥 상관선도 점 : 매립 W-형강.

Table C.
Plastic Capacities for Composite, Filled HSS Bent About the X-X Axis

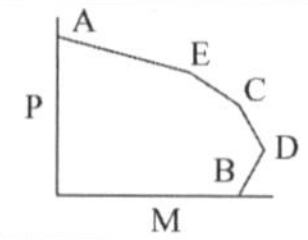

Section	Stress Distribution	Point	Defining Equations
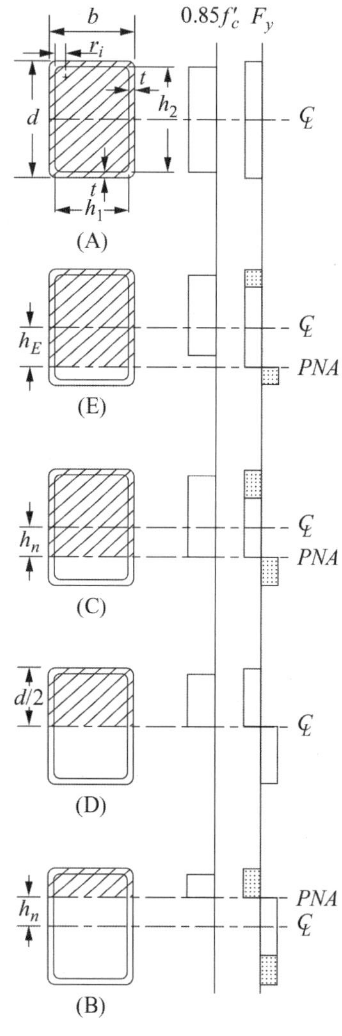		A	$P_A = F_y A_s + 0.85f'_c A_c$ $M_A = 0$ A_s = area of steel shape $A_c = h_1 h_2 - 0.858r_i^2$ $h_1 = b - 2t$ $h_2 = d - 2t$
		E	$P_E = ½(0.85f'_c A_c) + 0.85f'_c h_1 h_E + 4F_y t h_E$ $M_E = M_D - F_y Z_{sE} - ½(0.85f'_c Z_{cE})$ $Z_{cE} = h_1 h_E^2$ $Z_{sE} = 2th_E^2$ $h_E = \frac{h_n}{2} + \frac{d}{4}$
		C	$P_C = 0.85f'_c A_c$ $M_C = M_B$
		D	$P_D = \frac{0.85f'_c A_c}{2}$ $M_D = F_y Z_s + ½(0.85f'_c Z_c)$ Z_s = full x-axis plastic section modulus of HSS $Z_c = \frac{h_1 h_2^2}{4} - 0.192r_i^3$
		B	$P_B = 0$ $M_B = M_D - F_y Z_{sn} - ½(0.85f'_c Z_{cn})$ $Z_{sn} = 2th_n^2$ $Z_{cn} = h_1 h_n^2$ $h_n = \frac{0.85f'_c A_c}{2\left[0.85f'_c h_1 + 4tF_y\right]} \le \frac{h_2}{2}$

그림 9.28 • 합성기둥 상관선도 점 : 충전 HSS.

9.12a Example

−조합력 하에서 HSS 합성기둥 강도 (LRFD)−

축력과 휨 하중을 받는 주어진 직사각형 HSS에 대해 H절의 상관식을 검토하라.

조건: 기둥은 콘크리트에 매입된 HSS8 × 8 × 1/2로 구성되어 있다. 이 기둥은 축력 $P_u = 200$ kips 및 휨모멘트 $M_u = 84$ ft-kips에 견뎌야 한다. 양축에 대해 유효길이는 15 ft이다. HSS의 $F_y = 46$ ksi이고 $f_c' = 5$ ksi이다.

풀이.

Step 1: 설계 축강도를 구한다.

$KL_y = 15$ ft와 함께 매뉴얼 표 4-16으로부터,

$$\phi P_n = 480 \text{ kips}$$

Step 2: 휨강도를 구한다.

매뉴얼 표 4-16에서, 휨강도는 표의 하단에 나타난다. 이는 비지지길이에 대한 함수가 아님을 주목하라.

$$\phi M_n = 140 \text{ ft-kips}$$

Step 3: H1-1a 또는 H1-1b 중 어떤 상관식을 사용할지 결정한다.

$$\frac{P_u}{\phi P_n} = \frac{200}{480} = 0.417 > 0.2$$

그러므로, H1-1a 식을 사용한다.

Step 4: 상관식을 확인한다.

$$0.417 + \frac{8}{9}\left(\frac{84.0}{140}\right) = 0.95 < 1.0$$

상관식이 1.0보다 작기 때문에, 이 기둥은 부과된 하중을 지지할 것이다.

9.12b Example

−조합력 하에서 HSS 합성기둥 강도 (ASD)−

축력과 휨 하중을 받는 주어진 직사각형 HSS에 대해 H절의 상관식을 검토하라.

조건: 기둥은 콘크리트에 매입된 HSS8× 8 × 1/2로 구성되어 있다. 이 기둥은 축력 $P_a = 133$ kips 및 휨모멘트 $M_a = 56$ ft-kips에 견뎌야 한다. 양축에 대해 유효길이는 15 ft이다. HSS의 $F_y = 46$ ksi이고 $f_c' = 5$ ksi이다.

풀이.

Step 1: 설계 축강도를 구한다.

$KL_y = 15$ ft와 함께 매뉴얼 표 4-16으로부터,

$$\frac{P_n}{\Omega} = 320 \text{ kips}$$

Step 2: 휨강도를 구한다.

매뉴얼 표 4-16에서, 휨강도는 표의 하단에 나타난다. 이는 비지지길이에 대한 함수가 아님을 주목하라.

$$\frac{M_n}{\Omega} = 93.0 \text{ ft-kips}$$

Step 3: H1-1a 또는 H1-1b 중 어떤 상관식을 사용할지 결정한다.

$$\frac{P_u}{\phi P_n} = \frac{133}{320} = 0.416 > 0.2$$

그러므로, H1-1a 식을 사용한다.

Step 4: 상관식을 확인한다.

$$0.416 + \frac{8}{9}\left(\frac{56.0}{93.0}\right) = 0.95 < 1.0$$

상관식이 1.0보다 작기 때문에, 이 기둥은 부과된 하중을 지지할 것이다.

9.13 연습문제

1. Determine the location of the plastic neutral axis and the available moment strength for a flat soffit, fully composite beam composed of a W16 × 26 spanning 20 ft and spaced 8 ft on center, supporting a 6 in. concrete slab. Use $f_c' = 4$ ksi and A992 steel. Determine (a) design strength by LRFD and (b) allowable strength by ASD.

2. Determine the location of the plastic neutral axis and the available moment strength for a flat soffit, fully composite beam composed of a W16 × 45 spanning 22 ft and spaced 8 ft on center, supporting a 5 in. concrete slab. Use $f_c' = 5$ ksi and A992 steel. Determine (a) design strength by LRFD and (b) allowable strength by ASD.

3. Determine the location of the plastic neutral axis and the available moment strength for a flat soffit, fully composite beam composed of a W18 × 50 spanning 20 ft and spaced 6 ft on center, supporting a 5 in. concrete slab. Use $f_c' = 5$ ksi and A992 steel. Determine (a) design strength by LRFD and (b) allowable strength by ASD.

4. Determine the location of the plastic neutral axis and the available moment strength for a flat soffit, fully composite beam composed of a W18 × 71 spanning 18 ft and spaced 5 ft on center, supporting a 4 in. concrete slab. Use $f_c' = 4$ ksi and A992 steel. Determine (a) design strength by LRFD and (b) allowable strength by ASD.

5. Determine the location of the plastic neutral axis and the available moment strength for a flat soffit, fully composite beam composed of a W14 × 43 spanning 20 ft and spaced 5 ft on center, supporting a 4 in. concrete slab. Use $f_c' = 3$ ksi and A992 steel. Determine (a) design strength by LRFD and (b) allowable strength by ASD.

6. Determine the location of the plastic neutral axis and the available moment strength for a flat soffit, fully composite beam composed of a W14 × 61 spanning 24 ft and spaced 6 ft on center, supporting a 4 in. concrete slab. Use $f_c' = 3$ ksi and A992 steel. Determine (a) design strength by LRFD and (b) allowable strength by ASD.

7. Determine the location of the plastic neutral axis and the available moment strength for a flat soffit, fully composite beam composed of a W36 × 282 spanning 50 ft and spaced 20 ft on center, supporting a 12 in. concrete slab. Use $f_c' = 6$ ksi and

A992 steel. Determine (a) design strength by LRFD and (b) allowable strength by ASD.

8. Determine the location of the plastic neutral axis and the available moment strength for a flat soffit, fully composite beam composed of a W27 × 84 spanning 30 ft and spaced 14 ft on center, supporting a 6 in. concrete slab. Use $f'_c = 6$ ksi and A992 steel. Determine (a) design strength by LRFD and (b) allowable strength by ASD.

9. Determine the location of the plastic neutral axis and the available moment strength for a flat soffit, fully composite beam composed of a W10 × 12 spanning 12 ft and spaced 4 ft on center, supporting a 5 in. concrete slab. Use $f'_c = 4$ ksi and A992 steel. Determine (a) design strength by LRFD and (b) allowable strength by ASD.

10. Repeat Problem 1 with the shear stud capacity limited to $V'_q = 250$ kips. Determine (a) design strength by LRFD and (b) allowable strength by ASD.

11. Repeat Problem 2 with the shear stud capacity limited to $V'_q = 500$ kips. Determine (a) design strength by LRFD and (b) allowable strength by ASD.

12. Repeat Problem 3 with the shear stud capacity limited to $V'_q = 500$ kips. Determine (a) design strength by LRFD and (b) allowable strength by ASD.

13. Repeat Problem 4 with the shear stud capacity limited to $V'_q = 400$ kips. Determine (a) design strength by LRFD and (b) allowable strength by ASD.

14. Repeat Problem 5 with the shear stud capacity limited to $V'_q = 300$ kips. Determine (a) design strength by LRFD and (b) allowable strength by ASD.

15. Repeat Problem 6 with the shear stud capacity limited to $V'_q = 600$ kips. Determine (a) design strength by LRFD and (b) allowable strength by ASD.

16. Repeat Problem 7 with the shear stud capacity limited to $V'_q = 2000$ kips. Determine (a) design strength by LRFD and (b) allowable strength by ASD.

17. Repeat Problem 8 with the shear stud capacity limited to $V'_q = 900$ kips. Determine (a) design strength by LRFD and (b) allowable strength by ASD.

18. Repeat Problem 9 with the shear stud capacity limited to $V'_q = 100$ kips. Determine (a) design strength by LRFD and (b) allowable strength by ASD.

19. Repeat Problems 5 and 14 with $V'_q = 450$ kips and plot the results of all three problems as a function of V'_q. Determine (a) design strength by LRFD and (b) allowable strength by ASD.

20. Repeat Problems 6 and 15 with $V'_q = 400$ kips and plot the results of all three problems as a function of V'_q. Determine (a) design strength by LRFD and (b) allowable strength by ASD.

21. A W12 composite beam spaced every 10 ft is used to support a uniform dead load of 1.0 k/ft and live load of 0.9 k/ft on a 20 ft span. Using a 4 in. flat soffit slab with $f'_c = 4$ ksi, $^3/_4$ in. shear studs, and A992 steel, determine the least-weight shape and the required number of shear connectors to support the load. Design by (a) LRFD and (b) ASD.

22. A W14 composite beam is to support a uniform dead load of 1.2 k/ft and live load of 1.2 k/ft. The beam spans 24 ft and is spaced 8 ft from adjacent beams. Using a 5 in. flat soffit slab and $^3/_4$ in. shear studs, determine the least-weight shape to support the load if $f'_c = 4$ ksi and A992 steel is used. Design by (a) LRFD and (b) ASD.

23. A W12 composite beam spaced every 12 ft is used to support a uniform dead load of 1.2 k/ft and live load of 1.9 k/ft on a 20 ft span. Using a 4 in. flat soffit slab with $f'_c = 5$ ksi, $^3/_4$ in. shear studs, and A992 steel, determine the least-weight shape and the required number of shear connectors to support the load. Design by (a) LRFD and (b) ASD.

24. A W16 composite beam is to support a uniform dead load of 1.8 k/ft and live load of 2.2 k/ft. The beam spans 26 ft and is spaced 10 ft from adjacent beams. Using a 5 in. flat soffit slab and $^3/_4$ in. shear studs, determine the least-weight shape to support the load if $f'_c = 4$ ksi and A992 steel is used. Design by (a) LRFD and (b) ASD.

25. Compare the least-weight A992 W16 and W14 members required to support a uniform dead load of 2.4 k/ft and live load of 3.2 k/ft. The beams span 18 ft and are spaced 12 ft on center. They support a 6 in. concrete slab with $f'_c = 4$ ksi. Design by (a) LRFD and (b) ASD.

26. A series of W16 × 36 A992 composite beams are spaced at 10 ft intervals and span 24 ft. The beams support a $2^1/_2$ in. metal deck perpendicular to the beam with a slab whose total thickness is 5 in. Assuming fully composite action, determine the available moment strength and the number of $^3/_4$ in. shear studs required. The deck has 6 in. wide ribs spaced at 12 in. Use $f'_c = 4$ ksi. Determine by (a) LRFD and (b) ASD.

27. Determine the available moment strength of a W18 × 35 A992 composite beam supporting a slab with a total thickness of 5 in. on a 3 in. metal deck perpendicular to the beam. The beam spans 28 ft and is spaced 12 ft from adjacent beams. Use $f'_c = 5$ ksi. Determine (a) design strength by LRFD and (b) allowable strength by ASD.

28. Determine the available moment strength for a W18 × 46 A992 member used as a partially composite beam to support 3 in. of concrete on a 3 in. metal deck for a total slab thickness of 6 in. The beam spans 30 ft and is spaced 11 ft from adjacent beams. Shear stud strength is $V'_q = 400$ kips, $f'_c = 5$ ksi. Determine (a) design strength by LRFD and (b) allowable strength by ASD.

29. A composite beam is to span 20 ft and support a 4 in. slab including a $1^1/_2$ in. metal deck. The deck span is 10 ft. The beam must accommodate a uniformly distributed dead load of 75 psf including the slab weight and live load of 100 psf. The deck has 2 in. ribs spaced 6 in. on center. Determine the required A992

W-shape and number of $^3/_4$ in. shear studs. Use $f_c' = 3$ ksi. Design by (a) LRFD and (b) ASD.

30. Determine the required W-shape and number of $^3/_4$ in. shear studs for a composite girder that spans 30 ft and supports two concentrated dead loads of 12 kips and live loads of 20 kips at the third points. The $1^1/_2$ in. metal deck with 2 in. ribs spaced at 6 in. on center is parallel to the girder and supports a total slab of 5 in. Use $f_c' = 4$ ksi and A992 steel. Design by (a) LRFD and (b) ASD.

31. Determine the live load deflection for a W24 × 76 A992 composite beam with an 8 in. total thickness slab on a 3 in. metal deck. The beam spans 28 ft and is spaced at 10 ft intervals. The beam is to carry a live load of 3.4 k/ft. Assume Y2 = 6.0 in. and $\sum Q_n = 394$ kips.

32. Determine the live load deflection for a W16 × 26 A992 composite beam supporting a 6 in. slab on a $2^1/_2$ in. metal deck. The beam spans 24 ft and is spaced at 8 ft on center. The live load is 2.1 k/ft. Assume Y2 = 5.5 in. and $\sum Q_n = 384$ kips.

33. Determine the live load deflection for the beam of Problem 21.

34. Determine the live load deflection for the beam of Problem 22.

35. Determine the available compressive strength of a 20 ft effective length 18 × 18 in. composite column encasing an A992 W10 × 68 and eight #8, Gr. 60 reinforcing bars, $f_c' = 5$ ksi. Each face has three bars with their centers located 2.5 in. from the face of the concrete. Determine (a) design strength by LRFD and (b) allowable strength by ASD.

36. Determine the available compressive strength of a 22 × 22 in. composite column with an effective length of 16 ft. The concrete encases an A992 W12 × 120 and eight #9, Gr. 60 bars, $f_c' = 5$ ksi. Each face has three bars with their centers located 2.5 in. from the face of the concrete. Determine (a) design strength by LRFD and (b) allowable strength by ASD.

37. Determine the available compressive strength of a 20 × 22 in. composite column with an effective length of 12 ft. The concrete encases an A992 W12 × 136 and eight #10, Gr. 60 bars, $f_c' = 5$ ksi. Each face has three bars with their centers located 2.5 in. from the face of the concrete. Determine (a) design strength by LRFD and (b) allowable strength by ASD.

38. Determine the available compressive strength of an HSS10 × 5×$^3/_8$ composite column with an effective length of 12 ft. The concrete has $f_c' = 5$ ksi. Determine (a) design strength by LRFD and (b) allowable strength by ASD.

39. Determine the available compressive strength of an HSS12 × 10×$^1/_2$ composite column with an effective length of 16 ft. about the strong axis and 8 ft for the weak axis. The concrete has $f_c' = 5$ ksi. Determine (a) design strength by LRFD and (b) allowable strength by ASD.

40. Using interaction equations H1-1a and H1-1b, determine if an HSS 10 × 6×$^3/_{16}$ composite column with an effective length of 20 ft will carry an axial compressive live load of 25 kips and dead load of 18 kips, and a live load moment of 10 ft-kips and a dead load moment of 8 ft-kips, both bending the member about its strong axis. Use $f_c' = 5$ ksi. Determine (a) design strength by LRFD and (b) allowable strength by ASD.

Multi-Chapter Problem

41. Integrated Design Project. The framing plans shown in Figures 1.21 and 1.22 were used to design beams and girders in Chapter 6. These same gravity-only beams and girders will now be designed as composite members. Manufacturers' data on composite metal decks may be found on the Internet. For the designs carried out here, consider a 3 in. deck with a profile similar to that shown in Figure 9.16c. It will be used with 3 in. of concrete with $f_c' = 4$ ksi for a total slab thickness of 6.0 in.

제 10 장

연결 요소

10.1 개요

강구조물은 본질적으로 프레임이라 불리는 안정되고 실용적인 전체를 형성하기 위해 서로 결합된 개별 부재의 집합이다. 임의의 두 부재 사이에 연결부의 가정된 거동은 구조물이 연직하중과 횡하중에 저항하기 위해 분석되는 방법을 결정한다. 이러한 해석은 차례로 보, 기둥 및 기타부재가 설계되는 모멘트, 전단 및 축 하중을 결정한다. 따라서 설계자가 연결부의 기본 거동을 이해하는 것은 필수적이다.

부재들은 플레이트, L-형강 및 기타 형강 등과 같은 다양한 연결요소를 통해 기계적 체결(mechanical fasteners) 혹은 용접을 사용하여 서로 연결되어 있다. 완전한 연결부의 응답을 평가하기 위해서는 이러한 연결요소 및 체결의 특징들을 이해해야만 한다. 각 연결부에 대해 하중전달 메커니즘을 이해함으로써 접합부의 적용가능한 한계상태를 평가해야 한다.

표 10.1은 이 장에서 논의되는 시방서의 절(sections) 및 매뉴얼의 파트(parts)를 나열한다.

10.2 기본 연결

건설에서 사용하는 광범위하고 다양한 부재의 기하학적 형상과 배치는 해당하는 연결부를 매우 어렵게 만든다. 부재간의 모든 이음부는 이들의 독특한 특성에 따라 해석되고 설계되어야 한다.

표 10.1 이 장에서 다루는 시방서의 절과 매뉴얼의 파트

시방서	
B3	설계기본
Chapter D	인장에 대한 부재설계
Chapter E	압축에 대한 부재설계
G2	비보강 또는 보강 웨브 부재
J1	일반규정
J2	용접
J3	볼트 및 나사산 부분
J4	부재의 영향을 받는 요소 및 연결요소
매뉴얼	
Part 7	볼트설계 고려사항
Part 8	용접설계 고려사항
Part 9	연결요소 설계

그림 10.1은 인장 연결부의 몇 가지 예를 보여준다. 그림 10.1a, b 및 c에 보이는 연결부는 인장부재가 접합될 수 있는 방법을 묘사한다. 각각의 경우에 볼트는 전단력을 받는다. 맞댐이음(그림 10.1a)과 겹이음(그림 10.1b)은 두 부재 사이의 연결을 제공하고, 반면에 그림 10.1c의 이음부는 한 쌍의 부재에 단일 부재의 연결을 보여준다. 이러한 유형의 이음부는 그림 10.1a에 나타낸 맞댐이음의 일부로 고려될 수 있다. 그림 10.1d의 이음부는 보의 하부 플랜지에 접합된 행거(hanger)를 나타낸다; 이 경우 연결은 WT-형강으로 이뤄지며 볼트들은 인장력을 받게 된다. 거셋(gusset) 플레이트에 인장부재의 연결은 그림 10.1e에서 보여준다. 여기서 볼트는 다시 전단력을 받는다. 이러한 모든 예제는 볼트연결을 나타낸다. 유사한 이음은 용접으로 수행할 수 있다.

그림 10.2에 나타낸 연결부은 브래킷(bracket) 연결이다. 그림 10.2a에 보이는 연결은 기둥의 플랜지에 연결된 브래킷이다. 이 경우에 볼트들은 보이는 바와 같이 하중을 받을 때 연결의 면내에 전단 및 모멘트을 받는다. 10.2b의 브래킷은 연결 면내에서 볼트그룹에 전단 및 상부에 있는 볼트들에 인장력을 일으키는 면외 모멘트를 야기한다.

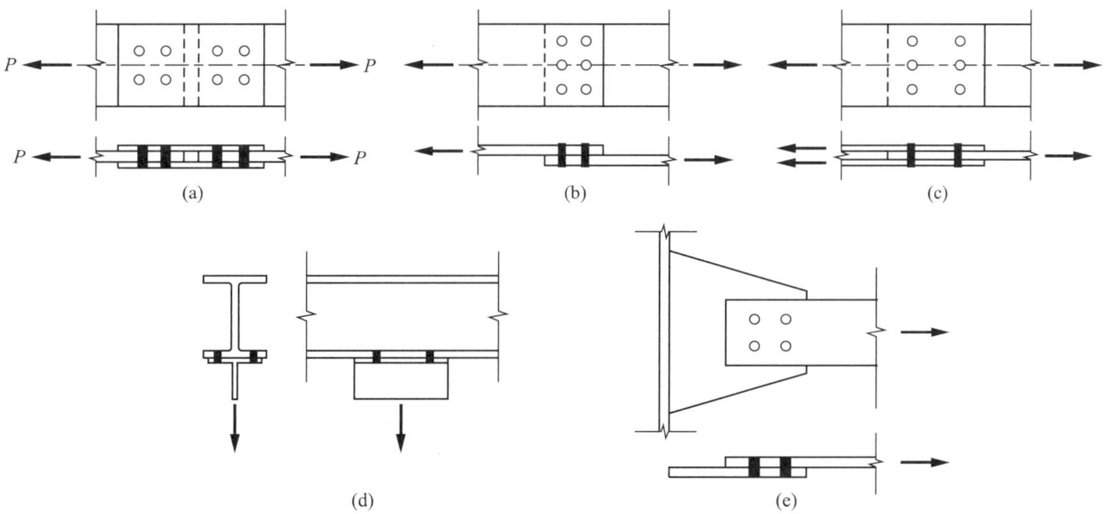

그림 10.1 • 인장 연결

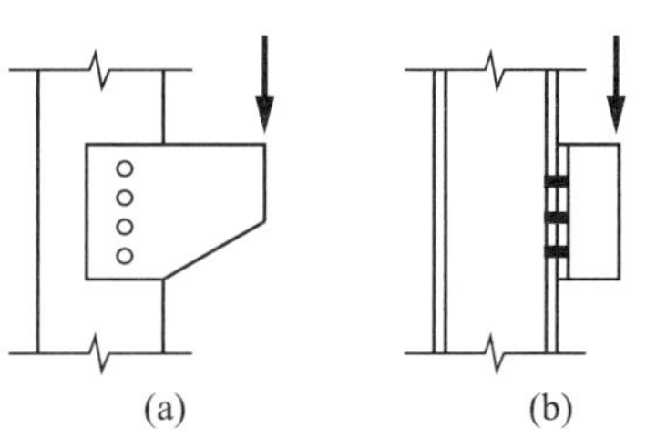

그림 10.2 • 브래킷 연결

10.3 보–기둥 연결

기둥과 보의 연결은 다양한 방법으로 이뤄질 수 있다. 그림 10.3은 W-형강 기둥과 W-형강 보의 여러 가지 연결방식을 보여준다. 이러한 연결부의 부재 간에 전달되는 하중의 기능으로 분류된다. 그림 10.3a~d에 보이는 연결부는 보통 단순 또는 전단연결(simple or shear connection)이라 불리고, 반면 그림 10.3e~h에 보이는 것들은 일반적으로 고정 또는 모멘트 연결(fixed or moment connection)이라고 한다.

일반적인 관행으로 보–기둥 연결부는 단순 또는 고정으로 분류되지만, 8장에서 설명했듯이 이러한 연결부들은 실제로 다양한 범위의 거동을 보여준다. 이 거동은 어느 특정한 연결부의 모멘트–회전 특성을 나타낸 그래프로 설명할 수 있다. 세 개의 보–기둥 연결부에 대한 일반적인 모멘트–회전의 관계가 그림 10.4에 제시된다. 연결부가 매우 강성이 큰 경우에 비록 큰 모멘트가 작용해도 매우 작은 변형이 일어난다. 이러한 유형의 연결은 그림 10.4에 곡선 a로 표시된다. 반대로 연결부가 매우 유연한 경우 그림 10.4의 곡선 c에 나타낸 바와 같이 회전은 많이 일어나지만 발생하는 모멘트는 크지 않다. 그림 10.4의 곡선 b는 모멘트회전 거동이 곡선 a와 c 사이 어딘가에 일어나는 연결부를 나타낸다. 뚜렷한 강성에

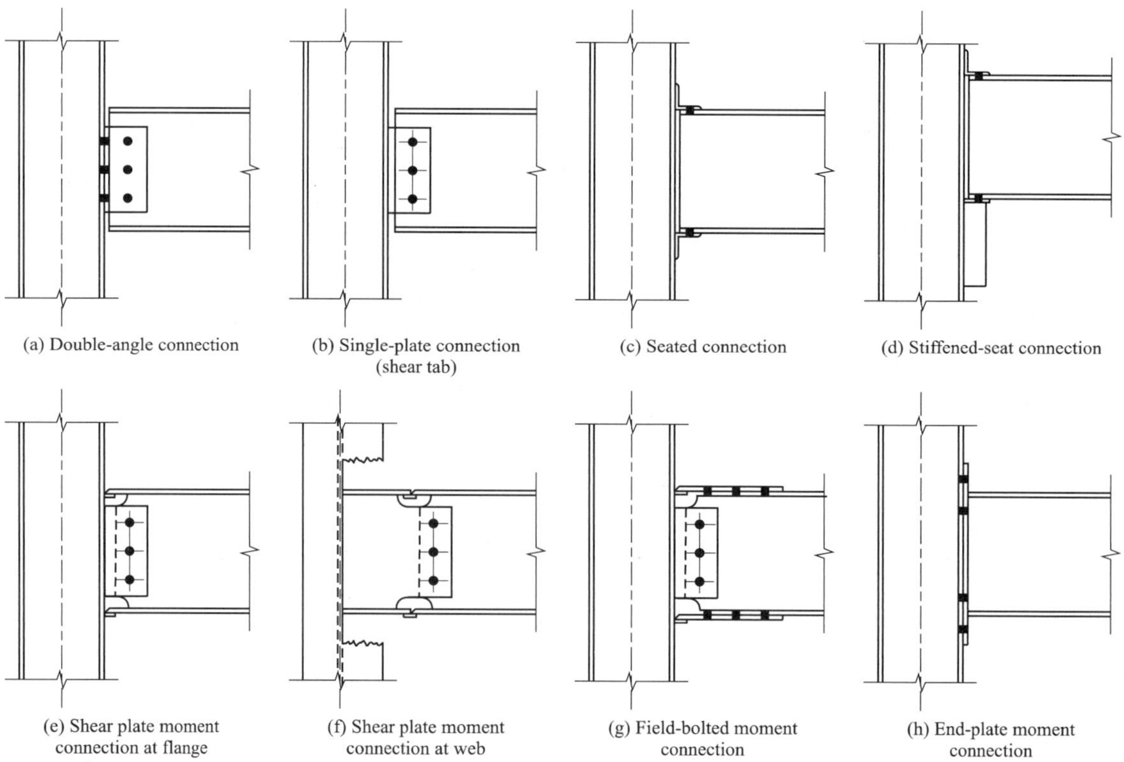

그림 10.3 • 보–기둥 연결

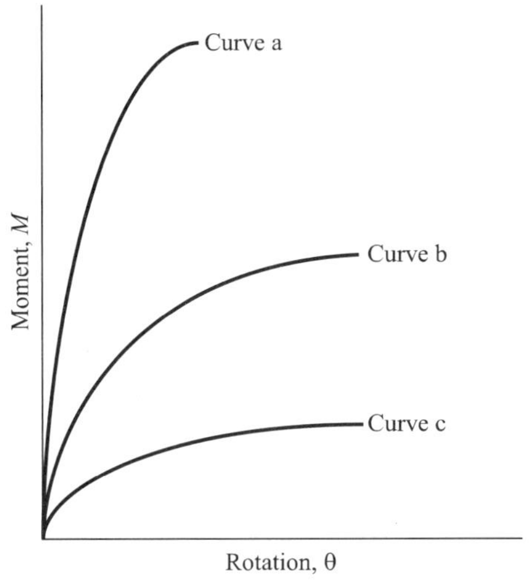

그림 10.4 • 보-기둥모멘트-회전곡선

도 불구하고 이러한 연결부들은 여전히 유연도를 보여준다; 따라서 상당한 모멘트 저항과 함께 상당한 회전이 일어날 것이다.

설계 목적으로 연결부는 일반적으로 단순화된 거동으로 가정되어 왔다. 이런 단순화된 가정에서 고정연결은 그림 10.4의 수직축으로 나타내고 단순연결은 수평축으로 나타낸다. 연결부는 실제로 이러한 방식으로 거동하지 않기 때문에 곡선 a와 c에 따르고 이상적인 연결에 가까운 거동을 보이는 연결을 각각 고정연결 및 단순연결이라고 한다. 시방서 B3.6절에서는 연결부를 단순연결 및 모멘트연결로 나눈다. 모멘트연결 범주는 완전구속(fully restrained, FR) 모멘트연결 및 부분구속(partially restrained, PR) 모멘트연결을 포함한다. 곡선 a에 나타낸 바와 같이 FR연결부는 부재들간에 무시해도 될 정도의 작은 회전으로 모멘트를 전달한다. PR연결부는 부재들간의 모멘트를 전달하지만 곡선 b에서와 같이 회전량은 무시할 정도는 아니다.

실제 연결부의 거동이 해석결과와 일치하게 하기 위한 설계자의 책임은 연결부 거동을 적절한 해석모델과 일치시켜서 연결부 설계를 완성하는 것이다. 많은 경우에 이는 경험과 판단을 필요로 한다; 최근 기술 수준에서는 가장 단순한 연결부를 제외하고는 $M-\theta$를 정확하게 예측하는 것은 보통 불가능하다.

10.4 완전구속 연결부

FR연결부를 갖는 골조에 대한 기본적인 가정은 보와 기둥이 전체 하중 이력에서 원래의 관계를 유지하는 것이다. 이것은 일반적으로 강성 또는 고정연결부라고 한다. 그림 10.3e~h는 보통 FR연결부로 취급하는 보-기둥 연결부의 예를 보여준다. 비록 이러한 FR연결부는 부재 사이에 약간의 상대적인 회전을 보여주지만 이러한 회전의 무시를 정당화시킬 수 있는 충분한 강성을 가지고 있다.

그림 10.3e는 공장에서 기둥의 플랜지에 용접되는 웨브 플레이트 및 현장에서 보의 웨브에 볼트로 접합되는 연결부를 보여준다. 보 플랜지는 공장에서 모따기 되어(beveled) 현장에서 기둥에 용접된다. 비록 보 웨브가 기둥에 연속적으로 연결되지는 않지만, 이 연결부는 보의 전체 소성모멘트를 기둥으로 적절히 전달한다는 것이 여러 차례 입증되어 왔다. 모멘트강도는 대부분 플랜지 연결부로부터 오고 플랜지 힘과 보의 깊이를 곱한 것과 같다. 웨브 연결부에서의 소량의 모멘트 및 플랜지에서의 국부 변형경화는 보의 전체 소성 모멘트에 도달하는 연결부의 기능에 추가된다. 이 연결부는 일반적으로 노스리지 이전 연결부(pre-Northridge connection)로 알려져 있고, 그 이유는 이 연결부가 1994년 캘리포니아주 노스리지 지진 이전의 내진 적용에서 표준화된 연결부이기 때문이다. 지진하중에 대해서 이러한 연결부의 성능은 기대치보다 밑돌기 때문에 내진저항 골조에서 더 이상 사용되지는 않는다. 하지만, 연직하중이나 풍하중에 의한 모멘트에 저항하기 위해 여전히 사용된다.

그림 10.3f는 기둥의 웨브로 보의 골조가 형성되는 것을 제외하고는 그림 10.3e와 유사하다. 이러한 연결부가 충분한 연성을 갖는 것을 보장하기 위하여 플레이트를 연결하는 플랜지를 기둥 플랜지를 초과하여 확장하고 이 플레이트들을 보의 플랜지보다 약간 두껍게 설계하는 것이 중요하다. 연결 플레이트를 확장하는 기둥 플랜지 끝 근처에서 삼축응력 상태의 가능성을 줄일 수 있다. 플레이트를 두껍게 하면 플레이트의 평균 인장응력을 줄일 수 있다. 이는 또한 보 플렌지에 용접을 용이하게 한다.

그림 10.3g는 플랜지-플레이트 연결부를 보여준다. 노스리지 이전 연결부에서와 같이 웨브는 보의 전단력만 전달하기 위해 연결된다. 플랜지 힘은 처음에 플레이트의 상단 및 하단에 전달되고 그 다음 기둥 플랜지로 전달된다. 여기서는 볼트연결부로 보이지만, 용접연결용으로 제작하는 것 또한 가능하다. 용접연결부의 경우, 현장용접에 대한 요구사항 때문에 가설 문제 관련 특별한 주의가 필요하다.

그림 10.3h는 확장된 단부(end)-플레이트 연결부를 보여준다. 이 연결에서 플레이트는 공장에서 보의 끝에 용접되고 그 다음 기둥 플랜지에 볼트로 연결된다. 비록 이 연결부는 일부 제작자에게 매우 널리 사용되지만, 다른 제작자들은 이 연결부를 피하려는 경향이 있다. 이 연결부는 또한 단부 플레이트가 평행이 되도록 특별한 주의를 기울여 제조해야 한다. 또한, 이 연결부는 가설을 어렵게 하고 비용이 많이 들 수 있다.

10.5 단순 및 부분구속 연결

PR연결부를 갖는 골조의 해석은 그 연결부의 실제 모멘트-회전 특성을 반영해야 한다. 이러한 연결은 현재 부분구속연결(partially restrained connections)이라 하지만 역사적으로는 반강절연결(semi-rigid connections)이라고 불리었다. 단지 보는 것만으로는 어떠한 연결이 PR로 분류해야 하는지 여부를 결정하는 것은 일반적으로 불가능하다. 단순해 보이는 몇몇의 연결부도 실제로는 모멘트에 상당히 저항할 수 있는 가능성을 갖는다. 단순연결의 경우, 해석 시 연결부는 핀지지 되고 회전에 자유롭다고 가정한다. 연결부의 회전 성능은 연결된 보의 단순보 회전을 수용하기에 충분해야 한다.

단순연결 골조가 횡하중에 저항하고 연직하중에 대해 안정성을 제공하도록 설계하는 기본적으로 두 가지 방법이 있다. 첫째로 경사철골가새(diagonal steel bracing)나 전단벽(shear wall)과 같은 가새시스템(positive bracing system)이다. 두번째는, 횡방향 안정성이 연결부 및 부재 스스로에 의한 구속으로 제공된다. 이러한 유형의 연결부는 유연모멘트연결(flexible moment connection)이라고 한다. 유연모멘트연결부는 상당한 양의 회전에 의해 동반된 제한된 양의 모멘트 저항에 대해 설계된다. 이 연결부는 중력 모멘트가 기둥으로 전달되지 않도록 연직하중 하에서 회전에 충분한 유연성을 제공한다. 동시에 횡하중에 저항하고 골조의 안정성을 제공하기에 충분한 강도와 강성을 갖는다고 가정된다. 골조설계에 대한 이러한 접근방식은 8.11절에서 다룬다. 이러한 유연모멘트연결부의 설계는 나중에 논의되는 다른 연결부들의 설계와 동일한 방법을 따른다.

PR연결부의 설계에서는 연결부의 실제 반강절 거동을 고려하여 골조를 해석해야 한다. 이 경우, 연결부의 실제 $M-\theta$ 곡선을 알아야 한다. 결과적으로 해석은 연결부의 비선형 거동으로 인하여 더욱 복잡해지는 경향이 있다. 현재 PR연결을 가지는 골조해석을 위한 상용 컴퓨터 프로그램은 없지만, 이러한 연결부의 사용에 도움이 되는 단순화된 방법들이 있다.

그림 10.3은 단순 및 반강절 연결의 예를 보여준다. 앞서 언급한 바와 같이, PR연결부로 취급되어야 하는지 여부를 육안 검사로 판단하는 것은 보통 불가능하다. 그림 10.3a는 더블-L형강(double-angle) 연결부를 보여주며, 또한 클립 L형강(clip angle) 연결부라고도 언급된다. 이 연결은 오랫동안 널리 사용되어 왔다. 사실 이러한 연결부가 다른 단순연결부들과 비교되는 것이 표준이다. 비록 단순연결로 쉽게 받아들여지고 있음에도 불구하고 특정 상황에서는 횡하중으로부터의 일부 모멘트에 저항할 수 있음을 보였다.

그림 10.3b는 종종 전단탭(shear tab)이라고 일컫는 단일플레이트(single-plate) 연결부를 보여준다. 이러한 연결은 요소들이 단순보 회전을 수용하기에 충분한 유연도를 보장하는 단순연결부로 설계할 때 주의가 필요하다.

그림 10.3c는 받침연결(seated connection)을, 그림 10.3d는 보강받침연결(stiffened seated connection)을 나타낸다. 볼트 혹은 용접으로 연결할 수 있고, 이들은 보통 보를 W-형강 기둥 단면의 웨브 쪽으로 연결하여 골조를 형성할 때 사용된다. 비록 이 연결이 표준 더블-L형강 연결보다 강성이 클 것처럼 보일지라도, 모멘트를 기둥에 전달하지 않고 충분히 회전하도록 설계되기 때문에 단순연결로 취급할 수 있다.

10.6 기계적 체결

오늘날 일반적으로 사용되는 기계적 체결은 볼트이다. 시방서는 일반볼트와 고장력볼트를 다룬다. 또한, 시방서는 역사적인 구조물에 리벳과 함께 볼트가 사용되는 경우에 대해 몇 가지 방향을 제공한다. 하지만 이러한 연결장치(connectors)는 더 이상 건축물에 사용되지 않기 때문에, 새로운 건설에서 리벳에 대한 규정은 없다.

10.6.1 일반볼트

3.6.3 절에서 언급한 바와 같이, 일반볼트는 ASTM A307 시방서를 따라 제조된다. 이러한 볼트는, 거트(girts), 중도리(purlins), 경량가로보(light floor beams), 가새(bracing) 및 하중이 비교적 작은 다른 곳들에서 보통 발견된다. 비록 시방서에는 허용되지만, 일반볼트는 강재와 강재사이의 연결에는 권장되지 않고 하중이 주기적 또는 진동이어서 피로의 요인이 되는 곳에서는 않는다.

일반볼트는 기계(machine), 미완성(unfinished), 또는 거친(rough) 볼트라고 불리기도 한다. 이러한 볼트는 사각형 또는 육각형 헤드와 너트를 가지고 있으며, 헤드에 307A 또는 307B의 등급명칭으로 확인된다. 직경의 범위는 1/4 ~ 4 in 이다.

이러한 일반볼트는 보통 스퍼드렌치(spud wrench)를 사용하여 설치된다. 체결력이 없다고 가정하기 때문에 볼트가 풀리는 것을 방지하기 위해 너트를 충분히 조이는 것이 필요하다. 전단 및 인장의 설계강도는 시방서 J3절 3.2표에 주어진다.

10.6.2 고장력볼트

고장력볼트는 재료강도에 따라 두 개의 그룹으로 시방서 J3절에 제시된다. 다음의 기준에 명시된 바와 같이 네 가지 유형의 그룹A 고장력볼트가 현재 강구조물에 허용된다; ASTM A325, High-Strength Bolts for Structural Joints; F1852, Twist Off Type Tension Control Structural Bolt/Nut/Washer Assemblies; A354, Grade BC, Quenched and Tempered Alloy Steel Bolts, Studs, and Other Externally Threaded Fasteners; and A449, Hex Cap Screws, Bolts and Studs, Steel, Heat Treated, 120/105/90 ksi Minimum Tensile Strength, General Use. 이러한 볼트는 모두 A325 볼트의 강도 특성을 가진다. 세 가지 유형의 그룹B 볼트는 다음의 기준에 명시된 바에 따라서 허용된다; ASTM A490, Quenched and Tempered Alloy Steel Bolts for Structural Joints; F2280, Standard Specification for Twist Off Type Tension Control Structural Bolt/Nut/Washer Assemblies, Steel, Heat Treated, 150 ksi Minimum Tensile Strength; and A354, Grade BD. 이러한 볼트는 A490 볼트의 강도 특성을 갖는다. 이러한 볼트의 재료 및 다른 물성치들에 대한 세부사항은 3.6.3절에서 설명한다. 볼트 재료의 인장강도에 근거하는 볼트 강도 때문에 대부분의 경우 A490의 공칭강도는 A325 볼트보다 25% 크다. 모든 A 및 B

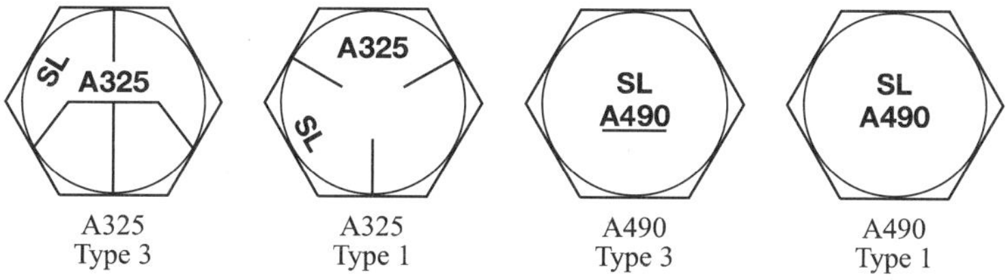

그림 10.5 • St. Louis Screw and Bolt 회사의 볼트표기 예시

볼트 그룹은 단순, FR 또는 PR연결부에 정적 및 동적하중 모두에 사용할 수 있다. 볼트는 현장에서의 설치에 매우 널리 사용되어 왔다. 공장에서도 자동화 장비와 인장 제어 볼트의 도입으로 사용이 크게 증가되었다.

A325 볼트에는 두 가지 유형이 있다. 중탄소강으로 제조된 유형 1(Type 1)은 가장 흔히 사용된다. 사용되는 직경의 범위는 1/2 ~ 1-1/2 in. 이다. 유형 3은 ASTM A242, A588 및 A847 강재와 유사한 부식 특성을 갖는 내후성 강재 볼트이다. 유형 3 볼트도 사용되는 직경의 범위는 1/2 ~ 1-1/2 in.이다. 직경 1/2 ~ 1 in. 볼트의 $F_u = 120$ ksi이나, 1 in보다 큰 볼트의 $F_u = 105$ ksi이다.

A490 볼트 또한 유형 1과 유형 3과 같은 직경 1/2 ~ 1-1/2 in의 범위에서 사용된다. 모든 A490 볼트는 $F_u = 150$ ksi이다.

A325 유형 1 볼트는 볼트 헤드에 "A325" 마크로 식별된다. 유형 3 볼트는 표시 "A325"에 밑줄이 있다. A490 볼트는 유형 3에 대해 밑줄 표시를 갖는 마킹 "A490"을 갖는다. 볼트 마킹 예제는 그림 10.5에 나타내었다. 모든 볼트는 또한 그림에서와 같이 제조업자의 표기가 되어 있어야 한다.

그림 10.6a는 고장력볼트의 주요 부분과 치수를 보여준다: 헤드, 생크(shank), 볼트 길이 및 나사(thread) 길이. 그림 10.6b는 인장 제어 볼트의 주요 부분을 나타낸다.

A325 및 A490 볼트는 스퍼드렌치 혹은, 체결력이 필요한 경우에는 임팩트렌치(impact wrench)를 사용하여 설치할 수 있다. F1852 및 F2280 볼트는 동시에 볼트 생크와 너트를 유지하고 서로 상대적으로 회전시키는 기계적 장치로 설치한다. 볼트의 끝부분(end)은 규정된 인장력에 도달한 후 요구 프리텐션을 보장하기 위해 비틀어 떼어낸다(twist off).

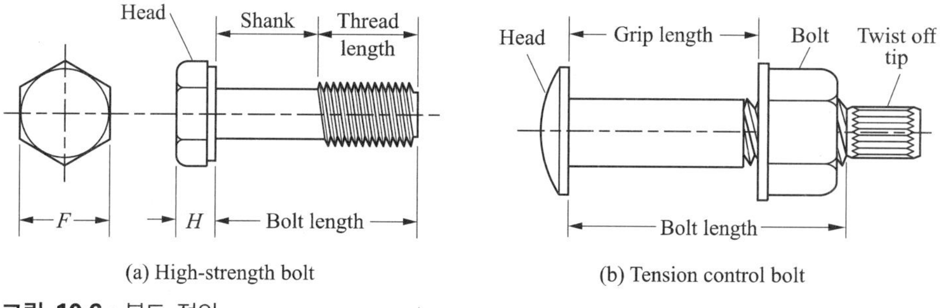

그림 10.6 • 볼트 정의

표 10.2 공칭구멍치수, 인치

Bolt 직경	Hole dimensions			
	표준(직경)	오버사이즈(직경)	짧은 슬롯(폭×길이)	긴 슬롯(폭×길이)
1/2	9/16	5/8	9/16 × 11/16	9/16 × 1-1/4
5/8	11/16	13/16	11/16 × 7/8	11/16 × 1-9/16
3/4	13/16	15/16	13/16 × 1	13/16 × 1-7/8
7/8	15/16	1-1/16	15/16 × 1-1/8	15/16 × 2-3/16
1	1-1/16	1-1/4	1-1/16 × 1-5/16	1-1/16 × 2-1/2
≥1-1/8	d + 1/16	d+ 5/16	(d+ 1/16) × (d+ 3/8)	(d+ 1/16) × (2.5×d)

10.6.3 볼트구멍

볼트가 들어가는 구멍은 설치된 볼트의 강도에 영향을 미치기 때문에, 이 시점에서 볼트구멍에 대한 요구사항을 다루는 것은 중요하다. 시방서는 강구조물에서 허용되는 볼트구멍의 네 가지 유형을 정의한다: 표준(standard), 오버사이즈(oversize), 짧은 슬롯(short slot), 긴 슬롯(long slot). 표 10.2는 지름이 1/2 in 이상인 볼트에 대한 각 유형에 공칭 구멍치수를 보여준다. 그림 10.7은 3/4 in 볼트에 대한 네 가지 구멍 치수를 보여준다.

하중 작용방향에 횡으로 놓인 표준구멍 또는 짧은 슬롯구멍은 다른 유형 중 하나가 설계자에 의해 허용되지 않는 이상 표준으로 사용된다. 이는 다른 배치는 최종 볼트 강도에 악영향을 주기 때문이다. 표준구멍은 볼트설치의 공간을 제공하기 위하여 볼트직경보다 1/16 in 보다 큰 직경을 갖는다. 짧은 슬롯구멍은 한 방향으로 같은 치수를 갖지만, 다른 방향으로는 연결 부분들의 설치(fit-up)를 돕기 위해 길게 만든다. 짧은 슬롯보다 긴 슬롯은 표 10.2에 주어진 긴 슬롯의 전체길이가 아니더라도 긴 슬롯으로 분류되어야 한다.

오버사이즈 및 긴 슬롯구멍은 증가된 공차(tolerance)가 실제 연결을 성립하기 위하여 필요한 경우에 지정된다. 설계에서 표준구멍 이외의 것을 포함하는 경우, 시방서 J3.2절에 와셔(washer)에 대한 요구사항들이 제시된다. 이 책의 예제에서는 표준구멍만이 사용된다.

볼트구멍의 치수뿐만 아니라, 시방서는 최소 및 최대 구멍 간격과 연단거리(edge distances)를 규정한다. 그림 10.8은 시방서에서 사용되는 변수들의 표준명으로 구멍간격을 갖는 플레이트를 보여준다. 표준, 오버사이즈 또는 슬롯구멍들에 대한 최소 구멍간격 s는 볼트직경의 $2\frac{2}{3}$배보다 작아서는 안 된다. 볼트직경의 3배, $3d$, 구멍간격이 선호된다. $3d$의 최

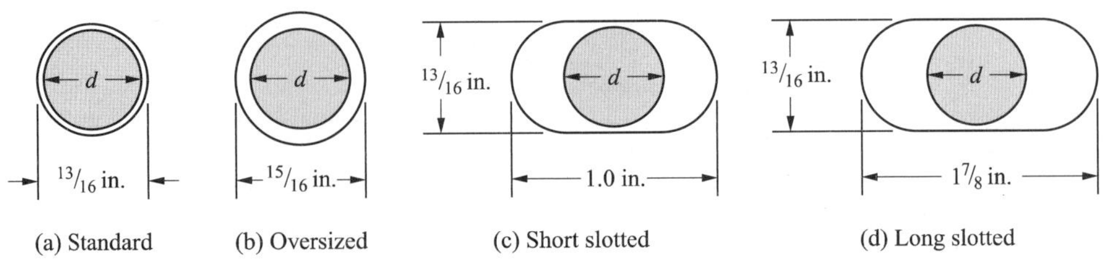

그림 10.7 • 3/4 in. 직경볼트에 대한 구멍 치수

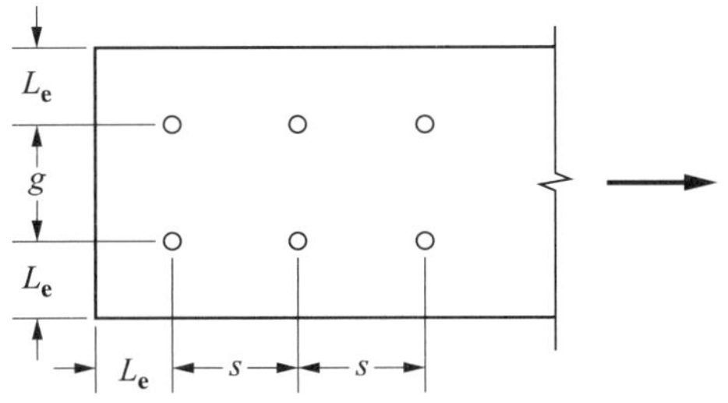

그림 10.8 • 구멍간격, 게이지, 연단거리

표 10.3 최소구멍중심에서 연결부분 끝까지의 최소 연단거리

Bolt 직경(in)	최소 연단거리(in)
1/2	3/4
5/8	7/8
3/4	1
7/8	1-1/8
1	1-1/4
1-1/8	1-1/2
1-1/4	1-5/8
> 1-1/4	1-1/4 × d

소 간격으로도 볼트강도는 간격이 약간 커질 경우 작아질 수 있다는 것을 나중에 보여줄 것이다. 연결부에서 볼트의 최대 간격은 연결된 부분의 두께의 24배 이거나 12 in이다. 이러한 최대값은 강도 요구사항이 아니라 오히려 연결부를 하나로 유지하고 요소들간의 잠재적인 습기의 축적을 방지하는 것을 의도한다.

최소 연단거리 L_e는 시공의 편의를 위한 것으로 강도와 관련된 것은 아니다. 표 10.3은 시방서 표 J3.4로부터의 최소값들을 나타낸다. 이러한 치수는 볼트강도에 직접적으로 영향을 미치므로 연결부의 소요강도에 부합하도록 연단거리를 규정하는 것은 중요한다. 부식을 받지 않는 요소들에 대해 최대 연단거리는 볼트간격의 제한과 같은 이유로 연결된 부분의 두께의 12배 혹은 6 in이다.

10.7 볼트 한계상태

세 개의 기본적인 한계상태는 볼트연결부에서 볼트의 응답을 지배한다: 볼트의 생크(shank) 또는 나사산(threads)을 통한 전단, 연결된 요소들의 지압, 볼트의 인장. 하중의 반전이 예상되거나 피로가 요인이 되는 경우에는 연결부의 미끄러짐을 방지하기 위한 추가적인 한계상태가 있다. 이 한계상태는 마찰(slip-critical)로 분류되는 연결부에만 적용된다.

10.7.1 볼트 전단

연결부에서 볼트의 가장 일반적인 용도는 전단에 저항하는 것이다. 볼트의 생크를 통한 전단은 그림 10.9a에서 하중 P가 하나의 플레이트에서 다른 플레이트로 전달되는 방식이다. 이 경우 볼트는 하나의 평면을 따라 전단된다. 따라서 이것은 1면전단(single shear) 볼트로 불린다. 그림 10.9b에서의 배치는 중앙 플레이트에 연결되는 두 개의 측면 플레이트들을 나타낸다. 이 경우 하중 P는 중앙 플레이트에서 측면 플레이트들로 전달되고, 따라서 2면전단(double shear)으로 재하된다. 2면전단 볼트는 1면전단 볼트보다 두 배의 전단강도를 갖는다.

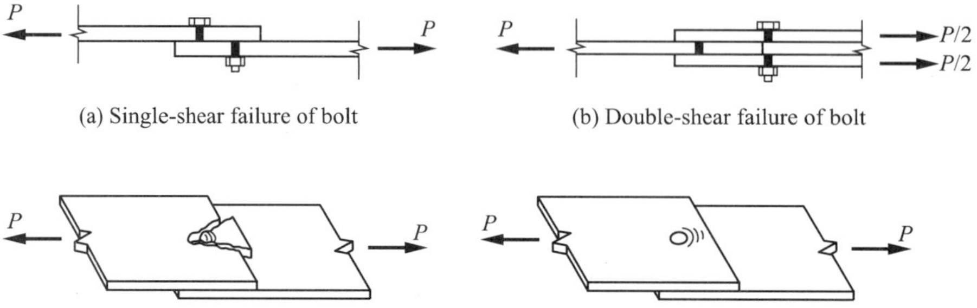

(a) Single-shear failure of bolt (b) Double-shear failure of bolt

(c) Tear out failure of plate (d) Bearing failure of plate

그림 10.9 • 볼트 파괴모드

볼트의 전단한계상태에서 공칭강도는 볼트의 인장강도와 볼트 나사산에 대한 전단면의 위치에 근거한다. J3.6절은 다음의 식을 제시한다.

$$R_n = F_n A_b$$

및

$$\phi = 0.75\ (\text{LRFD}) \qquad \Omega = 2.00\ (\text{ASD})$$

여기서 F_n = 시방서 표 J3.2으로부터의 전단응력

A_b = 볼트 생크의 면적

표 10.4에 기재되어 있는 정보는 시방서 표 J3.2로부터 얻어진다. 각각의 고강도 체결은 두 개의 경우가 있다. 첫 번째는 나사산이 전단면에서 제외되지 않는 경우이고, 두 번째는 나사산이 전단면에서 제외되는 경우이다. 모든 경우에서 볼트 생크의 면적은 공칭 강도를 결정

표 10.4 볼트와 나사산 부분의 공칭응력, ksi

볼트 명칭	공칭 인장응력 F_{nt}(ksi)	지압유형연결에서의 공칭 전단응력 F_{nv}(ksi)
A307 volts	45	27
A325 or A325M bolts(Group A), when threads are not excluded from shear planes(N)	90	54
A325 or A325M bolts(Group A), when threads are excluded from shear planes(X)	90	68
A490 or A490M bolts(Group B), when threads are not excluded from shear planes(N)	113	68
A490 or A490M bolts(Group B), when threads are excluded from shear planes(X)	113	84
Threaded parts meeting the requirements of Section A3.4, when threads are not excluded form shear planes(N)	$0.75F_u$	$0.45F_u$
Threaded parts meeting the requirements of Section A 3.4, when threads are excluded form shear planes(N)	$0.75F_u$	$0.563F_u$

하는데 사용되기 때문에, 전단면이 나사산을 통과할 때 면적의 감소는 공칭 전단응력을 줄임으로써 반영할 수 있다. 나사산이 전단면에서 제외되는 경우, 볼트는 A325-X 또는 A490-X라 불린다. 이러한 경우, $F_{nv} = 0.563F_u$이다. 나사산이 전단면에서 제외되지 않는 경우, 볼트는 A325-N 또는 A490-N라 불린다. 이러한 경우, $F_{nv} = 0.45F_u$이다. 단지 하나의 값만 A307 볼트에 제공되며 이 값은 나사산이 전단면에 포함되어 있다는 가정에 근거한다.

설계자는 볼트 나사산이 전단면에서 제외되는지 아닌지를 확인할 수 없을 때에 나사산이 전단면에 포함되는 최악의 경우에는 연결부를 설계하는 것이 일반적으로 최선의 방법이다.

10.7.2 볼트 지압

볼트 구멍에서 지압 한계상태에 대한 강도는 J3.10절에 명시된다. 볼트재료의 강도는 그것을 지압(bearing)하는 재료의 강도보다 크기 때문에, 지압에 대한 검사는 오직 연결되는 부분들에 대해서만 행해진다. 시방서 규정은 볼트 구멍에서 지압강도에 대해 두 가지 한계상태를 고려한다: 그림 10.9c와 같이 연결되는 재료에서의 전단에 따른 한계상태와 그림 10.9d와 같이 재료파괴(material crushing)의 한계상태이다.

구멍의 연단에서 연결부재 혹은 다음 구멍 연단까지의 순거리가 볼트직경보다 두 배 미만인 경우에 플레이트 재료의 찢어짐이라고도 일컫는 전단한계상태가 지배할 것이다. 이 경우에, 파괴는 그림 10.9c와 같이 연결부 단부의 찢어진 재료 조각들 또는 하중의 방향으로 구멍 사이의 찢어짐에 의해 발생한다. 이 파괴모드의 공칭강도 R_n은 두 개의 면을 따라 전단에 의해 제공된다.

$$R_n = \text{(전단강도) (두개평면) (순거리) (재료두께)}$$

$$R_n = 0.6\,F_u\,(2l_c)\,t = 1.2\,F_u\,l_c\,t$$

여기서 $0.6F_u$ = 연결부재 재료의 극한 강도, ksi
t = 부재의 두께, in.
l_c = 순 연단 거리, 구멍의 연단에서 부재 혹은 다음 구멍 연단까지 거리

순거리가 $2d$를 초과하는 경우, 그림 10.9d와 같이 연결부재의 지압이 지배하는 한계상태가 된다. 이 경우 한계상태는 구멍의 뒤틀림한계상태이고 이 때 볼트강도는 다음과 같이 계산한다.

$$R_n = 2.4\,d\,t\,F_u$$

여기서 d = 볼트직경
t = 연결부재 두께
F_u = 연결부재의 인장 강도

이러한 두개의 표현은 시방서 절 J3.10에 다음과 같이 단일표현으로 나타난다.

$$R_n = 1.2 l_c t F_u \le 2.4 d t F_u \tag{10.1}$$

볼트 구멍의 변형이 사용하중 설계의 고려사항이 아닌 경우, 이러한 한계상태들은 1/4만큼 증가된다. 따라서,

$$R_n = 1.5 l_c t F_u \le 3.0 d t F_u \tag{10.2}$$

볼트가 긴 슬롯을 갖는 연결에 사용되거나 힘이 슬롯에 수직인 경우에 볼트 강도는 다음과 같이 감소된다.

$$R_n = 1.0 l_c t F_u \le 2.0 d t F_u \tag{10.3}$$

볼트 전단에서와 같이, 볼트 지압 한계상태에 대한 저항과 안전계수는 다음과 같다.

10.7.3 볼트 인장

볼트인장 한계상태에서 강도는 직접적으로 볼트 재료의 인장강도에 기초한다. J3.6절에는 다음과 같이 규정한다.

$$R_n = F_n A_b$$

그리고

$$\phi = 0.75 \,(\mathrm{LRFD}) \qquad \Omega = 2.00 \,(\mathrm{ASD})$$

F_n = 시방서 표 J3.2로 부터의 인장응력 F_{nt}

A_b = 볼트 생크의 면적

표 10.4는 시방서 J3.2에 나타낸 공칭 인장응력 F_{nt}을 보여준다. 볼트가 축방향 하중을 받고 응력은 순 인장 면적에 걸쳐 발생하기 때문에 전단면(shear plane) 위치의 구별은 없다. 볼트 생크의 면적이 다시 사용되고, 공칭 인장응력은 $0.75F_u$로 주어진다.

10.1 Example

-볼트 전단강도-

볼트 전단강도를 결정하라.

조건: (a) 한 개의 3/4 in. A325-N 볼트
(b) 한 개의 7/8 in. A490-X 볼트

풀이.

Part(a)

Step 1: 3/4 in A325-N 볼트에 대해, 볼트 생크 면적을 구한다.

$$A_b = \frac{\pi d^2}{4} = \frac{\pi(0.75)^2}{4} = 0.442\ \text{in.}^2$$

Step 2: 공칭 전단응력을 구한다.
A325볼트에 대해,

$$F_u = 120\ \text{ksi}$$

그리고, 나사산이 포함된 경우(N),

$$F_{nv} = 0.45F_u = 0.45(120) = 54\ \text{ksi}$$

Step 3: LRFD의 경우, ϕ=0.75이고 설계강도는

$$\phi r_n = 0.75(54)(0.442) = 17.9\ \text{kips}$$

Step 3: ASD의 경우, Ω=2.00이고 허용강도는

$$\frac{r_n}{\Omega} = \frac{(54)(0.442)}{2.00} = 11.9\ \text{kips}$$

Part(b)

Step 1: 7/8 in A325-N 볼트에 대해, 볼트 생크 면적을 구한다.

$$A_b = \frac{\pi d^2}{4} = \frac{\pi(0.875)^2}{4} = 0.601\ \text{in.}^2$$

Step 2: 공칭 전단응력을 구한다.
A490볼트에 대해,

$$F_u = 150\ \text{ksi}$$

그리고, 나사산이 제외된 경우(X),

$$F_{nv} = 0.563F_u = 0.563(150) = 84\ \text{ksi}$$

Step 3: LRFD의 경우, ϕ=0.75이고 설계강도는

$$\phi r_n = 0.75(84)(0.601) = 37.9\ \text{kips}$$

Step 3: ASD의 경우, Ω=2.00이고 허용강도는

$$\frac{r_n}{\Omega} = \frac{(84)(0.601)}{2.00} = 25.2\ \text{kips}$$

매뉴얼 표 7-1은 다양한 범위의 볼트 크기 및 강도에 대한 단일볼트 강도값들을 제공한다.

10.2 Example

−Lap Splice 연결강도−

네 개의 볼트 연결에 대한 전단 및 지압강도를 결정하라.

조건: 그림 10.10은 1/2 in A36 플레이트를 사용한 lap joint를 보여준다. 다음을 사용하라; (a) A325-X 볼트 (b) A325-N 볼트

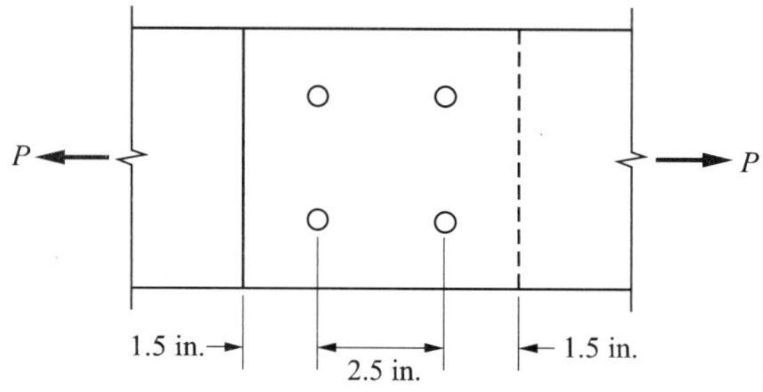

그림 10.10 • 예제 10.2의 겹침이음

풀이.

Part(a)

Step 1: 7/8 in A325-X 볼트의 공칭 전단강도를 구한다.

$$F_{nv} = 0.563(120) = 68\text{ ksi}$$
$$A_b = 0.601\text{ in.}^2$$
$$r_n = (68)(0.601) = 40.9\text{ kips}$$

Step 2: LRFD의 경우, 단일 볼트에 대한 설계 전단강도는,

$$\phi r_n = 0.75(40.9) = 30.7\text{ kips}$$

Step 3: 네 개 볼트의 전단에 대해,

$$\phi R_n = 4(30.7) = 123\text{ kips}$$

Step 2: ASD의 경우, 단일 볼트에 대한 허용 전단강도는,

$$\frac{r_n}{\Omega} = \frac{40.9}{2.00} = 20.5\text{ kips}$$

Step 3: 네 개 볼트의 전단에 대해,

$$\frac{R_n}{\Omega} = 4(20.5) = 82.0\text{ kips}$$

Step 4: 공칭 지압강도를 구한다. 볼트 연단으로부터 부재의 연단까지의 순거리를 구한다.

$$l_c = 1.5 - \left(\frac{1}{2}\right)(7/8 + 1/16) = 1.03 < 2d = 2(7/8) = 1.75\text{ in.}$$

그리고 힘의 방향으로의 구멍들 사이에서,

$$l_c = 2.5 - (7/8 + 1/16) = 1.56 < 2d = 2(7/8) = 1.75\text{ in.}$$

양 경우에 대해, 순거리는 두 볼트들의 직경보다 작기 때문에 찢어짐이 지배한다.

그러므로, 각 외측(end) 볼트에 대해,

$$r_n = 1.2(58)(1.03)(0.5) = 35.8\text{ kips}$$

그리고 각 내측(interior) 볼트에 대해,

$$r_n = 1.2(58)(1.56)(0.5) = 54.3\text{ kips}$$

Step 5: LRFD의 경우, 네 개 볼트의 지압(찢어짐)에 대한 설계 지압강도는

$$\phi R_n = 0.75(2(54.3) + 2(35.8)) = 135\text{ kips}$$

Step 5: ASD의 경우, 네 개 볼트의 지압(찢어짐)에 대한 설계 지압강도는

$$\frac{R_n}{\Omega} = \frac{(2(54.3) + 2(35.8))}{2.00} = 90.1\text{ kips}$$

Step 6: 최종 연결강도를 구한다.
연결강도는 볼트전단 또는 볼트지압 한계상태에 대한 강도의 최소값이다; 따라서 최종 볼트강도는

LRFD의 경우

$$\phi R_n = 123\text{ kips for the limit state of bolt shear}$$

ASD의 경우

$$\frac{R_n}{\Omega} = 82.0\text{ kips for the limit state of bolt shear}$$

Part(b)

Step 1: 7/8 in A325-N 볼트의 공칭 전단강도를 구한다.

$$F_{nv} = 0.45(120) = 54\text{ ksi}$$
$$A_b = 0.601\text{ in.}^2$$
$$r_n = (54)(0.601) = 32.5\text{ kips}$$

Step 2: LRFD의 경우, 단일 볼트에 대한 설계 전단강도는,

$$\phi r_n = 0.75(32.5) = 24.4\text{ kips}$$

Step 3: 네 개 볼트의 전단에 대해,

$$\phi R_n = 4(24.4) = 97.6\text{ kips}$$

Step 2: ASD의 경우, 단일 볼트에 대한 허용 전단강도는,

$$\frac{r_n}{\Omega} = \frac{(32.5)}{2.00} = 16.3\text{ kips}$$

Step 3: 네 개 볼트의 전단에 대해,

$$\frac{R_n}{\Omega} = 4(16.3) = 65.2\text{ kips}$$

Step 4: 공칭 지압강도를 구한다.
지압에 대해서 나사산의 위치는 고려하는 요인(factor)이 아니므로 지압강도는 다시 LRFD의 경우 135 kips이고 ASD의 경우 90.1 kips이다. 그리고 연결 볼트 강도는 여전히 볼트 전단에 의해 지배된다.

Step 5: LRFD의 경우, 설계강도는

$$\phi R_n = 97.6 \text{ kips}$$

Step 5: ASD의 경우, 허용강도는

$$\frac{R_n}{\Omega} = 65.2 \text{ kips}$$

10.3 Example

– Butt Splice 연결강도 –

그림 10.11에서 보이는 butt splice의 볼트의 강도를 결정하라.
조건: 3/4 in A490-N 볼트 및 A36 볼트를 사용하라.

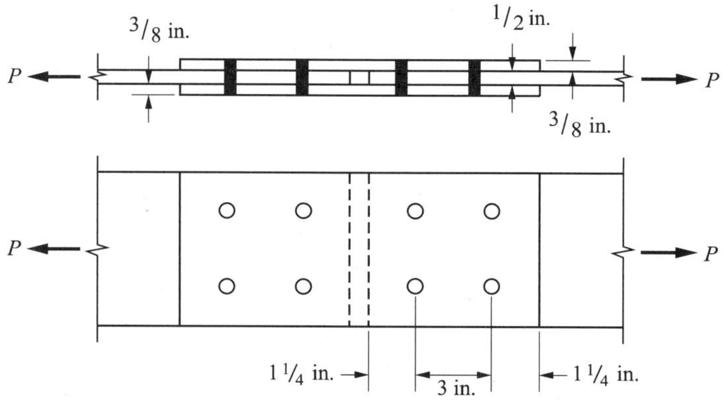

그림 10.11 • 예제 10.3의 맞대기 이음

풀이.

Step 1: 볼트의 공칭 전단강도를 구한다.

$$F_{nv} = 0.45(150) = 68 \text{ ksi}$$
$$A_b = 0.442 \text{ in.}^2$$
$$r_n = (68)(0.442) = 30.1 \text{ kips}$$

Step 2: LRFD의 경우, 설계 전단강도는,
1면전단의 단일볼트에 대해,

$$\phi r_n = 0.75(30.1) = 22.6 \text{ kips}$$

2면전단의 네 개볼트에 대해,

$$\phi R_n = 4(2(22.6)) = 181 \text{ kips}$$

Step 2: ASD의 경우, 허용 전단강도는,
1면전단의 단일볼트에 대해,

$$\frac{r_n}{\Omega} = \frac{30.1}{2.00} = 15.1 \text{ kips}$$

2면전단의 네 개볼트에 대해,

$$\frac{R_n}{\Omega} = 4(2(15.1)) = 121 \text{ kips}$$

Step 3: 공칭 지압강도를 구한다.
그림에 보이는 플레이트들의 배치로, 지압강도는 1/4 in 두께의 가운데 플레이트에 의해 지배된다. 지압에 대해, 볼트 연단에서 부재의 연단까지의 순거리를 구한다.

$$l_c = 1.25 - \left(\frac{1}{2}\right)(3/4 + 1/16) = 0.844 < 2d = 2(3/4) = 1.50 \text{ in.}$$

그리고 힘의 방향으로의 구멍들 사이에서,

$$l_c = 3.0 - (3/4 + 1/16) = 2.19 > 2d = 2(3/4) = 1.50 \text{ in.}$$

순거리가 두 개의 볼트 직경보다 작고 찢어짐이 지배한다. 하지만 구멍들 사이의 순거리는 두 개의 볼트 직경보다 크고 지압이 지배한다.
그러므로, 각 외측(end) 볼트에 대해,

$$r_n = 1.2(58)(0.844)(0.5) = 29.4 \text{ kips}$$

그리고 각 내측(interior) 볼트에 대해,

$$r_n = 2.4(3/4)(0.5)(58) = 52.2 \text{ kips}$$

따라서, 지압(찢어짐)을 받는 네 개의 볼트에 대한 공칭 강도는

$$R_n = (2(29.4) + 2(52.2)) = 163 \text{ kips}$$

Step 4: LRFD의 경우, 설계 지압강도는

$$\phi R_n = 0.75(163) = 122 \text{ kips}$$

Step 4: ASD의 경우, 허용 지압강도는

$$\frac{R_n}{\Omega} = \frac{163}{2.00} = 81.5 \text{ kips}$$

Step 5: 최종 연결강도를 구한다. 연결강도는 볼트 전단강도와 지압강도 중 작은값에 의해 결정된다; 따라서, 볼트 지압한계상태에 기초한 최종 연결 강도는

LRFD의 경우 $\phi R_n = 122 \text{ kips}$

ASD의 경우 $\dfrac{R_n}{\Omega} = 81.5 \text{ kips}$

10.7.4 미끄러짐

미끄러짐 한계상태는 마찰(slip-critical)로 언급되는 연결과 관련된다. 마찰연결부는 소요강도 한계상태에서 미끄러짐을 방지하도록 설계된다. 이는 연결부가 피로를 받거나 또는 하중의 방향으로 과대구멍(oversize)이나 슬롯을 갖는 경우에 사용된다. 대부분의 경우, 이러한 조건이 적용되지 않을 때에도 종종 연결부는 마찰연결로 설계되도록 규정된다. 이러한 경우 경제적으로 손실이다. 하지만 마찰연결 설계는 이전 절들에서 논의된 방법에 의해 지압연결 강도에 대한 확인을 포함해야 한다. 마찰연결의 단일볼트 공칭강도는 시방서 J3.8절에 다음과 같이 주어진다.

$$R_n = \mu D_u h_f T_b n_s$$

여기서 μ = 시방서 J3.8절에 따르면 A등급 표면에 대한 평균 슬립계수 = 0.30, B등급 표면에 대한 평균 슬립계수 = 0.50

D_u = 1.13

h_f = 충전재계수(factor for fillers) = 1.0 (연결부재 사이에 한 개의 충전재인 경우) 및 0.85 (한 개 이상의 충전재인 경우). 만일 여러 개의 충전재가 하중을 전달하기 위해 독립적으로 직접 연결된다면 $h_f = 1.0$.

n_s = 미끄러짐 면의 개수

T_b = 표 J3.1에 명시된 최소 볼트 인장력

하중의 방향에 수직인 표준크기와 짧은 슬롯구멍을 갖는 연결에 대하여,

$$\phi = 1.00\ (\text{LRFD}) \qquad \Omega = 1.50\ (\text{ASD})$$

하중의 방향에 평행한 과대구멍 및 짧은 슬롯구멍에 대하여,

$$\phi = 0.85\ (\text{LRFD}) \qquad \Omega = 1.76\ (\text{ASD})$$

롱 슬롯구멍에 대하여,

$$\phi = 0.70\ (\text{LRFD}) \qquad \Omega = 2.14\ (\text{ASD})$$

10.4 Example

－마찰연결 강도－

그림 10.11에 보이는 연결에 대한 마찰연결 강도를 결정하라. 이 연결은 예제 10.3에서는 지압 유형의 연결로 취급되었다.

조건: 표준구멍의 3/4 in A490-SC 볼트 및 표면등급 A의 A36 플레이트를 사용하라. 충전재(fillers)는 없다.

풀이.

Step 1: 볼트의 공칭 마찰 강도를 구한다.

시방서 표 3.1로부터 최소 볼트 인장력 $T_b = 35$ kips이다. 주어진 정보로부터, $\mu = 0.30$, $D_u = 1.13$, $h_f = 1.0$, $n_s = 2$. 그러므로,

$$R_n = \mu D_h h_f T_b n_s$$
$$R_n = 0.30(1.13)(1.0)(35)(2) = 23.7 \text{ kips}$$

Step 2: LRFD의 경우, 설계강도를 구한다.
예제 10.3으로부터, 연결부의 지압강도는

$$\phi R_n = 122 \text{ kips}$$

마찰연결에 대해,

$$\phi R_n = 1.00(4)(23.7) = 94.8 \text{ kips}$$

따라서, 이 마찰연결의 설계강도는

$$\phi R_n = 94.8 \text{ kips}$$

Step 2: ASD의 경우, 허용강도를 구한다.
예제 10.3으로부터, 연결부의 지압강도는

$$\frac{R_n}{\Omega} = 81.5 \text{ kips}$$

마찰연결에 대해,

$$\frac{R_n}{\Omega} = \frac{(4)(23.7)}{1.5} = 63.2 \text{ kips}$$

따라서, 이 마찰연결의 설계강도는

$$\phi R_n = 63.2 \text{ kips}$$

예제 10.4를 통해, 지압연결로 설계되는 연결부가 만일 마찰연결로 설계되면 상당한 양의 연결부 강도가 손실되는 것을 알 수 있다. 예제 10.4의 연결이 마찰연결로 고려되어야 하는 유일한 상황은 피로하중인 경우이다. 다른 유형의 구멍에 대하여 저항계수와 안전계수를 고려함으로써, 상당한 강도의 감소가 마찰연결로 인해 초래됨을 알 수 있다.

10.7.5 지압 유형의 연결부에서 인장과 전단의 조합

볼트가 전단과 인장을 동시에 받는 경우, 시방서 J3.7절은 아래처럼 볼트의 인장 인장강도를 결정하는데 있어 전단응력의 영향을 포함하기 위해 수정된 공칭 인장응력, F_{nt}'을 규정한다.

$$R_n = F_{nt}' A_b$$

그리고 $\phi = 0.75$ (LRFD) $\Omega = 2.00$ (ASD)

전단 또는 인장에서의 소요응력이 해당하는 각 응력의 30%보다 작거나 같을 경우, 조합 응력은 무시될 수 있다. 전단 및 인장 소요응력이 이러한 30% 한도를 초과하면 수정된 인장 응력은 다음과 같이 주어진다.

$$F_{nt}' = 1.3F_{nt} - \frac{F_{nt}}{F_{rv}} f_{rv} \leq F_{nt}$$

여기서 F_{nt} = 인장만 발생할 경우 공칭 인장응력

F_{rv} = 전단응력, ϕF_{nv}(LRFD), F_{nv}/Ω(ASD)

F_{nv} = 전단만 발생할 경우 공칭 전단응력

f_{rv} = LRFD 또는 ASD의 경우 소요 전단응력

10.8 용접

용접은 결합되는 두 부분 사이의 접합부에 보충금속을 용융시켜 강재를 결합하는 과정이다. 다양한 종류의 강재를 균열 및 결함 없이 용접에 의해 결합될 때의 편의성을 용접성(weldability)라고 한다. 오늘날 사용되는 대부분의 구조용 강재는 불필요한 결함의 발생 없는 용접을 허용한다. 미국용접협회(American Welding Society, AWS)는 "주어진 제작환경에서 금속이 어느 적절하게 설계된 구조물에 의도된 서비스에 만족스럽게 수행하도록 용접되는 것이다" 라고 용접성(weldability)을 정의한다.

용접성은 주로 강재의 화학성분과 재료의 두께에 의존한다. 강재를 구성하는 다양한 화학 요소들의 용접성에 미치는 영향은 제 3장에서 설명하였다.

10.8.1 용접 공정

구조용 강재에 대해 AWS에 의해 지정된 가장 일반적인 네 가지 용접 공정은 다음과 같다.

피복 아크용접 (Shielded metal arc)
서브머지드 아크용접 (Submerged arc)
가스실드 아크용접 (Gas shielded metal arc)
플럭스코어 아크용접 (Flux cored arc)

피복 아크용접

피복아크용접(Shielded Metal Arc Welding–SMAW)은 가장 오래된 용접공정 중 하나이다. 피복아크용접은 종종 수동(manual) 또는 막대(stick) 용접이라고 불린다. 그림 10.12a은 이 용접 공정의 도식적 표현을 보여준다. 용접봉(electrode) 사이에 고전압이 유도되어 금속 부분들은 접합된다. 용접봉은 용접을 위해 접합부에 도입되는 금속의 공급원이다. 이는 소모성

(consumable) 용접봉이라 불린다. 용접봉과 모재 사이에 아크가 충돌(strike)하면 이때 생기는 전류의 흐름은 용접봉과 근처의 모재를 녹인다. 용접봉은 플럭스(flux)라 불리는 특수한 세라믹 소재로 코팅된다. 이 플럭스는 용접 공정 중에 수소 및 기타 불순물이 흡수되는 것으로 부터 용융 금속을 보호한다. 금속이 냉각되는 경우에 용접봉 재료와 모재 사이에 영구적인 접착이 이뤄진다. 플럭스는 금속과는 다른 속도로 냉각되기 때문에 용접부로부터 분리되고 접합부로부터 쉽게 제거된다.

서브머지드 아크용접

서브머지드 아크용접(Submerged Arc Welding–SAW)은 긴 플레이트 요소들이 접합될 때 주로 사용되는 자동 또는 반자동 공정이다. 이는 그림 10.12b에 도식적으로 표시된다. 서브머지드 아크용접은 거의 평평하거나 수평위치에서 수행되어야 한다. 플럭스는 전기아크의 상부에 유연한 튜브를 통하여 도입된 입자상(granular) 재료이다. 이 용접은 반복적이고 자동화된 제작과정으로 일을 효율적으로 하는 경제적인 방법이다.

가스피복 아크용접

가스실드 아크용접(Gas Shielded Metal Arc Welding–GMAW)은 연속적인 와이어가 용접 접합부에 넣어지는 공정이다. 용융금속은 와이어를 둘러싼 가스에 의해 대기로부터 보호된다. 현장에서는 바람이 가스를 접합부로부터 불어 날리지 않게 해야 한다. 이는 종종 불활성(inert) 가스를 사용하는 MIG 용접으로 불리는 방법이다.

플럭스코어 아크용접

플럭스코어 아크용접(Flux Cored Arc Welding–FCAW)은 마찬가지로 연속적인 와이어 공정이고, 다만 와이어는 근본적으로 와이어로 용융시켜서 금속을 보호하는 플럭스를 충전한 얇은 중공 관이다. 이것은 반자동 공정으로 처리될 수 있고, 매우 높은 생산속도를 얻을 수 있다.

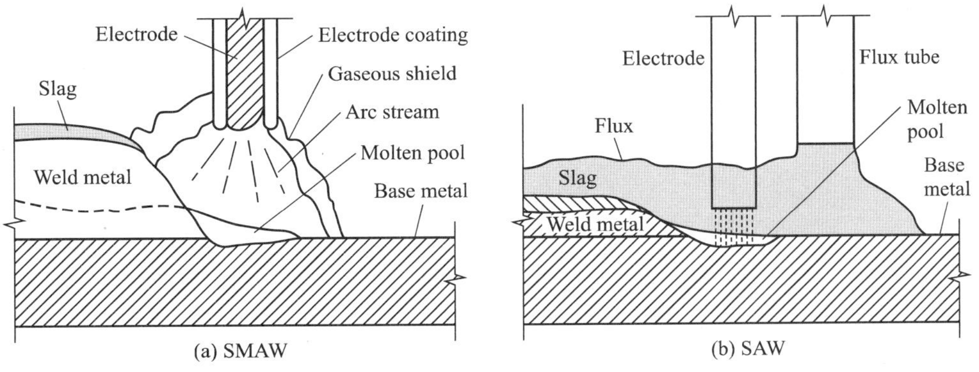

그림 10.12 • (a) 실드 금속 아크용접 (b) 서브머지드 아크용접

10.8.2 용접의 형식

강구조에서 사용되는 용접의 네 가지 기본 형식은 다음과 같다: 필렛용접(fillet welds), 홈용접(groove welds), 플러그용접(plug welds) 및 슬롯용접(slot welds). 그림 10.13은 필렛과 홈용접을 보여준다. 플러그와 슬롯 용접은 하나의 요소를 다른 요소로 연결하기 위해 구멍 또는 슬롯을 용접 재료로 채운다.

그림 10.13a는 필렛용접을 보여준다. 용접의 치수(leg)는 용접금속과 모재 사이의 경계면을 따라 측정된다. 용접의 목두께(throat)는 용접의 최소 치수이다. 대부분의 필렛용접은 45도 표면을 갖는 대칭이기 때문에, 그림에서 보이듯이 목두께는 용접치수의 0.707배이다. 필렛용접의 크기는 1/16 in의 단위로 용접치수에 의해 주어진다.

홈용접은 그림 10.13b와 같이 완전용입(complete joint penetration, CJP)용접 또는 그림 10.13c와 같이 부분용입(partial joint penetration, PJP)용접 중 하나일 수 있다. 이 두가지 유형의 홈용접의 두 유형은 AWS에 의해 사전인증(prequalified)되었다. 이러한 사전인증이란 루트간격 R, 베벨각도 α, 유효두께 S를 포함한 용접형상이 용접수행을 실현 가능하게 하고 의도된 하중에 저항하는 것을 의미한다. AWS는 실용 가능한 상황일 경우 어떠한 용접형상의 사전인증을 위한 규정들을 명시한다. 이러한 사전인증된 완전 및 부분 용입 홈용접은 매뉴얼 표 9-2에 자세히 제시된다. 그림 10.13에 나타낸 형상은 도식적 표현이다.

필렛용접 및 홈용접은 요소들이 접합되는 방향에 따라 다양한 다른 자세로 놓일 수 있다. 그림 10.14는 이러한 위치들에 대한 전문용어를 보여준다.

10.8.3 용접치수

시방서 J2 절은 용접의 유효면적과 치수를 다룬다. 홈용접의 유효 치수는 시방서 표 J2.1과 J2.2에 주어진다. 필렛용접의 유효면적은 시장서 J2.2절에 주어진다. 필렛용접의 최소크기는 접합되는 부재들중 얇은 것에 기초하며 시방서 표 J2.4에 주어진다. 1/4 in 이하의 부재두께에 대한 필렛용접의 최대치수는 부재의 두께이고, 반면에 1/4 in 두께 또는 이상에 대하여 최대치수는 1/16 in 이하의 두께이다.

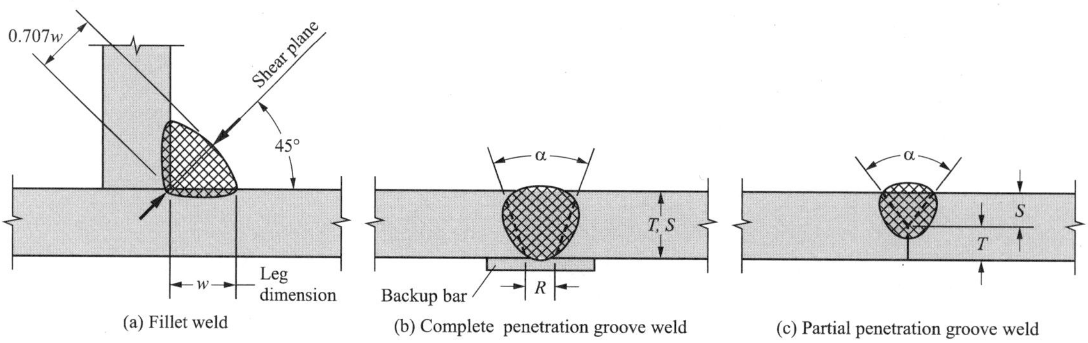

그림 10.13 • 단면에서의 필렛 및 그루브 용접

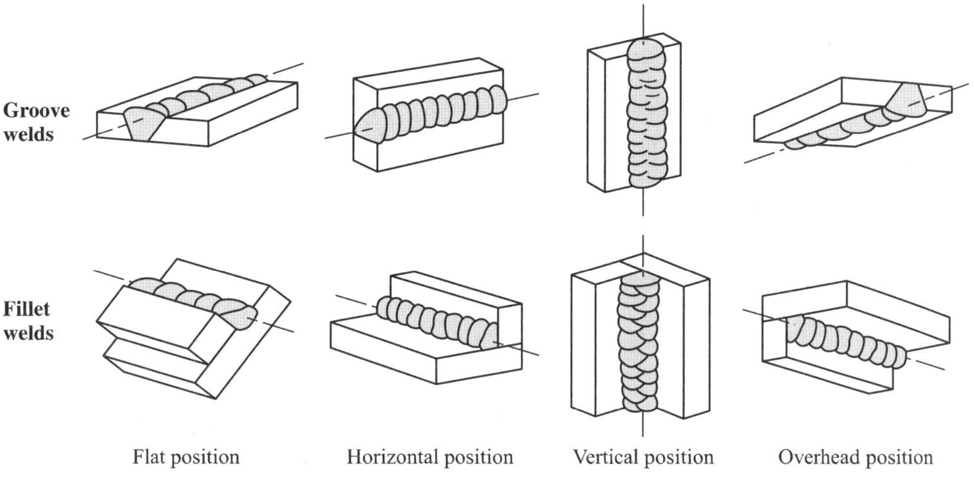

그림 10.14 • 필렛 및 그루브 용접위치에 대한 용어

표 10.5 일반적으로 사용되는 강재에 대한 매칭 용접봉

그룹	강재 스펙	최소항복강도	용접봉강도에 매칭되는 SAW
I	A36	36	E60 or E70
	A53	35	
	A500 Gr A	33	
	A500 Gr B	42	
	A501	36	
	A529	42	
II	A572 Gr 42	42	E70
	A574 Gr 50	50	
	A588	50	
	A618	46-50	
	A913	50	
IV	A992	50	E90
	A852	70	

10.9 용접 한계상태

용접에 대해 고려해야 할 유일한 한계상태는 파단(rupture)이다. 용접금속의 항복은 일어나더라도, 그것은 매우 짧은 거리에 걸쳐 일어나서 연결부 거동에서의 인자(factor)는 아니다. 변형경화가 발생하고 과도한 항복변형 없이 파단이 일어난다.

용접봉의 극한인장강도는 명시된 구성(composition)에 따라 60에서 120ksi까지 변화한다. AWS는 용접금속의 인장강도에 따라 용접봉을 분류하고 F_{EXX}로 용접봉 강도를 나타낸다.

이 표기법에서 E는 용접봉을 나타내고, XX는 인장강도를 나타낸다. 따라서 A992 강을 용접하는데 사용하는 일반적인 용접봉은 70 ksi의 강도를 가지며 E70 용접봉으로 표기한다.

AWS와 AISC가 어느 특정 등급의 구조용 강에 대해 항복강도로 나타내는 것과 같이, 결부(matching)되는 용접봉이 있다. 표 10.5는 일반적으로 사용되는 강재에 대해 결부되는 용접봉을 나타낸다. 두 조직(organization)은 강재가 부합(matching)되는 용접봉만으로 용접에 의해 접합할 수 있거나 한 등급보다 높게 않은 용접봉으로 접합할 수 있다고 명시한다. 이것은 용접부에 항복이 발생하기 전에 모재에서의 항복을 유도하기 위한 것이다.

10.9.1 필렛용접 강도

그림 10.13a에서 보여주듯이 필렛용접에서는 하중이 용접의 목을 통하여 전단에 의해 전달되고 용접 파단강도는 용접봉의 특성(properties)의 함수이다. 용접에 대한 전단강도 조항은 다음과 같이 시방서 J2.4절과 표 J2.5에서 찾을 수 있다.

$$R_n = F_{nw} A_{we}$$

$$\phi = 0.75\ (\text{LRFD}) \qquad \Omega = 2.00\ (\text{ASD})$$

여기서 F_{nw} = 단위면적 당 용접금속의 공칭강도 $= 0.60F_{EXX}$

A_{we} = 용접의 유효면적

F_{EXX} = 채움 강재 분류강도(filler metal classification strength), 용접강도

모든 필렛용접의 한계상태는 용접 목을 통한 전단파단 중 하나이기 때문에 대칭적인 필렛용접의 유효 면적은 다음과 같이 목에서 용접의 폭인 $0.707w$에 용접길이 l을 곱하여 구한다.

$$A_{we} = 0.707\,w\,l$$

공칭 용접강도는 다음과 같다.

$$R_n = 0.60\,F_{EXX}\,(0.707\,w\,l)$$

가장 일반적으로 사용되는 용접봉 F_{EXX} =70 ksi의 경우, LRFD의 설계강도는 R_n으로 결정된다.

$$\phi R_n = 0.75(0.6(70)(0.707wl)) = 22.27\,w\,l$$

그리고 ASD의 허용강도는 다음과 같이 결정된다.

$$R_n = \frac{(0.6(70))(0.707\,w\,l)}{2.0} = 14.85\,w\,l$$

설계에서 1/16 in의 필렛용접에 대한 필렛용접강도를 사용하는 것은 편리하고, 다음과 같이 주어진다.

LRFD 설계강도

$$\phi R_n = 22.27\,w\,l = 22.27\left(\frac{1}{16}\right)(1.0) = 1.392 \text{ kips per 1/16 in. of weld per in. of length}$$

ASD 허용강도

$$\frac{R_n}{\Omega} = 14.85\,w\,l = 14.85\left(\frac{1}{16}\right)(1.0) = 0.928 \text{ kips per 1/16 in. of weld per in. of length}$$

따라서 1/4 in 필렛용접은 길이 1 in당 1.392 × 4 (sixteenths) = 5.57 kips의 설계강도와 길이 1 in당 0.928 × 4 (sixteenths) = 3.71 kips의 허용강도를 갖는다.

하중이 용접의 길이에 따르는 것이 아니라 다른 각도로 필렛용접에 적용될 경우, 이 계산에서 주어진 것보다 더 큰 강도가 가능하다. 시방서는 용접의 길이축으로의 하중 각도에 기초하여 용접 공칭강도에 대한 대안을 제공한다. 따라서,

$$Fw = 0.60\,F_{EXX}\,(1.0 + 0.5\sin^{1.5}\theta)$$

여기서, $\theta =$ 용접 길이방향 축으로부터 측정된 하중의 각도

이 강도식은 모든 요소가 일렬 또는 병렬인 경우의 용접그룹에 사용되도록 의도된다. 다른 방향의 용접이 동일한 접합으로 결합되어 있는 경우, 이러한 다른 용접의 변형은 고려되어야 한다. 시방서 J2절에는 일렬 또는 병렬이 아닌 용접 결합에 대해 두 가지 다른 대안방법을 제공한다. 가장 간단한 경우는 작용하중에 길이 및 수평 두 방향인 요소로 구성된 집중하중을 받는 필렛용접 그룹이다. 이 경우 공칭 용접강도는 방향을 고려하지 않고 단순한 용접의 합보다 큰 것을 택한다.

$$R_n = R_{nwl} + R_{nwt}$$

또는

$$R_n = 0.85\,R_{nwl} + 1.5\,R_{nwt}$$

여기서, $R_{nwl} =$ 하중의 각도를 고려하지 않은 하중 길이방향 용접의 총 공칭강도

$R_{nwt} =$ 하중의 각도를 고려하지 않은 하중 수평방향 용접의 총 공칭강도

10.5 Example

-용접강도 및 하중각도-

그림 10.15에 보이는 세 개의 용접의 강도를 결정하라.

조건: 용접은 3/4 in 용접이고 길이는 8 in이다. 하중은 다음과 같이 재하된다. (a) 용접의 길이를 따라서, (b) 용접에 수직으로, (c) 용접에 45도 각도로. E70 용접봉을 사용한다.

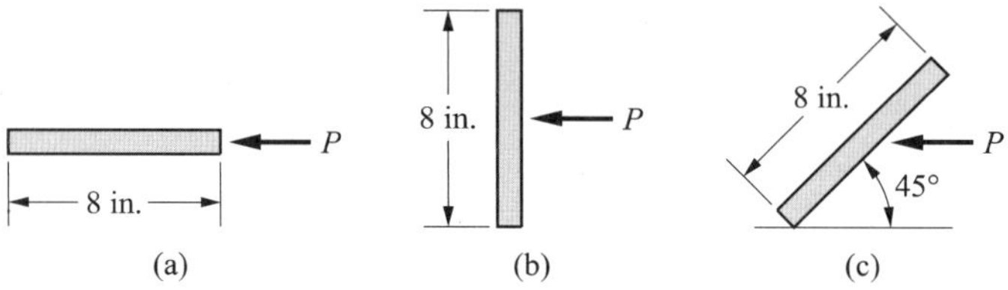

그림 10.15 • 예제 10.5의 용접

풀이.

Part(a): 하중이 길이를 따라 재하된 용접

Step 1: 주어진 용접의 1/16 in 개수를 정한다.

3/4 in 용접은 용접치수를 따라 12개의 1/16 in 단위이다.

Step 2: 길이방향으로 하중이 재하될 때 용접의 강도를 구한다.

용접이 길이방향으로 하중이 재하되기 때문에 이미 논의된 강도값을 사용할 수 있다.

LRFD의 경우

$$\phi R_n = 8.0(12)(1.392) = 134 \text{ kips}$$

ASD의 경우

$$\frac{R_n}{\Omega} = 8.0(12)(0.928) = 89.1 \text{ kips}$$

Part(b): 하중이 용접길이의 90도 방향으로 재하된 용접

Step 1: 하중각도를 반영하기 위해 대안 강도식을 사용하여 공칭 용접강도를 구한다.

$$F_w = (0.6F_{EXX})(1.0 + 0.5\sin^{1.5}\theta)$$
$$= (0.60F_{EXX})(1.0 + 0.5\sin^{1.5}(90)) = (0.60F_{EXX})(1.5)$$

따라서, 용접강도는 하중이 길이방향인 경우에서보다 1.5배 증가한다.

Step 2: LRFD의 경우, 설계강도는

$$\phi R_n = 1.5(134) = 201 \text{ kips}$$

Step 2: ASD의 경우, 허용강도는

$$\frac{R_n}{\Omega} = 1.5(89.1) = 134 \text{ kips}$$

Part(c): 하중이 용접길이의 45도 방향으로 재하된 용접

Step 1: 하중각도를 반영하기 위해 대안 강도식을 사용하여 공칭 용접강도를 구한다.

$$F_w = (0.60F_{EXX})(1.0 + 0.5\sin^{1.5}(45)) = (0.60F_{EXX})(1.30)$$

따라서, 용접강도는 하중이 길이방향인 경우에서보다 1.3배 증가한다.

Step 2: LRFD의 경우, 설계강도는

$$\phi R_n = 1.30(134) = 174 \text{ kips}$$

Step 2: ASD의 경우, 허용강도는

$$\frac{R_n}{\Omega} = 1.30(89.1) = 116 \text{ kips}$$

10.6a Example

−LRFD에 의한 용접강도 및 하중각도−

C-모양 용접의 설계강도를 구하라.

조건: 그림 10.16에 보이는 C-모양 용접그룹은 인장플레이트를 거셋플레이트에 접합한다. E70 용접봉 및 7/8 in 용접을 사용하라.

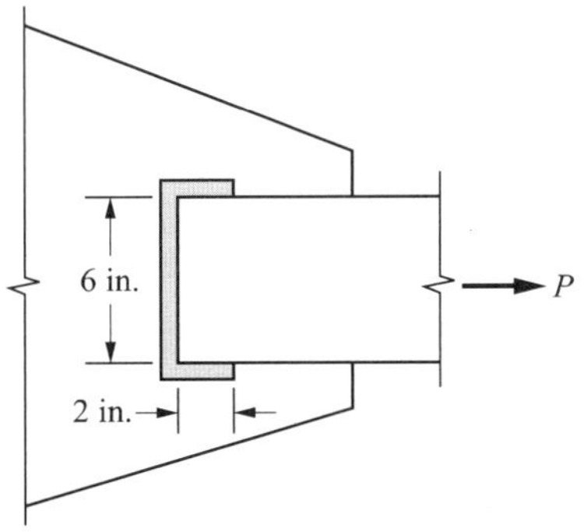

그림 10.16 • 예제 10.6의 C-형강 용접

풀이.

Step 1: 하중에 평행한 두 개의 용접에 대한 설계강도를 구한다.

$$\phi R_{nwl} = 2(2.0)(14)(1.392) = 78.0 \text{ kips}$$

Step 2: 용접에 가로방향인 6 in 용접에 대한 설계강도를 구한다.

$$\phi R_{nwt} = 6.0(14)(1.392) = 117 \text{ kips}$$

Step 3: 용접의 길이를 토대로 한 강도를 더하여 연결 설계강도를 구한다.

$$\phi R_n = 78.0 + 117 = 195 \text{ kips}$$

Step 4: 길이방향 용접의 기여를 줄이는 반면 수평방향 용접의 추가된 기여를 고려하여 설계강도를 구한다.

$$\phi R_n = 0.85(78.0) + 1.5(117) = 242 \text{ kips}$$

Step 5: steps 3과 4의 결과에서 큰 값을 선택하여 용접강도를 구한다.

$$\phi R_n = 242 \text{ kips}$$

10.6b Example

-ASD에 의한 용접강도 및 하중각도-

C-모양 용접의 설계강도를 구하라.

조건: 그림 10.16에 보이는 C-모양 용접그룹은 인장플레이트를 거셋플레이트에 접합한다. E70 용접봉 및 7/8 in 용접을 사용하라.

풀이.

Step 1: 하중에 평행한 두 개의 용접에 대한 허용강도를 구한다.

$$\frac{R_{nwl}}{\Omega} = 2(2.0)(14)(0.928) = 52.0 \text{ kips}$$

Step 2: 용접에 가로방향인 6 in 용접에 대한 허용강도를 구한다.

$$\frac{R_{nwt}}{\Omega} = 6.0(14)(0.928) = 78.0 \text{ kips}$$

Step 3: 용접의 길이를 토대로 한 강도를 더하여 연결 허용강도를 구한다.

$$\frac{R_n}{\Omega} = 52.0 + 78.0 = 130 \text{ kips}$$

Step 4: 길이방향 용접의 기여를 줄이는 반면 수평방향 용접의 추가된 기여를 고려하여 허용강도를 구한다.

$$\frac{R_n}{\Omega} = 0.85(52.0) + 1.5(78.0) = 161 \text{ kips}$$

Step 5: Steps 3과 4의 결과에서 큰 값을 선택하여 용접강도를 구한다.

$$\frac{R_n}{\Omega} = 161 \text{ kips}$$

10.7a Example

-LRFD에 의한 용접강도 및 하중각도-

C-모양 용접의 설계강도를 구하라.

조건: 그림 10.16에 보이는 C-모양 용접그룹은 인장플레이트를 거셋플레이트에 접합한다. 그러나 하중에 평행한 용접의 길이는 10 in로 증가된다. E70 용접봉 및 7/8 in 용접을 사용하라.

풀이.

Step 1: 하중에 평행한 두 개의 10 in 용접에 대한 설계강도를 구한다.

$$\phi R_{nwl} = 2(10.0)(14)(1.392) = 390 \text{ kips}$$

Step 2: 용접에 가로방향인 6 in 용접에 대한 설계강도를 구한다.

$$\phi R_{nwt} = 6.0(14)(1.392) = 117 \text{ kips}$$

Step 3: 용접의 길이를 토대로 한 강도를 더하여 연결 설계강도를 구한다.

$$\phi R_n = 390 + 117 = 507\text{ kips}$$

Step 4: 길이방향 용접의 기여를 줄이는 반면 수평방향 용접의 추가된 기여를 고려하여 설계강도를 구한다.

$$\phi R_n = 0.85(390) + 1.5(117) = 507\text{ kips}$$

Step 5: Steps 3과 4의 결과에서 큰 값을 선택하여 용접강도를 구한다. 두 방법은 동일한 설계강도를 제공함이 주목된다.

$$\phi R_n = 507\text{ kips}$$

하중에 평행한 용접이 더 길어지면 용접의 길이만을 고려하는 것은 가장 큰 강도를 의미한다.

10.7b Example

-ASD에 의한 용접강도 및 하중각도-

C-모양 용접의 설계강도를 구하라.

조건: 그림 10.16에 보이는 C-모양 용접그룹은 인장플레이트를 거셋플레이트에 접합한다. 그러나 하중에 평행한 용접의 길이는 10 in로 증가된다. E70 용접봉 및 7/8 in 용접을 사용하라.

풀이.

Step 1: 하중에 평행한 두 개의 10 in 용접에 대한 허용강도를 구한다.

$$\frac{R_{nwl}}{\Omega} = 2(10.0)(14)(0.928) = 260\text{ kips}$$

Step 2: 용접에 가로방향인 6 in 용접에 대한 허용강도를 구한다.

$$\frac{R_{nwt}}{\Omega} = 6.0(14)(0.928) = 78.0\text{ kips}$$

Step 3: 용접의 길이를 토대로 한 강도를 더하여 연결 허용강도를 구한다.

$$\frac{R_n}{\Omega} = 260 + 78.0 = 338\text{ kips}$$

Step 4: 길이방향 용접의 기여를 줄이는 반면 수평방향 용접의 추가된 기여를 고려하여 허용강도를 구한다.

$$\frac{R_n}{\Omega} = 0.85(260) + 1.5(78.0) = 338\text{ kips}$$

Step 5: Steps 3과 4의 결과에서 큰 값을 선택하여 용접강도를 구한다. 두 방법은 동일한 설계강도를 제공함이 주목된다.

$$\frac{R_n}{\Omega} = 338\text{ kips}$$

하중에 평행한 용접이 더 길어지면 용접의 길이만을 고려하는 것은 가장 큰 강도를 의미한다.

10.9.2 홈용접 강도

그림 10.13b 및 c에 나타낸 바와 같이, 홈용접은 완전 또는 부분 용입 중 하나일 수 있다. 용접금속은 항상 적절한 매칭 용접봉을 사용하는 경우 모재보다 강하기 때문에 CJP 홈용접은 보통의 의미로 설계되지 않는다. 따라서, 모재의 강도가 설계를 지배한다.

CJP 홈용접의 경우 인장접합의 공칭강도는 모재의 항복강도와 접합된 최소 부분의 단면적을 곱한 것이다. 인장접합에서 PJP 홈용접의 공칭강도는 접합된 부분의 전체 단면적이 유효하지 않은 것을 제외하고 동일하다. 이 경우, AWS는 그림 10.13c와 매뉴얼 표8-2에 나타낸 바와 같이 유효 목두께 치수 S를 베벨 형상의 함수로 정의한다.

10.10 연결 요소

접합부 구성에 포함되는 플레이트, 각도 및 기타 요소를 연결요소라 일컫는다. 연결에 관련된 부재의 영역과 함께 연결요소는 시방서 J4절에서 다룬다. 인장, 압축, 휨, 전단 및 블록전단에 관한 규정이 있다.

10.10.1 인장에서의 접합요소

시방서 J4.1절은 연결요소의 인장을 다루고 있지만, 시방서 D장에 나타낸 인장에 대한 기본적인 조항을 변경하지 않는다. 이는 두 개의 한계상태로 항복한계상태 및 파단한계상태를 고려해야 함을 의미한다. 인장에 대해 두 한계상태에 대한 저항과 안전계수는 다르기 때문에 강도의 비교는 설계 및 허용 강도 수준에서 이루어져야 한다. 시방서 전체에서와 같이 설계강도는 ϕR_n에 의해 주어지고 허용강도는 R_n/Ω에 의해 주어진다. 연결요소의 항복한계상태에 대하여 다음과 같다.

$$R_n = F_y A_g$$

$$\phi = 0.90\ (\text{LRFD}) \qquad \Omega = 1.67\ (\text{ASD})$$

연결요소의 파단한계상태에 대해서는 다음과 같다.

$$R_n = F_u A_e$$

$$\phi = 0.75\ (\text{LRFD}) \qquad \Omega = 2.00\ (\text{ASD})$$

용어들은 볼트 연결 플레이트의 순단면적 A_e는 공제된 구멍의 면적에 관계없이 $0.85A_g$보다 작아야 한다는 요구사항을 제외하고는 전에 고려된 다른 모든 인장부재에서와 같이 정의된다.

10.10.2 압축에서의 연결요소

압축을 받는 대부분의 연결요소는 비교적 짧고 매우 낮은 세장비를 갖는다. 게다가 적절한 유효길이계수의 결정은 일반적으로 적절한 요인으로서 경험에서 우러난 추측을 내리는 것과 마찬가지로 중요한 공학적 판단의 적용이 필요하다. 이 점을 고려하여 다소 연결부 설계를 간소화하기 위해 시방서 J4.4절에 세장비가 25 미만인 경우에 연결요소의 압축강도에 대한 단순한 관계를 제공한다. 이 경우에 $P_n = F_y A_g$ 및 저항과 안전 계수는 다른 압축부재에 대해 말하자면 다음과 같다.

$$\phi = 0.90\,(\mathrm{LRFD}) \qquad \Omega = 1.67\,(\mathrm{ASD})$$

압축요소의 세장비가 25보다 큰 경우, 요소는 시방서 E장의 압축부재 규정에 따라 설계되어야 한다.

10.10.3 휨을 받는 연결요소

휨을 받는 연결요소는 휨 항복, 국부좌굴, 휨비틀림좌굴 및 휨파단을 고려하여 설계되어야 한다. 이러한 요소들은 6장에서 나타낸 바와 같이 휨부재를 고려된 것으로 동일한 한계상태이다.

10.10.4 전단을 받는 연결요소

전단에 대한 부재의 설계는 전단항복 및 전단좌굴 한계상태의 고려를 필요로 한다. 연결요소 및 접합에 의해 영향을 받는 부재의 일부는 전단항복과 전단파괴의 한계상태를 확인해야 한다. 전단파괴가 구멍을 포함한 단면에 발생하는 반면에 전단항복은 요소의 총면적에 발생한다. 따라서 요소의 전단항복에 대하여 다음과 같다.

$$R_n = 0.6\,F_y\,A_{gv}$$

$$\phi = 1.00\,(\mathrm{LRFD}) \qquad \Omega = 1.50\,(\mathrm{ASD})$$

여기서, A_{gv} =전단을 받는 전 단면적. 이 경우에 저항과 안전 계수는 시방서 G2.1절에서 주어진 압연 I형 부재의 특수한 경우에 대한 것이다.

전단파괴의 한계상태에 대해서는 다음과 같다.

$$R_n = 0.60\,F_u\,A_{nv}$$

$$\phi = 0.75\,(\mathrm{LRFD}) \qquad \Omega = 2.00\,(\mathrm{ASD})$$

여기서, A_{nv} =전단을 받는 순 단면적. 인장파괴와 마찬가지로 순면적은 총면적에서 구멍의 면적을 제거함으로써 결정된다.

10.10.5 블록전단강도

그림 10.17과 같이 블록전단파괴의 한계상태는 연결요소 또는 영향을 받는 부재에 발생할 수 있다. 그림 10.17a는 W-형강 웨브에서 인장의 용접접합 전단파괴를 나타낸다. 그림 10.17b는 coped W-형강 볼트단부접합의 블록전단파괴를 나타낸다.

블록전단은 단일 파괴의 복잡한 모드에 전단과 인장 파괴를 결합한다. 블록전단은 인장부재강도를 결정하는 주요 요인이기 때문에 인장부재에 관련된 블록전단은 4.7절에서 논하였다. 연결부의 기하학적 형상에 따라 보 단부의 반력의 강도를 결정하는 요소일 수 있다. 따라서, 이는 여기서 반복된다. 블록전단파괴의 한계상태에 대한 공칭강도는 다음과 같다.

$$R_n = 0.6F_uA_{nv} + U_{bs}F_uA_{nt} \leq 0.6F_yA_{gv} + U_{bs}F_uA_{nt}$$

여기서 A_{gv} = 총 전단 단면적

A_{nt} = 순 인장 단면적

A_{nv} = 순 전단 단면적

U_{bs} = 균일 인장 응력 분포에 대해서 1.0

= 불균일 인장 응력에 대해서 0.5

블록전단파괴의 한계상태에 대한 저항과 안전 요소는 다음과 같다.

$$\phi = 0.75\ (\text{LRFD}) \qquad \Omega = 2.00\ (\text{ASD})$$

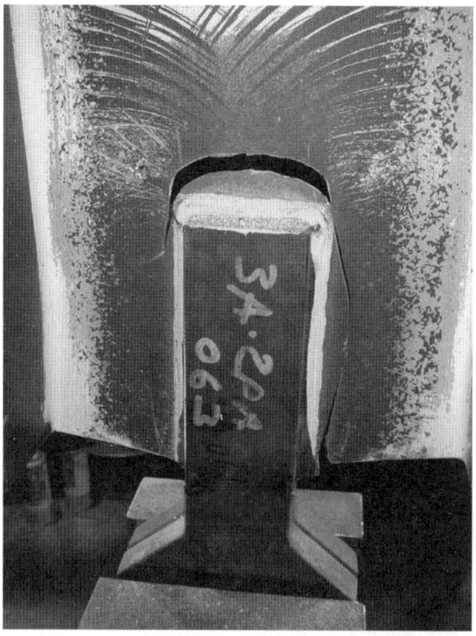

(a)

(b)

그림 10.17 • 블록전단파괴 : (a) 용접인장연결 (b) 볼트 보 끝단 연결

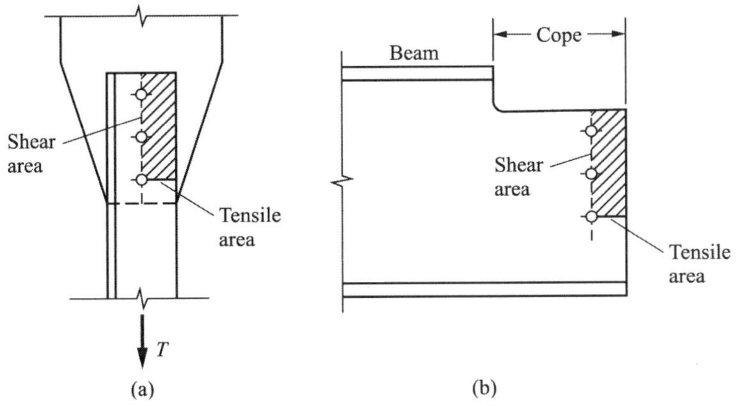

그림 10.18 • 블록전단파괴 예

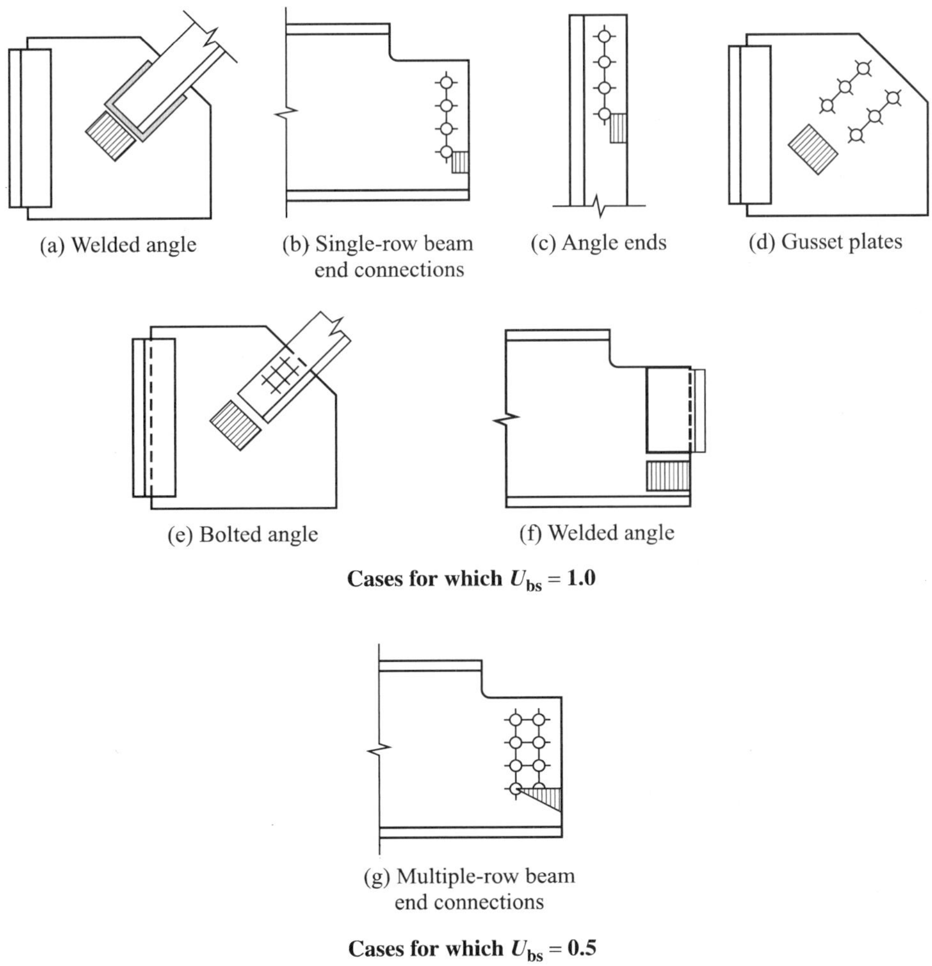

그림 10.19 • 블록전단 인장응력 분포

그림 10.18은 일렬로 위치한 구멍을 갖는 거셋플레이트와 coped 보 단부에 붙어있는 단일앵글 인장부재를 나타낸다. 인장과 전단영역은 각각 확인되고 찢어지는 영역은 음영으로 나타난다.

전단파괴모드가 전단파괴와 전단항복 보다 더 작아지는 반면에 블록전단 식의 재검토는 항상 인장파괴를 포함하는 예상된 파괴모드를 보여준다. 인장응력분포계수 UBS는 인장 단면에 걸쳐 인장응력의 변화 함수이다. 그림 10.19는 여러 가지 요소들과 해당하는 가정된 인장응력분포를 나타난다. 인장응력분포가 균일하지 않을 때 해설(Commentary)에 의해 확인되는 유일한 경우는 그림 10.19g와 같이 2열 볼트의 coped 보이다.

10.8 Example

-블록전단 강도-

Coped보의 블록전단 강도 및 허용강도를 결정하라.

조건: coped W16 × 40 A992 보가 그림 10.20에 보인다. 보는 5/8 in 볼트에 대한 표준 구멍을 가정한다.

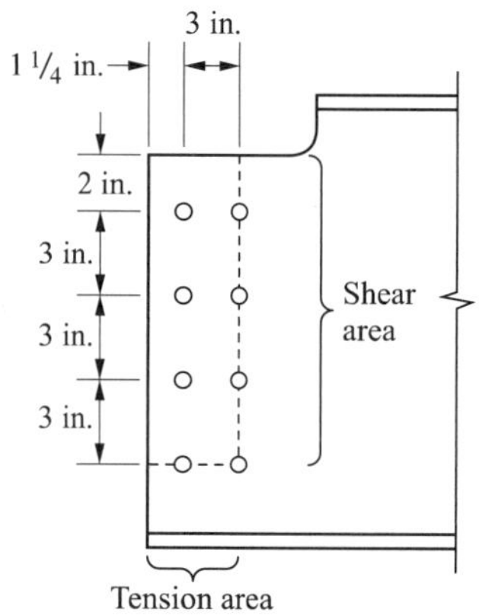

그림 10.20 • 예제 10.8의 coped 보 끝단

풀이.

Step 1: 전 및 순 전단 면적, 순 인장 면적을 계산한다.

순면적에 대한 인장부재의 논의되었듯이, 추가적으로 1/16 in가 punching으로부터의 오는 구멍의 손상을 고려하기 위해 공제되어야 한다.

$$A_{gv} = 11.0(0.305) = 3.36 \text{ in.}^2$$

$$A_{nv} = [11.0 - 3.5(5/8 + 1/8)](0.305) = 2.55 \text{ in.}^2$$

$$A_{nt} = [4.25 - 1.5(5/8 + 1)](0.305) = 0.953 \text{ in.}^2$$

Step 2: 전단 항복 및 파단강도, 인장 파단강도를 구한다.

이 기하학적 형상에 대해서, 인장응력 분포는 비균일하다. 따라서 $U_{bs} = 0.5$.

$$\text{전단 항복} = 0.6(50)(3.36) = 101 \text{ kips}$$

$$\text{전단 파단} = 0.6(65)(2.55) = 99.5 \text{ kips}$$

$$\text{인장 파단} = 0.5(65)(0.953) = 31.0 \text{ kips}$$

Step 3: 블록전단 공칭강도를 구한다.

전단파단은 전단항복보다 작기 때문에 전단파단과 인장파단을 조합한다. 따라서,

$$R_n = (99.5 + 31.0) = 131 \text{ kips}$$

Step 4: LRFD의 경우, 설계강도는

$$\phi R_n = 0.75(131) = 98.3 \text{ kips}$$

Step 4: ASD의 경우, 허용강도는

$$\frac{R_n}{\Omega} = \frac{(131)}{2.00} = 65.5 \text{ kips}$$

10.11 연습문제

1. Develop a table showing the nominal shear strength for A325-N bolts for the following sizes: $^5/_8$, $^3/_4$, $^7/_8$, and 1 in.

2. Develop a table showing the nominal shear strength for A325-X bolts for the following sizes: $^5/_8$, $^3/_4$, $^7/_8$, and 1 in.

3. Develop a table showing the nominal shear strength for A490-N bolts for the following sizes: $^5/_8$, $^3/_4$, $^7/_8$, and 1 in.

4. Develop a table showing the nominal shear strength for A490-X bolts for the following sizes: $^5/_8$, $^3/_4$, $^7/_8$, and 1 in.

5. Develop a table showing the design shear strength for A325-N, A325-X, A490-N, and A490-X bolts for the following sizes: $^5/_8$, $^3/_4$, $^7/_8$, and 1 in.

6. Develop a table showing the allowable shear strength for A325-N, A325-X, A490-N, and A490-X bolts for the following sizes: $^5/_8$, $^3/_4$, $^7/_8$, and 1 in.

7. Develop a table showing the design shear strength for F1852-N, F1852-X, F2280-N, and F2280-X bolts for the following sizes: $^5/_8$, $^3/_4$, $^7/_8$, and 1 in.

8. Develop a table showing the allowable shear strength for F1852-N, F1852-X, F2280-N, and F2280-X bolts for the following sizes: $^7/_8$, $^3/_4$, $^7/_8$, and 1 in.

9. Determine the available strength of the $^3/_4$ in. A325-N bolts in the lap splice shown in Figure P10.9 with two $^1/_2$ in. A36 plates. Determine (a) design strength by LRFD and (b) allowable strength by ASD.

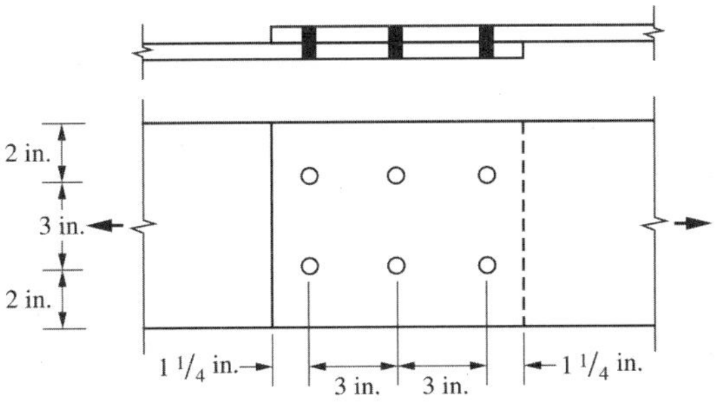

P10.9

10. Determine the available strength of the $^3/_4$ in. A325-X bolts in the lap splice shown in Figure P10.9 with two $^1/_2$ in. A36 plates. Determine (a) design strength by LRFD and (b) allowable strength by ASD.

11. Determine the available strength of the $^7/_8$ in. A325-N bolts in the lap splice shown in Figure P10.9 with two $^1/_2$ in. A36 plates. Determine (a) design strength by LRFD and (b) allowable strength by ASD.

12. Determine the available strength of the 1 in. F2280-N bolts in the lap splice shown in Figure P10.9 with two $^1/_2$ in. A36 plates. Determine (a) design strength by LRFD and (b) allowable strength by ASD.

13. Determine the available strength of the 1 in. F2280-X bolts in the lap splice shown in Figure P10.9 with two $^1/_2$ in. A36 plates. Determine (a) design strength by LRFD and (b) allowable strength by ASD.

14. Determine the available strength of the $1^1/_8$ in. F2280-N bolts in the lap splice shown in Figure P10.9 with two $^1/_2$ in. A36 plates. Determine (a) design strength by LRFD and (b) allowable strength by ASD.

15. Determine the available strength of the $^7/_8$ in. A490-N bolts in the lap splice shown in Figure P10.15 with two $^3/_4$ in. A36 plates. Determine (a) design strength by LRFD and (b) allowable strength by ASD.

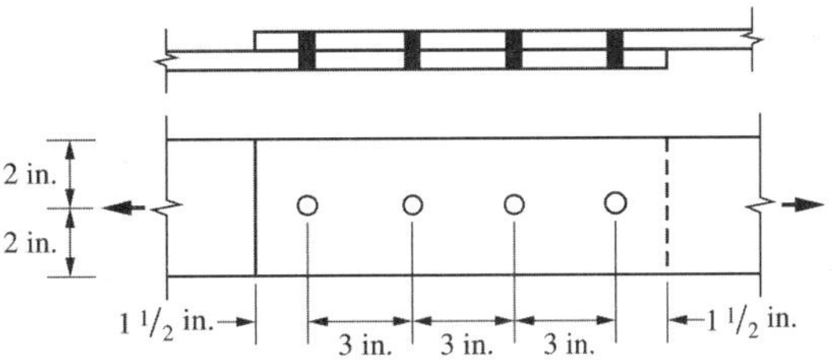

P10.15

16. Determine the available strength of the $^7/_8$ in. A490-X bolts in the lap splice shown in Figure P10.15 with two $^3/_4$ in. A36 plates. Determine (a) design strength by LRFD and (b) allowable strength by ASD.

17. Determine the available strength of the $^3/_4$ in. A325-N bolts in the butt splice shown in Figure P10.17 with two $^1/_2$ in. side plates and a 1 in. main plate. Use A36 plates. Determine (a) design strength by LRFD and (b) allowable strength by ASD.

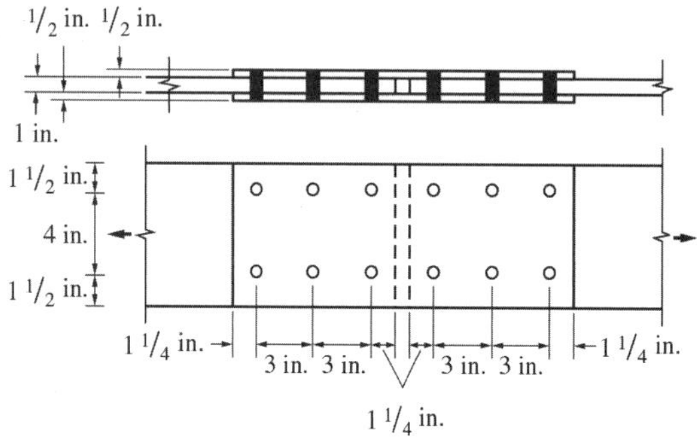

P10.17

18. Determine the available strength of the $1^1/_8$ in. A490-X bolts in the butt splice shown in Figure P10.17 with two $^1/_2$ in. side plates and a 1 in. main plate. Use A36 plates. Determine (a) design strength by LRFD and (b) allowable strength by ASD.

19. Determine the available strength of the $^7/_8$ in. A490-SC bolts in the slip-critical lap splice shown in Figure P10.15 with two $^3/_4$ in. A36 plates, standard holes, Class B surface, and no fillers. (This is Problem 15 as a slip-critical connection.) Determine (a) design strength by LRFD and (b) allowable strength by ASD.

20. Determine the available strength of the $^3/_4$ in. A325-SC bolts in the butt splice shown in Figure P10.17 with two $^1/_2$ in. side plates and a 1 in. main plate. Use A36 plates, oversized holes, Class A surface, and no fillers. (This is Problem 17 as a slip-critical connection.) Determine (a) design strength by LRFD and (b) allowable strength by ASD.

21. Determine the available strength of the four $^3/_4$ in. A325-N bolts in the single L3 × 3 × $^1/_2$ A36 when the bolts are placed as shown in Figure P10.21. Determine (a) design strength by LRFD and (b) allowable strength by ASD.

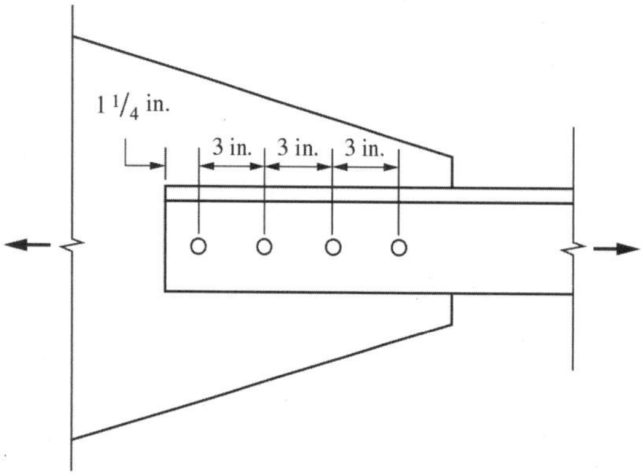

P10.21

22. Determine the available strength of the three $^3/_4$ in. A325-N bolts in the single L4 × 3 × $^3/_8$ A36 when the bolts are placed as shown in Figure P10.22. Determine (a) design strength by LRFD and (b) allowable strength by ASD.

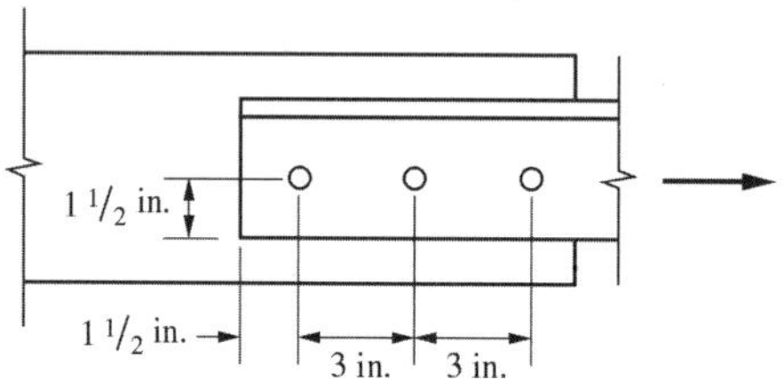

P10.22

23. Determine the available strength of the six $^3/_4$ in. A325-N bolts in a 7 × $^3/_4$ in. A36 plate when the bolts are placed as shown in Figure P10.23. Determine (a) design strength by LRFD and (b) allowable strength by ASD.

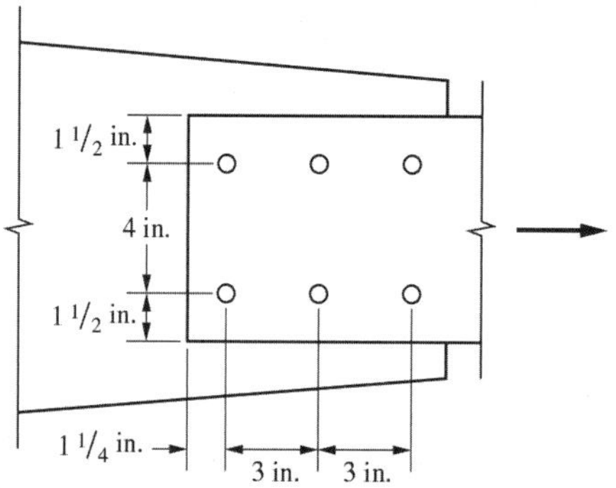

P10.23

24. Determine the available strength of the eight $^3/_4$ in. A490-N bolts in a WT6 × 20 A992 steel when the bolts are placed as shown in Figure P10.24. Determine (a) design strength by LRFD and (b) allowable strength by ASD.

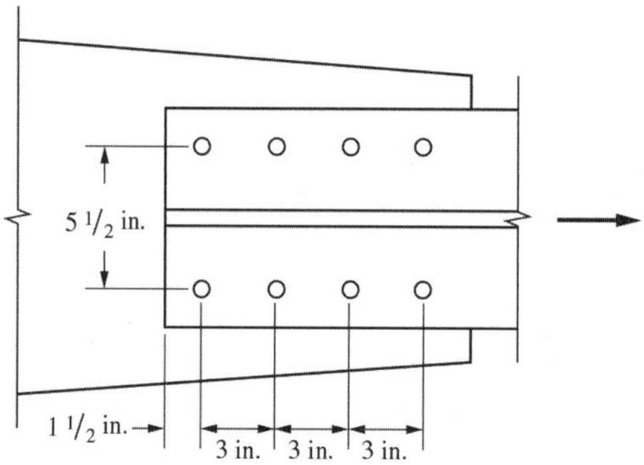

P10.24

25. Determine the available strength of two $^3/_8$ in. fillet welds that are loaded parallel to their length, are 10 in. long, and are made from E70 electrodes. Determine (a) design strength by LRFD and (b) allowable strength by ASD.

26. Determine the available strength of two $^1/_2$ in. fillet welds that are loaded parallel to their length, are 12 in. long, and are made from E70 electrodes. Determine (a) design strength by LRFD and (b) allowable strength by ASD.

27. Determine the available strength of two $^1/_4$ in. fillet welds that are loaded parallel to their length, are 8 in. long, and are made from E70 electrodes. Determine (a) design strength by LRFD and (b) allowable strength by ASD.

28. Determine the available strength of two $^3/_8$ in. fillet welds that are loaded parallel to their length, are 14 in. long, and are made from E70 electrodes. Determine (a) design strength by LRFD and (b) allowable strength by ASD.

29. If the welds of Problem 25 were loaded at their centroid and at 90 degrees to the weld length, determine (a) design strength by LRFD and (b) allowable strength by ASD.

30. If the welds of Problem 25 were loaded at their centroid and at 45 degrees to the weld length, determine (a) design strength by LRFD and (b) allowable strength by ASD.

31. If the welds of Problem 27 were loaded at their centroid and at 80 degrees to the weld length, determine (a) design strength by LRFD and (b) allowable strength by ASD.

32. If the welds of Problem 27 were loaded at their centroid and at 35 degrees to the weld length, determine (a) design strength by LRFD and (b) allowable strength by ASD.

33. Plot a curve of the strength versus angle of loading for a $^1/_4$ in. weld 12 in. long and made from E70 electrodes. The plot should include angles from 0 degrees to 90 degrees

34. Three $^1/_4$ in. welds are grouped to form a C and are loaded at their centroid. Determine the available weld strength if the single transverse weld is 9 in. and the two longitudinal welds are each 3 in. Use E70 electrodes. Determine (a) design strength by LRFD and (b) allowable strength by ASD.

35. Repeat Problem 34 with the transverse weld at 3 in. and the two longitudinal welds at 9 in. each. Determine (a) design strength by LRFD and (b) allowable strength by ASD.

36. Three $^1/_2$ in. welds are grouped to form a C and are loaded at their centroid. Determine the available weld strength if the single transverse weld is 12 in. and the two longitudinal welds are each 12 in. Use E70 electrodes. Determine (a) design strength by LRFD and (b) allowable strength by ASD.

37. Determine the available block shear strength for a coped W16 × 26 A992 beam with holes for $^3/_4$ in. bolts as shown in Figure P10.37. Determine (a) design strength by LRFD and (b) allowable strength by ASD.

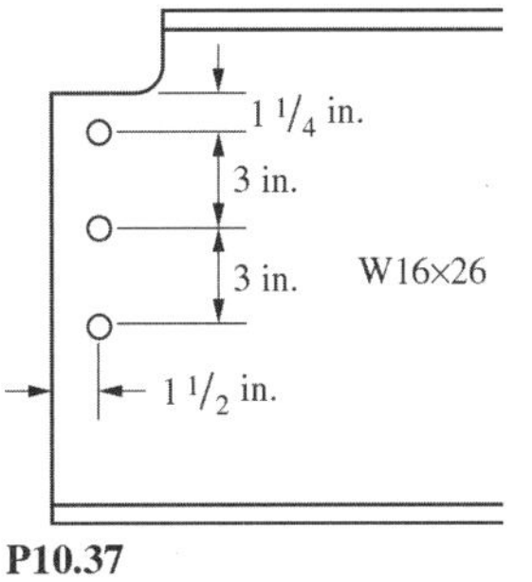

P10.37

38. Determine the available block shear strength for a coped W21 × 182 A992 beam with holes for $^3/_4$ in. bolts as shown in Figure P10.38. Determine (a) design strength by LRFD and (b) allowable strength by ASD.

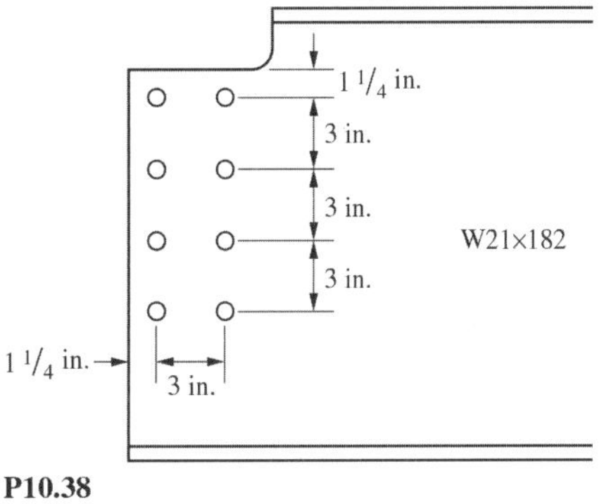

P10.38

39. Determine the available block shear strength for a coped W24 × 146 A992 beam with holes for $^3/_4$ in. bolts as shown in Figure P10.39. Determine (a) design strength by LRFD and (b) allowable strength by ASD.

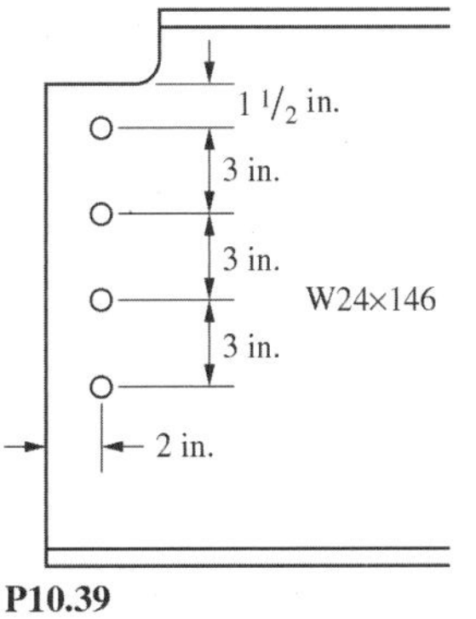

P10.39

40. Determine the available block shear strength for a coped W27 × 194 A992 beam with holes for $^7/_8$ in. bolts as shown in Figure P10.40. Determine (a) design strength by LRFD and (b) allowable strength by ASD.

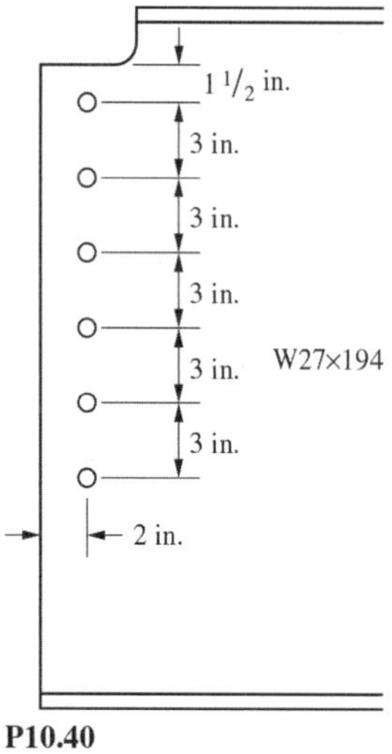

P10.40

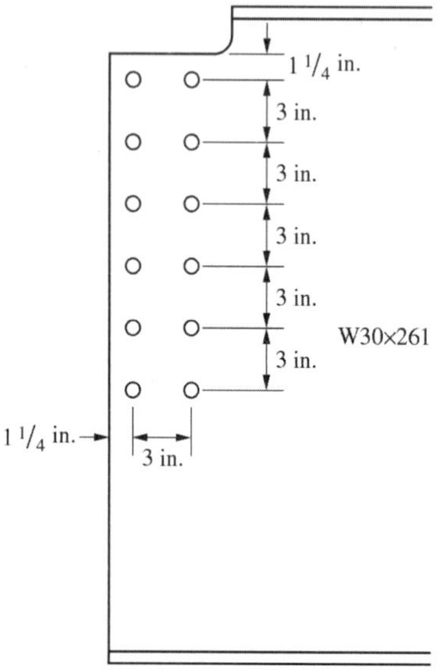

P10.42

41. Determine the available block shear strength for a coped W30 × 261 A992 beam with holes for $^3/_4$ in. bolts as shown in Figure P10.41. Determine (a) design strength by LRFD and (b) allowable strength by ASD.

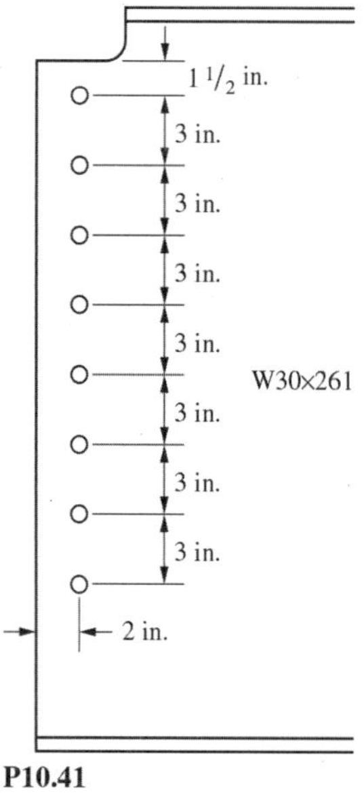

P10.41

42. Determine the available block shear strength for a coped W30 × 261 A992 beam with holes for $^3/_4$ in. bolts as shown in Figure P10.42. Determine (a) design strength by LRFD and (b) allowable strength by ASD.

43. Determine the available block shear strength for a coped W44 × 230 A992 beam with holes for $1^1/_8$ in. bolts as shown in Figure P10.43. Determine (a) design strength by LRFD and (b) allowable strength by ASD.

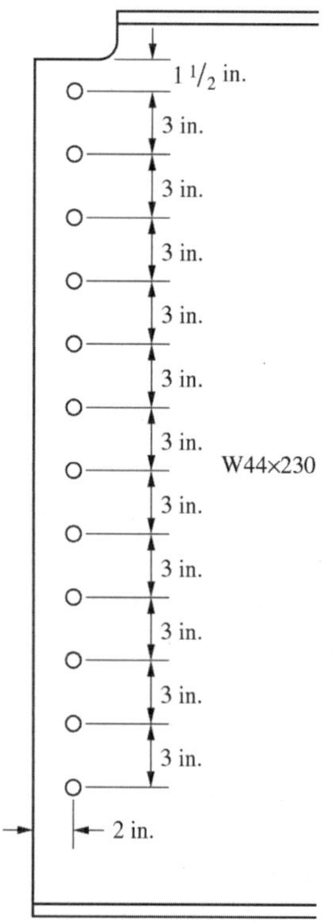

P10.43

제 11 장

단순 연결

11.1 단순연결의 유형

이 장에서는 연결의 두 가지 유형인 전단연결과 단순 가새연결을 다룬다. 연결요소와 이러한 연결에 필요한 연결재들은 이미 10장에서 논의되었다. 비록 연결설계를 지배하는 한계상태들간의 연관성은 완전히 명확하지는 않지만 개별적으로 논의되었다. 연결설계는 모든 적절한 한계상태들을 확인하면서 요소와 연결재 선정의 조합이다. 목표는 구조해석에서 사용된 모델을 구성하는 방법으로 하중을 지지하기 위한 충분한 강도와 적절한 강성을 갖는 연결을 얻기 위한 것이다. 이러한 단순 전단연결뿐만 아니라, 보 지압플레이트와 기둥 베이스 플레이트에 대해 설명한다.

특정 연결에 대해 고려해야할 한계상태는 연결요소, 연결의 기하학적 구조 및 하중경로에 의존한다. 각 연결 유형이 고려되기 때문에 다음 절에서 확인할 수 있다. 하지만 이 시점에서 잠재적 한계상태들의 요약은 유용할 것이다. 볼트에 대한 인장파단, 전단파단, 지압(bearing) 및 찢어짐뿐만 아니라 미끄러짐(slip)의 한계상태가 고려된다. 비록 용접그룹의 기하학적 구조가 약간의 복잡성을 추가하지만, 용접에 대해서 고려해야 할 유일한 한계상태는 전단파괴이다. 연결요소에 대하여 한계상태는 인장항복 및 파단, 압축좌굴, 휨 및 전단의 항복과 파단이다.

표 11.1은 이 장에서 논의되는 시방서의 절과 매뉴얼의 파트(parts)를 열거한다.

표 11.1 이 장에서 다루는 시방서의 절과 매뉴얼의 파트

시방서	
B4.3	전체 및 순면적 결정
J2	용접
J3	볼트 및 나사산 부분
J4	부재의 영향을 받는 요소 및 연결 요소
J10	집중하중의 플랜지 및 웨브
매뉴얼	
Part 7	볼트에 대한 설계 고려사항
Part 8	용접에 대한 설계 고려사항
Part 9	연결요소설계
Part 10	단순 전단연결 설계
Part 14	보 지압판, 기둥 베이스 플레이트, 앵커로드 및 기둥이음 설계
Part 15	행거연결, 브라켓판 및 크레인-레일 연결 설계

11.2 단순 전단연결

연결부 기하학적 구조의 상당수는 연결을 위한 부재의 다양한 유형과 관련된다. 가장 일반적으로 사용되는 단순 연결의 다섯 가지는 설계예제를 포함하는 다음 절에서 설명한다. 이러한 연결은 더블앵글, 단일앵글, 단일플레이트(일반적으로 전단 탭이라 불리는), 비보강받침 및 보강받침 연결을 그림 11.1a부터 e를 통하여 보여준다. 매뉴얼의 파트 10에는 연결설계를 단순하게 할 수 있는 많은 표가 포함되어 있다; 그러나 이해를 향상시키기 위해 필요한 경우 여기에서 나타낸 예제는 필요한 계산을 보여준다. 계산이 충분하게 입증되면, 매뉴얼 표가 사용된다.

여러 설계 고려사항들이 모든 전단 연결에 적용되고, 몇몇 경우에는 다른 연결의 유형에 적용된다. 특정 연결을 다루기 전에 이를 얘기하는 것은 도움이 된다. 고려해야 할 첫 번째 문제는 연결요소 내에서 힌지의 위치이다. 연결의 해석 모델은 그것이 힌지 또는 핀으로 거동한다고 가정하기 때문에 이러한 힌지가 현실적인 연결에서 실제로 발생될 수 있다는 것이

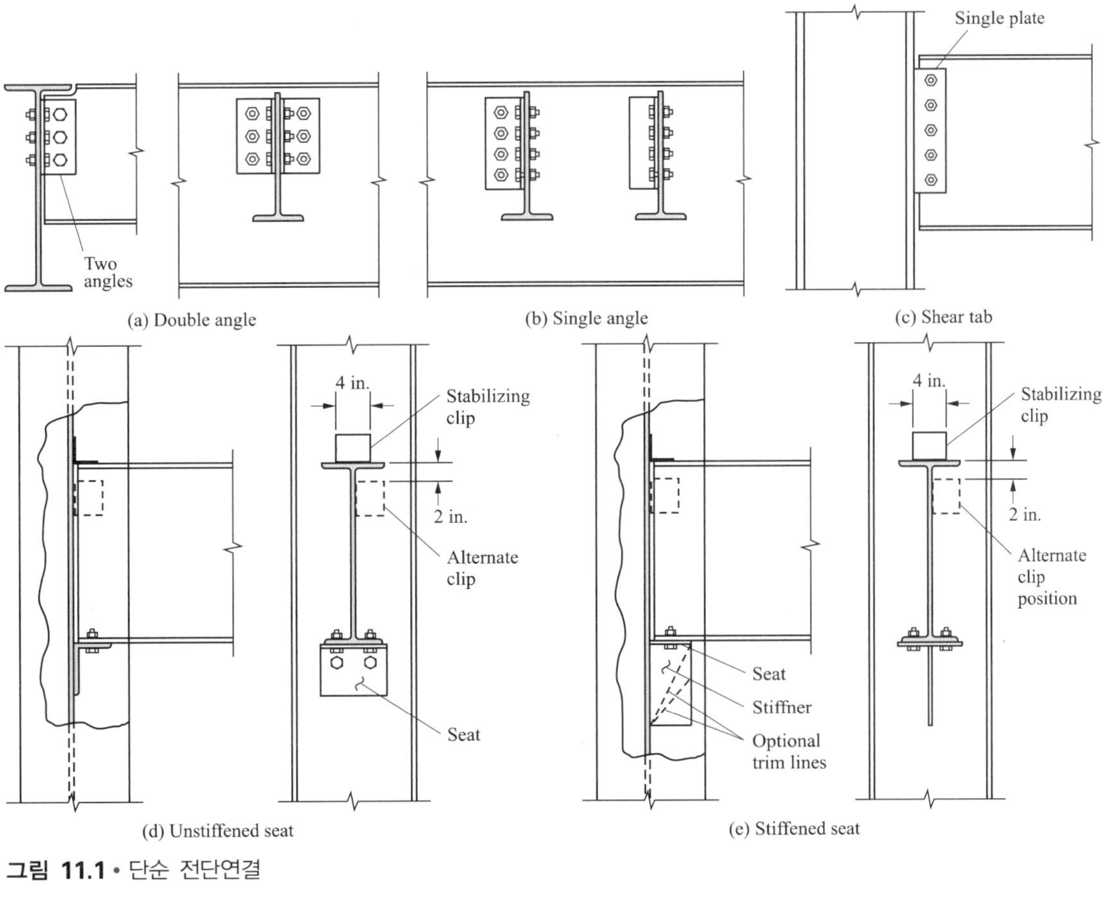

그림 11.1 • 단순 전단연결

중요하다. 만약에 힌지의 위치가 어떤 힘과 모멘트를 결정한다면 개별적인 요소들이 설계되어야 한다. 모든 경우에, 힌지는 연결 내에서 가장 유연한 점에 위치한다. 이는 연결에서 지지부재의 표면 또는 어떤 다른 점에 위치할 수 있다. 몇 가지 일반적인 설계 지침은 바라는 대로 연결이 거동하는지 확인하는데 도움이 된다. 대부분의 경우, 이것은 힌지가 지지부재의 표면에 위치하는 것을 의미한다.

더블앵글 연결의 경우 앵글의 두께는 5/8 in 이하로 제한되어야 한다. 지지부재에 연결하는 돌출변(outstanding legs)의 볼트는 가능한 넓은 게이지로 떨어져야 한다; 용접된 돌출변에 대해 수직용접은 가능한 멀리 떨어져야 한다. 이러한 특징은 연결이 돌출변의 휨을 통해 단순연결로 거동하하는 것을 보장한다.

단순보 연결의 경우 보 길이에 대한 허용오차를 고려해야 한다. 이 허용오차는 일반적으로 부재설계에서 고려하지 않지만, 연결부재의 상세를 고려하는 경우에는 중요해진다. 보 길이의 허용오차는 ±1/4 in이다. 이에 대응하기 위해, 보는 지지부재의 표면으로부터 1/2 in 유지되는 것으로 가정한다. 그리고 부재의 단부에 볼트구멍에서 가장자리까지의 거리를 고려하는데 있어서 계산에 사용되는 거리는 실제 세부사항 미만인 1/4 in로 한다.

전단 탭에서 용접의 경우와 같이 용접이 허공에서 끝나는 용접 연결에 대해 계산에 사용되는 용접의 유효길이는 용접치수의 두 배보다 작아야 한다.

또한, 구멍치수에 대한 고려사항을 기억하면 도움이 된다. 먼저, 표준구멍은 삽입되는 볼트보다 큰 1/16 in가 삽입될 수 있는 치수이다. 인장파단 또는 전단파단의 한계상태에 대해 순단면을 고려할 경우, 다음의 시방서 B4.3절에는 구멍뚫기 과정에서 발생하는 모든 재료의 손상을 고려하여 제하는 추가 1/16 in를 요구한다. 순 거리(clear distance)가 지압의 한계상태에 대해 계산될 때에는—특히, 지압검사에서 찢어지는 부분—실제의 구멍치수가 사용된다.

이러한 설계상의 고려사항은 다음의 예제에 포함되어 있다.

11.3 더블앵글 연결 : 볼트–볼트

그림 11.1a와 같이 더블앵글 전단연결은 아마도 강구조물에 사용되는 가장 일반적인 단순 전단 연결이다. 이는 제조하는데 매우 단순한 연결이고, 또한 매우 쉬운 설치를 제공한다. 더블앵글 연결이 맞대어(back–to–back) 설치되는 경우에는, 특히 지지부재가 기둥의 웨브이면 몇 가지 문제점이 존재한다. 기둥웨브에 설치하는 경우에 OSHA의 안전요구사항은 특별한 주의를 요구한다. 하나의 해결책은 더블앵글을 엇모배치(stagger)하는 것이다. 이 연결은 허용오차 내에서 보 길이의 변화를 쉽게 수용할 수 있다.

더블앵글 전단 연결은 연결을 구성하는 아래의 요소를 따라 그룹화하고 다음의 한계상태를 확인해야 한다: 볼트, 보 웨브, 앵글, 지지부재:

1. 볼트
   a. 전단파단
2. 보
   a. 보 웨브의 볼트 지압
   b. 웨브의 전단 항복
   c. 따내기보(coped beam)의 블록전단
   d. 따내기보의 휨강도
3. 앵글
   a. 앵글의 볼트 지압
   b. 전단 파단
   c. 전단 항복
   d. 블록 전단
4. 지지부재
   a. 볼트 지압

이러한 각각의 한계상태가 이 책에서 다루어진다. 다음의 예제들에서 이러한 한계상태들에 대해 살펴보는 것은 완전한 연결설계로 조합된다.

11.1a Example

－LRFD에 의한 볼트–볼트 더블앵글 전단연결－

W18 × 50 보의 볼트-볼트 더블앵글 전단연결을 설계하라

조건: W18 × 50 보는 소요강도 R_u =83.0 kips를 제공해야한 한다. 보는 A992이고 앵글은 A36이다. 보 플랜지는 2 in 따내어진다(coped). 보 웹의 legs에는 표준구멍의 7/8 in A325-N 볼트를 사용하고 돌출변에는 슬롯을 사용한다. 기본적인 시작 형상은 그림 11.2에 주어진다.

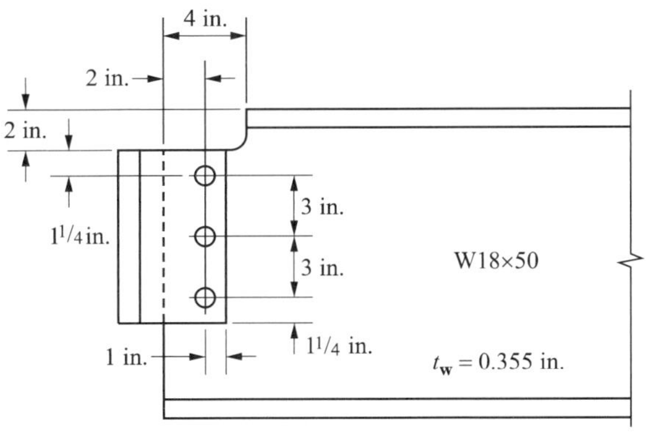

그림 11.2 • 예제 11.1의 연결 형상

풀이.

Step 1: 볼트의 전단파단에 기초하여 볼트의 개수를 구한다.
매뉴얼 표 7-1로부터, 볼트 한 개당 설계강도는

$$\phi r_n = 24.3 \text{ kips}$$

볼트는 양면전단이므로, 볼트의 총 필요개수는

$$N = \frac{83.0}{2(24.3)} = 1.71$$

그러므로 두 개 볼트로 시도한다.

Step 2: 웨브의 볼트 지압을 검사한다.

두 개의 볼트연결에 대하여, 상단 cope로부터 1.25 in이고, 두 번째 볼트는 첫 번째 볼트로부터 3 in 떨어져 있다. 이 볼트들 각각에 대한 순 거리를 검사한다.

상단볼트에 대해,

$$l_c = 1.25 - \frac{1}{2}(7/8 + 1/16) = 0.781 < 2(7/8) = 1.75$$

그러므로 찢어짐이 지배하고 공칭 볼트강도는

$$R_n = 1.2(0.781)(0.355)(65) = 21.7\text{ kips}$$

두 번째 볼트에 대해,

$$l_c = 3.0 - (7/8 + 1/16) = 2.06 > 2(7/8) = 1.75$$

그러므로 지압이 지배하고 공칭 볼트강도는

$$R_n = 2.4(7/8)(0.355)(65) = 48.5\text{ kips}$$

따라서, 두 개의 볼트연결에서 설계강도는

$$\phi R_n = 0.75(21.7 + 48.5) = 52.7 < 83.0\text{ kips}$$

그러므로, 두 개의 볼트 연결은 하중을 전달하지 못한다.

Step 3: 지압을 고려할 때 필요한 볼트개수를 구한다.

세 번째 볼트를 그림 11.2에서와 같이 3 in 간격으로 배치하면 볼트지압에 대한 연결 설계강도는

$$\phi R_n = 0.75(21.7 + 2(48.5)) = 89.0 < 83.0\text{ kips}$$

Step 4: 앵글의 돌출변을 고려한다.

지지부내에 연결되는 앵글의 돌출변 상의 볼트에 대해서도 비슷한 계산이 수행된다. 이 경우, 볼트는 일면전단이나 볼트개수는 두 배이므로 볼트당 하중은 보 웨브에서의 각 볼트 하중의 반이다. 만일 지지부재의 두께가 최소한 보 웨브 두께의 반이고 강도가 같다면 지지부재의 볼트들은 충분할 것이다. 이는 이 예제에서 가정된 경우이다.

Step 5: 연결의 최소 두께를 평가한다.

보 웨브 연결은 최소한 보 웨브 깊이(매뉴얼 표 1-1에서 주어지는 필렛 사이의 거리, T)의 반이어야 한다. 이는 단순지지의 뒤틀림을 방지하기 위함이다. 이 보의 T는 15-1/2 in이므로 최소 앵글 깊이는 7-3/4 in이어야 한다. 따라서, 8-1/2 in 길이의 앵글은 허용되는 연결 깊이를 제공할 것이다.

Step 6: 보 웨브의 전단항복을 검사한다.

이 검사는 보 설계 과정동안 수행되어야 한다. 연결설계 단계에서 보가 적절하지 않는지를 발견하기에는 너무 늦다.

$$\phi V_n = 192\text{ kips} > 83.0\text{ kips}$$

Step 7: 보 웨브의 블록전단을 검사한다.

블록전단 식은 시방서 J4.3에 있고 10.10.5절에서 제시되었다.

우선, 소요면적을 계산하고, 이때 인장면적 계산에서 1/4 in 보 길이 오차를 고려하여 $L_e = 2.0 - 0.25 = 1.75$ in:

$$A_{nt} = \left(1.75 - \frac{1}{2}\left(\frac{7}{8} + \frac{1}{8}\right)\right)(0.355) = 0.444 \text{ in.}^2$$

$$A_{gv} = 7.25(0.355) = 2.57 \text{ in.}^2$$

$$A_{nv} = \left(7.25 - 2.5\left(\frac{7}{8} + \frac{1}{8}\right)\right)(0.355) = 1.69 \text{ in.}^2$$

전단항복 및 전단파단을 고려하여 최소 공칭강도를 선택한다; 따라서,

$$0.6F_yA_{gv} = 0.6(50)(2.57) = 77.1 \text{ kips}$$
$$0.6F_uA_{nv} = 0.6(65)(1.69) = 65.9 \text{ kips}$$

전단파단 항을 선택하여 인장파단 항과 조합하면 연결 블록전단강도를 구한다. 비균일 인장응력 분포의 경우 $U_{bs} = 1.0$이고,

$$\phi R_n = 0.75(65.9 + 1.0(65)(0.444)) = 71.1 < 83.0 \text{ kips}$$

따라서, 이 시점까지의 계산에서 블록전단이 중요한 한계상태로서 세 개 볼트 연결은 적절하지 않다.

Step 8: 블록전단 강도 요건을 만족시키기 위해 연결을 변경한다.

볼트 개수를 증가시켜 연결길이를 늘리는 것을 고려해야 한다. 하지만, 볼트 전단은 두 개의 볼트만을 필요로 하므로 이는 특별히 경제적인 해답은 아닐 것이다. 만일 연결이 보 끝에서 더 낮아져서 상단볼트 중심에서 cope 연단까지의 거리가 2.5 in일 경우, 연결은 더 큰 블록전단 강도를 가질 것이다.

따라서, 새로운 전단 면적은

$$A_{gv} = 8.5(0.355) = 3.02 \text{ in.}^2$$
$$A_{nv} = (8.5 - 2.5(7/8 + 1/8))(0.355) = 2.13 \text{ in.}^2$$

그리고 공칭 전단 항목 및 파단 강도는

$$0.6F_yA_{gv} = 0.6(50)(3.02) = 90.6 \text{ kips}$$
$$0.6F_uA_{nv} = 0.6(65)(2.13) = 83.1 \text{ kips}$$

블록전단강도는

$$\phi R_n = 0.75(83.1 + 1.0(65)(0.444)) = 84.0 > 83.0 \text{ kips}$$

Step 9: 따내기보(coped beam)의 휨강도를 확인한다.

보의 초기 설계 동안 한계상태를 검사하는 것은 좋은 아이디어이다. 설계단계 동안 따내기 연결이 필요할 것이고 예상되고 보 단면의 변화가 가장 쉽게 수용될 수 있는 단계이다. 따내기보의 휨강도는 시방서에서 직접적으로 다루어지지 않으나 매뉴얼 파트 9에서 다뤄진다. 따내기보에서의 모멘트는 전단력에 지지면에서부터 cope 연단까지의 편심을 곱하여 구한다. 즉, 이 예제에서는 cope + setback + tolerance = 4.0 + 0.25 + 0.25 = 4.5 in.

$$M_u = 83.0(4.5) = 374 \text{ in.-kips}$$

따내기보의 휨강도를 결정하기 위하여 순 단면계수를 매뉴얼 표 9-2로부터 구한다. cope 깊이로부터,

$$d_c = 2.0\text{ in.},\ S_{net} = 23.4\text{ in.}^3$$

휨 파단에 대해, ϕ=0.75이고

$$M_n = F_u S_{net} = 65(23.4) = 1520\text{ in.-kips}$$
$$\phi M_n = 0.75(1520) = 1140\text{ in.-kips} > 374\text{ in.-kips}$$

휨 국부좌굴에 대해, ϕ=0.9이고

$$M_n = F_{cr} S_{net}$$

매뉴얼 파트9로부터 임계응력은 다음과 같다.

$$F_{cr} = 26{,}210\left(\frac{t_w}{h_o}\right)^2 fk$$

이 예제에서,

$$f = \frac{2c}{d} = \frac{2(4)}{18} = 0.444$$
$$k = 2.2\left(\frac{h_o}{c}\right)^{1.65} = 2.2\left(\frac{16.0}{4}\right)^{1.65} = 21.7$$

그리고,

$$F_{cr} = 26{,}210\left(\frac{0.355}{16.0}\right)^2 (0.444)(21.7) = 124\text{ ksi} > F_y = 50\text{ ksi}$$

따라서,

$$M_n = 50(23.4) = 1170\text{ in.-kips}$$
$$\phi M_n = 0.9(1170) = 1050\text{ in.-kips} > 374\text{ in.-kips}$$

따내기보는 충분한 휨강도를 가지고 있다.

Step 10: A36 앵글에 대한 지압을 검사한다.

5/16 in 앵글을 가정하고 그림 11.2에 보이듯 연단거리 1.25 in를 유지한다. 다른 볼트들은 원래 보이는 대로 3 in 간격을 둔다.

하단 마지막 볼트에 대해,

$$l_c = 1.25 - \frac{1}{2}(7/8 + 1/16) = 0.781 < 2(7/8) = 1.75$$

다시 찢어짐이 지배하고 공칭 볼트강도는

$$R_n = 1.2(0.781)\left(\frac{5}{16}\right)(58) = 17.0\text{ kips}$$

두 번째 및 세 번째 볼트들에 대해,

$$l_c = 3.0 - (7/8 + 1/16) = 2.06 > 2(7/8) = 1.75$$

지압이 지배하며 공칭 볼트강도는

$$R_n = 2.4(7/8)\left(\frac{5}{16}\right)(58) = 38.1\text{ kips}$$

따라서, 세 개의 볼트 연결에서 앵글의 설계강도는

$$\phi R_n = 0.75(17.0 + 2(38.1)) = 69.9\text{ kips} > \frac{83.0}{2} = 41.5\text{ kips}$$

그러므로, 앵글의 세 개 볼트 연결은 충분히 적절하다.

Step 11: 전단 파단에 대해 앵글을 검사한다.
수직 전단 평면에서 앵글의 순 면적은

$$A_{nv} = (8.5 - 3(7/8 + 1/8))\left(\frac{5}{16}\right) = 1.72\text{ in.}^2$$

설계강도는

$$\phi V_n = (0.75)(0.6F_u A_{nv}) = (0.75)(0.6(58)(1.72)) = 44.9 > 41.5\text{ kips}$$

따라서 앵글은 전단 파단에 대해 적절하다.

Step 12: 앵글의 전단 항복을 검사한다.
수직 전단 평면에서 앵글의 전 면적은

$$A_{gv} = (8.5)\left(\frac{5}{16}\right) = 2.66\text{ in.}^2$$

설계강도는

$$\phi V_n = (1.0)(0.6F_y A_g) = (1.0)(0.6(36)(2.66)) = 57.5 > 41.5\text{ kips}$$

따라서 앵글은 전단 항복에 대해 적절하다.

Step 13: 앵글의 블록전단을 검사한다.
앵글의 블록전단식은 웨브에서의 식과 같고 10.10.5에 제시된다.
우선 요구단면을 계산한다,

$$A_{nt} = \left(1.0 - \frac{1}{2}(7/8 + 1/8)\right)\left(\frac{5}{16}\right) = 0.156\text{ in.}^2$$

$$A_{gv} = 7.25\left(\frac{5}{16}\right) = 2.27\text{ in.}^2$$

$$A_{nv} = (7.25 - 2.5(7/8 + 1/8))\left(\frac{5}{16}\right) = 1.48\text{ in.}^2$$

전단항목 및 전단파단을 고려하여 최소 공칭강도를 선택한다; 따라서,

$$0.6F_y A_{gv} = 0.6(36)(2.27) = 49.0\text{ kips}$$

$$0.6F_u A_{nv} = 0.6(58)(1.48) = 51.5\text{ kips}$$

전단항복 항을 인장파단 항과 조합하여 연결 블록전단 강도를 구한다－다시 얘기하지만 비균일 인장응록 분포에 대한 경우 U_{bs} =1.0이다.

$$\phi R_n = 0.75(49.0 + 1.0(58)(0.156)) = 43.5 > 41.5$$

Step 14: 최종 연결설계를 제시한다.
그림 11.3에서 보이는 변경안 대로 세 개 볼트 연결은 부과된 하중 83 kips를 전달하기에 적당하다.

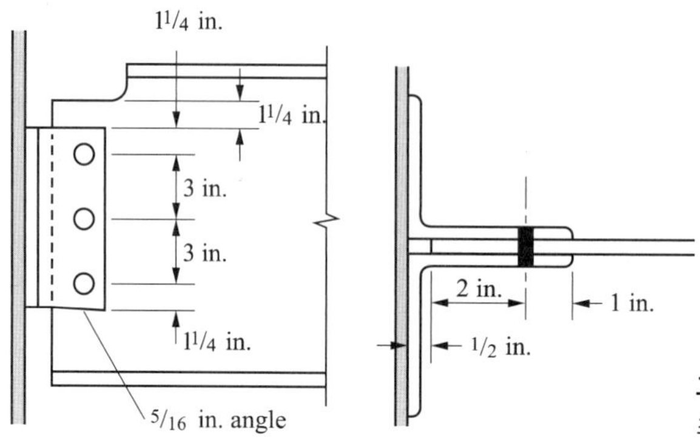

그림 11.3 • 예제 11.1의 최종연결설계

11.1b Example

–ASD에 의한 볼트–볼트 더블앵글 전단연결–

W18 × 50 보의 볼트-볼트 더블앵글 전단연결을 설계하라.

조건: W18 × 50 보는 소요강도 $R_a = 55.0$ kips를 제공해야한 한다. 보는 A992이고 앵글은 A36이다. 보 플랜지는 2 in 따내어진다(coped). 보 웹의 legs에는 표준구멍의 7/8 in A325-N 볼트를 사용하고 돌출변에는 슬롯을 사용한다. 기본적인 시작 형상은 그림 11.2에 주어진다.

풀이.

Step 1: 볼트의 전단파단에 기초하여 볼트의 개수를 구한다.

매뉴얼 표 7-1로부터, 볼트 한 개당 허용강도는

$$\frac{r_n}{\Omega} = 16.2 \text{ kips}$$

볼트는 양면전단이므로, 볼트의 총 필요개수는

$$N = \frac{55.0}{2(16.2)} = 1.70$$

그리므로 두 개 볼트로 시도한다.

Step 2: 웨브의 볼트 지압을 검사한다.

두 개의 볼트연결에 대하여, 상단 cope로부터 1.25 in이고, 두 번째 볼트는 첫 번째 볼트로부터 3 in 떨어져 있다. 이 볼트들 각각에 대한 순 거리를 검사한다.

상단볼트에 대해,

$$l_c = 1.25 - \frac{1}{2}(7/8 + 1/16) = 0.781 < 2(7/8) = 1.75$$

그러므로 찢어짐이 지배하고 공칭 볼트강도는

$$R_n = 1.2(0.781)(0.355)(65) = 21.7 \text{ kips}$$

두 번째 볼트에 대해,

$$l_c = 3.0 - (7/8 + 1/16) = 2.06 > 2(7/8) = 1.75$$

그러므로 지압이 지배하고 공칭 볼트강도는

$$R_n = 2.4(7/8)(0.355)(65) = 48.5 \text{ kips}$$

따라서, 두 개의 볼트연결에서 허용강도는

$$\frac{R_n}{\Omega} = \frac{(21.7 + 48.5)}{2.00} = 35.1 < 55\text{kips}$$

그러므로, 두 개의 볼트 연결은 하중을 전달하지 못한다.

Step 3: 지압을 고려할 때 필요한 볼트개수를 구한다.
세 번째 볼트를 그림 11.2에서와 같이 3 in 간격으로 배치하면 볼트지압에 대한 연결 설계강도는

$$\frac{R_n}{\Omega} = \frac{(21.7 + 2(48.5))}{2.00} = 59.4 < 55\text{kips}$$

Step 4: 앵글의 돌출변을 고려한다.
지지부내에 연결되는 앵글의 돌출변 상의 볼트에 대해서도 비슷한 계산이 수행된다. 이 경우, 볼트는 일면전단이나 볼트개수는 두 배이므로 볼트당 하중은 보 웨브에서의 각 볼트 하중의 반이다. 만일 지지부재의 두께가 최소한 보 웨브 두께의 반이고 강도가 같다면 지지부재의 볼트들은 충분할 것이다. 이는 이 예제에서 가정된 경우이다.

Step 5: 연결의 최소 두께를 평가한다.
보 웨브 연결은 최소한 보 웨브 깊이(매뉴얼 표 1-1에서 주어지는 필렛 사이의 거리, T)의 반이어야 한다. 이는 단순지지의 뒤틀림을 방지하기 위함이다. 이 보의 T는 15-1/2 in이므로 최소 앵글 깊이는 7-3/4 in이어야 한다. 따라서, 8-1/2 in 길이의 앵글은 허용되는 연결 깊이를 제공할 것이다.

Step 6: 보 웨브의 전단항복을 검사한다.
이 검사는 보 설계 과정동안 수행되어야 한다. 연결설계 단계에서 보가 적절하지 않는지를 발견하기에는 너무 늦다.

$$\frac{V_n}{\Omega} = 128\text{ kips} > 55.0\text{ kips}$$

Step 7: 보 웨브의 블록전단을 검사한다.
블록전단 식은 시방서 J4.3에 있고 10.10.5절에서 제시되었다.
우선, 소요면적을 계산하고, 이때 인장면적 계산에서 1/4 in 보 길이 오차를 고려하여 $L_e = 2.0 - 0.25 = 1.75$ in:

$$A_{nt} = \left(1.75 - \frac{1}{2}(7/8 + 1/8)\right)(0.355) = 0.444\text{ in.}^2$$

$$A_{gv} = 7.25(0.355) = 2.57\text{ in.}^2$$

$$A_{nv} = (7.25 - 2.5(7/8 + 1/8))(0.355) = 1.69\text{ in.}^2$$

전단항복 및 전단파단을 고려하여 최소 공칭강도를 선택한다; 따라서,

$$0.6F_yA_{gv} = 0.6(50)(2.57) = 77.1\text{ kips}$$

$$0.6F_uA_{nv} = 0.6(65)(1.96) = 65.9\text{ kips}$$

전단파단 항을 선택하여 인장파단 항과 조합하면 연결 블록전단강도를 구한다. 비균일 인

장응력 분포의 경우 $U_{bs}=1.0$이고,

$$\frac{R_n}{\Omega} = \frac{(65.9 + 1.0(65)(0.444))}{2.00} = 47.4 < 55.0 \text{ kips}$$

따라서, 이 시점까지의 계산에서 블록전단이 중요한 한계상태로서 세 개 볼트 연결은 적절하지 않다.

Step 8: 블록전단 강도 요건을 만족시키기 위해 연결을 변경한다.
볼트 개수를 증가시켜 연결길이를 늘리는 것을 고려해야 한다. 하지만, 볼트 전단은 두 개의 볼트만을 필요로 하므로 이는 특별히 경제적인 해답은 아닐 것이다. 만일 연결이 보 끝에서 더 낮아져서 상단볼트 중심에서 cope 연단까지의 거리가 2.5 in일 경우, 연결은 더 큰 블록전단 강도를 가질 것이다.
따라서, 새로운 전단 면적은

$$A_{gv} = 8.5(0.355) = 3.02 \text{ in.}^2$$
$$A_{nv} = (8.5 - 2.5(7/8 + 1/8))(0.355) = 2.13 \text{ in.}^2$$

그리고 공칭 전단 항목 및 파단 강도는

$$0.6F_yA_{gv} = 0.6(50)(3.02) = 90.6 \text{ kips}$$
$$0.6F_uA_{nv} = 0.6(65)(2.13) = 83.1 \text{ kips}$$

블록전단강도는

$$\frac{R_n}{\Omega} = \frac{(83.1 + 1.0(65)(0.444))}{2.00} = 56.0 > 55.0 \text{ kips}$$

Step 9: 따내기보(coped beam)의 휨강도를 확인한다.
보의 초기 설계 동안 한계상태를 검사하는 것은 좋은 아이디어이다. 설계단계 동안 따내기 연결이 필요할 것이고 예상되고 보 단면의 변화가 가장 쉽게 수용될 수 있는 단계이다. 따내기보의 휨강도는 시방서에서 직접적으로 다루어지지 않으나 매뉴얼 파트 9에서 다뤄진다. 따내기보에서의 모멘트는 전단력에 지지면에서부터 cope 연단까지의 편심을 곱하여 구한다. 즉, 이 예제에서는 cope + setback + tolerance = 4.5 in.

$$M_a = 55.0(4.5) = 248 \text{ in.-kips}$$

따내기보의 휨강도를 결정하기 위하여 순 단면계수를 매뉴얼 표 9-2로부터 구한다. cope 깊이로부터,

$$d_c = 2.0 \text{ in.}, S_{net} = 23.4 \text{ in.}^3$$

휨 파단에 대해, $\Omega = 2.00$이고

$$M_n = F_uS_{net} = 65(23.4) = 1520 \text{ in.-kips}$$
$$\frac{M_n}{\Omega} = \left(\frac{1520}{2.00}\right) = 760 \text{ in.-kips} > 248 \text{ in.-kips}$$

휨 국부좌굴에 대해, $\Omega = 1.67$이고

$$M_n = F_{cr}S_{net}$$

매뉴얼 파트9로부터 임계응력은 다음과 같다.

$$F_{cr} = 26{,}210\left(\frac{t_w}{h_o}\right)^2 fk$$

이 예제에서,

$$f = \frac{2c}{d} = \frac{2(4)}{18} = 0.444$$

$$k = 2.2\left(\frac{h_o}{c}\right)^{1.65} = 2.2\left(\frac{16.0}{4}\right)^{1.65} = 21.7$$

그리고,

$$F_{cr} = 26{,}210\left(\frac{0.355}{16.0}\right)^2 (0.444)(21.7) = 124\text{ ksi} > F_y = 50\text{ ksi}$$

따라서,

$$M_n = 50(23.4) = 1170\text{ in.-kips}$$

$$\frac{M_n}{\Omega} = \left(\frac{1170}{1.67}\right) = 701\text{ in.-kips} > 248\text{ in.-kips}$$

따내기보는 충분한 휨강도를 가지고 있다.

Step 10: A36 앵글에 대한 지압을 검사한다.
5/16 in 앵글을 가정하고 그림 11.2에 보이듯 연단거리 1.25 in를 유지한다. 다른 볼트들은 원래 보이는 대로 3 in 간격을 둔다.
하단 마지막 볼트에 대해,

$$l_c = 1.25 - \frac{1}{2}(7/8 + 1/16) = 0.781 < 2(7/8) = 1.75$$

다시 찢어짐이 지배하고 공칭 볼트강도는

$$R_n = 1.2(0.781)\left(\frac{5}{16}\right)(58) = 17.0\text{ kips}$$

두 번째 및 세 번째 볼트들에 대해,

$$l_c = 3.0 - (7/8 + 1/16) = 2.06 > 2(7/8) = 1.75$$

지압이 지배하며 공칭 볼트강도는

$$R_n = 2.4(7/8)\left(\frac{5}{16}\right)(58) = 38.1\text{ kips}$$

따라서, 세 개의 볼트 연결에서 앵글의 설계강도는

$$\frac{R_n}{\Omega} = \frac{(17.0 + 2(38.1))}{2.00} = 46.6\text{ kips} > \frac{55.0}{2} = 27.5\text{ kips}$$

그러므로, 앵글의 세 개 볼트 연결은 충분히 적절하다.

Step 11: 전단 파단에 대해 앵글을 검사한다.
수직 전단 평면에서 앵글의 순 면적은

$$A_{nv} = (8.5 - 3(7/8 + 1/8))\left(\frac{5}{16}\right) = 1.72 \text{ in.}^2$$

허용강도는

$$\frac{V_n}{\Omega} = \frac{(0.6F_u A_{nv})}{2.00} = \frac{(0.6(58)(1.72))}{2.00} = 29.9 > 27.5 \text{ kips}$$

따라서 앵글은 전단 파단에 대해 적절하다.

Step 12: 앵글의 전단 항복을 검사한다.
수직 전단 평면에서 앵글의 전 면적은

$$A_{gv} = (8.5)\left(\frac{5}{16}\right) = 2.66 \text{ in.}^2$$

허용강도는

$$\frac{V_n}{\Omega} = \frac{(0.6F_y A_g)}{1.50} = \frac{(0.6(36)(2.66))}{1.50} = 38.3 > 27.5 \text{ kips}$$

따라서 앵글은 전단 항복에 대해 적절하다.

Step 13: 앵글의 블록전단을 검사한다.
앵글의 블록전단식은 웨브에서의 식과 같고 10.10.5에 제시된다.
우선 요구단면을 계산한다,

$$A_{nt} = \left(1.0 - \frac{1}{2}(7/8 + 1/8)\right)\left(\frac{5}{16}\right) = 0.156 \text{ in.}^2$$

$$A_{gv} = 7.25\left(\frac{5}{16}\right) = 2.27 \text{ in.}^2$$

$$A_{nv} = (7.25 - 2.5(7/8 + 1/8))\left(\frac{5}{16}\right) = 1.48 \text{ in.}^2$$

전단항목 및 전단파단을 고려하여 최소 공칭강도를 선택한다; 따라서,

$$0.6F_y A_{gv} = 0.6(36)(2.27) = 49.0 \text{ kips}$$

$$0.6F_u A_{nv} = 0.6(58)(1.48) = 51.5 \text{ kips}$$

전단항복 항을 인장파단 항과 조합하여 연결 블록전단 강도를 구한다- 다시 얘기하지만 비균일 인장응력 분포에 대한 경우 U_{bs} =1.0 이다.

$$\frac{R_n}{\Omega} = \frac{(49.0 + 1.0(58)(0.156))}{2.00} = 29.0 > 27.5 \text{ kips}$$

Step 14: 최종 연결설계를 제시한다.
그림 11.3에서 보이는 변경안 대로 세 개 볼트 연결은 부과된 하중 83 kips를 전달하기에 적당하다.

11.4 더블앵글 연결 : 용접-볼트

더블앵글 전단연결 또한 용접과 볼트를 결합으로 구성될 수 있다. 그림 11.4에 나타낸 바와 같이, 이 경우 앵글은 보 웨브에 용접된다. 고려해야할 한계상태는 다음과 같다.

1. 볼트
   a. 전단파단
2. 용접
   a. 파단
3. 보
   a. 웨브의 전단항복
   b. 따내기보 웨브의 블록전단
   c. 따내기보 휨강도
   d. 용접부에서의 웨브강도
4. 앵글
   a. 앵글에 대한 볼트 지압
   b. 전단파단
   c. 전단항복
   d. 블록전단

11.3절에서 볼트-볼트 연결에 대해 고려되지 않은 한계상태는 용접과 관련되어 있다. 이러한 한계상태는 용접연결의 결과로서 보 웨브의 블록전단을 포함한다; 용접그룹에서 힘의 편심에 대해 영향을 받는 용접파단 및 용접에서 보 웨브의 강도.

용접연결에 대한 블록 전단은 볼트연결에 대한 블록전단과 약간 다르다. 차이점은 순면적을 결정하는데 있어 공제해야 할 구멍이 없다는 것이다. 따라서, 순 전단면과 총 전단면은 같다. 그 결과, 항복은 용접연결의 이러한 유형에 대한 블록전단식에서 지배하는 전단 항이다.

용접파단은 이러한 유형의 연결설계를 포함하기 위한 더욱 복잡한 한계상태이다. 제 10장에서는 그 도심과 임의의 각도에서 하중 재하된 용접의 강도를 논의했다. 더블앵글 연결에서 용접은 앵글의 한면의 길이에 평행하고 다른 두면의 길이에 수직으로 장착된다. 불행하

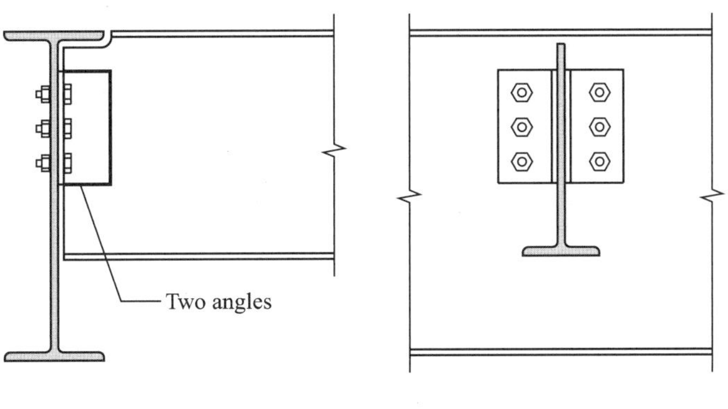

그림 11.4 • 용접-볼트 더블앵글 연결

게도, 이러한 용접들은 그들의 도심을 통해 하중이 재하되지 않아서 10장에서 보여준 단순히 그들을 조합하는 방법은 사용될 수 없다. 매뉴얼은 다음과 같은 경우에 용접강도를 결정하기 위한 회전의 순간중심(instantaneous center of rotation) 방법을 사용한다. 이 방법은 용접에 대한 앵글에서 하중뿐만 아니라 용접그룹에 대한 하중의 편심을 설명한다. 그림 11.5는 기하학적 변수들이 표시된 C형강 용접을 보여준다. 전형적인 연결설계에 있어서, 기하학적 구조는 설정될 수 있고 매뉴얼 표 8-8은 용접그룹강도를 결정하는데 사용될 수 있다. 이 표의 적용은 예제 11.2에서 보여준다.

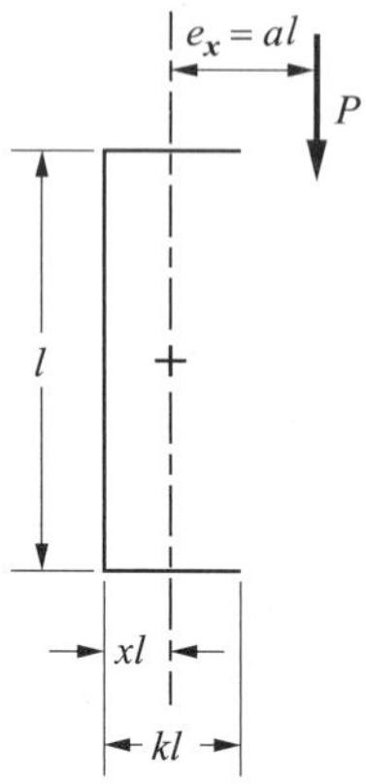

그림 11.5 • C-형강 용접그룹

용접에서 보 웨브 강도를 계산하는 것은 어렵다. 일반적인 방법은 용접의 전체 강도를 구하여 그 힘을 웨브의 1 in 길이에 기초한 웨브와 1 in 용접길이에 비율대로 배분하는 것이다. 이는 또한 예제 11.2에 제시되어있다.

11.2 Example

−용접-볼트 더블앵글 전단연결−

그림 11.6a에 보이는 용접-볼트 연결의 강도를 구하라.

조건: 용접-볼트 더블앵글 연결에서 논의된 세 가지 한계상태에 대해서 그림 11.6에 보이는 연결의 설계강도 및 허용강도를 구한다.

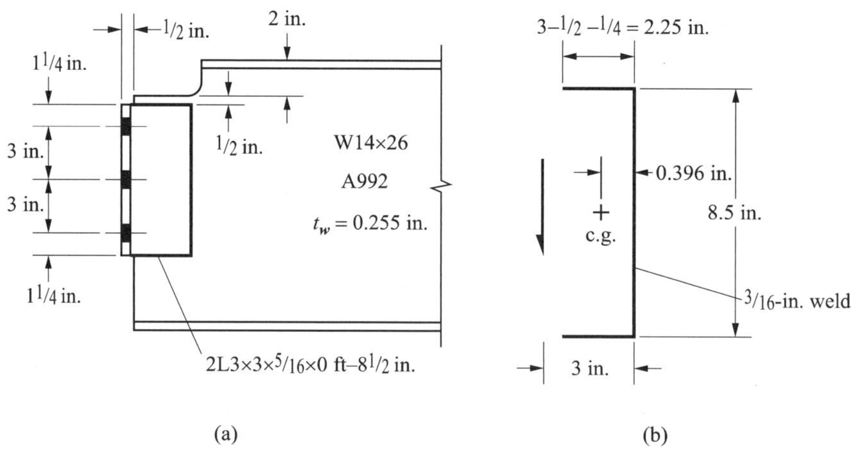

그림 11.6 • 예제 11.2의 연결

풀이.

Step 1: 블록전단 한계상태에 대한 공칭강도를 구한다.
인장면적에 대해, 길이는 3 in 앵글 leg이고 1/2 in setback 및 1/4 in 가능한 보 공차를 공제한다. 따라서,

$$A_{nt} = 2.25(0.255) = 0.574 \text{ in.}^2$$

전체 전단면적에 대해, 앵글의 길이는 8.5 in이고 cope 1/2 in로부터 정착된다(set down). 따라서,

$$A_{gv} = 9.0(0.255) = 2.30\ \text{in.}^2$$

그러므로, U_{bs} =1.0으로 공칭 블록전단강도는

$$R_n = 0.6(50)(2.30) + (1.0)(65)(0.574) = 106\ \text{kips}$$

Step 2: LRFD에 대하여, 설계강도는

$$\phi R_n = 0.75(106) = 79.5\ \text{kips}$$

Step 2: ASD에 대하여, 허용강도는

$$\frac{R_n}{\Omega} = \frac{106}{2.00} = 53.0\ \text{kips}$$

Step 3: 용접파단 한계상태에 대한 공칭강도를 구한다.

용법의 형상은 그림 111.6b에 주어진다. 앵글의 길이는 3 in이므로 용접길이 L=8.5 in. 앵글 leg의 길이는 3 in이고 용접길이 kl = 3.0 − 1/2 in. setback − 1/4 in. under run = 2.25 in. 따라서,

$$k = \frac{2.25}{8.5} = 0.265$$

매뉴얼 표 8-8로부터, 앵글 toe를 따라 용접에 평행한 하중에 대해(각도=0), 용접 도심의 위치각 결정될 수 있다. k=0.265로 표에 들어가서 표의 아래에 있는 값들(x =0.0466)로부터 x에 대해 보간(interpolate)한다. 이 값과 함께, 도심은 다음과 같이 결정된다.

$$xl = 0.0466(8.5) = 0.396\ \text{in.}$$

그 후 힘의 편심은 다음과 같이 결정된다.

$$a = \frac{e_x}{l} = \frac{(3.0 - 0.396)}{8.5} = 0.306$$

이 a값과 전에 k에 대해 결정된 값을 사용하여, 표로부터 C값은 2.59이다. 이때 용접그룹의 공칭강도는 표에 나타난 대로

$$R_n = CC_1Dl$$

C는 위에서 결정되었다. C_1은 용접봉 강도를 나타내고 여기서 사용된 E70XX에 대해 1.0이다. D는 필렛용접 치수에서 1/16의 개수이고, l은 용접그룹의 정의된 길이이다. 따라서, 이 용접에 대해

$$R_n = (2.59)(1.0)(3)(8.5) = 66.0\ \text{kips for each angle}$$

Step 4: 단일앵글 용접의 LRFD 설계강도는

$$\phi R_n = 0.75(66.0) = 49.5\ \text{kips for each angle}$$

또는, 더블앵글 연결에 대해

$$\phi R_n = 2(49.5) = 99.0\ \text{kips}$$

Step 4: 단일앵글 용접의 ASD 허용강도는

$$\frac{R_n}{\Omega} = \frac{66.0}{2.00} = 33.0\text{ kips for each angle}$$

또는, 더블앵글 연결에 대해

$$\frac{R_n}{\Omega} = 2(33.0) = 66.0\text{ kips}$$

Step 5: LRFD에 대해 용접부 봉 웨브의 설계파단강도를 구한다.
웨브의 양면에 3/16 in 용접 단위길이 설계파단강도는, 10장에서 결정된 용접 설계강도를 사용하면 2(3)(1.392) = 8.35 kips. 위에서 결정된 강도를 사용하여, 용접의 유효길이는 99.0/8.35 = 11.9 in.
보 웨브의 단위길이에 대한 설계파단강도는

$$\phi(0.6F_ut_w) = 0.75(0.6(65)(0.255)) = 7.46\text{ kips}$$

그러므로, 용접부에서 보 웨브 설계 파단강도는

$$\phi R_n = (11.9)(7.46) = 88.8\text{ kips}$$

Step 5: ASD에 대해 용접부 봉 웨브의 허용파단강도를 구한다.
웨브의 양면에 3/16 in 용접 단위길이 설계파단강도는, 10장에서 결정된 용접 허용강도을 사용하면 2(3)(1.392) = 8.35 kips. 위에서 결정된 강도를 사용하여, 용접의 유효길이는 99.0/8.35 = 11.9 in.
보 웨브의 단위길이에 대한 허용파단강도는

$$\frac{0.6F_ut_w}{\Omega}\ \frac{0.6(65)(0.255)}{2.00} = 4.97\text{ kips}$$

그러므로, 용접부에서 보 웨브 허용 파단강도는

$$\frac{R_n}{\Omega} = (11.9)(4.97) = 59.1\text{ kips}$$

Step 6: 이 예제에서 고려된 세 가지 한계상태에 대해 지배하는 한계상태를 정한다.
이 연결은 블록전단 한계상태에 의해 제한된다.

Step 7: LRFD에 대하여, 설계강도는

$$\phi R_n = 79.5\text{ kips}$$

Step 7: ASD에 대하여, 허용강도는

$$\frac{R_n}{\Omega} = 53.0\text{ kips}$$

11.5 더블앵글 연결 : 볼트–용접

그림 11.7에 보이는 이 연결에서 앵글은 보 웨브에 볼트로 연결되고 지지부재에는 용접으로 연결된다. 보는 나이프(knife)가 그 칼집(sheath)에 삽입되는 것과 같이 더블 앵글 사이의 공간에 삽입되도록 보를 허용하는 인장 플랜지에 cope를 갖는다. 이 연결은 보–기둥 플랜지 연결에 사용될 수도 있지만 거더 플랜지의 간섭으로 인해 보–거더 연결로 사용되지 않을 수 있다.

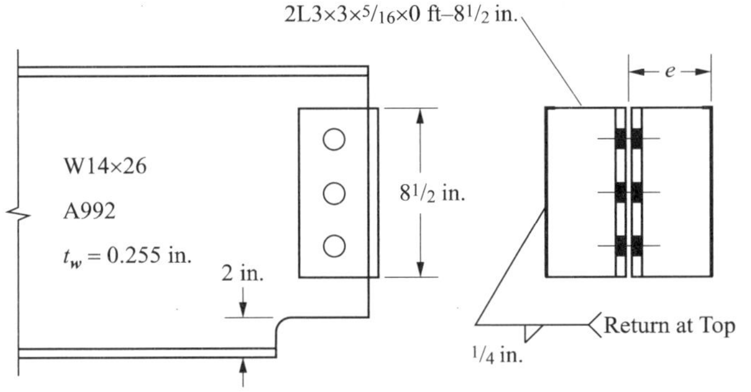

그림 11.7 • 예제 11.3의 더블앵글 볼트–용접 연결

이 연결에 대해 앵글의 돌출변(outstanding legs)에서 용접강도의 새로운 한계상태를 고려해야 한다. 또한, 인장플랜지가 제거되면서 따내기보의 휨강도를 고려해야 한다.

앵글의 덮은 보에서 용접의 강도는 용접에서 균일 전단응력과 앵글의 5/6 아래에 걸쳐 직선적으로 변화하는 인장응력을 가정하는 탄성방법에 의해 결정된다. 초래되는 용접응력은 인장과 전단 응력 제곱의 합에 제곱근을 취함으로써 결정된다. 매뉴얼 10장에는 다음과 같은 용접강도가 주어진다.

$$\phi R_n = 2\left[\frac{1.392DL}{\sqrt{1+\dfrac{12.96e^2}{L^2}}}\right]\ (\text{LRFD})\ \text{and}\ \frac{R_n}{\Omega} = 2\left[\frac{0.928DL}{\sqrt{1+\dfrac{12.96e^2}{L^2}}}\right]\ (\text{ASD})$$

여기서, 앵글의 길이는 L이고 돌출변의 폭은 e이다.

11.3 Example

–볼트–용접 더블앵글 전단연결–

볼트-용접 더블앵글 용접의 강도를 구하라.

조건: 그림 11.7은 볼트-용접 더블앵글 연결을 보여준다. 위에 보이는 바와 같이 1/2 in return과 1.4 in 용접을 가정한다.

풀이.

Step 1: LRFD에 대해, 설계강도를 구한다.
주어진 정보, $D=4$, $L=8.5$ in, $e=3.0$ in ; 따라서,

$$\phi R_n = 2\left[\frac{1.392DL}{\sqrt{1+\frac{12.96e^2}{L^2}}}\right] = 2\left[\frac{1.392(4)(8.5)}{\sqrt{1+\frac{12.96(3)^2}{(8.5)^2}}}\right]$$

$$\phi R_n = 58.5 \text{ kips}$$

Step 1: ASD에 대해, 허용강도를 구한다.
주어진 정보, $D=4$, $L=8.5$ in, $e=3.0$ in ; 따라서,

$$\frac{R_n}{\Omega} = 2\left[\frac{0.928DL}{\sqrt{1+\frac{12.96e^2}{L^2}}}\right] = 2\left[\frac{0.928(4)(8.5)}{\sqrt{1+\frac{12.96(3)^2}{(8.5)^2}}}\right]$$

$$\frac{R_n}{\Omega} = 39.0 \text{ kips}$$

11.6 더블앵글 연결 : 용접-용접

더블앵글 용접-용접 연결은 현장용접을 필요로 하기 때문에 흔한 연결은 아니다. 어느 특정한 상황에서는 바람직하지만 한계상태들은 이미 논의된 것들이다. 절차는 동일하고 모든 잠재적인 한계상태들이 확인되어야 한다.

11.7 싱글앵글 연결

그림 11.1b에 표시된 싱글앵글 연결은 볼트-볼트 연결과 볼트－용접 연결을 나타낸다. 두 경우에서, 연결은 보－거더 연결로 나타낸다. 횡방향 보 골조가 거더 웨브의 반대편 같은 점에서 거더로 구성될 때 설치 문제를 제거하기 때문에 특히 효율적인 연결이다. 이는 또한 더블앵글 연결 보다 적은 구성요소들을 가지고 있기 때문에 효율적이다. 이 연결은 제조업

자와 설치자 모두에게 인기가 높아지고 있다. 보는 거더에 앵글이 미리 설치된 한쪽에서 설치할 수 있으므로 설치 효율을 돕는다. 이 연결의 단점은 앵글, 볼트 및 용접 등의 구성요소가 더블앵글 연결보다 크다는 것이다. 이 연결에 대하여 보 웨브의 볼트는 1면 전단이고, 제어 한계상태가 볼트 전단이면 더블 앵글 연결을 한 경우보다 두 배 많은 볼트가 요구된다. 보의 힘 전체가 하나의 앵글을 통과하기 때문에 앵글은 크게 할 필요가 있다. 싱글 앵글은 여전히 많은 상황에서 최선의 선택이지만, 특히 블록전단과 같은 한계상태의 경우에서 연결의 강도를 제어할 수 있다.

해석에 모델링된 것처럼 이전에 고려된 더블앵글 연결보다 유연하기 때문에, 싱글앵글 연결은 단순 전단연결과 같이 단순히 거동한다. 그러나 이러한 증가된 유연성 때문에 연결은 횡방향 안정성에 대한 단부연결에 의존하는 횡방향으로 지지되지 않은 보에는 권장되지 않는다.

싱글앵글 연결을 확인하기 위한 한계상태는 어떤 변경이나 추가 사항을 갖는 더블앵글 연결에 대한 한계상태와 같다. 주요 변경사항은 연결요소에 유발되는 편심을 동반한다. 지지보에 대하여 편심은 고려되지 않고 볼트의 한열만 있기 때문에 연결의 이러한 부분은 더블앵글 연결의 경우와 동일하게 취급한다. 돌출변의 경우 볼트나 용접은 연결 편심을 고려하여 설계되어야 한다. 또한, 이 편심은 앵글의 돌출변에 대한 휨 항복과 휨 파단의 한계상태가 추가된다.

그림 11.8a와 b는 볼트와 용접된 돌출변의 편심을 측정하는 방법을 보여준다. 두 가지 모든 경우에 편심이 지지된 보 웨브의 중심선에서 측정되는 것은 주의해야 한다. 굵은 선을 갖는 그림 11.8c와 d는 휨 항복(그림 11.8c)와 휨 파단(그림 11.8d)의 한계상태에서 앵글의 모멘트에 대한 위치와 단면을 보여준다.

휨 항복의 한계상태는 요소의 소성 모멘트에 근거하여 계산된다. 따라서, 구멍이 없는 앵글 다리에 대한 소성 단면계수는 $Z = t_p L^2/4$로 사용되고, 공칭 모멘트 강도는 다음과 같이 주어진다.

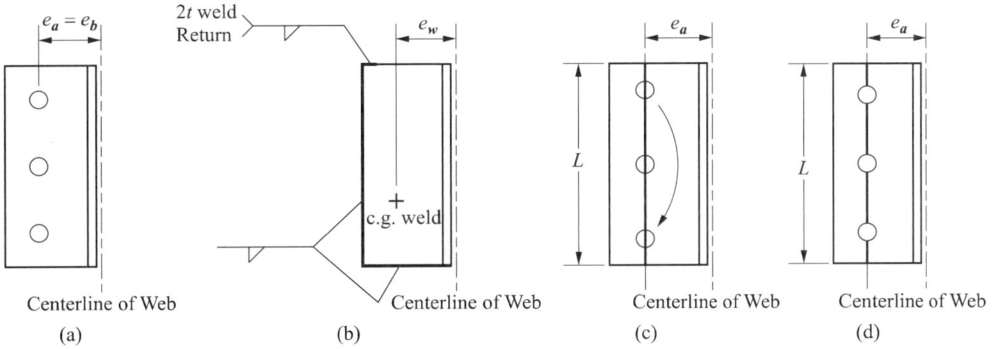

그림 11.8 • 단일앵글 연결 편심

$$M_n = R_n\,e_a = F_y\,Z$$

휨 항복 한계상태에 대하여, $\phi = 0.9$이고 $\Omega = 1.67$이다.

휨 파단의 한계상태의 경우 순단면의 소성단면계수가 필요하다. 이는 계산에 의해 결정되거나 매뉴얼 표 15-3에서 얻을 수 있다.

$$M_n = R_n\,e_a = F_u\,Z_{net}$$

휨 파단 한계상태에 대하여, $\phi = 0.75$이고 $\Omega = 2.00$이다.

볼트그룹에서 하중 편심의 영향을 고려하기 위하여 동등한 볼트의 개수를 결정해야 한다. 이는 매뉴얼 표 7-6을 사용하여 수행할 수 있고, 절차는 예제 11.4에 설명되어있다. 용접그룹에서 편심의 영향을 고려하기 위하여 매뉴얼 표 8-11을 사용할 수 있다. 이 표는 오직 양면에 용접을 갖는 L형강 용접그룹에 대한 것이다. 다리의 상단에 충분한 회전 능력을 보장하기 위하여 자유롭게 유지된다. 이 표의 적용은 예제 11.4에 나타난다.

11.4a Example

-LRFD에 의한 싱글앵글 전단연결-

볼트-볼트 및 볼트-용접 싱글앵글 연결의 설계강도를 구하라.

조건: 그림 11.9는 싱글앵글 연결을 보여준다. 그림 11.9b는 볼트연결된 돌출변 경우이고 그림 11.9c는 용접된 leg이다. 앵글은 A36 강이고, 3-1/2 × 3-1/2 × 12 in.이다. 볼트는 3.4 in A325-N이고 용접은 3/16 in E70XX이며, 보는 W16 × 31 A992 강이다.

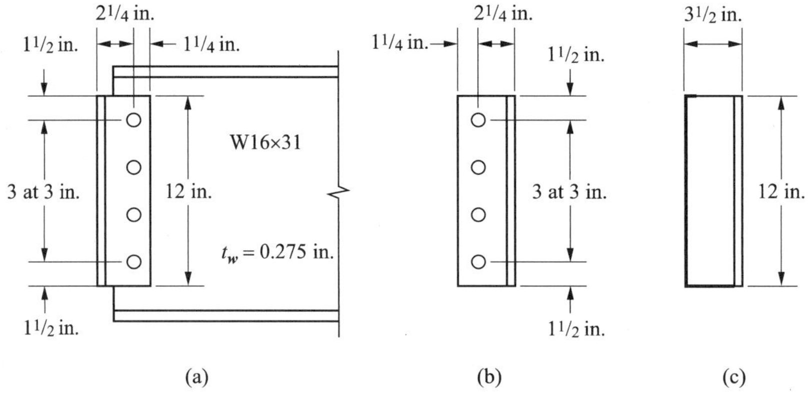

그림 11.9 • 예제 11.4의 단일앵글 연결

풀이.

Part (a) : 지지보

Step 1: 볼트 전단파단 강도를 구한다.

매뉴얼 표 7-1로부터, $\phi r_n = 17.9$ kips이다. 그러므로, 네 개의 볼트에 대한 설계 전단강도는

$$\phi R_n = 4(17.9) = 71.6 \text{ kips}$$

Step 2: 앵글의 볼트 지압강도를 구한다.

하단의 볼트는 앵글 하단으로부터 1.5 in이고, 나머지 볼트들은 3 in 간격이다. 각 볼트에 대해 순거리를 구한다.

하단볼트에 대해,

$$l_c = 1.5 - \frac{1}{2}(3/4 + 1/16) = 1.09 < 2(3/4) = 1.5$$

따라서, 찢어짐이 지배하고 공칭 볼트강도는

$$R_n = 1.2(1.09)(0.375)(58) = 28.4\text{ kips}$$

나머지 볼트들에 대해,

$$l_c = 3.0 - (3/4 + 1/16) = 2.19 > 2(3/4) = 1.5$$

그러므로, 지압이 지배하고 공칭 볼트강도는

$$R_n = 2.4(3/4)(0.375)(58) = 39.2\text{ kips}$$

따라서, 네 개의 볼트연결에 대한 설계강도는

$$\phi R_n = 0.75(28.4 + 3(39.2)) = 110\text{ kips}$$

Step 3: 보 웨브의 지압강도를 구한다.

순거리가 볼트직경의 두 개보다 크기 때문에

$$R_n = 2.4(3/4)(0.275)(65) = 32.2\text{ kips}$$

그리고

$$\phi R_n = 0.75(4(32.2)) = 96.6\text{ kips}$$

Step 4: 앵글의 전단 항복강도를 구한다.

$$A_{gv} = 12.0(0.375) = 4.50\text{ in.}^2$$
$$\phi V_n = 1.0(0.6(36))(4.5) = 97.2\text{ kips}$$

Step 5: 앵글의 전단 파단강도를 구한다.

$$A_{nv} = (12.0 - 4(3/4 + 1/8))(0.375) = 3.19\text{ in.}^2$$
$$\phi V_n = 0.75(0.6(58))(3.19) = 83.3\text{ kips}$$

Step 6: 앵글의 블록전단강도를 구한다.

우선, 소요면적을 계산한다.

$$A_{nt} = \left(1.25 - \frac{1}{2}(3/4 + 1/8)\right)(0.375) = 0.305\text{ in.}^2$$
$$A_{gv} = 10.5(0.375) = 3.94\text{ in.}^2$$
$$A_{nv} = (10.5 - 3.5(3/4 + 1/8))(0.375) = 2.79\text{ in.}^2$$

전단항복과 전단파단을 고려하여 최소강도를 선택한다; 따라서,

$$0.6F_y A_{gv} = 0.6(36)(3.94) = 85.1\text{ kips}$$
$$0.6F_u A_{nv} = 0.6(58)(2.79) = 97.1\text{ kips}$$

전단항복 항을 선택하여 인장파단 항과 조합하고, $U_{bs} = 1.0$(비균일한 인장응력 분포의

경우)를 사용하면

$$\phi R_n = 0.75(85.1 + 1.0(58)(0.305)) = 77.1 \text{ kips}$$

Step 7: 지지부재에 부착된 leg의 설계강도를 구한다.
설계강도는 볼트 전단에 의해 지배되고

$$\phi R_n = 71.6 \text{ kips}$$

Part (b) : Bolted Outstanding Leg

Step 8: 볼트그룹의 편심효과를 고려하기 위해 매뉴얼 표 7-6을 사용하여 편심 전단을 확인한다.
볼트선위의 하중의 편심은 앵글 heel로부터 보 웨브 두께의 1/2를 더하여 구한다; 따라서,

$$e_x = 2.25 + \frac{0.275}{2} = 2.39 \text{ in.}$$

볼트간격이 3 in인 네 개의 볼트연결에 대하여 각도 0의 하중에 대해 매뉴얼 표 7-6은 볼트의 유효 개수 C=3.12를 제시한다. 그러므로,

$$\phi R_n = 3.12(17.9) = 55.8 \text{ kips}$$

돌출변의 볼트강도는 지지부재상의 leg의 강도보다 작을 것이다. 그 이유는 돌출변은 보의 leg에는 없는 편심을 수용해야 하기 때문이다. 그러므로 용접연결을 확인할 때를 제외하고 보의 볼트 전단을 검사할 필요는 없다.

Step 9: 돌출변의 휨 항복강도를 구한다.
소성단면계수는 앵글의 길이 및 두께에 의해 구성된 직사각형에 대해 구하고 공칭 모멘트 강도는 소성단면계수를 항복응력에 곱하여 구한다; 따라서,

$$Z = \frac{(0.375)(12^2)}{4} = 13.5 \text{ in.}^3$$

그리고

$$M_n = 36(13.5) = 486 \text{ in.-kips}$$

모멘트는 전단력에 편심을 곱하므로,

$$\phi R_n = \frac{\phi M_n}{e} = \frac{0.9(486)}{2.39} = 183 \text{ kips}$$

Step 10: 돌출변의 휨 파단강도를 구한다.
순 소성단면계수는 구멍들보다 작은 직사각형에 대해 결정한다. 비록 쉽게 계산할수도 있지만, 매뉴얼 표 15-3에서 Z=9.56 in^{2}을 구할 수 있다. 따라서,

$$M_n = 58(9.56) = 554 \text{ in.-kips}$$

그리고

$$\phi R_n = \frac{\phi M_n}{e} = \frac{0.75(554)}{2.39} = 174 \text{ kips}$$

Step 11: 볼트연결된 돌출변에 대한 지배 한계상태를 결정한다.
볼트연결된 돌출변에 대하여, 강도는 볼트의 편심 전단에 의해 지배되고, 여기서

$$\phi R_n = 58.8 \text{ kips}$$

이는 보에 부착된 leg의 값보다 작기 때문에, 이 값이 볼트-볼트 싱글앵글 연결의 강도이다.

Part (c) : Welded Outstanding Leg

Step 12: 용접의 편심 파단강도를 구한다.

용접 편심 파단강도를 구하기 위하여 매뉴얼 표 8-10을 사용한다. 싱글앵글 연결에 대한 용접은 앵글의 상단이 아닌 하단에 적용된다. 이는 앵글이 모델된대로 단순연결로 거동하기에 충분히 유연함을 보장한다. 각도 0의 하중에 대해 매뉴얼 표 8-10은 이러한 상단 혹은 하단상의 용접을 보여준다. 따라서, 수평 용접이 연결의 상단 혹은 하단에 있던 기하학적 형상은 같기 때문에 이 표는 어느 쪽에서 사용될 수 있다.

그림 11.9c에 주어진 치수에 기초하여, $l = 12.0$, $kl = 3.5$, 따라서 $k = 0.292$ 이다. 용접은 3/16 in이고 E50 용접봉을 사용한다. 표로부터, $k = 0.2$에서 $k = 0.3$ 사이에서 보간하면 $x = 0.0336$이다. 그러므로, 편심은

$$e_x = kl + \frac{t_w}{2} - xl$$

$$e_x = 3.5 + \frac{0.275}{2} - 0.0336(12.0) = 3.23 \text{ in.}$$

그리고

$$a = \frac{e_x}{l} = \frac{3.23}{12.0} = 0.269$$

$k = 0.2$와 $k = 0.3$ 사이에서 두 번(double) 보간하고 $a = 0.25$ 및 0.30, 계수 C는

$$C = 2.17$$

그러므로, 용접 공칭강도는

$$R_n = CC_1 Dl = 2.17(1.0)(3)(12.0) = 78.1 \text{ kips}$$

그리고 설계강도는

$$\phi R_n = 0.75(78.1) = 58.6 \text{ kips}$$

Step 13: 휨항복 한계상태에 대한 설계강도를 구한다.

앵글의 휨항복 한계상태에 대해, 강도는 볼트연결된 돌출변에서 보여진 대로 결정한다; 따라서,

$$\phi R_n = 183 \text{ kips}$$

Step 14: 용접된 돌출변에 대한 지배하는 한계상태를 구한다.

용접된 돌출변에 대해, 설계강도는 용접의 편심전단에 의해 지배된다, 여기서

$$\phi R_n = 58.6 \text{ kips}$$

이는 보에 부착된 leg의 값보다 작기 때문에, 이 값이 볼트-용접 싱글앵글 연결의 설계강도이다.

11.4b Example

–ASD에 의한 싱글앵글 전단연결–

볼트-볼트 및 볼트-용접 싱글앵글 연결의 허용강도를 구하라.

조건: 그림 11.9는 싱글앵글 연결을 보여준다. 그림 11.9b는 볼트연결된 돌출변 경우이고 Figure 11.9c는 용접된 leg이다. 앵글은 A36 강이고, 3-1/2 × 3-1/2 × 12 in.이다. 볼트는 3.4 in A325-N이고 용접은 3/16 in E70XX이며, 보는 W16 × 31 A992 강이다.

풀이.

Part (a) : 지지보

Step 1: 볼트 전단파단 강도를 구한다.

매뉴얼 표 7-1로부터, $r_n/\Omega = 10.6$ kips이다. 그러므로, 네 개의 볼트에 대한 허용 전단강도는

$$\frac{R_n}{\Omega} = 4(11.9) = 47.6 \text{ kips}$$

Step 2: 앵글의 볼트 지압강도를 구한다.

하단의 볼트는 앵글 하단으로부터 1.5 in이고, 나머지 볼트들은 3 in 간격이다. 각 볼트에 대해 순거리를 구한다.

하단볼트에 대해,

$$l_c = 1.5 - \frac{1}{2}(3/4 + 1/16) = 1.09 < 2(3/4) = 1.5$$

따라서, 찢어짐이 지배하고 공칭 볼트강도는

$$R_n = 1.2(1.09)(0.375)(58) = 28.4 \text{ kips}$$

나머지 볼트들에 대해,

$$l_c = 3.0 - (3/4 + 1/16) = 2.19 > 2(3/4) = 1.5$$

그러므로, 지압이 지배하고 공징 볼트강도는

$$R_n = 2.4(3/4)(0.375)(58) = 39.2 \text{ kips}$$

따라서, 네 개의 볼트연결에 대한 설계강도는

$$\frac{R_n}{\Omega} = \frac{(28.4 + 3(39.2))}{2.00} = 73.0 \text{ kips}$$

Step 3: 보 웨브의 지압강도를 구한다.

순거리가 볼트직경의 두 개보다 크기 때문에

$$R_n = 2.4(3/4)(0.275)(65) = 32.2 \text{ kips}$$

그리고

$$\frac{R_n}{\Omega} = \frac{(4(32.2))}{2.00} = 64.4 \text{ kips}$$

Step 4: 앵글의 전단 항복강도를 구한다.

$$A_{gv} = 12.0(0.375) = 4.50 \text{ in.}^2$$

$$\frac{V_n}{\Omega} = \frac{(0.6(36))(4.5)}{1.5} = 64.8 \text{ kips}$$

Step 5: 앵글의 전단 파단강도를 구한다.

$$A_{nv} = (12.0 - 4(3/4 + 1/8))(0.375) = 3.19\ \text{in.}^2$$

$$\frac{V_n}{\Omega} = \frac{(0.6(58))(3.19)}{2.00} = 55.5\ \text{kips}$$

Step 6: 앵글의 블록전단강도를 구한다.
우선, 소요면적을 계산한다.

$$A_{nt} = \left(1.25 - \frac{1}{2}(3/4 + 1/8)\right)(0.375) = 0.305\ \text{in.}^2$$

$$A_{gv} = 10.5(0.375) = 3.94\ \text{in.}^2$$

$$A_{nv} = (10.5 - 3.5(3/4 + 1/8))(0.375) = 2.79\ \text{in.}^2$$

전단항복과 전단파단을 고려하여 최소강도를 선택한다; 따라서,

$$0.6F_yA_{gv} = 0.6(36)(3.94) = 85.1\ \text{kips}$$

$$0.6F_uA_{nv} = 0.6(58)(2.79) = 97.1\ \text{kips}$$

전단항복 항을 선택하여 인장파단 항과 조합하고, $U_{bs}=1.0$(비균일한 인장응력 분포의 경우)를 사용하면

$$\frac{R_n}{\Omega} = \frac{(85.1 + 1.0(58)(0.305))}{2.00} = 51.4\ \text{kips}$$

Step 7: 지지부재에 부착된 leg의 허용강도를 구한다.
허용강도는 볼트 전단에 의해 지배되고

$$\frac{R_n}{\Omega} = 47.6\ \text{kips}$$

Part (b) : Bolted Outstanding Leg

Step 8: 볼트그룹의 편심효과를 고려하기 위해 매뉴얼 표 7-6을 사용하여 편심 전단을 확인한다.
볼트선위의 하중의 편심은 앵글 heel로부터 보 웨브 두께의 1/2를 더하여 구한다; 따라서,

$$e_x = 2.25 + \frac{0.275}{2} = 2.39\ \text{in.}$$

볼트간격이 3 in인 네 개의 볼트연결에 대하여 각도 0의 하중에 대해 매뉴얼 표 7-6은 볼트의 유효 개수 $C=3.12$를 제시한다. 그러므로,

$$\frac{R_n}{\Omega} = 3.12(11.9) = 37.1\ \text{kips}$$

돌출변의 볼트강도는 지지부재상의 leg의 강도보다 작을 것이다. 그 이유는 돌출변은 보의 leg에는 없는 편심을 수용해야 하기 때문이다. 그러므로 용접연결을 확인할 때를 제외하고 보의 볼트 전단을 검사할 필요는 없다.

Step 9: 돌출변의 휨 항복강도를 구한다.
소성단면계수는 앵글의 길이 및 두께에 의해 구성된 직사각형에 대해 구하고 공칭 모멘트강도는 소성단면계수를 항복응력에 곱하여 구한다; 따라서,

$$Z = \frac{(0.375)(12^2)}{4} = 13.5 \text{ in.}^3$$

그리고

$$M_n = 36(13.5) = 486 \text{ in.-kips}$$

모멘트는 전단력에 편심을 곱하므로,

$$\frac{R_n}{\Omega} = \frac{M_n}{\Omega e} = \frac{(486)}{1.67(2.39)} = 122 \text{ kips}$$

Step 10: 돌출변의 휨 파단강도를 구한다.

순 소성단면계수는 구멍들보다 작은 직사각형에 대해 결정한다. 비록 쉽게 계산할 수도 있지만, 매뉴얼 표 15-3에서 Z=9.56 in^{2}을 구할 수 있다. 따라서,

$$M_n = 58(9.56) = 554 \text{ in.-kips}$$

그리고

$$\frac{R_n}{\Omega} = \frac{M_n}{\Omega e} = \frac{(554)}{2.00(2.39)} = 116 \text{ kips}$$

Step 11: 볼트연결된 돌출변에 대한 지배 한계상태를 결정한다.

볼트연결된 돌출변에 대하여, 강도는 볼트의 편심 전단에 의해 지배되고, 여기서

$$\frac{R_n}{\Omega} = 37.1 \text{ kips}$$

이는 보에 부착된 leg의 값보다 작기 때문에, 이 값이 볼트-볼트 싱글앵글 연결의 강도이다.

Part (c) : Welded Outstanding Leg

Step 12: 용접의 편심 파단강도를 구한다.

용접 편심 파단강도를 구하기 위하여 매뉴얼 표 8-10을 사용한다. 싱글앵글 연결에 대한 용접은 앵글의 상단이 아닌 하단에 적용된다. 이는 앵글이 모델된대로 단순연결로 거동하기에 충분히 유연함을 보장한다. 각도 0의 하중에 대해 매뉴얼 표 8-10은 이러한 상단 혹은 하단상의 용접을 보여준다. 따라서, 수평 용접이 연결의 상단 혹은 하단에 있던 기학학적 형상은 같기 때문에 이 표는 어느 쪽에서 사용될 수 있다.

그림 11.9c에 주어진 치수에 기초하여, l=12.0, kl=3.5, 따라서 k=0.292이다. 용접은 3/16 in이고 E50 용접봉을 사용한다. 표로부터, k=0.2에서 k=0.3 사이에서 보간하면 x=0.0336이다. 그러므로, 편심은

$$e_x = kl + \frac{t_w}{2} - xl$$

$$e_x = 3.5 + \frac{0.275}{2} - 0.0336(12.0) = 3.23 \text{ in.}$$

그리고

$$a = \frac{e_x}{l} = \frac{3.23}{12.0} = 0.269$$

k=0.2와 k=0.3 사이에서 두 번(double) 보간하고 a=0.25 및 0.30, 계수 C는

$$C = 2.17$$

그러므로, 용접 공칭강도는

$$R_n = CC_1 Dl = 2.17(1.0)(3)(12.0) = 78.1 \text{ kips}$$

그리고 허용강도는

$$\frac{R_n}{\Omega} = \frac{78.1}{2.00} = 39.1 \text{ kips}$$

Step 13: 휨항복 한계상태에 대한 허용강도를 구한다.
앵글의 휨항복 한계상태에 대해, 강도는 볼트연결된 돌출변에서 보여진대로 결정한다; 따라서,

$$\frac{R_n}{\Omega} = 122 \text{ kips}$$

Step 14: 용접된 돌출변에 대한 지배하는 한계상태를 구한다.
용접된 돌출변에 대해, 허용강도는 용접의 편심전단에 의해 지배된다, 여기서

$$\frac{R_n}{\Omega} = 39.1 \text{ kips}$$

이는 보에 부착된 leg의 값보다 작기 때문에, 이 값이 볼트-용접 싱글앵글 연결의 설계강도이다.

11.8 싱글플레이트 전단연결

그림 11.1c는 전단탭 연결이라고도 불리는 싱글플레이트 전단연결을 보여준다. 이 연결부의 플레이트는 공장에서 지지대에 용접으로 연결되고 현장에서 보에 볼트로 연결되며, 설치에 관해서는 싱글앵글 연결에서와 유사하다. 전단탭은 단지 하나의 플레이트로 구성되고 예상할 수 있을 만큼 단순하다. 필요한 회전을 제공하기 위해 지지부재에 용접되고 지지 보에 볼트로 체결해야한다. 보에 볼트로 체결 된 경우에도 이 연결은 싱글- 또는 더블- 앵글 연결보다 단단하고 충분한 유연성을 확보하기 위해 세부사항에 주의가 필요하다.

연결의 거동은 볼트 구멍에서 탭의 휨과 베어링의 플레이트 또는 보 웨브의 변형을 통해 그 회전능력을 달성하는 것을 제외하고 더블앵글 연결과 비슷하다. 이 연결에 대한 한계상태 평가의 복잡성 때문에 AISC는 통상적인 형상(conventional configuration)이라 불리는 다소 처방적인 접근방법과 확장된 형상(extended configuration)이라 일컫는 다른 모든 것에 대한 상세 한계상태 확인 절차를 포함하는 두 가지 설계 방식을 개발하였다.

한계상태는 어떤 구성에 대하여 동일하게 검토되어야 한다; 차이점은 통상적인 형상에서 물리적 제한이 그러한 대부분의 한계상태를 지배하지 않도록 설정하는 것이다. 가능한 한계상태는 다음과 같다.

1. 볼트
   a. 전단파단
2. 보
   a. 웨브의 지압
   b. 웨브의 전단항복
3. 플레이트
   a. 플레이트의 지압
   b. 탄성 항복모멘트
   c. 전단항복
   d. 전단파단
   e. 블록전단파단
   f. 좌굴
   g. 전단 상호작용을 갖는 소성 휨 항복
4. 용접
   a. 편심을 갖는 용접 파단

이러한 11가지 한계상태 중에서 플레이트의 휨과 좌굴과 관련된 한계상태들은 단순연결 설계의 논의에 새로운 것이고 용접파단 한계상태는 이미 논의된 용접 한계상태 보다 약간 다른 방식으로 처리된다.

전단탭의 일반적인 형상은 설계하기에 매우 단순한 연결부를 만든다. 이는 여기서 다루고 있는 유형의 연결이다. 다른 형상에 대하여 상세절차는 매뉴얼 10장에 주어진다. 기존의 전단 탭의 치수 제한은 다음의 요구사항으로 이어진다:

1. 총 2~12 볼트를 포함하는 단일 수직 열이 있다.
2. 볼트선에서 용접선까지의 거리는 3-1/2 in를 초과할 수 없다.
3. 오직 표준 또는 짧은-슬롯 구멍만 사용할 수 있다.
4. 수평 연단거리 L_{eh}와 수직연단거리 L_{ev}는 표 J3.4에서 시방서 최소값을 만족해야 한다.
5. 플레이트 또는 보 웨브 중 하나는 표준구멍의 2~5 볼트에 대해 $t \leq (d_b/2 + 1/16)$이거나 표준구멍의 6~12 볼트에 대해 $t \leq (d_b/2 - 1/16)$이어야 한다.

연결은 추가적으로 9 볼트의 최대값을 제한하거나 매뉴얼 표 10-9가 사용되었을 경우 편심은 무시될 수 있다. 이러한 제한이 만족되면 연결은 다음 사항을 확인할 필요가 있다.

a. 볼트 전단파단
b. 볼트 지압
c. 블록 전단파단
d. 플레이트 전단항복
e. 플레이트 전단파단

11.5a
Example

－LRFD에 의한 전단탭의 일반적인 형상－

일반적인 전단탭 연결의 설계강도를 구한다.

조건: 그림 11.9는 전단탭 연결을 보여준다. 보는 W16 × 50 A992이고 A36 34-1/4 × 4-1/2 × 12 플레이트와 함께 W14 × 90 A992 기둥으로 골조를 형성한다. 표준구멍의 A325-N 볼트를 사용하라.

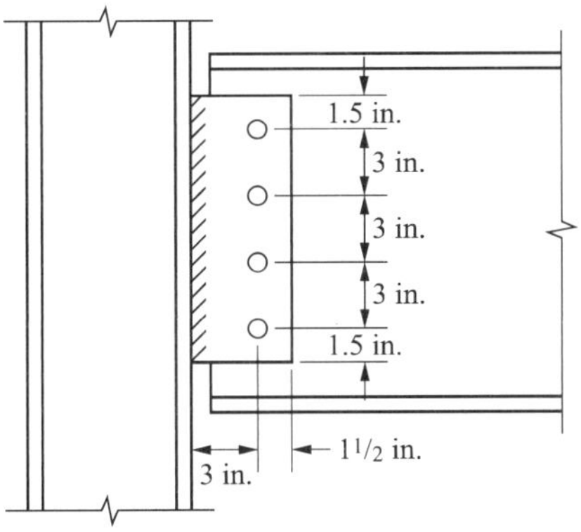

그림 11.10 • 예제 11.5의 전단탭 연결

풀이.

Step 1: 주어진 전단탭이 일반적인 형상의 제한사항들을 만족하는지 여부를 결정한다.
일반적인 형당에 대한 제한사항:

1. 네 개 볼트 : 2와 12 사이이다.
2. a =3.0 in : 3-1/2 in를 초과하지 않는다.
3. 표준구멍 : 표준 혹은 짧은-슬롯이 허용된다.
4. L_{eh} = 1.5 in > 1.0 in (표 J3.4)
   L_{ev} = 1.5 in > 1.0 in (표 J3.4)
5. $t_{plate} = 1/4 < (d_b/2 + 1/16) = 7/16$

Step 2: 볼트 설계전단강도를 구한다. 표 7-1로부터,

$$\phi R_n = 4(17.9) = 71.6 \text{ kips}$$

Step 3: 플레이트의 볼트 설계 지압강도를 구한다.
상단볼트에 대해

$$l_c = 1.5 - \frac{1}{2}(3/4 + 1/16) = 1.09 < 2(3/4) = 1.5$$

따라서, 찢어짐이 지배하고 볼트 공칭강도는

$$R_n = 1.2(1.09)(0.250)(58) = 19.0 \text{ kips}$$

다른 볼트들에 대해서

$$l_c = 3.0 - (3/4 + 1/16) = 2.19 > 2(3/4) = 1.5$$

그러므로, 지압이 지배하고, 볼트 공칭강도는

$$R_n = 2.4(3/4)(0.250)(58) = 26.1 \text{ kips}$$

따라서, 네 개의 볼트에 대해서, 설계강도는

$$\phi R_n = 0.75(19.0 + 3(26.1)) = 73.0$$

Step 4: 웨브의 볼트 설계 지압강도를 구한다.

보 웨브에 대해서, 재료는 A992이고 웨브 두께는 0.380 in이다. 강도와 두께 모두 플레이트에 대해 필적할만한(comparable) 값들보다 크기 때문에 보의 웨브가 지배하지 않는다.

Step 5: 플레이트의 설계 블록전단강도를 구한다.

소요면적을 계산한다.

$$A_{nt} = (1.5 - \frac{1}{2}(3/4 + 1/8))(0.250) = 0.266 \text{ in.}^2$$
$$A_{gv} = 10.5(0.250) = 2.63 \text{ in.}^2$$
$$A_{nv} = (10.5 - 3.5(3/4 + 1/8))(0.250) = 1.86 \text{ in.}^2$$

전단항복과 전단파단을 고려하여 최소강도를 선택한다; 따라서,

$$0.6F_y A_{gv} = 0.6(36)(2.63) = 56.8 \text{ kips}$$
$$0.6F_u A_{nv} = 0.6(58)(1.86) = 64.7 \text{ kips}$$

전단항복 항을 선택하여 인장파단 항과 조합하고 $U_{bs} = 1.0$을 사용하면 연결 설계 블록전단강도는

$$\phi R_n = 0.75(56.8 + 1.0(58)(0.266)) = 54.2 \text{ kips}$$

Step 6: 플레이트의 전단항복 설계강도를 구한다.

$$\phi R_n = 1.0(0.6(36))(12.0)(0.250) = 64.8 \text{ kips}$$

Step 7: 플레이트의 전단파단 설계강도를 구한다.

$$\phi R_n = 0.75(12.0 - 4(3/4 + 1/8))(0.250)(58) = 92.4 \text{ kips}$$

Step 8: 용접파단 설계강도를 구한다.

일반적인 형상에서 플레이트는 플레이트의 각 면에 용접 leg 폭 $w = 5/8t_p$로 한쌍의 필렛용접을 통해 지지부재로의 용접을 요구한다. 이는 A36 또는 A992 플레이트의 강도를 발현시키고 따라서 더 이상 한계상태 검사를 필요로 하지 않는다.

Step 9: 지배 한계상태 및 연결의 설계강도를 구한다.

설계강도는 플레이트의 블록전단파단 한계상태에 의해 지배되며, 여기서

$$\phi R_n = 54.2 \text{ kips}$$

매뉴얼 표 10-10을 확인하면 이는 기대된 대로 그 표에 주어지는 11.5 in 플레이트에 대한 11.5 in 값에 상당히 가깝다.

11.5b Example

-ASD에 의한 전단탭의 일반적인 형상-

일반적인 전단탭 연결의 허용강도를 구한다.

조건: 그림 11.9는 전단탭 연결을 보여준다. 보는 W16x50 A992이고 A36 34-1/4 × 4-1/2 × 12 플레이트와 함께 W14 × 90 A992 기둥으로 골조를 형성한다. 표준구멍의 A325-N 볼트를 사용하라.

풀이.

Step 1: 주어진 전단탭이 일반적인 형상의 제한사항들을 만족하는지 여부를 결정한다. 일반적인

형상에 대한 제한사항:

1. 네 개 볼트 : 2와 12 사이이다.
2. a =3.0 in : 3-1/2 in를 초과하지 않는다.
3. 표준구멍 : 표준 혹은 짧은-슬롯이 허용된다.
4. L_{eh} = 1.5 in > 1.0 in (표 J3.4)
   L_{ev} = 1.5 in > 1.0 in (표 J3.4)
5. $t_{plate} = 1/4 < (\frac{d_b}{2} + 1/16) = (\frac{3/4}{2} + 1/16) = 7/16$

Step 2: 볼트 허용전단강도를 구한다. 표 7-1로부터,

$$\frac{R_n}{\Omega} = 4(11.9) = 47.6 \text{ kips}$$

Step 3: 플레이트의 볼트 허용 지압강도를 구한다.
상단볼트에 대해

$$l_c = 1.5 - \frac{1}{2}(3/4 + 1/16) = 1.09 < 2(3/4) = 1.5$$

따라서, 찢어짐이 지배하고 볼트 공칭강도는

$$R_n = 1.2(1.09)(0.250)(58) = 19.0 \text{ kips}$$

다른 볼트들에 대해서

$$l_c = 3.0 - (3/4 + 1/16) = 2.19 > 2(3/4) = 1.5$$

그러므로, 지압이 지배하고, 볼트 공칭강도는

$$R_n = 2.4(3/4)(0.250)(58) = 26.1 \text{ kips}$$

따라서, 네 개의 볼트에 대해서, 허용강도는

$$\frac{R_n}{\Omega} = \frac{(19.0 + 3(26.1))}{2.00} = 48.7 \text{ kips}$$

Step 4: 웨브의 볼트 허용 지압강도를 구한다.
보 웨브에 대해서, 재료는 A992이고 웨브 두께는 0.380 in이다. 강도와 두께 모두 플레이트에 대해 필적할만한(comparable) 값들보다 크기 때문에 보의 웨브가 지배하지 않는다.

Step 5: 플레이트의 허용 블록전단강도를 구한다.
소요면적을 계산한다.

$$A_{nt} = (1.5 - \frac{1}{2}(3/4 + 1/8))(0.250) = 0.266 \text{ in.}^2$$
$$A_{gv} = 10.5(0.250) = 2.63 \text{ in.}^2$$
$$A_{nv} = (10.5 - 3.5(3/4 + 1/8))(0.250) = 1.86 \text{ in.}^2$$

전단항복과 전단파단을 고려하여 최소강도를 선택한다; 따라서,

$$0.6F_y A_{gv} = 0.6(36)(2.63) = 56.8 \text{ kips}$$
$$0.6F_u A_{nv} = 0.6(58)(1.86) = 64.7 \text{ kips}$$

전단항복 항을 선택하여 인장파단 항과 조합하고 U_{bs} = 1.0을 사용하면 연결 허용 블록전단강도는

$$\frac{R_n}{\Omega} = \frac{(56.8 + 1.0(58)(0.266))}{2.00} = 36.1\text{ kips}$$

Step 6: 플레이트의 전단항복 허용강도를 구한다.

$$\frac{R_n}{\Omega} = \frac{(0.6(36))(12.0)(0.250)}{1.5} = 43.2\text{ kips}$$

Step 7: 플레이트의 전단파단 허용강도를 구한다.

$$\frac{R_n}{\Omega} = \frac{(12.0 - 4(3/4 + 1/8))(0.250)(58)}{2.00} = 61.6\text{ kips}$$

Step 8: 용접파단 허용강도를 구한다.
일반적인 형상에서 플레이트는 플레이트의 각 면에 용접 leg 폭 $w = 5/8p$로 한쌍의 필렛 용접을 통해 지지부재로의 용접을 요구한다. 이는 A36 또는 A992 플레이트의 강도를 발현시키고 따라서 더 이상 한계상태 검사를 필요로 하지 않는다.

Step 9: 지배 한계상태 및 연결의 허용강도를 구한다.
허용강도는 플레이트의 블록전단파단 한계상태에 의해 지배되며, 여기서

$$\frac{R_n}{\Omega} = 36.1\text{ kips}$$

매뉴얼 표 10-10을 확인하면 이는 기대된 대로 그 표에 주어지는 11.5 in 플레이트에 대한 11.5 in 값에 상당히 가깝다.

11.9 받침접합

비보강받침접합은 그림 11.1d와 a에서 보여주고, 보강받침접합은 그림 11.1e에 나타낸다. 이러한 연결은 일반적으로 기둥의 웨브에 보를 부착하는데 사용된다. 또한, 보강 시 기존 연결의 다른 유형에 성능을 추가하는데 사용할 수 있다. 이 연결은 간단하기 때문에 설치하는 것이 상당히 쉽다. 받침접합은 시트앵글, 용접이나 볼트를 통한 지지부재에 연결, 지지부재에 제한된 연결 및 지지보의 안정성을 확보하기 위한 상부 연결의 몇몇 요소가 있다. 모든 힘은 받침에서 보의 지압을 통해 다음 받침의 연결을 통해 지지부재에 전달된다. 받침은 상부 leg의 휨에 충분한 강도가 부족한 경우, 복강받침접합이 생성되도록 보강될 수 있다.

일반적으로 받침은 지지부재에 용접 또는 볼트로 연결할 수 있다. 수직력만이 전달되는 경우 지지부재에 대한 연결은 특정 강도를 위해 설계되지 않는다. 받침연결은 단순연결로서 우수하게 거동한다. 지지부재에 중요한 모멘트를 부과하지 않고 보의 하부에 대하여 충분히 회전시킬 수 있다.

이 연결의 단순성은 비교적 적은 한계상태의 검토를 야기한다. 보와 받침 사이에서 힘의 전달은 받침에서 보의 지압을 통하기 때문에, 보 웨브 항복과 보 웨브 크리플링의 한계상태

를 검토해야 한다. 이러한 한계상태는 6.14절에 소개되었다. 받침 앵글의 돌출변은 휨 항복과 전단 항복의 한계상태를 확인해야 하고, 지지부재에서 볼트 또는 용접으로 연결은 적절한 한계상태를 확인해야한다. 요약하면, 가능한 한계상태는 다음과 같다.

1. 보
  a. 웨브 항복
  b. 웨브 크리플링
2. 받침 앵글
  a. 휨 항복
  b. 전단 항복
3. 연결재
  a. 볼트 또는 용접 전단

웨브 항복의 한계상태에 대한 공칭 강도는 7.4.2 절에서 논하였다. 부재의 단부에 가해지는 힘에 대한 강도식은 최소 소요 지압길이를 구하기 위해 적용될 경우에는 설계에 사용될 수 있다. 따라서 시방서 J10.2절에서의 웨브 국부항복의 한계상태는 다음과 같다.

$$l_{b\min} = \frac{R_n}{F_y\,t_w} - 2.5\,k$$

웨브 항복의 한계상태에 대하여, $\phi = 1.00$이고 $\Omega = 1.50$.

마찬가지로 시방서 J10.3절에서 웨브의 크리플링 한계상태에 대한 최소 소요 지압 길이에 대한 방정식을 결정할 수 있다. 그러나 l_b/d 관계에 따라 선택을 갖는 세 가지 다른 강도식이 있다. l_b는 $d/2$보다 작을 가능성이 가장 높고 $0.2d$보다 작을 가능성이 높기 때문에, 오직 시방서 J10-5a 방정식만 여기에서 논의한다. 필요 시 다른 상황들도 모두 동일한 방식으로 다루어질 수 있다. 따라서 웨브 크리플링 한계상태에 대해 최소 소요지압길이를 구하기 위해 식 J10-5a를 재정리하면 $l_b/d \le 0.2$에 대해 다음과 같다.

$$l_{b\min} = \frac{d}{3}\left[\frac{R_n}{0.40\,t_w^2}\sqrt{\frac{t_w}{E\,F_y\,t_f}} - 1\right]\left(\frac{t_f}{t_w}\right)^{1.5}$$

웨브 크리플링 한계상태에 대해, $\phi = 0.75$이고 $\Omega = 2.00$이다.

비보강 앵글은 매우 유연한 연결이기 때문에 일반적으로 하중 수준은 매우 낮다. 몇 가지 계산에서 매우 작은 최소 소요 베어링 길이와 마이너스의 최소 소요 베어링 길이를 야기하려는 경향이 있다. 이 잠재적인 문제를 상쇄하기 위해, 받침 연결의 최소 베어링 길이는 k_{det}를 갖는다. 매뉴얼 표 1-1의 검토는 k에 대해 다음과 같은 두 가지 값을 보여준다: k_{des}는 설계 계산에 사용되는 치수이고 두 값 중에서 작은 편이며, k_{det}는 일반적으로 세부사항에 사용되는 치수이고 두 값 중에서 큰 값이기 때문에 여기에 사용된다. 이러한 두 종류

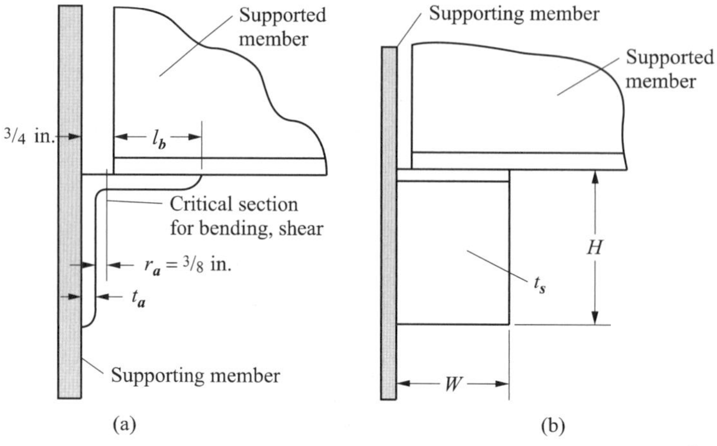

그림 11.11 • 받침 보 연결

의 k는 다른 mill에 의한 생산 차이의 결과이다. k는 실제 발견된 극단의 값으로 나타내고 선택은 보수적인 답을 주기위한 계산에서 이루어지고 있다.

앵글의 돌출변은 앵글의 중요단면에서의 편심으로 적용되는 보의 반력을 지지할 수 있어야 한다. 이는 leg의 휨 항복 한계상태의 확인이 필요하다. 그림 11.11a의 앵글은 비보강받침 앵글을 보여준다.

휨과 전단 모두에 대한 지배단면은 수직 leg의 면으로부터 3/8 in 필렛의 반경으로 한다. 편심은 앵글에서 보의 최소 요구 베어링 길이 l_b의 중간지점이 선상에서 측정된다. 따라서, 편심은 다음과 같다.

$$e = \frac{l_b}{2} + 3/4 - (t_a + 3/8) = \frac{l_b}{2} + 3/8 - t_a$$

휨 항복의 한계상태에 대하여 공칭 보 반발 강도는 앵글의 받침 leg 소성단면계수에 근거한다. 따라서,

$$Z = \frac{L\,t_a^2}{4}$$

그리고
$$R_n = \frac{M_n}{e} = \frac{F_y\,Z}{e} = \frac{F_y\left(\frac{L\,t_a^2}{4}\right)}{e}$$

이는 휨 항복에 근거하기 때문에, $\phi = 0.9$이고 $\Omega = 1.67$이다.

전단 항복의 한계상태의 경우 이러한 같은 위치에서 앵글 다리의 총면적이 사용된다. 이는 앵글 필렛 이상이기 때문에 앵글 두께는 총단면과 R_n을 결정하는데 사용되고

$$R_n = 0.6\,F_y\,L\,t_a$$

전단 항복의 한계상태에 대하여, $\phi = 1.0$이고 $\Omega = 1.5$.

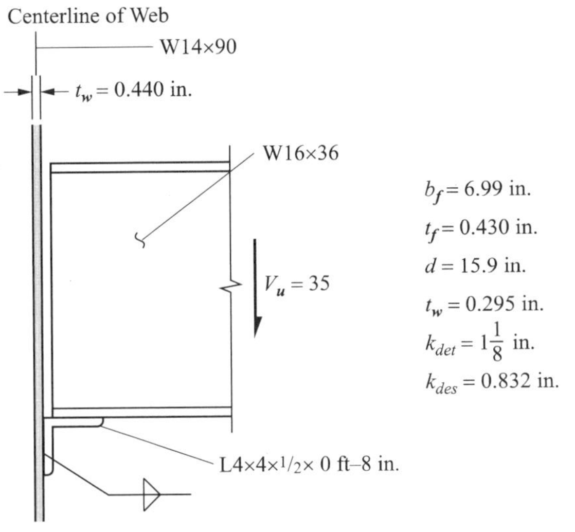

그림 11.12 • 예제 11.6의 비보강 받침 보 연결

11.6a Example

−LRFD에 의한 받침연결 설계−

비보강 용접 받침연결을 설계하라.

조건: 그림 11.12는 비보강 용접 받침연결을 보여준다. W16 × 36보가 W14 × 90 기둥으로 골조를 형성한다. 보는 LRFD 소용강도 V_u = 35 kips이다. 보와 기둥은 A992 강이고 앵글은 A36 강이다. 매뉴얼 표 1-1로부터, k_{det} = 1-1/8 in.

풀이.

Step 1: 웨브 항복에 대하여 최소 소요지압길이를 구한다.

$$l_{b\,\min} = \frac{R_n}{F_y t_w} - 2.5k = \frac{35/(1.0)}{(50)(0.295)} - 2.5(0.832) = 0.293\text{ in.} < k_{det} = 1^1\!/_8\text{ in.}$$

Step 2: $l_b/d \le 0.2$를 가정하여 웨브 크리플링에 대한 최소 소요 지압길이를 구한다.

$$l_{b\,\min} = \frac{15.9}{3}\left[\frac{35/0.75}{(0.40)(0.295)^2}\sqrt{\frac{0.295}{29{,}000(50)(0.430)}} - 1\right]\left(\frac{0.430}{0.295}\right)^{1.5} = -0.726 < k_{det}$$

따라서, $l_b = k_{\text{det}}$ =1.125 in. 이고 l_b/d =1.1.25/15.3 = 0.0735 ≤0.2. 따라서 올바른 식이 사용되고 지압길이는 최소 소요길이 1.125 in이다.

Step 3: 앵글두께를 계산하는데 사용되는 편심을 구한다.
앵글두께 1/2 in를 가정한다.

$$e = \frac{l_b}{2} + 3/8 - t_a = \frac{1.125}{2} + \frac{3}{8} - \frac{1}{2} = 0.438\text{ in.}$$

Step 4: 휨항복 한계상태를 토대로 최소 소요 앵글두께를 구한다.
8 in 길이의 앵글을 가정하여 양 쪽에서 보 플랜지를 넘어서게 한다.

$$t_{req} = \sqrt{\frac{4V_n e}{F_y L}} = \sqrt{\frac{4(35/0.9)(0.438)}{(36)(8.0)}} = 0.48 \text{ in.}$$

Step 5: 전단항복 한계상태에 대해 최소 앵글 두께를 구한다.

$$t_{\min} = \frac{V_n}{0.6F_y L} = \frac{(35/1.0)}{0.6(36)(8.0)} = 0.203 \text{ in.}$$

Step 6: 선택된 앵글 두께를 검사한다.

1/2 in 앵글은 steps 4와 5에서 결정된 각 최소값보다 큰 두께를 제공한다. 따라서, 1/1 in 앵글은 적절하다.

Step 7: 소요 용접치수를 구하다.

편심을 고려하기 위해 각도 0으로 매뉴얼 표 8-4를 사용한다.

용접의 편심은 지압 중심으로부터 지지기둥의 면까지로 구한다. 결과는

$$e = \frac{3}{4} + \frac{1.125}{2} = 1.31 \text{ in.}$$

4 in 돌출변의 앵글을 가정하면,

$$a = \frac{e}{l} = \frac{1.31}{4.0} = 0.328$$

매뉴얼 표 8-4로부터, 계수는 $k=0$에 대해 보간을 통해 결정하면 C=2.97, 따라서 최소 용접은

$$D_{\min} = \frac{R_u}{\phi C C_1 l} = \frac{35}{0.75(1.0(2.97)(4.0))} = 3.93$$

그러므로, 계산된 최소 용접은 1.4 in이고 앵글은 그림 11.12에 보이는 바와 같이 4 × 4 × 1/2이다.

Note: 받침앵글에 추가로, 횡방향 안정성을 제공하기 위해 상단 clip 앵글이 필요하다. 이 앵글은 보통 하중을 지지하기 위해 설계되지 않고 보와 지지부재에 두 개의 볼트로 부착되는 1/4 in 앵글이다.

11.6b Example

– ASD에 의한 받침연결 설계 –

비보강 용접 받침연결을 설계하라.

조건: 그림 11.12는 비보강 용접 받침연결을 보여준다. W16 × 36보가 W14 × 90 기둥으로 골조를 형성한다. 보는 ASD 소요강도 $V_a = 23$ kips이다. 보와 기둥은 A992 강이고 앵글은 A36 강이다. 매뉴얼 표 1-1로부터, $k_{\text{det}} = 1\text{-}1/8$ in.

풀이.

Step 1: 웨브 항복에 대하여 최소 소요지압길이를 구한다.

$$l_{b\ \min} = \frac{R_n}{F_y t_w} - 2.5k = \frac{1.5(23)}{(50)(0.295)} - 2.5(0.832) = 0.259 \text{ in.} < k_{det} = 1\tfrac{1}{8} \text{ in.}$$

Step 2: $l_b/d \le 0.2$를 가정하여 웨브 크리플링에 대한 최소 소요 지압길이를 구한다.

$$l_{b\,\min} = \frac{15.9}{3}\left[\frac{23(2.00)}{(0.40)(0.295)^2}\sqrt{\frac{0.295}{29,000(50)(0.430)}} - 1\right]\left(\frac{0.430}{0.295}\right)^{1.5} = -0.849 < k_{det}$$

따라서, $l_b = k_{\det} = 1.125$ in. 이고 $l_b/d = 1.1.25/15.3 = 0.0735 \le 0.2$. 따라서 올바른 식이 사용되고 지압길이는 최소 소요길이 1.125 in이다.

Step 3: 앵글두께를 계산하는데 사용되는 편심을 구한다.
앵글두께 1/2 in를 가정한다.

$$e = \frac{l_b}{2} + 3/8 - t_a = \frac{1.125}{2} + \frac{3}{8} - \frac{1}{2} = 0.438 \text{ in.}$$

Step 4: 휨항복 한계상태를 토대로 최소 소요 앵글두께를 구한다.
8 in 길이의 앵글을 가정하여 양 쪽에서 보 플랜지를 넘어서게 한다.

$$t_{req} = \sqrt{\frac{4V_n e}{F_y L}} = \sqrt{\frac{4(1.67(23))(0.438)}{(36)(8.0)}} = 0.483 \text{ in.}$$

Step 5: 전단항복 한계상태에 대해 최소 앵글 두께를 구한다.

$$t_{\min} = \frac{V_n}{0.6F_y L} = \frac{1.50(23)}{0.6(36)(8.0)} = 0.200 \text{ in.}$$

Step 6: 선택된 앵글 두께를 검사한다.
1/2 in 앵글은 steps 4와 5에서 결정된 각 최소값보다 큰 두께를 제공한다. 따라서, 1/1 in 앵글은 적절하다.

Step 7: 소요 용접치수를 구하다.
편심을 고려하기 위해 각도 0으로 매뉴얼 표 8-4를 사용한다.
용접의 편심은 지압 중심으로부터 지지기둥의 면까지로 구한다. 결과는

$$e = \frac{3}{4} + \frac{1.125}{2} = 1.31 \text{ in.}$$

4 in 돌출변의 앵글을 가정하면,

$$a = \frac{e}{l} = \frac{1.31}{4.0} = 0.328$$

매뉴얼 표 8-4로부터, 계수는 $k = 0$에 대해 보간을 통해 결정하면 $C = 2.97$, 따라서 최소 용접은

$$D_{\min} = \frac{\Omega R_u}{C C_1 l} = \frac{2.00(23)}{(1.0(2.97)(4.0))} = 3.87$$

그러므로, 계산된 최소 용접은 1.4 in이고 앵글은 그림 11.12에 보이는 바와 같이 4 × 4 × 1/2이다.

Note: 받침앵글에 추가로, 횡방향 안정성을 제공하기 위해 상단 clip 앵글이 필요하다. 이 앵글은 보통 하중을 지지하기 위해 설계되지 않고 보와 지지부재에 두 개의 볼트로 부착되는 1/4 in 앵글이다.

보강받침접합은 그림 11.1e와 a에서 보여주고, 보강받침접합의 상세는 그림 11.1b에 나타낸다. 하중이 너무 커서 비보강받침에 의해 지지되는 경우에 이 유형의 연결이 사용된다. 보강재는 단일플레이트, 티(tee)의 줄기(stem) 또는 앵글 한 쌍의 연이은 leg로 할 수 있다. 보강재 상부의 판은 베어링 표면과 받침을 보 플랜지에 부착하는데 필요한 볼트의 위치를 제공한다. 이 연결의 한계상태는 이미 언급된 비보강 연결과 동일할 뿐만 아니라 지지부재에서 펀칭전단의 한계상태를 포함한다. 다음의 매개변수가 충족 될 경우 기둥 웨브의 펀칭전단은 중요하지 않을 것이다:

1. 단순화된 방법은 W14 × 43, W12 × 40, W10 × 33, W8 × 24, W6 × 20 및 W5 × 16 이상의 피트 당 무게를 갖는 다음 깊이의 기둥에 적용가능하다.
2. 보강재 W의 폭은 7.0 in 이하이다.
3. 용접되지 않은 보는 기둥 표면으로부터 W/2 또는 2-5/8보다 크지 않은 점에서 베어링 플레이트에 볼트 고정되어있다.
4. 상단 앵글은 1/4 in의 최소 두께를 갖는다.

보 반력의 편심은 지지부재에 받침을 연결하는 용접 또는 볼트 그룹의 강도를 결정할 때 0.8 W로 한다. 매뉴얼 파트 10은 보강받침연결의 설계에 대한 표를 제공한다.

11.10 경량 가새연결

가새연결은 위에서 논의된 단순 전단연결에서와 같이 많은 가능한 변화를 가지고 있다. 그림 11.13a는 볼트–용접 인장 가새연결을 보여주고 그림 11.13b는 용접–볼트 인장 가새연결을 보여준다. 비록 여기서 설명하지는 않지만 이러한 가새연결은 용접-용접 연결 또는 볼트–볼트 연결을 허용한다. 이러한 연결에 대한 한계상태들은 이미 다루었다. 그림 11.13a에 보이는 볼트–용접 연결은

1. 앵글
   a. 인장항복
   b. 인장파단
   c. 볼트 지압 및 찢어짐
   d. 블록전단파단
2. 볼트
   a. 전단파단
3. 거셋 플레이트
   a. 인장항복
   b. 인장파단
   c. 볼트 지압 및 찢어짐

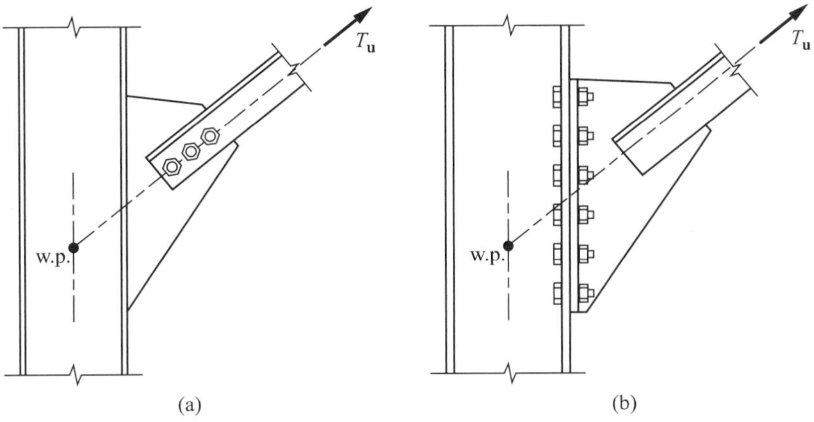

그림 11.13 • 가벼운 브레이싱 연결

4. 용접
   a. 인장과 전단 조합력에 대한 용접파단

그림 11.13b의 용접-볼트 연결에 대한 한계상태는

1. 앵글
   a. 인장항복
   b. 인장파단
2. 용접
   a. 용접파단
3. 티 줄기 (Tee stem)
   a. 인장항복
   b. 인장파단
   c. 블록전단
   d. 전단항복
4. 티 플랜지
   a. 플랜지 휨
   b. 전단항복
   c. 전단파단
   d. 볼트 지압 및 찢어짐
   e. 블록전단
5. 볼트
   a. 전단과 인장의 조합
6. 기둥 플랜지
   a. 플랜지 휨
   b. 볼트 지압 및 찢어짐
7. 기둥 웨브
   a. 웨브 항복

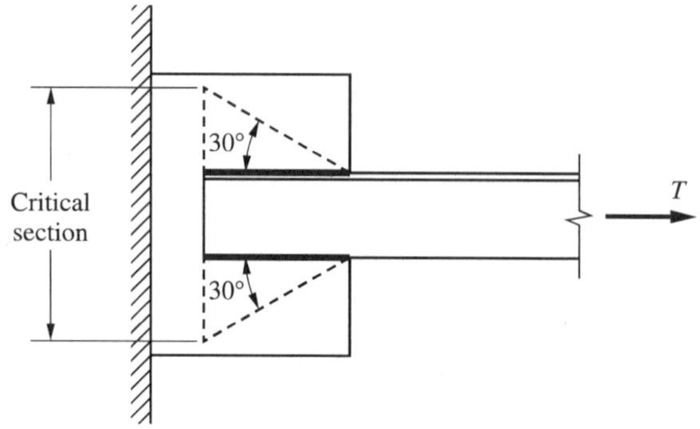

그림 11.14 • 거셋플레이트의 휘트모어 단면

단순연결인 것처럼 보이지만, 경량가새연결은 많은 다른 한계상태들에 대한 검토를 필요로 한다. 이러한 한계상태들 중 세 가지는 이전에 다루지 않았다: (1) 휘트모어 단면에서 인장파단과 인장항복, (2) 전단과 인장의 조합력에 의한 볼트파단 한계상태, (3) 지레작용(prying action)을 갖는 인장 고장력볼트.

그림 11.14는 앵글의 측면을 따라 용접으로 거셋 플레이트에 연결된 싱글앵글 가새를 보여준다. 연구는 연결의 시작에서 연결의 끝까지 30도 각도에 의해 정의된 폭을 초과하는 경우 폭 전체가 유효하지 않도록 용접을 통하여 가새로부터 거셋으로의 응력분포를 보여주었다. 이 폭은 휘트모어 단면으로 정의된다. 거셋이 휘트모어 단면보다 넓은 경우에는, 휘트모어 단면만이 힘에 저항한다고 고려될 수 있다. 휘트모어 단면이 가용 플레이트 치수보다 넓은 경우에는, 연결 단부에서 플레이트의 폭 만이 힘에 저항한다고 생각될 수 있다. 나타낸 바와 같이 연결이 볼트 보다 용접되어 있는 경우에는 휘트모어 단면 분포는 처음 볼트에서 시작되고 연결에 마지막 볼트까지 계속된다. 이는 예제 11.7에 설명된다.

11.7 Example

−tapered 거셋플레이트 강도−

더블앵글 가새에 연결되는 거셋플레이트의 강도를 구하라.

조건: 거셋플레이트 연결부분이 그림 11.15에 나타난다. 가새는 더블앵글이고 tapered 거셋에 보이는 치수로 볼트 연결된다. 플레이트는 A36 강이다.

풀이.

Step 1: 마지막 볼트의 위치에서 플레이트의 폭을 구한다.
이는 또한 휘트모어 단면의 위치이다. 그림 11.5c에 보이는 대로 비례에 의해,

$$\frac{x}{1.0} = \frac{7.25}{10.25}$$

그러므로, $x = 0.707$ in 이고 이 위치에서 플레이트의 폭은 $W = 5.0 + 2(0.707) = 6.41$ in.

Step 2: 그림 11.15d에 보이는 기하학적 형상을 사용하여 휘트모어 단면의 폭을 구한다.

$$W = 2(6\tan(30°)) = 6.93 \text{ in.}$$

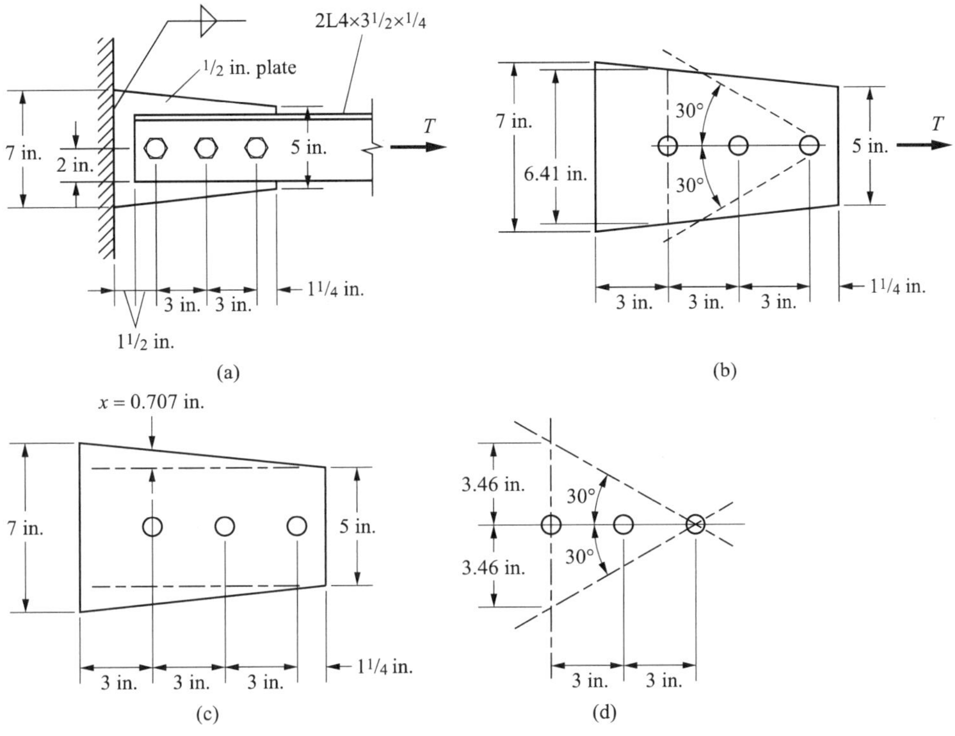

그림 11.15 • 예제 11.7의 tapered 거셋플레이트

Step 3: 플레이트 강도를 결정할 때 사용되는 폭을 구한다.
이 위치에서 실제 플레이트 폭은 휘트모어 단면보다 작기 때문에 실제 플레이트 폭이 플레이트의 강도를 결정하는 데 사용된다.

Step 4: 플레이트 항복 한계상태에 대한 공칭강도를 구한다.
임계단면의 전 단면적은

$$A_g = 6.41(0.5) = 3.21\text{ in.}^2$$

그리고 공칭 인장강도는

$$T_n = (36)(3.21) = 116\text{ kips}$$

Step 5: LRFD에 대해, 설계 인장강도는

$$\phi T_n = 0.9(116) = 104\text{ kips}$$

Step 5: ASD에 대해, 허용 인장강도는

$$T_n = \frac{116}{1.67} = 69.5\text{ kips}$$

Step 6: 플레이트 파단 한계상태에 대한 공칭강도를 구한다.
같은 위치에서 순 면적은

$$A_n = (6.41 - (3/4 + 1/8))(0.5) = 2.77\text{ in.}^2 > 0.85\,A_g = 0.85(3.21) = 2.73\text{ in.}^2$$

그러므로, 시방서 J4.1절로부터 연결요소에 대한 최대허용 순 면적을 사용하면, 공칭 인장강도는

$$T_n = (58)(2.73) = 158\text{ kips}$$

Step 7: LRFD의 경우, 설계 인장강도는

$$\phi T_n = 0.75(158) = 119\text{ kips}$$

Step 7: ASD의 경우, 허용 인장강도는

$$\frac{T_n}{\Omega} = \frac{158}{2.00} = 79.0\text{ kips}$$

Step 8: 지배하는 한계상태를 토대로 거셋플레이트의 강도를 구한다.
항복한계상태에 기초한 거셋의 설계강도는 $\phi T_n = 104$ kips. 항복한계상태에 기초한 거셋의 허용강도는 $T_n/\Omega = 69.5$ kips.

11.8 Example

－균일폭(uniform-width) 거셋플레이트 강도－

균일폭을 가지는 거셋플레이트의 강도를 구하라.

조건: 플레이트가 8 in의 균일폭을 가지는 것을 제외하고는 예제 11.7에서와 같은 조건에 대한 거셋플레이트의 강도를 구한다. 플레이트는 다시 A36 강이다.

풀이.

Step 1: 임계단면에서 지배하는 폭을 구한다.
마지막 볼트의 위치에서 플레이트 폭은 8.0 in이다.
휘트모어 단면의 폭은 그림 11.15d에 보이는 같은 형상을 사용하여 결정한다. 이는

$$W = 2(6\tan(30^\circ)) = 6.93\text{ in.}$$

이 경우, 실제 플레이트 폭은 휘트모어 단면보다 크기 때문에 휘트모어 단면폭이 플레이트의 강도를 결정하는 데 사용된다.

Step 2: 플레이트 항복 한계상태에 대한 공칭강도를 구한다.
임계 위치에서 전 단면적은

$$A_g = 6.93(0.5) = 3.47\text{ in.}^2$$

그리고 공칭 인장강도는

$$T_n = (36)(3.47) = 125\text{ kips}$$

Step 3: LRFD에 대해, 설계 인장강도는

$$\phi T_n = 0.9(125) = 113\text{ kips}$$

Step 3: ASD에 대해, 허용 인장강도는

$$\frac{T_n}{\Omega} = \frac{125}{1.67} = 74.9\text{ kips}$$

Step 4: 플레이트 파단 한계상태에 대한 공칭강도를 구한다.
같은 위치에서 순 면적은

$$A_n = (6.93 - (3/4 + 1/8))(0.5) = 3.03\text{ in.}^2 > 0.85A_g = 0.85(3.47) = 2.95\text{ in.}^2$$

그러므로, 연결요소에 대해 최대허용 순 면적을 사용하면,

$$T_n = (58)(2.95) = 171\text{ kips}$$

Step 5: LRFD의 경우, 설계 인장강도는

$$\phi T_n = 0.75(171) = 128\text{ kips}$$

Step 5: ASD의 경우, 허용 인장강도는

$$\frac{T_n}{\Omega} = \frac{171}{2.00} = 85.5\text{ kips}$$

Step 6: 지배하는 한계상태를 토대로 거셋플레이트의 강도를 구한다.
항복한계상태에 기초한 균일폭 거셋의 설계강도는 $\phi T_n = 113$ kips. 항복한계상태에 기초한 허용강도는 $T_n/\Omega = 74.9$ kips. 6.93 in보다 넓은 플레이트를 사용하는 것의 이점이 없음이 주목된다.

설명할 다음 한계상태는 전단과 인장의 조합력을 받는 고장력볼트이다. 전단과 인장의 조합력이 재하된 볼트는 인장의 존재로 인하여 지압유형의 연결에서 전단에 저항하기 위한 감소된 강도 가지고 있다. 마찰연결에서 인장은 접촉력을 감소시키고, 따라서 연결부의 미끄러짐을 일으키는데 필요한 전단을 감소시킨다. 이러한 감소는 조합된 한계상태가 발생하는 경우에 연결의 설계에서 고려되어야 한다.

실험은 지압유형의 연결에서 전단과 인장의 상호작용은 타원형 상관곡선을 통하여 매우 잘 예측할 수 있다는 것을 보여준다. 그러나 시방서는 단순화를 위하여 타원에 근사하는 세 개의 직선을 채택하고 있다. 타원과 직선들 모두 그림 11.6에 나타난다. J3.7절은 ASD 및 LRFD에 대해 이러한 두 개의 상관식을 제시하며, 여기서 전단-인장 상호작용 효과를 포함한 공칭 인장강도는

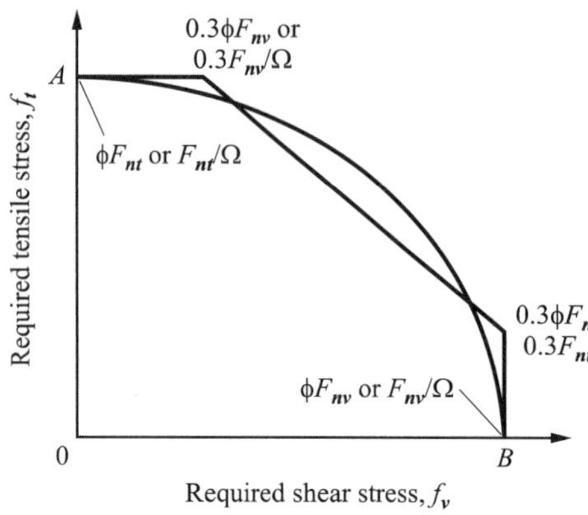

그림 11.16 • 볼트의 전단–인장 상호작용

$$F'_{nt} = 1.3F_{nt} - \frac{F_{nt}}{\phi F_{nv}} f_{rv} \leq F_{nt} \text{ (LRFD)}$$

$$F'_{nt} = 1.3F_{nt} - \frac{\Omega F_{nt}}{F_{nv}} f_{rv} \leq F_{nt} \text{ (ASD)}$$

여기서 F_{nt} = 시방서 J3.2표에서 인장에 대한 공칭 인장응력

F_{nv} = 시방서 J3.2표에서 전단에 대한 공칭 전단응력

f_{rv} = 소요 전단 응력

소용 전단응력 f_v가 조합되고 전단–인장 상호작용의 영향을 포함하는 공칭 전단 응력을 주는 경우에 이러한 두 가지 방정식은 결합할 수 있고 공칭강도에 관하여 쓸 수 있다. 따라서,

$$F'_{nv} = \frac{f_{rv}}{\phi} \text{ (LRFD) or } = \Omega f_{rv} \text{ (ASD)}$$

그 결과

$$F'_{nt} = 1.3F_{nt} - \frac{F_{nt}}{F_{nv}} F'_{nv} \leq F_{nt}$$

이 식을 F_{nt}로 나누면 상관식의 다른 형태는 다음과 같다.

$$\frac{F'_{nt}}{F_{nt}} = 1.3 - \frac{F'_{nt}}{F_{nv}} \leq 1.0$$

이 관계는 그림 11.17에서 보여준다.

마찰연결에서의 전단-인장 상관식은 다른 목적으로 사용된다. 이 경우 전단은 플라이(plies) 사이의 마찰에 의해 전달되는 것으로 가정한다. 따라서 연결의 강도는 플라이를 압축하는 힘의 선형 함수이다. 이 힘은 초기 프리텐션 T_b에서 작용 하중 T를 빼서 구한다. 그러므로 마찰연결 전단 값은 계수 $(1 - T/T_b)$에 의해 감소된다. 실제 감소 계수는 ASD 및 LRFD에 대하여 시방서 J3-5식에 주어진다.

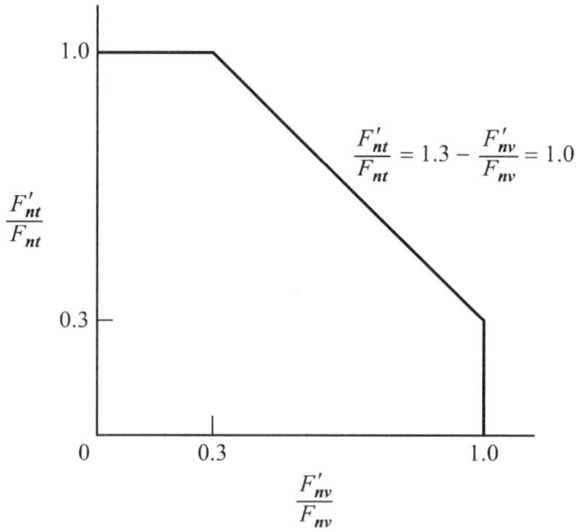

그림 11.17 • 볼트의 수정된 전단-인장 상호작용

11.9a Example

- 전단과 인장의 조합력의 볼트 (LRFD) -

전단과 인장의 조합력의 볼트를 사용하여 연결 강도를 결정하고 작용하중과 비교하라.

조건: 사하중 10 kips와 활하중 50 kips을 지지하는 경사 행거(hanger)가 그림 11.18에 보여진다. 이 연결은 네 개의 1 in A325-N 볼트를 사용한다.

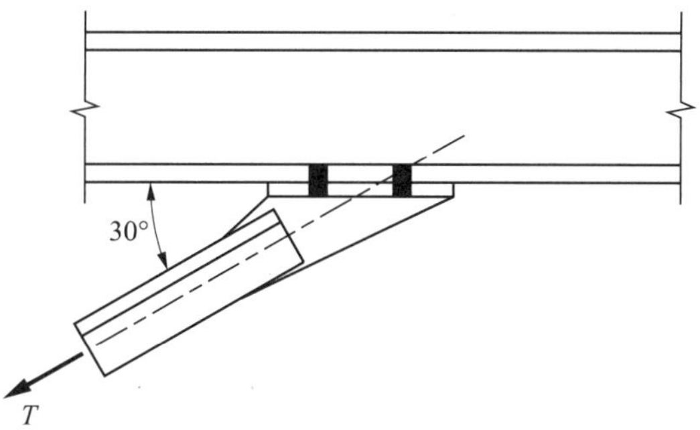

그림 11.18 • 예제 11.9의 연결

풀이.

Step 1: 적절한 하중조합에 대한 소요강도를 구한다.

$$R_u = 1.2(10.0) + 1.6(50.0) = 92.0\,\text{kips}$$

Step 2: 인장과 전단의 각 볼트에 가해지는 힘을 구한다.

$$\text{Bolt tension} = (\sin 30°)\left(\frac{92.0}{4}\right) = 11.5\,\text{kips}$$

$$\text{Bolt shear} = (\cos 30°)\left(\frac{92.0}{4}\right) = 19.9\,\text{kips}$$

$$\text{Bolt tensile stress} = f_{rt} = \frac{11.5}{0.785} = 14.6\,\text{ksi}$$

$$\text{Bolt shear stress} = f_{rv} = \frac{19.9}{0.785} = 25.4\,\text{ksi}$$

Step 3: 감소된 공칭 인장응력을 구한다.
시방서 표 J3.2로부터 공칭 전단 및 인장 응력값들은,

$$F_{nv} = 54\text{ ksi}$$
$$F_{nt} = 90\text{ ksi}$$

그리고 인장-전단 상호작용 효과를 포함하는 공칭 전단응력은

$$F'_{nv} = \frac{f_{rv}}{\phi} = \frac{25.4}{0.75} = 33.9\text{ ksi}$$

따라서,

$$F'_{nt} = 1.3F_{nt} - \frac{F_{nt}}{F_{nv}}F'_{nv} = 1.3(90) - \left(\frac{90}{54}\right)(33.9) = 60.5 \le 90$$

Step 4: 설계 인장강도와 소요 인장강도를 비교한다.

$$\phi F'_{nt} = 0.75(60.5) = 45.4\text{ ksi} > 14.6\text{ ksi}$$

따라서, LRFD에 의하면 볼트는 적절하다.

11.9b Example

－전단과 인장의 조합력의 볼트 (ASD)－

전단과 인장의 조합력의 볼트를 사용하여 연결 강도를 결정하고 작용하중과 비교하라.

조건: 사하중 10 kips와 활하중 50 kips을 지지하는 경사 행거(hanger)가 그림 11.18에 보여진다. 이 연결은 네 개의 1 in A325-N 볼트를 사용한다.

풀이.

Step 1: 적절한 하중조합에 대한 소요강도를 구한다.

$$R_a = 10.0 + 50.0 = 60.0\text{ kips}$$

Step 2: 인장과 전단의 각 볼트에 가해지는 힘을 구한다.

$$\text{Bolt tension} = (\sin 30°)\left(\frac{60.0}{4}\right) = 7.50\text{ kips}$$

$$\text{Bolt shear} = (\cos 30°)\left(\frac{60.0}{4}\right) = 13.0\text{ kips}$$

$$\text{Bolt tension stress} = f_{rt} = \frac{7.50}{0.785} = 9.55\text{ ksi}$$

$$\text{Bolt shear stress} = f_{rv} = \frac{13.0}{0.785} = 16.6\text{ ksi}$$

Step 3: 감소된 공칭 인장응력을 구한다.
시방서 표 J3.2로부터 공칭 전단 및 인장 응력값들은,

$$F_{nv} = 54\text{ ksi}$$
$$F_{nt} = 90\text{ ksi}$$

그리고 인장-전단 상호작용 효과를 포함하는 공칭 전단응력은

$$F'_{nv} = \Omega f_{rv} = 2.00(16.6) = 33.2\text{ ksi}$$

따라서,

$$F'_{nt} = 1.3F_{nt} - \frac{F_{nt}}{F_{nv}}F'_{nv} = 1.3(90) - \left(\frac{90}{54}\right)(33.2) = 61.7 \leq 90$$

Step 4: 허용 인장강도와 소요 인장강도를 비교한다.

$$\frac{F'_{nt}}{\Omega} = \frac{61.7}{2.00} = 30.9\text{ ksi} > 9.55\text{ ksi}$$

따라서, ASD에 의하면 볼트는 적절하다.

고장력 볼트는 초기 프리텐션을 갖고 설치되는 경우 두개의 연결요소들을 함께 잡고 있으면서 클램프와 같은 역할을 한다. 그림 11.19는 볼트가 인장하중을 전달할 것으로 기대되는 전형적인 인장 행어를 보여준다. 볼트에서 프리텐션은 실제로 연결 부분들간에 발생하는 압축력을 일으킨다. 이 작용하중의 적용은 접촉이 플레이트들 사이에서 유지되는 접촉력을 감소시키나 볼트 장력에는 거의 영향을 미치지 않는다. 플레이트가 분리될 때에는 초기 조건들은 영향을 미치지 않고 볼트힘은 작용하중과 같아야 한다.

부착요소가, 이 경우 티의 플랜지, 변형을 허용하면 그림 11.20a에 나타내듯이 추가적인 힘이 플랜지 팁에서 발생한다. 이러한 추가적인 힘 q는 그림 11.20b에서 보여주고 지레작용의 결과이다. 이는 지레작용힘이라고 일컫는다. 플랜지의 두께와 지레작용힘 간의 관계가 존재한다. 두께가 큰 경우에는 플레이트가 구부러지지 않고 지레작용은 일어나지 않는다. 비록 현실적인 해결책은 아닐지 모르지만, 지레작용은 충분한 두꺼운 플레이트를 선택하여 설계에서 완전히 제거될 수 있다. 플랜지가 지지대와 접촉하는 것을 방지하기 위해서 와셔들이 사용될 경우에도 지레작용은 또한 피할 수 있다; 그러나 이것은 일반적으로 바람직하지 않다.

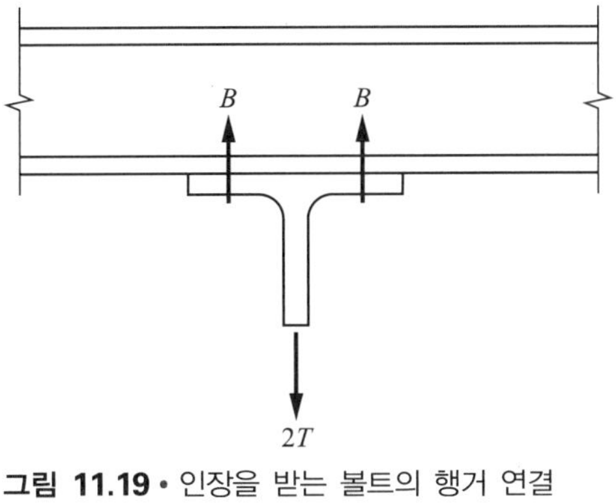

그림 11.19 • 인장을 받는 볼트의 행거 연결

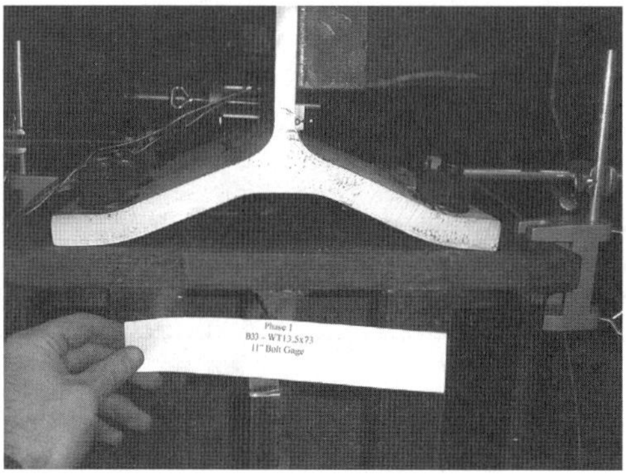

(a)

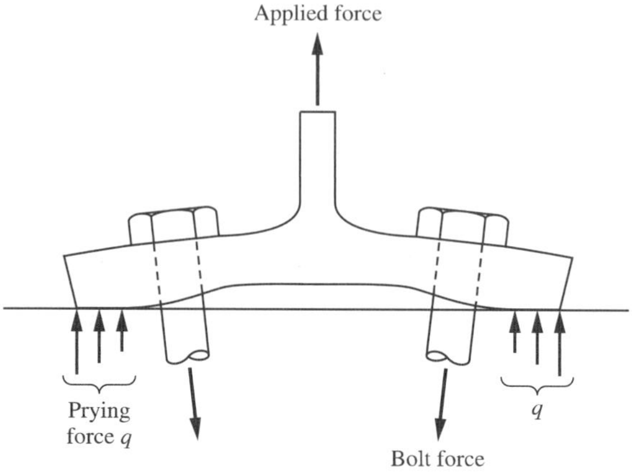

(b)

그림 11.20 • 지레작용으로 인한 T-형강 변형

지레작용힘을 포함하는 연결의 이러한 유형 설계의 세부사항은 매뉴얼 파트 9에 주어진다. 이는 결정된 지레작용힘을 제거하기 위해 필요한 최소 플레이트 두께를 제안한다. 이것이 합리적인 두께이면 더 이상의 대응은 필요하지 않다. 이러한 두께가 설계의 세부사항에 합리적이지 않으면, 지레작용힘을 고려한 설계는 경제적인 연결을 야기하는 강도와 강성의 합리적인 조합을 갖는 목표로 수행되어야 한다.

그림 11.21은 볼트로 지지부재에 부착된 행어로서 사용된 WT 단면을 나타낸다. 주어진 치수는 플랜지의 휨강도와 작용하중과의 관계를 결정하는데 사용된다. 작용하중이 $2T$이기 때문에 볼트당 하중은 T이다. 플랜지에 실제 모멘트를 결정하는 것은 단순한 문제가 아니지만, 주어진 설계방식은 모멘트가 $M_r = Tb'$이도록 모멘트 팔의 표시를 b로 가정한다. 또한 강도는 F_y보다는 F_u에 대해서 계산되어야 한다고 밝혀졌다. 그래서 각각의 볼트와 관련된 플레이트의 tributary 폭 p를 사용하여 공칭 모멘트는 다음과 같다.

$$M_n = F_u \frac{p\, t_{\min}^2}{4}$$

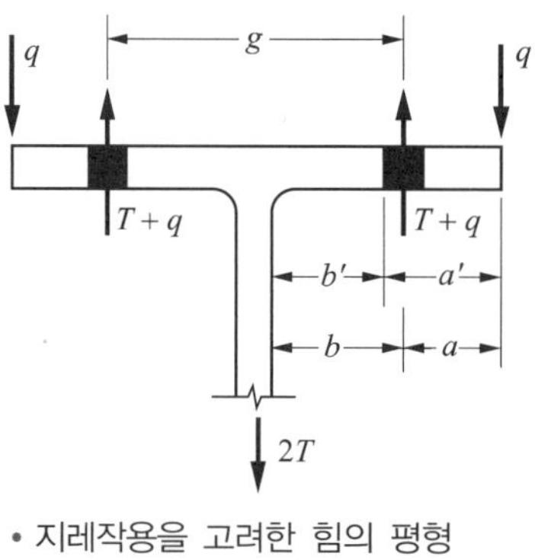

그림 11.21 • 지레작용을 고려한 힘의 평형

$$\phi = 0.9\ (\text{LRFD}) \qquad \Omega = 1.67\ (\text{ASD})$$

강도와 동일하게 소요강도를 설정하면 다음 식을 얻을 수 있다.

$$t_{\min} = \sqrt{\frac{4.44\,T_u b'}{p\,F_u}}\ (\text{LRFD}) \qquad t_{\min} = \sqrt{\frac{6.66\,T_a b'}{p\,F_u}}\ (\text{ASD})$$

11.10a Example

-LRFD에 의한 행어 설계-

지레작용을 고려하지 않고 WT 행어 연결이 적절한지 결정하라.

조건: WT9 × 48.5 단면 A992 강이 그림 11.21에서와 같이 사하중 20 kips와 활하중 60 kips를 전달하기 위해 사용된다. 네 개의 7/8 in 직경의 A325 볼트기 9 in 길이의 fitting에 사용된다.

풀이.

Step 1: 단면값들을 토대로 모멘트 팔 길이 b'을 구한다.

$t_f = 0.870$ in., $t_w = 0.535$ in., $b_f = 11.1$ in., gage $= 4$ in., $p = 9.0/2 = 4.5$ in.

$$b = \frac{\text{gage} - t_w}{2} = \frac{(4.0 - 0.535)}{2} = 1.73\text{ in.}$$

$$b' = b - \frac{d_b}{2} = 1.73 - \frac{7/8}{2} = 1.29\text{ in.}$$

Step 2: 볼트당 힘을 구한다.

$$T_u = 1.2(20.0) + 1.6(60.0) = 120\text{ kips}$$

$$T_u = \frac{120}{4} = 30.0\text{ kips/bolt}$$

Step 3: 지레작용을 무시하기 위한 최소의 플랜지 두께를 구한다.

$$t_{\min} = \sqrt{\frac{4.44T_u b'}{pF_u}} = \sqrt{\frac{4.44(30.0)(1.29)}{4.5(65)}} = 0.766\text{ in.}$$

Step 4: 여용한 두께를 소요두께와 비교한다.

$$t_{\min} = 0.766\text{ in.} < t_f = 0.870\text{ in.}$$

실제 플랜지 두께가 최소치보다 크기 때문에, WT9 × 48.5는 지레작용의 고려 없이 적절하다.

11.10b Example

-ASD에 의한 행어 설계-

지레작용을 고려하지 않고 WT 행어 연결이 적절한지 결정하라.

조건: WT9 × 48.5 단면 A992 강이 그림 11.21에서와 같이 사하중 20 kips와 활하중 60 kips를 전달하기 위해 사용된다. 네 개의 7/8 in 직경의 A325 볼트기 9 in 길이의 fitting에 사용된다.

풀이.

Step 1: 단면값들을 토대로 모멘트 팔 길이 b'을 구한다.

$$t_f = 0.870 \text{ in.}, t_w = 0.535 \text{ in.}, b_f = 11.1 \text{ in.}, \text{gage} = 4 \text{ in.}, p = 9.0/2 = 4.5 \text{ in.}$$

$$b = \frac{\text{gage} - t_w}{2} = \frac{(4.0 - 0.535)}{2} = 1.73 \text{ in.}$$

$$b' = b - \frac{d_b}{2} = 1.73 - \frac{7/8}{2} = 1.29 \text{ in.}$$

Step 2: 볼트당 힘을 구한다.

$$T_a = 20.0 + 60.0 = 80.0 \text{ kips}$$

$$T_a = \frac{80.0}{4} = 20.0 \text{ kips/bolt}$$

Step 3: 지레작용을 무시하기 위한 최소의 플랜지 두께를 구한다.

$$t_{\min} = \sqrt{\frac{6.66 T_a b'}{p F_u}} = \sqrt{\frac{6.66(20.0)(1.29)}{4.5(65)}} = 0.766 \text{ in.}$$

Step 4: 여용한 두께를 소요두께와 비교한다.

$$t_{\min} = 0.766 \text{ in.} < t_f = 0.870 \text{ in.}$$

실제 플랜지 두께가 최소치보다 크기 때문에, WT9 × 48.5는 지레작용의 고려 없이 적절하다.

11.11 보 베어링플레이트와 기둥 베이스플레이트

이 장 전반에 걸쳐 논의된 연결은 힘을 일련의 연결요소들을 통하여 지지부재로 전달한다. 단순연결의 두 가지 다른 종류 보 베어링 플레이트와 기둥 베이스 플레이트는 모두 매뉴얼 파트 14에서 다루었고 여기에서 언급할 만하다. 이러한 플레이트는 한 부재에서 부터 다른 부재로 또는 곧 바로 지지대에 직접적인 베어링을 통하여 하중을 전달한다. 플레이트는 두 가지의 다른 적용에 사용되지만, 실제 거동은 매우 비슷하다. 보 베어링의 일부 측면은 6.14절에 논의되고, 기둥 베이스 플레이트는 5.11절에 간략히 논의된다.

플레이트 설계에는 다음과 같은 세 가지 특성값들을 결정해야한다: 적당한 면적을 야기하는 폭, 너비 및 두께. 플레이트의 단면적은 지지부재 또는 재료의 한계상태와 플레이트에 하중이 작용된 부재의 한계상태를 평가하여 결정된다. 플레이트의 두께는 플레이트의 휨 항복의 한계상태에 의해 결정된다.

플레이트 중 하나의 유형에 대한 소요 플레이트 두께를 결정하기 위해 두 가지 주요 가정이 만들어진다: (1) 플레이트는 지지재에 균일한 압력을 가하고, (2) 플레이트는 1.0 in 폭의 캔틸레버 스트립으로 취급한다. 두께 t_p의 넓은 휨 단면 1.0 in의 경우, 한계상태에 대한 공칭 휨강도는 다음과 같다.

$$M_n = F_y Z = F_y \left(\frac{1.0\, t_p^2}{4} \right)$$

플레이트와 지지재 사이의 균일 접지압 f_p와 캔틸레버 길이 l의 경우 캔틸레버에 대한 소요 모멘트 강도는 다음과 같다.

$$M_r = \frac{f_p\, l^2}{2}$$

LRFD에 대하여 소요 모멘트가 $f_p = f_u$와 $\phi = 0.9$를 이용하여 얻을 수 있을 때, 소요 플레이트 두께는 소요 모멘트와 동일한 설계 모멘트를 설정함으로써 얻을 수 있다; 따라서,

$$\phi M_n = M_r$$

$$\frac{\phi F_y\, t_p^2}{4} = \frac{f_u\, l^2}{2}$$

이는 다음을 초래한다.

$$t_p = 1.49\, l \sqrt{\frac{f_u}{F_y}}$$

ASD에 대하여 유사하게 $f_p = f_a$와 $\Omega = 1.67$을 사용한다.

$$\frac{M_n}{\Omega} = M_r$$

$$\frac{F_y\, t_p^2}{4\Omega} = \frac{f_a\, l^2}{2}$$

이는 다음을 초래한다.

$$t_p = 1.83\, l \sqrt{\frac{f_a}{F_y}}$$

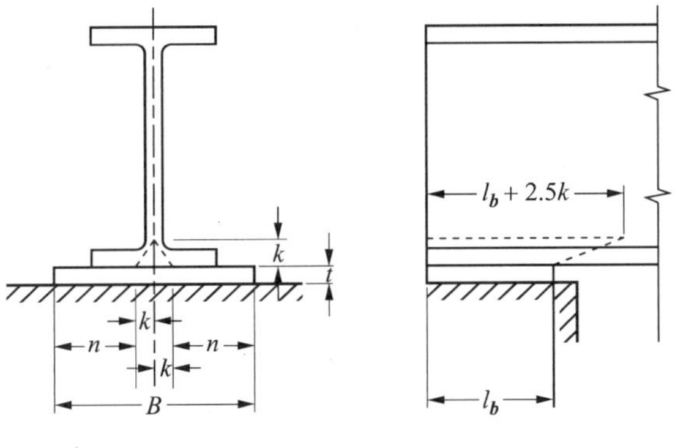

그림 11.22 • 보 베어링 플레이트

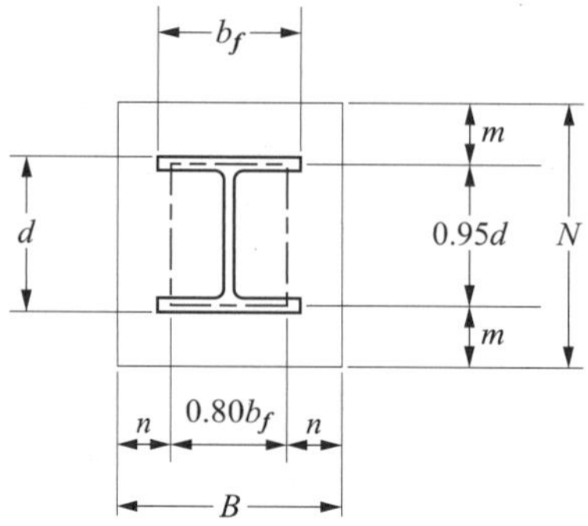

그림 11.23 • 기둥 베이스 플레이트

캔틸레버 거리 l의 결정은 매뉴얼 파트 14에 다루어진 보 베어링 플레이트 또는 기둥 베이스 플레이트의 경우에 사용된다. 그림 11.22에서 보여주듯이 보 베어링 플레이트에 대해서는 캔틸레버 거리가 웨브 중심선에서 플레이트의 가장자리까지 거리 k로 확인된 지점에서 측정되고 그림에서 n으로 언급했다.

단면특성에 대하여 매뉴얼 표 1-1은 두 가지 값 k_{des}와 k_{det}로 제공한다. 긴 캔틸레버 거리가 설계에서 사용된 바와 같이, k-설계라 불리는 작은 값 k_{des}를 선택해야 한다. 기둥 베이스 플레이트에 대하여 캔틸레버 치수는 캔틸레버 작용이 시작될 때 기둥 단면 아래 지점에 대한 가정에 근거한다. 캔틸레버 치수 n은 플랜지 팁으로부터 라인 $0.1b_f$ in 선에서 측정되고 캔틸레버 치수 m은 플랜지 면으로부터 라인 $0.025d$ in 선에서 측정되는 경우 이는 그림 11.23에 나타낸다.

플랜지 사이의 면적에서 세 번째 캔틸레버 치수는 또한 웨브로부터 캔틸레버가 중요할 때에 그러한 경우를 설명하기 위해 제공된다. $n = \sqrt{b_f\, d}/4$와 λ가 보수적인 1.0으로 간주할 수 있는 경우에 매뉴얼에서는 이를 $\lambda n'$으로 주어진다.

보 베어링 플레이트 또는 기둥 베이스 플레이트 하에 설계 베어링 강도 $\phi_c P_p$와 허용 베어링 강도 P_p/Ω_c는 각각의 플레이트를 지지하는 재료의 함수이다. 콘크리트 지지대에 대하여 시방서 J8절은 판이 콘크리트 지지대로서 같은 크기일 때 제공한다.

$$P_p = 0.85\, f_c' A_1$$

그리고 지지대의 전체 면적보다 작은 플레이트의 경우에는,

$$P_p = 0.85\, f_c' A_1 \sqrt{\frac{A_2}{A_1}} \le 1.7 f_c' A_1$$

여기서, A_1 =플레이트의 면적; A_2 =지지대의 최대면적; f_c' =콘크리트 압축강도; LRFD의 경우 ϕ_c =0.65; ASD의 경우 Ω_c =2.31. 또한 콘크리트 베어링 강도는 5.11절에 논의되었다.

11.11a Example

-LRFD에 의한 보 베어링 플레이트-

보 베어링 플레이트의 소요두께를 결정하라.

조건: 그림 11.24에서와 같이 W18 × 40 A992 보가 7 in × 4 in A36 베어링 플레이트에 의해 지지된다. 보 끝의 반력은 $R_u = 50.0$ kips.

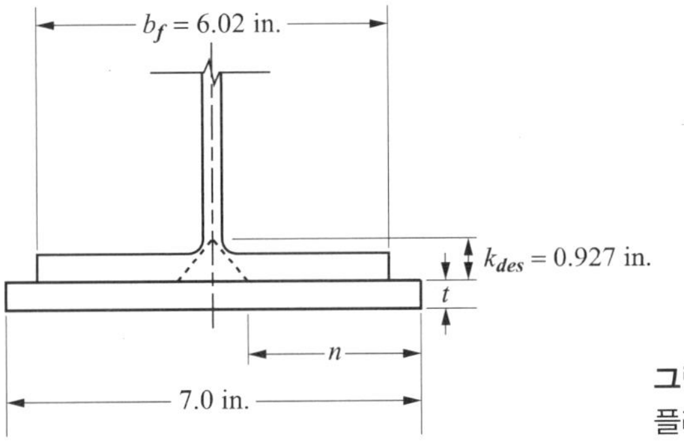

그림 11.24 • 예제 11.11의 보 베어링 플레이트

풀이.

Step 1: 플레이트 아래의 압력을 구한다.

$$f_u = \frac{50.0}{7(4)} = 1.79\text{ ksi}$$

Step 2: 캔틸레버 치수를 구한다.

$$l = n = 3.5 - 0.927 = 2.57\text{ in.}$$

Step 3: 최소 플레이트 두께를 구한다.

$$t_p = 1.49l\sqrt{\frac{f_u}{F_y}} = 1.49(2.57)\sqrt{\frac{1.79}{36}} = 0.854\text{ in.}$$

Step 4: 소요 플레이트 두께를 구한다.
1 in 플레이트를 사용한다.

11.11b Example

-ASD에 의한 보 베어링 플레이트-

보 베어링 플레이트의 소요두께를 결정하라.

조건: 그림 11.24에서와 같이 W18 × 40 A992 보가 7 in × 4 in A36 베어링 플레이트에 의해 지지된다. 보 끝의 반력은 $R_a = 34.0$ kips.

풀이.

Step 1: 플레이트 아래의 압력을 구한다.

$$f_a = \frac{34.0}{7(4)} = 1.21\text{ ksi}$$

Step 2: 캔틸레버 치수를 구한다.

$$l = n = 3.5 - 0.927 = 2.57\text{ in.}$$

Step 3: 최소 플레이트 두께를 구한다.

$$t_p = 1.83l\sqrt{\frac{f_a}{F_y}} = 1.83(2.57)\sqrt{\frac{1.21}{36}} = 0.862 \text{ in.}$$

Step 4: 소요 플레이트 두께를 구한다.
1 in 플레이트를 사용한다.

보 웨브의 베어링은 웨브 국부 항복과 웨브 크리플링의 한계상태에 대해서도 검토되어야 한다. 이러한 한계상태는 6.14절에서 논의하였고 예제 6.17에서 설명하였다.

11.12a Example

−LRFD에 의한 기둥 베이스 플레이트−

기둥 베이스 플레이트의 소요두께를 결정하라.

조건: W14 × 74 A992 기둥이 13 in × 17 in A36 베어링 플레이트에 의해 지지되고 플레이트 자체는 그림 11.25에서와 같이 19 in × 23 in 콘크리트 pier에 지지된다. 이 기둥은 설계하중 $P_u = 632$ kips를 전달하고 콘크리트 압축강도는 $f_c' = 5$ ksi.

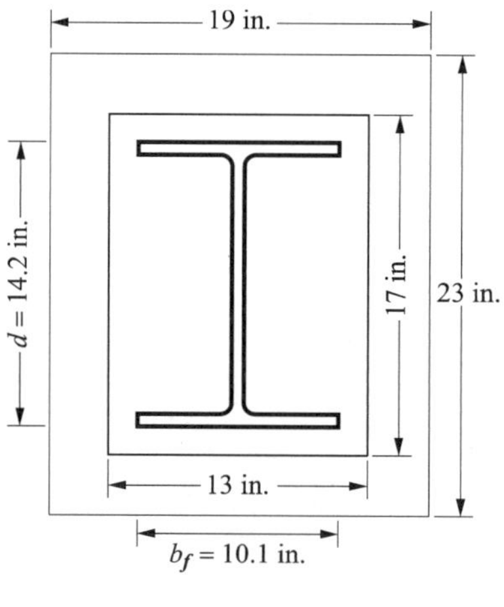

그림 11.25 • 예제 11.2의 기둥 베이스 플레이트

풀이.

Step 1: 플레이트 아래 콘크리트의 설계강도를 구한다.

Area of the base plate : $A_1 = 13(17) = 221 \text{ in}^2$

Area of the concrete support : $A_2 = 19(23) = 437 \text{ in}^2$

$\sqrt{437/221} = 1.41 < 2.0$, the nominal bearing strength is

$$P_n = P_p = 0.85 f_c' A_1 \sqrt{\frac{A_2}{A_1}} = 0.85(5)(221)\sqrt{\frac{437}{221}} = 884(1.41) = 1250 \text{ kips}$$

Step 2: 설계 베어링 강도가 하중을 지지하기에 충분한 지를 결정한다.

$$\phi P_p = 0.65(1250) = 813 \text{ kips} > 632 \text{ kips}$$

따라서, 콘크리트강도는 적절하다.

Step 3: 플레이트 아래의 압력을 구한다.

$$f_u = \frac{632}{13(17)} = 2.86 \text{ ksi}$$

Step 4: 캔틸레버 치수를 구한다.

$$n = \frac{B - 0.8b_f}{2} = \frac{13.0 - 0.8(10.1)}{2} = 2.46 \text{ in.}$$

$$m = \frac{N - 0.95d}{2} = \frac{17.0 - 0.95(14.2)}{2} = 1.76 \text{ in.}$$

$$\lambda n' = \frac{\lambda\sqrt{b_f d}}{4} = (1.0)\frac{\sqrt{10.1(14.2)}}{4} = 2.99$$

따라서, 최대 캔틸레버 두께는

$$l = 2.99 \text{ in.}$$

Step 5: 최소 플레이트 두께를 구한다.

$$t_p = 1.49l\sqrt{\frac{f_u}{F_y}} = 1.49(2.99)\sqrt{\frac{2.86}{36}} = 1.26 \text{ in.}$$

Step 6: 소요 플레이트 두께를 구한다.

1-3/8 in 플레이트를 사용한다.

m과 n이 서로 같도록 가까워지고 보수적인 가정 $\lambda = 1.0$이 이뤄지지 않도록 B와 N의 치수가 조정된다면 더욱더 효율적인 플레이트 치수가 선택될 수 있을 것이다.

11.12b Example

–ASD에 의한 기둥 베이스 플레이트–

기둥 베이스 플레이트의 소요두께를 결정하라.

조건: W14 × 74 A992 기둥이 그림 11.25에 보이는 바와 같이 13 in × 17 in A36 베어링 플레이트에 의해 지지된다. 이 기둥은 설계하중 P_u =421 kips를 전달한다.

풀이.

Step 1: 플레이트 아래 콘크리트의 허용강도를 구한다.

$$\text{Area of the base plate}: A_1 = 13(17) = 221 \text{ in}^2$$

$$\text{Area of the concrete support}: A_2 = 19(23) = 437 \text{ in}^2$$

$\sqrt{437/221} = 1.41 < 2.0$, the nominal bearing strength is

$$P_n = P_p = 0.85 f_c' A_1\sqrt{\frac{A_2}{A_1}} = 0.85(5)(221)\sqrt{\frac{437}{221}} = 884(1.41) = 1250 \text{ kips}$$

Step 2: 허용 베어링 강도가 하중을 지지하기에 충분한 지를 결정한다.

$$\frac{P_p}{\Omega} = \frac{(1250)}{2.31} = 541 \text{ kips} > 421 \text{ kips}$$

따라서, 콘크리트강도는 적절하다.

Step 3: 플레이트 아래의 압력을 구한다.

$$f_a = \frac{421}{13(17)} = 1.90 \text{ ksi}$$

Step 4: 캔틸레버 치수를 구한다.

$$n = \frac{B - 0.8b_f}{2} = \frac{13.0 - 0.8(10.1)}{2} = 2.46 \text{ in.}$$

$$m = \frac{N - 0.95d}{2} = \frac{17.0 - 0.95(14.2)}{2} = 1.76 \text{ in.}$$

$$\lambda n' = \frac{\sqrt{b_f d}}{4} = (1.0)\frac{\sqrt{10.1(14.2)}}{4} = 2.99$$

따라서, 최대 캔틸레버 두께는

$$l = 2.99 \text{ in.}$$

Step 5: 최소 플레이트 두께를 구한다.

$$t_p = 1.83l\sqrt{\frac{f_a}{F_y}} = 1.83(2.99)\sqrt{\frac{1.90}{36}} = 1.26 \text{ in.}$$

Step 6: 소요 플레이트 두께를 구한다.

1-3/8 in 플레이트를 사용한다.

m과 n이 서로 같도록 가까워지고 보수적인 가정 $\lambda = 1.0$이 이뤄지지 않도록 B와 N의 치수가 조정된다면 더욱더 효율적인 플레이트 치수가 선택될 수 있을 것이다.

11.12 연습문제

1. Design an all-bolted double-angle connection for a W18 × 50 A992 beam to carry a dead load reaction of 15 kips and a live load reaction of 45 kips. Use $\frac{5}{16}$ in. angles and $\frac{3}{4}$ in. A325-N bolts in standard holes. The uncoped beam is connected to the flange of a W14 × 109 column. Design by (a) LRFD and (b) ASD.

2. Design an all-bolted double-angle connection for a W27 × 102 A992 beam to carry a dead load reaction of 30 kips and a live load reaction of 90 kips. Use $\frac{5}{16}$ in. angles and $\frac{3}{4}$ in. A325-N bolts in standard holes. The uncoped beam is connected to the web of a W36 × 135 girder. Design by (a) LRFD and (b) ASD.

3. Design an all-bolted double-angle connection for a W24 × 146 A992 beam to carry a dead load reaction of 25 kips and a live load reaction of 75 kips. Use $\frac{5}{16}$ in. angles and $\frac{3}{4}$ in. A325-N bolts in standard holes. The uncoped beam is connected to the flange of a W14 × 132 column. Design by (a) LRFD and (b) ASD.

4. Design an all-bolted double-angle connection for a W16 × 67 A992 beam to carry a dead load reaction of 20 kips and a live load reaction of 60 kips. Use $\frac{5}{16}$ in. angles and $\frac{3}{4}$ in. A325-N bolts in standard holes. The beam is uncoped and the supporting member is not critical. Design by (a) LRFD and (b) ASD.

5. Design an all-bolted double-angle connection for a W18 × 143 A992 beam to carry a dead load reaction of 25 kips and a live load reaction of 75 kips. Use $^5/_{16}$ in. angles and $^3/_4$ in. A325-N bolts in standard holes. The beam is uncoped and the supporting member is not critical. Design by (a) LRFD and (b) ASD.

6. Design an all-bolted double-angle connection for a W8 × 40 A992 beam to carry a dead load reaction of 8 kips and a live load reaction of 24 kips. Use $^5/_{16}$ in. angles and $^3/_4$ in. A325-N bolts in standard holes. The beam is uncoped and the supporting member is not critical. Design by (a) LRFD and (b) ASD.

7. Design an all-bolted double-angle connection for a W30 × 191 A992 beam spanning 40 ft and carrying a total uniformly distributed dead load of 60 kips and live load of 180 kips. Use $^5/_{16}$ in. A36 angles and $^3/_4$ in. A325-N bolts in standard holes. The beam is uncoped and the supporting member is not critical. Design by (a) LRFD and (b) ASD.

8. Design an all-bolted double-angle connection for a W18 × 76 A992 beam to support a dead load reaction of 16 kips and a live load reaction of 48 kips. Use $^5/_{16}$ in. A36 angles and $^3/_4$ in. A325-N bolts in standard holes. The beam is uncoped and the supporting member is not critical. Design by (a) LRFD and (b) ASD.

9. Design an all-bolted double-angle connection for a W21 × 68 A992 beam spanning 20 ft and carrying a total uniformly distributed dead load of 28 kips and live load of 84 kips. Use $^5/_{16}$ in. A36 angles and $^3/_4$ in. A325-N bolts in standard holes. The beam is uncoped and the supporting member is not critical. Design by (a) LRFD and (b) ASD.

10. Design an all-bolted double-angle connection for a W30 × 191 A992 beam spanning 40 ft and carrying a total uniformly distributed dead load of 60 kips and live load of 180 kips. Use $^5/_{16}$ in. A36 angles and $^3/_4$ in. A325-N bolts in standard holes. The beam is coped so that the edge distance is $1^1/_4$ in. The supporting member is not critical. Design by (a) LRFD and (b) ASD.

11. Design an all-bolted double-angle connection for a W18 × 76 A992 beam to support a dead load reaction of 16 kips and a live load reaction of 48 kips. Use $^5/_{16}$ in. A36 angles and $^3/_4$ in. A325-N bolts in standard holes. The beam is coped so that the edge distance is $1^1/_4$ in. The supporting member is not critical. Design by (a) LRFD and (b) ASD.

12. Design an all-bolted double-angle connection for a W21 × 68, A992 beam spanning 20 ft and carrying a total uniformly distributed dead load of 28 kips and live load of 84 kips. Use $^5/_{16}$ in. A36 angles and $^3/_4$ in. A325-N bolts in standard holes. The beam is coped so that the edge distance is $1^1/_4$ in. The supporting member is not critical. Design by (a) LRFD and (b) ASD.

13. Design an all-bolted double-angle connection for a W24 × 84, A992 beam to support a dead load reaction of 25 kips and a live load reaction of 75 kips. Use $^5/_{16}$ in. A36 angles and $^3/_4$ in. A325-N bolts in standard holes. The beam is coped so that the edge distance is $1^1/_4$ in. The supporting member is not critical. Design by (a) LRFD and (b) ASD.

14. Design an all-bolted double-angle connection for a W12 × 87 A992 beam to support a dead load reaction of 14 kips and a live load reaction of 42 kips. Use $^5/_{16}$ in. A36 angles and $^3/_4$ in. A325-N bolts in standard holes. The beam is coped so that the edge distance is $1^1/_4$ in. The supporting member is not critical. Design by (a) LRFD and (b) ASD.

15. Design an all-bolted double-angle connection for a W16 × 67 A992 beam spanning 20 ft and carrying a total uniformly distributed dead load of 23 kips and live load of 69 kips. Use $^5/_{16}$ in. A36 angles and $^3/_4$ in. A325-N bolts in standard holes. The beam is coped so that the edge distance is $1^1/_4$ in. The supporting member is not critical. Design by (a) LRFD and (b) ASD.

16. Design an all-bolted double-angle connection for a W16 × 67 A992 beam to carry a dead load reaction of 20 kips and a live load reaction of 60 kips. Use $^5/_{16}$ in. angles and $^3/_4$ in. A325-N bolts in standard holes. The beam is coped so that the edge distance is $1^1/_4$ in. and the supporting member is not critical. Design by (a) LRFD and (b) ASD.

17. Design an all-bolted double-angle connection for a W18 × 143 A992 beam to carry a dead load reaction of 25 kips and a live load reaction of 75 kips. Use $^5/_{16}$ in. angles and $^3/_4$ in. A325-N bolts in standard holes. The beam is coped so that the edge distance is $1^1/_4$ in. and the supporting member is not critical. Design by (a) LRFD and (b) ASD.

18. Design an all-bolted double-angle connection for a W8 × 40 A992 beam to carry a dead load reaction of 8 kips and a live load reaction of 24 kips. Use $^5/_{16}$ in. angles and $^3/_4$ in. A325-N bolts in standard holes. The beam is coped so that the edge distance is $1^1/_4$ in. and the supporting member is not critical. Design by (a) LRFD and (b) ASD.

19. Design a welded-bolted double-angle connection for an uncoped W18 × 50 A992 beam to carry a dead load reaction of 15 kips and a live load reaction of 45 kips. Use $^5/_{16}$ in. A36 angles and 70 ksi welding electrodes to connect to the web of the supported beam and $^3/_4$ in. A325-N bolts in standard holes to connect to the supporting member. The beam is connected to the flange of a W14 × 109. Design by (a) LRFD and (b) ASD.

20. Design a welded-bolted double-angle connection for an uncoped W27 × 102 A992 beam to carry a dead load reaction of 30 kips and a live load reaction of 90 kips. Use $^5/_{16}$ in. A36 angles and 70 ksi welding electrodes to connect to the web of the supported beam and $^3/_4$ in. A325-N bolts in standard holes to connect to the supporting member. The beam is connected to the web of a W36 × 135. Design by (a) LRFD and (b) ASD.

21. Design a welded-bolted double-angle connection for an uncoped W24 × 146 A992 beam to carry a dead load reaction of 25 kips and a live load reaction of 75 kips. Use $^5/_{16}$ in. A36 angles and 70 ksi welding electrodes to connect to the web of the supported beam and $^3/_4$ in. A325-N bolts in standard holes to connect to the supporting member. The beam is connected to the flange of a W14 × 132. Design by (a) LRFD and (b) ASD.

22. Design a welded-bolted double-angle connection for an uncoped W36 × 231 A992 beam to carry a dead load reaction of 50 kips and a live load reaction of 150 kips. Use $^5/_{16}$ in. A36 angles and 70 ksi welding electrodes to connect to the web of the supported beam and $^7/_8$ in. A490-N bolts in standard holes to connect to the supporting member. The beam is connected to the flange of a W14 × 370. Design by (a) LRFD and (b) ASD.

23. Design a welded-bolted double-angle connection for a coped W18 × 76 A992 beam to support a dead load reaction of 16 kips and a live load reaction of 48 kips. Assume the beam is coped so that the edge distance is $1^1/_4$ in. Use $^5/_{16}$ in. A36 angles and 70 ksi welding electrodes to connect to the web of the supported beam and $^3/_4$ in. A325-N bolts in standard holes to connect to the supporting member. Design by (a) LRFD and (b) ASD.

24. Design a welded-bolted double-angle connection for a coped W12 × 87 A992 beam to support a dead load reaction of 14 kips and a live load reaction of 42 kips. Assume the beam is coped so that the edge distance is $1^1/_4$ in. Use $^5/_{16}$ in. A36 angles and 70 ksi welding electrodes to connect to the web of the supported beam and $^3/_4$ in. A325-N bolts in standard holes to connect to the supporting member. Design by (a) LRFD and (b) ASD.

25. Design a welded-bolted double-angle connection for a coped W16 × 67 A992 beam spanning 20 ft and carrying a total uniformly distributed dead load of 23 kips and live load of 69 kips. Assume the beam is coped so that the edge distance is $1^1/_4$ in. Use $^5/_{16}$ in. A36 angles and 70 ksi welding electrodes to connect to the web of the supported beam and $^3/_4$ in. A325-N bolts in standard holes to connect to the supporting member. Design by (a) LRFD and (b) ASD.

26. Design a welded-bolted double-angle connection for a coped W21 × 73 A992 beam spanning 25 ft and carrying a total uniformly distributed dead load of 30 kips and live load of 90 kips. Assume the beam is coped so that the edge distance is $1^1/_4$ in. Use $^5/_{16}$ in. A36 angles and 70 ksi welding electrodes to connect to the web of the supported beam and $^3/_4$ in. A325-N bolts in standard holes to connect to the supporting member. Design by (a) LRFD and (b) ASD.

27. Design a bolted-bolted single-angle connection for an uncoped W18 × 50 A992 beam to carry a dead load reaction of 8 kips and a live load reaction of 24 kips using $^3/_8$ in. A36 angles and $^3/_4$ in. A325-N bolts in standard holes. The beam is connected to the web of a W36 × 150. Design by (a) LRFD and (b) ASD.

28. Design a bolted-welded single-angle connection for a coped W12 × 87 A992 beam to support a dead load reaction of 7 kips and a live load reaction of 21 kips. Assume the beam is coped so that the edge distance is $1^1/_4$ in. Use $^3/_8$ in. A36 angles, E70 electrodes, and $^3/_4$ in. A325-N bolts in standard holes. Design by (a) LRFD and (b) ASD.

29. Design a welded-welded single-angle connection for a coped W16 × 67 A992 beam spanning 20 ft and carrying a total uniformly distributed dead load of 12 kips and live load of 36 kips. Assume the beam is coped so that the edge distance is $1^1/_4$ in. Use $^3/_8$ in. A36 angles and E70 electrodes. Design by (a) LRFD and (b) ASD.

30. Design a shear tab connection for an uncoped W18 × 50 A992 beam to carry a dead load reaction of 10 kips and live load reaction of 30 kips. Use a $^3/_8$ in. thick A36 shear tab and $^3/_4$ in. A325-N bolts. Assume that the supporting member is not critical. Design by (a) LRFD and (b) ASD.

31. Design a shear tab connection for an uncoped W27 × 102, A992 beam to carry a dead load reaction of 10 kips and a live load reaction of 40 kips. Use a $^3/_8$ in. thick A36 shear tab and $^3/_4$ in. A325-N bolts. Assume that the supporting member is not critical. Design by (a) LRFD and (b) ASD.

32. Design a shear tab connection for a coped W21 × 68 A992 beam spanning 20 ft and carrying a total uniformly distributed dead load of 23 kips and live load of 70 kips. Assume that the edge distance at the cope is $1^1/_4$ in. Use a $^3/_8$ in. thick A36 shear tab and $^3/_4$ in. A325-N bolts. Assume that the supporting member is not critical. Design by (a) LRFD and (b) ASD.

33. Design a shear tab connection for a coped W18 × 76 A992 beam to carry a dead load reaction of 10 kips and a live load reaction of 30 kips. Assume an edge distance of $1^1/_4$ in. Use a $^3/_8$ in. thick A36 shear tab and $^3/_4$ in. A325-N bolts. Assume that the supporting member is not critical. Design by (a) LRFD and (b) ASD.

34. Design a welded seated connection for a W16 × 26 A992 beam framing into the web of a W14 × 99 column. The seat must carry a dead load reaction of 6 kips and a live load reaction of 18 kips. Use an equal-leg A36 angle and E70 electrode.

35. Design a welded seated connection for a W18 × 40 A992 beam framing into the web of a W14 × 109 column. The seat must carry a dead load reaction of 8 kips and a live load reaction of 24 kips. Use an equal-leg A36 angle and E70 electrode.

36. Design the connection for an A36 double-angle tension member connected to a uniform-width A36 gusset plate. The angles are 4 × 4 × $^1/_2$ and carry a dead load of 10 kips and a live load of 30 kips. The angles are connected to the gusset plate by a single line of $^3/_4$ in. A325-N bolts. The gusset plate is welded perpendicular to the axis of the member with welds from E70 electrodes. Design by (a) LRFD and (b) ASD.

37. An inclined WT hanger is used to support a tension member carrying a dead load of 8 kips and a live load of 24 kips. The force is applied at an angle of 45 degrees from the horizontal and is transferred by four $^3/_4$ in. A325-N bolts. Determine whether the bolts have sufficient strength to carry the applied load by (a) LRFD and (b) ASD.

38. A 9 in. long WT7 × 24, A992 steel, is used as a tension hanger with four $^3/_4$ in. A325-N bolts in the flanges similar to the setup shown in Figure 11.19. The hanger must resist a dead load of 11 kips and a live load of 33 kips. Determine whether prying action must be included to determine the connection strength by (a) LRFD and (b) ASD.

39. Determine the required thickness of an A36 beam bearing plate to support an A992 W16 × 67 beam carrying a dead load reaction of 10 kips and a live load reaction of 30 kips. The plate is 12.0 in. wide and 6.0 in. along the beam web. Design by (a) LRFD and (b) ASD.

40. Determine the required thickness of an A36 beam bearing plate to support an A992 W18 × 50 beam carrying a dead load reaction of 15 kips and a live load reaction of 45 kips. The plate is 7.5 in. wide and 10.0 in. along the beam web. Design by (a) LRFD and (b) ASD.

41. Determine the required thickness of a 24 in. × 24 in. A36 column base plate that supports an A992 W14 × 176 column and carries a dead load of 100 kips and a live load of 300 kips. Design by (a) LRFD and (b) ASD.

42. Determine the required thickness of a 17 in. × 15 in. A36 column base plate that supports an A992 W12 × 87 column and carries a dead load of 130 kips and a live load of 390 kips. Design by (a) LRFD and (b) ASD.

Multi-Chapter Problem

43. Integrated Design Project. Design double-angle shear connections for the gravity beams and girders designed in Problem 66 of Chapter 6. Some of these connections will be to girder webs, some to column webs, and some to column flanges.

Reconsider the types of shear connections, and design using single-plate connections.

제 12 장

모멘트접합

12.1 모멘트접합의 유형

모멘트접합이라고 부르지만 이러한 연결은 연결된 부재 사이에 전단과 모멘트를 모두 전달하는 것으로 기대된다. 시방서에 정의된 모멘트 접합은 FR(완전구속)유형 또는 PR(부분구속)유형 이다. 강골조의 거동에 대한 이러한 연결 유형의 영향은 8장에서 논의하였다. 그림 12.1로 여기에 다시 그려진 그림 8.18은 명확히 다른 거동을 갖는 접합부에 대한 세 가지 모멘트－회전 곡선을 보여준다. 완전구속 접합의 경우, 모멘트는 부재의 회전을 0으로 유지하면서 전달된다. 부분구속 접합의 경우에 모멘트는 예측 가능한 회전을 허용하면서 전달된다. 11장에서 논의된 단순 전단접합에 대하여 모멘트가 전달 될 것으로 기대되지 않으며 연결이 자유롭게 회전하는 것으로 가정한다. 그림 12.1에 나타낸 강결 및 단순 접합 거동은 실제 접합 거동은 강연결의 경우 수직축 단순연결의 경우 수평축을 그대로 따르지 않는 다는 것을 보여준다.

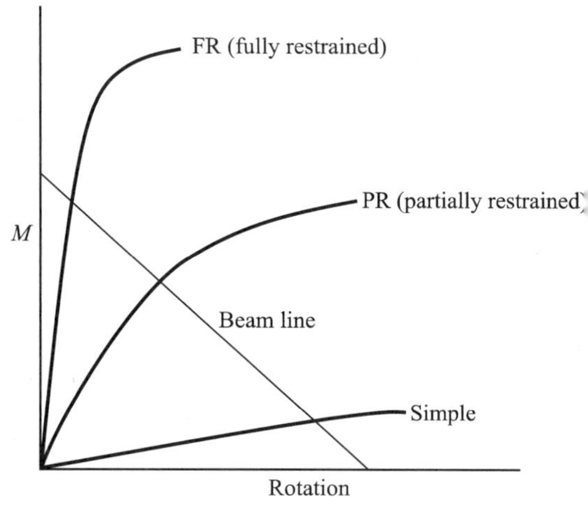

그림 12.1 • 연결부 거동

일반적으로 기둥의 강축에 보 구조를 연결하는데 사용되는 다섯 가지 모멘트접합은 그림 12.2에 나타낸다. 직접 용접 플랜지(그림 12.2a), 용접 플랜지 플레이트(그림 12.2b), 볼트 플랜지 플레이트(그림 12.2c) 및 볼트 티(그림 12.2d)를 포함하는 처음 네 가지 예시에서 전단은 11장에서 논의된 바와 유사하게 웨브 연결을 통하여 전단되는 반면에 모멘트는 다양한 플랜지 연결을 통하여 전달된다. 확장 엔드 플레이트에서는 그림 12.2e에서와 같이 전단 및 모멘트는 조합되어 연결플레이트 및 볼트를 통해 전달된다.

전단은 주로 W형강 보의 웨브에 의해 저항되므로 전단력은 지지부재에 웨브 연결을 통하여 전달되는 것이 논리적이다. 마찬가지로 모멘트는 주로 W형강 보의 플랜지를 통하여 저항하기 때문에 플랜지 연결은 주로 지지부재에 모멘트를 전달한다. 플랜지에 의해 제공되는 모멘트 저항 때문에 웨브 전단 연결의 설계에서 편심을 고려할 필요는 없다. 따라서 웨브 플레이트 또는 앵글은 연결 설계를 간소화할 뿐만 아니라 전단에 저항하도록 치수가 결정된다. 플랜지 연결은 플랜지가 실제로 이러한 전체 모멘트를 전달하지 않더라도 전체 모멘트에 견딜 수 있도록 설계된다. 변형경화를 통하고 웨브 연결의 일부 모멘트 강도와 결합하여 플랜지 연결은 전체모멘트를 발현하는 것이 가능하다.

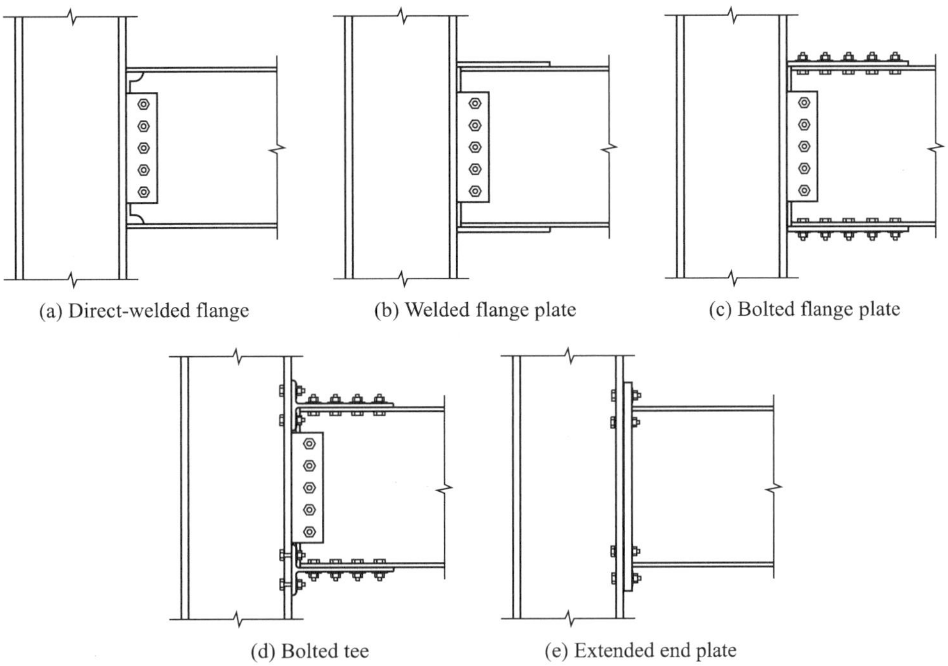

그림 12.2 • 모멘트 연결

그림 12.2a의 플랜지 용접연결은 가장 직접적인 모멘트 접합이며 가장 적은 요소들을 필요로 한다. 플랜지는 현장에서 지지하는 부재에 완전용입 홈용접으로 연결된다. 웨브 연결은 일반적으로 단일 플레이트를 기둥에 용접하고 보에 볼트로 연결한다. 이러한 방식에서 플랜지 힘 P_f는 모멘트를 플랜지 중간점 사이의 거리로 나누어 결정한다. 따라서,

$$P_f = \frac{M_r}{(d - t_{df})}$$

그림 12.2b와 c의 플랜지 플레이트 연결은 플랜지 힘을 볼트 전단 또는 용접 전단을 통하여 해당되는 플레이트에 전달한다. 플레이트 힘은 용접을 통하여 지지부재에 전달된다. 볼트와 용접과 같은 플랜지 플레이트 연결재들은 플레이트와 플랜지의 경계면에서 발생하는 힘에 저항할 수 있도록 치수가 결정된다. 따라서,

$$P_f = \frac{M_r}{d}$$

그림 12.2d와 같은 볼트 티 연결은 지지부재가 볼트로 고정되어야 하는 연결의 경우 필요하다. 이러한 연결은 플랜지 플레이트 연결과 같이 깨끗하고 간단하지 않지만, 모두 볼트 연결을 필요로 하는 불가피한 이유가 있는 경우에 해결책을 제공한다. 보 플랜지 연결은 플랜지 플레이트 연결과 같이 다루고, 지지대 연결은 11장에서 논의된 바와 같이 인장연결과 동

일하게 취급한다.

그림 12.2e에 나타내는 돌출형 엔드 플레이트 연결은 다양한 형태를 취할 수 있다. 엔드 플레이트는 완전히 보의 단부에 용접되어 지지대에 볼트로 고정된다. 최소 네 개의 볼트가 대칭으로 간격을 두도록 엔드 플레이트는 볼트 중심에 위치하는 플랜지와 인장 측 보 플랜지를 넘어 연장해야 한다. 돌출형 엔드 플레이트 연결이 항상 같은 방향인 모멘트에 저항하기 위해 요구되는 경우에는 한쪽으로만 확장된다. 모멘트가 반대방향이 될 것으로 예상되는 경우 플레이트는 상부와 하부 플랜지 모두 이상으로 확장해야한다.

표 12.1은 이 장에서 논의되는 시방서의 절과 매뉴얼의 part를 열거한다.

표 12.1 이 장에서 다루는 시방서의 절과 매뉴얼의 파트

시방서	
B4.1	국부좌굴에 대한 단면분류
B4.3	전체 및 순면적 결정
D3	유효 순면적
F13	보와 거더의 비율
J2	용접
J3	볼트 및 나사산 부분
J4	부재의 영향을 받는 요소 및 연결요소
J10	집중하중을 받는 플랜지 및 웨브
매뉴얼	
Part 7	볼트에 대한 설계 고려사항
Part 8	용접에 대한 설계 고려사항
Part 9	연결요소 설계
Part 10	단순 전단연결 설계
Part 15	행거연결, 브라켓플레이트 및 크레인-레일 연결 설계

12.2 한계상태

이러한 연결의 강도를 제어하는 한계상태는 이미 전단접합에 대하여 고려된 한계상태와 동일하다. 한계상태의 구체적인 적용은 완전한 연결부 형상 및 요소들이 전달할 것으로 예상되는 힘에 따라 다르다. 이러한 한계상태는 다음을 포함한다.

1. 볼트
   a. 전단 파단
   b. 인장
   c. 전단－인장 상호작용
   d. 지압/찢어짐

2. 용접

  a. 인장파단
  b. 전단파단
3. 플레이트
  a. 압축좌굴
  b. 인장항복
  c. 인장파단
  d. 전단항복
  e. 전단파단
  f. 블록전단
4. 보
  a. 줄어든 단면의 휨
  b. 전단항복
  c. 전단파단

연결부의 보와 모두 관련된 이러한 한계상태 뿐만 아니라, 설계자는 연결부의 기둥에 대한 영향을 고려해야 한다. 여기서 한계상태는 다음 사항을 포함한다.

5. 기둥
  a. 플랜지 국부 휨
  b. 웨브 국부 항복
  c. 웨브 국부 크리플링
  d. 웨브 압축 좌굴
  e. 웨브 패널 존 전단

12.3 모멘트접합 설계

모멘트접합의 설계는 두 부분으로 제시된다. 우선, 예제는 직접 용접 보-기둥 접합, 용접 플랜지 플레이트 접합, 용접 플랜지 플레이트 접합에 대해 주어진다. 이러한 예제에서는 접합이 부착된 기둥을 고려하지 않고 접합의 보 측면을 다룬다.

기둥과 관련된 한계상태에 대한 논의가 이뤄질 것이고 예제들도 설계과정을 설명하기 위해 주어진다.

12.3.1 직접-용접 플랜지 접합

직접-용접 플랜지 모멘트접합은 아주 적은 연결요소들로 FR접합을 제공한다. 이름에서 의미되듯 플랜지들은 지지부재에, 보통 기둥의 플랜지, 직접적으로 용접된다. 이러한 용접부는 완전용입 홈용접 또는 보 플랜지의 각 측면에서 한 쌍의 필렛용접 중 하나이다. 홈용접은 양 플랜지에 아래로 향하는 자세로 수행하는 용접을 제공하는 반면에 필렛용접은 각 플랜지의 바닥에 위로 향하는 용접이 요구된다. 플랜지 접합에 대해 고려해야 할 유일한 한계상태는 용접의 인장 또는 전단 파괴이다.

웨브 접합은 11장에서 논의된 전단 탭 단순접합과 같이 일반적으로 단일 플레이트를 사용한다. 그러나 전단 탭과는 달리 FR 접합에서 웨브 플레이트는 플랜지가 모멘트의 전체를 지지하게 설계되기 때문에 임의의 편심을 고려할 필요는 없다. 웨브 접합에 대한 한계상태들은 이전에 전단 탭에 대해 논의된 한계상태들이다.

12.1a Example

-LRFD에 의한 직접용접 모멘트연결-

직접용접 보-기둥 모멘트연결부를 설계하라.

조건: 그림 12.1a는 직접용접 보-기둥 연결부를 보여준다. 보는 W24 × 76이고 기둥은 W14 × 109이다. 볼트는 3/4 in A325-N이고 용접봉은 E70이다. A992 형강과 A36 플레이트이다. 소요강도 $M_u = 500$ ft-kips, $V_u = 60.0$ kips.

풀이.

Step 1: 매뉴얼 표 1-1로부터 보와 기둥의 특성값들을 구한다.

Beam: W24 × 76 $d = 23.9$ in. $b_f = 8.99$ in.
$t_w = 0.440$ in. $t_f = 0.680$ in.
$Z = 200$ in.^{3}

Column: W14 × 109 $d = 14.3$ in. $b_f = 14.6$ in.
$t_w = 0.525$ in. $t_f = 0.860$ in.

Step 2: 보의 휨강도를 확인한다.
이 확인은 보를 설계하는 동안 이뤄진다. 볼트구멍은 플랜지이 있어서 보의 단면은 줄어들지 않고, 따라서 M_p는 전 단면과 소성단면계수(plastic section modulus)를 사용하여 구할 수 있다.

$$\phi M_n = \phi M_p = \frac{0.9(50)(200)}{12} = 750 \text{ ft-kips} > 500 \text{ ft-kips}$$

따라서, 휨강도는 적절하다.

Step 3: 플랜지-기둥 용접을 설계한다.
플랜지-기둥 용접은 완전용입홈용접 또는 필렛용접일 수 있다. 이 예제에서는 완전용입홈용접이 사용된다. 이 용접은 보 플랜지의 전체 강도를 발현시키기 때문에 더 이상의 계산은 필요하지 않다.

Step 4: 웨브 플레이트를 설계한다.
우선 볼트의 전단파단을 고려하여 볼트 필요갯수를 구한다.
3/4 in A325-N 볼트에 대해, $\phi r_n = 17.9$ kips이므로,

필요한 볼트 개수 = 60/17.9 = 3.35

따라서, 네 개의 볼트를 시도하고, 볼트간격은 3 in, 연단거리는 1.5 in이다. 그러므로, $L = 12$ in이고 이는 $T/2 = 10.4$ in보다 크다. 플레이트 두께는 3.8 in로 가정한다.

Step 5: 볼트 지압강도를 구한다.
마지막 볼트에 대해, 순 거리를 결정한다.

$$l_c = 1.5 - \frac{1}{2}(3/4 + 1/16) = 1.09 < 2(3/4) = 1.5$$

그러므로, 찢어짐이 지배하고 볼트의 공칭강도는

$$R_n = 1.2(1.09)(0.375)(58) = 28.4 \text{ kips}$$

다른 볼트들에 대해서는,

$$l_c = 3.0 - (3/4 + 1/16) = 2.19 > 2(3/4) = 1.5$$

따라서, 지압이 지배하고, 볼트의 공칭강도는

$$R_n = 2.4(3/4)(0.375)(58) = 39.2 \text{ kips}$$

따라서, 네 개의 볼트연결에 있어서 설계강도는

$$\phi R_n = 0.75(28.4 + 3(39.2)) = 110 > 60.0 \text{ kips}$$

Step 6: 플레이트의 전단항복을 확인한다.

$$A_{gv} = (0.375)(12.0) = 4.50 \text{ in.}^2$$
$$\phi V_n = 1.0(0.6(36))(4.50) = 97.2 > 60.0 \text{ kips}$$

Step 7: 플레이트의 전단파단을 확인한다.

$$A_{nv} = (12.0 - 4(3/4 + 1/8))(0.375) = 3.19 \text{ in.}^2$$
$$\phi V_n = 0.75(0.6(58))(3.19) = 83.3 > 60.0 \text{ kips}$$

Step 8: 플레이트의 블록전단을 확인한다. 우선 요구되는 면적을 계산한다.

$$A_{nt} = \left(1.5 - \tfrac{1}{2}(3/4 + 1/8)\right)(0.375) = 0.398 \text{ in.}^2$$
$$A_{gv} = 10.5(0.375) = 3.94 \text{ in.}^2$$
$$A_{nv} = (10.5 - 3.5(3/4 + 1/8))(0.375) = 2.79 \text{ in.}^2$$

전단항복과 전단파단을 고려하여 적은 강도를 선택한다. 따라서,

$$0.6F_y A_{gv} = 0.6(36)(3.94) = 85.1 \text{ kips}$$
$$0.6F_u A_{nv} = 0.6(58)(2.79) = 97.1 \text{ kips}$$

전단항복 항을 전택하고 인장파단 항과 조합하여 연결 블록전단강도를 확인한다. $U_{bs} = 1.0$

$$\phi R_n = 0.75(85.1 + 1.0(58)(0.398)) = 81.1 > 60.0 \text{ kips}$$

Step 9: 보 웨브의 볼트지압을 확인한다.
보는 coped가 아니므로, 상단 볼트의 순거리를 확인할 필요는 없다. 따라서, 각 볼트에 대해 lc = 2.19 > 2(3/4) = 1.5 in. 이므로 지압에 기초한 볼트의 공칭 강도는

$$R_n = 2.4(3/4)(0.440)(65) = 51.5 \text{ kips}$$

네 개의 볼트연결에 대해 설계강도는

$$\phi R_n = 0.75(4(51.5)) = 155 > 60.0\,\text{kips}$$

Step 10: 플레이-기둥 용접을 선정한다.

플레이트 양 측면상의 필렛용접을 기초로 하여, 1 in 길이당 1/16 in 용접길이당 용접 설계강도 1.392 kips로

$$D = \frac{60.0}{(2(1.392)(12.0))} = 1.80\,\text{sixteenths of in.}$$

그러므로, 3/16 in 용접을 사용한다. 이는 3/8 in 플레이트에 대해 시방서 표 J2.3에 주어진 바와 같이 최소 규정 길이이다.

Step 11: 최종 설계를 완성한다.

그림 12.3은 다음을 사용한 최종설계를 보여준다.

3-1/2 × 12.0 × 3/8 in 플레이트의 네 개의 3/4 in A325-N 볼트

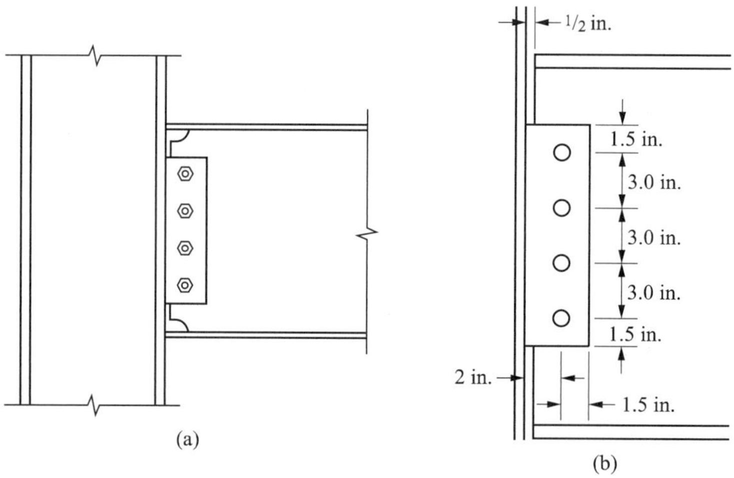

그림 12.3 • 예제 12.1의 연결

12.1b Example

－ASD에 의한 직접용접 모멘트연결－

직접용접 보－기둥 모멘트연결부를 설계하라.

조건: 그림 12.1a는 직접용접 보－기둥 연결부를 보여준다. 보는 W24 × 76이고 기둥은 W14 × 109이다. 볼트는 3/4 in A325-N이고 용접봉은 E70이다. A992 형강과 A36 플레이트이다. 소요강도 $M_a = 333$ ft-kips, $V_u = 40.0$ kips.

풀이.

Step 1: 매뉴얼 표 1-1로부터 보와 기둥의 특성값들을 구한다.

$$\text{Beam: W24} \times 76 \quad d = 23.9\,\text{in.} \quad b_f = 8.99\,\text{in.}$$
$$t_w = 0.440\,\text{in.} \quad t_f = 0.680\,\text{in.}$$

$$Z = 200.0 \text{ in.}^3$$

$$\text{Column: W14} \times 109 \quad d = 14.3 \text{ in.} \quad b_f = 14.6 \text{ in.}$$
$$t_w = 0.525 \text{ in.} \quad t_f = 0.860 \text{ in.}$$

Step 2: 보의 휨강도를 확인한다.

이 확인은 보를 설계하는 동안 이뤄진다. 볼트구멍은 플랜지이 있어서 보의 단면은 줄어들지 않고, 따라서 M_p는 전 단면과 소성단면계수(plastic section modulus)를 사용하여 구할 수 있다.

$$\frac{M_n}{\Omega} = \frac{M_p}{\Omega} = \frac{(50)(200)}{1.67}\left(\frac{1}{12}\right) = 499 \text{ ft-kips} > 333 \text{ ft-kips}$$

따라서, 휨강도는 적절하다.

Step 3: 플랜지-기둥 용접을 설계한다.

플랜지-기둥 용접은 완전용입홈용접 또는 필렛용접일 수 있다. 이 예제에서는 완전용입홈용접이 사용된다. 이 용접은 보 플랜지의 전체 강도를 발현시키기 때문에 더 이상의 계산은 필요하지 않다.

Step 4: 웨브 플레이트를 설계한다.

우선 볼트의 전단파단을 고려하여 볼트 필요갯수를 구한다.

3/4 in A325-N 볼트에 대해, $r_n/\Omega = 11.9$ kips이므로,

$$\text{필요한 볼트 개수} = 40/11.9 = 3.36$$

따라서, 네 개의 볼트를 시도하고, 볼트간격은 3 in, 연단거리는 1.5 in이다. 그러므로, $L = 12$ in 이고 이는 $T/2 = 10.4$치보다 크다. 플레이트 두께는 3.8 in로 가정한다.

Step 5: 볼트 지압강도를 구한다.

마지막 볼트에 대해, 순 거리를 결정한다.

$$l_c = 1.5 - \frac{1}{2}(3/4 + 1/16) = 1.09 < 2(3/4) = 1.5$$

그러므로, 찢어짐이 지배하고 볼트의 공칭강도는

$$R_n = 1.2(1.09)(0.375)(58) = 28.4 \text{ kips}$$

다른 볼트들에 대해서는,

$$l_c = 3.0 - (3/4 + 1/16) = 2.19 > 2(3/4) = 1.5$$

따라서, 지압이 지배하고, 볼트의 공칭강도는

$$R_n = 2.4(3/4)(0.375)(58) = 39.2 \text{ kips}$$

따라서, 네 개의 볼트연결에 있어서 허용강도는

$$\frac{R_n}{\Omega} = \frac{(28.4 + 3(39.2))}{2.00} = 73.0 > 40.0 \text{ kips}$$

Step 6: 플레이트의 전단항복을 확인한다.

$$A_{gv} = (0.375)(12.0) = 4.50\,\text{in.}^2$$

$$\frac{V_n}{\Omega} = \frac{(0.6(36))(4.50)}{1.5} = 64.8 > 40.0\,\text{kips}$$

Step 7: 플레이트의 전단파단을 확인한다.

$$A_{nv} = (12.0 - 4(3/4 + 1/8))(0.375) = 3.19\,\text{in.}^2$$

$$\frac{V_n}{\Omega} = \frac{(0.6(58))(3.19)}{2.00} = 55.5 > 40.0\,\text{kips}$$

Step 8: 플레이트의 블록전단을 확인한다. 우선 요구되는 면적을 계산한다.

$$A_{nt} = \left(1.5 - \tfrac{1}{2}(3/4 + 1/8)\right)(0.375) = 0.398\,\text{in.}^2$$

$$A_{gv} = 10.5(0.375) = 3.94\,\text{in.}^2$$

$$A_{nv} = (10.5 - 3.5(3/4 + 1/8))(0.375) = 2.79\,\text{in.}^2$$

전단항복과 전단파단을 고려하여 적은 강도를 선택한다. 따라서,

$$0.6F_yA_{gv} = 0.6(36)(3.94) = 85.1\,\text{kips}$$

$$0.6F_uA_{nv} = 0.6(58)(2.79) = 97.1\,\text{kips}$$

전단항복 항을 택하고 인장파단 항과 조합하여 연결 블록전단허용강도를 구한다. $U_{bs} = 1.0$

$$\frac{R_n}{\Omega} = \frac{(85.1 + 1.0(58)(0.398))}{2.00} = 54.1 > 40.0\,\text{kips}$$

Step 9: 보 웨브의 볼트지압을 확인한다.

보는 coped가 아니므로, 상단 볼트의 순거리를 확인할 필요는 없다. 따라서, 각 볼트에 대해 $l_c = 2.19 > 2(3/4) = 1.5$ in. 이므로 지압에 기초한 볼트의 공칭 강도는

$$R_n = 2.4(3/4)(0.440)(65) = 51.5\,\text{kips}$$

네 개의 볼트연결에 대해 허용강도는

$$\frac{R_n}{\Omega} = \frac{(4(51.5))}{2.00} = 103 > 40.0\,\text{kips}$$

Step 10: 플레이-기둥 용접을 선정한다.

플레이트 양 측면상의 필렛용접을 기초로 하여, 1 in 길이당 1/16 in 용접길이당 용접 설계강도 0.928 kips로

$$D = \frac{40.0}{(2(0.928)(12.0))} = 1.80\,\text{sixteenths of in.}$$

그러므로, 3/16 in 용접을 사용한다. 이는 3/8 in 플레이트에 대해 시방서 표 J2.3에 주어진 바와 같이 최소 규정 길이이다.

Step 11: 최종 설계를 완성한다. 그림 12.3은 다음을 사용한 최종설계를 보여준다.

3-1/2 × 12.0 × 3/8 in 플레이트의 네 개의 3/4 in A325-N 볼트

12.3.2 용접플랜지 플레이트접합

용접플랜지 플레이트접합은 직접용접 플랜지를 지지보의 플랜지와 지지 기둥으로 용접되는 플레이트들로 대체한다. 웨브 접합은 일반적으로 전형적인 단일플레이트 전단접합이다. 플레이트-보 플랜지 용접을 도모하기 위하여 상부 플랜지 플레이트는 보 플랜지 폭보다 작은 최소 1.0 in인 폭이어야 하고 바닥 플랜지 플레이트는 보 플랜지보다 폭이 최소 1.0 in 크게 유지되어야 한다. 매뉴얼 그림 8-11은 특정 필렛용접 크기에 대한 최소 shelf 치수를 제공한다.

인장 플랜지 플레이트에 관련된 한계상태는 항복, 파괴 및 블록 전단인 반면에 압축 플랜지 플레이트와 관련된 한계상태는 항복, 국부 플레이트 좌굴 및 압축 좌굴이다. 이러한 한계상태는 예제 12.2에서 평가된다.

12.2a Example

−LRFD에 의한 용접플레이트 모멘트연결−

용접 플랜지 플레이트 보−기둥 모멘트연결부를 설계하라.

조건: 그림 12.2a는 용접 플랜지 플레이트 보−기둥 연결부를 보여준다. 보는 W18 × 50이고 기둥은 W14 × 90이다. 볼트는 7/8 in A325-N이고 용접봉은 E70이다. A992 형강과 A36 플레이트이다. LRFD 소요강도 $M_u = 500$ ft-kips, $V_u = 60.0$ kips. 모멘트는 상부 플랜지에는 인장, 하부 플랜지에는 압축을 유발한다고 가정한다.

풀이.

Step 1: 매뉴얼 표 1-1로부터 보와 기둥의 특성값들을 구한다.

Beam:	W18 × 50	$d = 18.0$ in.	$b_f = 7.50$ in.
		$t_w = 0.355$ in.	$t_f = 0.570$ in.
Column:	W14 × 90	$d = 14.0$ in.	$b_f = 14.5$ in.
		$t_w = 0.440$ in.	$t_f = 0.710$ in.

Step 2: 각 플랜지 플레이트에 작용하는 힘을 구한다.
보수적으로 모멘트길이는 보의 깊이로 가정한다. 따라서,

$$P_u = \frac{M_u}{d} = \frac{250(12)}{18.0} = 167 \text{ kips}$$

Step 3: 항복 한계상태에 기초하여 최소 플레이트 면적을 구한다.

$$A_p = \frac{P_u}{\phi F_y} = \frac{167}{0.9(36)} = 5.15 \text{ in.}^2$$

상부플랜지 플레이트는 아랫방향으로의 용접에 편의성을 제공하기 위해 보의 플랜지보다 좁아야 한다. 따라서, 7/8 × 6.5 in 플레이트, $A_p = 5.69$ in^{2}를 시도한다.

Step 4: 플레이트의 인장파단을 검사한다.
용접연결부에 대한 전단지연계수 U는 시방서 표 D3.1 case 4에 주어진다. 최소값 U는 0.75이고 용접길이는 최소한 플레이트의 폭과 같아야 한다. 이러한 U값은 여기서는 보수적인 접근방법으로 사용된다. 따라서,

$$P_n = U F_u A_n = 0.75(58)(5.69) = 248 \text{ kips}$$

$$\phi P_n = 0.75(248) = 186 > 167 \text{ kips}$$

따라서, 용접길이가 최소한 플레이트 폭과 같은 이상 최종 용접길이와 관계없이 인장 파단한계상태가 지배하지는 않는다.

Step 5: 용접 파단에 기초한 필렛용접 사이즈를 구한다.
시방서 표 J2.4에 근거하여 0.5 in 보플랜지에 연결되는 7/8 in 플레이트에 대한 최소 용접치수는 1/4 in이다. 따라서, 플랜지 플레이트의 측면상 한 쌍의 1/4 in 필렛용접에 대한 요구길이를 구한다.

$$L = \frac{167}{2(1.392(4))} = 15.0 \text{ in.}$$

이 길이는 이 연결부에서 적당하게 보이며 플레이트 폭인 6.5 in를 초과한다. 따라서, 상부 플레이트는 6.5 × 17.0 × 7/8 (그림 12.4).

Step 6: 보 상부 플랜지의 블록전단파단을 고려한다.
플레이트가 플랜지에 용접되기 때문에, 중요한 전단한계상태는 전단 항복이다. 그림 12.4b에 보이는 바와 같이 웨브 각면의 두 블록에 대해 요구 면적은

$$A_{gv} = 16.5(0.570) = 9.41 \text{ in.}^2$$
$$A_{nt} = 0.5(0.570) = 0.285 \text{ in.}^2$$

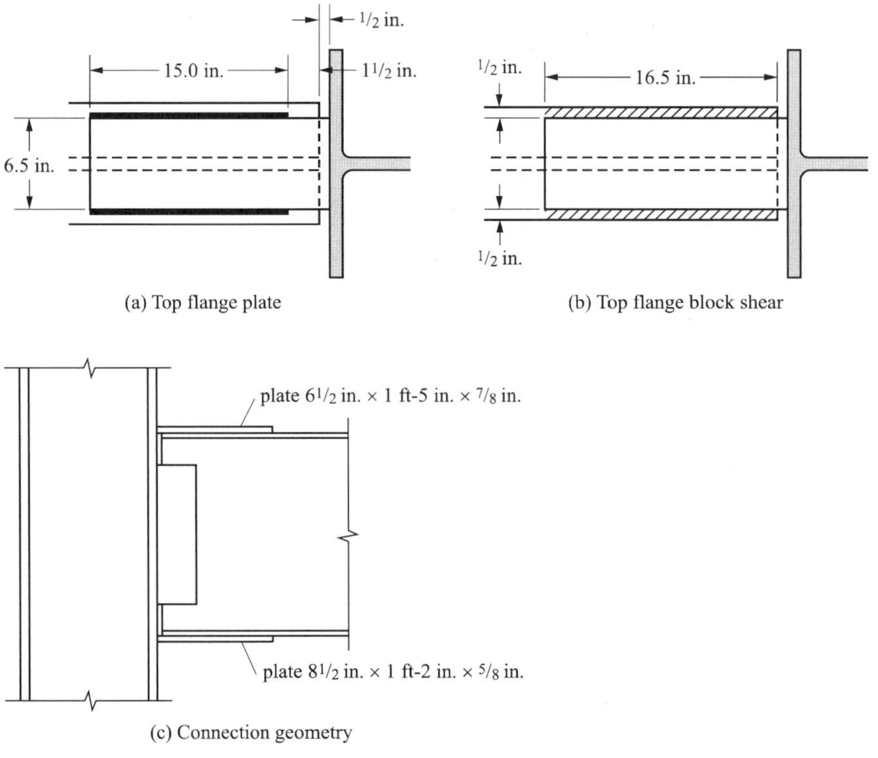

그림 12.4 • 예제 12.2의 연결

그리고 설계강도는

$$\phi R_n = 2[0.75(0.6(50)(9.41) + 1.0(65))(0.285)] = 451 > 167 \text{ kips}$$

Step 7: 플랜지 플레이트의 소요압축을 구한다.
이 플레이트는 국부좌굴 및 전체좌굴에 대해 검사되어야 한다. 시작점으로 항복이 지배하는 한계상태라고 가정한다. 따라서, 인장플레이트에서와 같은 면적이 요구될 것이다. 그러나, 이 플레이트는 보 플랜지보다 넓어야 한다. 이는 용접들이 아랫방향으로 배치하기 때문이다. 8.5 in폭의 플레이트를 가정한다. 따라서,

$$t_p = \frac{5.15}{8.5} = 0.606 \text{ in.}$$

향후 고려를 위해 5/8 in 플레이트를 선택한다.

Step 8: 압축 플레이트의 국부좌굴을 검사한다.
압축플레이트의 국부좌굴은 시방서 표 B4.1a의 폭-두께 비에 대해 검사한다. 용접사의의 플레이트 폭은 보강 플레이트로 취급되고 이 용접을 벗어난 투영(projects)되는 폭은 비보강 플레이트로 다룬다. 보강플레이에 대해, case 8,

$$\frac{b}{t} = \frac{7.5}{0.625} = 12.0 < 1.49\sqrt{\frac{E}{F_y}} = 42.3$$

비보강 플레이트에 대해, case 1,

$$\frac{b}{t} = \frac{0.5}{0.625} = 0.80 < 0.56\sqrt{\frac{E}{F_y}} = 15.9$$

따라서 플레이트 강도는 국부좌굴에 의해 제한되지 않는다.

Step 9: 플레이트의 압축강도를 구한다.
그림 12.4a에 보이는 바와 같이 플레이트는 기둥 플랜지에서 용접의 끝까지의 압축좌굴 거리 2.0 in를 가진다고 가정된다. 유효길이계수는 고정-고정 기둥에 대해 해설(Commentary)에서 권장되는 값인 0.65를 사용한다. 이 플레이트의 세장비를 구한다.

$$r = \sqrt{\frac{I}{A}} = \sqrt{\frac{h^2}{12}} = \sqrt{\frac{(0.625)^2}{12}} = 0.180$$

$$\frac{KL}{r} = \frac{0.65(2.0)}{0.180} = 7.22$$

연결부의 일부인 압축요소에 대해 시방서 J4.4절에서는 세장비가 25보다 작을 경우, $F_{cr} = F_y$. 따라서, 항복에 대해서 이 플레이트를 선택한 것은 올바르고 8.5 × 5/8 플레이트는 압축한계상태에 대해서 허용된다.

Step 10: 플랜지 플레이트들을 기둥 플랜지에 연결하는데 필요한 용접을 결정한다.
전달되는 힘은 양쪽 플레이트에서 같다. 플레이트의 폭과 기둥플랜지를 비교해 보면 각 플레이트는 기둥 플랜지의 폭 $b_f = 14.5$ in보다 작기 때문에 서로 compatible하다. 추가로, 힘은 용접에 수직이므로 용접강도는 1.5배 증가될 수 있다. 따라서 플레이트의 상당

및 하단에서의 필렛용접에 대해서,

$$D = \frac{167}{1.5(1.392)(2b_p)} = \frac{40.0}{b_p}$$

상부 플랜지 플레이트에 대해

$$D = \frac{40.0}{6.5} = 6.15 \text{ sixteenths of in., therefore use a pair of } {}^7\!/_{16} \text{ in. welds}$$

하부 플랜지 플레이트에 대해

$$D = \frac{40.0}{8.5} = 4.71 \text{ sixteenths of in., therefore use a pair of } {}^5\!/_{16} \text{ in. welds}$$

Step 11: 최종 설계를 완성한다.
예제 12.1a에서 검증된 웨브 연결이 여기서도 수행되어야 한다. 용접 플랜지 플레이트 연결에 대한 최종 형상은 그림 12.4에 보인다.

12.2b Example

－ASD에 의한 용접플레이트 모멘트연결－

용접 플랜지 플레이트 보－기둥 모멘트연결부를 설계하라.

조건: 그림 12.2a는 용접 플랜지 플레이트 보－기둥 연결부를 보여준다. 보는 W18 × 50이고 기둥은 W14 × 90이다. 볼트는 7/8 in A325-N이고 용접봉은 E70이다. A992 형강과 A36 플레이트이다. ASD 소요강도 M_a = 167 ft-kips, V_a =30 kips. 모멘트는 상부 플랜지에는 인장, 하부 플랜지에는 압축을 유발한다고 가정한다.

풀이.

Step 1: 매뉴얼 표 1-1로부터 보와 기둥의 특성값들을 구한다.

Beam: W18 × 50	$d = 18.0$ in.	$b_f = 7.50$ in.
	$t_w = 0.355$ in.	$t_f = 0.570$ in.
Column: W14 × 90	$d = 14.0$ in.	$b_f = 14.5$ in.
	$t_w = 0.440$ in.	$t_f = 0.710$ in.

Step 2: 각 플랜지 플레이트에 작용하는 힘을 구한다.
보수적으로 모멘트길이는 보의 깊이로 가정한다. 따라서,

$$P_a = \frac{M_a}{d} = \frac{167(12)}{18.0} = 111 \text{ kips}$$

Step 3: 항복 한계상태에 기초하여 최소 플레이트 면적을 구한다.

$$A_p = \frac{\Omega P_a}{F_y} = \frac{1.67(111)}{(36)} = 5.15 \text{ in.}^2$$

상부플랜지 플레이트는 아랫방향으로의 용접에 편의성을 제공하기 위해 보의 플랜지보다 좁아야 한다. 따라서, 7/8 × 6.5 in 플레이트, A_p = 5.69 in^{2}를 시도한다.

Step 4: 플레이트의 인장파단을 검사한다.
용접연결부에 대한 전단지연계수 U는 시방서 표 D3.1 case 4에 주어진다. 최소값 U는

0.75이고 용접길이는 최소한 플레이트의 폭과 같아야 한다. 이러한 U값은 여기서는 보수적인 접근방법으로 사용된다. 따라서,

$$P_n = UF_u A_n = 0.75(58)(5.69) = 248 \text{ kips}$$

$$\frac{P_n}{\Omega} = \frac{248}{2.00} = 124 > 111 \text{ kips}$$

따라서, 용접길이가 최소한 플레이트 폭과 같은 이상 최종 용접길이와 관계없이 인장 파단한계상태가 지배하지는 않는다.

Step 5: 용접 파단에 기초한 필렛용접 사이즈를 구한다.
시방서 표 J2.4에 근거하여 0.5 in 보플랜지에 연결되는 7/8 in 플레이트에 대한 최소 용접치수는 1/4 in이다. 따라서, 플랜지 플레이트의 측면상 한쌍의 1/4 in 필렛용접에 대한 요구길이를 구한다.

$$L = \frac{111}{2(0.928(4))} = 15.0 \text{ in.}$$

이 길이는 이 연결부에서 적당하게 보이며 플레이트 폭인 6.5 in를 초과한다. 따라서, 상부 플레이트는 6.5 × 17.0 × 7/8 (그림 12.4).

Step 6: 보 상부 플랜지의 블록전단파단을 고려한다.
플레이트가 플랜지에 용접되기 때문에, 중요한 전단한계상태는 전단 항복이다. 그림 12.4b에 보이는 바와 같이 웨브 각면의 두 블록에 대해 요구 면적은

$$A_{gv} = 16.5(0.570) = 9.41 \text{ in.}^2$$
$$A_{nt} = 0.5(0.570) = 0.285 \text{ in.}^2$$

그리고 허용강도는

$$\frac{R_n}{\Omega} = 2\left[\frac{(0.6(50)(9.41) + 1.0(65))(0.285)}{2.00}\right] = 300 > 111 \text{ kips}$$

Step 7: 플랜지 플레이트의 소요압축을 구한다.
이 플레이트는 국부좌굴 및 전체좌굴에 대해 검사되어야 한다. 시작점으로 항복이 지배하는 한계상태라고 가정한다. 따라서, 인장플레이트에서와 같은 면적이 요구될 것이다. 그러나, 이 플레이트는 보 플랜지보다 넓어야 한다. 이는 용접들이 아랫방향으로 배치하기 때문이다. 8.5 in폭의 플레이트를 가정한다. 따라서,

$$t_p = \frac{5.15}{8.5} = 0.606 \text{ in.}$$

향후 고려를 위해 5/8 in 플레이트를 선택한다.

Step 8: 압축 플레이트의 국부좌굴을 검사한다.
압축플레이트의 국부좌굴은 시방서 표 B4.1a의 폭−두께 비에 대해 검사한다. 용접사이의 플레이트 폭은 보강 플레이트로 취급되고 이 용접을 벗어난 투영(projects)되는 폭은 비보강 플레이트로 다룬다.
보강플레이에 대해, case 8,

$$\frac{b}{t} = \frac{7.5}{0.625} = 12.0 < 1.49\sqrt{\frac{E}{F_y}} = 42.3$$

비보강 플레이트에 대해, case 1,

$$\frac{b}{t} = \frac{0.5}{0.625} = 0.80 < 0.56\sqrt{\frac{E}{F_y}} = 15.9$$

따라서 플레이트 강도는 국부좌굴에 의해 제한되지 않는다.

Step 9: 플레이트의 압축강도를 구한다.

그림 12.4a에 보이는 바와 같이 플레이트는 기둥 플랜지에서 용접의 끝까지의 압축좌굴 거리 2.0 in를 가진다고 가정된다. 유효길이계수는 고정-고정 기둥에 대해 해설(Commentary)에서 권장되는 값인 0.65를 사용한다. 이 플레이트의 세장비를 구한다.

$$r = \sqrt{\frac{I}{A}} = \sqrt{\frac{h^2}{12}} = \sqrt{\frac{(0.625)^2}{12}} = 0.180$$

$$\frac{KL}{r} = \frac{0.65(2.0)}{0.180} = 7.22$$

연결부의 일부인 압축요소에 대해 시방서 J4.4절에서는 세장비가 25보다 작을 경우, $F_{cr} = F_y$. 따라서, 항복에 대해서 이 플레이트를 선택한 것은 올바르고 8.5 × 5/8 플레이트는 압축한계상태에 대해서 허용된다.

Step 10: 플랜지 플레이트들을 기둥 플랜지에 연결하는데 필요한 용접을 결정한다.

전달되는 힘은 양쪽 플레이트에서 같다. 플레이트의 폭과 기둥플랜지를 비교해 보면 각 플레이트는 기둥 플랜지의 폭 $b_f = 14.5$ in보다 작기 때문에 서로 호환가능하다. 추가로, 힘은 용접에 수직이므로 용접강도는 1.5배 증가될 수 있다. 따라서 플레이트의 상당 및 하단에서의 필렛용접에 대해서,

$$D = \frac{111}{1.5(0.928)(2b_p)} = \frac{39.9}{b_p}$$

상부 플랜지 플레이트에 대해

$$D = \frac{39.9}{6.5} = 6.14 \text{ sixteenths of in., therefore use a pair of } {}^{7}\!/_{16} \text{ in. welds}$$

하부 플랜지 플레이트에 대해

$$D = \frac{39.9}{6.5} = 4.69 \text{ sixteenths of in., therefore use a pair of } {}^{5}\!/_{16} \text{ in. welds}$$

Step 11: 최종 설계.

예제 12.1a에서 검증된 웨브 연결이 여기서도 수행되어야 한다. 용접 플랜지 플레이트 연결에 대한 최종 형상은 그림 12.4에 보인다.

12.3.3 볼트 플랜지 플레이트 접합

볼트 플랜지 플레이트 접합은 볼트를 통한 보 플랜지에 플레이트의 부착을 제외하고 용접 플랜지 플레이트 접합과 유사하다. 보 인장 플랜지에 볼트의 추가는 인장 플랜지의 파단에 근거하는 보의 휨강도의 새로운 한계상태가 평가되어야 한다는 것을 의미한다. 볼트의 사용으로 인한 다른 한계상태는 몇 차례 설명하였고 여기서 다시 적용된다.

볼트 플랜지 플레이트 접합은 설치 관점에서 보면 효과적인 접합이다. 보는 현장에서 플레이트와 볼트 사이에 삽입하고, 플레이트는 기둥 플랜지에 공장에서 용접 할 수 있다. 이 현장 설치 과정을 도모하기 위해서 상부 플레이트는 일반적으로 약간 높이 놓이고 보에 사용되는 충전제도 제자리에 있어야 한다.

예제 12.2에 보인 바와 같이 다음의 예제에서는 플랜지 힘의 전달에 관련된 한계상태의 검토를 보여준다. 웨브 접합은 새로운 한계상태를 고려할 필요가 없기 때문에 설계되지 않는다.

12.3a Example

－LRFD에 의한 볼트 플랜지 플레이트 모멘트연결－

볼트 플랜지 플레이트 보－기둥 모멘트연결부를 설계하라.

조건: 그림 12.2c는 볼트 플랜지 플레이트 보－기둥 연결부를 보여준다. 이 연결부는 예제 12.2a에서와 같은 조건들로 설계된다. 보는 W18 × 50이고 기둥은 W14 × 90이다. 볼트는 7/8 in A325-N이고 용접봉은 E70이다. A992 형강과 A36 플레이트이다. 소요강도 $M_u = 250$ ft-kips, $V_u = 45.0$ kips. 모멘트는 상부 플랜지에는 인장, 하부 플랜지에는 압축을 유발한다고 가정한다.

풀이.

Step 1: 보와 기둥의 특성값들을 구한다.
부재치수는 예제 12.2a에 주어진 값들과 같다. 추가로, 매뉴얼 표 1-1로부터 W18 × 50의 $S_x = 88.9\ \text{in}^3$.

Step 2: 휨에 대해 줄어진 단면을 검사한다.
비록 단면이 아직 설계되지는 않았지만, 연결을 통한 단면의 인장 플랜지에 두 개의 볼트 구멍이 있음을 알 수 있다. 이는 보의 강도를 요구강도 밑으로 감소시킬 것이다. 이 경우, 이 연결 설계로 지속할 이유가 없다. 따라서, 시방서 F13.1의 규정들이 인장플랜지의 파단한계상태에 적용되어야 한다.
인장플랜지의 전 및 순 단면적을 구한다.

$$A_{fg} = 7.5(0.570) = 4.28\ \text{in.}^2$$
$$A_{fn} = (7.5 - 2(7/8 + 1/8))(0.570) = 3.14\ \text{in.}^2$$

인장강도에 대한 항복응력을 비를 구하여 Y_t를 정한다.

$$\frac{F_y}{F_u} = \frac{50}{65} = 0.76 < 0.8$$

따라서, 모든 A992 형강에 대해 $Y_t = 1.0$이고 한 쌍의 7/8 in 볼트 구멍을 가지는 W18 × 50에 대해서

$$Y_t F_y A_{fg} = 1.0(50)(4.28) = 214 \text{ kips}$$
$$F_u A_{fn} = 65(3.14) = 204 \text{ kips}$$

$F_u A_f n < Y_t F_y A_{fg}$이므로, 공칭 모멘트강도는 시방서 식 F13-1에 의해 다음으로 제한된다.

$$M_n = \frac{F_u A_{fn}}{A_{fg}} S_x = \frac{204}{4.28}(88.9)\left(\frac{1}{12}\right) = 353 \text{ ft-kips}$$

$$\phi M_n = 0.9(353) = 318 > 250 \text{ ft-kips}$$

그러므로 휨강도는 적절하다.

Step 3: 플랜지 플레이트의 인장항복을 검사한다.
플랜지 플레이트는 예제 12.2a에서 사용된 것과 유사할 것이다. 7-1/4 × 3/4 플레이트를 시도한다.

$$A_g = 7.25(0.750) = 5.44 \text{ in.}^2$$
$$\phi R_n = 0.9(36)(5.44) = 176 > 167 \text{ kips}$$

Step 4: 플레이트의 인장파단을 검사한다.

$$A_n = (7.25 - 2(7/8 + 1/8))(0.750) = 3.94 \text{ in.}^2$$
$$\phi R_n = 0.75(58)(3.94) = 171 > 167 \text{ kips}$$

그러므로 플레이트 사이지는 인장을 토대로 적절하다.

Step 5: 볼트 전단파단을 기초로 필요한 볼트 개수를 구한다.
우선 최소로 요구되는 볼트 개수를 결정하기 위하여 볼트 전단파단을 고려한다.
매뉴얼 표 7-1로부터 7/8 in 볼트에 대한, ϕr_n = 24.3 kips; 그러므로

$$\text{필요 볼트개수} = 167/24.3 = 6.87$$

따라서, 여덟 개의 볼트를 시도하고, 볼트간격은 3 in, 연단거리는 최소한 볼트직경의 두 배로 전체 볼트 강도를 사용한다.

Step 6: 플레이트에 대해 볼트 지압강도를 구한다.

$$R_n = 2.4(7/8)(0.750)(58) = 91.4 \text{ kips}$$

플레이트의 여덟 개 볼트연결에 대해, 설계강도는

$$\phi R_n = 0.75(8)(91.4) = 548 > 167 \text{ kips}$$

Step 7: 보 플랜지에 대한 볼트 지압강도를 구한다, 모든 볼트는 지압에 지배되도록 충분한 순거리를 가진다고 가정한다.

$$R_n = 2.4(7/8)(0.570)(65) = 77.8 \text{ kips}$$

따라서, 보 플랜지의 여덟 개의 볼트 연결에 대해, 설계강도는

$$\phi R_n = 0.75(8)(77.8) = 467 > 167 \text{ kips}$$

단지 여섯 개의 볼트들만 고려되고 볼트의 지압한계상태가 여전히 플레이트 혹은 보 플랜지에 대해 중요하지 않을 경우 $2d_b$의 연단거리 가정은 문제가 아니다.

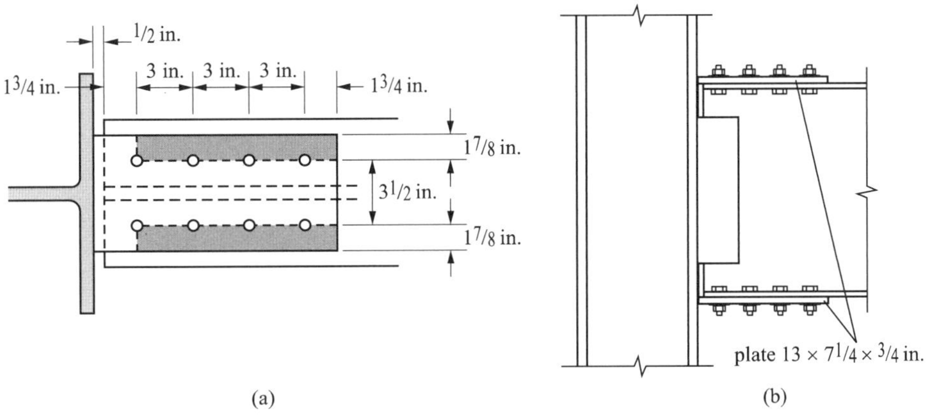

그림 12.5 • 예제 12.3의 연결

Step 8: 플레이트의 전단파단을 확인한다.

그림 12.5의 형상을 사용하여 플레이트의 블록전단을 검사한다. 두 개의 가능한 플록전단 파괴 유형이 있기 때문에, 한 개는 중앙부분이 인장으로 그리고 다른 한 개에서는 두 개의 외측 부분들이 인장으로, 최악의 경우가 확인되어야 한다. 블록전단에 대한 인장면적은 최소 인장폭과 관련된 것일 것이다. 이 경우, 가운데의 3-1/2 in 부분일 것이고 두 개의 전단면에 대한 순 인장 면적과 전단 면적은

$$A_{nt} = (3.5 - (7/8 + 1/8))(0.750) = 1.88 \text{ in.}^2$$

$$A_{gv} = 2(10.75)(0.750) = 16.1 \text{ in.}^2$$
$$A_{nv} = 2(10.75 - 3.5(7/8 + 1/8))(0.750) = 10.9 \text{ in.}^2$$

전단항복과 전단파단을 고려하여 최소 강도를 선택한다. 따라서,

$$0.6F_y A_{gv} = 0.6(36)(16.1) = 348 \text{ kips}$$
$$0.6F_u A_{nv} = 0.6(58)(10.9) = 379 \text{ kips}$$

전단항복 항을 전택하고 인장파단 항과 조합하여 연결 블록전단강도를 확인한다. $U_{bs} = 1.0$

$$\phi R_n = 0.75(348 + 1.0(58)(1.88)) = 343 > 167 \text{ kips}$$

Step 9: 보 플래지의 블록전단을 확인한다.

이 경우, 보 웨브가 가운데 부분의 블록전단파괴를 방지하므로 두 개의 외측부분들의 합을 확인한다.

$$A_{nt} = 2\left(2.00 - \frac{1}{2}(7/8 + 1/8)\right)(0.570) = 1.71 \text{ in.}^2$$

그리고 두 개의 전단면에 대한 전단 면적은

$$A_{gv} = 2(10.75)(0.570) = 12.3 \text{ in.}^2$$
$$A_{nv} = 2(10.75 - 3.5(7/8 + 1/8))(0.570) = 8.27 \text{ in.}^2$$

전단항복과 전단파단을 고려해서 최소강도의 것을 선택한다; 따라서,

$$0.6F_yA_{gv} = 0.6(50)(12.3) = 369 \text{ kips}$$
$$0.6F_uA_{nv} = 0.6(65)(8.27) = 323 \text{ kips}$$

전단파단의 항을 인잔파단의 항과 조합하며 연결부 설계 블록전단강도를 준다. $U_{bs} = 1.0$.

$$\phi R_n = 0.75(323 + 1.0(65)(1.71)) = 326 > 167 \text{ kips}$$

Step 10: 압축 플레이트의 국부좌굴을 검사한다.

그림 12.5에 주어진 형상을 사용하여 인장 플레이트데 대해 같은 플레이트를 시도한다. 플레이트의 국부좌굴을 용접플레이트에서와 같은 방식으로 확인한다. 이 경우, 보강 플레이트 폭은 볼트 선들 사이의 거리이고 비보강 플레이트 폭은 볼트선으로부터 자유끝단까지의 거리이다. 따라서, 표 B4.1a case 8에 대해,

$$\frac{b}{t} = \frac{3.5}{0.750} = 4.67 < 1.49\sqrt{\frac{E}{F_y}} = 42.3$$

비보강 플레이트에 대해, 표 B4.1a case 1,

$$\frac{b}{t} = \frac{1.875}{0.750} = 2.50 < 0.56\sqrt{\frac{E}{F_y}} = 15.9$$

따라서 플레이트 강도는 국부좌굴에 의해 제한되지 않는다.

Step 11: 압축플레이트의 길이에 따른 압축강도를 구한다.

기둥 플랜지에서 첫 번째 볼트까지의 거리가 플레이트의 좌굴길이이므로, $L = 1.75 + 0.50 = 2.25$ in. 유효길이계수는 고정-고정 기둥에 대해 $k = 0.65$를 사용하는 것이 적당하다.

$$r = \sqrt{\frac{h^2}{12}} = \sqrt{\frac{0.750^2}{12}} = 0.217 \text{ in.}$$

$$\frac{KL}{r} = \frac{0.65(2.25)}{0.217} = 6.74 < 25$$

따라서, $F_{cr} = F_y$이고 강도는 인장 항복 한계상태에 대해서와 같다.

Step 12: 플랜지 플레이트들을 기둥 플랜지에 연결하는데 필요한 용접을 결정한다.

전달되는 힘은 양쪽 플레이트에서 같다. 플레이트의 폭과 기둥플랜지를 비교해 보면 각 플레이트는 기둥 플랜지의 폭 $b_f = 14.5$ in보다 작기 때문에 서로 호환가능하다. 추가로, 힘은 용접에 수직이므로 용접강도는 1.5배 증가될 수 있다. 따라서 플레이트의 상당 및 하단에서의 필렛용접에 대해서,

$$D = \frac{167}{1.5(1.392)(2b_p)} = \frac{40.0}{b_p}$$

상부 및 하부 플랜지 플레이트들에 대해

$$D = \frac{40.0}{7.25} = 5.52 \text{ sixteenths of in.}$$

따라서, 한 쌍의 3/8 in의 용접을 사용하고, 이는 이 플레이트의 두께에 대한 최소값을 초과한다.

Step 13. 웨브 연결을 고려한다.
용접 플랜지 플레이트에서 사용된 것과 같은 웨브 전단 연결이 이 연결부에 사용된다.

Step 14: 최종 설계는 다음과 같다.
그림 12.5a 및 b에서 보이는 대로, 이 연결부의 플랜지 플레이트는 7/8 in A325-N 볼트와 함께 13 × 7-1/4 × 3/4 in.

12.3b Example

－ASD에 의한 볼트 플랜지 플레이트 모멘트연결－

볼트 플랜지 플레이트 보－기둥 모멘트연결부를 설계하라.

조건: 그림 12.2c는 볼트 플랜지 플레이트 보－기둥 연결부를 보여준다. 이 연결부는 예제 12.2a에서와 같은 조건들로 설계된다. 보는 W18 × 50이고 기둥은 W14 × 90이다. 볼트는 7/8 in A325-N이고 용접봉은 E70이다. A992 형강과 A36 플레이트이다. 소요강도 $M_a = 167$ ft-kips, $V_a = 30.0$ kips. 모멘트는 상부 플랜지에는 인장, 하부 플랜지에는 압축을 유발한다고 가정한다.

풀이.

Step 1: 보와 기둥의 특성값들을 구한다.
부재치수는 예제 12.2b에 주어진 값들과 같다. 추가로, 매뉴얼 표 1-1로부터 W18 × 50의 $S_x = 88.9$ in^3.

Step 2: 휨에 대해 줄어진 단면을 검사한다.
비록 단면이 아직 설계되지는 않았지만, 연결을 통한 단면의 인장 플랜지에 두 개의 볼트 구멍이 있음을 알 수 있다. 이는 보의 강도를 요구강도 밑으로 감소시킬 것이다. 이 경우, 이 연결 설계로 지속할 이유가 없다. 따라서, 시방서 F13.1의 규정들이 인장플랜지의 파단한계상태에 적용되어야 한다.
인장플랜지의 전 및 순 단면적을 구한다.

$$A_{fg} = 7.5(0.570) = 4.28 \text{ in.}^2$$
$$A_{fn} = (7.5 - 2(7/8 + 1/8))(0.570) = 3.14 \text{ in.}^2$$

인장강도에 대한 항복응력을 비를 구하여 Y_t를 정한다.

$$\frac{F_y}{F_u} = \frac{50}{65} = 0.76 < 0.8$$

따라서, 모든 A992 형강에 대해 $Y_t = 1.0$이고 한 쌍의 7/8 in 볼트 구멍을 가지는 W18 × 50에 대해서

$$Y_t F_y A_{fg} = 1.0(50)(4.28) = 214 \text{ kips}$$
$$F_u A_{fn} = 65(3.14) = 204 \text{ kips}$$

$F_u A_f n < Y_t F_y A_{fg}$이므로, 공칭 모멘트강도는 시방서 식 F13-1에 의해 다음으로 제한된다.

$$M_n = \frac{F_u A_{fn}}{A_{fg}} S_x = \frac{204}{4.28}(88.9)\left(\frac{1}{12}\right) = 353 \text{ ft-kips}$$
$$\frac{M_n}{\Omega} = \frac{353}{1.67} = 211 > 167 \text{ ft-kips}$$

그러므로 휨강도는 적절하다.

Step 3: 플랜지 플레이트의 인장항복을 검사한다.
플랜지 플레이트는 예제 12.2a에서 사용된 것과 유사할 것이다. 7-1/4 × 3/4 플레이트를 시도한다.

$$A_g = 7.25(0.75) = 5.44 \text{ in.}^2$$

$$\frac{R_n}{\Omega} = \frac{(36)(5.44)}{1.67} = 117 > 111 \text{ kips}$$

Step 4: 플레이트의 인장파단을 검사한다.

$$A_n = (7.25 - 2(7/8 + 1/8))(0.750) = 3.94 \text{ in.}^2$$

$$\frac{R_n}{\Omega} = \frac{(58)(3.94)}{2.00} = 114 > 111 \text{ kips}$$

그러므로 플레이트 사이지는 인장을 토대로 적절하다.

Step 5: 볼트 전단파단을 기초로 필요한 볼트 개수를 구한다.
우선 최소로 요구되는 볼트 개수를 결정하기 위하여 볼트 전단파단을 고려한다.
매뉴얼 표 7-1로부터 7/8 in 볼트에 대한, $r_n/\Omega = 16.2$ kips ; 그러므로

$$\text{필요 볼트개수} = 111/16.2 = 6.85$$

따라서, 여덟 개의 볼트를 시도하고, 볼트간격은 3 in, 연단거리는 최소한 볼트직경의 두 배로 전체 볼트 강도를 사용한다.

Step 6: 플레이트에 대해 볼트 지압강도를 구한다.

$$R_n = 2.4(7/8)(0.750)(58) = 91.4 \text{ kips}$$

플레이트의 여덟 개 볼트연결에 대해, 허용강도는

$$\frac{R_n}{\Omega} = \frac{(8)(91.4)}{2.00} = 366 > 111 \text{ kips}$$

Step 7: 보 플랜지에 대한 볼트 지압강도를 구한다, 모든 볼트는 지압에 지배되도록 충분한 순거리를 가진다고 가정한다.

$$R_n = 2.4(7/8)(0.570)(65) = 77.8 \text{ kips}$$

따라서, 보 플랜지의 여덟 개의 볼트 연결에 대해, 허용강도는

$$\frac{R_n}{\Omega} = \frac{(8)(77.8)}{2.00} = 311 > 111 \text{ kips}$$

단지 여섯 개의 볼트들만 고려되고 볼트의 지압한계상태가 여전히 플레이트 혹은 보 플랜지에 대해 중요하지 않을 경우 $2d_b$의 연단거리 가정은 문제가 아니다.

Step 8: 플레이트의 전단파단을 확인한다.
그림 12.5의 형상을 사용하여 플레이트의 블록전단을 검사한다. 두 개의 가능한 플록전단 파괴 유형이 있기 때문에, 한 개는 중앙부분이 인장으로 그리고 다른 한 개에서는 두 개의 외측 부분들이 인장으로, 최악의 경우가 확인되어야 한다. 블록전단에 대한 인장면적은 최소 인장폭과 관련된 것일 것이다. 이 경우, 가운데의 3-1/2 in부분일 것이고 두 개의 전단면에 대한 순 인장 면적과 전단 면적은

$$A_{nt} = (3.5 - (7/8 + 1/8))(0.750) = 1.88 \text{ in.}^2$$
$$A_{gv} = 2(10.75)(0.750) = 16.1 \text{ in.}^2$$
$$A_{nv} = 2(10.75 - 3.5(7/8 + 1/8))(0.750) = 10.9 \text{ in.}^2$$

전단항복과 전단파단을 고려하여 최소 강도를 선택한다. 따라서,

$$0.6F_yA_{gv} = 0.6(36)(16.1) = 348 \text{ kips}$$
$$0.6F_uA_{nv} = 0.6(58)(10.9) = 379 \text{ kips}$$

전단항복 항을 전택하고 인장파단 항과 조합하여 연결 블록전단강도를 확인한다. $U_{bs} = 1.0$

$$\frac{R_n}{\Omega} = \frac{(348 + 1.0(58)(1.88))}{2.00} = 229 > 111 \text{ kips}$$

Step 9: 보 플래지의 블록전단을 확인한다.

이 경우, 보 웨브가 가운데 부분의 블록전단파괴를 방지하므로 두 개의 외측부분들의 합을 확인한다.

$$A_{nt} = 2\left(2.00 - \frac{1}{2}(7/8 + 1/8)\right)(0.570) = 1.71 \text{ in.}^2$$

그리고 두 개의 전단면에 대한 전단 면적은

$$A_{gv} = 2(10.75)(0.570) = 12.3 \text{ in.}^2$$
$$A_{nv} = 2(10.75 - 3.5(7/8 + 1/8))(0.570) = 8.27 \text{ in.}^2$$

전단항복과 전단파단을 고려해서 최소강도의 것을 선택한다; 따라서,

$$0.6F_yA_{gv} = 0.6(50)(12.3) = 369 \text{ kips}$$
$$0.6F_uA_{nv} = 0.6(65)(8.27) = 323 \text{ kips}$$

전단파단의 항을 인잔파단의 항과 조합하며 연결부 설계 블록전단강도를 준다. $U_{bs} = 1.0$.

$$\frac{R_n}{\Omega} = \frac{(323 + 1.0(65)(1.71))}{2.00} = 217 > 111 \text{ kips}$$

Step 10: 압축 플레이트의 국부좌굴을 검사한다.

그림 12.5에 주어진 형상을 사용하여 인장 플레이트데 대해 같은 플레이트를 시도한다. 플레이트의 국부좌굴을 용접플레이트에서와 같은 방식으로 확인한다. 이 경우, 보강 플레이트 폭은 볼트 선들 사이의 거리이고 비보강 플레이트 폭은 볼트선으로부터 자유끝단까지의 거리이다. 따라서, 표 B4.1a case 8에 대해,

$$\frac{b}{t} = \frac{3.5}{0.750} = 4.67 < 1.49\sqrt{\frac{E}{F_y}} = 42.3$$

비보강 플레이트에 대해, 표 B4.1a case 1,

$$\frac{b}{t} = \frac{1.875}{0.750} = 2.50 < 0.56\sqrt{\frac{E}{F_y}} = 15.9$$

따라서 플레이트 강도는 국부좌굴에 의해 제한되지 않는다.

Step 11: 압축플레이트의 길이에 따른 압축강도를 구한다.

기둥 플랜지에서 첫 번째 볼트까지의 거리가 플레이트의 좌굴길이이므로, $L = 1.75 + 0.50 = 2.25$ in. 유효길이계수는 고정-고정 기둥에 대해 $k = 0.65$를 사용하는 것이 적당하다.

$$r = \sqrt{\frac{h^2}{12}} = \sqrt{\frac{0.75^2}{12}} = 0.217 \text{ in.}$$

$$\frac{KL}{r} = \frac{0.65(2.25)}{0.217} = 6.74 < 25$$

따라서, $F_{cr} = F_y$이고 강도는 인장 항복 한계상태에 대해서와 같다.

Step 12: 플랜지 플레이트들을 기둥 플랜지에 연결하는데 필요한 용접을 결정한다.
전달되는 힘은 양쪽 플레이트에서 같다. 플레이트의 폭과 기둥플랜지를 비교해 보면 각 플레이트는 기둥 플랜지의 폭 $b_f = 14.5$ in보다 작기 때문에 서로 compatible하다. 추가로, 힘은 용접에 수직이므로 용접강도는 1.5배 증가될 수 있다. 따라서 플레이트의 상당 및 하단에서의 필렛용접에 대해서,

$$D = \frac{111}{1.5(0.928)(2b_p)} = \frac{39.9}{b_p}$$

상부 및 하부 플랜지 플레이트들에 대해

$$D = \frac{39.9}{7.25} = 5.50 \text{ sixteenths of in.}$$

따라서, 한 쌍의 3/8 in의 용접을 사용하고, 이는 이 플레이트의 두께에 대한 최소값을 초과한다.

Step 13. 웨브 연결을 고려한다.
용접 플랜지 플레이트에서 사용된 것과 같은 웨브 전단 연결이 이 연결부에 사용된다.

Step 14: 최종 설계는 다음과 같다.
그림 12.5a 및 b에서 보이는 대로, 이 연결부의 플랜지 플레이트는 7/8 in A325-N 볼트와 함께 13 × 7-1/4 × 3/4 in.

12.4 기둥 보강

이전 예제에서 접합부 설계는 접합부의 보 측면에서 다루었다. 즉, 설계는 접합을 부착하기 위해 오직 접합 요소와 보에 미치는 영향만을 보았다. 그것들은 지지요소에 접합의 영향과 힘의 전달은 고려하지 않았다. 일반적으로, 완전구속 모멘트접합은 기둥의 플랜지에서 만들어진다. 강축이 전달된 모멘트에 저항하기 때문에 이것은 기둥의 사용에 가장 효율적이다.

각 연결 요소와 마찬가지로 지지요소에 힘의 적용은 모든 해당되는 한계상태의 검토가 필요하다. 그림 12.2a부터 c에 나타낸 바와 같이 전형적인 모멘트접합은 기둥 플랜지에 집중하중의 전달을 야기한다. 보－기둥 접합에 적용할 수 있는 집중하중을 받는 플랜지와 웨브에 대한 한계상태는 다음과 같이 시방서 J10절에 정의된다.

1. 플랜지 국부 휨 Flange local bending
2. 웨브 국부 항복 Web local yielding
3. 웨브 크리플링 Web crippling
4. 웨브 압축 좌굴 Web compression buckling
5. 웨브 패널 존 좌굴 Web panel zone shear

이러한 한계상태의 적용은 작용 하중이 인장 또는 압축인지 여부와 접합이 기둥의 한 면 또는 양면에 배치되는지에 따라 변화한다. 한계상태를 초과하면 기둥 단면이 변경되어야 하거나 보강재와 웨브 더블러 플레이트를 사용해야 한다.

12.4.1 플랜지 국부 휨

플랜지 국부 휨 (J10.1절)은 그림 12.6에서 보여준다. 이 한계상태는 인장력이 기둥 플랜지에 작용하는 경우 이 적용될 수 있다. 플랜지 변형이 과도하면 이러한 한계상태에서 주된 관심사는 용접부의 응력분포이다. 따라서 적용된 힘의 한계는 과도한 변형을 방지하기 위해 설정된다. 플랜지 국부 휨에 대한 공칭강도는 다음과 같다.

$$R_n = 6.25\, F_{yf}\, t_f^2$$

$$\phi = 0.9\,(\text{LRFD}) \qquad \Omega = 1.67\,(\text{ASD})$$

힘이 플랜지 폭의 15% 미만인 기둥 플랜지의 작은 중심 부분에 적용된 경우 힘이 기둥 웨브에 가까이 적용되고 아주 작은 플랜지 변형이 발생하기 때문에 한계상태를 확인할 필요는 없다.

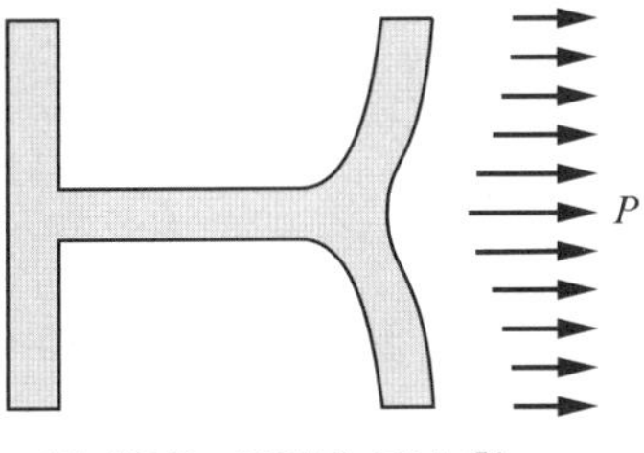

그림 12.6 • 플랜지 국부 휨

힘이 기둥의 가장자리 가까이에 적용되면, 플랜지 내에 힘의 분포는 기둥 가장자리에 근접에 의해 제한되고 발생하는 변형은 증가하게 된다. 힘이 부재의 가장자리까지 $10t_f$의 거리 보다 가까이 적용되는 경우에는 따라서 공칭강도는 50% 줄일 필요가 있다. 이러한 한계상태를 초과하면 한 쌍의 반단면 횡방향 보강재가 필요하다.

12.4.2 웨브 국부 항복

11장과 6.14절에서 논의한바와 같이, 웨브 국부 항복(J10.2절)은 보강접합에서 웨브의 베어링에 대하여 고려된 한계상태와 같다. 이전에는 압축력에 대하여 논의되었지만, 이러한 한계상태는 인장력에도 적용이 가능하다. 그림 12.7은 기둥의 웨브에 집중하중의 적용을 나타낸다.

이 힘은 직접-용접 보 플랜지 또는 보 플랜지 플레이트를 통해 전달될 수 있다. 필렛 용접으로 부착된 경우 베어링 길이 l_b는 힘이 적용된 플레이트의 두께 또는 두께에 용접 폭을 더하여 얻는다. 힘은 양방향으로 분산되고, 기둥 끝에서 기둥의 최소 깊이와 동일한 거리인 접합을 제공한다. 이 분포는 매뉴얼 표 1-1의 k_{des}에 의해 소정의 깊이에 걸쳐 2.5 : 1의 기울기에 있다. 이러한 경우에,

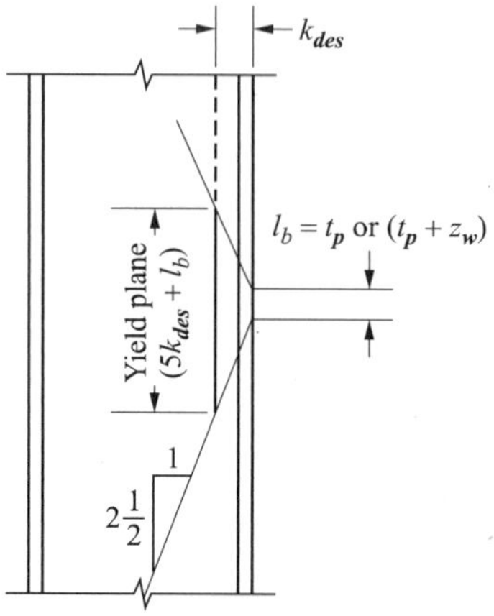

그림 12.7 • 기둥웨브에서의 집중하중 분배

$$R_n = F_{yw}\, t_w (5k_{des} + l_b)$$

$$\phi = 1.0\ (\text{LRFD}) \qquad \Omega = 1.50\ (\text{ASD})$$

기둥의 가장자리에서 접합부로부터 간격 d가 기둥의 깊이 보다 작은 경우에는 힘의 분포가 한쪽 방향으로만 일어나고 계수 5는 2.5로 대체된다. 이는 받침접합에 사용된 관계이다. 이러한 한계상태를 초과하면 반-단면 보강재 또는 웨브 더블러 플레이트의 한 쌍이 필요하다.

12.4.3 웨브 크리플링

웨브 크리플링(Web crippling)(J10.3절)은 압축력에만 적용한다. 이는 압축력 하에서 웨브의 크럼플링(crumpling)을 예상하는 한계상태이다. 한계상태는 국부 웨브 항복과 유사하나 국부 웨브 항복에 비해 비교적 가느다란 웨브에 발생한다.

웨브 크리플링 강도는 작용된 힘이 기둥의 끝단에 얼마나 근접한지에 따라 달라진다. 여기서는 힘은 기둥 끝단에서 최소 거리 $d/2$라고 가정한다. 한계상태가 받침연결에 대하여 고려된 경우에 힘은 끝단에서 $d/2$ 미만인 점에서 작용된다고 가정하였다. 이러한 경우 공칭강도는 다음과 같이 시방서 식 J10-4로 주어진다.

$$R_n = 0.80\, t_w^2 \left[1 + 3\left(\frac{l_b}{d}\right)\left(\frac{t_w}{t_f}\right)^{1.5} \right] \sqrt{\frac{EF_{yw}t_f}{t_w}}$$

$$\phi = 0.75\ (\text{LRFD}) \qquad \Omega = 2.00\ (\text{ASD})$$

웨브 크리프링 한계상태를 초과하는 경우에는 반-깊이 보강재 또는 반-깊이 더블러 플레이트 한 쌍이 필요하다.

12.4.4 웨브 압축 좌굴

웨브 압축 좌굴(Web Compression Buckling)(J10.5절)은 웨브를 압축으로 가하고, 기둥의 반대 면에 압축력이 작용하는 경우에만 적용된다. 힘이 기둥의 끝단($d/2$ 미만)에 근접한 경우에 강도는 50% 감소된다. 강도는 다음과 같이 시방서 식 J10-8로 주어진다.

$$R_n = \frac{24\, t_w^3 \sqrt{EF_{yw}}}{h}$$

$$\phi = 0.90\ (\mathrm{LRFD}) \qquad \Omega = 1.67\ (\mathrm{ASD})$$

웨브 압축 좌굴 한계상태를 초과하는 경우에는 single full-depth 보강재와 한 쌍의 full-depth 보강재 또는 full-depth 더블러 플레이트가 필요하다.

12.4.5 웨브 패널존 전단

완전 강접 접합부의 경계조건을 갖는 웨브 패널 존 전단(Web Panel Zone Shear)(J1.6절)은 중요할 수 있다. 패널 존의 강도는 축력도 존재하지 않는 웨브의 전단 항복에 근거한다. 이러한 경우 전단-축 상호작용이 고려된다. 골조 안정성에서 패널 존 변형의 영향이 구조해석에서 고려되지 않는 경우에는, 패널존이 탄성 거동할 것으로 예상된다. 구조해석에서 패널 존의 거동이 포함되는 경우, 패널 존의 비선형 거동을 포함하고 패널 존 강도는 그에 따라 증가될 수 있다. 패널 존 변형이 해석에 포함되지 않은 경우, 시방서 J10.6절에 주어진 바와 같이 패널 존 강도는 다음과 같다.

$P_r \le 0.4P_c$의 경우

$$R_n = 0.60\, F_y\, d_c\, t_w$$

$P_r > 0.4P_c$의 경우

$$R_n = 0.60\, F_y\, d_c\, t_w \left(1.4 - \frac{P_r}{P_c}\right)$$

$$\phi = 0.90\ (\mathrm{LRFD}) \qquad \Omega = 1.67\ (\mathrm{ASD})$$

여기서, P_r은 기둥의 소요 축강도이고, P_c는 항복강도이며, LRFD의 경우 P_y 또는 ASD의 경우 $0.6P_y$이다. 패널 존 강도는 기둥웨브에 의해 지지되는 층 전단력을 포함하는 패널 존에서 층 전단에 저항하기에 충분해야 한다. 이러한 한계상태를 초과하는 경우에 full-depth 더블러 플레이트가 필요하다.

이러한 한계상태들 각각의 논의에서 결론은 한계상태를 초과하는 경우에는 보강재 또는 더블러 플레이트가 필요한 것을 나타낸다. 따라서, 이는 "go/no-go"의 결정이다. 보강재가 이러한 한계상태의 오직 하나의 초과로 매우 작은 여유로 필요함이 가능하다. 불행하게도, 보강재는 특히 full-depth 보강재에 대하여 기둥 플랜지 사이에 설치하는 경우에 접합에 추가하기에는 비싼 요소이다. 다수의 경우에서, 축하중에 대해 필요한 것보다 클 수 있는 기둥 단면을 선택하는 것은 더 경제적이지만 보강재의 요구사항을 피할 수 있다. 따라서, 보강재 요구사항은 세부단계로 방치해서는 안 되지만, 부재치수를 변경할 수 있는 경우에는 설계절차의 초기 단계에서 다루어진다.

보강재가 인장 또는 압축 중 하나를 피할 수 없는 경우에는 작용하중으로 계산된 힘에 저항하게 설계되고 각각의 한계상태에서 정의된 저항력은 감소한다. 이러한 합력은 시방서 J4절의 인장 또는 압축 접합요소에 대한 조항에 근거하여 크기를 표시한 보강재의 단면적에 의해 저항된다. 시방서는 J10.8 및 J10.9 절에 보강재와 더블러 플레이트에 대한 추가기준을 제공한다. 보강재에 대한 치수의 요구사항은 다음과 같다.

1. 기둥 웨브 두께의 폭을 더한 각각의 보강재 폭은 힘을 제공하는 부착된 플레이트 폭의 1/3 이상이어야 한다: $b_s \geq (b_p/3 - t_w/2)$

2. 보강재의 두께는 부착된 플레이트의 두께에 최소한 절반이어야 하고 16으로 나눈 플레이트 폭과 최소한 같아야 한다: $t_s \geq t_p/2$ and $t_s \geq b_p/16$

3. 횡방향 보강재는 기둥의 깊이에 최소 절반을 확장해야 한다.

강도요건 또한 이러한 단면에서 발견된다. 인장력에 저항하는 보강재에 대해서는 시방서 D 장의 규정을 만족해야 한다. 하중 재하된 플랜지와 보강재 사이의 용접은 보강재에 의해 수반되는 하중을 전달하도록 치수화 되어야 하고 웨브에서 용접부는 스티프너의 단부에서 힘의 차이를 전달해야 한다.

압축 보강재의 강도는 시방서 J4.4절에서 볼 수 있는 압축 접합요소에 대한 요건을 만족해야 한다. 보강재는 하중 재하된 플랜지에 견딜 수 있도록 설계되거나 보강재가 저항하기 위해 요구되는 힘을 전달하기 위해 용접되어 있다. 웨브 용접부가 스티프너의 단부에서 힘 간의 차이를 전달하도록 설계된다.

필요한 경우에 더블러 플레이트는 힘에 대한 조항에 따라 저항하기 위해 요구되는 더블러 플레이트 힘에 대해 설계되어야 한다. 이는 압축에 대하여 E장의 조항, 인장에 대하여 D장의 조항, 전단에 대하여 G장의 조항에서 포함한다. 추가적인 한계는 다음과 같다.

1. 플레이트 두께나 크기는 강도 요건이 동일하거나 초과하는 추가적인 재료를 제공해야 한다.

2. 기둥 웨브를 더블러 플레이트에 연결하는 용접부에서는 더블러 플레이트에 전달되는 힘을 발휘해야 한다.

12.4a Example

−LRFD에 의한 기둥 쪽 한계상태−

모멘트접합에 대한 기둥 쪽 한계상태를 검사하고 필요 시 보강재와 더블러 플레이트를 설계하라.

조건: 예제 12.3a의 볼트 플랜지 플레이트 접합을 고려한다. 플랜지 플레이트는 7-1/4 × 3/4이고 소요 힘 $P_u = 167$ kips를 저항해야 한다.

풀이.

Step 1: 플랜지 국부 휨에 기초하여 기둥 플랜지 강도를 구한다. (J10.1절)

이 한계상태는 인장력에 대해서만 적용되고, 강도는

$$R_n = 6.25F_{yf}t_f^2 = 6.25(50)(0.710)^2 = 158\text{ kips}$$
$$\phi R_n = 0.9(158) = 142 < 167\text{ kips}$$

이 강도는 적용 하중보다 작기 때문에, 한 쌍의 반-깊이 보강재가 요구된다.

Step 2: 웨브 국부 항복에 기초하여 기둥 웨브 강도를 구한다. (J10.2절)

이 한계상태는 기둥 웨브에 작용하는 인장과 압축력 모두에 적용된다. 지압 길이 l_b는 플레이트 두께와 플레이트 각 면의 3/8 in 필렛용접 한다.

$$l_b = 3/4 + 2(3/8) = 1.50\text{ in.}$$

매뉴얼 표 1-1로부터, $k_{des} = 1.31$, 그러므로 웨브 강도는

$$R_n = F_{yf}t_w(5k_{des} + l_b) = (50)(0.44)(5(1.31) + 1.50) = 177\text{ kips}$$
$$\phi R_n = 1.0(177) = 177 > 167\text{ kips}$$

따라서, 이 한계상태는 초과되지 않고 보강재를 필요로 하지 않는다.

Step 3: 웨브 크리플링에 기초하여 기둥 웨브 강도를 구한다. (J10.3절)

이 한계상태는 기둥에 작용하는 압축력에 대해서는 적용된다. 힘이 기둥 끝으로부터 $d/2$보다 큰 거리에서 작용할 때 기둥 웨브 강도는

$$R_n = 0.80t_w^2\left[1 + 3\left(\frac{l_b}{d}\right)\left(\frac{t_w}{t_f}\right)^{1.5}\right]\sqrt{\frac{EF_{yf}t_f}{t_w}}$$
$$= 0.80(0.440)^2\left[1 + 3\left(\frac{1.50}{14.0}\right)\left(\frac{0.440}{0.710}\right)^{1.5}\right]\sqrt{\frac{(29{,}000)(50)(0.710)}{(0.440)}} = 274\text{ kips}$$

$$\phi R_n = 0.75(274) = 206 > 167\text{ kips}$$

따라서, 이 한계상태에 대해서 보강재는 요구되지 않는다.

Step 4: 웨브 압축 좌굴에 기초하여 기둥 웨브 강도를 구한다. (J10.5절)

이 한계상태는 기둥의 반대쪽에 반대방향이 압축력이 없는 한 확인할 필요가 없다. 이 예제에서 묘사되는 연결은 기둥의 다른 쪽에서의 어떠한 연결도 언급하지 않았다. 이 한계상태는 기둥으로의 향후(future) 연결에 대한 한계상태 수립 시 검사할 수 있다. h값은 매뉴얼에서 명확히 주어지지 않으나 h/t_w는 주어진다. 따라서, $h = 25.9(0.440) = 11.4$ in. 기둥 웨브 강도는 이 때

$$R_n = \frac{24t_w^3\sqrt{EF_{yw}}}{h} = \frac{24(0.440)^3\sqrt{(29{,}000)(50)}}{11.4} = 216\text{ kips}$$
$$\phi R_n = 0.9(216) = 194 > 167\text{ kips}$$

따라서, 이 기둥 웨브는 194 kips보다 작은 반대의 힘이 기둥의 다른 쪽에서 작용한다면 압축 좌굴를 겪지 않는다.

Step 5: 패널존 전단에 대한 웨브의 강도를 구한다. (J10.6절)
기둥에서의 어떠한 축력 상호 작용 없이 패널존의 항복에 기초하여, 패절존 전단강도는

$$R_n = 0.6F_y d t_w = 0.6(50)(14.0)(0.440) = 185 \text{ kips}$$
$$\phi R_n = 0.9(185) = 167 \text{ kips}$$

이는 연결부에 의해 적용된 힘과 같기 때문에, 패널존은 어떠한 추가되는 층 전단을 수용할 수 없다. 전형적인 외측 기둥 연결에 대해, 층 전단 및 연결부 힘에서 오는 전단은 추가될 수 없고, 따라서 이 패널은 기둥 소요 축강도가 $0.4P_y$보다 커서 패널존 전단강도가 감소하지 않는 한 패널존 전단 문제를 갖지 않는다.

Step 6: 보강재들에 의해 전달되는 힘을 구한다.
이 예제에서 보강재를 요구하는 유일한 기둥 웨브 한계상태는 인장플랜지만의 문제인 플랜지 국부 휨이다. 이 보강재를 통해서 전달되는 힘은 적용된 하중과 웨브의 강도사이의 차이이고, 따라서 Step 1으로부터,

$$R_u = (167 - 142) = 25 \text{ kips}$$

이는 전달되는 매우 작은 힘이다. 플랜지 국부 휨 한계상태에 대해 조심스럽게 살펴보면, 만일 기둥 플랜지가 0.710 in 대신 0.770 in라면 어떠한 보강재로 필요하지 않다. 이 경우, W14 × 99형강은 이 보강재 문제를 제거할 것이다.

Step 7: 요구되는 보강재 사이즈를 구한다.
보강재의 치수에 대한 요구사항에 기초하여, 각 보강재의 최소 폭은

$$b_s \ge \left(\frac{b_p}{3} - \frac{t_w}{2}\right) = \left(\frac{7.25}{3} - \frac{0.440}{2}\right) = 2.20 \text{ in.}$$

보강재의 두께는 최소한

$$t_s \ge \frac{t_p}{2} = \frac{0.750}{2} = 0.375 \text{ in. or } t_s \ge \frac{b_p}{16} = \frac{7.25}{16} = 0.453 \text{ in.}$$

수평(transverse) 보강재는 최소한 기둥두께의 1/2 로 확장되어야 한다. 따라서 그림 12.8에서와 같이 3/4 in. 모따기와 함께 2.25 × 1/2 in 보강재를 시도한다. 인장 보강재에 대해서 하나의 보강재의 설계강도는

$$A_g = (2.25 - 0.750)(0.50) = 0.750 \text{ in.}^2$$
$$\phi R_n = 0.9(36)(0.750) = 24.3 \text{ kips}$$

따라서, 한 쌍의 보강재는 2(24.3) = 48.6 kips를 제공하고, 이는 소요강도 25 kips보다 크다.

Step 8: 요구되는 용접 치수를 구한다.
하중을 받는 플랜지와 보강재 사이의 용접은 각 보강재에 의해 12.5 kips의 하중을 전달하도록 치수가 결정되어야 한다. 필렛용접이 보강재의 상부 및 하부에 사용될 것이다. 따라서,

$$D = \frac{12.5}{1.5(1.392)(2)(1.50)} = 2.00 \text{ sixteenths of in.}$$

그리고 최소 3/16 in의 용접이 시방서 표 J2.4에 의해 요구된다.

웨브의 용접은 보강의 양 끝의 힘들간의 차이만큼 전달해야만 한다. 이는 보강재 두께의 반이므로 보강재의 총 힘은 기둥 웨브로 전달되어야 한다; 따라서,

$$D = \frac{12.5}{(1.392)(2)(6.50 - 0.750)} = 0.781 \text{ sixteenths of in.}$$

그리고 최소 3/16 in의 용접이 시방서 표 J2.4에 의해 요구된다.

Step 9: 결론.

steps 4와 5에서의 조건들을 제외하고, 그림 12.8에서와 같이 3/16 in 용접을 가지는 6-1/2 × 2-1/4 × 1/3의 보강재들이 적당할 것이다.

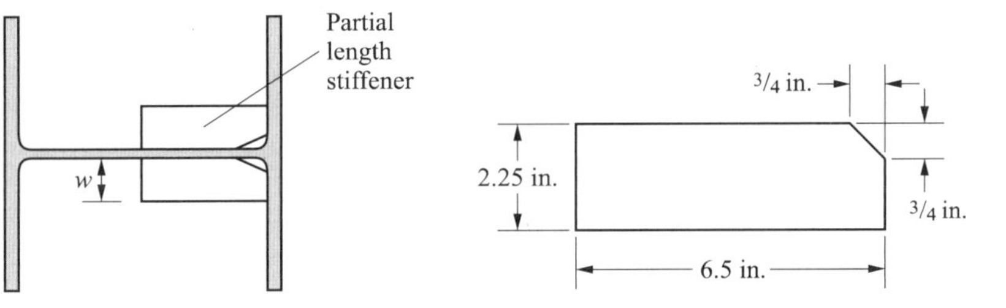

그림 12.8 • 예제 12.4의 기둥 보강재

12.4b Example

–ASD에 의한 기둥 쪽 한계상태–

모멘트접합에 대한 기둥 쪽 한계상태를 검사하고 필요 시 보강재와 더블러 플레이트를 설계하라.

조건: 예제 12.3b의 볼트 플랜지 플레이트 접합을 고려한다. 플랜지 플레이트는 7-1/4 × 3/4이고 소요 힘 $P_a = 111$ kips를 저항해야 한다.

풀이.

Step 1: 플랜지 국부 휨에 기초하여 기둥 플랜지 강도를 구한다. (J10.1절)

이 한계상태는 인장력에 대해서만 적용되고, 강도는

$$R_n = 6.25 F_{yw}\, t_f^2 = 6.25(50)(0.710)^2 = 158 \text{ kips}$$

$$\phi R_n = \frac{(158)}{1.67} = 94.6 < 111 \text{ kips}$$

이 강도는 적용 하중보다 작기 때문에, 한쌍의 반-깊이 보강재가 요구된다.

Step 2: 웨브 국부 항복에 기초하여 기둥 웨브 강도를 구한다. (J10.2절)

이 한계상태는 기둥 웨브에 작용하는 인장과 압축력 모두에 적용된다. 지압 길이 l_b는 플레이트 두께와 플레이트 각 면의 3/8 in 필렛용접 한다.

$$l_b = 3/4 + 2(3/8) = 1.50 \text{ in.}$$

매뉴얼 표 1-1로부터, $k_{des} = 1.31$, 그러므로 웨브 강도는

$$R_n = F_{yw} t_w (5k_{des} + l_b) = (50)(0.440)(5(1.31) + 1.50) = 177 \text{ kips}$$

$$\frac{R_n}{\Omega} = \frac{177}{1.5} = 118 < 111 \text{ kips}$$

따라서, 이 한계상태는 초과되지 않고 보강재를 필요로 하지 않는다.

Step 3: 웨브 크리플링에 기초하여 기둥 웨브 강도를 구한다. (J10.3절)
이 한계상태는 기둥에 작용하는 압축력에 대해서는 적용된다. 힘이 기둥 끝으로부터 $d/2$보다 큰 거리에서 작용할 때 기둥 웨브 강도는

$$R_n = 0.80 t_w^2 \left[1 + 3\left(\frac{l_b}{d}\right)\left(\frac{t_w}{t_f}\right)^{1.5}\right]\sqrt{\frac{EF_{yw}t_f}{t_w}}$$

$$= 0.80(0.440)^2 \left[1 + 3\left(\frac{1.50}{14.0}\right)\left(\frac{0.440}{0.710}\right)^{1.5}\right]\sqrt{\frac{(29{,}000)(50)(0.710)}{0.440}} = 274 \text{ kips}$$

$$\frac{R_n}{\Omega} = \frac{274}{2.00} = 137 > 111 \text{ kips}$$

따라서, 이 한계상태에 대해서 보강재는 요구되지 않는다.

Step 4: 웨브 압축 좌굴에 기초하여 기둥 웨브 강도를 구한다. (J10.5절)
이 한계상태는 기둥의 반대쪽에 반대방향이 압축력이 없는 한 확인할 필요가 없다. 이 예제에서 묘사되는 연결은 기둥의 다른 쪽에서의 어떠한 연결도 언급하지 않았다. 이 한계상태는 기둥으로의 향후(future) 연결에 대한 한계상태 수립 시 검사할 수 있다. h값은 매뉴얼에서 명확히 주어지지 않으나 h/t_w는 주어진다. 따라서, $h = 25.9(0.440) = 11.4$ in. 기둥 웨브 강도는 이 때

$$R_n = \frac{24 t_w^3 \sqrt{EF_{yw}}}{h} = \frac{24(0.440)^3\sqrt{(29{,}000)(50)}}{11.4} = 216 \text{ kips}$$

$$\frac{R_n}{\Omega} = \frac{216}{1.67} = 129 > 111 \text{ kips}$$

따라서, 이 기둥 웨브는 129 kips보다 작은 반대의 힘이 기둥의 다른 쪽에서 작용한다면 압축 좌굴을 겪지 않는다.

Step 5: 패널존 전단에 대한 웨브의 강도를 구한다. (J10.6절)
기둥에서의 어떠한 축력 상호 작용 없이 패널존의 항복에 기초하여, 패절존 전단강도는

$$R_n = 0.6 F_y d t_w = 0.6(50)(14.0)(0.440) = 185 \text{ kips}$$

$$\frac{R_n}{\Omega} = \frac{185}{1.67} = 111 \text{ kips}$$

이는 연결부에 의해 적용된 힘과 같기 때문에, 패널존은 어떠한 추가되는 층 전단을 수용할 수 없다. 전형적인 외측 기둥 연결에 대해, 층 전단 및 연결부 힘에서 오는 전단은 추가될 수 없고, 따라서 이 패널은 기둥 소요 축강도가 $0.4P_y$보다 커서 패널존 전단강도가 감소하지 않는 한 패널존 전단 문제를 갖지 않는다.

Step 6: 보강재들에 의해 전달되는 힘을 구한다.

이 예제에서 보강재를 요구하는 유일한 기둥 웨브 한계상태는 인장플랜지만의 문제인 플랜지 국부 휨이다. 이 보강재를 통해서 전달되는 힘은 적용된 하중과 웨브의 강도사이의 차이이고, 따라서 Step 1으로부터,

$$R_a = (111 - 94.6) = 16.4\ \text{kips}$$

이는 전달되는 매우 작은 힘이다. 플랜지 국부 휨 한계상태에 대해 조심스럽게 살펴보면, 만일 기둥 플랜지가 0.710 in 대신 0.770 in라면 어떠한 보강재로 필요하지 않다. 이 경우, W14 × 99형강은 이 보강재 문제를 제거할 것이다.

Step 7: 요구되는 보강재 사이즈를 구한다.
보강재의 치수에 대한 요구사항에 기초하여, 각 보강재의 최소 폭은

$$b_s \geq \left(\frac{b_p}{3} - \frac{t_w}{2}\right) = \left(\frac{7.25}{3} - \frac{0.440}{2}\right) = 2.20\ \text{in.}$$

보강재의 두께는 최소한

$$t_s \geq \frac{t_p}{2} = \frac{0.750}{2} = 0.375\ \text{in. or } t_x \geq \frac{b_p}{16} = \frac{7.25}{16} = 0.453\ \text{in.}$$

수평(transverse) 보강재는 최소한 기둥두께의 1/2로 확장되어야 한다. 따라서 그림 12.8에서와 같이 3/4 in. 모따기와 함께 2.25 × 1/2 in 보강재를 시도한다. 인장 보강재에 대해서 하나의 보강재의 설계강도는

$$A_g = (2.25 - 0.750)(0.50) = 0.750\ \text{in.}^2$$

$$\frac{R_n}{\Omega} = \frac{(36)(0.750)}{1.67} = 16.2\ \text{kips}$$

따라서, 한쌍의 보강재는 2(16.2) = 32.4 kips를 제공하고, 이는 소요강도 16.4 kips보다 크다.

Step 8: 요구되는 용접 치수를 구한다.
하중을 받는 플랜지와 보강재 사이의 용접은 각 보강재에 의해 8.2 kips의 하중을 전달하도록 치수가 결정되어야 한다. 필렛용접이 보강재의 상부 및 하부에 사용될 것이다. 따라서,

$$D = \frac{8.20}{1.5(0.928)(2)(1.50)} = 1.96\ \text{sixteenths of in.}$$

그리고 최소 3/16 in의 용접이 시방서 표 J2.4에 의해 요구된다.
웨브의 용접은 보강의 양 끝의 힘들간의 차이만큼 전달해야만 한다. 이는 보강재 두께의 반이므로 보강재의 총 힘은 기둥 웨브로 전달되어야 한다; 따라서

$$D = \frac{8.20}{(0.928)(2)(6.50 - 0.750)} = 0.768\ \text{sixteenths of in.}$$

그리고 최소 3/16 in의 용접이 시방서 표 J2.4에 의해 요구된다.

Step 9: 결론.
Steps 4와 5에서의 조건들을 제외하고, 그림 12.8에서와 같이 3/16 in 용접을 가지는 6-1/2 × 2-1/4 × 1/3의 보강재들이 적당할 것이다.

12.5 연습문제

1. Design a bolted flange plate connection to connect a W21 × 57 beam to the flange of a W14 × 99 column. The connection must transfer a dead load moment of 36 ft-kips and a live load moment of 110 ft-kips, and a dead load shear of 6.7 kips and a live load shear of 20 kips. The plates are A36 steel and welded to the column with E70 electrodes. Use $^3/_4$ in. A325-N bolts. The beam and column are A992 steel. Design by (a) LRFD and (b) ASD.

2. For the design from Problem 1, determine the column stiffening requirements. If stiffeners or doubler plates are required, design the stiffeners and doublers by (a) LRFD and (b) ASD.

3. Design a welded flange plate connection to connect a W24 × 103 beam to the flange of a W14 × 159 column. The connection must transfer a dead load moment of 167 ft-kips and a live load moment of 500 ft-kips, and a dead load shear of 12 kips and a live load shear of 35 kips. The beam and column are A992 steel and the plates are A36. Use E70 electrodes and $^3/_4$ in. A325-N bolts. Design by (a) LRFD and (b) ASD.

4. For the design from Problem 3, determine the column stiffening requirements. If stiffeners or doubler plates are required, design the stiffeners and doublers by (a) LRFD and (b) ASD.

5. Design a bolted flange plate connection to connect a W18 × 60 beam to the flange of a W14 × 109 column. The connection must transfer a dead load moment of 40 ft-kips and a live load moment of 120 ft-kips, and a dead load shear of 8 kips and a live load shear of 24 kips. The plates are A36 steel and welded to the column with E70 electrodes. Use $^7/_8$ in. A325-N bolts. The beam and column are A992 steel. Design by (a) LRFD and (b) ASD.

6. For the design from Problem 5, determine the column stiffening requirements. If stiffeners or doubler plates are required, design the stiffeners and doublers by (a) LRFD and (b) ASD.

7. Design a welded flange plate connection to connect a W24 × 68 beam to the flange of a W14 × 132 column. The connection must transfer a dead load moment of 35 ft-kips and a live load moment of 105 ft-kips, and a dead load shear of 8 kips and a live load shear of 24 kips. The beam and column are A992 steel and the plates are A36. Use E70 electrodes and $^3/_4$ in. A325-N bolts. Design by (a) LRFD and (b) ASD.

8. For the design from Problem 7, determine the column stiffening requirements. If stiffeners or doubler plates are required, design the stiffeners and doublers by (a) LRFD and (b) ASD.

9. Design a bolted flange plate connection to connect a W24 × 76 beam to the flange of a W14 × 120 column. The connection must transfer a dead load moment of 45 ft-kips and a live load moment of 135 ft-kips, and a dead load shear of 10 kips and a live load shear of 30 kips. The plates are A36 steel and welded to the column with E70 electrodes. Use $^3/_4$ in. A325-N bolts. The beam and column are A992 steel. Design by (a) LRFD and (b) ASD.

10. For the design from Problem 9, determine the column stiffening requirements. If stiffeners or doubler plates are required, design the stiffeners and doublers by (a) LRFD and (b) ASD.

11. Design a welded flange plate connection to connect a W24 × 117 beam to the flange of a W14 × 176 column. The connection must transfer a dead load moment of 150 ft-kips and a live load moment of 450 ft-kips, and a dead load shear of 10 kips and a live load shear of 30 kips. The beam and column are A992 steel and the plates are A36. Use E70 electrodes and $^3/_4$ in. A325-N bolts. Design by (a) LRFD and (b) ASD.

12. For the design from Problem 11, determine the column stiffening requirements. If stiffeners or doubler plates are required, design the stiffeners and doublers by (a) LRFD and (b) ASD.

13. Design a direct-welded flange moment connection to connect a W24 × 76 beam to the flange of a W14 × 99 column. The connection must transfer a dead load moment of 80 ft-kips and a live load moment of 240 ft-kips, and a dead load shear of 15 kips and a live load shear of 45 kips. The beam and column are A992 steel and the web plate is A36. Use E70 electrodes and $^3/_4$ in. A325-X bolts. Design by (a) LRFD and (b) ASD.

14. For the design from Problem 13, determine the column stiffening requirements. If stiffeners or doubler plates are required, design the stiffeners and doublers by (a) LRFD and (b) ASD.

15. Design a direct-welded flange moment connection for the conditions of Problem 1. Design by (a) LRFD and (b) ASD.

16. For the design from Problem 15, determine the column stiffening requirements. If stiffeners or doubler plates are required, design the stiffeners and doublers by (a) LRFD and (b) ASD.

17. Design a direct-welded flange moment connection for the conditions of Problem 3. Design by (a) LRFD and (b) ASD.

18. For the design from Problem 17, determine the column stiffening requirements. If stiffeners or doubler plates are required, design the stiffeners and doublers by (a) LRFD and (b) ASD.

Multi-Chapter Problem

19. Integrated Design Project. Design bolted flange plate beam-to-column moment connections for the frame designed in Problem 31 of Chapter 8.

Reconsider the type of moment connections and de-

제 13 장

내진저항 강 시스템

13.1 개요

풍하중과 연직하중에 대한 구조물 해석과 설계는 일반적으로 구조적인 응답은 탄성 상태로 가정하여 수행된다. 내진설계에서는 이러한 가정은 특히 지진동을 수반하는 적용에 대하여 매우 제한적이다. 즉, 강진에서 구조물 응답은 본질적으로 비탄성이고 탄성해석은 발생되는 힘을 불필요하게 과대평가하고 변형을 부정확하게 과소평가 할 수 있다.

이 장에서는 내진 저항에 대한 강건축물의 설계를 위한 개요를 제공한다. ANSI/AISC 341-10 시방서의 요구사항은 지진하중에 대한 설계 시 적절한 지침을 제공하기 위해 구조용 강건축물에 대한 AISC 내진규정(AISC Seismic Provisions for Structural Steel Buildings)에 의해 보완된다. 이 장에서는 이러한 규준은 내진규정이라 한다.

지진 시 구조물의 응답에 예상되는 비탄성을 설명하기 위해, 내진대책에서 사용되는 방법은, 국립지진위험저감프로그램(National Earthquake Hazard Reduction Program, NEHRP) 규정, ASCE7 및 국제 건축법(International Building Code), 지진응답수정계수(seismic response modification factor) R, 변형증폭계수(deflection amplification factor) C_d 및 시스템 초과강도 계수(system overstrength factor) Ω_o은 비탄성 응답을 예측하는 탄성 해석의 사용을 허가한다. 이러한 계수들은 다음을 포함한다. 다음과 같이 이러한 계수가 포함된다.

- R은 구조물 설계를 위한 지진력을 결정할 때 약수(divisor)로 사용된다. 높은 R값은 구조시스템에서 큰 연성도 수준을 나타내며, 이는 지진력이 이 연성도에 비례하여 감소함을 초래한다.
- C_d는 층간변위를 결정하는 승수로 사용된다. 낮은 C_d값은 구조 강도의 높은 수준으로 인한 낮은 층간변위를 나타낸다.
- Ω_o는 지진하중조합에서 승수로 사용된다. 이는 지진력 저항 시스템의 초과강도 수준을 고려하여 설계하중을 증가시킴으로써 해석이 비탄성 거동을 보다 정확히 예측하도록 한다.

설계에 적합한 R, C_d 및 Ω_o의 값을 결정하기 위하여 건물은 점유(occupancy)와 사용(use)에 의해 분류된다. NEHRP 조항에서 건물은 세 가지 내진등급의 하나를 지정하고 내진설계범주는 내진등급, 기대 가속도, 토질 특성 및 건물의 주기에 근거하여 지정한다. ASCE 7과 International Building Code의 규정은 다소 차이가 있지만 비슷하다.

내진설계 범주 A, B 그리고 C는 일반적으로 중약진으로 분류되어 해당된다. A 범주에 대해서는 특별한 내진설계 규정이 없고 설계는 내진규정에 대한 언급 없이 진행할 수 있다. 내진설계 범주 B와 C에서 엔지니어는 건축기준에 의해 허용되는 경우 $R=3$, $C_d=3$ 그리고 $\Omega_o=3$와 같은 특수상세가 없는 기본 강구조물을 사용하여 선택할 수 있다. 또는 엔지니어는 내진규정에 정의되고 높은 R 계수를 이용한 시스템을 사용하기 위해 선택할 수 있다.

일반적으로 내진설계 D, E 그리고 F 범주는 강진의 분류에 해당한다. 이러한 경우, 엔지니어는 내진규정에 정의된 구조시스템을 사용해야 한다. 이 장의 나머지 부분에서는 R이 3보다 큰 값을 갖는 저항 지진력에 대한 내진규정에 대해 설명한다. 이는 상세 내진규정을 검토하기 위한 유용한 연습이다.

13.2 예상되는 거동

연직하중, 풍하중 및 약진과 관련된 지진하중에 대한 구조적 응답은 탄성으로 예상된다. 그러나 강진에 대해서 일부의 비탄성 거동을 방지하는 것은 비현실적이거나 불가능할 수 있음을 인식해야 한다. 이러한 이유로 실제 지진은 건물 규준에서 설계의 목적을 위해 정의된 것보다 덜 심각할 것이라는 보장이 없기 때문에 내진 조항은 성능설계방법론에 근거한다. 따라서 각 시스템에 포함된 조항은 강진 동안 지진동에 의하여 건물에 전달된 에너지를 소산에 의해 발생 할 수 있는 제어된 비선형 변형을 구조물을 가져올 수 있도록 의도된다. 이러한 비탄성 변형은 예측 가능한 방식으로 발생되고 구조 시스템의 특정요소 및/또는 위치에 제한되어야 한다. 이러한 변형이 발생하는 구조물의 나머지 부분들은 퓨즈가 과부하로부터 회로의 배선을 보호하는 것과 같이 탄성을 유지한다.

성능설계방법론의 이러한 기본적인 전제가 주어지면, "퓨즈" 요소는 종종 그것들을 둘러싼 부재와 연결부에 대한 설계 요구조건을 수립한다. 이는 시스템의 다른 유형마다 다양한 의미를 가진다.

- 그림 13.1과 같이 모멘트골조에서 퓨즈 요소는 일반적으로 거더-기둥 접합부 외부에 오직 거더에 소성힌지가 형성된다. 따라서 거더-기둥 접합부, 기둥 패널 존 및 기둥은 모두 이에 연결된 거더의 휨강도를 발현하도록 설계되어야 한다.
- 그림 13.2와 같이 중심가새골조에서 퓨즈 요소는 일반적으로 브레이싱 부재 자체에 형성된 압축 좌굴-인장 항복 메카니즘이다. 따라서 브레이스-거셋 접합부, 거셋, 거셋 접합부, 보 및 기둥은 이에 연결된 브레이스의 인장항복강도와 압축좌굴강도를 발생하도록 설계되어야 한다.

선택한 시스템에 관계없이, 퓨즈 요소는 예측할 수 있고 통제된 방식으로 변형되어야 하고 예상되는 변형의 수준을 초과하는 연성도를 제공해야 한다. 따라서 시스템은 항복과 같이 더 높은 연성도를 갖는 한계상태이도록 구성되고 파단과 같이 더 작은 연성도를 갖는 한계상태를 제어할 수 있다.

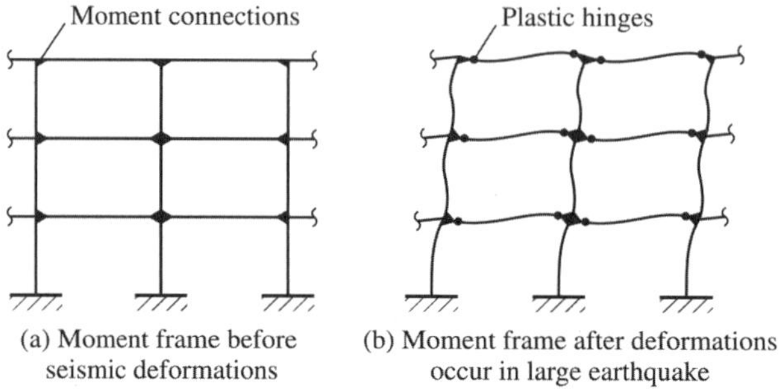

그림 13.1 • 모멘트골조 시스템

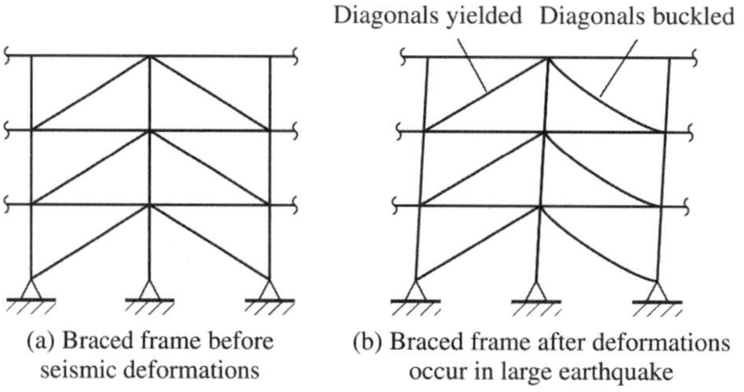

그림 13.2 • 가새골조 시스템

강재 항복 강도와 변형률 경화 효과와 같은 실제 재료 물성치는 시스템의 거동에 영향을 줄 수 있다. 이 책에서 논한 바와 같이, 강재는 다른 특성 중에 규정된 최소항복강도를 ASTM 지정(designation)에 의해 규정된다. 하지만 실제 항복강도는 규정된 값보다 높을 가능성이 있다. 또한, 한번 변형경화가 발생하기 시작하면 반복 하중의 영향은 더욱 분명히 항복 강도를 상승시키는 경향이 있다. 이는 퓨즈 요소에서만 항복하는 것을 제한하기 위해 구조물의 나머지 부분에서 요구된 강도가 증가하기 때문에 실제 항복강도와 기준 최소항복강도 그리고 변형경화 영향 사이의 차이는 성능설계 방법에서 중요하다.

이러한 효과는 내진규준에 승수로서 직접적으로 다루어진다. 첫째, 승수 R_y는 강재의 각각 등급에 대해 주어진다. F_y가 기준최소항복강도로 적용되는 경우 결과양은 예상항복강도 R_yF_y이다. 둘째, 허용치는 일반적으로 1.1의 계수를 갖는 변형경화의 영향으로 이루어진다. 따라서 내진규준은 퓨즈요소 주위의 접합부와 부재에 대한 설계력을 결정하기 위해 퓨즈 요소의 예상 강도의 계산에서 일반적으로 $1.1 \times R_yF_y$과 동등한 향상된 항복강도를 사용한다.

13.3 모멘트골조 시스템

내진규정의 E장에서 언급된, 모멘트골조 시스템은 일반적으로 휨 퓨즈 요소를 사용하고 대체로 소성힌지는 완전 구속 거더－기둥 모멘트 접합부 오직 외측 거더에 형성된다. 내진 규정에서 다음과 같이 모멘트골조 시스템의 세 가지 유형을 다룬다: E3절에서 특수 모멘트골조(SMF), E2절에서 중간 모멘트골조(IMF), E1절에서 보통 모멘트골조(OMF).

특수 트러스 모멘트골조(STMF), 보통 캔틸레버 기둥시스템(OCCS) 및 특수 캔틸레버 기둥 시스템(SCCS)과 같은 세 가지 다른 시스템을 E절에서 다룬다. STMF은 13.5절에서 자세히 설명한다. SMF와 IMF는 실험을 통해 각각 0.03 라디안과 0.01 라디안의 비탄성 회전 능력이 입증된 접합부를 사용한다.

OMF는 작은 비탄성 요구를 제공하는 처방적인 접합부를 사용한다. 모멘트골조의 탄성 변위(drift)는 0.01라디안이고 비탄성 변위는 접합부에서 비탄성 회전과 동일하다고 가정하면 SMF, IMF 및 OMF는 각각 0.04, 0.02 및 0.01 라디안의 층간변위로 규정한다. 일부 대표적인 내진 모멘트 접합부는 그림 13.3과 13.4에서 보여준다.

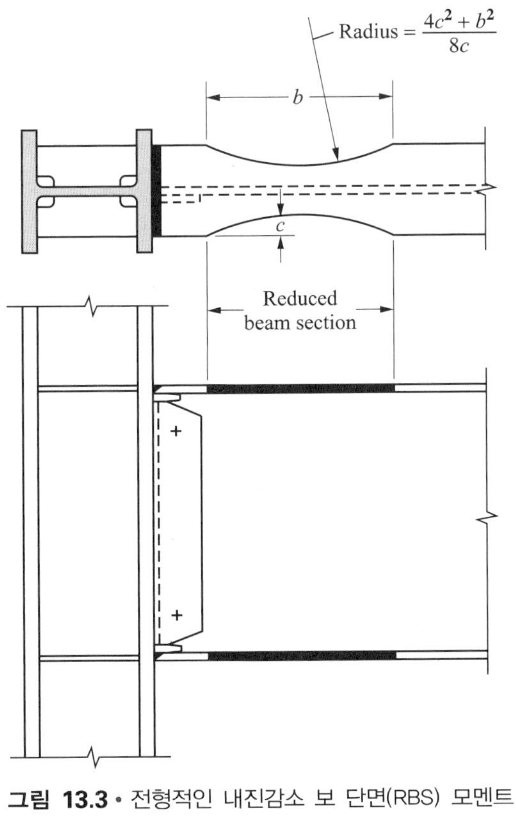

그림 13.3 • 전형적인 내진감소 보 단면(RBS) 모멘트 접합

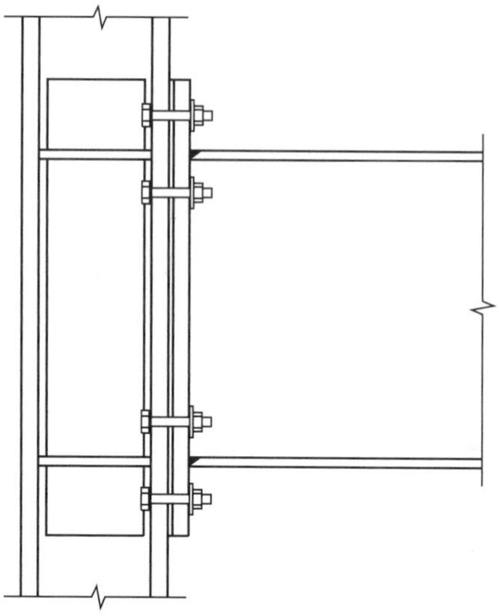

그림 13.4 • 전형적인 내진 엔드플레이트 모멘트접합

R, C_d 및 Ω_o의 값은 세 가지 시스템에 대하여 NEHRP조항에서 다음과 같이 규정한다.

System	R	Ω_o	C_d
SMF	8	3	5-1/2
IMF	4-1/2	3	4
OMF	3-1/2	3	3

SMF의 사용은 내진 설계 범주에서 대부분 제한되지 않지만, IMF 또는 OMF 사용은 내진설계범주, 건물높이 및 구조적형태에 따라 제한된다.

13.3.1 특수 모멘트골조

보통 보-기둥 접합부에 인접한 SMF는 강진 발생 동안 상당한 비탄성 변형에 대응하기 위해 보에서 소성 힌지를 통해 퓨즈를 형성하도록 구성된다. 또한 기둥 패널 존에서 일부 비탄성 변형이 있을 수 있다. 다음의 절에서 설명된 바와 같이 몇 가지 요구사항은 이러한 거동을 고취시키기 위해 내진규정에 포함되어 있다.

퓨즈 강도

보에서 소성힌지기 형성되고 퓨즈 휨강도는 $1.1R_yM_p$이다. 거더-기둥 접합부, 기둥 패널 존 및 기둥은 모두 이러한 휨강도를 발현하기 위해 퓨즈를 허용하도록 설계되어야 한다. 내진조항에 인식되는 대안적 방법은 각각 퓨즈가 접합부 변형과 패널-존 전단 변형을 통해 형성된 반강접(PR) 접합부와 패널-존 시스템을 갖는 모멘트골조 시스템을 포함한다.

보-기둥 접합부

SMF에서 사용된 모멘트 접합부는 내진 적용에서 특수와 중간 강재 모멘트 프레임에 대한 AISC 인증 접합부(AISC 358-10)에 포함된 접합부의 사용함으로써 연성도 요구사항에 대한 적합성을 입증하는 지지력 실험을 수행해야 한다. 또한, 사전 실험 또는 프로젝트에 특화된 실험에 의해 인증된 접합부의 사용은 허용된다. 그림 13.3과 13.4에 나타낸 FR 접합부는 AISC 358-10에 따라 사전 인증되어 있다. 그림 13.5는 특수 모멘트골조 감소 보 단면(reduced beam section, RBS) 접합부를 보여준다.

그림 13.5 • 감소 보 단면(PBS) 모멘트 접합

패널존 요구사항

기둥 패널 존의 일부 탄성 변형은 허용되고 다양한 경우에서 시스템 성능에 이롭다. 실험 조립품과 일치하는 패널 존이 필요하고, 내진 조항에서 요구사항은 일반적으로 제한된 항복을 갖는 강성이 큰 패널 존을 야기한다. 또한, 전단에 대해 기둥을 웨브 더블러 플레이트 및/또는 연속 플레이트(continuity plate)라 불리는 횡방향 보강재로 보 플랜지 힘을 기둥으로 전달하기 위해 보 플랜지에서 보강할 필요가 있다.

보와 기둥의 조밀성

AISC 시방서에서 조밀성 기준은 레벨 3의 소요 연성에 근거하는 반면에 SMF에서 보와 기둥에 대한 예상 부재 연성 요구는 6 또는 7과 유사하다. 따라서 SMF에서 보와 기둥은 내진 규정에 명시된 보다 엄격한 높은 연성 부재의 폭-두께 제한을 만족해야 한다.

층 메카니즘의 예방

SMF에서 강기둥과 약보의 관계는 기둥에 비례하여 만족되어야 한다. 이러한 요구사항은 구조물의 각 모멘트접합부에서 보와 기둥의 모멘트 비율의 확인으로 구성된다. 하지만 이 확인이 모든 기둥의 항복을 제거함을 의도하지는 않는다. 반면 이는 단순화된 방법이고 골조시스템의 기둥들이 골조의 다층 레벨에서의 보의 휨 항복을 일으키기에 충분하게 한다. 이는 그림 13.6에서와 같이 층 메커니즘을 일으킬 가능성을 감소시키고 더 높은 수준의 에너지 소산을 일으킨다. 기둥대신에 보가 항복한다면 에너지 소산을 증가시키지 않는 단층 건축물의 경우에서처럼 약간의 예외는 허용된다.

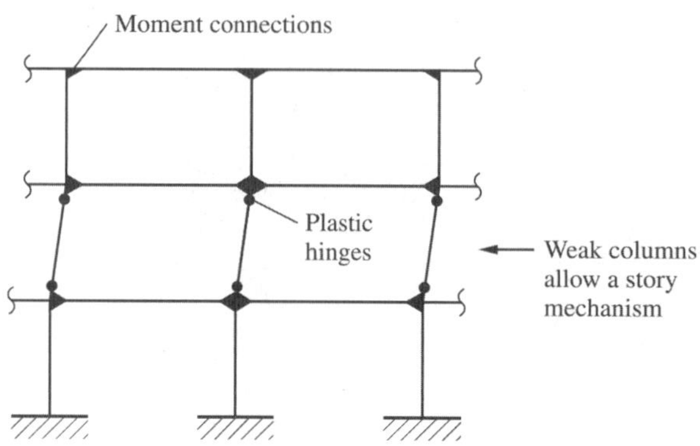

그림 13.6 • 강기둥/약보 관계 없는 모멘트 골조

안정 브레이싱 요구사항

특수 안정 브레이싱 요구사항은 비탄성 범주로 브레이스 요소의 위치를 유지하기에 적합하기 때문에 SMF에 적용된다. 보의 경우, 허용 비지지 길이는 일반적으로 감소되고 브레이싱은 소성힌지가 형성될 것으로 예상되는 위치 근처에 필요하다. 내진 조항은 보-기둥 접합부와 기둥의 브레이싱에 대해 몇 가지 선택사항을 제공한다. 종종 연직하중 골조와 바닥 슬래브와 보의 상호연결은 이러한 요구사항을 충족하기 위해 사용할 수 있다.

보호 구역

보에서 소성 힌지 영역과 같이 SMF에서 퓨즈 영역은 큰 비탄성 변형을 받을 것으로 예상된다. 따라서 부착물과 잠재적인 노치효과 유도 조건은 이러한 영역에서 금지된다.

13.3.2 중간 모멘트골조 및 보통 모멘트골조

IMF와 OMF 시스템은 SMF의 형상과 유사하나 대지진동안 비탄성 변형을 수용하기 위해 그만큼의 높은 성능을 제공하지는 않는다. 내진규정은 IMF와 OMF는 SMF와 비교할 때 덜 엄격한 요구사항을 가지고 있다. 사실 OMF는 종종 AISC에서의 규정들을 넘어서는 추가의 요구사항들을 가지고 있지는 않다.

IMF는 0.02라디안의 층간 변위각을 만족시키는 시험된 연결부 설계에 기초한다. 즉, IMF는 SMF에서와 같은 연결부 실험 요구사항들을 가지고 있으나 층간 변위각의 요구사항은 더 적다. OMF는 처방적인 설계과정에 기초하며 0.01라디안의 층간 변위각이 기대되고 이는 일반적인 탄성응답에 해당한다.

13.4 가새골조 시스템

내진규정의 F장에서 다뤄지는 가새골조는 두 개의 유형을 가지고 있다: 중심 및 편심. 중심 가새골조는 일반적으로 축방향 퓨즈 요소들을 사용한다－보통 브레이스들이고 인장에 항복하고 압축에 좌굴한다. 편심 가새골조는 일반적으로 전단 및/또는 휨 퓨즈 요소들을 사용한다－보통 브레이스에 인접한 보에서 링크라고 불리는 요소이다.

내진 규정 F장에서는 세 개 유형의 가새골조가 설명된다: F2절에서 특별 중심 가새골조(SCBF), F1절에서 보통 중심 가새골조(OCBF), F3절에서 편심 가새골조(EBF). 두 개의 다른 시스템들은 F절에서 제시된다: 좌굴방지 가새골조(BRBF) 및 특별 플레이트 전단벽(SPSW). 이들은 13.5절에서 논의된다. 첫 세 번째 시스템에 대해 NEHRP에서 제공되는 R, C_d, Ω_o 값들은 다음과 같다:

System	R	Ω_o	C_d
SCBF	6	2	5
OCBF	3-1/4	2	3-1/4
EBF	8	2	4

모든 가새골조 시스템은 내진설계범주에 근거한 빌딩 높이 제한을 갖는다.

13.4.1 특수 중심 가새골조

SCBF는 끝단 연결부 사이의 브레이스의 인장 항복 및 압축 좌굴을 통한 퓨즈를 형성하도록 구성되며, 이는 큰 지진에 대한 비탄성 변형을 도모하기 위함이다. 이 거동을 유도하기 위해 몇몇 규정들이 내진규정에 포함된다.

퓨즈 강도

인장에서의 퓨즈 축강도는 $R_yF_yA_g$와 같고 이는 보통 압축에서의 퓨즈 축강도보다 크다. 압축에서 퓨즈의 축강도는 $R_yF_yA_g$보다 작고 $1.14F_{cre}A_g$이고, 여기서 F_{cre}는 기대되는 임계 좌굴강도이다. 브레이스－거셋 연결, 거셋, 거셋－보 연결, 보 및 기둥은 모두 브레이스가 이러한 인장 축강도를 발현할 수 있도록 설계되어야 한다.

거셋 요구사항

대부분의 브레이스와 거셋들은 면내 좌굴이 발생하기 전에 면외 좌굴이 발생하도록 상세화된다. 이 경우, 약축 휨이 끝단 회전에 의해 거셋에서 유도되면 거셋은 이 회전을 수용하도록 상세화 되어야 한다. 따라서, 플레이트 두께의 두 배의 자유단 길이가 그림 13.7에서와

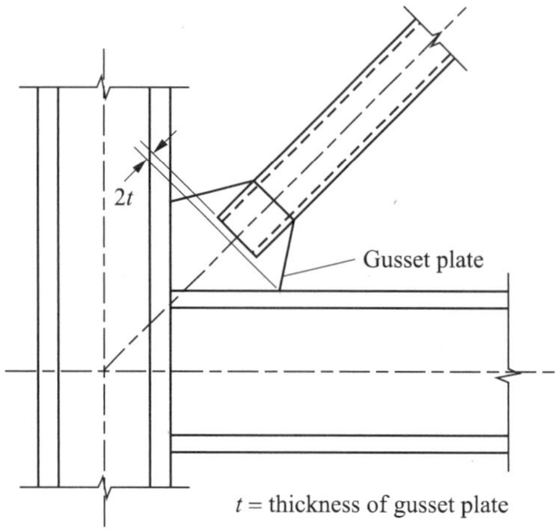

그림 13.7 • 전형적인 내진 가새접합

같이 브레이스의 끝단과 거셋플레이트의 휨 선 사이에 제공되어야 한다. 이 거셋에서의 휨 선은 브레이스 끝에서 가장 가까운 거셋 끝 연결의 점들 관통하는 브레이스 축에 수직인 선이다. 대안으로, 브레이스 연결은 브레이스 부재로의 변형으로 유도하기 위해 상세화 될 수 있고, 이는 면내 혹인 면위 좌굴의 발생으로 일어난다.

브레이스 세장비

브레이스의 세장비, Kl/r은 시스템의 후 좌굴 cyclic 성능에 영향을 미친다. 따라서 최대 브레이스 세장비 200이 허용된다.

브레이스 순 단면 제한

브레이스의 순 단면은 인장파단을 제어하기 위해 인장 항복을 허용할 정도로 커야 한다. 대부분의 끝 연결부는 이 조건을 만족시키기 위해 보강을 필요로 하는 순 단면을 포함한다.

브레이싱의 분배

브레이스들은 모든 층에서의 횡하중들이 브레이스 부재들의 인장 항복 및 압축 좌굴의 조합에 의해 저항하는 방식으로 사용되어야 한다. 비록 50-50 분배가 이상적으로 고려되나 규정은 횡하중의 70%까지는 시스템 거동이 탄성이 아닌 이상 인장 도는 압축 브레이스에 의해 저항되도록 허용한다. 인장 및 압축 브레이스들을 섞는 것은 시스템의 좌굴 및 후 좌굴강도를 증가시키고 한 방향으로 비탄성 변형이 축적되는 것을 방지한다.

보, 기둥 및 브레이스 조밀성

AISC의 조밀성 규정은 연성도 수준 3에 기초하는 반면 SMF의 보와 기둥에서 기대되는 부재 연성도 요구는 6 도는 7 수준일 수 있다. 따라서, SCBF의 보와 기둥은 내진규정에서 높은 연성도 부재들의 보다 엄격한 폭-두께 비의 제한을 만족시켜야 한다. 이러한 보다 엄격화된 제한은 또한 브레이스의 파괴에 대한 저항 및 후 좌굴 cyclic 성능을 향상시킨다.

브레이싱 형상

다양한 브레이싱 형상들이 있다. 몇 형상들은 특별한 고려를 요구한다; 기둥이 두 개의 연속되는 바닥들 사이에서 브레이스 되는 K-브레이싱과 같은 다른 것들은 허용되지 않는다. 그림 13.8은 여러 가지 브레이싱 형상들을 보여준다. 그림 13.9는 특별 중심 가새골조의 두 개의 층을 보여준다.

V-브레이싱 및 뒤집힌 V-브레이싱 골조들에서 브레이스에 기대되는 항복 및 후 좌굴 거동은 불균형한 수직 하중을 일으킨다. 이는 인장 브레이스가 항복됨에 따라 유효가게 남는 반면 압축 브레이스는 좌굴 이후 비효율적으로 되기 때문이다. 이러한 불균형한 힘은 교차하는 보 와 연결 및지지 부재들에서 저항되어야 한다. 즉, 보는 연직하중 뿐만 아니라 이에

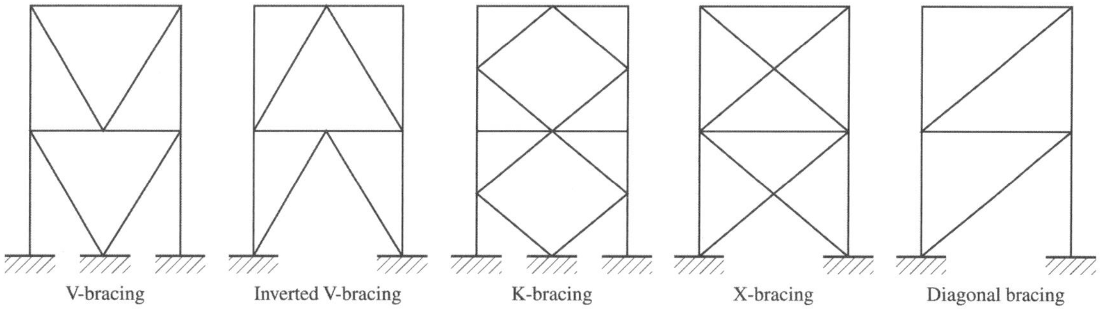

그림 13.8 • 중심 가새골조의 브레이싱 형상

그림 13.9 • 특수 중심 가새골조의 2층.
Photo courtesy Degenkolb Engineers.

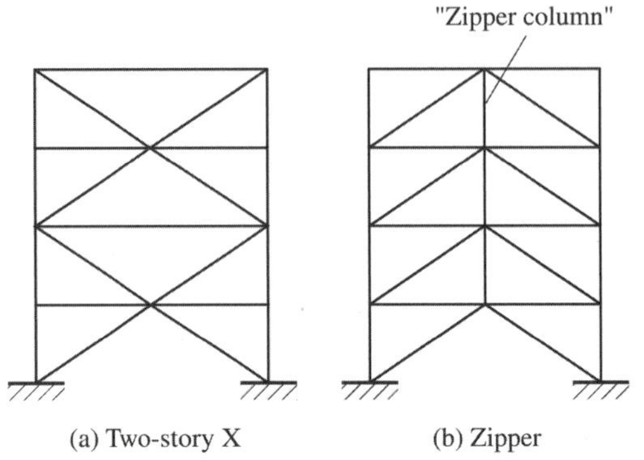

그림 13.10 • 이층 X 및 지퍼 형상

상응하는 하중 재분배에 대해서 설계되어야 함을 의미한다. 대안으로, 브레이싱 형상은 불균형 하중의가능성을 제거하도록 변경될 수 있다. 예로, V 및 뒤집힌 V 형상들은 두 개 층의 X형상을 구성하도록 교대될 수 있다. 또다른 방법으로 zipper 기둥을 추가할 수 있다. 이 브레이싱 형상들은 그림 13.10에 보여진다.

K-브레이싱(그리고 keee 브레이싱)의 사용은 기둥에 불균형 하중을 유발하기 때문에 SCBF에서 금지된다.

X-브레이싱은 허용된다. 그러나, 풍하중에 대해 흔히 사용되는 인장만의 설계방법은 허용되지 않는다. X-브레이싱의 양 경사재들은 cyclic 하중 전환에서 오는 인장 및 압축력에 저항하도록 설계되어야 한다.

모든 브레이스가 같은 방향으로 위치하는 하나의 경사재 가새골조는 허용되지 않는다. 이유는 이 형상에서 보든 브레이스들은 동시에 인장 혹은 압축의 같은 유형의 힘에 저항하도록 요구되기 때문이다. 이 형상에서, 하중의 한 방향에 대하여, 브레이스들의 30~70%는 인장을 받지 않을 것이다. 따라서, 대각선 가새골조는 그림 13.2에 보인 바와 같이 수행되어야 한다.

안정 브레이싱 요구사항

브레이싱은 브레이스 요소들의 위치가 비탄성 범위 내에서 잘 유지되기에 적합해야 하므로 특별한 한정 브레이싱 요구사항들이 SCBF에 적용된다. 종종 연직골조의 형상과 바닥슬래브의 보로의 상호연결이 이 요구사항들을 만족시키기 위해 사용될 수 있다.

보호 구역

SCBF에서의 퓨즈 구역－브레이스 및 거셋－은 상당한 양의 비탄성 변형을 겪을 것으로 기대된다. 다라서, 부착물 및 다른 가능한 노치를 유도하는 조건들은 이 구역에서 금지되어야 한다.

13.4.2 보통 중심 브레이스 골조(OCBF)

OCBF(Ordinary Concentrically Braced Frames)는 SCBF와 동일한 구성이지만, 대지진시 비탄성 변형에 대응하기 위한 높은 능력은 제공되지 않는다. 내진 조항은 OCBF가 SCBF 미만의 엄격한 요구사항을 따라야 함을 강조한다.

13.4.3 편심 브레이스 골조(EBF)

EBF(Eccentrically Braced Frames)는 주요 지진발생 동안 상당한 비탄성 변형에 대응하기 위해서 EBF 연결에서 전단항복, 휨항복 또는 두 가지의 조합을 통해 퓨즈를 형성하도록 구성된다. SCBF와 OCBF의 거동과는 달리 EBF에서 브레이스는 명목상의 탄성을 유지하는 것을 의도하고 좌굴은 예상되지 않는다. 이러한 거동을 유도하기 위해 내진규정에서 요구사항은 다음 절에서 설명된다.

퓨즈 강도

V_n이 연결의 공칭전단강도일 때에 I형 연결에 대한 전단에서 퓨즈 강도는 연결의 공칭소성전단강도와 소성모멘트 저항능력에 관련된 전단 중에서 작은 $1.25R_yV_n$이다. EBF가 높은 변형요구에 관련되기 때문에 1.25의 EBF에 대한 변형률 경화 승수는 다른 시스템에 해당하는 승수보다 크다. 연결, 거셋, 거셋-보, 거셋-기둥 접합부 그리고 기둥 외의 보 요소는 연결에서 전단 및/또는 휨 항복 메카니즘이 발생하도록 설계되어야 한다.

링크 위치

EBF 연결은 일반적으로 브레이스 사이 또는 브레이스와 보-기둥 접합부 사이 중 하나에 보의 길이 범위 내에서 세그먼트로 위치하고 있다. 그렇지 않으면 연결은 보와 V 또는 역-V 가새 사이에 수직 요소로 주어질 수 있다. 전경에서 EBF 연결은 위쪽 보에 있고 배경에서 연결은 아래쪽 보에 있다.

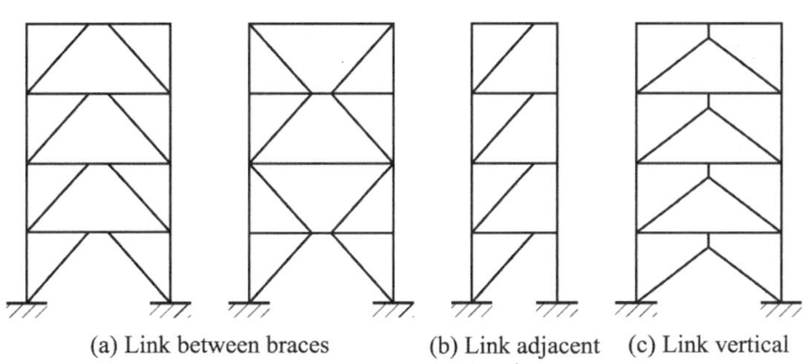

그림 13.11 • 편심 가새골조의 형상 예

그림 13.12 • 편심 가새골조(EBF).
Photo courtesy Degenkolb Engineers.

연결이 보의 길이에 세그먼트로 위치하는 경우, 브레이스의 단부 사이에 연결이 위치하는 것은 바람직하다. 연결이 브레이스와 보-기둥 접합부 사이에 위치한 경우에 회전요구는 SMF의 보-기둥 접합부에서 보다 실질적으로 크기 때문에 보-기둥 접합부는 특수한 고려사항이 필요하다. 휨 요구를 수반하는 적용에서 시험에 의해 인증된 사전인증 접합부 또는 접합부는 사용되어야 한다. 사용된 연결이 전단 항복을 지배할 만큼 충분히 짧은 경우에는 보-기둥 접합부가 헌치 또는 기둥에 인접한 강화된 영역에서 비탄성 작용을 불가능하게하기 위해 설계된 다른 적절한 강화재로 강화되어 있으면 인증시험의 필요성이 배제된다.

링크 회전

EBF 시스템에서 연결 보의 소성회전은 휨-항복 연경에 대해 0.02 라디안으로 제한되고 전단-항복 연결에 대해 0.08 라디안으로 제한된다. 전단과 휨의 조합에 의해 변형되는 링크에 대해 회전제한은 이러한 제한 사이의 선형보간에 의해 결정된다.

링크 보강과 브레이싱

내진규준 F3.5(b) 절에 규정된 바와 같이 요구 회전을 실현할 수 있고 항복이 국부 좌굴없이 비탄성 범위로 잘 발생되는 것이 보장되면 연결은 보강된다. 강화의 이러한 유형은 웨브 변형과 일치하지 않게 변형시키고 퓨즈의 강도를 증가시키기 때문에 링크 보강을 위한 웨브 더블러 플레이트의 사용은 허용되지 않는다. 또한 링크의 보 웨브 관입은 허용되지 않고 링크는 면외 변위와 연결의 단부에서 비틀림에 대비하여 브레이스 되어야 한다.

링크 바깥쪽의 브레이스와 보 세그먼트

EBF의 비탄성 작용은 주로 링크에서 발생되도록 의도되기 때문에 링크 이외의 브레이스와 보 세그먼트는 연결이 변형하도록 명목상의 탄성이 남아 있도록 설계되어야 한다. 링크 외의 제한된 항복은 링크 외의 보 세그먼트와 브레이스가 링크의 총 항복과 변형률-경화 강도를 발휘하는데 충분한 강도를 가지고 있기 때문에 허용된다. 링크 외의 브레이스와 보 세그먼트는 일반적으로 축력과 휨의 조합된 영향을 받는 부재로 설계되어 있다.

13.5 기타 골조시스템

지진 대비를 위한 여러 가지 다른 시스템들이 있다. 그중에는 E4절의 특수 트러스 모멘트골조(STMF), F4절의 좌굴-저항 보강프레임(BRBF) 그리고 F5절의 특수 플레이트 전단벽(SPSW) 등이 있다. NEHRP 내진설계기준에서 제시되는 세 가지 시스템의 R, Cd, Ωo 값들은 다음과 같다:

System	R	Ω_o	C_d
STMF	7	3	5-1/2
BRBF	8	2-1/2	5
SPSW	7	2	6

각 시스템은 구조물 높이의 제한이 있는데 이 제한 높이는 내진설계범주마다 달라진다.

또한 내진 설계를 위한 강과 철근콘크리트의 합성시스템은 G장과 H장에 제공된다.

13.5.1 특수 트러스 모멘트골조(STMF)

STMF(Special Truss Moment Frames)는 트러스 세그먼트의 항복을 통한 퓨즈를 형성하기 위해 구성되는데 이것은 큰 지진이 발생하는 동안에 생기는 상당한 비선형 거동을 수용하기

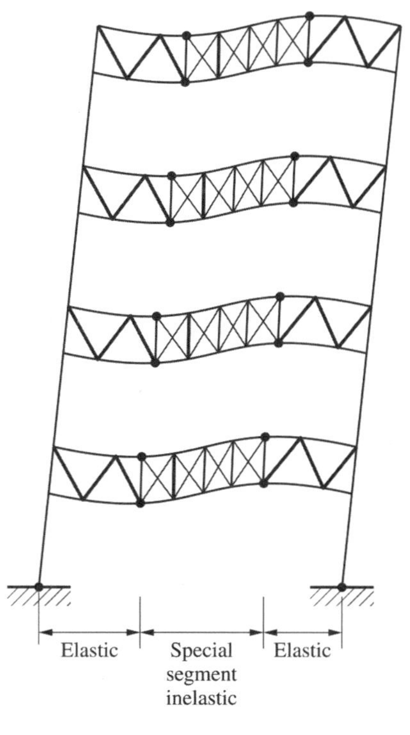

그림 13.13 • 특수 트러스 모멘트골조 형상

위함이다. 특수 세그먼트는 대각선 트러스 판넬 또는 1/4 트러스 판넬 둘 다 될 수 있다. 시스템의 남은 트러스와 프레임은 특수 세그먼트 변형에 대해 탄성을 유지하도록 설계된다. STMF의 개략도는 그림 13.13에 나타나있다.

대각재가 사용되었을 때, 특수 세그먼트의 항복은 축방향 인장력에 의한 항복과 압축력에 의한 대각재의 좌굴에 의해서 발생한다. STMF 시스템에서 특수 세그먼트로 사용되는 대각 웹 부재는 평강으로 제한되며 폭과 두께의 비율의 제한인 2.5를 반드시 충족시켜야 한다. 대각재 없는 1/4판넬을 사용하는 경우에는 특수 세그먼트의 항복은 현 부재의 휨 항복에 의해 발생한다.

트러스의 크기와 특수 분절의 위치는 시스템의 기초가 되는 연구에 대응하여 제한된다. 연직하중에 의한 전단이 일반적으로 그 지역에선 적기 때문에 STMF 특수 분절이 트러스 경간 중간의 절반 안에 위치해야 된다는 것이 요구된다. 골조에 의해 전단되는 보통의 연직 하중 이외에, 더 큰 구조 하중은 특수 분절에서 허용되지 않는다.

13.5.2 좌굴방지 가새골조(BRBF)

BRBR(Buckling-Restrained Braced Frames)는 특별한 가새 요소인 동심의 가새골조 시스템의 종류로 나타나며, 그림 13.14에서 볼 수 있다. 이러한 가새요소는 본질적으로 인장에서와 같이 압축에서도 같은 응답을 제공한다. 가새요소는 하중 베어링 코어로 구성되고 코어의 전체 좌굴을 억제하는 슬리브 요소로 둘러싸여 있다, 좌굴보다 압축으로 항복되도록 한다. 큰 지진 동안 상당한 비탄성 변형을 수용할 수 있도록, 특별한 가새요소의 인장과 압축

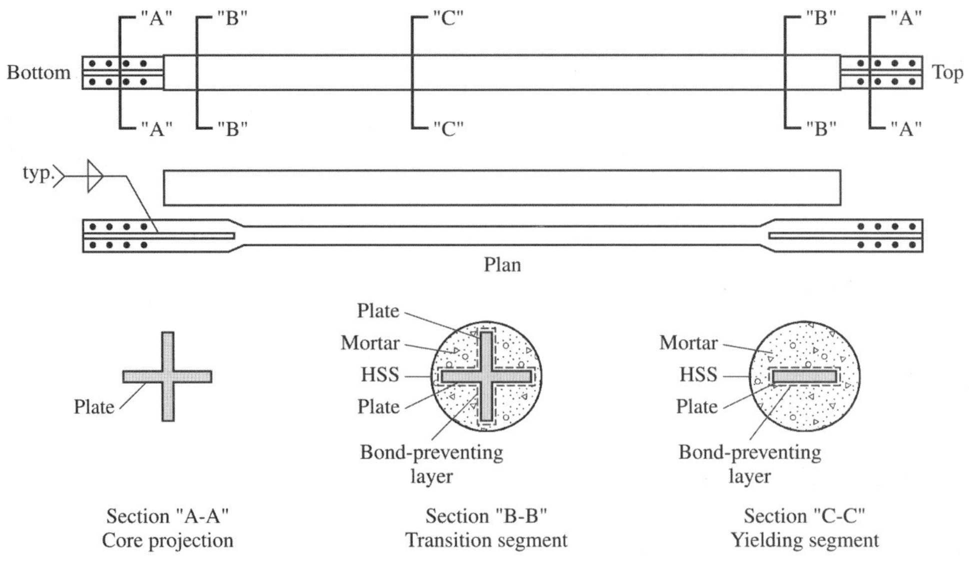

그림 13.14 • 좌굴방지 가새골조 브레이싱 요소

그림 13.15 • 중심 가새골조(BRBF)에서의 좌굴방지 브레이스의 적용.
Photo courtesy Star Seismic.

항복을 통해 BRBF 퓨즈를 형성하도록 구성된다. 3층 건물의 좌굴방지 가새골조는 그림 13.15에 보여진다. 보강 요소는 사용되는 가새가 필요한 강도와 변형 능력을 제공할 수 있는지 실험을 통한 조건을 맞춰야 한다. 실험 시 필요한 변형 성능은 분석결과 예측 된 것보다 클 수 있는 실제 변형인 인식의 분석에 의해 필요한 것을 초과되어 증폭된다.

철심은 단면적과 강도, 강성 그리고 요구 변위에 따른 길이로 설계된 항복 부분을 가지고 있다. 각 가새요소는 제조된 제품이기 때문에, 설계자는 프레임에 따라 항복 분배되는 가새의 배열을 지정할 수 있다. 항복 부분을 초과하는 철심 돌출부는 코어 및 프레임 시스템의 나머지 부분의 접합부로 부터 전이를 제공하도록 설계된다. 돌출부는 남은 항복한 부분의 변형 프레임처럼 일반적으로 탄성으로 남아 있도록 설계된다.

13.5.3 특수 플레이트 전단벽(SPSW)

SSPW(Special Plate Shear Walls)는 견고하게 상호 연결된 수평 및 수직의 경계요소들에 연결되고 둘러싸인 세장하고 비보강된 플레이트 요소들을 가진다. Aschematic SPSW 시스템은 그림 13.16에 묘사되어 있고 빌딩에서 적용되는 예시는 그림 13.17에서 볼 수 있다. 대지진 동안 상당한 비탄성 변형을 수용하는 수평 경계 요소의 끝단 소성-힌지의 형성과 함께,

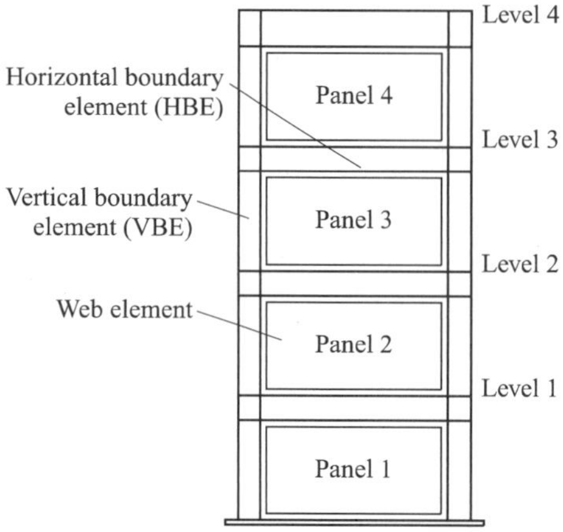

그림 13.16 • 특수 플레이트 전단벽 시스템

그림 13.17 • 고층건물을 위한 특수 플레이트 전단벽. **Photo courtesy Michael Dickter/Magnusson Klemencic Associates.**

SPSW는 웨브 플레이트를 통해 퓨즈가 항복과 좌굴(웨브 부재에서 인장 거동)을 형성하도록 구성된다.

SPSW에서 인장부분 거동은 플레이트거더와 유사하지만, SPSW의 거동과 강도는 플레이트거더와 다르다. 따라서, SPSW 지진 규정의 설계 요구사항은 AISC시방서의 플레이트거더의 규정과는 다르다.

13.5.4 복합 시스템

복합 구조 시스템의 다양함은 지진 규정의 G, H장에 제공된다. 이들 시스템은 다음을 포함한다, G장, 복합 순간 프레임 : 부분적으로 억제된 복합 모멘트 프레임(C-IMF), 그리고 보통의 복합 모멘트 프레임(C-OMF). H장은 일반적인 보통 복합 가새 프레임(C-OBF), 특별한 복합 집중 가새 프레임(C-SCBF), 복합 편심 가새 프레임(C-EBF), 보통의 복합 전단 벽(C-OSW), 특별한 복합 전단 벽(C-SSW), 그리고 복합 판 전단 벽(-PSW)를 포함한다.

13.6 다른 일반적인 요구조건

13.6.1 볼트 및 용접 접합부

내진 시스템의 접합부는 접합부에서 파괴가 발생하기 전에 퓨즈 소재가 변형되는 연성 한계 상태 퓨즈 제어가 구성되어야 한다. 이것은 일반적으로 접합부가 중력, 바람, 낮은 지진 활동에 대해 응용되었을 때 보다 내진 시스템의 접합부가 더 크다는 것을 의미한다. 지진 규정에서 용접과 볼트를 사용하는데 있어서 추가적인 요건이 있다.

전단에서 볼트 접합부는 프리텐션을 받은 베어링 접합부와 Class A 또는 슬립-임계 접합으로 준비된 접합면으로 설계된다. 이것들은 슬립-임계 접합이 아니다; 이것들은 조금의 슬립 저항을 갖는 베어링 접합부이다. 지반이 크게 움직일 때는 슬립이 보존될 필요가 없기 때문에, 지반이 조금 움직이는 동안 슬립을 제어하는 것이 목적이다. 지반이 크게 움직이는 것이 설계 하중의 전체 반전을 야기하고 스너그 조임 볼트의 거동에 악영향을 미치기 때문에 프리 텐션 볼트가 사용된다.

구멍의 유형이 표준 구멍과 하중 방향과 수직인 짧은-슬롯 구멍으로 제한된다. 하나의 예외가 적용되는데 대형 구멍은 일정한 범위 내에서 경사 가새에 허용된다.

설계목적에서, 볼트 베어링 점검은 접합 부재의 베어링 때문에 볼트접합부의 과도한 변형을 방지하기 위한 변형이 고려된 수준에서 만들어져야 함을 요구한다.

용접 연결에서, 최소값으로 분류된 0°F에서 20 ft-lbs 인성의 Charpy V-notch 용가재는 모든 용접은 지진 하중 길에 연관된다고 요구한다, 더 엄격한 수준의 인성 요구 사항이 있는 요구 임계 용접 접합부를 제외하고.

내진 변형 요구는 일반적으로 하중 공유에 요구되는 변형 호환성을 초과하기 때문에 볼트와 용접 사이의 공통의 힘을 공유하는 것은 금지되었다. 만약 이 하중 공유가 사용된다면, 볼트 최고 강도까지 결합하기 전에 용접은 실패할 수 있다.

13.6.2 보호 구역

지진 규정에서 다루는 다양한 시스템의 퓨즈 요소는 큰 지반 운동을 받을 때 상당한 비탄성 변형을 받을 수 있다. 따라서, 불연속이 발생할 수 있는 건설 작업은 이 지역에서 금지해야 한다. 따라서, 내진 조항을 날카로운 변환의 무료 보관, 침투, 노치 등 각 시스템에 보호 존에 지정한다. 보호 영역의 예는 SMF의 빔에 예상되는 플렌지 상부의 스터드 또는 웹 개구의 허용되지 않은 힌지 영역이다. 우연히 이 지역에서 생성된 불연속은 일반적으로 수리되거나 요소가 교체되어야 한다.

13.6.3 국부 좌굴

퓨즈 요소의 항복은 6 또는 7의 연성 부재를 필요로 한다, 보통 시방서의 소형화 기준의 개발에 사용되는 보통 연성도 3 이상이다. 따라서, 지진 규정에, 높은 연성에 대한 더 엄격한 내진 소형 기준과 적당한 연성 부재는 표 D1.1에 있다.

13.6.4 기둥의 요구사항

기둥의 특별 요구사항과 내진 저항 시스템의 기둥 접합부는 내진 조항 섹션 D1.4에 규정되어있다. 최소 설계 힘은 압축 또는 인장의 배제 기둥과 기둥 접합부 파괴로 구분된다. 이러한 접근 방식은 반드시 기둥의 항복을 배제하지 않고, 일부 지침은 기둥의 항복은 관련될 수 있는 경우에 따라 해설이 제공된다.

기둥 접합부는 보－기둥 접합부와 떨어져서 위치되어야 한다.－일반적으로 접합부가 발생하는 삼층 높이의 중간지점 안에－offlexure효과를 줄이기 위해서. 또한, 만약 부분 공동 침투 홈 용접이 기둥 접합에 사용되었다면, 요구 강도에서 100% 증가는 구분되고 노치-tough 필러 철이 필요하다.

또한 내진시스템의 부분이 아닌 기둥의 요구사항이 있다. 이 기둥은 여전히 바닥 사이 지진 전단의 일부를 분배해야 하기 때문이다.

13.6.5 기둥 기초

프레임 강성을 증가시키려면, 기둥 기초는 일반적으로 빔-기둥 모멘트 접합부와 유사하게 취급된다, 본래의 차이를 차지, 예를 들면 기초 판의 변형 때문에 증가된 유연성, 긴 앵커봉, 그라우트와 콘크리트의 압축성, 그리고 기초 락킹 효과.

13.7 결론

지진력 저항에 대한 철골 구조물의 설계를 위한 개요를 향후 연구를 위해 시작점을 제공할 예정이다. 철골 건물에 대한 자세한 규정은 내진 규정 ANSI/AISC 341-10에서 발견된다. 철골 건물3에 대한 추가 지침은 지진 및 내진 설계의 AISC 내진 설계 매뉴얼 및 AISC 사실에서 발견된다. 철골 구조물의 내진 설계를 더욱 깊은 논의에 관심 있는 학생은 이 두 문서를 연구하는 것을 권장한다.

13.8 연습문제

1. What is the major difference between the analysis and design of a structure for wind and gravity loads and the analysis and design of a structure for seismic loads?

2. Explain the use of the R, C_d, and Ω_o factors. What do these factors account for?

3. How are the R, C_d, and Ω_o factors determined for a particular analysis?

4. What is the purpose of fuse elements in seismic design? Provide some examples of structural fuse elements.

5. How is the R factor used to influence the seismic forces a structure is designed to resist?

6. What are the seismic design categories specified by the building codes and how do they relate to the level of expected seismicity?

7. Explain the capacity design method in relation to material yield strength.

8. What types of fuse elements are typically used in moment frame systems?

9. What are the three primary types of moment frames considered in the Seismic Provisions? What are the respective values for R, C_d, and Ω_o for each of these systems?

10. For special moment frames, what type of relationship should exist between the column and beams to reduce the likelihood of a story mechanism?

11. Which type of moment frame has a ductility requirement for connections of an interstory drift angle of 0.02 radians?

12. Name the two categories of braced frames provided for in the Seismic Provisions. What type of fuse element is used by each of these?

13. List the three primary types of braced frame systems addressed in the Seismic Provisions and their corresponding values for R, C_d, and Ω_o.

14. How do SCBF and OCBF allow for inelastic deformations in structures?

15. List some examples of CBF configurations.

16. How do EBF differ from CBF in their performance during large seismic events?

17. Where are the fuse elements located for eccentrically braced frames?

18. How do BRBF resist seismic forces and what is the fuse element in this system?

19. Describe how SPSW resist seismic forces.

20. Compare the expected behavior of STMF with other moment frame systems.

21. How does the size of connections in seismic force resisting systems differ from that of connections designed for gravity and wind systems? Why?

22. Is it permissible to share a force between bolts and welds in seismic design? Why or why not?

23. For seismic design, where should column splices be located and why?

Multi-Chapter Problem

24. **Integrated Design Project.** For the building introduced in Section 1.15, the same lateral load resisting system is used for resisting wind forces as is used for seismic forces. The lateral load resistance in the north-south direction is provided by a concentrically braced frame with a chevron configuration as depicted in Figure 1.25. Before the forces in these bracing members can be determined, the specified seismic load must be determined. For this system, $R = 3$ may be selected and special detailing according to the AISC Seismic Provisions is not required. At this stage in the design, a simplified approach to seismic load calculation might yield the following loads at each level in the north-south direction.

Roof	49.0 kips
Fourth floor	127.0 kips
Third floor	74.0 kips
Second floor	29.0 kips
Total seismic load	280.0 kips

Lateral load resistance in the east-west direction is provided by two perimeter moment frames as shown in Figure 1.25. For these frames, $R = 3$ will also be used. Thus, no special detailing will be required. A simplified approach to seismic load calculation might yield the following loads.

Roof	31.0 kips
Fourth floor	81.0 kips
Third floor	47.0 kips
Second floor	19.0 kips
Total seismic load	179.0 kips

Using the member sizes determined in earlier work, carry out an analysis of both lateral load resisting systems and check the members to be sure that they are adequate to resist the seismic forces.

Reconsider the analysis for the use of special concentrically braced frames and special moment frames. Determine the appropriate loading according to ASCE 7-10 using an approximate building weight as given below, and compare the required member strengths to the previous analysis.

Roof	550 kips
Fourth floor	2150 kips
Third floor	2150 kips
Second floor	2150 kips
Total building weight	7000 kips

F_y = 50 ksi

Small Column
Available Strength in Axial Compression, kips
W-Shapes

W14

Shape		W14×									
lb/ft		38[c]		34[c]		30[c]		26[c]		22[c]	
Design		P_n/Ω_c	$\phi_c P_n$	P_n/Ω_c	$\phi_c P_n$	P_n/Ω_c	$\phi_c P_n$	P_n/Ω_c	$\phi_c P_n$	P_n/Ω_c	$\phi_c P_n$
		ASD	LRFD	ASD	LRFD	ASD	LRFD	ASD	LRFD	ASD	LRFD
Effective length *KL* (ft) with respect to least radius of gyration r_y	0	327	491	286	429	249	374	211	318	172	258
	6	285	428	249	374	216	324	162	243	131	196
	7	271	407	236	355	205	308	146	220	117	176
	8	253	381	223	335	192	289	129	194	103	155
	9	235	353	208	312	179	269	111	167	88.3	133
	10	216	325	191	287	165	248	93.4	140	73.3	110
	11	197	297	174	261	149	224	77.4	116	60.6	91.0
	12	178	268	157	235	134	201	65.0	97.7	50.9	76.5
	13	160	240	140	210	119	179	55.4	83.3	43.4	65.2
	14	142	213	124	186	105	157	47.8	71.8	37.4	56.2
	15	125	188	109	163	91.1	137	41.6	62.5	32.6	48.9
	16	110	165	95.4	143	80.1	120	36.6	55.0	28.6	43.0
	17	97.2	146	84.5	127	71.0	107	32.4	48.7	25.4	38.1
	18	86.7	130	75.4	113	63.3	95.1	28.9	43.4		
	19	77.8	117	67.7	102	56.8	85.4				
	20	70.2	106	61.1	91.8	51.3	77.1				
	21	63.7	95.7	55.4	83.3	46.5	69.9				
	22	58.0	87.2	50.5	75.9	42.4	63.7				
	23	53.1	79.8	46.2	69.4	38.8	58.3				
	24	48.8	73.3	42.4	63.8	35.6	53.5				
	25	44.9	67.5	39.1	58.8						

Properties

Property	38 ASD	38 LRFD	34 ASD	34 LRFD	30 ASD	30 LRFD	26 ASD	26 LRFD	22 ASD	22 LRFD
P_{wo}, kips	47.3	70.9	40.6	60.9	35.3	53.0	34.9	52.3	28.2	42.3
P_{wi}, kips/in.	10.3	15.5	9.50	14.3	9.00	13.5	8.50	12.8	7.67	11.5
P_{wb}, kips	42.0	63.1	32.6	49.0	27.8	41.8	23.4	35.2	17.2	25.8
P_{fb}, kips	49.6	74.6	38.7	58.2	27.7	41.7	33.0	49.6	21.0	31.6
L_p, ft	5.47		5.40		5.26		3.81		3.67	
L_r, ft	16.2		15.6		14.9		11.0		10.4	
A_g, in.^{2}	11.2		10.0		8.85		7.69		6.49	
I_x, in.^{4}	385		340		291		245		199	
I_y, in.^{4}	26.7		23.3		19.6		8.91		7.00	
r_y, in.	1.55		1.53		1.49		1.08		1.04	
r_x/r_y	3.79		3.81		3.85		5.23		5.33	
$P_{ex}(KL)^2/10^4$, k-in.^{2}	11000		9730		8330		7010		5700	
$P_{ey}(KL)^2/10^4$, k-in.^{2}	764		667		561		255		200	

ASD	LRFD
$\Omega_c = 1.67$	$\phi_c = 0.90$

[c] Web is slender with respect to uniform compression.

Note: Heavy line indicates KL/r_y equal to or greater than 200.

F_y = 50 ksi

Small Column
Available Strength in Axial Compression, kips
W-Shapes

W12

Shape	W12×											
lb/ft	35[c]		30[c]		26[c]		22[c]		19[c]		16[c]	
Design	P_n/Ω_c	$\phi_c P_n$	P_n/Ω_c	$\phi_c P_n$	P_n/Ω_c	$\phi_c P_n$	P_n/Ω_c	$\phi_c P_n$	P_n/Ω_c	$\phi_c P_n$	P_n/Ω_c	$\phi_c P_n$
	ASD	LRFD	ASD	LRFD	ASD	LRFD	ASD	LRFD	ASD	LRFD	ASD	LRFD
Effective length KL (ft) with respect to least radius of gyration r_y												
0	307	462	254	382	215	323	185	278	153	230	125	188
6	263	395	220	331	187	281	115	172	95.2	143	74.7	112
7	248	373	209	314	177	266	94.7	142	77.7	117	59.5	89.4
8	232	349	196	295	167	251	76.0	114	61.4	92.3	45.9	69.0
9	215	324	182	273	155	234	60.0	90.3	48.5	72.9	36.3	54.5
10	198	297	167	251	143	216	48.6	73.1	39.3	59.0	29.4	44.2
11	180	271	152	228	131	197	40.2	60.4	32.5	48.8	24.3	36.5
12	163	245	137	205	118	177	33.8	50.8	27.3	41.0	20.4	30.7
13	146	219	122	183	105	158	28.8	43.3	23.2	34.9		
14	129	194	108	162	92.7	139	24.8	37.3				
15	113	170	94.2	142	80.9	122						
16	99.6	150	82.8	124	71.1	107						
17	88.2	133	73.3	110	63.0	94.7						
18	78.7	118	65.4	98.3	56.2	84.5						
19	70.6	106	58.7	88.3	50.4	75.8						
20	63.7	95.8	53.0	79.7	45.5	68.4						
21	57.8	86.9	48.1	72.2	41.3	62.1						
22	52.7	79.2	43.8	65.8	37.6	56.5						
23	48.2	72.4	40.1	60.2	34.4	51.7						
24	44.3	66.5	36.8	55.3	31.6	47.5						
25	40.8	61.3	33.9	51.0	29.1	43.8						
Properties												
P_{wo}, kips	41.0	61.5	32.1	48.1	26.1	39.1	31.4	47.1	25.5	38.2	20.7	31.1
P_{wi}, kips/in.	10.0	15.0	8.67	13.0	7.67	11.5	8.67	13.0	7.83	11.8	7.33	11.0
P_{wb}, kips	43.0	64.7	28.0	42.1	19.4	29.2	28.0	42.1	20.7	31.1	17.0	25.5
P_{fb}, kips	50.6	76.1	36.2	54.5	27.0	40.6	33.8	50.8	22.9	34.5	13.1	19.8
L_p, ft	5.44		5.37		5.33		3.00		2.90		2.73	
L_r, ft	16.6		15.6		14.9		9.13		8.61		8.05	
A_g, in.^{2}	10.3		8.79		7.65		6.48		5.57		4.71	
I_x, in.^{4}	285		238		204		156		130		103	
I_y, in.^{4}	24.5		20.3		17.3		4.66		3.76		2.82	
r_y, in.	1.54		1.52		1.51		0.848		0.822		0.773	
r_x/r_y	3.41		3.43		3.42		5.79		5.86		6.04	
$P_{ex}(KL)^2/10^4$, k-in.^{2}	8160		6810		5840		4470		3720		2950	
$P_{ey}(KL)^2/10^4$, k-in.^{2}	701		581		495		133		108		80.7	

ASD	LRFD
$\Omega_c = 1.67$	$\phi_c = 0.90$

[c] Web is slender with respect to uniform compression.

Note: Heavy line indicates KL/r_y equal to or greater than 200.

$F_y = 50$ ksi

Small Column
Available Strength in Axial Compression, kips
W-Shapes

W12-W10

Shape	W12×		W10×									
lb/ft	14[c]		30		26		22[c]		19		17[c]	
Design	P_n/Ω_c ASD	$\phi_c P_n$ LRFD	P_n/Ω_c ASD	$\phi_c P_n$ LRFD	P_n/Ω_c ASD	$\phi_c P_n$ LRFD	P_n/Ω_c ASD	$\phi_c P_n$ LRFD	P_n/Ω_c ASD	$\phi_c P_n$ LRFD	P_n/Ω_c ASD	$\phi_c P_n$ LRFD
Effective length *KL* (ft) with respect to least radius of gyration r_y												
0	107	160	265	398	228	342	193	290	168	253	148	222
6	63.1	94.9	216	325	186	279	157	236	102	154	87.9	132
7	50.1	75.4	201	302	172	259	145	218	85.6	129	72.5	109
8	38.5	57.8	185	278	158	238	133	200	69.6	105	58.1	87.3
9	30.4	45.7	168	253	144	216	120	180	55.3	83.1	45.9	69.0
10	24.6	37.0	151	227	129	194	107	161	44.8	67.3	37.2	55.9
11	20.3	30.6	134	202	114	172	94.6	142	37.0	55.7	30.7	46.2
12	17.1	25.7	118	177	100	151	82.5	124	31.1	46.8	25.8	38.8
13			102	154	86.9	131	70.9	107	26.5	39.9	22.0	33.1
14			88.4	133	75.0	113	61.1	91.9	22.9	34.4	19.0	28.5
15			77.0	116	65.3	98.1	53.3	80.0				
16			67.7	102	57.4	86.3	46.8	70.4				
17			59.9	90.1	50.8	76.4	41.5	62.3				
18			53.5	80.3	45.3	68.2	37.0	55.6				
19			48.0	72.1	40.7	61.2	33.2	49.9				
20			43.3	65.1	36.7	55.2	30.0	45.0				
21			39.3	59.0	33.3	50.1	27.2	40.8				
22			35.8	53.8	30.4	45.6	24.8	37.2				
23												
24												
25												
Properties												
P_{wo}, kips	17.5	26.3	40.5	60.8	32.1	48.1	26.4	39.6	29.0	43.4	25.2	37.8
P_{wi}, kips/in.	6.67	10.0	10.0	15.0	8.67	13.0	8.00	12.0	8.33	12.5	8.00	12.0
P_{wb}, kips	12.7	19.2	52.8	79.4	34.4	51.7	27.0	40.6	30.6	45.9	27.0	40.6
P_{fb}, kips	9.47	14.2	48.7	73.2	36.2	54.5	24.3	36.5	29.2	43.9	20.4	30.6
L_p, ft	2.66		4.84		4.80		4.70		3.09		2.98	
L_r, ft	7.73		16.1		14.9		13.8		9.73		9.16	
A_g, in.²	4.16		8.84		7.61		6.49		5.62		4.99	
I_x, in.⁴	88.6		170		144		118		96.3		81.9	
I_y, in.⁴	2.36		16.7		14.1		11.4		4.29		3.56	
r_y, in.	0.753		1.37		1.36		1.33		0.874		0.845	
r_x/r_y	6.14		3.20		3.20		3.21		4.74		4.79	
$P_{ex}(KL)^2/10^4$, k-in.²	2540		4870		4120		3380		2760		2340	
$P_{ey}(KL)^2/10^4$, k-in.²	67.5		478		404		326		123		102	

ASD	LRFD
$\Omega_c = 1.67$	$\phi_c = 0.90$

[c] Web is slender with respect to uniform compression.

Note: Heavy line indicates KL/r_y equal to or greater than 200.

F_y = 50 ksi

Small Column Available Strength in Axial Compression, kips

W-Shapes

W10-W8

Shape		W10×				W8×							
lb/ft		15[c]		12[c]		28		24		21		18	
Design		P_n/Ω_c	$\phi_c P_n$	P_n/Ω_c	$\phi_c P_n$	P_n/Ω_c	$\phi_c P_n$	P_n/Ω_c	$\phi_c P_n$	P_n/Ω_c	$\phi_c P_n$	P_n/Ω_c	$\phi_c P_n$
		ASD	LRFD	ASD	LRFD	ASD	LRFD	ASD	LRFD	ASD	LRFD	ASD	LRFD
Effective length KL (ft) with respect to least radius of gyration r_y	0	129	193	96.8	146	247	371	212	319	184	277	157	237
	6	74.1	111	57.3	86.1	214	321	183	275	145	218	123	184
	7	60.1	90.4	45.9	69.0	203	305	174	261	133	200	112	168
	8	47.2	70.9	35.6	53.5	191	287	163	246	121	181	101	152
	9	37.3	56.0	28.1	42.3	178	268	153	229	108	162	89.6	135
	10	30.2	45.4	22.8	34.2	165	249	141	212	95.0	143	78.5	118
	11	25.0	37.5	18.8	28.3	152	228	130	195	82.7	124	67.8	102
	12	21.0	31.5	15.8	23.8	139	208	118	178	70.9	107	57.7	86.7
	13	17.9	26.9	13.5	20.3	125	188	107	160	60.4	90.8	49.2	73.9
	14					113	169	95.6	144	52.1	78.3	42.4	63.7
	15					100	151	85.0	128	45.4	68.2	36.9	55.5
	16					88.3	133	74.8	112	39.9	59.9	32.4	48.8
	17					78.2	118	66.3	99.6	35.3	53.1	28.7	43.2
	18					69.8	105	59.1	88.9	31.5	47.4	25.6	38.5
	19					62.6	94.1	53.1	79.8	28.3	42.5	23.0	34.6
	20					56.5	84.9	47.9	72.0	25.5	38.4	20.8	31.2
	21					51.2	77.0	43.4	65.3	23.1	34.8		
	22					46.7	70.2	39.6	59.5				
	23					42.7	64.2	36.2	54.4				
	24					39.2	59.0	33.3	50.0				
	25					36.2	54.3	30.6	46.1				
	26					33.4	50.2	28.3	42.6				
	27					31.0	46.6						
	28												
	29												
	30												
Properties													
P_{wo}, kips		21.9	32.8	16.2	24.2	40.8	61.2	32.4	48.6	29.2	43.8	24.2	36.2
P_{wi}, kips/in.		7.67	11.5	6.33	9.50	9.50	14.3	8.17	12.3	8.33	12.5	7.67	11.5
P_{wb}, kips		23.8	35.7	13.4	20.1	63.0	94.7	40.1	60.3	39.3	59.1	30.6	46.0
P_{fb}, kips		13.6	20.5	8.25	12.4	40.5	60.8	29.9	45.0	29.9	45.0	20.4	30.6
L_p, ft		2.86		2.87		5.72		5.69		4.45		4.34	
L_r, ft		8.61		8.05		21.0		18.9		14.8		13.5	
A_g, in.^{2}		4.41		3.54		8.25		7.08		6.16		5.26	
I_x, in.^{4}		68.9		53.8		98.0		82.7		75.3		61.9	
I_y, in.^{4}		2.89		2.18		21.7		18.3		9.77		7.97	
r_y, in.		0.810		0.785		1.62		1.61		1.26		1.23	
r_x/r_y		4.88		4.97		2.13		2.12		2.77		2.79	
$P_{ex}(KL)^2/10^4$, k-in.^{2}		1970		1540		2800		2370		2160		1770	
$P_{ey}(KL)^2/10^4$, k-in.^{2}		82.7		62.4		621		524		280		228	

ASD	LRFD
$\Omega_c = 1.67$	$\phi_c = 0.90$

[c]Web is slender with respect to uniform compression.

Note: Heavy line indicates KL/r_y equal to or greater than 200.

F_y = 50 ksi

Small Column
Available Strength in Axial Compression, kips
W-Shapes

W8-W6

Shape		W8×						W6×					
lb/ft		15		13		10[c]		25		20		15	
Design		P_n/Ω_c	$\phi_c P_n$	P_n/Ω_c	$\phi_c P_n$	P_n/Ω_c	$\phi_c P_n$	P_n/Ω_c	$\phi_c P_n$	P_n/Ω_c	$\phi_c P_n$	P_n/Ω_c	$\phi_c P_n$
		ASD	LRFD	ASD	LRFD	ASD	LRFD	ASD	LRFD	ASD	LRFD	ASD	LRFD
Effective length KL (ft) with respect to least radius of gyration r_y	0	133	200	115	173	85.5	129	220	330	176	264	133	199
	6	81.1	122	67.4	101	51.9	77.9	187	280	149	223	111	166
	7	67.9	102	55.6	83.6	42.7	64.2	176	264	140	210	104	156
	8	55.2	83.0	44.5	66.9	34.1	51.3	164	247	130	196	96.3	145
	9	43.9	66.0	35.2	52.9	27.0	40.5	152	228	120	181	88.4	133
	10	35.6	53.5	28.5	42.8	21.9	32.8	139	209	110	165	80.4	121
	11	29.4	44.2	23.5	35.4	18.1	27.1	127	190	99.8	150	72.4	109
	12	24.7	37.1	19.8	29.7	15.2	22.8	114	171	89.6	135	64.5	96.9
	13	21.0	31.6	16.9	25.3	12.9	19.4	102	153	79.7	120	56.9	85.5
	14	18.1	27.3	14.5	21.8	11.1	16.8	90.0	135	70.2	106	49.6	74.6
	15							78.7	118	61.3	92.1	43.2	64.9
	16							69.1	104	53.9	80.9	38.0	57.1
	17							61.2	92.1	47.7	71.7	33.6	50.6
	18							54.6	82.1	42.5	64.0	30.0	45.1
	19							49.0	73.7	38.2	57.4	26.9	40.5
	20							44.3	66.5	34.5	51.8	24.3	36.5
	21							40.1	60.3	31.3	47.0	22.0	33.1
	22							36.6	55.0	28.5	42.8	20.1	30.2
	23							33.5	50.3	26.1	39.2	18.4	27.6
	24							30.7	46.2	23.9	36.0	16.9	25.4
	25							28.3	42.6	22.1	33.2		
	26												
	27												
	28												
	29												
	30												

Properties

	W8×15 ASD	W8×15 LRFD	W8×13 ASD	W8×13 LRFD	W8×10 ASD	W8×10 LRFD	W6×25 ASD	W6×25 LRFD	W6×20 ASD	W6×20 LRFD	W6×15 ASD	W6×15 LRFD
P_{wo}, kips	25.1	37.7	21.3	31.9	14.3	21.5	37.6	56.4	26.7	40.0	19.6	29.3
P_{wi}, kips/in.	8.17	12.3	7.67	11.5	5.67	8.50	10.7	16.0	8.67	13.0	7.67	11.5
P_{wb}, kips	37.0	55.6	30.6	46.0	12.3	18.6	114	172	61.2	92.1	42.4	63.7
P_{fb}, kips	18.6	27.9	12.2	18.3	7.86	11.8	38.7	58.2	24.9	37.5	12.6	19.0
L_p, ft	3.09		2.98		3.14		5.37		5.30		6.91	
L_r, ft	10.1		9.27		8.52		23.7		19.8		16.5	
A_g, in.^{2}	4.44		3.84		2.96		7.34		5.87		4.43	
I_x, in.^{4}	48.0		39.6		30.8		53.4		41.4		29.1	
I_y, in.^{4}	3.41		2.73		2.09		17.1		13.3		9.32	
r_y, in.	0.876		0.843		0.841		1.52		1.50		1.45	
r_x/r_y	3.76		3.81		3.83		1.78		1.77		1.77	
$P_{ex}(KL)^2/10^4$, k-in.^{2}	1370		1130		882		1530		1180		833	
$P_{ey}(KL)^2/10^4$, k-in.^{2}	97.6		78.1		59.8		489		381		267	

ASD	LRFD
Ω_c = 1.67	ϕ_c = 0.90

[c] Web is slender with respect to uniform compression.

Note: Heavy line indicates KL/r_y equal to or greater than 200.

Small Column
Available Strength in Axial Compression, kips
W-Shapes

F_y = 50 ksi

W6-W5

Shape	W6×								W5×				W4×	
lb/ft	16		12		9		8.5		19		16		13	
Design	P_n/Ω_c ASD	$\phi_c P_n$ LRFD	P_n/Ω_c ASD	$\phi_c P_n$ LRFD	P_n/Ω_c ASD	$\phi_c P_n$ LRFD	P_n/Ω_c ASD	$\phi_c P_n$ LRFD	P_n/Ω_c ASD	$\phi_c P_n$ LRFD	P_n/Ω_c ASD	$\phi_c P_n$ LRFD	P_n/Ω_c ASD	$\phi_c P_n$ LRFD
Effective length *KL* (ft) with respect to least radius of gyration r_y														
0	142	213	106	160	80.2	121	75.4	113	166	250	141	212	115	172
6	94.6	142	67.8	102	50.5	75.9	46.8	70.3	132	199	111	167	78.5	118
7	81.7	123	57.6	86.6	42.7	64.2	39.3	59.1	121	183	102	153	68.5	103
8	69.0	104	47.8	71.8	35.2	53.0	32.2	48.4	110	166	92.2	139	58.5	87.9
9	57.0	85.7	38.6	57.9	28.3	42.5	25.7	38.7	98.9	149	82.4	124	48.9	73.5
10	46.3	69.5	31.2	46.9	22.9	34.4	20.8	31.3	87.5	132	72.7	109	40.0	60.1
11	38.2	57.5	25.8	38.8	18.9	28.5	17.2	25.9	76.5	115	63.2	95.0	33.0	49.7
12	32.1	48.3	21.7	32.6	15.9	23.9	14.5	21.7	66.0	99.2	54.2	81.5	27.8	41.7
13	27.4	41.1	18.5	27.8	13.6	20.4	12.3	18.5	56.3	84.6	46.2	69.4	23.7	35.6
14	23.6	35.5	15.9	23.9	11.7	17.6	10.6	16.0	48.5	72.9	39.8	59.9	20.4	30.7
15	20.6	30.9	13.9	20.9	10.2	15.3			42.3	63.5	34.7	52.1	17.8	26.7
16	18.1	27.2							37.1	55.8	30.5	45.8	15.6	23.5
17									32.9	49.5	27.0	40.6		
18									29.3	44.1	24.1	36.2		
19									26.3	39.6	21.6	32.5		
20									23.8	35.7	19.5	29.3		
21									21.6	32.4	17.7	26.6		
22														
23														
24														
25														
26														
27														
28														
29														
30														
Properties														
P_{wo}, kips	28.4	42.6	20.3	30.5	13.2	19.8	12.6	18.9	32.9	49.3	26.4	39.6	27.8	41.7
P_{wi}, kips/in.	8.67	13.0	7.67	11.5	5.67	8.50	5.67	8.50	9.00	13.5	8.00	12.0	9.33	14.0
P_{wb}, kips	61.2	92.1	42.4	63.7	17.1	25.7	17.2	25.8	92.1	138	64.7	97.3	128	192
P_{fb}, kips	30.7	46.1	14.7	22.1	8.65	13.0	7.12	10.7	34.6	52.0	24.3	36.5	22.3	33.5
L_p, ft	3.42		3.24		3.20		3.55		4.52		4.45		3.53	
L_r, ft	14.1		11.2		9.75		9.49		23.0		19.8		19.2	
A_g, in.^{2}	4.74		3.55		2.68		2.52		5.56		4.71		3.83	
I_x, in.^{4}	32.1		22.1		16.4		14.9		26.3		21.4		11.3	
I_y, in.^{4}	4.43		2.99		2.20		1.99		9.13		7.51		3.86	
r_y, in.	0.967		0.918		0.905		0.890		1.28		1.26		1.00	
r_x/r_y	2.69		2.71		2.73		2.73		1.70		1.69		1.72	
$P_{ex}(KL)^2/10^4$, k-in.^{2}	919		633		469		426		753		613		323	
$P_{ey}(KL)^2/10^4$, k-in.^{2}	127		85.6		63.0		57.0		261		215		110	

ASD	LRFD
$\Omega_c = 1.67$	$\phi_c = 0.90$

Note: Heavy line indicates KL/r_y equal to or greater than 200.

찾아보기

Unified Design of Steel Structures (Second Edition)

강구조설계 정가 30,000원

발 행 2016년 6월 10일 초판 1쇄
저 자 LOUIS F. GESCHWINDNER
역 자 허종완 · 심형보 · 김영찬 · 김희주
발행인 정우용
발행처 도서출판 **동화기술**
경기도 파주시 광인사길 201(문발동, 파주출판도시)
Tel (031)955-4211~6 donghwae@kornet.net
Fax (031)955-4217 www.donghwapub.co.kr
(등록) 1977년 12월 19일/9-16호

ISBN 978-89-425-9068-1